ARCHE NOAH

2. Auflage

E-Mail: loewenzahn@studienverlag.at
Internet: www.loewenzahn.at

Umschlag- und Buchgestaltung sowie grafische Umsetzung:
Judith Eberharter, Eine Augenweide, www.eine-augenweide.com

Bildnachweis:
Alle Fotos Rupert Pessl, außer:
Arche Noah: 10, 12, 13r, 15, 17, 23, 24, 25r, 29u, 30, 32, 49, 54, 66l, 70l, 75, 77, 79r, 84, 92, 95, 96r, 97l, 98r, 103r, 111, 112, 116r, 119l, 121, 124o, 125, 126, 141, 146, 149, 152o, 155, 157, 158, 169o, 171, 179, 193l, 195, 196, 197, 203, 204, 208, 211, 215, 216l, 217, 236r, 239, 240r, 242r, 245l, 249u, 254r, 255, 260, 273, 287, 288r, 316, 333, 339r, 340, 341, 347, 348, 353l, 354, 359, 362l, 369o, 327, 370, 371, 373, 378, 379, 380m, 381o, 382r, 383, 386, 387, 388, 389l, 390r, 393, 395l, 395o, 400, 403, 409, 410l, 411r, 414, 415, 417, 421l, 423l, 432, 436, 445, 451o, 452l, 464r, 465, 473, 477, 479, 484, 485, 491, 492, 495, 497
Johannes Maurer: 11, 16, 18, 25l, 26, 27, 31, 60, 64, 65, 66r, 67, 68, 70r, 71, 72, 73, 74, 78, 80l, 83r, 87, 88, 89, 94, 109r, 110, 113l, 114, 115, 116l, 117, 119r, 120, 122, 127, 128, 129, 130l, 139, 145, 147r, 150, 152u, 156, 162, 163, 164l, 164ru, 167r, 168, 169u, 173r, 183, 194l, 198, 199, 209u, 212, 219o, 234, 236l, 237r, 238, 240l, 241, 242l, 243, 244, 248, 248o, 250, 251, 253, 288l, 313, 314r, 315u, 317, 353r, 360, 361, 362o,m, 364, 365, 366, 372, 380, 382l, 389r, 390l, 392, 394u, 394r, 395u, 396, 405, 437, 441o, 452r, 453, 456, 461, 462, 463, 466, 467, 469, 470, 478, 480, 481, 486, 487, 493l, 494, 496, 499
Andrea Heistinger: 164rm, 166, 167l , 226, 227, 231, 338, 352, 362u, 368, 369u, 377, 454, 455, 458, 459, 472, 474, 476, 482, 488, 490, 500, 502u, 506, 507, 508, 509, 511
Doris Steinböck: 289, 301, 334, 335, 336, 337, 349, 350, 351, 357, 358, 367, 376, 391, 402, 408, 412lo, 412lu, 416, 418, 419, 424, 426, 434, 446, 447, 460, 464l, 471
Johannes Hloch: 223, 331
Bernd Kajtna: 69, 237l, 406u, 448, 449
Hans-Thomas Bosch: 104, 113r
Walter Kaindl: 173l
BIO AUSTRIA/Michaela Theurl: 257
Bundesamt für Obstbau: 276
Naturpark Obst-Hügel-Land: 261
Richard Dietrich: 265, 266
Obst- und Gartenbauverein Bramberg/Toni Lassacher: 267
Fructus: 276
Sissi Markovec: 201
Stockfotos: 468, 503, 504, 505
Umschlagabbildungen:
vorne: Rupert Pessl
hinten: Freisteller und Marillen: Doris Steinböck; Aronia: Andrea Heistinger; Birnen: Rupert Pessl

Illustrationen:
Katharina Heistinger, außer:
Stefan Emmelmann: 79l, 89l, 91o, 410, 421, 429l, 456, 457
Sylvia Steinhauer: 96l, 97r, 98l, 107o, 108l, 109l
Rudolf Stoll: 278, 279, 280, 281, 282, 283, 284, 285, 286

Gedruckt auf umweltfreundlichem, chlor- und säurefrei gebleichtem Papier.

Bibliografische Information Der Deutschen Bibliothek
Die Deutsche Bibliothek verzeichnet diese Publikation in der Deutschen Nationalbibliografie;
detaillierte bibliografische Daten sind im Internet über <http://dnb.ddb.de> abrufbar.

ISBN 978-3-7066-2578-4

Johannes Maurer · Bernd Kajtna ·
Andrea Heistinger · Arche Noah

Handbuch Bio-Obst

Sortenvielfalt erhalten. Ertragreich ernten.
Natürlich genießen.

Inhalt

Symbole:

 Hauptschnitt

 Schnitt bei Bedarf

 Wichtige Pflegearbeit, die Sie nicht verpassen sollten: Jäten, Mulchen, Binden, Abdecken

 Gießen

 Haupternte

 Nebenernte

 Hauptgenusszeit, Früchte im Überfluss

 Genusszeit

 Früchte nur bei guter Lagerung oder bei früh- und spätreifenden Sorten

Liebe Leserin, lieber Leser!

Obstfrüchte machen einen besonders köstlichen und für die Erhaltung unserer Gesundheit bedeutenden Teil unserer Ernährung aus. Eine wahrhaft paradiesische Fülle an Obstarten und -sorten steht uns zur Verfügung. Diese Vielfalt ist aber seit über 100 Jahren von einem dramatischen Rückgang betroffen. Ein besonders augenscheinliches Beispiel ist der Apfel – denken Sie an die kleine Auswahl an (Plantagen-)Sorten, im Vergleich zu den geschätzt 800 bis 2000 Sorten, die noch auf den Streuobstwiesen, in Gärten und Hecken in Österreich überleben. Aber wie lange noch? Jahr für Jahr sterben wieder alte Bäume ab oder werden umgeschnitten – mit ihnen verschwinden Lokalsorten, oft ohne noch entdeckt und beschrieben worden zu sein, und auch ihr genetischer Reichtum verschwindet, der in Zukunft immer wichtiger wird, da ein Großteil der modernen Apfelzüchtungen auf eine Handvoll Apfelsorten zurückgeht.

Menschen für diese gefährdete Vielfalt zu begeistern, ist seit über 25 Jahren die Mission der Arche Noah. Die Arche Noah-Handbücher, die Dank der wunderbaren Zusammenarbeit mit der Gartenbuchautorin Andrea Heistinger und dem Löwenzahn Verlag seit 2004 erschienen sind, haben hoffentlich einen nützlichen Beitrag dazu geleistet, Gärtnerinnen und Gärtner zu Anbau, Pflege, Nutzung und Erhaltung der Kulturpflanzenvielfalt zu inspirieren und sie dabei auch zu unterstützen.

Das Erscheinen des „Handbuch Bio-Obst" markiert für uns einen weiteren Meilenstein. Ich freue mich sehr, dass es nach jahrelangen Vorarbeiten nun so weit ist, dass Sie das Buch in Händen halten können. Unser Anspruch war es, mit diesem Handbuch einen umfassenden und fundierten Ratgeber für den vielfältigen, ökologischen Obstbau anzubieten, und wir hoffen und denken, dass dies auch gelungen ist. Ihre Rückmeldungen, Anregungen und Kritik sind herzlich willkommen, und ich wünsche Ihnen ganz viel Freude bei der Arbeit mit alten Obstsorten – und beim Entdecken und Genießen der unzähligen Aromen.

Großer Dank gilt meinen Kollegen Bernd Kajtna und Johannes Maurer, die ihr in vielen Jahren aufgebautes Wissen in diesem Buch für Sie gebündelt haben – eine Herausforderung neben den zahlreichen Projekten, der pomologischen Arbeit der Forschung, Sammlungserhaltung, Sortenbestimmung und Beratung. Dank auch an unseren ehemaligen Kollegen Roland Gaber für die Vorarbeiten für dieses Buch. Dank an die engagierte und professionelle Betreuung des Buches durch das Team im Löwenzahn Verlag und an die Grafikerin Judith Eberharter fürs gekonnte Umsetzen der umfangreichen Inhalte. Dank an Rupert Pessl für seinen fotografischen und an Katharina Heistinger für ihren zeichnerischen Einsatz sowie an alle, die uns Bildmaterial oder Zeichnungen überlassen haben.

Die Erfahrungen vieler Menschen aus dem Arche Noah-Netzwerk sind in das Buch eingeflossen. Wir danken euch allen für diese überaus großzügige Weitergabe vieler wertvoller Tipps und Anregungen. Mögen die Pflanzen-Vielfalt und das Wissen frei bleiben, sich vermehren und entfalten, zum Wohl von Mensch und Natur. Dafür wollen wir uns auch weiterhin einsetzen,

mit besten Grüßen

Beate Koller
Arche Noah-Geschäftsführerin

Obstbäume liefern uns nicht nur reiche Ernte, sondern erfreuen das Auge auch in der Blütezeit.

Von der Versorgung mit Obst bis zur Erholung erfüllt ein Obstgarten viele Funktionen.

Einen Obstgarten planen und anlegen

Ein reich fruchtender Obstgarten ist sowohl faktisch wie symbolisch ein paradiesischer Zustand. Ein Ort des Überflusses und der süßen Früchte, der Verlockung und des Genusses. Die Perser nannten ihn Pardes, die Römer Paradisus und im Christentum wurde daraus das Paradies. Doch während in diesen Bildern der paradiesischen Zuschreibung die Arbeit ausgeblendet scheint, beschäftigt sich dieses Kapitel mit den handfesten Schritten, wie ein Obstgarten entstehen kann: Wie plant man einen Obstgarten? Was ist wichtig für die Anlage? Nach welchen Kriterien wählt man passende Arten und Sorten aus? Das folgende Kapitel soll Ihnen helfen, einen für Sie passenden Obstgarten zu planen und anzulegen. Alle Überlegungen sollten vom eigenen Standort, der eigenen verfügbaren Zeit für Anlage und Pflege und den eigenen Vorlieben ausgehen. Die Details zu den Standortbedingungen der einzelnen Obstarten finden Sie bei den → Artenporträts.

Über Jahrhunderte waren die Obstgärten dem Adel und Klerus vorbehalten, doch längst stehen sie jedem offen, der ein Stück Erde bewirtschaften kann. Jede und jeder kann sich dort sein eigenes kleines Paradies schaffen. Ein wenig Wissen und Planung braucht es jedoch, um erfolgreich die unterschiedlichen Obstarten zu kultivieren. Wer regelmäßig aus seinem Garten Obst ernten möchte oder diesen sogar zur Selbstversorgung nutzen will, ist gut beraten, möglichst viele und möglichst unterschiedliche Obstarten zu pflanzen. In kleinen Gärten kann das durchaus eine Herausforderung sein. Wen einmal die Obstlust gepackt hat, der stößt dann rasch an die Grenzen des Gartens, denn die Vielfalt an Obst- und Wildobstarten ist beinahe unüberblickbar groß. Ganz zu schweigen von der Sortenvielfalt, die einige Kulturarten zu bieten haben. Für (fast) jeden Standort und für (fast) alle Wünsche gibt es daher Sorten und Arten, die gut passen. Zudem ist es möglich, viele Baumobstarten als kleine Bäume zu kultivieren, so dass die Möglichkeiten auch in kleinen Gärten enorm sind.

Kriterien für die Auswahl der Obstarten und -sorten sowie Anzahl der Bäume und Sträucher und Baumformen

Bevor die Planung des Obstgartens beginnen kann, sind mehrere Fragen zu klären:

- Welchen Standort habe ich und welche Obstarten gedeihen an meinem Standort? → rechts
- Welche Obstarten möchte ich nutzen? → Seite 23
- Wie sind meine Lagermöglichkeiten für Obst? → Seite 23
- Bei einem gemietetem Garten/Selbsterntefeld: Wie viele Jahre kann ich den Garten nutzen? → Seite 24

Ein kleines Modell aus Halmen und Zweigen hilft bei der Planung, um sich die Verhältnisse der einzelnen Obstpflanzen besser vorstellen zu können.

- Welche Anbaumöglichkeiten habe ich in meinem Garten und welche muss ich neu errichten? → Seite 24
- Mit welchen Baumformen kann ich meinen verfügbaren Platz ausnutzen? → Seite 25
- Wie viele Bäume bzw. Sträucher brauche ich, um meinen Bedarf zu decken? → Seite 29

Welchen Standort habe ich und welche Obstarten gedeihen an meinem Standort?

Alle Obstarten stellen spezielle Ansprüche an die Temperatur, das Licht sowie die Wasser- und Nährstoffverfügbarkeit, um optimal zu gedeihen. Alle natürlichen Gegebenheiten, die Temperatur, Licht, Wasser- und Nährstoffverfügbarkeit beeinflussen, werden „Standortfaktoren" genannt (→ Tabelle, Seite 12). Vor der Planung eines Obstgartens sollten Sie sich daher vergegenwärtigen, wie Ihr Standort beschaffen ist. Kaum ein Grundstück ist vollkommen einheitlich. Speziell auf Hanggrundstücken gibt es meist Bereiche, die trockener sind, und andere, die feuchter sind. Genauso kann es Stellen am Grundstück geben, die zugig und damit kälter sind, und Stellen, die windgeschützt sind. Egal, wie groß oder klein der Garten ist: Eine Skizze des Grundstückes, in der die unterschiedlichen Standortbedingungen eingezeichnet sind, hilft, die verschiedenen Obstarten an die richtigen Stellen zu pflanzen. Je länger Sie Ihren Garten beobachten und kennen, desto besser und differenzierter werden Sie Bescheid wissen. Noch genauer als eine Skizze ist ein dreidimensionales Modell: Ein kleines Modell aus Halmen und Zweigen hilft bei der Planung, um sich die Verhältnisse der einzelnen Obstpflanzen besser vorstellen zu können. Im Modell werden dann die Bäume, Sträucher oder Rankpflanzen in ihrer endgültigen Größe dargestellt. Bevor das „Wunschmodell" angefertigt wird, sind einige grundlegende Überlegungen wichtig. So brauchen Kiwi-Pflanzen immer eine Befruchter-Pflanze. Das bedeutet, dass man auch mindestens für drei Kiwi-Pflanzen Platz haben muss. Oder: Wenn ich gerne einen Pfirsich setzen möchte, aber es in meiner Region viel regnet, muss ich mich eher für einen Zwetschkenbaum entscheiden.

Übersicht über die verschiedenen Standortfaktoren, die für die Planung eines Obstgartens relevant sind

Standortfaktoren, die Temperatur und Licht beeinflussen
Seehöhe
Neigung des Hangs
Ausrichtung des Hangs nach S/W/O/N (Exposition)
Staulage und Schattenlage
Standortfaktoren, die Wasser- und Nährstoffverfügbarkeit beeinflussen
Niederschlagssumme
Niederschlagsverteilung
Wasserspeicherkapazität, Regenverdaulichkeit
Grundwasserstand
Bodenart
Humusgehalt
Gründigkeit
Nährstoffgehalt
pH-Wert („Kalkgehalt")
Sonstige Standortfaktoren, die das Wachstum und die Ertragssicherheit beeinflussen
Hagelwahrscheinlichkeit
Wind und Windstärke
Spätfrostanfälligkeit
Temperaturminimum im Winter
Bodenverdichtungen

Seehöhe und Wärme

Viele Obstgehölze und Beerensträucher haben eine große Anbaubreite, sie können von sehr warmen Lagen bis auf über 1.000 Meter Seehöhe kultiviert werden. Die Anpassung an unterschiedliche Klimagebiete erfolgt vor allem über die Sortenvielfalt. Jede Obstart und jede Obstsorte benötigt eine gewisse Anzahl an Tagen mit Temperaturen über 5 °C, um auszureifen. Beim Apfel etwa gibt es Sorten, die in rauen Lagen gut gedeihen und deren Früchte sogar besser als in warmen Lagen schmecken. Es gibt aber auch Apfelsorten, die nur im Weinbauklima ausreifen (über 250 Tage mit Temperaturen über 5 °C). Ein anderes Beispiel: Für Mispeln reicht in Mitteleuropa in vielen Lagen die Wärmesumme nicht vollkommen aus. Sie reifen aber am Lager nach und werden so im November reif.

Aus der Sicht der Pflanze ist es weniger entscheidend, wie hoch die Temperaturen an den heißesten Tagen klettern, sondern wie groß die Wärmesumme über das Jahr ist. Generell brauchen Obstarten und -sorten, die spät im Jahr reifen, eine höhere Wärmesumme, frühreifende Sorten kommen mit weniger Wärme aus. Eine Ausnahme bilden besonders wärmebedürftige Arten wie z. B. Marille oder Pfirsich.

Umgekehrt wird in warmen Lagen die Hitze für manche Obstarten zum Problem werden. In heißen Lagen „zerkochen" Sommeräpfel beinahe am Baum und werden rasch mehlig. Ribiseln und Stachelbeeren gedeihen in solchen Lagen besser im Halbschatten anderer Gehölze. In sommertrockenen Regionen lässt der Holunder – der ein Flach-

Viele Apfelsorten gedeihen selbst in kalten Gebirgslagen.

wurzler ist – bei monatelangem völligem Ausbleiben von Regen alle Blätter fallen und bildet dann auch keine Beeren mehr aus.

Das Klima – und damit die Wärmeverhältnisse – ist allerdings kleinräumig sehr variabel. An einem Spalier vor einer südseitigen, ungedämmten Steinmauer gedeihen selbst in ungünstigen Lagen noch feinste Winterbirnen, die im Freistand nicht ausreifen würden. Ein Innenhof in rauen Lagen ist meist ausreichend geschützt, um die empfindlichen Blüten eines Marillenbaums gegen Spätfröste zu schützen. In kühlen und kalten Gegenden muss daher viel Augenmerk darauf gelegt werden, wo die geschütztesten Plätze am Grundstück sind. Hier können meist auch noch empfindlichere Arten und Sorten genutzt werden.

Temperaturminimum im Winter

Wintertemperaturen von -20 °C und darunter werden von den meisten Obstarten problemlos vertragen. Empfindlich gegen Winterkälte sind Marille, Mandel, Pfirsich, Feige, Quitte, Maroni und Weinreben. In besonders kalten Wintern außerhalb des Weinbaugebiets erfrieren diese Pflanzen ohne Winterschutz regelmäßig. Bei Kirschen verursachen Winterfröste unter -20 °C Schäden am Stamm und an den Trieben. Daher sind dem Anbau von Kirschen in Höhenlagen Grenzen gesetzt. Hingegen sind Weichseln etwas frosthärter.

Für Mispeln reicht in Mitteleuropa die Wärmesumme meist nicht vollkommen aus. Sie reifen aber am Lager nach und werden so im November reif.

Für viele Obstarten problematisch sind hingegen starke Temperaturschwankungen im Spätwinter, wenn etwa tagsüber die Sonne die Stämme aufheizt und es nachts wieder zu starkem Frost kommt. Dadurch entstehen Spannungen im Holz, die zum Aufreißen der Rinde führen. Diese Risse sind Eintrittspforten für Schaderreger, die Gummifluss, Wucherungen und das Absterben der Bäume nach sich ziehen können.

Mit einem Kalkanstrich oder dem Abdecken des Stammes (→ Seite 65) im Herbst kann der Stamm vor diesen Frostrissen geschützt werden. Die helle Farbe reflektiert die Sonne und verhindert so eine zu starke Erwärmung.

Ausrichtung und Neigung des Hanges

Die Ausrichtung des Hanges beeinflusst die verfügbare Wärmesumme und den Zeitpunkt des Austriebes im Frühling. Besonders warme und

Ein Kalkanstrich verhindert Frostschäden im Winter und Hitzeschäden im Sommer.

frühe Lagen sind Südhänge (sie sind Richtung Süden ausgerichtet). Gleichzeitig sind sie oft auch trocken, da einerseits das Wasser am Hang abfließt und andererseits die Sonneneinstrahlung sehr stark ist. Auf Südhängen werden daher oft Kirschbäume gepflanzt, denen diese besonderen Bedingungen sehr entsprechen. Leichte Nordhänge sind günstig für spätfrostgefährdete, aber wärmebedürftige Arten wie Marille oder Pfirsich. Im Winter ist hier die Sonneneinstrahlung durch die tief stehende Sonne gering, was zu einer verzögerten Blüte führt. Im Sommer, wenn die Sonne hoch steht, erhalten die Bäume aber ausreichend Wärme.

Bei steilen Hängen ist zu beachten, dass das Regenwasser sehr rasch abfließt. Durch Längsgräben quer zum Hang oder durch Terrassen kann der Wasserabfluss verlangsamt werden, mehr Wasser versickert und ist damit für die Pflanzen verfügbar.

Spätfrostanfälligkeit

Spätfröste schädigen meist nicht die Bäume, zerstören aber die Blüte. Vor allem bei Marillenbäumen bringt das regelmäßig Ertragsausfälle. Wo die wärmsten Stellen am Grundstück sind, lässt sich bei Spätfrösten ganz gut beobachten. Dort, wo kein Reif am Morgen zu sehen ist, ist der beste Platz für die Frühblüher.

Spätfröste treten auf, wenn es spät im Frühling noch einmal – meist in der Nacht – friert. Berühmt für sehr späte Frostnächte ist die Zeit um die drei Eisheiligen Mitte Mai. Aber auch früher oder später können sie Probleme bereiten. Gefährdet sind besonders Tal- und Muldenlagen, da die kalte Luft immer zum tiefsten Punkt absinkt. Dort bilden sich Kaltluftseen, in denen Frost auftritt, während es auf den Hängen darüber wärmer ist. Der gleiche Effekt tritt auch bei Gebäuden auf, die am Hang stehen und bei denen die kalte Luft durch seitliche Gebäude nicht abfließen kann. Im dicht bebauten Gebiet ist das besonders zu beachten. Auch entlang von Bächen ist die Spätfrostgefahr oft erhöht.

Licht und Schatten

Obstgehölze sind lichthungrig und die Fruchtqualität sinkt mit einem Mangel an Sonne rapide. Im dunklen Schatten von Gebäuden sind die Pflanzen krankheitsanfälliger, da die Luftfeuchtigkeit höher ist, und sie versuchen immer in das Licht zu wachsen. Das führt vor allem bei Bäumen oft zu Problemen mit ungünstigen, zu dichten Kronenformen. Etwas besser ist der Schatten von Laubbäumen, da dieser lichtdurchlässiger ist. Einige Beerensträucher, Dirndl, Mispel und Haselnuss gedeihen auch im Halbschatten.

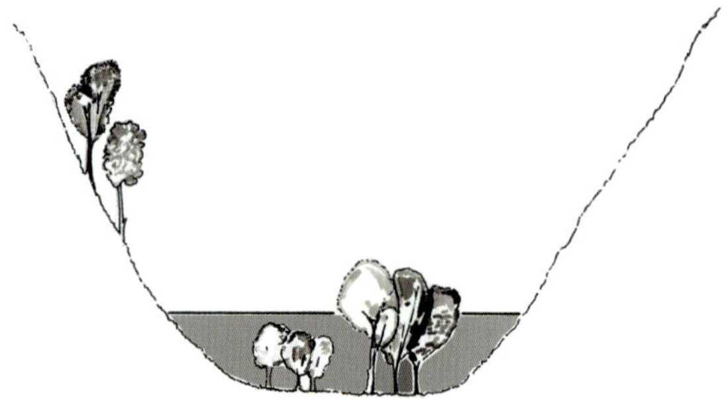

Kaltluftseen bilden sich in Beckenlagen und können noch spät im Frühjahr zu Frost führen. Weniger gefährdet sind Hanglagen. Hochstämme ragen oft zumindest mit einem Teil der Krone aus dem Kaltluftsee heraus.

In heißen Lagen werden Stachelbeeren besser in den Halbschatten anderer Gehölze gepflanzt.

Das Kleinklima verbessern

Während das Großklima einer Region vom Einzelnen nicht beeinflussbar ist, kann das Kleinklima am Grundstück mit vielerlei Maßnahmen verändert werden. Ziel ist es, den Wind zu bremsen und damit die Einwirkungen von kalten Winden zu verringern oder Wärmespeicher zu schaffen. Hierzu gibt es verschiedene Möglichkeiten.

Hecken als Windbremse: Wind hat einen stark abkühlenden Effekt. Eine dichte Hecke an der Nordostseite windexponierter Grundstücke bremst den Wind. In sehr exponierten Lagen – etwa auf einer Hügelkuppe – sollte immergrünen Pflanzen der Vorzug gegeben werden, da sie auch im Winter und während der Blüte einen guten Schutz bieten. Gut geeignet sind Eibe, Fichte, Scheinzypresse oder Thuje. Für mäßig windige Lagen reichen Hecken aus Laubgehölzen aus.

Bei Grundstücken in Muldenlagen sollten Hecken im oberen Bereich des Hangs gepflanzt werden. Sie reduzieren während der Blüte die Gefahr von Spätfrösten, da sie das Absinken der kalten Luftschicht in die Mulde bremsen.

Andererseits kann eine Hecke aber auch Nachteile bringen: So dürfen am Hang oberhalb einer Hecke keine spätfrostgefährdeten Bäume gepflanzt werden.

Steine als Wärmespeicher: Steinmauern können als Windbremse und Wärmespeicher für kleinere Obstgehölze genutzt werden. Dabei spielt es keine Rolle, ob sie trocken verlegt oder gemauert sind.

Spaliere am Haus: Hausmauern bieten für viele Obstgehölze einen besonders günstigen Platz, vor allem, wenn die Wände ungedämmt sind. Denn dann kann das Gemäuer untertags Wärme speichern, die es in der Nacht wieder abstrahlt. Diese Stellen sind meist auch windberuhigt und der Dachvorsprung schützt die Pflanzen vor zu viel Nässe. Genutzt werden sollte dieser Effekt vor allem für die Gehölze, denen es, wenn sie frei und ungeschützt stehen, zu kalt wäre. In regenreichen Gebieten sollte vor allem das Steinobst (Marille, Pfirsich, Zwetschke) an die Wand gepflanzt werden, um den Befall mit dem Feuchtepilz Monilia zu verringern.

Genutzt werden können alle Seiten eines Gebäudes. Am wärmsten wird es an der Süd- und der Westseite. Frühblühende Arten wie Marille sollten in spätfrostgefährdeten Lagen an die Ost- oder sogar an die Nordwand gepflanzt werden. Dort treiben sie später aus und fruchten zuverlässig bei ausreichender Qualität. An der Südwand gepflanzt, würden sie noch früher blühen und die Gefahr für Frostschäden würde steigen.

Niederschlag

Viel Niederschlag oder eine hohe Luftfeuchtigkeit durch Nebel fördern Pilzkrankheiten besonders. Beim Kernobst tritt hier Schorf sehr stark auf, bei Steinobst Monilia und andere Krankheiten. Die einzelnen Obstsorten sind unterschiedlich anfällig für diese Krankheiten, durch geschickte Sortenwahl können daher Probleme auf ein erträgliches Maß verringert werden. Gleichzeitig ist es uner-

Spaliere an ungedämmten Wänden sind besonders gut für wärmebedürftige Sorten und Arten geeignet.

Unter dem Dachvorsprung sind die feuchteempfindlichen Marillen in regenreichen Gebieten vor zu viel Nässe geschützt.

lässlich für das Gedeihen der Obstgehölze, dass die Niederschläge regelmäßig über die Vegetationsperiode verteilt sind. Besonders, wenn nicht bewässert werden kann. Kritische Punkte in der Wasserversorgung sind dabei teilweise die Blütezeit und vor allem die Fruchtreifezeit. Kommt es in diesen Entwicklungsphasen der Bäume zu einem Wassermangel, fallen im Extremfall die Früchte ab oder bleiben sehr klein und geschmacklos.

Wassergehalt des Bodens

Der Wassergehalt im Boden ist ein weiterer wichtiger Faktor für das Pflanzenwachstum. Er hängt von Bodenart, Niederschlagsmenge und dem Grundwasserstand ab. Alle Pflanzen lieben eine gleichmäßige Wasserversorgung. Die Toleranz der Obstgehölze gegenüber einem Zuviel oder Zuwenig an Wasser ist jedoch unterschiedlich. Kirsche, Marille, Birne und Mandel leiden unter einem Zuviel an Wasser, vertragen Trockenheit aber gut. Hingegen gedeihen Apfel und Zwetschke auf feuchteren Böden sehr gut. Beerensträucher und Kiwis sind im Allgemeinen anspruchsvoll und lieben gleichmäßige Bodenfeuchte.

Allgemein sehr schlecht vertragen wird Staunässe, also wenn die Pflanzen über einen längeren Zeitraum mit ihren Wurzeln im Wasser stehen. Staunässeböden sind meist daran zu erkennen, dass nach der Schneeschmelze im Frühling oder nach starken Regenfällen sich ein kleiner „See" bildet, der tagelang bestehen bleibt. Häufig ist eine lehmige Sperrschicht im Boden dafür verantwortlich, die das Versickern des Wassers verhindert oder stark verlangsamt. Staunässe kann auch tief liegende Bodenverdichtungen als Ursache haben, die durch Bauarbeiten, Lagerung von schweren Gütern, Befahren bei Nässe oder falsche Bodenbearbeitung entstanden sind. Besonders bei neu gebauten Häusern muss der Boden daher tief gelockert und eine mehrjährige Gründüngung (→ Kapitel „Der Beerenobstgarten", Seite 404) angebaut werden, bevor man Bäume und Sträucher setzt.

Wenn diese Sperrschicht im oberen Teil des Bodens ist, können Sie mit Punktdrainagen diese durchbrechen, damit das Wasser abfließen kann. Graben oder bohren Sie dazu Löcher mit mindestens 40 cm Durchmesser, die bis unter die

Überblick über die optimale Bodenfeuchte für wichtige Obstarten

trocken	mittel	feucht
Weintraube		
Felsenbirne		Pflaume (optimal)
Kirsche	Beerenobst	
Marille	Apfel	
Pfirsich	Birne	
	Pflaume (möglich)	

Sperrschicht reichen. Diese füllen Sie mit Rollkies 8/16 mm oder 16/32 mm bis 30 cm unter den Oberrand auf. Darauf legen Sie eine Lage Bauvlies und füllen den Rest mit normalem Boden auf. Bei flächigen Drainagen müssen Sie eventuell eine Bewilligung einholen, fragen Sie daher zuvor bei der zuständigen Behörde nach.

Bodenverdichtungen lassen sich am besten durch eine Kombination aus mechanischer Lockerung (Spaten, Grubber ...) und dem anschließenden Anbau einer Gründüngung beheben. Das reine Lockern hat keine nachhaltige Wirkung. Erst die Durchwurzelung mit tief wurzelnden Pflanzen wie zum Beispiel mehrjährige Luzerne, Raps oder Wicken stabilisiert den gestörten und verdichteten Boden. Der Anbau einer Gründüngung über zwei Jahre zur Sanierung von Bodenverdichtung ist unbedingt zu empfehlen: Wenn im Frühjahr eine mehrjährige Gründüngung angebaut wird, können die Bäume dann im Herbst des folgenden Jahres angebaut werden.

Tipp:

Der Wassergehalt im Boden hängt nicht nur von der Menge an Niederschlägen ab, sondern auch von der Fähigkeit des Bodens, das Wasser zu halten und für die Pflanzen zu speichern. In leichten (= sandigen) Böden versickert das Wasser rasch in tiefere Schichten und bei Wind und Sonne verdunstet die Bodenfeuchte schneller als in schweren Böden. In solchen trockenen Böden hilft selbst Gießen oft wenig. Mulchen ist sehr zu empfehlen.

Die Bodenart

Boden setzt sich aus Sand (Teile mit einer Größe von 0,06–2 mm), Schluff (2–63 µm) und Ton (kleiner als 2 µm) zusammen. Zwischen diesen Teilen befindet sich Humus, der den Boden locker macht und als Nährstoffspeicher dient.

Kennt man ungefähr das Verhältnis von Sand, Schluff und Ton zueinander, können verschiedene Bodeneigenschaften abgeleitet werden. Mit Hilfe der Fingerprobe kann dieses Verhältnis grob abgeschätzt werden.

Dazu wird eine walnussgroße Probe des feuchten, aber nicht nassen Bodens zwischen den Handtellern zu einer Kugel geformt und anschließend zu einer dünnen Walze von halber Bleistiftstärke ausgerollt.

- Zerbröckelt die Walze beim Ausrollen, ist ein hoher Sandanteil im Boden, je besser der Boden dabei formbar ist, umso mehr Lehm ist darin.
- Lässt sich eine Walze formen, die nicht zerfällt, ist der Tonanteil recht hoch. Verreibt man einen Teil der Erde zwischen den Fingerspitzen, fühlt und sieht man, wie viel Sand dem Ton beigemischt ist. Sind keine Sandkörner spürbar, ist der Tongehalt sehr hoch.

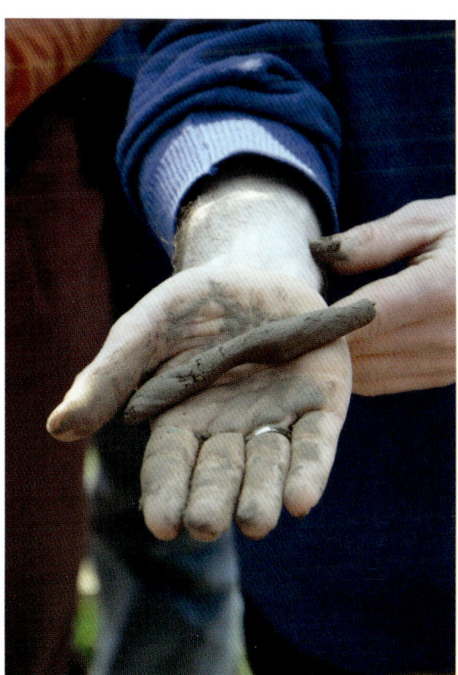

Mit der Fingerprobe kann festgestellt werden, welche Bodenart im Garten vorhanden ist.

Grobe Übersicht über die Klassifizierung von Böden anhand der Fingerprobe

Fingerprobe	Bodenklasse	Eigenschaften	Eignung
Rolle zerbröselt stark	Sandboden	nährstoffarm, trocken, Boden erwärmt sich rasch und kühlt rasch aus	für Obst geeignet, wenn die Wasserversorgung sichergestellt ist, regelmäßige Düngung erforderlich
Rolle zerbröselt, aber lässt sich einigermaßen formen	lehmiger Sandboden	gut mit Nährstoffen versorgt, Boden kann Wasser gut speichern und erwärmt sich ausreichend schnell, guter Gasaustausch	optimaler Boden für alle Obstarten
Rolle zerbröselt nicht, Sand ist deutlich zwischen den Fingern zu spüren	sandiger Lehmboden		
Rolle zerbröselt nicht, Sand ist nicht oder kaum fühlbar	Tonboden	sehr nährstoffreich, sehr gute Wasserversorgung, aber schwer zu befeuchten, wenn einmal trocken, Gefahr der Staunässe, schlechter Gasaustausch, erwärmt sich langsam = kalter Boden, schwer zu bearbeiten	problematisch für viele Obstarten, da der Gasaustausch erschwert ist, Sand in Pflanzlöcher beimischen (50 %)

Mittelschwere, lehmige Sandböden oder sandige Lehmböden bieten für alle Obstgehölze günstige Wachstumsverhältnisse.

Sandige, leichte Böden sind zumeist trocken und nährstoffarm. Sie können Nährstoffe und Wasser nicht gut halten. Ohne Bewässerung sind solche Böden noch geeignet für Weichsel, Kirsche, Marille, Birne (eingeschränkt auf anspruchslosere Sorten), Dirndl und Felsenbirne. Um bessere Bedingungen zu erhalten, sollte der Boden mit Kompost und Mulchen langsam verbessert werden. Mit einer ausreichenden Bewässerung können auch die restlichen Obstarten gepflanzt werden. Aufgrund des Nährstoffmangels sollten die Gehölze regelmäßig mit Kompost oder mit anderen organischen Materialien gedüngt werden.

Tonige, schwere Böden sind zwar meist nährstoffreich, aber für viele Obstgehölze problematisch, da sie schlecht durchlüftet und schwer durchwurzelbar sind. Vor allem Gewächse, die luftige Bodenverhältnisse bevorzugen – Birne, Kirsche, Mandel, Marille, Pfirsich, Quitte und Felsenbirne –, leiden unter solchen Bedingungen und reagieren oft mit Gelbfärbung der Blätter und verstärkten Frostschäden sowie höherer Krankheitsanfälligkeit. Will man dennoch auf diese Arten nicht verzichten, muss man den Boden großflächig mit Sand aufbereiten, um die Luft- und Wasserverhältnisse zu verbessern. Bei tonigen Böden sollte das Pflanzloch für Bäume zumindest einen Meter im Durchmesser umfassen und einen halben Meter in die Tiefe reichen. Beim Ausfüllen des Pflanzloches kann die ausgehobene Erde verwendet werden, der 50 % Sand (idealerweise Quarzsand) zugefügt ist.

Böden mit einem hohen Lehmgehalt reißen auf, wenn sie austrocknen.

Am besten gedeihen auf solchen schweren Böden Apfel, Dirndl, Haselnuss und Zwetschke.

In Österreich gibt auch die elektronische Bodenkarte „eBod" einen Überblick über die Bodenverhältnisse auf landwirtschaftlichen Flächen; oft kann damit auch auf benachbarte Gartengrundstücke rückgeschlossen werden.

www.bodenkarte.at

Kalkgehalt des Bodens

Neben dem Bodengefüge sind der Kalkgehalt und der Säuregrad eines Bodens bedeutsam bei der Pflanzung von Obst. Ist ein Boden sauer, so ist sein Kalkgehalt gering. Ist ein Boden hingegen basisch, so ist sein Kalkgehalt in der Regel hoch. Ein Maß für den Säuregehalt ist der pH-Wert. Er kann bei Werten von 0 bis 14 liegen, wobei 0 extrem sauer bedeutet, 14 extrem basisch und 7 neutral.

Der pH-Wert des Bodens kann mit einfachen Bodentests gemessen werden, die im Handel erhältlich sind. Kern- und Steinobst gedeiht optimal bei einem pH-Wert von 6,0–6,5, also in leicht saurem Boden. Beerenobst hat es gerne noch ein wenig saurer und bevorzugt einen pH-Wert von 5,5–6,0. Heidel- und Preiselbeeren brauchen einen sehr sauren Boden. Bei pH-Werten über 4,5 leben sie meist nicht lange. Mit speziellen Substraten können Heidelbeeren aber auch in kalkreichen Regionen gezogen werden (→ Artenporträt „Kultur-Heidelbeere", Seite 450).

Gegen hohen Kalkgehalt sind viele Obstgehölze empfindlich. Bereits ab einem pH-Wert von 7 können Birne (allerdings auch nur, wenn sie auf Quitte veredelt wurde, → Kapitel „Obstgehölze vermehren", Seite 160), Ribisel, Himbeere, Pfirsich, Wein und Kiwi mit der sogenannten Kalkchlorose reagieren. Sie äußert sich durch Gelb- bis Weißwerden der jüngsten Blätter und einem Kümmern der ganzen Pflanze (→ Kapitel „Pflanzengesundheit im Obstgarten", Seite 128).

Bei der Pflanzenauswahl stehen heute bei Obst und Wein kalkverträglichere Veredelungsunterlagen zur Verfügung, womit eine gewisse Anpassung möglich ist. Auch durch Mulchen mit sauren Materialien wie Rindenmulch, Nadelstreu oder Eichen- und Nusslaub lässt sich der pH-Wert langfristig leicht senken. Kurzfristig verschärfen sich die Symptome allerdings dadurch. Auf gute Bodenlockerung sollte jedenfalls geachtet werden. Grasunterwuchs sollte bei starker Ausprägung entfernt werden. In kalkreichen Regionen sollte zum Gießen nur Regenwasser verwendet werden, da dieses leicht sauer ist.

Grundsätzlich lässt sich der natürliche pH-Wert des Bodens nur unter großem Aufwand in die eine oder andere Richtung verändern. Böden sind meist gut „gepuffert", das bedeutet, Säuren werden sozusagen abgefangen und der natürliche pH-Wert eines Bodens bleibt trotz Zugabe von Säuren konstant.

Die in Rindenmulch und Eichen- bzw. Nusslaub enthaltenen Gerbstoffe schädigen zu einem gewissen Grad auch die Wurzeln. Daher sollten sie nur bei Bäumen oder größeren Sträuchern zum Mulchen verwendet werden. Eine andere Möglichkeit ist, frischen Rindenmulch ein Jahr auf den Wegen aufzubringen. Dort verhindert er das Aufkommen von Gras und gleichzeitig wird ein großer Teil der Gerbstoffe und anderer Schadstoffe ausgewaschen. Danach kann er gut als Mulch verwendet werden.

Heidelbeeren reagieren mit Kalkchlorosen auf zu hohen Kalkgehalt im Boden. Die Blattspreite ist aufgehellt, während die Blattadern dunkelgrün bleiben.

Standortansprüche der wichtigsten Obstarten

Die Tabelle gibt einen Überblick über die Ansprüche der wichtigsten Obstarten an den Boden und das Klima. Zu beachten ist, dass vor allem beim Baumobst auch die einzelnen Sorten spezielle Standortansprüche haben können. Das führt dazu, dass einzelne Sorten auch auf „schlechteren" Standorten noch gedeihen. Details zu den Ansprüchen der Sorten finden Sie in den einzelnen → Artenporträts.

Name	Temperaturansprüche	Wasserversorgung (Niederschlag)	Boden	Frosthärte
Apfel	grundsätzlich geringe Wärmeansprüche; je nach Sorte in wärmeren, kühl-gemäßigten oder auch rauen Regionen	ideal ca. 800 mm Niederschlag; für trockene Regionen nur wenige Sorten geeignet (außer, die Pflanzen werden bewässert); in feuchteren Regionen auf passende Sorten und guten Wasserabzug achten	feuchte, aber nicht nasse, gute, durchlässige Böden	Frosthärte sehr gut, gering anfällig gegen Spätfröste
Apfelbeere (Aronia)	stellt nur geringe Ansprüche an Standort und Klima	gedeiht besonders gut an Standorten mit hoher Luftfeuchtigkeit	feuchte Böden, in trockenen Regionen mulchen und gießen	sehr gut, bis -23 °C
Berberitze (Sauerdorn)	anspruchslos, wilde Berberitzen wachsen auf Waldlichtungen und Waldrändern	bevorzugt trockene bis mäßig feuchte Standorte	kalkliebend, sonst sehr anspruchslos, Pioniergehölz	sehr gut
Birne	Wintersorten wärmebedürftig (Weinbauklima), Sommer- und Herbstsorten mit Apfel vergleichbar	grundsätzlich wie Apfel, kommt aber auch mit geringeren Niederschlägen gut zurecht	je edler die Sorte, umso anspruchsvoller, liebt tiefgründige Böden, verträgt leichte Trockenheit, meidet Nässe	Winterfrosthärte sehr gut, etwas anfälliger gegen Spätfröste als Apfel
Brombeere	mittlere Wärmeansprüche (Brombeeren wachsen zwar überall, aber die Früchte reifen nicht überall aus)	ertragreicher bei gleichmäßigen Niederschlägen	bevorzugt Böden mit gutem Wasserhaltevermögen, sonst mulchen	raue Standorte mit Dauerfrost vermeiden, manche Sorten geringe Frosthärte, Winterschutz mit Reisig ist vorteilhaft
Erdbeere	geringe Wärmeansprüche, fruchtet in Höhenlagen später	ertragreicher bei gleichmäßigen Niederschlägen	nährstoffreiche, lehmige bis humose Böden, mäßig kalkverträglich	grundsätzlich geringes Frostrisiko (außer Kahlfröste), etwas spätfrostempfindlich
Kupfer-Felsenbirne	geringe Wärmeansprüche		trockene, nicht zu kalkige Böden	gut frosthart
Goji-Beere	geringe Wärmeansprüche		sehr anspruchslos und anpassungsfähig	
Himbeere	geringe Wärmeansprüche	braucht gleichmäßige Feuchte, mit Kompost oder Laub mulchen	humusreiche, lockere Böden, geringe Kalkverträglichkeit	sehr hohe Frosthärte

Name	Temperaturansprüche	Wasserversorgung (Niederschlag)	Boden	Frosthärte
Haselnuss	für guten Fruchtansatz ausreichende Wärme notwendig		erträgt keine stauende Nässe, sonst geringe Ansprüche an den Boden	spätfrostgefährdet, aber hohe Winterfrosthärte
(Kultur-) Heidelbeere	unterschiedlich je nach Sorte		braucht sauren Boden, ist der im Garten nicht vorhanden, kann auch ohne Torf ein „Moorbeet" angelegt werden	die meisten üblichen Sorten sind bis -25 °C frosthart, Blüte in den ersten Jahren spätfrostgefährdet
Kornelkirsche	Kultursorten wie ‚Colico' reifen nur im Weinbauklima aus, als Wildobst auch im gemäßigten Klima	wächst auch im Halbschatten	liebt humose, kalkhaltige und nicht zu trockene Böden	gute Winterfrosthärte, empfindlich gegen Spätfröste
Kirsche	geringe Wärmeansprüche, doch mäßig frosthart	niederschlagsarme, luftige und sonnige Lagen (Südhänge) verringern Aufplatzen der Früchte	erträgt Trockenheit sehr gut, stauende Nässe hingegen gar nicht, kalkverträglich	je nach Sorte mäßige bis mittlere Anfälligkeit für Spätfröste; Winterfrosthärte bis -20 °C (darunter Frostschäden am Holz)
Kiwi	sehr wärmebedürftig	in Trockenlagen Bewässerung	kalkarme, nährstoffreiche und feuchte Böden	geringe Winterfrosthärte (ab -12 °C treten Schäden auf), spätfrostgefährdet
Kleinfrüchtige Kiwi	wärmebedürftig, an geschützten Plätzen bis 800 m	wächst auch im Halbschatten	anspruchsloser als Echte Kiwi und kalkverträglicher	frosthart und weniger spätfrostgefährdet
Schwarze Maulbeere	benötigt Weinbauklima		nährstoffreiche, feuchte Böden	geringe Frosthärte
Weiße Maulbeere	anpassungsfähiger als Schwarze Maulbeere, bevorzugt aber warme Lagen		bevorzugt kalkhaltige, nicht zu schwere Böden	mäßige Frosthärte
Mandel	nur für Weinbauklima	verträgt hohe Niederschlagsmengen (über 600 mm) schlecht, hier als Spalierbaum	gedeiht auch auf trockenen Böden	mäßig frosthart, sehr spätfrostempfindlich
Marille (Aprikose)	Weinbauklima, in kühleren Lagen nur an geschützten Stellen, auf Südhängen bis 1200 m	bevorzugt Regionen mit geringen Niederschlägen	braucht lockere, leicht trockene und nährstoffarme Böden; verträgt nasse oder sehr lehmreiche Böden nicht	mäßig frosthart, sehr spätfrostempfindlich
Maroni (Edelkastanie)	Weinbauklima und im gemäßigten Klima auf Südhängen	benötigt in trockenen Regionen Bewässerung	schwach saure Böden (mit Sortenausnahmen)	windige Lagen meiden, mäßig frosthart

Name	Temperaturansprüche	Wasserversorgung (Niederschlag)	Boden	Frosthärte
Mispel (Asperl)	gemäßigtes Klima, in raueren Lagen an sonnenexponierten Stellen (Südwand)	trocken bis mäßig feucht	bevorzugt tiefgründige oder durchlässige Böden mit hohem Kalkgehalt	sehr frosthart, spätblühend und daher nicht blütenfrostgefährdet
Pfirsich, Nektarine	Weinbauklima, Weingartenpfirsich auch in kühleren Lagen, aber kurzlebig	geringe Niederschlagsmenge von Vorteil	liebt offene und feuchte Böden (Baum im Gemüsegarten), in Wiese nur, wenn genügend feucht und nicht verdichtet, gering kalkverträglich	mäßig frosthart, spätfrostanfällig (Ausnahme: Weingartenpfirsich)
Kultur-Preiselbeere		braucht gute Wasserversorgung, verträgt auch Halbschatten	wächst nur auf sauren und feuchten Böden (pH-Wert 5–6,5)	extreme Frost- und Spätfrostlagen vermeiden
Schwarzer Holunder	auch noch in raueren Lagen	braucht gute Wasserversorgung, da Flachwurzler	wächst überall, gedeiht auf humosen, nährstoffreichen und tiefgründigen Böden besonders gut	sehr frostfest
Schisandra, Chinesisches Spaltkörbchen	gedeiht auch gut im Halbschatten			winterhart, sehr spätfrostempfindlich im Laub
Stachelbeere	→ Rote und Schwarze Johannisbeere			
Speierling	bevorzugt Weinbauklima, gedeiht auch in mittleren Lagen (Laubwälder)		gedeiht auf kalkigen und kargen Standorten besonders gut	
Quitte	wärmebedürftig: Weinbauklima und geschützte Lagen		geringe Bodenansprüche, verträgt keine hohen Kalkgehalte	mäßige bis mittlere Frosthärte, vor allem Wurzeln sind empfindlich – Winterschutz bei Kahlfrösten
Rote und Schwarze Johannisbeere	bis in raue Lagen	braucht in trockenen Regionen gute Wasserversorgung	humusreiche, leicht bis stark saure Böden	hohe Frosthärte
Walnuss	Weinbauklima und manche Sorten auch in Höhenlagen bis 800 m		geringe Ansprüche an den Boden, Ausnahme: staunasse und tonige Böden meiden	geringe bis mäßige Frosthärte, Sorten unterschiedlich spätfrostgefährdet
Weichsel	weniger wärmebedürftig als Kirsche		geringe Ansprüche an den Boden	

Name	Temperaturansprüche	Wasserversorgung (Niederschlag)	Boden	Frosthärte
Japanische Weinbeere	Weinbauklima und mittlere Lagen	verträgt Trockenheit, gedeiht aber auch in niederschlagsreicheren Regionen	sehr geringe Ansprüche an den Boden, Ausnahme: nasse und verdichtete Böden sind nicht geeignet, kalkempfindlich	mäßige bis geringe Frosthärte
Weintraube	Weinbauklima, in mittleren Lagen frühreifende Sorten und an geschützten Plätzen	verträgt Trockenheit	geringe Ansprüche, Nässe und Verdichtungen meiden, kalkempfindlich	Blüten und frische Triebe mäßig frosthart, daher spätfrostgefährdet
Zwetschke, Mirabelle, Ringlotte, Kriecherl ...	Wärmebedürfnis gering, außer bei spätreifenden Sorten	bevorzugen ziehende Nässe, vertragen Trockenheit, gedeihen auch in niederschlagsreicheren Regionen	vertragen sogar stauende Nässe noch einigermaßen	frosthart, etwas blütenfrostanfällig

Quelle: eigene Zusammenstellung

Welche Obstarten möchte ich nutzen?

Wenn Sie bereits eine Liste der Arten haben, die bei Ihnen gedeihen, hängt diese Frage vor allem von Ihren Vorlieben ab. Lassen Sie sich dabei ruhig auch manchmal auf Experimente ein und pflanzen Sie Obstarten, die Sie noch nicht kennen. Vieles wird Sie positiv überraschen, und für dasjenige Obst, das dann doch nicht Ihren Geschmack trifft, findet sich normal im Familien- und Freundeskreis ein dankbarer Abnehmer.

Wie sind meine Lagermöglichkeiten für Obst?

Für alle Obstarten, die im Sommer reifen, gilt, dass eine Lagerung nur sehr kurz möglich ist. Relevant sind die vorhandenen Lagerbedingungen vor allem bei spätreifenden Sorten von Apfel und Birne und bei Arten, die in unserem Klima nicht ausreifen, wie Kiwi oder Mispeln.

Bei der Lagerung müssen zwei Parameter beachtet werden. Das Obst soll einerseits bei niedriger Temperatur gelagert werden, um die Reife zu verzögern, und andererseits bei einer hohen Luftfeuchtigkeit, die ein Eintrocknen der Früchte verhindert. Details dazu finden Sie im Kapitel → „Obst lagern", Seite 206.

Wenn Sie gute Lagermöglichkeiten haben, können Sie bei Apfel Sorten wählen, die bis in den folgenden Sommer haltbar sind. Hier gelingt eine Ganzjahresversorgung sehr gut. Winterbirnen sind im Naturlager längstens bis März lagerfähig.

Sollten Sie keine Lagermöglichkeiten haben, ist Ihre Sortenauswahl bei diesen beiden Arten beschränkt auf Sorten, die im Sommer oder Herbst reifen. Auch Arten, die bei Ihnen nicht am Baum ausreifen und nachgelagert werden müssen, werden dann ausscheiden.

Ein kühler, feuchter Keller ist für die Lagerung von Äpfeln ideal.

Bis Ende des Jahres lässt sich Obst ganz gut auch in ungeheizten Garagen oder Hütten lagern. Danach besteht meist die Gefahr, dass es friert.

Bei einem gemieteten Garten/ Selbsterntefeld: Wie viele Jahre kann ich den Garten nutzen?

Als grobe Faustregel gilt: Je größer ein Gehölz wird, umso länger braucht es, bis es in Ertrag kommt. Für Gärten, die nicht langfristig gemietet sind, empfiehlt es sich daher, vor allem kleinere Gehölze zu pflanzen, die bald beerntet werden können. Die klassischen Beerenobstarten – Erdbeere, Johannisbeere, Himbeere und Brombeere, aber auch Kamtschatka Heckenkirsche, Japanische Weinbeere und Aronia – tragen alle schon im Pflanzjahr einige Früchte und im Folgejahr bereits sehr gut. Diese Arten können Sie auch jederzeit, selbst nach zehn und mehr Jahren, wieder ausgraben und in einen neuen Garten übersiedeln. Ebenfalls lassen sie sich einfach und ohne großen Aufwand vermehren (→ „Obstgehölze vermehren", Seite 160). Bei den Kletterpflanzen beginnt Wein im zweiten Jahr zu tragen, Kiwi brauchen vier bis fünf Jahre. Auch bereits im Pflanzjahr tragen manchmal Quitte und Mispel.

Beim Baumobst trägt Apfel auf schwachwüchsigen Unterlagen (meist als Spindel oder Buschbaum im Verkauf) sehr früh, zum Teil bereits im zweiten Jahr. Je nach Unterlage und Sorte kann es jedoch auch vier bis fünf Jahre dauern. Kirschen, vor allem auf kleinen Baumformen, und Pfirsiche tragen meist auch bereits im zweiten Jahr. Birnen und Marillen brauchen teilweise etwas länger, Pflaumen meist noch länger. Möchten Sie trotz unsicherer Zukunft einen Hochstamm als potentiellen Schattenbaum setzen, empfiehlt sich die Kirsche, die auch aus starkwachsenden Unterlagen oft nach drei bis vier Jahren trägt.

Obstbäume können Sie relativ problemlos noch drei bis vier Jahre nach dem Pflanzen wieder umsetzen – dazu die Krone kräftig zurückschneiden.

Welche Anbaumöglichkeiten habe ich in meinem Garten und welche muss ich neu errichten?

Auch wenn Sie glauben, Ihr Garten ist schon voll, ein Plätzchen findet sich immer noch. Vor allem die Wände sind oft noch frei und bieten sich für Rankpflanzen oder für Spalierbäume an. Auch der Zaun lässt sich für Brombeeren oder Wein nutzen und eine Feige passt vielleicht im Topf noch auf die Terrasse.

Manche Arten brauchen Unterstützungsgerüste, es empfiehlt sich dabei, bereits bestehende Strukturen zu nutzen. Ein bestehender Zaun und etwas Draht reicht, und Sie können Himbeeren unkompliziert anbinden. Ein alter, absterbender Baum kann noch über Jahre als Rankunterlage für Kiwi oder eine robuste Weinsorte genutzt werden, ohne dass Sie aufwendig ein Stützgerüst bauen müssen. Ernten werden Sie dort genauso.

Unterstützungsgerüste eignen sich aber auch sehr gut, um den Garten zu gestalten und „Gartenzimmer" zu erschaffen – dadurch wird der Garten gefühlt größer. Ein frei stehendes Birnenspalier kann zum Beispiel den Nutz- vom Spielgarten abtrennen, der Durchgang kann von Kiwi umrankt werden. Selbst Laubengänge lassen sich mit Obstbäumen bepflanzen, hier kommen Sie vielleicht der Vorstellung vom Paradies am nächsten.

Für ältere oder in ihrer Beweglichkeit eingeschränkte Menschen kann Beerenobst auch auf

Selbst Laubengänge lassen sich mit einem Gerüst aus Obstbäumen formieren.

Hochbeeten gepflanzt werden, Heidelbeeren bieten sich dafür besonders an, da sie meist nicht in der normalen Gartenerde gedeihen (→ Artenporträt). Kurz, nutzen Sie den Garten und nutzen Sie das Obst, den Garten zu gestalten und dadurch in der Wahrnehmung zu vergrößern.

Mit welchen Baumformen kann ich meinen verfügbaren Platz ausnutzen?

Wie groß ein Obstbaum wird, wird in erster Linie von der Wuchskraft der Wurzeln bestimmt. Da Obstbäume nicht sortenecht über Samen vermehrt werden können (→ Kapitel „Obstgehölze vermehren", Seite 160), müssen sie veredelt werden. Dabei wird ein Teil eines Triebes einer guten Muttersorte auf ein junges Bäumchen (dieses wird Unterlage genannt) „gesteckt". Der Trieb und das Bäumchen verwachsen zu einer Einheit und bilden zukünftig einen Baum, der die gleichen Früchte trägt wie der Mutterbaum.

Traditionell wurden die Unterlagen aus Samen gezogen. Diese Sämlingsunterlagen zeichnen sich durch ein starkes Wachstum aus, sind sehr robust, brauchen etwa sieben bis zehn Jahre, bis sie Früchte tragen, und werden dafür 100 Jahre alt.

Alternativ dazu werden schon lange sogenannte Typenunterlagen als Bäumchen zum Veredeln verwendet. Dabei werden Triebe von speziellen Selektionen zum Bewurzeln gebracht. Da die Wurzelbildung am Trieb nur eine Notmaßnahme ist, bleiben die Wurzeln schwächer und dadurch der ganze Baum. Je nach Typenunterlage erreichen solche Bäume eine Höhe von zwei bis sieben Metern.

Die Einteilung von Obstbäumen erfolgt primär nach der Höhe des Astansatzes. Aus den verschiedenen Bezeichnungen kann aber auch auf die Wuchskraft und die Endgröße geschlossen werden. In guten Baumschulen steht die verwendete Unterlage auf dem Etikett und das Personal informiert darüber, was das für die Größe des Baumes bedeutet.

Baumformen für jeden Garten

Folgende Baumformen werden unterschieden (nähere Infos dazu → Kapitel „Obstgehölze vermehren", Seite 160):

Hochstamm: Der Kronenansatz liegt bei über 160 cm. Es ist die traditionelle Form für Streuobstwiesen in der Landwirtschaft. Die Sorten werden in der Regel auf Sämling veredelt. Der Vorteil ist,

Neben Straßen und auf landwirtschaftlich genutzten Wiesen bieten nur Hochstämme ausreichend Platz für Fahrzeuge und Maschinen.

dass die Wiese unter dem Baum gut genutzt und maschinell gepflegt werden kann. Für die Saftproduktion ist es die übliche Baumform. Nachteile sind die schlechte Pflückbarkeit und dass die Bäume erst mit 7–10 Jahren die ersten Früchte tragen. Pflanzabstand 8–12 m.

Halbstamm: Der Kronenansatz liegt zwischen 120 und 160 cm. Ein Halbstamm kann auf einen Sämling veredelt sein, dann ist er genauso starkwüchsig wie ein Hochstamm. Lediglich das Pflücken ist etwas einfacher. Halbstämme sind aber besonders sinnvoll, wenn sie auf speziellen, mittelstark wachsenden Typenunterlagen veredelt sind. Bei diesen Bäumen bleibt die Krone etwas kleiner und der Ertrag setzt früher ein. Die Lebensdauer ist trotzdem mit 50 Jahren und mehr hoch. Fragen Sie beim Kauf von Halbstämmen gezielt nach, wie groß der Baum wird. Grasunterwuchs ist bei Halbstämmen möglich, die Unternutzung allerdings kaum, auch das Mähen ist erschwert. Pflanzabstand 4–8 m.

Buschbaum (heute manchmal auch als Viertelstamm bezeichnet): Der Kronenansatz liegt bei 50 bis 70 cm. Die mittelgroßen Bäume zeichnen sich durch frühen Ertragsbeginn (2–4 Jahre) und mittlere Lebensdauer aus (30–50 Jahre). Sie werden auf mittelschwach wachsenden Unterlagen veredelt. Wegen ihrer schwachen Wurzeln brauchen sie meist zeitlebens einen Pflock als Stütze und eine gute Wasser- und Nährstoffversorgung. Grasunterwuchs ist nur bedingt möglich (bei entsprechendem Wasserangebot). Für niedrige Spaliere geeignet. Pflanzabstand 3–4 m.

Spindel oder Spindelbusch: Der Kronenansatz liegt bei 50 bis 70 cm. Die auf schwach wachsenden Unterlagen veredelten, kleinen Bäume bestechen durch sehr frühen Ertragsbeginn (oft schon im zweiten Jahr). Sie brauchen zeitlebens einen Pflock als Unterstützung, guten, offenen Boden

Spindelbäume können im Hausgarten zum Beispiel zum Einfassen des Grundstückes oder zum Unterteilen des Gartens verwendet werden.

und jährlichen Schnitt. Spindelbäume werden durch Schnitt in der Breite auf das gewünschte Maß begrenzt und wurzeln meist nicht sehr tief. Dadurch sind Spindelbäume ideal als Abgrenzung zwischen Gärten oder Gartenteilen geeignet. Ein Spalier ist hilfreich, um Äste flach zu binden. Pflanzabstand 2–3 m (1 m bei intensiver Kulturführung).

Säulenbäume: Bei Säulenbäumen wächst nur der Stamm immer weiter, während sich kurze Seitenverzweigungen bilden. Dadurch sind sehr enge Pflanzabstände von 50 cm möglich. Die Bäume werden 2–3 m hoch. Der Säulenwuchs ist nur bei speziell gezüchteten Sorten möglich, alte Sorten können nicht so gezogen werden. Bei Apfelsäulenobst ist kaum Schnitt notwendig, alle anderen Obstarten müssen 1–2-mal im Jahr geschnitten

Säulenbäume haben keine Seitenverzweigungen und tragen das Obst direkt am Stamm. Sie können sehr eng gepflanzt werden.

werden, damit der Wuchs erhalten bleibt. Aufgrund des sehr eingeschränkten Sortenspektrums dort empfehlenswert, wo Spindelbäume schon zu groß werden. Interessant vor allem für Topfkulturen auf Balkonen oder Terrassen.

Will man den Baum als Spalier ziehen, stehen verschiedene Möglichkeiten bei der Baumwahl zur Verfügung;

- **Das Spalier steht an der Hauswand und soll mehrere Meter bis zum Dach reichen:** Hier wird ein Baum benötigt, der auf Sämling oder einer stark wachsenden Typenunterlage veredelt ist. Kaufen Sie dafür einjährige Veredelungen, das sind Bäumchen, die noch keine Seitenäste haben. Diese Bäumchen können Sie nach dem Pflanzen in der Höhe abschneiden, in der die erste Etage des Spaliers sein soll. Im folgenden Sommer wird sich ein Trieb bilden, der weiter nach oben wächst, und Seitentriebe, die Sie waagrecht binden können (Anleitung zum Schnitt von Spalierobst → Seite 122).

Spaliere können an Hauswänden emporwachsen oder auch frei im Raum.

- **Das Spalier dient zur Abgrenzung und der einfachen Beerntung und soll nur rund 2 m hoch werden:** Hier können Sie Buschbäume oder Spindelbüsche kaufen. Achten Sie beim Kauf darauf, dass Sie zwei Seitenäste in Höhe der gewünschten ersten Etage haben.

Der Hochstamm im Garten

Im nicht zu kleinen Selbstversorgergarten ist der Hochstamm nach wie vor eine interessante Baumform, da er sehr wenig Platz „verbraucht". Da die Äste erst in Kopfhöhe beginnen, kann der Raum unter der großen Krone für andere Nutzungen herangezogen werden. Hühnerhaltung zum Beispiel ist interessant, da Hühner gerne im Schutz von Bäumen scharren und sie dabei gleich potentielle Schädlinge aufpicken. Aber auch schattentolerierende Gehölze wie Johannisbeere können zwischen den Stämmen gezogen werden oder die Fläche überhaupt als Waldgarten genutzt werden. Die Freizeitnutzung ist genauso möglich: Die Sandkiste steht im Schatten, eine Schaukel lässt sich auf ausgewachsenen Bäumen montieren und beim Spielen von Kindern sind Baumstämme äußerst beliebt.

Ein Hochstamm kann bei Kernobst in guten Jahren mehrere hundert Kilo Früchte tragen. Allerdings ist das Pflücken der Früchte im oberen Bereich der Krone mühevoll und nicht ungefährlich. Bei guter Schnittpflege ist aber ein schönes Stück des Ertrages im unteren Teil des Baumes. Bei Lagerobst reicht diese gut pflückbare Menge oft vollkommen für den Bedarf an Frischobst aus. Der Rest des Obstes kann dann nach dem Pflücken einfach abgeschüttelt und zu Saft oder Most verarbeitet werden.

Wenn Sie sich in einem kleineren Garten gut mit den Nachbarn verstehen, ist es eine Überlegung wert, einen Hochstamm an die Grenze zu setzen. Jeder Nachbar kann dann seinen Teil des Baumes abernten.

Empfohlene Pflanzabstände nach Baumform

Obstart	Baumform	Pflanzabstand (m)
Apfel	Hochstamm, Halbstamm auf Sämling	8–12
	Halbstamm auf Typenunterlage	6–8
	Busch	3–4
	Spindelbusch	1–3
Birne	Hochstamm, Halbstamm auf Sämling	8–10
	Halbstamm auf Typenunterlage	4–7
	Busch	3–4
	Spindelbusch	2–3
Kirsche und Weichsel (Sauerkirsche)	Hochstamm, Halbstamm auf Sämling	8–10
	Halbstamm auf Typenunterlage	6–8
	Busch	3–4
Marille	Hochstamm, Halbstamm auf Sämling	8–10
	Busch	3–4
Zwetschke, Pflaume	Hochstamm, Halbstamm auf Sämling	6–8
	Busch	3–4
Brombeere	aufrechte Sorten	1
	rankende Sorten	3
Himbeere		0,5
Rote Ribisel, Stachelbeere		1,5–2
Schwarze Ribisel		2–2,5
Wildobst	→ die einzelnen Arten	

Quelle: Verändert nach Roland Gaber (2002): Obst im Hausgarten

Wie viele Bäume bzw. Sträucher brauche ich, um meinen Bedarf zu decken?

Der Verbrauch von Obst ist natürlich sehr individuell. Nachfolgend eine Auflistung der benötigten Pflanzen bei einem durchschnittlichen Verbrauch einer vierköpfigen Familie, die überschüssiges Obst verarbeitet und eine gute Lagermöglichkeit für Obst besitzt. Zu beachten ist, dass in guten Obstjahren immer ein gewisser Vorrat für das Folgejahr angelegt werden muss, da häufig, zumindest beim Baumobst, nach einem guten Obstjahr ein Jahr mit schwachen Erträgen zu erwarten ist. Zudem kann schlechtes Blühwetter, vor allem beim Steinobst, eine Ernte ausfallen lassen.

Alle Angaben zur Anzahl der Bäume beziehen sich auf große Bäume (→ Baumformen, Seite 25ff.) im Vollertragsstadium (ab dem 20. Standjahr).
Apfel ist die Grundlage jeder Selbstversorgung mit Obst in unseren Breitengraden. Keine andere Obstart gedeiht in den meisten Böden und Klimata so unproblematisch und lässt sich derart gut unter natürlichen Bedingungen lagern, dass tatsächlich eine Versorgung mit frischen Früchten über das ganze Jahr möglich ist.

Aus den hunderten von verschiedenen Apfelsorten finden sich für alle Gärten geeignete Sorten.

Die Sommerapfelsorte ‚Mantet' reift bereits Anfang August, ist aber nur wenige Tage lagerfähig.

Apfelsorten werden nach der Reifezeit in drei Gruppen eingeteilt (→ ausführlich im Kapitel „Pomologie", Seite 270):

1) **Sommersorten** reifen im Juli und August. Diese Sorten können direkt vom Baum weg gegessen werden, sie sind allerdings nur wenige Tage bis 1–2 Wochen lagerfähig.

2) **Herbstsorten** reifen im September und Oktober und können ebenfalls direkt vom Baum genossen werden. Manche dieser Sorten sind nur einige Wochen lagerfähig, andere können bis nach Weihnachten oder sogar bis März gelagert werden.

3) **Wintersorten** werden im Oktober gepflückt, sie sind zu diesem Zeitpunkt pflückreif. In diesem Zustand sind sie allerdings noch hart, säurebetont und ohne Aroma. Diese Früchte müssen in einem guten Lager eingelagert werden, wo sie nachreifen. Je nach Sorte erreichen sie nach einigen Wochen oder Monaten die Genussreife und können nun gegessen werden. Oft sind die Früchte dann noch über Monate lagerfähig, bei einzelnen Sorten bis in den Sommer hinein.

Zudem werden Apfelsorten nach ihrer Verwendungsmöglichkeit eingeteilt.

Tafeläpfel: für den Frischgenuss

Wirtschaftsobst: für die Verarbeitung zu Mus, Strudel, Kompott; diese Sorten haben oft spezielle Eigenschaften wie einen höheren Säuregehalt für Kuchen, dass sie im Kompott nicht zerfallen oder beim Trocknen hell bleiben.

Pressobst: für die Herstellung von Saft und Most; Bäume dieser Sorten tragen meist sehr reich und zuverlässig und haben eine gute Pressausbeute. Für vergorenen Most werden teilweise auch gerbstoffreiche Sorten verwendet, um den typischen Mostgeschmack zu erhalten.

Überschüssiges Obst kann mit kleinen Pressen selbst zu Saft verarbeitet werden. Viele professionelle Mostereien pressen zudem auch Kleinmengen gegen Entgelt.

Auf einem Apfelbaum können auch verschiedene Sorten wachsen. Hier die Sorten ‚Landsberger Renette' und ‚Schmidberger Renette'.

Diese Einteilung ist oft übergreifend, so kann Tafel- und Wirtschaftsobst in den meisten Fällen genauso gepresst werden und viele Wirtschaftssorten sind gute Tafelobstsorten und umgekehrt. Interessant ist die Einteilung vor allem dann, wenn mehrere Bäume gepflanzt werden. Dann sollte auf jeden Fall darauf geachtet werden, dass Sorten sich für die Verarbeitung gut eignen.

Um eine vierköpfige Familie mit Äpfeln über das Jahr zu versorgen, benötigt man etwa (ausgehend von Hochstämmen)

- 1 Sommerapfelbaum: Ideal ist ein Zweisortenbaum mit einer Sorte, die Anfang August reift, und einer Sorte, die Mitte August reift; Überschuss kann zu Kompott verarbeitet werden.
- 1 Frühherbstapfelbaum: Reife im September
- 1 Spätherbstapfelbaum: Von diesem Baum kann die benötigte Menge für den Frischkonsum bis Weihnachten eingelagert werden, der Rest wird verpresst.
- 2 Lagersorten: Reifezeiten von Dezember bis Juli
- 1–3 Spätherbstsorten für die Verpressung zu Saft

Die Sommersorte kann auch durch eine weitere Presssorte ersetzt werden, da im August auch anderes Obst zur Verfügung steht.

Wie viele Früchte ein Apfelbaum im Jahr trägt, ist von vielen Faktoren abhängig. Nach 20 Jahren können durchaus 50–70 Kilogramm von einem Hochstamm erwartet werden, wobei die Bäume oft im darauf folgenden Jahr nicht oder nur wenig tragen. Bei der Verarbeitung zu Saft, Most oder Apfelmus muss in guten Jahren daher immer ein Vorrat für ein Jahr angelegt werden. Bei älteren Hochstammbäumen können in ertragreichen Jahren mehrere hundert Kilo bis in Einzelfällen sogar 1.000 Kilo pro Baum geerntet werden. Allerdings ist immer nur ein Teil der Früchte wurmfrei und in Pflückweite und beides ist Voraussetzung für Langzeitlagerung. Zumindest 50 % der Äpfel erfüllen in der Regel nicht diese Vorgaben und können verkocht, gedörrt oder gepresst werden. Wenn eine Mosterei in der Nähe ist, können Überschüsse auch verkauft werden. Aus einem Kilo Äpfel lassen sich ca. 0,5 l bis 0,6 l Saft pressen.

Bei Spindelbäumen wird von einem Maximalertrag von 20 Kilogramm ausgegangen. Diese Werte werden im Hausgarten aber bei Weitem nicht erreicht. Vielmehr wird der Ertrag bei 7–8 kg liegen, wobei auch hier sortenbedingt die Bäume oft nur alle zwei Jahre tragen.

Birnensorten werden nach dem gleichen Schema wie Apfelbäume nach der Reifezeit und auch nach der Verwendung eingeteilt. Allerdings brauchen Winterbirnen ein warmes Klima, um voll auszureifen. Zudem lassen sich Birnen unter natürlichen Bedingungen nur bis März lagern. Die Birnensorten, die im Sommer und Frühherbst reifen, sind praktisch nicht lagerbar, sie müssen sofort gegessen oder verarbeitet werden.

Als reiner Saft wird Birne meist als zu süß empfunden und daher mit säurebetonten Äpfeln gemischt.

Für eine Familie wird benötigt:

- 1 Sommerbirnbaum: Auch hier empfiehlt es sich, auf einen Baum 2 oder sogar 3 verschiedene Sommerbirnensorten zu veredeln, deren Reife zeitlich gestaffelt ist.
- 1 Herbstbirnbaum: Reife eher im Oktober, da diese Birnen schon ein wenig lagerfähig sind
- 1–2 Winterbirnbäume (nur in warmen Lagen oder als Spalier an der ungedämmten Hauswand, südseitig oder westseitig)

Bei Birnenhochstämmen wird mit einem durchschnittlichen Ertrag von 30–50 Kilogramm gerechnet, wobei auch bei Birnen sich oft gute mit schwachen Jahren abwechseln.

Im Selbstversorgergarten wird ein **Kirschbaum** oft reichen. Interessant ist es, hier eine frühe Sorte zu wählen, die bereits Ende Mai oder Anfang Juni reift. Zu dieser Zeit steht noch kaum anderes Obst zur Verfügung, während sich spätere Sorten mit Erdbeere, Himbeere und Ribisel überschneiden. Diese Sorten sind in der Regel wurmfrei, allerdings sind spätere Sorten süßer und meist aromatischer. Im Vollertrag tragen Kirschen zwischen 70 und 150 kg (wobei kaum alle Kirschen im Pflückkorb landen, weil sie nicht erreichbar sind oder Vögel schneller sind). Anders als bei Kernobst trägt Steinobst jedes Jahr. Allerdings fällt die Ernte in Jahren mit ungünstigem Blühwetter ganz oder zum Teil aus. Es sollte daher immer ein Vorrat an eingelegten Kirschen angelegt sein.

Ein Kirschbaum im Garten trägt meist ausreichend Früchte für eine Familie.

Zusätzlich ist ein Weichselbaum im Selbstversorgergarten fast ein „Muss", da sich diese vielseitig und geschmackvoller als Kirschen vor allem zu Marmelade und Saft verarbeiten lassen. Die gewählte Weichselsorte sollte auf jeden Fall zu einer anderen Zeit als die Süßkirsche reifen. Weichsel kann auch als Befruchtungspartner für die Kirsche fungieren (→ Kapitel „Obstgehölze vermehren", Seite 160)!

Das Reifefenster von **Zwetschken, Pflaumen, Mirabellen** und **sonstigen Pflaumentypen** reicht von August bis September und überschneidet sich mit den Sommersorten von Apfel und Birne. Da die Bäume recht robust sind und die Früchte auf vielfache Weise verarbeitet werden können, ist im Selbstversorgergarten trotzdem Platz für 3–4 Bäume. Viele Sorten reifen kontinuierlich über 2–3 Wochen und idealerweise klaubt man jeden Tag die frisch abgefallenen Früchte auf und verarbeitet sie. Dann haben sie das volle Aroma erreicht.

Empfehlenswert ist, eine frühe Sorte zu pflanzen, da das Zwetschkennaschen im Sommer besonders lustvoll ist. Sehr zu empfehlen sind Hauszwetschken, die als eine der letzten reifen und die als die aromatischsten Zwetschken gelten. Ein Ringlottenbaum sollte auch nicht fehlen, vor allem dort, wo Marille nicht mehr gedeiht, es aber auch noch nicht zu kalt ist. Mit der richtigen Süße erreicht Ringlottenmarmelade das Aroma von Marillenmarmelade. In kühleren Lagen wird die Ringlotte durch das Kriecherl ersetzt, in rauen Lagen ist der Spänling sehr zu empfehlen. Der Spänling ist eine der frosthärtesten Arten, hat längliche, gelbe Früchte, die auf beiden Seiten zugespitzt sind. Er kann sowohl frisch gegessen als auch zu Marmelade und Schnaps verarbeitet werden.

Freistehend wachsen **Marillenbäume** nur im Weinbauklima. Dort sollten sie aber einen festen Platz in jedem Garten haben. Ein bis maximal zwei Bäume reichen, da die Bäume reich tragen und nur ein kleines Erntefenster zur Verfügung steht. Bei zwei Bäumen sollte eine frühe Sorte und eine etwas spätere gewählt werden. Geschmacklich sind die alten Sorten wie ‚Ungarische Beste', ‚Ananasmarille' oder ‚Kremser Marille' den neueren Sorten nach wie vor überlegen. Vor allem bei der Verarbeitung tritt der Mangel von Aroma bei neuen Sorten schmerzlich zutage. Marillen blühen sehr früh und es kommt immer wieder zu Spätfrösten, die die Blüte zerstören. In Vollernte-Jahren sollte daher immer ein Vorrat an eingelegten Marillen und an Marmelade angelegt werden.

Auch **Pfirsich** ist nur für das Weinbaumklima im Freistand geeignet. Etwas unempfindlicher sind Weingartenpfirsiche. Diese werden über Kerne vermehrt und können selbst gezogen werden. In kühlen Lagen kann man die Kerne jährlich rund um den Mutterbaum in den Boden stecken. Manche werden austreiben und man erhält so eine Population von verschieden alten Bäumen. Wenn die ältesten nach einigen Jahren absterben, tragen bereits die nächsten Generationen.

Spänlinge sind sehr frosthart und besonders für raue Lagen geeignet. Sie schmecken aber auch in warmen Gebieten ausgezeichnet.

Übersicht über durchschnittlich benötigte Pflanzenzahlen für die Selbstversorgung eines Vierpersonenhaushalts

Obstart	Anzahl Bäume	Bemerkung
Apfel	6–9	davon 1 Sommerapfel und 2 Herbstapfel, Pressobst für 2 Jahre, Alternanz beachten
Birne	2–4	Sommerbirnen in warmen Lagen eher meiden; Winterbirnen nur in warmen Lagen oder als Spalier
Quitte	1–2	für Verarbeitung
Marille	1–2	je nach Standort!
Pfirsich	2–3	unterschiedliche Reifezeiten
Zwetschke, Pflaume, Ringlotte …	3–4	vielseitig verwertbar
Süßkirsche	1	auf Befruchtung achten, Kirschen im Nachbargarten oder selbstfruchtbare Sorten
Weichsel	1–2	vielseitig verwertbar
Walnuss	1	nur, wenn genügend Platz vorhanden
Tafeltraube	1–3	Frischobst, Verarbeitung
Erdbeere	8 m²	Frischobst, Verarbeitung
Johannisbeere/ Ribisel	5–6	Frischobst, Verarbeitung
Himbeere	10–15 lfm	Frischobst, Verarbeitung
Brombeere	2–3	Frischobst, Verarbeitung
Wildobst	so viel wie möglich	überall, wo Platz vorhanden ist, als Hecke, Windschutz …

Quelle: verändert nach Roland Gaber (2000): Obst im Hausgarten

Der Ertrag von Obstbäumen

Nachfolgende Tabelle zeigt, was ungefähr bei Baumobst an Ertrag zu erwarten ist. Diese Werte gelten für ausgewachsene Bäume (ab ca. 20 Jahren) auf stark wachsenden Unterlagen, die gut mit Nährstoffen und Wasser versorgt und vital sind. Die tatsächlichen Erntemengen können je nach Sorte, Baumform und Erziehungsform in beide Richtungen stark abweichen. Der Ertrag ist der Durchschnitt von mehreren Jahren, also von guten und schlechten Tragjahren.

In der Tabelle ist auch berücksichtigt, dass in der Regel nicht alles gegessen bzw. verwertet werden kann. Als Frischobst kann meist auch nur ein Teil genutzt werden, da nicht alle Früchte in pflückbarer Höhe hängen. Bei den Verbrauchsdaten wurde angenommen, dass die Familie gerne und viel Obst, roh und in vielseitig verarbeiteter Form, genießt.

Die Tabelle weicht von den Angaben in der Tabelle auf Seite 34 (oben: Übersicht über durchschnittlich benötigte Pflanzenzahlen) teilweise etwas ab, da dort auch die möglichst lange Versorgung mit frischen Früchten beachtet wurde. Dadurch sind teilweise mehr Bäume notwendig, als theoretisch gebraucht werden. Aber ein Glas Marmelade ist auch immer wieder als Mitbringsel gefragt.

Übersicht über die Mengen an Obst, die von Obstbäumen durchschnittlich zu erwarten sind

	Potenzial Ertrag					Bedarf			
	Durchschnittlicher Ertrag in kg/Baum	Davon sind verwertbar (Rest: wurmig, faul, beschädigt ...) in kg/Baum	Von den verwertbaren Früchten werden gepflückt als Tafelobst in kg/Baum	Rest geht in die Presse bzw. wird eingekocht in kg/Baum	Daraus werden Saft (Apfel u. Birne) bzw. Marmelade u. Kompott (Steinobst), in Liter	Verbrauch Frischobst in kg pro Kopf u. Jahr	Verbrauch Saft bzw. Marmelade u. Kompott, Dörrobst in kg pro Kopf u. Jahr	Errechneter Bedarf an Ertrag pro Person in kg	Anzahl an Bäumen für 4-köpfige Familie
Apfel	150	105	26	79	47	40	50	176,00	4,7
Birne, Tafel-	60	42	11	32	19	20	20	74,40	4,0
Kirsche	100	25	13	13	10	2	4	14,60	0,6
Zwetschke	60	42	11	32	25	2	5	17,30	1,2
Weichsel	25	18	2	16	13	1	4	12,74	2,0
Marille	70	49	25	25	20	3	4	15,24	0,9
Pfirsich	25	18	8,75	8,75	7	3	4	15,24	2,4

Die Angaben sind Richtwerte für ausgewachsene Bäume und große Baumformen.
Quelle: eigene Zusammenstellung

Das Problem des jungen Gartens

Wird ein Selbstversorgergarten neu angelegt, wird zwar bald Beerenobst zu ernten sein, das Baumobst braucht aber Jahre, bis es in Ertrag kommt. Vor allem bei Hochstämmen kann es passieren, dass die Kinder schon wieder aus dem Haus sind, wenn die Selbstversorgung endlich klappen würde.

Um diese lange Wartezeit zu überbrücken, ist aus alter Literatur das System der Bleiber und der Weicher bekannt. Dabei werden Hochstämme im Abstand von 8–10 m gepflanzt, die sogenannten Bleiber. Sie sollen in der ferneren Zukunft den Ertrag liefern. Zwischen den Hochstämmen werden Weicher gepflanzt, das sind Bäume auf schwachwüchsigen Unterlagen, die rasch zu tragen beginnen, aber nicht so alt werden. Wenn die Hochstämme beginnen zu tragen, breiter werden und den Raum beginnen auszufüllen, werden die Weicher nach und nach gerodet.

Um die Kosten bei diesem System nicht ausufern zu lassen, empfiehlt es sich, das Veredeln zu erlernen. Dann können die Weicher um wenig Geld selbst produziert werden → siehe Kapitel „Streuobstbau", Seite 234.

Beispiele zur Sortenwahl in verschiedenen Lagen

Nachfolgend Musterbepflanzungen für verschiedene Lagen. Die Sorten sind nur eine kleine Auswahl der verfügbaren Sorten. Details dazu bei den einzelnen → Artenporträts.

A) Weinbauklima und gemäßigte Lagen

Sorte	Beschreibung der Frucht	Genussreife	Lagerfähigkeit	Sonstiges	Verwendung
Apfel					
‚George Cave'	klein bis mittelgroß, gelbgrün mit roter Wange, aromatisch, angenehm süßsäuerlich	Anfang August	2 Wochen	robust, Ertrag durchschnittlich, dafür jährlich (geringe Alternanz)	auf einem Baum, Tafelobst
‚Pfirsichroter Sommerapfel'	mittelgroß, rot, duftet stark, schmeckt mild, wenig süß und leicht nach Rose („parfümiert"), sehr attraktiv, Rarität, die mehr Beachtung verdient	Mitte August	2 Wochen	sehr robust gegen Schorf, Mehltau und andere Krankheiten, blüht früh, guter Pollenspender	
‚Gelber Edelapfel'	mittelgroß bis groß, gelb, kräftig weinsäuerlich, aromatisch, hervorragender, nicht bräunender Küchenapfel	September	bis Jänner	auch für hohe Lagen, Früchte fallen leicht ab	Tafelobst
‚Roter von Simonffi' = ‚Zigeunerapfel'	klein, dunkelweinrot gefärbt, glänzend, leicht süßsäuerlich, mit starkem Rosenaroma, sehr attraktiv	Mitte Oktober	bis Jänner, Februar	problemlose Sorte, Früchte nehmen keinen Schaden, wenn sie vom Baum fallen, wenig wurmanfällig, Ertrag früh einsetzend	Tafelobst
‚Harberts Renette'	groß, gelb mit roten Streifen, sehr saftig, süßsäuerlich, aromatisch	Ende Oktober	März	sehr starkwüchsig, nicht für windige Lagen, etwas anfällig für Stippe, sonst robust	Press und Tafelobst
‚Adersleber Kalvill'*	mittelgroß, gelb mit rosa/roter Wange, milder, säuerlich-süßer, sehr guter Geschmack	November	bis April	reichtragend, geringe Anfälligkeit für Schorf und Mehltau, geeignet für wärmere Standorte, mittelspäte Blüte, soll lange am Baum bleiben, zu früh geerntete Früchte welken	Tafelobst
‚Siebenkant'	mittelgroß, gelb mit rosa Wange, frisch-säuerlich, aromatisch	Dezember	bis Mai, hervorragender Lagerapfel	robust, in feuchteren Lagen etwas schorfanfällig, starkwachsend	Tafelobst
‚Bohnapfel'	mittelgroß, gelb, sonnseits rot, reichtragend alle zwei Jahre, sehr gut zum Pressen, im Frühjahr auch als Tafelobst	Februar	Mai	sehr robust	Wirtschaftsobst, Pressobst
‚Oberösterreichischer Brünnerling'*	groß, grün mit roter Wange, säuerlich, ideal für Strudel, Wirtschaftssorte, im Frühjahr auch als Tafelobst	Jänner	bis Juli, sehr gut lagerfähig	in feuchten Lagen krebsanfällig	Wirtschaftsobst

Sorte	Beschreibung der Frucht	Genussreife	Lagerfähigkeit	Sonstiges	Verwendung
Birne					
‚Esperens Herrenbirne'	klein bis mittelgroß, gelbes Fruchtfleisch, edelsüßes, feines Aroma	September bis Oktober		für viele Standorte geeignet	Tafelbirne, Verarbeitung
‚Kieffers Sämling'	mittelgroß, gelb mit oranger Wange, Fruchtfleisch halb- bis vollschmelzend, Geschmack süßsäuerlich und leicht nach Zimt	Mitte November bis Anfang Dezember	im naturkühlen Keller etwa 1–1 1/2 Monate	ist in Bezug auf den Boden nicht besonders anspruchsvoll, liefert aber bei günstigen Bodenverhältnissen und guter Wasserversorgung höhere Erträge, Früchte sind ziemlich windfest; robust und widerstandsfähig	Tafelbirne, Verarbeitung
‚Madame Verte'	klein bis mittelgroß, Schale rau, vorm Fruchtverzehr schälen; Fruchtfleisch schmelzend, würzig, geschmacklich sehr wertvoll	Dezember	Jänner	gering anfällig für Krankheiten und Schädlinge, nicht für kalte und trockene Standorte	Tafelbirne, Verarbeitung
‚Josephine von Mecheln'	kleine, grünlich-gelbe Früchte, vollschmelzendes Fruchtfleisch, das süß und nach Zuckermelone schmeckt	Jänner	März	benötigt nährstoffreiche und genügend feuchte, warme, tiefgründige Böden, warme Lagen fördern die Fruchtgüte, sie ist jedoch an geschützten Standorten bis 300–400 m anbauwürdig und auch noch geschmacklich gut	Tafelbirne, Verarbeitung
Kirsche					
‚Kassins Frühe'	mittelgroße, dunkle, weiche, saftige Herzkirsche	2. bis 3. Kirschwoche, Ende Mai bis Anfang Juni		wärmere Standorte	Frischkonsum
‚Große Prinzessinkirsche'	mittelgroße, feste, saftige, hellrote Knorpelkirsche, hochwertige Tafelfrucht, geeignet auch für Kompotte, Mehlspeisen, Saft; gut transport- und lagerfähig	4. Kirschwoche, Mitte Juni		kältefest und robust, eher geringe Ansprüche an Boden und Klima, mittlere Blütezeit, selbststeril	Frischkonsum, Verarbeitung
‚Köröser Weichsel'	groß bis sehr groß, zuerst dunkelrot, später rötlichbraun, Tafelfrucht und vielseitige Wirtschaftsfrucht	4. und 5. Kirschwoche, Mitte bis Ende Juni		mittlere Blütezeit, selbststeril, empfindlich gegen Feuchtigkeit, besonders für warme, trockene Lagen	Frischkonsum, Verarbeitung

Sorte	Beschreibung der Frucht	Genussreife	Lagerfähigkeit	Sonstiges	Verwendung
Pflaumen					
‚Hanita'	große, dunkelblaue Zwetschke, sehr guter, aromatischer Geschmack	Ende August bis Anfang September		sehr gute, robuste, scharkatolerante Sorte, selbstfruchtbar	Frischkonsum, Verarbeitung
‚Große Grüne Ringlotte'	mittelgroß, fast kugelig, grünlich-gelbes Fruchtfleisch, ausgezeichneter Geschmack, saftig, für Frischverzehr, Saft und Marmelade	Ende August bis Mitte September		selbststeril, doch ein guter Pollenspender, mittlere, aber sehr regelmäßige Erträge, Früchte bei Regen in der Erntezeit nicht platzfest	Frischkonsum, Verarbeitung
‚Bosnische Zwetschke'	mittelgroß bis groß, dunkelblau gefärbt und bereift, sehr gut im Geschmack	Mitte bis Ende September		hohe Frostresistenz, Fruchtbarkeit früh und hoch, auch unter ‚Italienische Zwetschke' oder ‚Fellenberg' im Handel	Frischkonsum, Verarbeitung
‚Anna Späth'	groß, dunkelblau, Fruchtfleisch grünlich-gelb, fest, saftig, süßsäuerlich und sehr aromatisch	Ende September bis Anfang Oktober		selbstunfruchtbar, eine der spätesten Sorten, gleichmäßige Ernte, scharkatolerant	Frischkonsum, Verarbeitung
Marille					
‚Frühe aus Kittsee'	kleine, hellgelbe, aber sehr aromatische Früchte	Ende Juni bis Anfang Juli		blüht sehr früh, braucht Befruchtungspartner	Frischkonsum, Verarbeitung
‚Ungarische Beste' (nahe verwandt: ‚Klosterneuburger Marille')	süßsäuerlich, aromatisch, besonders gut für Marmelade, da gelierfähig, lager- und transportfähig, wird nicht mehlig	Mitte bis Ende Juli		mittelfrühe und lange Blüte, mittlere, aber regelmäßige Erträge, widerstandsfähiger gegen Kälte als andere Sorten	Frischkonsum, Verarbeitung
Pfirsich					
‚Benedicte'*	groß bis sehr groß, weißlich-grünes, saftiges und aromatisches Fruchtfleisch	Mitte August bis Anfang September		kaum anfällig für die Kräuselkrankheit, etwas anfällig für Monilia, selbstfruchtbar	Frischkonsum, Verarbeitung
‚Kernechter vom Vorgebirge' (= ‚Roter Ellerstädter')	grünlich-gelb bis gelb, saftig, gut steinlösend, schwaches Pfirsicharoma	Anfang September		stellt an Standort und Klima nur geringe Anforderungen, sehr gut für die Verarbeitung geeignet	Frischkonsum, Verarbeitung

Sorte	Beschreibung der Frucht	Genussreife	Lagerfähigkeit	Sonstiges	Verwendung
Erdbeere					
‚Jubilae'	dunkelrot, gesund und robust, Ertrag nur durchschnittlich, sehr guter Geschmack!	mittelfrüh		Sorte aus den 1960er Jahren, einzige in Österreich neu gezüchtete Erdbeere	
‚Wädenswil 6'	wächst mittelstark, ist ertragreich und trägt mittlere bis große, dunkelrote und sehr aromatische Früchte	mittelspät		Obwohl seit über 40 Jahren im Handel, ist sie in der Schweiz immer noch die beliebteste Sorte im Hausgarten.	
‚Mara des Bois'	kleine bis mittelgroße, leuchtend rote Früchte	von Juni bis Oktober		eine der besten zweimaltragenden Sorten	
‚Rügen'	Monatserdbeere, rotfrüchtig, kleine Früchte wie Walderdbeeren, sehr aromatisch	Mitte Juni bis in den November		Die einjährigen Pflanzen tragen die schönsten Früchte, daher regelmäßig teilen oder über Samen vermehren. Nur vollreife Früchte entwickeln ihr volles Aroma.	
‚Weiße Baron Solemacher'	Monatserdbeere, weißfrüchtig, Geschmack ähnelt dem der Walderdbeere	Mitte Juni bis in den November		Aus einem Sämling der Sorte ‚Rügen' entstanden. Trägt relativ große Früchte und wächst gesund und kräftig.	
Himbeere					
‚Malling Promise'	rot, guter Geschmack	früh		starkwachsend, reift sehr früh	
‚Winklers Sämling'*	leuchtend hellrot, sehr aromatisch, weiche, kaum transportfähige Früchte, werden am besten direkt von der Staude gegessen	mittel		typische Sorte für den Hausgarten, gegenüber Rutenkrankheiten und Trockenheit ziemlich widerstandsfähig	
‚Zefa 2'	rot, süß, saftig und fest, für Kompott und Sirup gut geeignet	mittel		mittelmäßig starker Wuchs, ausgeprägte Rutenbildung	
‚Willamette'	rot bis dunkelrot, Früchte fest und sehr gut pflückbar	mittel		hohe Anzahl mittellanger Ruten, wenig anfällig für Rutenkrankheiten und Wurzelsterben	
‚Fallgold'*	gelbfrüchtig, süß, aromatisch	Ernte von Ende Juni bis zum ersten Frost		zweimaltragend	

Sorte	Beschreibung der Frucht	Genussreife	Lagerfähigkeit	Sonstiges	Verwendung
Brombeere					
‚Loch Ness'	große, längliche Früchte	Anfang Juli bis Ende August		dornenlos, starkwachsend, halbaufrechter Wuchs	
‚Theodor Reimers'	weich, groß bis mittelgroß in langen Rispen, süßsäuerlich mit ausgezeichnetem Aroma	August		starkwüchsige, rankende, bewährte Sorte für Frischverzehr und Verarbeitung, frostempfindlich, hoher Schnittaufwand	
Ribisel, Johannisbeere					
‚Erstling aus Vierlanden'	Rote Ribisel, leicht säuerlich, sehr aromatisch, mittelgroße, typisch birnenförmige Beeren	mittelfrüh, ab Anfang Juli			
‚Heinemanns Rote Spätlese'	Rote Ribisel, mittelgroße, hellrote Beeren, sehr sauer, wenig Aroma, ideal für Verarbeitung	spätreifend, ab Ende Juli		starkwüchsig, für höhere Lagen geeignet	
‚Weiße aus Jüterbog'	Weiße Ribisel, gelblich-weiße, große Beeren, sehr fein im Geschmack, eher säuerlich	Anfang Juli		wegen später Blüte wenig frostanfällig, kann auch in höheren Lagen angebaut werden	
‚Weiße Versailler'	Weiße Ribisel, mild säuerlich, sehr aromatisch	Mitte Juli		starkwüchsig	
‚Hedda'	Schwarze Ribisel, süß und aromatisch, für Frischgenuss und Verarbeitung, groß	frühreifend, ab Anfang Juli			
‚Daniels September'	Schwarze Ribisel, säuerlich und aromatisch, für die Verarbeitung, mittelgroß	hoher Vitamin-C-Gehalt, Holz und Blüte frosthart	spätreifend, Ende Juli		

B) Kühle bis raue Lagen (ca. 450–700 m Seehöhe)

Sorte	Beschreibung der Frucht	Genussreife	Lagerfähigkeit	Sonstiges	Verwendung
Apfel					
‚Klarapfel'	klein bis mittelgroß, grünlich-gelb, kräftig säuerlich und saftig	Ende Juli	wenige Tage	krebsanfällig, auch für kühlere Standorte gut geeignet	auf einen Baum veredelt
‚George Cave'	klein bis mittelgroß, gelbgrün mit roter Wange, aromatisch, angenehm süßsäuerlich	Anfang August	2 Wochen	robust, Ertrag durchschnittlich, dafür jährlich (geringe Alternanz)	
‚Gelber Edelapfel'	mittelgroß bis groß, gelb, kräftig weinsäuerlich, aromatisch, hervorragender, nicht bräunender Küchenapfel	September	bis Jänner	auch für hohe Lagen, Früchte fallen leicht ab	Tafelobst
‚Roter von Simonffi' = ‚Zigeunerapfel'	klein, dunkelweinrot gefärbt, glänzend, leicht süßsäuerlich, mit starkem Rosenaroma, sehr attraktiv	Mitte Oktober	bis Jänner, Februar	problemlose Sorte, Früchte nehmen keinen Schaden, wenn sie vom Baum fallen, wenig wurmanfällig, Ertrag früh einsetzend	Tafelobst
‚Harberts Renette'	groß, gelb mit roten Streifen, sehr saftig, süßsäuerlich, aromatisch	Ende Oktober	März	sehr starkwüchsig, nicht für windige Lagen, etwas anfällig für Stippe, sonst robust	Press- und Tafelobst
‚Batullenapfel'	mittelgroß, gelb mit roter Wange, süßsäuerlicher Geschmack, renettenartig, angenehm gewürzt	Ende Oktober	bis Mai	mittleres bis starkes Wachstum, auch für Höhenlagen, zuverlässiger Träger, wurmige Früchte faulen nicht	Tafelobst, Wirtschaftsobst
‚Siebenkant'	mittelgroß, gelb mit rosa Wange, frisch-säuerlich, aromatisch	Dezember	bis Mai, hervorragender Lagerapfel	robust, in feuchteren Lagen etwas schorfanfällig, starkwachsend	Tafelobst
‚Bohnapfel'	mittelgroß, gelb, sonnseits rot, reichtragend alle zwei Jahre, sehr gut zum Pressen, im Frühjahr auch als Tafelobst	Februar	Mai	sehr robust	Wirtschaftsobst, Pressobst
‚Oberösterreichischer Brünnerling'*	groß, grün mit roter Wange, säuerlich, ideal für Strudel, Wirtschaftssorte, im Frühjahr auch als Tafelobst	Jänner	bis Juli, sehr gut lagerfähig	in feuchten Lagen krebsanfällig	Wirtschaftsobst

Sorte	Beschreibung der Frucht	Genussreife	Lagerfähigkeit	Sonstiges	Verwendung
Birne					
‚Clapps Liebling'	mittelgroß bis groß, gelbgrün mit roter Wange, schmelzendes, süß-aromatisches Fruchtfleisch	Anfang September	3 Wochen	etwas anfällig für Schorf, sonst gesund, verlangt nahrhaften, nicht zu schweren Boden, für warme bis kühle Lagen geeignet, windgeschützt, blüht spät und langwährend, wenig frost- und witterungsempfindlich, guter Pollenspender	Tafelbirne und Verarbeitung
‚Doppelte Philippsbirne'	mittelgroß bis groß, gelbes, schmelzendes und sehr süßes Fruchtfleisch, feiner, süßsäuerlicher Muskatgeschmack	September bis Anfang Oktober	14 Tage	unproblematische Frühherbstbirne, anspruchsloser Massenträger, auch für raue Lagen, bei guter Düngung und Wasserversorgung auch für nährstoffarme Standorte, relativ windfest, schlechte Befruchtersorte	Tafelbirne und Verarbeitung
‚Gellerts Butterbirne'	groß, ledrige Schale, Fruchtfleisch süß, zartschmelzend, vorzeitige Ernte erhöht die Haltbarkeit auf Kosten der Qualität	Oktober	2 bis 3 Wochen	sehr frosthart, schöner, gesunder und sehr kräftiger Wuchs, Baum wird hoch, keine hohen Ansprüche an Boden und Klima, noch in rauen Obstbaugebieten	Tafelbirne und Verarbeitung
‚Pastorenbirne' am Wandspalier!	mittelgroß bis groß, mittelfest, ziemlich widerstandsfähig, Fruchtfleisch halbschmelzend und saftig, je nach Standort und Witterung gehaltreich süß oder säuerlich, nicht oder nur schwach gewürzt, manchmal herb bleibend	Dezember	Februar	an Boden und Lage keine großen Ansprüche, doch sollte die Lage nicht zu frei sein, da die großen Früchte Windschutz verlangen; mittelfrühe Blüte, schlechter Pollenspender	Tafelbirne und Verarbeitung
Kirsche					
‚Große Prinzessinkirsche'	mittelgroße, feste, saftige, hellrote Knorpelkirsche, hochwertige Tafelfrucht, geeignet auch für Kompotte, Mehlspeisen, Saft; gut transport- und lagerfähig	4. Kirschwoche, Mitte Juni		kältefest und robust, eher geringe Ansprüche an Boden und Klima, mittlere Blütezeit, selbststeril	Frischkonsum, Verarbeitung
‚Hedelfinger Riesenkirsche'	mittelgroße, braun-rote, später violett-schwarze Knorpelkirsche, festes Fruchtfleisch mit färbendem Saft	5. bis 6. Kirschwoche, Ende Juni		Ertrag ab dem 7. Jahr, dann hoch und regelmäßig, nicht platzfest, ansonsten gesund	Frischkonsum, Verarbeitung

Sorte	Beschreibung der Frucht	Genussreife	Lagerfähigkeit	Sonstiges	Verwendung
‚Gerema'	Weichsel, Sauerkirsche; mittelgroß, dunkelbraun-rot	7. bis 8. Kirschwoche, Mitte Juli		selbstfruchtbar, sehr späte, unempfindliche Blüte, keine besonderen Ansprüche, mag es jedoch nicht zu trocken, reife Früchte können bis zu 10 Tage am Baum bleiben	Frischkonsum, Verarbeitung
Pflaumen					
‚Kriecherl'	verschiedene Typen, gelbgrün bis blau, nicht steinlösend, säuerlich-süß, typischer Geschmack	Mitte bis Ende August		selbstfruchtbar, reiche Ernten alle zwei Jahre, Frischgenuss und für die Verarbeitung zu Marmelade, Saft oder Schnaps	Frischkonsum, Verarbeitung
‚Wangenheims Frühzwetschke'	mittelgroß, dunkelviolettblau, Fruchtfleisch goldgelb, festfleischig, süßsäuerlich, saftig, aromatisch, für Frischverzehr, Saft und Marmelade	Mitte August bis Mitte September		robust, reift folgeartig, bei Überbehang ist die Qualität nicht so hoch	Frischkonsum, Verarbeitung
‚Hanita'	große, dunkelblaue Zwetschke, sehr guter, aromatischer Geschmack	Ende August bis Anfang September		sehr gute, robuste, scharkatolerante Sorte, selbstfruchtbar	Frischkonsum, Verarbeitung
‚Bosnische Zwetschke'	mittelgroß bis groß, dunkelblau gefärbt und bereift, sehr gut im Geschmack	Mitte bis Ende September		hohe Frostresistenz, Fruchtbarkeit früh und hoch, auch unter ‚Italienische Zwetschke' oder ‚Fellenberg' im Handel	Frischkonsum, Verarbeitung
‚Hauszwetschke'	klein bis mittelgroß, intensiver, aromatischer Geschmack	Ende September		selbstfruchtbar, kommt spät in den Ertrag, scharkaanfällig	Frischkonsum, Verarbeitung
Marille – nur an geschützten Standorten					
‚Ungarische Beste' (nahe verwandt: ‚Klosterneuburger Marille')	süßsäuerlich, aromatisch, besonders gut für Marmelade, da gelierfähig, lager- und transportfähig, wird nicht mehlig	Mitte bis Ende Juli		mittelfrühe und lange Blüte, mittlere, aber regelmäßige Erträge, widerstandsfähiger gegen Kälte als andere Sorten	Frischkonsum, Verarbeitung
Pfirsich – nur an geschützten Standorten					
Weingartenpfirsich	grünlich-weiß, sehr gutes Pfirsicharoma, nicht so süß	meist Ende August bis Mitte September		niedrig anfällig gegenüber Kräuselkrankheit, wächst mittelstark, hoher Ertrag, folgeartig reifend	Frischkonsum, Verarbeitung

Sorte	Beschreibung der Frucht	Genussreife	Lagerfähigkeit	Sonstiges	Verwendung
‚Kernechter vom Vorgebirge' (= ‚Roter Ellerstädter')	grünlich-gelb bis gelb, saftig, gut steinlösend, schwaches Pfirsicharoma	Anfang September		stellt an Standort und Klima nur geringe Anforderungen, sehr gut für die Verarbeitung geeignet	Frischkonsum, Verarbeitung
Erdbeere					
‚Jubilae'	dunkelrot, gesund und robust, Ertrag nur durchschnittlich, sehr guter Geschmack!	mittelfrüh		Sorte aus den 1960er Jahren, einzige in Österreich neu gezüchtete Erdbeere	
‚Wädenswil 6'	wächst mittelstark, ist ertragreich und trägt mittlere bis große, dunkelrote und sehr aromatische Früchte	mittelspät		Obwohl seit über 40 Jahren im Handel, ist sie in der Schweiz immer noch die beliebteste Sorte im Hausgarten.	
‚Mara des Bois'	kleine bis mittelgroße, leuchtend rote Früchte	von Juni bis Oktober		eine der besten zweimaltragenden Sorten	
‚Rügen'	Monatserdbeere, rotfrüchtig, kleine Früchte wie Walderdbeeren, sehr aromatisch	Mitte Juni bis in den November		Die einjährigen Pflanzen tragen die schönsten Früchte, daher regelmäßig teilen oder über Samen vermehren. Nur vollreife Früchte entwickeln ihr volles Aroma.	
‚Weiße Baron Solemacher'	Monatserdbeere, weißfrüchtig, Geschmack ähnelt dem der Walderdbeere	Mitte Juni bis in den November		Aus einem Sämling der Sorte ‚Rügen' entstanden. Trägt relativ große Früchte und wächst gesund und kräftig.	
Himbeere					
‚Malling Promise'	rot, guter Geschmack	früh		starkwachsend, reift sehr früh	
‚Winklers Sämling'*	leuchtend hellrot, sehr aromatisch, weiche, kaum transportfähige Früchte, werden am besten direkt von der Staude gegessen	mittel		typische Sorte für den Hausgarten, gegenüber Rutenkrankheiten und Trockenheit ziemlich widerstandsfähig	
‚Zefa 2'	rot, süß, saftig und fest, für Kompott und Sirup gut geeignet	mittel		mittelmäßig starker Wuchs, ausgeprägte Rutenbildung	
‚Willamette'	rot bis dunkelrot, Früchte fest und sehr gut pflückbar	mittel		hohe Anzahl mittellanger Ruten, wenig anfällig für Rutenkrankheiten und Wurzelsterben	

Sorte	Beschreibung der Frucht	Genussreife	Lagerfähigkeit	Sonstiges	Verwendung
‚Fallgold'	gelbfrüchtig, süß, aromatisch	Ernte von Ende Juni bis zum ersten Frost		zweimaltragend	
Brombeere					
‚Loch Ness'	große, längliche Früchte	Anfang Juli bis Ende August		dornenlos, starkwachsend, halbaufrechter Wuchs	
‚Kittatinny'	groß, weich	Mitte bis Ende Juli		alte Standardsorte aus den USA, aufrechtwachsend, stark bestachelt	
Ribisel, Johannisbeere					
‚Erstling aus Vierlanden'	Rote Ribisel, leicht säuerlich, sehr aromatisch, mittelgroße, typisch birnenförmige Beeren	mittelfrüh, ab Anfang Juli			
‚Heinemanns Rote Spätlese'	Rote Ribisel, mittelgroße, hellrote Beeren, sehr sauer, wenig Aroma, ideal für Verarbeitung	spätreifend, ab Ende Juli		starkwüchsig, für höhere Lagen geeignet	
‚Weiße aus Jüterbog'	Weiße Ribisel, gelblichweiße, große Beeren, sehr fein im Geschmack, eher säuerlich	Anfang Juli		wegen später Blüte wenig frostanfällig, kann auch in höheren Lagen angebaut werden	
‚Weiße Versailler'	Weiße Ribisel, mild-säuerlich, sehr aromatisch	Mitte Juli		starkwüchsig	
‚Hedda'	Schwarze Ribisel, süß und aromatisch, für Frischgenuss und Verarbeitung, groß	frühreifend, ab Anfang Juli			
‚Daniels September'	Schwarze Ribisel, säuerlich und aromatisch, für die Verarbeitung, mittelgroß	hoher Vitamin-C-Gehalt, Holz und Blüte frosthart	spätreifend, Ende Juli		

C) Raue Lagen (700–1.000 m Seehöhe)

Sorte	Beschreibung der Frucht	Genussreife	Lagerfähigkeit	Sonstiges	Verwendung
Apfel					
‚Klarapfel'	klein bis mittelgroß, grünlich-gelb, kräftig säuerlich und saftig	Anfang August	wenige Tage	krebsanfällig, auch für kühlere Standorte gut geeignet	auf einen Baum veredelt, Tafelobst
‚George Cave'	klein bis mittelgroß, gelbgrün mit roter Wange, aromatisch, angenehm süßsäuerlich	Mitte August	2 Wochen	robust, Ertrag durchschnittlich, dafür jährlich (geringe Alternanz)	
‚Gravensteiner'	mittel bis groß, gelb-rot gestreift, typischer, sehr beliebter „Gravensteiner"-Geschmack, sehr saftig	Anfang bis Mitte September	2 Monate	braucht ausreichend feuchte Böden, Blüte witterungsempfindlich, sehr später Ertragseintritt, schlechter Pollenspender	Tafelobst
‚Gelber Edelapfel'	mittelgroß bis groß, gelb, kräftig weinsäuerlich, aromatisch, hervorragender, nicht bräunender Küchenapfel	September	bis Jänner	auch für hohe Lagen, Früchte fallen leicht ab	Tafelobst
‚Prinz Albrecht von Preußen'	mittelgroß, großteils rot gefärbt, sehr saftig und süßsäuerlich, mild und mürb, sehr aromatisch	Mitte Oktober	bis November/ Dezember	bildet kleine Kronen, etwas moniliaanfällig (Fäulnis), sonst robust, reichtragend, sehr empfehlenswert für Höhenlagen, blüht mittelspät, guter Pollenspender	Tafelobst, Verarbeitung
‚Galloway Pepping'	mittelgroß, gelb mit leichter Rotfärbung, säuerlich, kräftig gewürzt	Mitte Oktober	bis März	sehr widerstandsfähig gegen Schorf, ideal für Höhenlagen	Tafelobst, Verarbeitung
‚Batullenapfel'	mittelgroß, gelb mit roter Wange, süßsäuerlicher Geschmack, renettenartig, angenehm gewürzt	Ende Oktober	bis Mai	mittleres bis starkes Wachstum, auch für Höhenlagen, zuverlässiger Träger, wurmige Früchte faulen nicht	Tafelobst, Verarbeitung
‚Schmidberger Renette'	mittelgroß, großteils rot gestreift, säuerlich-süß, ideal für Strudel, Wirtschaftssorte, auch als Tafelobst	November	April	wenig schorfanfällig, robust	Wirtschaftsobst
‚Roter Bellefleur'	mittelgroß, rot, saftig und süßsäuerlich, feiner Geschmack	Dezember	bis Mai	sehr robust, eignet sich für Spätfrostlagen, da er sehr spät blüht	Tafelobst, Verarbeitung

Sorte	Beschreibung der Frucht	Genussreife	Lagerfähigkeit	Sonstiges	Verwendung
Birne					
‚Clapps Liebling'	mittelgroß bis groß, gelbgrün mit roter Wange, schmelzendes, süß-aromatisches Fruchtfleisch	Anfang September	3 Wochen	etwas anfällig für Schorf, sonst gesund, verlangt nahrhaften, nicht zu schweren Boden, für warme bis kühle Lagen geeignet, windgeschützt, blüht spät und langwährend, wenig frost- und witterungsempfindlich, guter Pollenspender	Tafelbirne und Verarbeitung
‚Doppelte Philippsbirne'	mittelgroß bis groß, gelbes, schmelzendes und sehr süßes Fruchtfleisch, feiner, süßsäuerlicher Muskatgeschmack	September bis Anfang Oktober	14 Tage	unproblematische Frühherbstbirne, anspruchsloser Massenträger, auch für raue Lagen, bei guter Düngung und Wasserversorgung auch für nährstoffarme Standorte, relativ windfest, schlechte Befruchtersorte	Tafelbirne und Verarbeitung
‚Frühe von Trévoux'	mittelgroß, gelb-rot, saftig, halbschmelzend	September	hartreif ernten, dann einige Wochen	robust, auch für Höhenlagen geeignet, mittelfrühe, etwas spätfrostempfindliche Blüte und guter Pollenspender	Tafelbirne und Verarbeitung
‚Pastorenbirne' am Wandspalier!	mittelgroß bis groß, mittelfest, ziemlich widerstandsfähig, Fruchtfleisch halbschmelzend und saftig, je nach Standort und Witterung gehaltreich süß oder säuerlich, nicht oder nur schwach gewürzt, manchmal herb bleibend	Dezember	Februar	an Boden und Lage keine großen Ansprüche, doch sollte die Lage nicht zu frei sein, da die großen Früchte Windschutz verlangen; mittelfrühe Blüte, schlechter Pollenspender	Tafelbirne und Verarbeitung
Kirsche					
‚Große Prinzessinkirsche'	mittelgroße, feste, saftige, hellrote Knorpelkirsche, hochwertige Tafelfrucht, geeignet auch für Kompotte, Mehlspeisen, Saft; gut transport- und lagerfähig	4. Kirschwoche, Mitte Juni		kältefest und robust, eher geringe Ansprüche an Boden und Klima, mittlere Blütezeit, selbststeril	Frischkonsum, Verarbeitung
‚Gerema'	Weichsel, Sauerkirsche; mittelgroß, dunkelbraun-rot	7. bis 8. Kirschwoche, Mitte Juli		selbstfruchtbar, sehr späte, unempfindliche Blüte, keine besonderen Ansprüche, mag es jedoch nicht zu trocken, reife Früchte können bis zu 10 Tage am Baum bleiben	Frischkonsum, Verarbeitung

Sorte	Beschreibung der Frucht	Genuss-reife	Lager-fähig-keit	Sonstiges	Verwen-dung
Pflaumen					
‚Gelber Spänling'	gelb, meist nicht steinlösend, säuerlich-süß, typischer Geschmack	Mitte bis Ende August		selbstfruchtbar, reiche Ernten alle zwei Jahre, Frischgenuss und für die Verarbeitung zu Marmelade, Saft oder Schnaps	Frischkonsum, Verarbeitung
‚Wangenheims Frühzwetschke'	mittelgroß, dunkelviolettblau, Fruchtfleisch goldgelb, festfleischig, süßsäuerlich, saftig, aromatisch, für Frischverzehr, Saft und Marmelade	Mitte August bis Mitte September		robust, reift folgeartig, bei Überbehang ist die Qualität nicht so hoch	Frischkonsum, Verarbeitung
‚Bosnische Zwetschke'	mittelgroß bis groß, dunkelblau gefärbt und bereift, sehr gut im Geschmack	Mitte bis Ende September		hohe Frostresistenz, Fruchtbarkeit früh und hoch, auch unter ‚Italienische Zwetschke' oder ‚Fellenberg' im Handel	Frischkonsum, Verarbeitung
‚Hauszwetschke'	klein bis mittelgroß, intensiver, aromatischer Geschmack	Ende September		selbstfruchtbar, kommt spät in den Ertrag, scharkaanfällig	Frischkonsum, Verarbeitung
Marille – nur an geschützten Standorten					
‚Ungarische Beste' (nahe verwandt: ‚Klosterneuburger Marille')	süßsäuerlich, aromatisch, besonders gut für Marmelade, da gelierfähig, lager- und transportfähig, wird nicht mehlig	Mitte bis Ende Juli		mittelfrühe und lange Blüte, mittlere, aber regelmäßige Erträge, widerstandsfähiger gegen Kälte als andere Sorten	Frischkonsum, Verarbeitung
Pfirsich – nur an geschützten Standorten					
Weingartenpfirsich	grünlich-weiß, sehr gutes Pfirsicharoma, nicht so süß	meist Ende August bis Mitte September		niedrig anfällig gegenüber Kräuselkrankheit, wächst mittelstark, hoher Ertrag, folgeartig reifend	Frischkonsum, Verarbeitung
‚Kernechter vom Vorgebirge' (= ‚Roter Ellerstädter')	grünlich-gelb bis gelb, saftig, gut steinlösend, schwaches Pfirsicharoma	Anfang September		stellt an Standort und Klima nur geringe Anforderungen, sehr gut für die Verarbeitung geeignet	Frischkonsum, Verarbeitung
Erdbeere					
‚Jubilae'	dunkelrot, gesund und robust, Ertrag nur durchschnittlich, sehr guter Geschmack!	mittelfrüh		Sorte aus den 1960er Jahren, einzige in Österreich neu gezüchtete Erdbeere	

Sorte	Beschreibung der Frucht	Genussreife	Lagerfähigkeit	Sonstiges	Verwendung
‚Wädenswil 6'	wächst mittelstark, ist ertragreich und trägt mittlere bis große, dunkelrote und sehr aromatische Früchte	mittelspät		Obwohl seit über 40 Jahren im Handel, ist sie in der Schweiz immer noch die beliebteste Sorte im Hausgarten.	
‚Mara des Bois'	kleine bis mittelgroße, leuchtend rote Früchte	von Juni bis Oktober		eine der besten zweimaltragenden Sorten	
‚Rügen'	Monatserdbeere, rotfrüchtig, kleine Früchte wie Walderdbeeren, sehr aromatisch	Mitte Juni bis in den November		Die einjährigen Pflanzen tragen die schönsten Früchte, daher regelmäßig teilen oder über Samen vermehren. Nur vollreife Früchte entwickeln ihr volles Aroma.	
‚Weiße Baron Solemacher'	Monatserdbeere, weißfrüchtig, Geschmack ähnelt dem der Walderdbeere	Mitte Juni bis in den November		Aus einem Sämling der Sorte ‚Rügen' entstanden. Trägt relativ große Früchte und wächst gesund und kräftig.	
Himbeere					
‚Malling Promise'	rot, guter Geschmack	früh		starkwachsend, reift sehr früh	
‚Winklers Sämling'*	leuchtend hellrot, sehr aromatisch, weiche, kaum transportfähige Früchte, werden am besten direkt von der Staude gegessen	mittel		typische Sorte für den Hausgarten, gegenüber Rutenkrankheiten und Trockenheit ziemlich widerstandsfähig	
‚Zefa 2'	rot, süß, saftig und fest, für Kompott und Sirup gut geeignet	mittel		mittelmäßig starker Wuchs, ausgeprägte Rutenbildung	
‚Schönemann'	rot	spät		besonders zum Entsaften geeignet, wächst stark und bildet viele Ruten	
‚Fallgold'	gelbfrüchtig, süß, aromatisch	Ernte von Ende Juni bis zum ersten Frost		zweimaltragend	
Brombeere					
‚Kittatinny'	groß, weich	Mitte bis Ende Juli		alte Standardsorte aus den USA, aufrechtwachsend, stark bestachelt	
‚Geschlitztblättrige Brombeere'	festfleischig, rund	spätreif		feines, bis zur Mittelrippe geschlitztes Blatt, sehr winterhart, rankend	

Sorte	Beschreibung der Frucht	Genussreife	Lagerfähigkeit	Sonstiges	Verwendung
Ribisel, Johannisbeere					
‚Erstling aus Vierlanden'	Rote Ribisel, leicht säuerlich, sehr aromatisch, mittelgroße, typisch birnenförmige Beeren	mittelfrüh, ab Anfang Juli			
‚Heinemanns Rote Spätlese'	Rote Ribisel, mittelgroße, hellrote Beeren, sehr sauer, wenig Aroma, ideal für Verarbeitung	spätreifend, ab Ende Juli		starkwüchsig, für höhere Lagen geeignet	
‚Rote Holländische'	säuerlich, herb, sehr aromatisch, besonders hoher Pektingehalt	spätreifend, ab Ende Juli		anspruchslos, gut geeignet für den Anbau in Gebirgslagen, sehr warme Standorte meiden, starkwüchsig	
‚Weiße aus Jüterbog'	Weiße Ribisel, gelblich-weiße, große Beeren, sehr fein im Geschmack, eher säuerlich	Anfang Juli		wegen später Blüte wenig frostanfällig, kann auch in höheren Lagen angebaut werden	
‚Goliath'	kurze Trauben und große Beeren, durch ungleiche Abreife der Beeren für Hausgarten interessant	mittelspät, ab Mitte Juli		gute Frosthärte, spätblühend, hoher, schön verzweigter Wuchs, für schwere und feuchte Böden geeignet, wächst sehr schwach, versagt auf trockenen Standorten	
‚Daniels September'	Schwarze Ribisel, säuerlich und aromatisch, für die Verarbeitung, mittelgroß	spätreifend, Ende Juli		hoher Vitamin-C-Gehalt, Holz und Blüte frosthart	

Viele verschiedene Arten und Sorten zu pflanzen, ist die Grundlage für eine Selbstversorgung mit Obst aus dem Garten.

Grundsätze für den Selbstversorgergarten

Um sich mit dem eigenen Garten das ganze Jahr über mit Obst zu versorgen zu können, sind folgende Grundsätze wichtig:

- Möglichst viele verschiedene Baum- und Beerenobstarten pflanzen.
- Werden mehrere Pflanzen einer Obstart gesetzt, verschiedene Sorten mit unterschiedlicher Reifezeit pflanzen.
- Anfallendes Überschussobst für den Winter konservieren.
- Eine Lagermöglichkeit für lagerfähiges Obst schaffen.
- In guten Obstjahren Vorräte einkochen oder trocknen, da im darauf folgenden Jahr oft ein geringer Ertrag zu erwarten ist.

Werden diese Grundsätze befolgt, ist die Selbstversorgung mit Obst vergleichsweise einfach. Die Obstsaison beginnt in warmen Lagen Mitte Mai mit den ersten Früchten von Kamtschatka Heckenkirsche und Süßkirsche. Hier sind noch keine großen Erträge zu erwarten, aber nach der langen Zeit des Winters schmecken sie frisch vom Strauch oder Baum besonders fein. Im Juni und weiter im Juli, August und September setzt die Haupternte von Beerenobst und Steinobst ein, auch frühe Sorten von Apfel und Birnen sind pflückreif. In dieser Zeit reift im Selbstversorgergarten eine Vielzahl an Früchten, meist weit mehr, als frisch gegessen werden kann. Dieser Überschuss muss jetzt zu Marmelade, Kompott oder Mus verarbeitet, getrocknet oder tiefgefroren werden, damit auch im Winter Obst aus dem Garten verfügbar ist. Der Oktober ist die Haupterntezeit von Äpfeln und Birnen, die für den Winter eingelagert werden können. Bis Weihnachten stehen noch nachreifende Quitten und Mispeln zur Verfügung. In kühlen Lagen gehen die Birnen bereits im November wieder zur Neige, in warmen Regionen lassen sich entsprechende Sorten bis März lagern. Danach reduziert sich das Frischangebot auf Äpfel und Nüsse, diese sind dafür bis in den Sommer hinein lagerbar, wenn längst wieder frisches Obst auf die Ernte wartet.

Die Tabelle auf Seite 51 gibt einen Überblick über die Verfügbarkeit von frischen Früchten der wichtigsten Obstarten im Jahresverlauf. Die Zeitangaben beziehen sich auf warmes Klima (Weinbauklima und vergleichbar), in kühlen bis rauen Klimata verschieben sich die Reifezeiten nach hinten bzw. endet die Erntezeit im Herbst früher. Frostempfindliche Arten fallen in kühlen Lagen weg.

Übersicht über die Verfügbarkeit von frischen Früchten im Jahresverlauf in warmen Klimata

	Mai	Juni	Juli	August	September	Oktober	November	Dezember	Jänner	Februar	März	April
Apfel												
Walnuss												
Süßkirsche												
Kamtschatka Heckenkirsche /Maibeere ®												
Erdbeere												
Sauerkirsche (Weichsel)												
Monatserd-beere												
Himbeere												
Ribisel/ Johannisbeere												
Feige												
Stachelbeere												
Maulbeere												
Marille												
Kulturheidel-beere												
Brombeere												
Jostabeere												
Birne												
Pfirsich, Nektarine												
Pflaume												
Apfelbeere												
Kornelkirsche												
Weintraube												
Quitte												
Maroni												
Mispel/Asperl												

Quelle: eigene Zusammenstellung

Einen Obstbaum einkaufen

Obstbäume kauft man am besten direkt in einer Baumschule (viele bieten auch einen Lieferservice an). Der Baumeinkauf ist Vertrauenssache, da man viele Eigenschaften – wie zum Beispiel, ob der Baum auch wirklich die gewählte Sorte tragen wird – nicht direkt beim Kauf überprüfen kann. Andere Eigenschaften kann man gleich beim Kauf überprüfen: etwa, ob im Topf angebotene Pflanzen gut verwurzelt, aber noch nicht überständig sind oder ob die Pflanze unverletzt ist (→ dazu ausführlich die Tabelle auf Seite 53).

Kaufen Sie wenn möglich Bäume aus der Region oder aus einem ähnlichen Klimagebiet. Das ist vor allem für raue Lagen wichtig, damit sie an die Kälte gewöhnt sind.

Obstbäume werden heute in drei verschiedenen Formen angeboten:

- **wurzelnackt:** Das ist die klassische Form, bei der die Wurzeln frei von Erde sind. Beim Ausgraben in der Baumschule geht ein Großteil der feinen Haarwurzeln verloren, die wichtig für die Wasseraufnahme sind. Daher können solche Bäume nur außerhalb der Vegetationszeit gepflanzt werden (Mitte Oktober bis Mitte April). Es ist die günstigste Form, Bäume zu kaufen. Da die Bäume vorher schon in gewöhnlicher Gartenerde gestanden sind, wachsen sie im Garten recht zuverlässig an.
- **im Container:** „Container" ist der Gärtnerfachbegriff für Topf. Die Wurzeln von Containerbäumen sind im Topf eingewurzelt, wodurch die Haarwurzeln nicht so leicht abreißen können. Diese Bäume können theoretisch das ganze Jahr über gepflanzt werden. Allerdings muss bei einer Pflanzung im Sommer sehr intensiv gegossen werden, da die Wurzeln ja noch nicht in die Erde gewachsen sind. Häufig werden wurzelnackte Bäume im Herbst getopft, damit sie im Frühling länger verkauft werden können. Kenntlich ist das daran, dass die Erde im Topf sehr locker ist. Kauft man solche Bäume im April oder Mai und sie haben schon ausgetrieben, ist es besser, sie noch bis Juni im Topf zu belassen. Werden sie gleich ausgepflanzt, zerfällt oft der Erdballen und die Wurzeln reißen ab. Haben sie noch nicht ausgetrieben, kann man sie bedenkenlos sofort pflanzen. Containerpflanzen wachsen nicht besser an als wurzelnackte Bäume, da die Pflanzen im Topf mit sehr guter Erde „verwöhnt" sind, die sie im Garten dann oft nicht vorfinden (→ „Obstbäume, warum bio?", Seite 53).
- **mit Ballen:** Bei Ballenware wird der Baum in der Baumschule so ausgegraben, dass die Erde nicht von den Wurzeln fällt. Der Erdballen wird dann für den Transport mit Jutetüchern oder Draht umwickelt. Der Vorteil ist, dass auch hier weniger feine Wurzeln abreißen. Erdballen werden nur bei Bäumen gemacht, die bereits älter und größer sind. Auch sie sollten nur außerhalb der Vegetationszeit gepflanzt werden.

Bäume werden meistens wurzelnackt verkauft. Hingegen werden Obststräucher fast ausschließlich im Container – also als Topfpflanzen – angeboten.

Qualitätskriterien für Obstbäume

In der Regel werden Bäume heute als Buschbaum (oder Viertelstamm), Halb- oder Hochstamm verkauft, bei denen bereits die Höhe der Krone fest-

Qualitätskriterien für den Einkauf von Obstbäumen

Baumeigenschaft	Qualitätskriterium
Sorte	sortenecht – erst bei Fruchteintritt überprüfbar
Topfpflanzen	gut im Topf eingewurzelt
wurzelnackte Pflanzen	Die Knospen haben noch nicht ausgetrieben.
Wurzel	gut bewurzelt (= zahlreiche, fingerdicke Wurzeln) Wurzeln seitlich nicht beschädigt Wurzeln sind feucht, nicht trocken (Die Wurzeln müssen immer mit Erde oder Mulch bedeckt sein.)
Stamm	unverletzt, eine Schnittwunde im unteren Bereich ist produktionsbedingt und unbedenklich (→ Kapitel „Obstgehölze vermehren", „Okulation")
Stammhöhe	Halbstamm 120–160 cm, Hochstamm mind. 160 cm
Stammumfang	Halbstamm mind. 6 cm auf halber Höhe Hochstamm mind. 7 cm in 1 m Höhe
Krone	bei Buschbäumen: mehrere kräftige Seitentriebe bei fertigen Halb- oder Hochstämmen: ideal mindestens vier kräftige einjährige Triebe für den Kronenaufbau

Quelle: eigene Zusammenstellung

gelegt ist. Teilweise bekommt man auch einjährige Veredelungen, sogenannte Heister. Diese haben nur einen Trieb ohne Seitenverzweigungen. Bei diesen Bäumen muss die Krone erst erzogen werden (→ Kapitel „Obstbäume richtig schneiden" – „Pflanzschnitt", Seite 95). Sie haben den Vorteil, dass sie leicht im Auto transportiert werden können und auch recht zuverlässig anwachsen. Für Spaliere sind sie ideal, da hier der Astansatz genau an die Höhe des Spaliers angepasst werden kann.

Scheuen Sie sich nicht, die Baumschule über die verwendete Unterlage auszufragen und was das für die Baumhöhe und den Pflanzabstand bedeutet. Korrekterweise sollte diese auch am Etikett, neben dem Sortennamen, angeführt sein.

Wunschveredelungen

Es ist durchaus eine Überlegung wert, der Auswahl der Sorte und der Unterlage bis hin zur Pflanzung mehr Zeit einzuräumen und als Gegenleistung für die Geduld einen „Maß-Obstbaum" setzen zu können. Sie können Ihre Lieblingssorte, veredelt auf die bevorzugte Unterlage, in einer Baumschule in Auftrag geben. Baumschulen können auf Wunsch Ihren Baum als Heister (dauert 1 Jahr) oder zu einem Hochstamm (dauert mindestens 2 bis 3 Jahre) erziehen. Selbstverständlich schlagen sich Sonderwünsche in einem höheren Preis nieder, allerdings steht der Baum über Jahrzehnte in Ihrem Garten und das rechtfertigt einen Aufwand und Mehrkosten. Und natürlich können Sie so auch Ihren eigenen Baum weitervermehren, indem Sie Edelreiser selbst in die Baumschule bringen.

Obstbäume – warum bio?

Pflanzen aus biologischem Anbau sind in der Regel nicht so intensiv gedüngt wie konventionelle Pflanzen. Daher bilden sie bereits bei der Anzucht in der Baumschule kräftigere Wurzeln, um sich ausreichend mit Nährstoffen zu versorgen. Dadurch wachsen die Pflanzen dann teilweise besser in den normal nährstoffversorgten Böden unserer Gärten und Streuobstwiesen an. Pflanzen aus biologischem Anbau sollte bei der Pflanzung eine organische Startdüngung gegeben werden, da sie sonst teilweise im ersten Jahr nur schwach wachsen, bevor die Wurzeln ausreichend nachgewachsen sind. Bei Topfpflanzen aus konventionellem Anbau ist es oft umgekehrt. Sie wachsen am Anfang gut, bis der Dünger aus dem Topf verbraucht ist, und bleiben dann „stecken".

Transport

Werden Bäume und Sträucher im Winter oder bei kalter Witterung transportiert, müssen sie immer in einem geschlossenen Fahrzeug oder Anhänger sein oder mit Vlies oder einer Plane abgedeckt werden. Ansonsten kommt es durch den Fahrtwind zu einer massiven Abkühlung der Pflanze, die zu Frostschäden führen kann. Besonders wichtig ist das bei Pflanzen, die gerade ausgetrieben haben. Bei wurzelnackten Pflanzen muss die Wurzel beim Transport immer bedeckt sein, am besten steckt sie in einem Sack, sonst trocknet sie aus. Generell sollte die Wurzel bis zur Pflanzung immer feucht gehalten werden, wobei es besser ist, sie mit Erde oder Mulch (z. B. Rindenmulch) zu bedecken, als sie ins Wasser zu stellen. Im Wasser wird die feine Lehmschicht von den Wurzeln gewaschen, die eigentlich das Austrocknen verhindert. Achten Sie beim Transport darauf, dass es nicht zu Scheuerwunden am Stamm oder den Trieben kommt. Am besten wickeln Sie einen Lappen um den Stamm, dort wo er z. B. auf der Anhängerwand aufliegt. Wenn nötig, können Sie den Pflanzschnitt schon beim Kaufen machen, damit der Baum dann leichter in das Auto geht.

Pflanzzeitpunkt

Herbst – von Mitte Oktober bis Mitte November: Für wenig frostempfindliche Arten wie Apfel, Birne, Zwetschke und das meiste Beerenobst ist Herbst der bessere Pflanztermin. Auch wenn der oberirdische Teil des Baumes nicht mehr wächst, die Wurzeln wachsen noch bis weit in den November hinein und beginnen im Frühling auch wieder früher als die Triebe zu wachsen. Dadurch können sich im Herbst gepflanzte Bäume und Sträucher, wenn es im Frühling heiß wird, bereits besser mit Wasser versorgen.

Außerhalb der Vegetationszeit ist der beste Zeitpunkt für eine Baumpflanzung.

Frühjahr – von März bis Mitte/Ende April: Alle frostempfindlicheren Arten wie Pfirsich, Marille und in rauen Lagen auch die Kirsche sowie Wein, Feige und Kiwi werden erst im Frühling gepflanzt. Sie können nur bei ausreichender Wärme gut anwurzeln und sich so im Laufe des Jahres an den neuen Standort gewöhnen – bevor es wieder kalt wird. Kernobst kann aber auch im Frühling gepflanzt werden und wächst genauso an – muss aber dann in Trockenregionen besonders kontinuierlich mit Wasser versorgt werden. Je früher gepflanzt wird, umso besser, damit mehr Wurzeln gebildet werden.

Topfpflanzen können theoretisch das ganze Jahr gesetzt werden, im Sommer muss aber intensiv gegossen werden.

Einen Obstbaum richtig pflanzen

Wurzelnackte Pflanzen, deren Wurzeln während eines Transportes abgetrocknet sind, sollten vorher mehrere Stunden eingeschlämmt werden. Dazu in einem Kübel mit Erde und Wasser ein „Schlammbad" machen und den Baum mit den Wurzeln hineinstellen. Wenn Sie kleine Kinder haben, sind Ihnen die bei dieser Arbeit sicher sehr gerne behilflich! Containerpflanzen, die ausgetrocknet sind, vorher für eine Stunde in ein Wasserbad stellen, damit sich der Erdballen wieder mit Wasser vollsaugt.

Für die Pflanzung brauchen Sie: einen Spaten, bei harten, steinigen Böden einen Krampen, einen Baumpflock, eine Schere und natürlich den Baum. Bei Wühlmausgefahr empfiehlt sich noch ein Wühlmausgitter, und wenn der Baum im Freien – also nicht von einem Gartenzaun geschützt – steht, ist ein Baumschutz notwendig *(→ Kapitel „Streuobstbau", Seite 234, „Baumschutz", Seite 249ff.).*

Stellen Sie den Baum (wenn im Topf) an den gewünschten Pflanzort oder markieren Sie diesen mit einem Stab. Nun stechen Sie mit dem Spaten rund um den Baum senkrecht in den Boden, so tief Sie ohne große Mühe kommen. Das Pflanzloch sollte doppelt so groß wie der Umfang der Wurzeln oder des Topfes sein. Bei tonigen Böden sollte das Pflanzloch für Bäume zumindest einen Meter im Durchmesser umfassen und einen halben Meter in die Tiefe reichen.

Jetzt wird oberflächig die Grasnarbe im Kreis abgestochen und zur Seite gelegt. Die Grasnarbe darf später nicht in das Pflanzloch gegeben werden, da dadurch Wühlmäuse angelockt werden.

Jetzt wird das Loch ausgehoben. Deponieren Sie den Aushub direkt rund um das Loch. Sollte die Erde in verschiedenen Tiefen unterschiedlich sein, wird sie getrennt gelagert und später wieder so eingefüllt, wie sie war. So tief graben, bis die Wurzeln hineinpassen, am Boden des Loches noch möglichst tief den Untergrund lockern.

Besteht Wühlmausgefahr, sollte jetzt ein Wühlmauskorb in die Grube gestellt werden. Dieser besteht aus einem feinmaschigen Drahtgeflecht, das die Wühlmäuse von den Wurzeln fernhält, die sie liebend gerne abfressen. Wichtig ist, dass das Gitter aus unverzinktem Draht gefertigt ist, da es langsam verrosten muss. Denn mit den Jahren wächst der Baum durch das Gitter durch und die Wurzeln würden sich im Verlauf der Jahre – durch das Dickenwachstum – selbst abschnüren. Ist der Baum größer, besteht weniger Gefahr durch die Wühlmaus. Obstexperten in Deutschland haben ein spezielles Gitter entwickelt, das schon zu Körben geflochten ist (→ www.wuehlmauskorb.de). Wird ein Wühlmauskorb eingesetzt, muss das Loch tiefer ausgehoben werden.

Nun wird der Stützpflock eingeschlagen. Der Pflock verhindert, dass der Baum sich im Wind zu stark biegt und die wichtigen Feinwurzeln ständig abreißen. Um diese Funktion zu erfüllen, muss der Pflock entgegen der Hauptwindrichtung eingeschlagen werden, damit der Wind den Baum vom Pflock wegdrückt. In den meisten Lagen kommt der Wind häufig von Nord-West. Der Pflock wird durch das Wühlmausgitter geschlagen. Im Anschluss wird so viel Erde eingefüllt, dass die Pflanzhöhe stimmt *(→ Seite 57 unten)*.

Bei Containerpflanzen hält der Topf oft sehr gut, schlagen Sie einfach einige Male ringsum auf die Seitenwände, dann lässt sich der Topf meist gut abziehen. Mit den Fingern wird jetzt der Wurzelfilz etwas aufgelockert. Wenn Wurzeln schon im Kreis gewachsen sind, werden diese losgerissen. Wenn Wurzeln dabei abreißen, ist das kein Problem, es ist sogar erwünscht, dort wachsen sie dann nach außen weiter.

Bei wurzelnackten Bäumen wird kein Wurzelschnitt gemacht. Nur Wurzeln, die seitlich beschädigt sind, werden gerade abgeschnitten.

Der Baum wird in das Pflanzloch gestellt und die Erde wieder hineingeschaufelt. Dabei kommt die unterste Erde wieder unten hinein und die oberste nach oben. Erdbrocken müssen zerbröselt werden, damit sich keine großen Hohlräume bilden. Ist das Loch zur Hälfte befüllt, wird bei wurzelnackten Bäumen der Baum etwas gerüttelt, damit die Erde zwischen die Wurzelhohlräume rieselt. Die Erde kann mit dem Fuß mit sanftem Druck etwas angedrückt werden. Keinesfalls die Erde richtiggehend festtreten. Bei sehr fester, toniger Erde sollte die Erde zur Hälfte mit Sand abgemischt werden *(→ Bodenart, Seite 17)**.*

Bei Topfpflanzen wird so tief gepflanzt, wie der Baum im Topf stand. Wurzelnackte Bäume werden so tief gesetzt wie in der Baumschule. Das ist an der unterschiedlichen Farbe am Übergang zwischen Stamm und Wurzel leicht erkennbar. Im Wesentlichen wird so tief gesetzt, dass die Wurzeln gerade unter der Erde sind. Nicht zu tief setzen! Die Veredelungsstelle, die meist auch weit unten ist, muss auf jeden Fall oberhalb der Erde sein. Kenntlich ist sie entweder durch einen schrägen „Strich" in der Rinde oder durch eine größere Schnittwunde.

Das Wühlmausgitter muss über den Pflanzballen bis zum Stamm geklappt werden, damit nicht Wühlmäuse von oben in das Loch kommen. Vom Stamm dabei einige Zentimeter Abstand halten, damit kein Rindenschaden entsteht. Danach kann noch eine Schicht Erde darübergebreitet werden, damit das Gitter nicht herausschaut.

Mit den abgestochenen Grassoden wird ein kleiner Wall rund um das Pflanzloch gebildet, das erleichtert später das Gießen. Dieser Wall ebnet sich mit der Zeit von selbst wieder ein.

Ist der Baum zugänglich für Rehe oder Hasen bzw. Nutztiere wie Kühe oder Schafe, wird er nun mit einem Stammschutz geschützt *(→ Kapitel „Streuobstbau", Seite 234, „Baumschutz", Seite 249ff.)**. Danach wird der Baum angebunden. Dazu unbedingt ein breites, etwas dehnbares Material verwenden. Bewährt haben sich Kokosstricke, die im Handel erhältlich sind, aber auch Stoffstreifen oder alte Strumpfhosen sind dafür geeignet. Auf keinen Fall dünne Schnüre verwenden, sie wachsen rasch in die Rinde ein. Der Strick wird um den Stamm gelegt und dann verdreht, eventuell kann auch der Baumschutz mit eingebunden werden, um Scheuerstellen zu vermeiden.*

Wenn nötig, wird der Baumpflock abgeschnitten. Er muss eine Handbreit unterhalb des untersten Astes enden, um zu vermeiden, dass sich Äste am Pflock wundscheuern!

Nun wird noch eingegossen. Seien Sie dabei großzügig, 20 bis 30 Liter sollten es schon sein. Durch das Wasser wird die Erde an die Wurzeln geschwemmt und diese können rasch wieder Feinwurzeln ausbilden und Wasser aufnehmen.

Für das Pflanzen eines Obststrauches gilt im Prinzip das Gleiche. Allerdings wird kein Pflock benötigt und Wühlmäuse sind weniger ein Problem. Besonderheiten zur Pflanzung sind bei den jeweiligen Arten angeführt.

Nach der Pflanzung sollte der Baum oder Strauch noch eine Startdüngung bekommen (→ Kapitel „Pflege und Düngung von Obstgehölzen", Seite 60).

Fertig! Den Pflanzschnitt nicht vergessen *(→ „Kapitel Obstbäume richtig schneiden", Seite 72)**.*

Nachpflege

Im ersten Jahr müssen die Bäume regelmäßig gegossen werden, wenn es nicht genug regnet. Hier gilt: besser selten und dafür ausgiebig gießen: nur alle vier Wochen, bei großer Hitze alle zwei Wochen. Wenn möglich, legen Sie einen Schlauch zum Baum und drehen Sie das Wasser so auf, dass es langsam herausrinnt. So können Sie ruhig eine halbe bis eine Stunde gießen, bis der Boden durchdringend nass ist. Dadurch bildet der Baum starke Wurzeln, die das Wasser auch in tieferen Schichten suchen. Im zweiten Jahr muss im Hochsommer noch gegossen werden, im dritten Jahr bei Sämlingsbäumen nur bei sehr trockenen Standorten oder wenn der Baum sichtlich Trockenstress hat (hängendes Laub). Schwächerwüchsige Bäume müssen später oft auch gegossen werden.

Jährlich werden auf jeden Fall einmal die Bindung und der Pflock kontrolliert. Droht der Pflock abzumorschen, wird er entfernt, um Stammschäden zu verhindern. Auf Sämling veredelte Bäume benötigen den Pflock nach dem dritten Standjahr im Regelfall nicht mehr. Schwachwüchsige Buschbäume brauchen ein Leben lang einen Pflock als Stütze.

Gut gemeint ist nicht immer gut! So viel Wasser wie beim Setzen braucht der Baum nicht mehr. Wird zu viel gegossen, geht der Baum schneller ein, als wenn er nicht gegossen wird, weil seine Wurzeln nicht in die Tiefe wachsen.

In den ersten zwei bis drei Jahren sollten Sie die Baumscheibe rund um den Stamm frei von Grasbewuchs halten (→ Kapitel „Pflege und Düngung von Obstgehölzen", Seite 60, „Baumscheiben verringern Nährstoffkonkurrenz", Seite 64).

Fruchtfolge bei Obstgehölzen

Wenn alte Bäume am gleichen Platz durch junge Bäume der gleichen Art ersetzt werden, kann es zu Wuchsproblemen kommen. Die Bäume wachsen teilweise nicht an oder kümmern über Jahre und sind stark anfällig auf Wurzel-, Wurzelhals- und Kragenfäule. Kleinere Baumformen sind davon stärker betroffen als auf Sämling veredelte Bäume. Auslöser für diese Nachbauprobleme dürften verschiedene Pilze und Bakterien sein, die sich im Boden etablieren und dann rasch auch die frisch gesetzten jungen Bäume besiedeln. Besonders häufig treten diese Symptome auf, wenn der alte Baum zuvor abgestorben ist.

Als Vorsichtsmaßnahme sollte daher auch bei Obstbäumen eine Fruchtfolge oder ein Standortwechsel erfolgen. Wenn möglich pflanzen Sie nach einem Kernobstbaum einen Steinobstbaum und umgekehrt oder zumindest eine andere Art, also z. B. Birne nach Apfel. Ist das nicht möglich, sollten die neuen Bäume auf Lücke gepflanzt werden, also zwischen den Wurzelstöcken zweier alter Bäume. Bei großen Wiesen empfiehlt es sich, die neuen Bäume zwischen die Reihen zu setzen. Nach einer Anbaupause von zumindest 10 Jahren kann auch die gleiche Art wieder relativ problemlos gesetzt werden.

Untersuchungen haben gezeigt, dass gut verrotteter Kompost, der nicht vor der Ausbringung gegen Unkrautsamen erhitzt wurde, eine bodenreinigende Wirkung hat und Nachbauprobleme unterdrücken kann. Diese Wirkung wird bestimmten „guten" Pilzarten zugeschrieben, die im Kompost leben und die Entwicklung der unerwünschten Pilze unterdrücken. Auch der Anbau von Gründüngung hat einen positiven Effekt.

Möglich, aber kostspielig und aufwendig ist auch ein Erdaustausch, wobei hier zumindest die Erde im Umkreis von einem Meter rund um den Pflanzort und bis in eine Tiefe von 0,5 m ausgetauscht werden sollte.

Das Gleiche gilt auch für Beerenobst und hier vor allem für Himbeere. Ein Erdaustausch kann hier leichter erfolgen, da nur die Erde im bewachsenen Streifen getauscht werden muss. Bei Erdbeeren ist der Wechsel des Standorts alle 2–3 Jahre notwendig (→ Artenporträts).

Bei der Pflege von Obstwiesen kann man sich vieler Helfer bedienen.

Pflege und Düngung von Obstgehölzen

Einmal gepflanzte Obstbäume können – je nach Art und Wuchsform – mehrere Jahre bis mehrere Jahrzehnte alt werden. Auch wenn die Planung und Anlage eines Obstgartens der aufwändigste Teil ist, brauchen Obstgehölze – neben dem Schnitt – im Herbst und im Frühling etwas Aufmerksamkeit: Die Pflanzen benötigen etwas Dünger, die Wiese unter den Bäumen muss gemäht oder beweidet werden. Wird sie beweidet, müssen die Bäume gut vor den Tieren geschützt werden, die sonst die Triebe verbeißen. Bei jungen Bäumen muss die Fläche um den Baum herum – die sogenannte Baumscheibe – freigehalten oder gemulcht werden.

Düngung

Obstbäume und -sträucher brauchen nur mäßige Düngung, sind aber sehr wohl für eine regelmäßige Nährstoffzufuhr dankbar. Drei Nährstoffe werden in größeren Mengen benötigt: Stickstoff, Phosphor und Kalium. Daneben gibt es noch viele Nährstoffe, die nur in geringen Mengen, aber genauso essentiell notwendig sind, damit die Obstpflanzen gut wachsen, Früchte tragen und gut über den Winter kommen. Im Hausgarten oder im extensiven Obstbau kommt es nur selten zu Mangelerscheinungen dieser Nährstoffe. Falls diese doch auftreten sollten (Symptome → Kapitel „Pflanzengesundheit im Obstgarten", Seite 128), ist eine Bodenuntersuchung empfehlenswert. Landwirtschaftliche Beratungsstellen können meist Auskunft geben, wo man sie durchführen lassen kann.

- **Stickstoff** baut die Blatt- und Holzmasse auf und bildet Früchte. Der Nährstoff wird im Boden sehr leicht ausgewaschen. Je höher der Lehmanteil, umso mehr Stickstoff ist in der Regel für die Pflanze direkt aus dem Boden verfügbar. Sehr stickstoffreich ist Humus, die schwarze „Erde", die reich an verrotteten Pflanzenresten ist. Sandige Böden können Nährstoffe nicht gut halten und sind auch stickstoffarm.

- **Phosphor** ist unter anderem wichtig für die Fruchtbarkeit. Er ist im Boden gut gebunden und im Regelfall in für Obstgehölze ausreichender Menge direkt vorhanden.
- **Kalium** ist wichtig für die Winterhärte der Gehölze. Auch Kalium ist meist ausreichend vorhanden, es kann aber auch sehr leicht mit Holzasche zugeführt werden. Mehr als 30 g pro m² sollten nicht zugeführt werden. Die Asche kann auch in dünnen Schichten in den Komposthaufen eingearbeitet werden.

Düngung und vor allem die Stickstoffdüngung müssen sehr vorsichtig betrieben werden, da ein Zuviel an Stickstoff viele negative Folgeerscheinungen nach sich zieht. Folgen einer Überdüngung sind:

- starkes Triebwachstum und damit verbunden ein erhöhter Schnittaufwand sowie eine geringere Fruchtbildung
- erhöhte Anfälligkeit des Baumes/Strauches und der Früchte auf Krankheiten und Schädlinge, da die Zellwände dünner werden
- große, aber geschmacklosere Früchte
- physiologische Störungen und damit verbunden Fehler wie Verbräunungen im Fruchtfleisch (Stippe)
- geringere Frosthärte
- üppiges Graswachstum unter den Bäumen
- Auswaschung von Stickstoff in das Grundwasser und dadurch erhöhte Nitratwerte

Arten von Dünger

Generell kann zwischen zwei grundsätzlichen Düngertypen unterschieden werden: organische Dünger und mineralische Dünger. In mineralischen

Pilzkrankheiten wie hier Monilia werden durch zu starke Stickstoffdüngung gefördert.

Düngern liegen die einzelnen Nährstoffe leicht wasserlöslich vor. Sie wirken daher sehr schnell, allerdings kommt es sehr leicht zu einer Überdüngung. Zudem wird bei starkem Regen zumindest der Stickstoff rasch auch wieder aus dem Boden ausgewaschen und landet als Nitrat im Grundwasser. Und sie haben eine negative Auswirkung auf das Bodenleben. Im Biolandbau sind mineralische Stickstoffdünger aus diesem Grund nicht erlaubt. Auch im Hausgarten und in extensiven Streuobstwiesen sollten sie nicht eingesetzt werden. Es gibt gute organische Dünger als „Alternativen".

Organischer Dünger

Organische Masse – von Pflanzen oder Tieren – ist oft relativ stickstoffreich. Pflanzen und auch Tierprodukte (Hornspäne, Wolle ...) werden daher vielfach als Dünger verwendet. In diesen organischen Düngern liegt Stickstoff in gebundener Form vor, was einer ihrer großen Vorteile ist, denn sie können beim Gießen oder bei starkem Regen nicht so leicht ins Grundwasser ausgespült werden. Damit Pflanzen die Nährstoffe aus organischem Dünger aufnehmen können, muss dieser von Regenwürmern und vielen weiteren Bodenorganismen erst zerlegt werden. Dieser Umstand erschwert unter normalen Umständen auch eine Überdüngung. Gleichzeitig wirkt der Dünger über einen langen

Zeitraum, da nur nach und nach die Nährstoffe freigesetzt werden. Organischer Dünger ist daher am besten für die Düngung von Obstgehölzen geeignet. Gebräuchlich sind folgende Arten:

Kompost

Kompost ist ein idealer Dünger, da er ein ausgewogenes Nährstoffverhältnis hat und gleichzeitig auch für die Bodengesundheit sehr günstig ist. Er besteht aus verrottetem Pflanzenmaterial und kann leicht im eigenen Garten gewonnen werden. Für Obstgehölze kann auch grober, noch nicht ganz zersetzter Kompost gut verwendet werden bzw. die Reste beim Aussieben von Kompost. Unter Obstbäumen bringt man 2–3 kg Kompost/m^2 auf.

Mist

Mist ist ein sehr nährstoffreicher Dünger und sollte nur gut verrottet verwendet werden, da frischer Mist diverse Schädlinge anziehen kann. Empfehlenswert ist, frischen Mist zu kompostieren, bevor er verwendet wird. Verwendet werden können alle Mistarten.

Hornmehl, Hornspäne

Diese Dünger werden aus den Hörnern und Klauen von Rindern und Schafen aus konventioneller Tierhaltung gewonnen. Die meisten Hornspäne kommen aus Brasilien und Pakistan. Sie sind im ökologischen Landbau zugelassen, aber ein reiner Stickstoff-Dünger. Da sie sehr nährstoffreich sind, müssen sie sparsam und nur im Frühjahr eingesetzt werden. Für Obstgehölze sind Hornspäne empfehlenswerter als Hornmehl, da sie langsamer zersetzt werden und die Wirkung länger anhält.

Schafwolle

Wolle enthält mit 7–12 % recht viel Stickstoff, aber auch andere Nährstoffe. Sie kann von Schafhaltern oft günstig bezogen werden und ist daher ein Dünger, der direkt und regional erhältlich ist. Gleichzeitig wird Wolle langsamer zersetzt als Hornspäne, wodurch die Wirkung länger anhält. Auch als Wasserspeicher ist Wolle günstig, da sie 30 % ihres Gewichtes an Wasser aufnehmen und langsam wieder abgeben kann. Wichtig ist, dass Wolle mit Erde oder einem Mulchmaterial bedeckt wird, da sie sonst nur sehr langsam verrottet. Im Gartenfachhandel sind auch Wollpellets erhältlich. Schafwolle kann auch als Mulchmaterial um Obstbäume verwendet werden und wird dann nicht mit Erde bedeckt.

Haare: Dünger vom Friseur

Bitten Sie nach dem nächsten Haarschnitt Ihren Friseur um Haare, entweder nur jene, die Ihnen abgeschnitten wurden, oder, wenn der Obstgarten größer ist, um alle, die im Frisiersalon anfallen. Menschenhaar ist Stickstoffdünger aus „artgerechter" Haltung. Dosierung: wie Hornspäne (→ Tabelle Seite 63).

Mittlerweile gibt es auch diverse Dünger, die aus zu Kügelchen gepresstem organischem Material vielfach vermischt mit Vogeldung bestehen. Sie können leicht ausgebracht werden, sind meist aber relativ teuer.

Pflanzenjauchen

Brennnesseln sind stickstoffreich, sie können gesammelt und in einem Fass oder Kübel eingeweicht zu einer Jauche vergoren werden. Hier wirkt der Düngeeffekt sehr rasch, da der Stickstoff in gelöster Form vorliegt, die Dosierung muss daher sehr vorsichtig erfolgen. Eine Gießkanne voll (1:20 verdünnt) für Beerenost und kleinere Bäume und 2–3 Kannen für größere Bäume reichen bei akutem Stickstoffmangel. In der Brennnessel ist etwas Kieselsäure enthalten, im Ackerschachtelhalm in größeren Mengen. Diese festigt auch die Zellwände der Pflanzen und trägt so zur Pflanzengesundheit bei. Details zur Bereitung von Jauchen → Kapitel „Pflanzengesundheit im Obstgarten", Seite 128, „Pflanzenstärkungsmittel", Seite 131ff.

Beim Düngen ist Wasser maßgeblich für die Aufnahme der Nährstoffe notwendig. Ohne Wasser können weder organische noch mineralische Dünger von der Pflanze aufgenommen werden. Symptome von Nährstoffmangel können daher oft schon durch ausreichendes Bewässern beseitigt werden. In trockenen Gebieten wird es notwendig sein, nach dem Düngen kräftig zu gießen, damit das Bodenleben aktiv wird und durch die Zersetzung der organischen Masse die Nährstoffe freisetzt.

Düngung von jungen Gehölzen

Es ist günstig, den Pflanzen bei der Pflanzung eine Startdüngung zu geben. Keinesfalls darf der Dünger aber auf den Grund des Pflanzlochs gegeben werden. Organischer Dünger kann nur von Bodenorganismen umgesetzt werden, und die leben vor allem in den oberen 10–20 cm des Bodens. Dünger sollte daher immer nur oberflächlich eingebracht werden. Es reicht, diesen nach dem Pflanzen rund um die Pflanze zu verteilen und leicht in die obere Erdschicht einzuarbeiten.

Gute Erfahrungen haben KollegInnen mit Schafwolle als Startdünger gemacht. Dazu etwa zwei bis drei Handvoll Wolle oberhalb der Wurzeln aufbringen und unbedingt mit Erde abdecken.

Düngermengen für Obstgehölze bei der Pflanzung

Obstbäume	1,5 Liter Kompost (ca. 1 Schaufel voll) oder 0,75 Liter verrotteter Mist oder 30 Gramm Hornspäne
Strauchobst, Kletterpflanzen	ca. die halbe Menge eines Baumes

Quelle: eigene Zusammenstellung

Dieselben Mengen können jährlich im Frühling wieder gegeben werden, bis der Ertrag einsetzt, danach muss stärker gedüngt werden (→ Tabelle unten).

Düngung von älteren Gehölzen im Ertrag

Sobald die Gehölze regelmäßig tragen, steigt der Bedarf an Nährstoffen. In der Tabelle unten ein Richtwert für die Düngung. Der Dünger wird im Frühling rund um den Baum oder den Strauch im Kronenbereich aufgebracht und wenn möglich leicht eingeharkt.

Wachsen die Pflanzen sehr stark, sollte auf die Düngung verzichtet werden, bis das Wachstum merklich nachlässt.

Jährliche durchschnittliche Düngermenge für Obstgehölze im Ertrag

Baumobst – große Baumformen	8–12 Liter Kompost oder 4–6 Liter Mist oder 200–300 Gramm Hornspäne
Baumobst – kleine Baumformen	4 Liter Kompost oder 2 Liter Mist oder 100 Gramm Hornspäne
Strauchobst, Kletterpflanzen	2 Liter Kompost oder 1 Liter Mist oder 50 Gramm Hornspäne

Quelle: eigene Zusammenstellung

Wird die Wiese unter den Bäumen nicht gemäht, sondern immer nur gemulcht, kann eine Düngung stark reduziert werden oder ganz entfallen. Aus dem langsam verrottenden Gras werden Nährstoffe wieder freigesetzt, die die Bäume nutzen können. Beim Mulchen ist aber zu beachten, dass Wühlmäuse dadurch gefördert werden und die Blütenfülle der Wiese mit der Zeit verloren geht (→ Kapitel „Streuobstbau", Seite 234).

Bewässerung von Obstpflanzen

Große, starkwachsende Bäume auf Sämlingsunterlagen müssen in den ersten Jahren bei Trockenheit gegossen werden. Auch hier gilt, lieber selten und dafür ausgiebig gießen als ständig nur wenig. Nach drei bis vier Jahren können sich die

Auf größeren Obstwiesen können alte Jauchefässer für die Bewässerung genutzt werden. Mit ein wenig Geschick lässt sich bei diesen ein Schlauch montieren.

Baumscheiben verringern die Nährstoffkonkurrenz durch das Gras und sind vor allem bei kleinen Baumformen und bei großen Baumformen in den ersten Anwachsjahren sehr zu empfehlen.

Bäume meist selbst mit Wasser versorgen. Wenn Sie aber beobachten, dass ein Baum nur wenig wächst, sollten Sie noch länger gießen und unbedingt die Baumscheibe von Grasbewuchs freihalten (→ nächster Absatz).

Kleinere Baumformen auf schwach- und mittelschwach wachsenden Unterlagen müssen hingegen regelmäßig und bis ans „Lebensende" gegossen werden. Paradoxerweise können Sie sich folgende Faustregel merken: Je kleiner ein Baum bleibt, umso regelmäßiger muss er gegossen werden. Der Grund dafür ist, dass kleine Baumformen nur schwache Wurzeln haben und tiefere Wasserschichten nicht erreichen. Bei Spindelbäumen, die besonders schwach wachsen, empfiehlt sich wie beim Beerenobst eine Tröpfchenbewässerung zu installieren. Einer der häufigsten Gründe, warum Busch- und Spindelbäume im Garten nicht so recht gedeihen, ist Wassermangel, achten Sie deshalb gut darauf! Zur Bewässerung von Beerenobst → Seite 405f.

Baumscheiben verringern Nährstoffkonkurrenz

Ein Sprichwort besagt, „Gras ist das Leichentuch der Obstbäume". Denn Gräser sind Flachwurzler und Meister darin, Wasser und Nährstoffe aufzunehmen. Für die Bäume und Sträucher, die darunter wurzeln, bleibt oft nicht mehr viel über, vor allem wenn sie noch jung und konkurrenzschwach sind. Daher sollte rund um Obstgehölze immer eine Baumscheibe angelegt werden. Das ist ein Bereich, der frei von Grasbewuchs gehalten wird. Bei Bäumen sollte die Baumscheibe ca. 1 m im Durchmesser haben, bei Beerenobst, das sehr flach wurzelt, empfiehlt es sich, den gesamten Durchmesser des Strauches freizuhalten. Bei Beerenobst und kleinen Baumformen (Busch- und Spindelbäumen) sollte die Baumscheibe ein Pflanzenleben lang freigehalten werden. Bei starkwüchsigen Bäumen kann sie einige Jahre nach der Pflanzung langsam zuwachsen. Wächst der Baum stark, kann das früher sein, wächst er schwach, sollte sie länger freigehalten werden.

Mulch schützt vor Austrocknung

Die Baumscheibe sollte nicht einfach als offener Boden belassen, sondern gemulcht, also abgedeckt werden. Dafür eignen sich Grasschnitt, Holzhäcksel, Rindenmulch oder ein anderes verfügbares organisches Material. Bei Erdbeeren, Himbeeren und Ribiseln sollte kein oder nur alter Rindenmulch verwendet werden, da dieser Gerbstoffe enthält, die die Wurzeln schädigen. Größere Gehölze haben kein Problem damit.

Häufen Sie besonders bei Rasenschnitt immer nur so viel auf, dass es nicht zu Fäulnis kommt. Der

Auf keinen Fall darf Grasschnitt oder anderer Mulch so hoch wie hier aufgeschichtet werden. Durch den Sauerstoffmangel kommt es zu Fäulnis und der Stamm kann angegriffen werden.

Stammfuß sollte immer frei sein, legen Sie dort weniger Mulch auf, damit keine Fäulniserkrankungen am Holz auftreten. Der Stammfuß selbst sollte immer unbedeckt bleiben.

Wenn Sie Holz, Rinde oder Stroh zum Mulchen verwenden, streuen Sie ein bis zwei Schaufeln Kompost auf die Baumscheibe, bevor Sie das Mulchmaterial aufbringen. Holz und Stroh benötigt am Beginn viel Stickstoff für die Verrottung, die unweigerlich einsetzt, sobald das Stroh mit dem Boden in Berührung kommt. Dieser Stickstoff fehlt dann dem Baum.

Beachten Sie, dass in Holzlagern die Baumstämme oft vor dem Schälen mit Pestiziden behandelt werden. Diese Pestizide können sich dann in gekauften Rindenmulchen wiederfinden.

Im Handel sind eigene runde Kokosmatten erhältlich, die auf die unbewachsenen Baumscheiben gelegt werden und das Aufkommen von Gras recht zuverlässig unterdrücken. Eine andere Möglichkeit ist, die Baumscheibe mit Kapuzinerkresse zu bepflanzen. Dieser einjährige Bodendecker unterdrückt das Wachstum von Gras, braucht aber selbst auch einiges an Wasser, es sollte daher etwas mehr gegossen werden. Auch Knoblauch wird teilweise in die Baumscheiben gepflanzt, da dieser eine gesunderhaltende Wirkung auf die Bäume hat.

Im Herbst sollte der Großteil des Mulchmaterials von der Baumscheibe entfernt und großflächig rund um den Baum verteilt werden. Denn über den Winter fühlen sich Wühlmäuse unter einer dicken Mulchschicht geschützt, wodurch die Gefahr steigt, dass die Wurzeln der Bäume von ihnen abgefressen werden (→ Kapitel „Pflanzengesundheit im Obstgarten", Seite 128).

Stammanstriche als Schutz vor Hitze und Frost

Im Winter und zeitigen Frühjahr bilden sich an Stämmen oft tiefe Rindenrisse, sogenannte „Frostrisse". Diese Verletzungen entstehen durch die Sonneneinstrahlung auf gefrorene Stämme, wenn im ausgehenden Winter die Sonne wieder mehr Kraft hat. Durch den Temperaturunterschied zwischen Sonnenseite und Schattenseite kommt es zu Spannungen in der Rinde, und diese kann vor allem an der sonnenbeschienenen Südseite der Stämme mitunter bis ins tiefer liegende Splintholz aufreißen. In diese Risse dringt Wasser ein, das dann bei Frost wieder gefriert, sodass das Eis den Riss weiter sprengen kann. Im schlechtesten Fall können sich ganze Rindenteile, sogenannte „Frostplatten", vom Baum lösen. Das nun offen liegende Holz wird zusätzlich noch von Pilzen oder anderen Schaderregern besiedelt und gleichzeitig wird die Wasserversorgung teilweise unterbrochen.

Ein anderer Effekt – mit der gleichen schädigenden Wirkung – tritt im Sommer auf. Bei Temperaturen über 35 °C erwärmt sich die Rinde bisweilen auf schädigende 45 °C. Wiederum sind Stammrisse (Rindenbrand) und die oben beschriebenen Auswirkungen die Folge. Hitzeschäden sind in den letzten Jahren verstärkt zu beobachten und vor allem bei jungen Bäumen mit ihrer glatten, vergleichsweise dünnen Rinde ein Problem. Sobald die Rinde des Baumes altersbedingt aufreißt und sich eine dicke Borke gebildet hat, sind die Bäume kaum mehr anfällig.

Liegt das Holz durch Frostrisse ungeschützt frei, können Pilze leicht eindringen und das Holz zersetzen. Der Baum wird an dieser Stelle morsch.

Thermische Schäden werden gefördert durch …

- anfällige Sorten
- Verbissschutz aus Kunststoff ohne Belüftungslöcher, wenn er eng anliegt
- Nährstoffmangel (Phosphor, Kalium)
- Stickstoffüberschuss (Überdüngung)

Thermische Schäden können durch eine Bedeckung des Stammes, zum Beispiel mit locker um den Stamm angebrachten Schilfmatten, oder durch Verbisszäune aus Holzlatten verhindert werden. Eine früher – und in südlichen Ländern noch heute – häufiger zu beobachtende Schutzmaßnahme sind Baumanstriche, auch Weißanstriche genannt. Dazu wird der Stamm mit einer Kalkmilch weiß eingestrichen. Die Sonnenstrahlen werden von der hellen Farbe reflektiert, dadurch erwärmt sich der Stamm im Winter langsamer und im Sommer wird er nicht so heiß. Weißanstriche werden meist im Herbst angelegt und bei Gefahr von Hitzeschäden im Frühling eventuell erneuert.

Varianten von Weißanstrich

Ein selbstgemachter Baumanstrich kann aus einem Gewichtsanteil Löschkalk oder Muschelkalk und einem Gewichtsanteil Tonmehl hergestellt werden. Kalk und Ton werden mit Wasser zu einem sämigen Brei angerührt. Die Beigabe von Tapetenkleister, Topfen oder Kuhfladen oder ein Voranstrich mit Silikatgrund zur besseren Haltbarkeit ist empfehlenswert. Dieser Anstrich ist günstig, aber leicht abwaschbar (muss jährlich oder halbjährlich neu aufgebracht werden). Die Verwendung von Branntkalk sollte vermieden werden, da er die Rinde aufweicht.

Ein Kalkanstrich oder ein Lattenzaun schützt den Stamm vor Sonneneinstrahlung und zu großer Wärmeeinwirkung und verhindert so, dass der Stamm geschädigt wird.

Über viele Jahre am Stamm haltbar bleiben gekaufte Produkte wie Arbo-Flex, sie sind aber relativ teuer.

Generell können Weißanstriche nur bei trockenem und frostfreiem Wetter aufgebracht werden. Schilfrohrmatten hingegen können auch in der kritischen Zeit (Jänner bis März) montiert werden.

Leimringe schützen vor Blattläusen

Bei jungen Obstbäumen sollte in den ersten Jahren ein Leimring angelegt werden. Dieser verhindert meist effektiv den Befall mit Blattläusen, die bei jungen Bäumen sehr häufig auftreten und das Wachstum des Baumes bedeutend reduzieren. Wirksam ist der Leimring nicht direkt gegen die Blattläuse, sondern gegen ihre Transporttiere, die Ameisen. Diese tragen im Frühling erste Blattläuse in die Krone, um sie später zu „melken", das heißt, sie fressen die Zuckerausscheidungen der Blattläuse. Da die Ameisen die Blattläuse gleichzeitig auch gegen Marienkäfer und Co. verteidigen, vermehren sie sich recht stark. Gegen Blattläuse wird der Leimring im Frühling vor dem Austrieb angelegt.

Leimringe sind auch effektiv in der Bekämpfung von Frostspannern, einer Schmetterlingsraupe, die periodisch zu Kahlfraß an den Bäumen führt (→ Kapitel „Pflanzengesundheit im Obstgarten", Seite 128). Bei Gefahr eines Frostspannerbefalls muss der Leimring bereits im Oktober angelegt werden, um das Hochwandern der flügellosen Weibchen zu verhindern. Den Leim nicht direkt auf den Stamm aufbringen (vor allem bei jungen Bäumen). Bei manchen Produkten wird das als Möglichkeit angegeben, es hat bei uns aber zu Rindenschäden geführt.

Ein Ameisenhaufen an seinem Fuß stört den Obstbaum nicht.

Leimringe verhindern, dass Ameisen Blattläuse auf den Baum tragen.

Leimringe sind fertig erhältlich oder als Leimdosen mit Unterlagspapier zum Selber-Beleimen. Wichtig:

- Der Leimring muss flächendeckend am Stamm anliegen, grobe Rinde eventuell vorher abputzen. Oben und unten muss er mit einem Gummiband oder einer Schnur eng an den Stamm gebunden werden.
- Er muss oberhalb der Befestigung des Baumes am Pflock angelegt werden, sonst nehmen die Ameisen den Umweg über den Pflock und den Strick. Wo das nicht möglich ist, muss auch der Pflock einen Leimring bekommen.
- Den Leimring Anfang des Sommers wieder entfernen, da sich sonst viele Nützlinge darauf fangen und die Gefahr besteht, dass der Stamm abgeschnürt wird. Blattläuse sind dann für die Bäume keine Gefahr mehr.

Pflege der Fläche unter Obstbäumen

Im Regelfall ist unter den Obstbäumen Wiese oder Rasen. Wiese bedeutet, dass das Gras nur zwei oder drei Mal im Jahr gemäht wird, bei Rasen wird es meist alle ein bis zwei Wochen gemäht. Tendenziell ist Wiese der Vorzug gegenüber dem Rasen zu geben. Wiesen bestehen aus einer Mischung von Gräsern, Kräutern und verschiedenen Leguminosen wie Klee, die Stickstoff aus der Luft binden können, der teilweise den Obstbäumen zur Verfügung steht. Diese Mischung führt zu gegenseitiger Konkurrenz und damit zu einer weniger dichten Durchwurzelung der oberen Bodenschicht. Gleichzeitig haben viele Kräuter tiefer gehende Wurzeln und lockern den Boden, was wiederum das Bodenleben fördert, wovon die Bäume durch bessere Verfügbarkeit der Nährstoffe profitieren.

Wird die Wiese unter Obstbäumen nur zwei- bis dreimal im Jahr gemäht, entwickelt sich mit der Zeit eine bunte Blumenwiese.

Tipp:

Werden die Früchte von den Bäumen geschüttelt, sollte die Wiese ca. zwei Wochen vorher gemäht worden sein. Dann ist das Gras wieder etwas angewachsen und die jungen Halme dämpfen den Fall des Obstes. Bei frisch gemähten Wiesen wird das Obst stark durch die stumpfen Stängel beschädigt.

Soll Rasen unter den Obstbäumen wachsen, ist zu beachten, dass dieser mit zunehmender Größe der Krone immer lückiger wird und immer stärker vermoost. Denn Gras ist lichthungrig und die immer größer werdende Krone wirft einen immer größeren Schatten. In dem Zusammenhang gibt es daher nur zwei Alternativen: Entweder Sie akzeptieren einen „Gebrauchsrasen" mit Moos, Gänseblümchen und anderen Kräutern, oder Sie haben einen schönen englischen Rasen, aber keine Obstbäume auf Ihrem Grundstück (und auch keine anderen Bäume). Englischer Rasen und Obstbäume lassen sich auf einem Fleck nicht vereinen, probieren Sie es lieber gar nicht, dann bleibt Ihnen viel Ärger erspart.

Es muss übrigens nicht immer Wiese unter Obstbäumen sein. Auch der Anbau von bestimmtem Gemüse oder im großen Stil auch von anderen landwirtschaftlichen Kulturen ist möglich.

Das Mähen der Wiese

Bei Wiesen im Garten ist häufig das Mähen ein Problem. Das hohe Gras kann nicht mehr mit einem Rasenmäher gemäht werden, es braucht dazu entweder eine Sense und jemand, der mit der Sense mähen kann, oder einen Motormäher – oder für kleinere Flächen eine Motorsense. Diese Motorgeräte sind meist nicht günstig, daher rentiert sich die Anschaffung für einen Garten alleine kaum. Empfehlenswert ist, diese gemeinsam mit Nachbarn zu kaufen – man braucht sie so selten, dass leicht 20 bis 30 Gärtnerinnen und Gärtner sie gemeinsam nutzen können. Gartengestaltungsfirmen oder am Land auch Landwirte mähen Wiesen gegen Entgelt.

Tiere im Obstgarten

Hühner

Eine andere Möglichkeit, das Gras kurz zu halten, ist, Tiere im Garten zu halten. Am einfachsten funktioniert das mit Hühnern. Hühner scharren, picken und zupfen sehr viel und halten den Großteil des Grases kurz, es muss dann nur etwas nachgemäht werden. Gleichzeitig fressen Hühner jede Menge Insekten, die sich von den Bäumen abseilen und als Schädlinge auftreten. Allen voran die Raupen des Apfelwicklers, die Bekanntheit als „Wurm" im Apfel erlangt haben. Doch Vorsicht: Vor allem bei jungen Bäumen muss darauf geachtet werden, dass die Hühner nicht den Wurzelbereich freischarren. Allerdings, wenn zu viele Hühner zu lange auf einer Fläche sind, ist das Gras bald ganz verschwunden. Sie sollten daher die Gartenfläche in zwei bis drei Teile unterteilen und die Hühner abwechselnd in den einzelnen Segmenten halten. In der Zwischenzeit kann sich das Gras in den anderen Teilen erholen. Für die Hühner brauchen Sie auch einen Stall, in dem sie geschützt vor Raubtieren die Nacht verbringen. Für den Aufwand erhalten Sie Eier, und wenn Sie, was für die Hühnerschar optimal ist, einen Hahn haben, werden Sie auch nicht mehr verschlafen …

Hühner halten nicht nur das Gras unter Obstbäumen kurz, sie fressen auch jede Menge Schädlinge.

Tipps von Arche Noah-GärtnerInnen

„Wenn ich auf meinen Hühnerauslaufflächen neue Obstbäume setze, scharren die Hühner mit Vorliebe in der frisch umgegrabenen Erde beim Baum – und scharren die Wurzeln frei. Um das zu verhindern, lege ich ein feinmaschiges, dünnes Drahtgitter – ein Hasengitter, wie es meist genannt wird – unter den Baum. Ich nehme ein Stück mit 1 x 1 m, das ich bis zur Mitte aufschneide, damit ich es um den Stamm legen kann. Im ersten Jahr beschwere ich das Gitter mit ein paar kleinen Steinen, dann ist es eingewachsen und ich kann einfach darübermähen."

Dietmar Schmidt

Gänse

Aus Sicht der Wiesenpflege sind Gänse optimal. Sie fressen das Gras ab, ohne wie Hühner die Grasnarbe zu zerstören. Sie scharren auch nicht und sind damit kein Problem für die Wurzeln, allerdings sollte der Stamm mit einem feinmaschigen Gitter geschützt werden. Zudem sind sie auch wehrhafter und haben weniger Probleme mit Mardern und Greifvögeln. Gänse brauchen allerdings unbedingt eine Badestelle im Garten, um sich wohlzufühlen. Nicht unterschätzt werden darf das Geschnatter von Gänsen, bei „sensiblen" Nachbarn kann das zu Problemen führen.

Wenn Sie einen Gänserich und Gänse einstellen, werden Sie rasch merken, dass dieser seine Frauen recht vehement verteidigt. Das kann so weit führen, dass sich weder Besuch noch Sie selber in den Garten trauen. Sie sollten daher von Anfang an Ihre Größe und Stärke demonstrieren und mit erhobenem und vorgestrecktem Arm (Ihrem aus Gänsesicht „langen Hals mit Schnabel") dem Gänserich entgegengehen. Machen Sie das mit genug Eindruck, wird er sich zurückziehen, sind Sie nicht überzeugend, werden Sie Ihren Wagemut mit einem blauen Fleck bezahlen. Häufig wird als weiterer Vorteil von Gänsen angegeben, dass sie im Herbst als Martinsbraten dienen und daher nicht über den Winter gehalten werden müssen. Wenn Sie allerdings einen Sommer mit diesen lieben und intelligenten Tieren verbracht haben, werden Sie wohl lieber einen winterfesten Stall bauen und Futter kaufen, als das Hackebeil zu schwingen.

Gänse fressen das Gras sehr gründlich ab, ohne dass sie den Obstbäumen Probleme bereiten.

Laufen im Garten Hasen frei herum, müssen die Stämme mit einem engmaschigen Gitter geschützt werden. Sonst ist die Rinde ein willkommenes Hasenfutter.

Hasen

Für kleinere Flächen können auch Hasen gehalten werden, Kaninchen sind weniger geeignet, da sie Höhlen bauen und den Boden dadurch unterminieren. Bei Hasen muss auf jeden Fall der Stamm mit einem feinmaschigen Gitter geschützt werden, da Hasen, vor allem im Winter, gerne die Rinde abnagen.

Schafe

Schafe sind wohl die klassischsten Tiere unter Obstbäumen. Allerdings braucht man für ein Schaf zumindest 1.000 bis 1.500 m² Weidefläche und Schafe sollten nur in Herden von zumindest drei Tieren gehalten werden. Für den Winter muss dann noch Heu bereitet oder zugekauft werden. Wichtig ist bei Schafen ein ausreichend hoher Stammschutz, da Schafe gerne Triebe und Rinde abknabbern. Dazu stellen sie sich manchmal mit den Vorderbeinen auf den Rücken eines anderen Tieres, um höhere Äste noch zu erreichen.

Hasensicherer Schutz eines Obstbaums

Dieser kleine Kirschbaum ist gut vor den Schafen geschützt, die sich sonst gerne an den Blättern und Trieben laben.

Schafe haben vielfachen Nutzen: Sie fressen das Gras ab, die Wolle dient als Dünger und sie beleben die Landschaft.

Obstbäume richtig zu schneiden, wird mit reichhaltigem Ertrag belohnt.

Obstbäume richtig schneiden

Das Schneiden eines Obstbaumes ist für viele eine Herausforderung. Die wenigsten Menschen können es direkt durch Zuschauen und Anleitung eines schnitterfahrenen Gärtners lernen. Dieses Kapitel beschreibt umfangreich und anschaulich die Grundlagen. Die gute Nachricht lautet: Den Schnitt lernt man, indem man schneidet. Der Schnitt von Beerenobst, Kiwi und anderen strauchartigen Gehölzen wird bei den einzelnen → Artenporträts beschrieben.

Wie der Obstbaumschnitt erlernt werden kann

Nicht wenige Gärtnerinnen und Gärtner scheuen sich vor dem Obstbaumschnitt. Zu groß ist die Ratlosigkeit angesichts einer umfangreichen Krone und die Angst, falsche Äste abzuschneiden und den Baum damit zu schädigen, wenn nicht gar zu Tode zu schneiden. Dazu kommt die weit verbreitete Angst vor Wasserschossern. Vor jenen Trieben also, die nach einem starken Rückschnitt überall im Baum wuchern und angeblich nicht mehr in den Griff zu bekommen sind.

Derart alarmiert besuchen viele Obstbaumbesitzer einen Schnittkurs. Klar und einleuchtend sind dort die Erklärungen des Experten und der Obstbaumschnitt scheinbar ein Leichtes. Doch sobald man zuhause vor den eigenen Bäumen steht, sinkt das Herz in die Hose, denn die eigenen Bäume schauen immer ganz anders aus und so verwirrend, dass die gerade noch vorhandene

Schnittseminare mit Praxis sind beim Erlernen des Obstbaumschnitts hilfreich.

Obstbäume zu schneiden erlernt man, indem man schneidet.

Entschlossenheit bereits am ersten Schnitt scheitert. Und so vergehen die Jahre, ohne dass die Bäume geschnitten werden.

Das Geheimnis des Obstbaumschnitts

Weil Sie aber wissen und das auch immer wieder hören, dass der Obstbaumschnitt sehr wichtig ist, setzen Sie nun Ihre Hoffnung in die Lektüre dieses Buches. Leider müssen wir Sie aber enttäuschen. Denn wenn Sie hier alles über den Schnitt gelesen haben, werden Sie Obstbäume noch nicht schneiden können. Aber zumindest wird hier und jetzt das große Geheimnis verraten, wie Sie es wirklich erlernen können: Obstbaumschneiden lernen Sie, indem Sie schneiden! Nur wenn Sie beginnen, Ihre Bäume zu schneiden, und – ganz wichtig – danach Ihre Bäume beobachten, werden Sie den Charakter eines Obstbaumes mit der Zeit verstehen und mit ihm umgehen lernen. Nur wenn Sie schneiden, können Sie beobachten, wie der Baum auf Ihren Schnitt reagiert. Das wird entweder so sein, wie Sie es mit dem Wissen dieses Buches erwartet haben, manchmal aber auch anders. Im zweiten Fall müssen Sie Ihren Schnitt beim nächsten Mal verändern. Und ja, das können Sie, Sie haben (fast) immer eine weitere Chance. Obstbäume sind großzügig im Verzeihen, vor allem wenn Sie die ganz schweren Fehler vermeiden – und das werden Sie nach dieser Schnittanleitung können.

Was aber, wenn die Wasserschosser kommen, wenn die Bäume stark zu wachsen beginnen? Vor zu starkem Wachstum fürchten wir uns nicht, das lässt sich leicht wieder unter Kontrolle bringen. Was eher Sorgen bereitet, sind Bäume, die nicht wachsen. Denn solange ein Baum neue Triebe macht, kann man „mit dem Baum arbeiten" und die Krone formen. Hingegen: Wo nichts wächst, kann auch nicht geschnitten werden. Es ist wie beim Haareschneiden: Auf einer Glatze können Sie keine Irokesenfrisur schneiden.

Der erste Schnitt ist der wichtigste

So einfach ist es, beginnen Sie mit einem ersten Schnitt, auch wenn Sie keine Ahnung haben, was Sie überhaupt machen sollen. Mit dem Schneiden kommen die Klarheit und das Vertrauen. Beginnen Sie vielleicht nur mit einem Teil eines Baumes und tasten Sie sich über die Jahre vorwärts. Haben Sie keine Angst und lassen Sie sich auch keine Angst machen. Es ist Ihr Schnitt, und wenn Sie ihn verantworten können, dann ist er auch richtig so für den Moment. Glauben Sie nicht, dass es beim Obstbaumschnitt ein absolut Richtig und ein absolut Falsch gibt – jede und jeder schneidet ein wenig anders. Es gibt tausende von Möglichkeiten. Und Sie müssen Ihren eigenen Schnittstil entwickeln. Das Handwerkszeug dafür bekommen Sie in diesem Buch, den Rest erledigen Sie selbst.

Regeln für das Erlernen des Obstbaumschnitts:

1. Beginnen Sie zu schneiden!
2. Beachten Sie die Erklärungen dieses Kapitels zum Baumwachstum und der Wundverheilung.
3. Haben Sie eine Vision – wie soll der Baum nach dem Schnitt aussehen?
4. Beobachten Sie das Jahr über, wie der Baum auf den Schnitt reagiert.
5. Überlegen Sie anhand der hier vorgestellten Gesetzmäßigkeiten, warum er gegebenenfalls anders als erwartet reagiert.
6. Verändern Sie Ihren Schnitt, bis Sie zufrieden sind.

Wovor Sie keine Angst haben müssen:

- Sie werden den Baum durch den Schnitt nicht umbringen, wenn Sie grundlegende Aspekte berücksichtigen.
- Irrtümlich geschnittene Löcher in der Krone werden von anderen Ästen wieder geschlossen.
- Auch wenn Bäume nach dem Schnitt stark zu wachsen beginnen, werden Sie das mit der richtigen Pflege wieder unter Kontrolle bekommen.

Wovor Sie Respekt haben müssen:

- Bäume sind Lebewesen, behandeln Sie sie dementsprechend.
- Leitern neigen dazu umzufallen – achten Sie auf den Unfallschutz.
- Äste brechen, wenn sie zu stark belastet werden oder wenn sie morsch sind. Es lohnt sich nie, für einen Schnitt ein Risiko einzugehen.

Vor starkem Wachstum nach dem Schnitt brauchen Sie sich ni zu fürchten. Mit etwas Wissen und einigen Tricks können solcl Bäume wieder „beruhigt" werden.

Jede Sorte ist anders

Jede Obstart hat ihre eigenen Schnittbedürfnisse. Kernobst ist meist schnittbedürftiger als Steinobst. Dafür ist Steinobst in der Regel schnittempfindlicher und verträgt es schlecht, wenn stärkere Äste eingekürzt werden. Aber auch die einzelnen Sorten unterscheiden sich in ihrem Wachstum und damit in ihren Anforderungen an den Schnitt. Machen Sie sich über Sortenunterschiede zu Beginn nicht zu viele Gedanken. Behalten Sie diese Information aber im Hinterkopf, denn manchmal wird es vorkommen, dass Ihre Bäume anders wachsen und reagieren, als hier im Buch beschrieben wird. Die Regeln für den Schnitt sind natürlich vereinfacht und gelten für viele Sorten, aber eben nicht für alle. Verzweifeln Sie daher nicht, wenn Ihr Baum ganz anders wächst. Beobachten Sie ihn und versuchen Sie sich zusammenzureimen, warum das so ist. Wenn Sie bemerken, was anders ist als im Lehrbuch, haben Sie die Lösung auch schon fast wieder gefunden. Dort, wo eine Frage existiert, gibt es (meist) auch eine Antwort.

Zwei Apfelbäume und doch im Wuchs ganz unterschiedlich. Der Abgangswinkel von Ästen kann bei manchen Sorten sehr steil (links die Apfelsorte ‚Sikulaer') oder sehr flach (rechts ‚Brünnerling') sein, beides hat Auswirkungen auf die Baumform und den Schnitt.

Denken Sie, während Sie dieses Schnittkapitel durchlesen, in erster Linie an Apfelbäume. Bei Äpfeln funktionieren die Erklärungen immer am besten und das ist hilfreich, um das grundsätzliche Konzept zu verstehen. Bei den anderen Obstarten kommt es manchmal zu Abweichungen. Diese werden im Teil über die Schnitteigenheiten der einzelnen Obstarten erklärt.

Wie Bäume Wunden verheilen

Im Inneren eines Baumes zirkuliert ein Saftstrom, der wie der menschliche Blutstrom Nährstoffe transportiert. In diesem Saftstrom sind aber auch Abwehrstoffe enthalten, die es dem Baum ermöglichen, sich gegen Krankheitserreger zu wehren. Wenn Sie einen Ast abschneiden, tötet der Baum sofort alle Zellen rund um die Wunde ab und lagert aus dem Saftstrom Gerbstoffe in diese Zellen ein. Der Baum baut richtiggehend eine innere Mauer aus toten Zellen um die Wunde. Dadurch kann er rasch verhindern, dass Pilze oder Bakterien in den Stamm eindringen können. Aber vor allem die Pilze geben so schnell nicht auf. Langsam und ausdauernd versuchen sie, die Wand zu durchbrechen, um in den Stamm zu wachsen, um dort das Holz „fressen" zu können, erkenntlich durch eine Morschung und die Bildung einer Baumhöhle. Der Baum schaut diesem Bestreben aber auch nicht tatenlos zu. In einem speziellen Gewebe rund um die Wunde beginnen die Zellen sich rasch zu teilen und neues Holz zu bilden. Dieses Holz wird Kallus genannt und beginnt nun die Wunde von außen zu verschließen. Gelingt es dem Baum, die Wunde komplett zu verschließen, bevor der Pilz durchbricht, erstickt der Pilz im Inneren, der Baum ist gerettet. Bricht der Pilz vorher durch die Schutzwände, hat der Pilz gewonnen und wird immer weiter wachsen und langsam, über viele Jahre, den Baum aushöhlen, bis dieser zusammenbricht.

Aus dem Astring bildet sich Kallusgewebe, das langsam die Wunde wieder verschließt.

Erst ein vollständig geschlossener Kallus schützt den Baum dauerhaft vor Morschungen durch Pilzinfektionen.

Je größer die Baumwunde, umso bedrohlicher ist sie für den Baum

Ob der Pilz oder der Baum schneller ist, entscheiden verschiedene Faktoren. Einer der wichtigsten ist die Größe der Wunde. Wenn Sie sich die Fingerkuppe abschneiden, tut das weh, aber im Regelfall werden Sie es überleben. Wenn Sie sich allerdings eine Hand abschneiden, sollten Sie jedenfalls sofort ins Krankenhaus. Und so geht es dem Baum auch. Je größer die Wunde, umso bedrohlicher für den Baum: Wunden über 7–8 cm Durchmesser können meist nicht mehr verschlossen werden.

Große Schnitte sollten daher unbedingt vermieden werden, da sie die Lebensdauer des Baumes verkürzen. Berücksichtigen Sie dabei aber immer den Zustand Ihres Baumes. Wenn bereits vor Jahren große Äste im unteren Bereich entfernt wurden, können Sie bedenkenlos stärkere Äste im oberen Bereich entfernen – das Problem sind so und so die alten Wunden. Morschungen brauchen auch meist Jahrzehnte, bevor sie gefährlich werden. Wenn Sie also einen 80-jährigen Baum vor sich haben, wird eine große Wunde das Leben des Baums nicht merklich verringern.

Faustregel für die Gefährlichkeit von Wunden:

- Durchmesser bis 5 cm: Der Baum kann die Wunde meist wieder verschließen.
- Durchmesser von 5–8 cm: Ein vitaler, gut versorgter Baum kann die Wunde meist verschließen.
- Durchmesser über 8 cm: Der Pilz gewinnt meist das Wettrennen und der Baum beginnt von der Wunde aus morsch zu werden.
- Steinobst ist empfindlicher als Kernobst und morscht oft schon bei geringeren Durchmessern, dafür verläuft die Morschung langsamer.

Ein weiterer wichtiger Einflussfaktor ist der Zeitpunkt des Schnitts. Nicht immer werden gleich viele Abwehrstoffe im Saftstrom transportiert. Mehr dazu im Abschnitt → „Wann wird was geschnitten?", Seite 83.

Wundverschlussmittel – nur bei Spezialfällen

Es ist nicht notwendig, auf Schnittwunden ein Wundverschlussmittel (auch künstliche Rinde genannt) aufzubringen. Untersuchungen haben gezeigt, dass es keinen positiven Effekt hat.

Ausnahmen für die Regel:

Wenn Feuerbrandgefahr besteht (infizierte Bäume in der Umgebung), werden die Wunden sofort mit einem Wundverschlussmittel verschlossen, um ein Eindringen von Bakterien zu verhindern. Das gilt auch bei Sanierungsschnitten nach einem Feuerbrandbefall (oder einer anderen bakteriellen Erkrankung wie Obstbaumkrebs).

Große Wunden können mit einem Brett oder einem Stück Blech vor dem Eindringen von Regenwasser geschützt werden.

Notwendiges und sinnvolles Werkzeug

Stabiles, scharfes Werkzeug ist die Voraussetzung für einen sauberen Schnitt, der gut verheilen kann. Beim Baumschnitt lohnt es sich, in gutes Werkzeug zu investieren, da billige Geräte oft nur kurzlebig sind und der Schnitt anstrengender ist. Eine gute Schere können Sie hingegen noch an Ihre Enkelkinder weitervererben.

Baumschere

Die Baumschere ist das wichtigste Werkzeug. Bei guten Scheren ist die Schneideklinge auswechselbar, damit sie geschärft werden kann. Wichtig ist, dass sich der Anpressdruck der Klinge exakt einstellen lässt, sodass die Schere gerade noch von selber auseinandergeht. Ein ergonomischer Griff verhindert Gelenkschmerzen.

Eine Baumschere mit Halfter, eine handliche Säge und eine Bügelsäge für größere Äste sind die Grundausrüstung für den Baumschneider.

Bei Baumscheren existieren zwei verschiedene Systeme. Empfehlenswert sind Scheren mit einer ziehenden Klinge. Hier zieht die Schneideklinge wie bei einer Papierschere an der Gegenklinge vorbei, wodurch ein glatter Schnitt ohne Quetschungen entsteht. Bei Amboss-Scheren drückt die Schneideklinge gegen das Gegenstück, den Amboss. Dabei wird der Trieb gegen diesen Amboss gedrückt und es kommt zu Quetschungen am verbleibenden Holz. Diese Scheren sind für den Baumschnitt weniger geeignet.

Klappsäge

Mit einer Klappsäge können rasch auch größere Äste abgeschnitten werden. Diese Sägen sind sehr scharf und handlich. Beim Klettern im Baum oder auf der Leiter kann das Sägeblatt mit einem Handgriff eingeklappt werden. Das reduziert die Verletzungsgefahr. Je nach Vorliebe gibt es diese Sägen auch in längeren Ausführungen mit eigenem Halfter.

Werkzeughalfter

Ein Halfter für die Schere und die Säge erlaubt, die Hände beim Klettern im Baum oder beim Steigen auf der Leiter freizuhalten, und ist für die Sicherheit beim Baumschnitt unentbehrlich.

Ein Werkzeughalfter sorgt dafür, dass die Hände beim Klettern und auf Leitern stets frei sind. Ein wichtiges Utensil, um Unfälle zu vermeiden.

Mit Stangensägen kann noch in großen Höhen gearbeitet werden.

Bei guten Sägen kann der Griff abgenommen werden, um sie auch als Stangensäge nutzen zu können.

Bügelsäge

Eine Bügelsäge wird benötigt, um größere Äste abzuschneiden. Mit einem Handgriff kann das Sägeblatt verdreht werden, damit auch in engen Astgabeln geschnitten werden kann, ohne dass der Bogen im Weg ist.

Stangensägen

Stangensägen und -scheren sind äußerst hilfreich, um bei größeren Bäumen vom Boden aus arbeiten zu können. Allerdings ist die Arbeit mit diesen Geräten ermüdend und sollte auf ein notwendiges Minimum reduziert werden.

Für den Baumschnitt selbst sind große Astscheren weniger geeignet. Mit ihnen lässt sich meist keine exakte Schnittführung durchführen. Zudem sind die langen Holme unpraktisch beim Klettern im Baum. Für das Zerkleinern der abgeschnittenen Äste sind sie jedoch sehr nützlich.

Manche Krankheiten werden über das Schnittwerkzeug verbreitet. Darum: Nach jedem Baum das Schnittwerkzeug desinfizieren!

Verwendet werden kann ein handelsübliches Desinfektionsmittel oder Spiritus, mit dem das Werkzeug abgewischt wird. Wundverschlussmittel sind bei krankheitsbedingten Schnitten notwendig.

Warum Obstbäume geschnitten werden müssen

Obstbäume wachsen an den Spitzen aller Triebe ständig weiter und verzweigen sich dabei. Das führt dazu, dass der Baum immer höher und im oberen Bereich auch immer dichter und breiter wird. Durch den Lichtmangel im unteren, inneren Bereich sterben dort die Äste mit der Zeit ab. Gleichzeitig werden Früchte immer dort gebildet, wo viel Licht und Sonne ist. Daher hängen die Früchte mit der Zeit vorwiegend im oberen Bereich des Baumes. Im unteren Teil des Baumes – dort, wo sie leicht zu pflücken wären – gibt es kaum mehr oder kleine, schlecht entwickelte Früchte. Oft tragen ungepflegte Obstbäume auch mehr Früchte, als sie ernähren können. Das hat zur Folge, dass die Früchte kleiner bleiben und schlechter lagerfähig sind. In starken Tragjahren brechen dann immer wieder große Äste ab. Zudem trocknen die Früchte in dichten Kronen nach einem Regen nur langsam ab. Dadurch wird die Entwicklung von Krankheiten gefördert.

Ziele des Obstbaumschnitts:

- regelmäßige, gute Erträge
- gut entwickelte, gesunde Früchte in leicht pflückbarer Höhe
- tragfähige Kronen, die nicht gestützt werden müssen
- gesunde Bäume

Lohnt sich der Schnitt noch?

Ob es sich lohnt, einen alten Obstbaum noch zu schneiden, hängt von verschiedenen Faktoren ab und lässt sich nur schwer pauschal beurteilen. Hier einige Faktoren, die bei der Erwägung beachtet werden sollten:

Bei ungeschnittenen Obstbäumen verkahlen die unteren Kronenbereiche. Die Früchte hängen vor allem dort, wo viel Licht ist.

Um welche Baumart handelt es sich?

Kernobst reagiert fast bis zuletzt auf einen starken Schnitt mit neuem Wachstum. Dieses Wachstum kann für eine neue Formierung der Krone genutzt werden. Hingegen treiben alte, wenig vitale Marillen-, Pfirsich- und Zwetschkenbäume nicht mehr aus, wenn alte Äste zurückgeschnitten werden. Eine Verjüngung ist hier nicht mehr möglich.

Wie morsch ist der Baum?

Für die Versorgung brauchen Obstbäume nur den äußersten Bereich des Holzes. Darum leiden Bäume lange kaum unter einer Morschung des Stammes. Allerdings leidet die Stabilität. Meist muss aber nicht gleich der ganze Baum umgeschnitten werden, es reicht, die Krone so weit einzukürzen, dass keine Bruchgefahr mehr besteht. Kürzen Sie gefährdete Äste lieber einige Jahre früher ein, um nicht zu riskieren, dass ein Ast komplett wegbricht. Wenn der Baum durch die Morschung eine Bedrohung für Personen oder Sachen darstellen könnte, fragen Sie im Zweifelsfall einen Experten (Baumpfleger oder Obstbaumwart).

Kann ich den Baum als Lebensraum erhalten?

Baumhöhlen sind wichtige Lebensräume für Vögel und diverse andere Tiere. Vor allem Vögel sind für

Morsche Bäume müssen nicht entfernt werden, wenn sie keine Gefahr darstellen. Es muss aber rechtzeitig die Krone verkleinert werden, um ein Auseinanderbrechen des Baumes zu verhindern.

einen Obstgarten unentbehrlich, weil sie jede Menge an Obst-Schädlingen fressen. Versuchen Sie daher, wo möglich, alte, tote Äste oder ganze Bäume als Lebensraum so lange wie möglich zu erhalten. Bei Bedarf kürzen Sie die Äste einfach ein, damit nicht ständig dünne Äste herunterfallen. Achten Sie aber darauf, dass niemand dadurch zu Schaden kommt. Sie können neben einem alten, absterbenden oder abgestorbenen Baum ruhig bereits einen jungen pflanzen. Es braucht Jahre, bis der Altbaum im Weg steht, und dann können Sie ihn entfernen. Die Wurzeln des alten Baumes sind sogar Dünger für den jungen Baum. Günstig ist, nicht dieselbe Obstart nachzupflanzen (→ „Fruchtfolge bei Obstgehölzen", Seite 59).

Nicht nur Vögel nisten in alten Bäumen, auch schwärmende Bienenstöcke nutzen gerne Baumhöhlen in Obstbäumen.

Ungepflegte Bäume blühen oft besonders üppig – durchaus ein guter Grund, sie so zu belassen.

Welchen ästhetischen Wert hat der Obstbaum?

Wenn Sie einen Baum, unter dessen bis zum Boden reichenden Ästen sich die Kinder vielleicht eine Höhle gebaut haben, nicht schneiden, wird Ihr Garten nicht darunter leiden. Der Druck durch Krankheitserreger oder Schädlinge, der von solchen Bäumen ausgeht, ist verzeihbar. Die Bereicherung, die ein solcher Baum für den Garten und für die Identifizierung mit Bäumen darstellt, hat durchaus den gleichen Wert wie ein reicher Obstertrag.

Was Sie über das Wachstum eines Baumes wissen müssen

Einjährige Triebe

Triebe, die in der letzten Vegetationsperiode gewachsen sind, heißen einjährige Triebe. Sie sind daran zu erkennen, dass sie keine Verzwei-

Einjährige Triebe haben keine Verzweigungen, die Knospen winden sich spiralförmig rund um den Trieb.

gungen haben und rundherum Knospen (auch Augen genannt) tragen, die direkt aus dem Trieb kommen. Die Knospen winden sich spiralförmig um den Trieb, an der Spitze sitzt die Spitzenknospe, die auch Terminalknospe genannt wird. Triebe, die während der Vegetationszeit wachsen, werden diesjährige Triebe genannt.

Links des kleinen Seitenastes beginnt der einjährige Trieb, rechts davon ist der zweijährige Triebabschnitt mit einjährigen Kurztrieben.

Knospen werden nur an einjährigem Holz gebildet

Damit eine neue Knospe gebildet werden kann, muss der Trieb davor ein wenig in die Länge wachsen. Vor allem bei Blütenknospen sind das oft nur einige Millimeter, bevor an der Spitze wieder eine Blütenknospe gebildet wird. Dadurch entsteht Quirlholz, seltsam verdrehte und vergreiste Triebe. Manchmal überdauern Knospen und sind auch noch auf zwei- oder dreijährigem Holz zu finden.

Neue Triebe entstehen nur aus Knospen!

Die Knospen beherbergen bereits fertig angelegte Blätter oder Blüten, die sich im Frühling entfalten. Bei Blattknospen beginnt sich nach dem Entfalten der Blätter das Gewebe an der Basis zu strecken und bildet im Verlauf des Jahres einen Seitentrieb mit weiteren Blättern. Ab Juni werden in den Blattachseln wieder Knospen für das nächste Jahr gebildet. So ist im zweiten Jahr aus dem

Quirlholz entsteht durch jährliches millimeterweises Weiterwachsen der Kurztriebe.

Die Terminalknospe bildet immer die Verlängerung eines Astes, daher kann in den ersten Jahren das Alter eines Astes abgezählt werden. Hier ein dreijähriger Ast. Die Verzweigung links ist zwei Jahre alt.

Dieser zweijährige Trieb hat im Vorjahr viele einjährige Seitentriebe gebildet. Die obersten zwei Knospen haben Langtriebe gebildet, der Rest Kurztriebe.

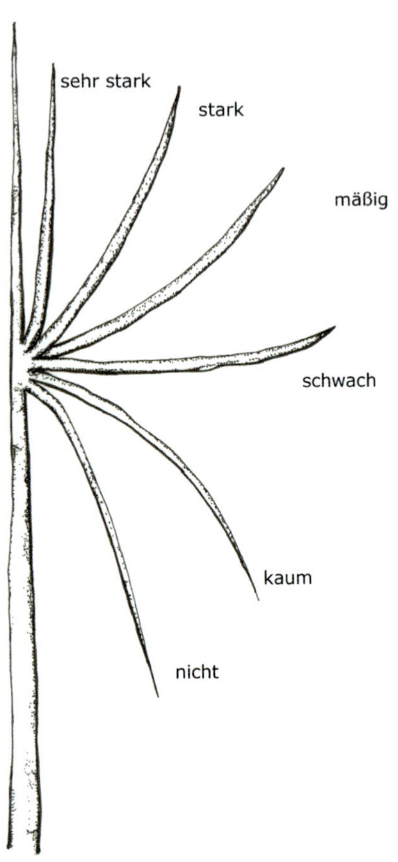

Je steiler ein Trieb steht, umso stärker wächst er.

einjährigen Trieb ein zweijähriger Trieb geworden, der nun wieder einjährige Triebe als Seitentriebe trägt. Aus der Terminalknospe wächst im Normalfall ein gerader Trieb, der die Verlängerung des Vorjahrestriebes bildet. Daher kann das Alter eines Astes von der Spitze über mehrere Jahre zurückgezählt werden. Dieses Prinzip wiederholt sich bei jedem Seitenast.

Einjährige Triebe werden nach ihrer Länge unterschieden:

Langtriebe sind lang und stehen eher senkrecht. Sie tragen seitlich und an der Spitze Blattknospen und dienen dem Wachstum. Marille und Pfirsich tragen seitlich an den Langtrieben auch Blütenknospen.

Ab wann ein Trieb ein Langtrieb ist, kann nur schwer gesagt werden. Wichtiger als die Länge ist zudem vielmehr, in welchem Winkel der Trieb wächst. Je steiler ein langer Trieb wächst, umso wahrscheinlicher trägt er nur Blattknospen und wird weiter stark wachsen. Bei Trieben, die flach stehen, besteht kaum die Gefahr, dass sie stark zu wachsen beginnen (→ „Wuchsgesetze", Seite 88).

Kurztriebe sind kurz und stehen eher schräg bis waagrecht. Sie tragen seitlich Blattknospen und an der Spitze meist eine Blütenknospe. An ihnen wachsen die Früchte. Kurztriebe wachsen oft nur wenige Millimeter im Jahr. Dadurch bildet sich mit den Jahren „Quirlholz" – altes, mehrmals verzweigtes Fruchtholz. Kurztriebe können

Blütenknospen sind rund und bauchig und sitzen an den Enden von Kurztrieben.

einige Millimeter lang sein oder auch zehn Zentimeter. Die Summe der Kurztriebe wird Fruchtholz genannt.

Langtriebe = Wachstum
Kurztriebe = Fruchtertrag

Auch wenn der Name es anders erwarten lassen würde, während des Winterschnitts sollte es einige Grade plus und trockene Witterung haben.

Wann wird was geschnitten?

Im Winter

Zeitraum: Ende Jänner bis zwei Wochen vor dem Austrieb (in Ausnahmefällen auch später)

- Pflanzschnitt
- Erziehungsschnitt bei allen Obstarten
- Erhaltungsschnitt bei Apfel, Birne, Zwetschke, Pfirsich (→ Artenporträts)
- optional: Verjüngungsschnitt und Schnitt ungepflegter Kronen bei Apfel, Birne und Zwetschke

Wetter: an frostfreien, trockenen Tagen; nach dem Schnitt sollten keine sehr tiefen Temperaturen mehr auftreten (-12° C und kälter)

Der Winter ist heute der gebräuchliche Schnittzeitpunkt. Im unbelaubten Baum ist es einfacher, die Übersicht in der Krone zu bewahren und sich im Baum zu bewegen. Zudem haben viele Gärtner und Bauern im Winter mehr Zeit. Aus Gründen der Baumgesundheit sollte allerdings nicht vor Ende Jänner zu schneiden begonnen werden. Denn der Saftstrom, mit dem der Baum Stoffe zur Krankheitsabwehr zur Wunde transportieren kann, ist bis zu diesem Zeitpunkt in Winterruhe. Erst mit Ende Jänner beginnen die Baumsäfte wieder aus den Wurzeln in die Krone zu steigen, mit dem Austrieb zirkulieren die Säfte im Baum wieder stark. Je später der Schnitt, umso besser daher die Krankheitsabwehr des Baumes (→ „Wie Bäume Wunden verheilen", Seite 75ff.).

Allerdings pumpt der Baum mit dem Saftstrom auch Reservestoffe in die Knospen, die diese für einen kräftigen Austrieb brauchen. Dabei erhalten bei einem Baum die Knospen im oberen Drittel des Zweiges die meisten Nährstoffe (→ „Wuchsgesetze", Seite 88). Je später im Frühling geschnitten wird, umso mehr bereits in den Knospen eingelagerte Nährstoffe gehen mit dem Schnittgut verloren.

Die wichtigsten Regeln für den Schnitt-Zeitpunkt

- Jungbäume während der Erziehungsphase werden möglichst früh geschnitten, damit der Baum stark austreibt.
- Bäume, die zu schwach wachsen, werden ebenfalls möglichst früh geschnitten.
- Bäume, die sehr stark wachsen, werden möglichst spät geschnitten, eventuell erst während des Austriebs. Dadurch geht viel überschüssige Energie verloren.
- Steinobst später schneiden, da schnittempfindlicher.
- Sind große Wunden notwendig, ebenfalls spät schneiden.

Im Sommer

Zeitraum: Juni bis Mitte August

- Erhaltungsschnitt bei Kirsche und Marille
- Verjüngung von Kronen bei Kirsche und Marille
- optional: Verjüngungsschnitt bei Apfel, Birne und Zwetschke
- zur Wuchsbremse, um sehr triebige Bäume zu beruhigen
- zur Bildung von Fruchtholz an Spalieren
- wenn größere Äste entfernt werden müssen

im Juni:

- Reißen von Wasserschossern (→ „Verjüngungsschnitt", Seite 108ff.)
- Walnussschnitt (wenn notwendig und dann erst Ende August bis Mitte September (→ Artenporträt Walnuss, Seite 490)

Wetter: an trockenen, eher kühlen Tagen, nicht in der Mittagshitze

Kirsche und Marille sind sehr schnittempfindlich. Ab der Erhaltungsphase müssen sie im Sommer geschnitten werden, um die Gefahr von Holzschäden zu minimieren. Praktischerweise werden sie meist direkt nach der Ernte geschnitten bzw. auch zur Ernte, vor allem wenn Kronen stark eingekürzt werden müssen. Generell ist zu empfehlen, bei allen Obstarten große Äste nur im Sommer zu entfernen, da die Wundverheilung zu dieser Zeit am besten ist.

Der Sommerschnitt ist eine wichtige Maßnahme bei Bäumen, die zu stark wachsen. Hier wird im Sommer schon ein Teil der überschüssigen Blattmasse entfernt, dadurch kann der Baum weniger Reservestoffe einlagern, der Neuaustrieb im Frühjahr ist gebremst. Gleichzeitig wird durch den Sommerschnitt die Bildung von Blütenknospen angeregt. Vorsicht ist geboten bei starkem Fruchtbehang, da durch den Verlust der Blattmasse die Früchte unzureichend ernährt und abgeworfen werden können.

Der Sommerschnitt hilft, übermäßig stark wachsende Bäume zu beruhigen.

Sommerschnitt soll auch vermieden werden, wenn Feuerbrandgefahr besteht. Diese ansteckende Bakterienkrankheit nutzt Wunden, um in den Baum einzudringen, und ist bei warmem Wetter gefährlicher.

Walnussbäume können Wunden kaum verschließen und „bluten" bei einem Frühjahrs- oder zeitigen Sommerschnitt sehr stark. Daher werden sie traditionell erst im Spätsommer, Ende August bis Mitte September, geschnitten. Größere Wunden bei Walnuss faulen aber fast immer sehr rasch in den Baum hinein.

Die richtige Schnittführung

Es gibt lediglich drei Möglichkeiten, wie an einem Baum Äste geschnitten werden können. Diese Schnitttechniken sollten exakt durchgeführt werden, da dadurch eine gute Wundverheilung gewährleistet wird.

Anschneiden

Angeschnitten werden können nur einjährige Triebe (in Ausnahmefällen auch zweijährige). Denn dabei wird genau oberhalb einer Knospe ein Trieb abgeschnitten und Knospen sind meist nur auf einjährigen Trieben sichtbar. Geschnitten wird aber nicht wahllos, sondern oberhalb einer Knospe, die gezielt zum Austreiben animiert werden soll. Wir schneiden an diese Knospe, daher der Name. Aufgrund der Wuchsgesetze (→ Seite 88) treibt diese Knospe stark aus und bildet kräftige Triebe. Angeschnitten wird daher vor allem in der Erziehungsphase des Baumes.

Die Schnittfläche beim Anschneiden beginnt direkt oberhalb der Knospe und verläuft schräg von dieser weg. Dadurch wird Regenwasser von der Knospe weggeleitet. Keine Stummel stehen lassen, hier können Krankheitserreger leichter eindringen.

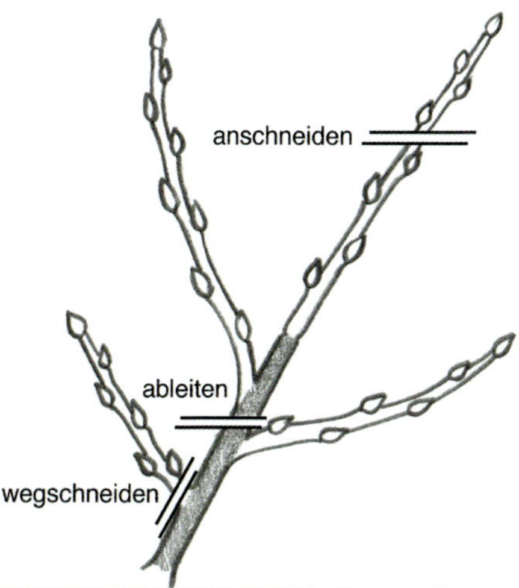

Es gibt nur drei verschiedene Möglichkeiten, wie am Baum geschnitten werden kann. Jeder Schnitt sollte dabei exakt ausgeführt werden, um die Wundverheilung zu fördern.

Beim Anschneiden beginnt der richtige Schnitt direkt oberhalb der Knospenspitze und verläuft von dieser leicht schräg weg (oben). Keine Stummel stehen lassen, sie begünstigen den Eintritt von Krankheitserregern (unten).

Abschneiden

Dort, wo ein Seitenast aus einem anderen Ast entspringt, befindet sich der sogenannte Astring. Er ist als kleiner Wulst rund um den Ast erkennbar und birgt Gewebe, das dafür vorgesehen ist, den Wundkallus zu bilden (→ „Wie Bäume Wunden verheilen", Seite 75ff.). Wird ein Ast abgeschnitten, muss dieser Astring am Baum verbleiben. Denn die Zellen darin beginnen sich nun rasch zu teilen und bilden eine neue Rinde, die langsam die Wunde überwächst und den Baum vor Pilzen schützt.

Die richtige Stelle beim Abschneiden eines Astes ist genau nach dem Astring, dort, wo der Ast gleichmäßig dick weiterverläuft. Während des Abschneidens mit der Säge hält eine Hand den Ast, während die andere Hand den Ast ganz durchsägt. Dadurch wird verhindert, dass der Ast beim Fal-

Der Astring ist der konisch zusammenlaufende Teil des Astes an der Basis. Er muss unbedingt am Stamm verbleiben. Der richtige Schnittpunkt ist dort, wo der Ast beginnt gleichmäßig dick zu werden (Strich).

Richtig auf Astring geschnittene Beispiele an schwachen und starken Ästen.

Wird ein Ast mit der Säge entfernt, hält eine Hand immer den Ast, um ein unkontrolliertes Abreißen zu verhindern.

Hier wurde der Ast beim Entfernen nicht gehalten. Durch sein Eigengewicht hat er einen Teil des Astrings weggerissen, bevor fertig geschnitten war. Solche Wunden brauchen um Jahre länger zum Verheilen und gefährden die Baumgesundheit.

len einen Teil der Rinde des Baumes mitreißt. Solche Wunden müssen unbedingt vermieden werden, da Teile des Astrings zerstört werden (→ siehe Foto linke Seite unten). Derartige Wunden brauchen Jahre länger, bis sie verschlossen sind.

Etappenweises Abschneiden von starken Ästen, um ein Einreißen des Astrings zu verhindern. 1. Einige Zentimeter vom Stamm entfernt wird von unten ca. 1/3 des Durchmessers eingeschnitten. 2. Nun wird einen Zentimeter außerhalb des ersten Schnitts von oben abgeschnitten. Bricht der Ast, kann die Rinde nur bis zum unteren Schnitt aufreißen. 3. Der verbliebene Stummel wird gefahrlos auf Astring abgeschnitten.

Ist der Ast zu schwer, um gehalten zu werden, muss auf zwei Etappen geschnitten werden (→ siehe Fotoserie diese Seite). Dazu wird zuerst 5–10 cm vor dem Astring der Ast von der Unterseite aus ca. 1/3 des Durchmessers eingeschnitten. Danach wird ca. 1 cm nach außen versetzt der Ast von oben abgeschnitten. Durch das Gewicht des Astes bricht er während des Sägens ab, die Rinde kann aber nur bis zum unteren Schnitt mitreißen. Nun kann gefahrlos exakt nach dem Astring der Aststummel komplett weggeschnitten werden. Sie sollten nicht versuchen, direkt beim Astring von unten vorzuschneiden, selten nur treffen die beiden Schnitte genau aufeinander.

Lassen Sie beim Abschneiden keine Stummel stehen, denn sonst muss der Astring zuvor den Stummel entlangwachsen, bevor die Wunde geschlossen werden kann. Stirbt ein Ast von selber ab, wächst der Wundkallus entlang des toten Astes. Das ist deutlich an einer verbreiterten Stelle erkennbar. Wird der tote Ast später entfernt, darf erst nach dem Kallus, also im toten Holz, geschnitten werden, um eine neue Wunde im Kallus zu vermeiden.

Um Stummel beim Schnitt mit der Schere zu vermeiden, achten Sie darauf, dass immer die glatte Seite der Klinge am Baum anliegt.

Noch ein Tipp: Wenn Sie mit der Schere einen Ast abschneiden, ziehen Sie mit der anderen Hand den Ast leicht von der schneidenden Klinge der Schere weg. Dann geht der Schnitt viel leichter.

Ableiten

Generell wird die gerade Verlängerung eines Astes immer am meisten gefördert und bevorzugt mit Nährstoffen versorgt. Vor allem beim Erhaltungsschnitt kommt es häufig vor, dass durch den Schnitt das Wachstum gezielt in einen Nebenast geleitet werden soll. In diesem Fall wird der Hauptast direkt bei der Verzweigung des zu fördernden Astes abgeschnitten und damit der Saftstrom

Bei Ableitungen beginnt der Schnitt oberhalb des Astrings des verbleibenden Astes. Die Schnittfläche läuft schräg vom Ast weg. Auf keinen Fall darf eine waagrechte Schnittfläche entstehen.

in den Nebenast abgeleitet – daher der Begriff Ableiten.

Beim Ableiten ist am abzuschneidenden Ast kein Astring zu sehen. Der richtige Schnittpunkt ist dort, wo der Astring des verbleibenden Astes beginnt, dieser darf auf keinen Fall beschädigt werden. Achten Sie darauf, dass die Schnittfläche schräg vom Ast weg verläuft. Auf waagrechten Schnittflächen bleibt bei Regen Wasser stehen, wodurch Pilze schneller eindringen können. Wenn durch die Stellung des Astes eine waagrechte Schnittfläche unvermeidbar ist, kippen Sie die Schnittfläche auf eine Seite, auch wenn dann auf der anderen Seite ein kleiner Stummel stehen bleibt.

Wuchsgesetze

Die drei Wuchsgesetze zu verstehen, ist beim Baumschnitt unverzichtbar, denn anhand dieser Gesetze können Sie vorhersagen, wie der Baum auf Ihren Schnitt reagieren wird. Kurz gesagt, erklären die Wuchsgesetze, wie viel Energie eine Knospe vom Baum zugeteilt bekommt. Je mehr Energie, umso stärker kann sie austreiben. Sie sind so wichtig, dass Sie sie aufsagen können sollten, wenn Sie um drei Uhr morgens geweckt werden.

Spitzenförderung

Die Endknospe hat die stärkste Triebkraft, sie treibt am stärksten aus!

Die oberste Knospe eines einjährigen Triebs eines Baums erhält die meisten Reservestoffe. Dadurch treibt sie am stärksten aus und bildet den längsten Neutrieb. Je weiter eine Knospe von der Spitze entfernt ist, umso weniger Reservestoffe bekommt sie und umso kürzer wird der Neutrieb.

Was bedeutet das? In der Abbildung auf Seite 89 unten ist links ein Langtrieb abgebildet und in B, wie sich dieser Langtrieb ohne Schnitt nach einem Jahr entwickelt hat.

- Aus den obersten zwei bis drei Knospen sind starke Langtriebe gewachsen.
- Die mittleren Knospen haben Kurztriebe mit Blütenknospen gebildet.
- Die unteren Knospen haben gar nicht ausgetrieben, weil sie zu wenige Reservestoffe erhalten haben.

Dieser Effekt schwächt sich mit zunehmendem Alter und zunehmender Größe des Baumes ab. Wie rasch dies geschieht, hängt von vielen Faktoren ab. Manche Bäume wachsen jahrelang stark weiter, andere bilden innerhalb weniger Jahre nur mehr kurze Zuwächse.

Gekoppelt an das Spitzenförderungsgesetz ist ein Wachstumsimpuls, der beim Schnitt von Langtrieben auftritt. Nehmen wir an, der Langtrieb aus A wäre Anfang Februar um ein Drittel eingekürzt worden. Das Spitzenförderungsgesetz wirkt genauso, lediglich die oberste Knospe ist nun unsere bewusst gewählte Endknospe. Einen Unterschied gibt es aber, insgesamt müssen nun weniger Knospen am Trieb mit Reservestoffen versorgt werden. Dadurch bekommt jede Knospe ein wenig mehr Energie und kann etwas stärker austreiben. Unter C in der Abbildung ist zu sehen, wie sich dieser eingekürzte Trieb im Herbst darauf entwickelt hat.

Die obersten Knospen haben wieder Langtriebe gebildet, diese sind aber etwas stärker und länger als bei einem ungeschnittenen Trieb. Der Baum hat den abgeschnittenen Teil aufgeholt. Darunter haben sich wieder einige Kurztriebe gebildet, allerdings etwas weniger als unter B.

Der Schnitt hat also zu stärkeren Astverlängerungen geführt, zu Lasten des Fruchtholzes. Diesen Effekt macht man sich in der Erziehungsphase zunutze. Mit den starken Trieben lässt sich ein stabiles Kronensystem aufbauen, das später das Gewicht der Früchte tragen kann.

Unter D ist noch die Entwicklung eines Triebes gezeigt, der sehr stark eingekürzt wurde. Die ganze Energie des Baumes wird in wenige Knospen investiert, die sehr kräftige, lange Triebe bilden. Fruchtholz wird meist keines mehr gebildet. Dieser Schnitt ist bis auf wenige Ausnahmen zu vermeiden, da der Baum damit unnötig stark im Wachstum gehalten wird. Leider ist dieser Schnitt aber weit verbreitet, vielleicht mit ein Grund, warum starkes Wachstum bei Bäumen so gefürchtet ist.

Starker Rückschnitt → Wachstum wird gefördert.

Schwacher Rückschnitt → Fruchtholzbildung wird gefördert.

Oberseitenförderung

Knospen auf waagrecht stehenden Trieben treiben schwach aus.

Waagrecht stehende Triebe werden vom Baum weniger gefördert, da das Spitzenförderungsgesetz nicht mehr wirkt. Die Knospen treiben zwar zahlreich aus, sie können mit der vorhandenen Energie aber meist nur Kurztriebe bilden.

A B C D

Langtriebe, die unbeschnitten bleiben, bilden viel Fruchtholz (B). Wird der Trieb im Winter eingekürzt, bilden sich stärkere Langtriebe, die für den Aufbau der Krone wichtig sind (C). Ein sehr starker Rückschnitt führt zu sehr starkem Wachstum (D).

Langtriebe, die nicht für den Kronenaufbau benötigt werden, müssen entweder vollkommen entfernt werden oder unbeschnitten bleiben. Auf keinen Fall dürfen sie auf kurze Stummel eingekürzt werden, das löst nur starkes Wachstum aus.

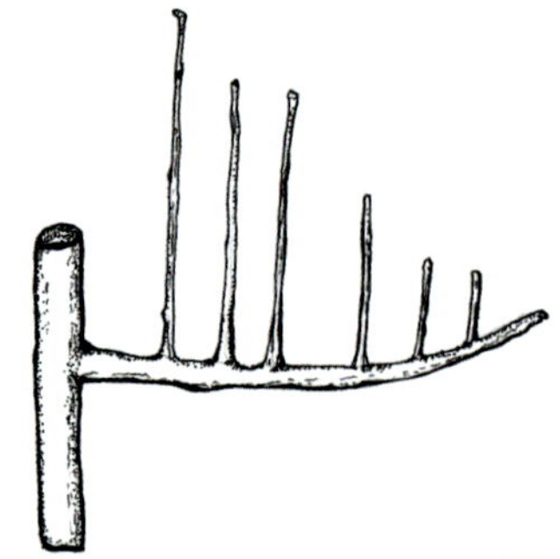

Waagrecht gebundene Triebe bilden rasch Kurztriebe und tragen schnell.

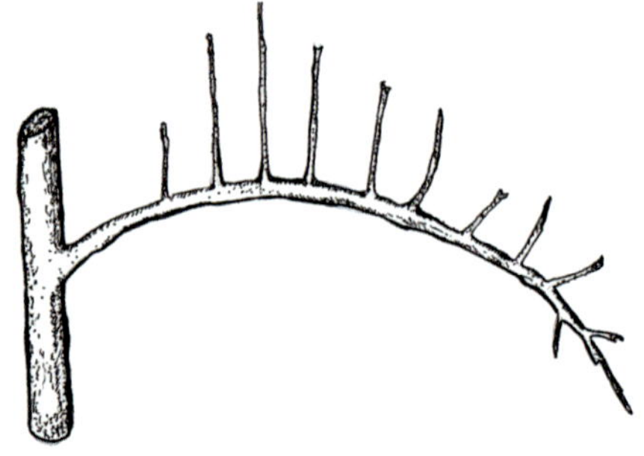

Die Scheitelpunktförderung ist vor allem während des Erhaltungsschnitts wichtig.

Dieser Effekt ist sehr wichtig bei zu stark wachsenden Bäumen. Hier dürfen nicht alle Langtriebe entfernt und schon gar nicht eingekürzt werden, sondern wo immer Platz ist, müssen Triebe in die Waagrechte gebunden werden. Dadurch wird der Baum gezwungen, Fruchtholz zu bilden, auf dem in wenigen Jahren Früchte hängen. Sobald der Baum gut trägt, kann er aber nicht mehr so stark wachsen, da Fruchtproduktion viel Energie verschlingt. Nun können problemlos waagrecht gebundene Triebe auch wieder entfernt werden, wenn sie zu wenig Platz haben.

Scheitelpunktförderung

Am Scheitelpunkt eines gebogenen Astes bilden sich neue Triebe.

Die Scheitelpunktförderung ist ein Prinzip, das in der Erhaltungsphase von Bedeutung ist. Durch das Gewicht der Früchte biegen sich Äste langsam nach unten. Am Scheitelpunkt treiben diese Äste immer wieder nach oben durch, da der Baum bestrebt ist, nach oben zu wachsen. Dort, wo der junge Trieb entspringt, kann nun der alte Teil abgeschnitten und mit einem Schnitt der Baum wieder verjüngt werden.

Die Vision für den Schnitt des Baumes

Bevor Sie zu schneiden beginnen, brauchen Sie ein inneres Bild, wie der Baum nach dem Schnitt aussehen wird. Ohne diese Vorstellung werden Sie schwer entscheiden können, was Sie überhaupt schneiden sollen. Prägen Sie sich das im Folgenden vorgestellte Bild einer Krone gut ein, es wird Ihnen das Schneiden massiv erleichtern.

Es gibt verschiedene Visionen, also Möglichkeiten, wie der Baum idealerweise aussehen soll. Hier wird die „Öschbergkrone" vorgestellt, da sie viele Vorteile sowohl für den Hausgarten als auch für die Streuobstwiese bietet. Diese Vorteile sind

- ein stabiles Kronengerüst, das nicht gestützt werden muss,
- eine im oberen Bereich lichtdurchlässige Krone, wodurch die Ertragszone im unteren Bereich der Krone bleibt,
- eine locker aufgebaute Krone, die gutes Pflücken ermöglicht,
- eine Krone, die dem natürlichen Wuchs entgegenkommt und damit leicht und mit wenig Aufwand zu schneiden ist.

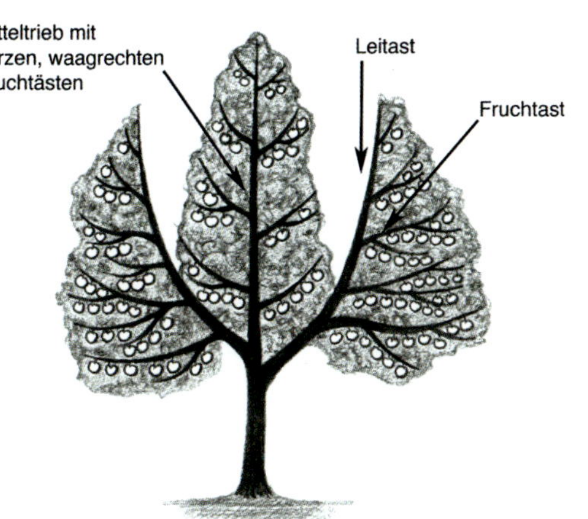

Durch den pyramidalen Aufbau und die lichte Krone im oberen Bereich bleibt der Ertrag bei der Öschbergkrone im unteren, leicht pflückbaren Bereich.

Eine Krone von oben. Mehr als drei oder maximal vier Leitäste sollten nie vorgesehen werden.

Voraussetzungen zur Erziehung einer **Öschbergkrone**

Eine Öschbergkrone wird nur bei großkronigen Bäumen erzogen (Hoch- und Halbstamm), die auf mittelstark bis stark wachsenden Unterlagen veredelt sind. Den Schnitt von kleinwüchsigen Bäumen, die nicht höher als 3 Meter werden, finden Sie unter „Sonderbaumformen".

Übrigens hat Rudolf Thaler dieses Erziehungssystem in Öschberg in der Schweiz 1920 entwickelt.

Aufbau einer Öschbergkrone

Kronenansatz und Leitäste

Vom Stamm entspringen aus einer frei wählbaren Höhe die ersten Äste. Diese Äste wachsen in einem Winkel von ca. 50°–60° relativ steil schräg nach oben. Sie werden Leitäste genannt und bilden das Hauptgerüst des Baumes. Um genügend Platz für die Entwicklung von Seitenästen zu bieten, sollten nur drei, in Ausnahmefällen vier Leitäste vorhanden sein. Halten Sie sich an diese Regel! Mehr Äste bringen nicht mehr Ertrag, sondern nur mehr Holz.

Fruchtäste

Von den Leitästen zweigen Seitenäste ab, die sogenannten Fruchtäste. Auf ihnen werden vor allem die Früchte gebildet, hier ist die Zone des Ertrags. Sind zu viele Leitäste vorhanden, können sich diese Seitenäste nicht mehr entwickeln und der Ertrag wandert automatisch weiter nach oben, wo mehr Platz ist. Die untersten Seitenäste sind die ältesten und die längsten, nach oben hin werden sie immer kürzer. Dadurch bildet sich eine Krone, die von vorne wie eine Pyramide aussieht. Das ist wichtig, denn so kommt auch an die untersten Äste noch genug Licht.

Stammverlängerung mit kurzen Fruchtästen

Dort, wo die Leitäste entspringen, wächst der Stamm nach oben weiter, dieser Teil wird Stammverlängerung genannt. Von dieser Stammverlängerung zweigen nur mehr kurze, waagrechte Fruchtäste ab, damit genügend Licht in das Innere der Krone gelangt. Lassen Sie hier keine steil stehenden Äste wachsen. Sie würden aufgrund des Spitzenförderungsgesetzes sehr stark wachsen und rasch die Leitäste überdecken und nach unten drücken. Eine Ausnahme bilden große Mostbirnbäume. Hier müssen etwa 1,5–2 Meter nach den ersten Leitästen weitere drei Leitäste angelegt werden, da diese Bäume sehr groß werden.

Hohlkronen bestehen nur aus drei oder vier Leitästen. Sie empfehlen sich besonders bei den wärmebedürftigen Arten Pfirsich und Marille.

Zwetschken und Pflaumen wachsen gerne mehrstämmig. Wenn die Früchte heruntergeschüttelt werden, ist das kein Problem. Insgesamt können sie dichter als Apfelbäume sein.

Sonderfall Hohlkrone

Eine leichte Abwandlung dieser Krone ist die Hohlkrone. Bei ihr fehlt die Stammverlängerung, die drei bis vier Leitäste bilden so eine Art Trichter, der sehr viel Sonne in das Innere der Krone gelangen lässt. Daher wird sie bei den sonnenhungrigen Pfirsichen immer und bei Marille und Kirsche häufig angewendet. Bei Apfel und Birne sollte keine Hohlkrone angelegt werden, da diese Arten immer versuchen werden, die Mitte wieder zu schließen.

Mit dem Baum formen, nicht gegen ihn

Versuchen Sie, den natürlichen Wuchscharakter der unterschiedlichen Obstarten zu berücksichtigen. Bei Apfel- und Marillenbäumen lassen sich die Leitäste meist sehr einfach im gewünschten Winkel erziehen. Birnen hingegen wachsen sehr schlank, hier können die Leitäste auch steiler stehen. Aber auch manche Apfelsorten wie z. B. ‚Siebenkant' wachsen sehr steil. Auch hier muss ein steiler Winkel akzeptiert werden. Mit der Zeit neigen sich die Äste von selber weiter nach außen.

Zwetschkenbäume wachsen sehr gerne mehrstämmig. Das ist kein Problem. Lassen Sie 2–3 Stämme nach oben wachsen, das Fruchtholz befindet sich dann außen rund um diese Stämme. Aufgrund des etwas anderen Fruchtholzes können Zwetschken insgesamt dichter als Apfelbäume sein.

Beim Pflanzschnitt muss der Verlust an Wurzelmasse durch die Rodung in der Krone ausgeglichen werden.

Schnittphasen während des Lebens eines Baumes

Obstbäume werden nicht das ganze Leben über gleich geschnitten. Je nach Lebensphase werden verschiedene Ziele durch den Schnitt verfolgt und treten einzelne Aspekte des Schnitts besonders hervor. Hier eine Übersicht zum besseren Überblick und Verständnis. Die Details zum Schnitt in den einzelnen Phasen werden in den Schnittkapiteln erklärt.

1) Pflanzschnitt

Ziel: Wiederherstellung des Gleichgewichts zwischen Wurzel und Krone
Wann: nach der Pflanzung (bei Herbstpflanzung im Februar darauf)
Wie oft: einmalig

Die Krone eines Baumes befindet sich von Natur aus im Gleichgewicht mit der Wurzel. Das heißt, die Krone ist so groß, wie von der Wurzel ernährt werden kann. Wird nun ein Baum in der Baumschule ausgegraben, geht ein Teil der Wurzeln verloren, der Baum ist plötzlich im Ungleichwicht. Beim Pflanzschnitt wird nun die Krone so weit eingekürzt, dass sie sich wieder im Gleichgewicht mit der Wurzel befindet. Gleichzeitig wird beim Pflanzschnitt auch das Grundgerüst = die Vision der Krone festgelegt.

Wird der Pflanzschnitt versäumt, wachsen die Bäume oft jahrelang nach der Pflanzung nicht weiter, bis die Wurzel die bestehende Krone wieder ernähren kann. Ein versäumter Pflanzschnitt kann die ersten Jahre jederzeit nachgeholt werden.

Auch bei Bäumen, die im Topf gewachsen sind, wird ein Pflanzschnitt gemacht, da auch hier das Grundgerüst der Äste festgelegt werden muss.

2) Erziehungsschnitt

Ziel: Aufbau eines lichten, tragfähigen Kronengerüsts
Wann: in den ersten fünf bis zehn Jahren nach der Pflanzung
Wie oft: jährlich

In den ersten Jahren eines Baumes muss ein Kronengerüst erzogen werden, das später imstande ist, gute Erträge zu bringen und die Last der Früchte auch ohne Bruchgefahr zu tragen. Es ist bei der Baumerziehung wie bei der Kindererziehung: In den ersten Jahren muss die Richtung vorgegeben werden, es muss aber Platz dafür sein, die Eigenheiten entlang der vorgegebenen Bahnen zu entwickeln. Versuchen Sie daher nicht, ein starres System durchzusetzen. Jeder Baum ist ein wenig anders und wird sich ein wenig anders entwickeln. Behalten Sie einfach das Ziel (→ „Die Vision für den Schnitt des Baumes", Seite 90) im Auge.

Fehler und Versäumnisse, die in dieser Phase gemacht werden, sind später schwer oder gar nicht zu korrigieren. Legen Sie daher ein Augenmerk auf Ihre jungen Bäume, hier können Sie viel gewinnen. Ob ein alter Baum ein Jahr früher oder später geschnitten wird, ist dagegen insgesamt ohne Bedeutung.

3) Erhaltungsschnitt

Ziel: regelmäßige Erträge bei guter Fruchtqualität zu sichern
Wann: vom Ende des Erziehungsschnitts an bis zum Lebensende des Baums
Wie oft: alle 3–5 Jahre

Beim Erhaltungsschnitt geht es primär darum, die Krone in der gewünschten Form zu halten. In dieser Phase wird daher vor allem ausgelichtet und gegebenenfalls die Krone eingekürzt. Versuchen Sie, nicht öfter als alle 3–5 Jahre zu schneiden. Bei häufigerem Schnitt neigt man dazu, sich den eigenen Ertrag wegzuschneiden und den Baum stark am Wachsen zu halten. Bei Spindelbäumen und bei Spalierbäumen ist meist ein jährlicher Erhaltungsschnitt notwendig, → „Besondere Baumformen", Seite 122.

4) Verjüngungsschnitt

Ziel: Verkleinerung ausladender Kronen
Wann: bei Bedarf an älteren Bäumen
Wie oft: in Ausnahmefällen

Bei Kernobst reagieren oft auch noch uralte Bäume auf einen radikalen Rückschnitt. Steinobst ist empfindlicher.

Wird der Erhaltungsschnitt regelmäßig durchgeführt, ist ein Verjüngungsschnitt nicht notwendig. Es kann aber immer wieder passieren, dass Kronen zu hoch und/oder zu breit werden, mit einem Verjüngungsschnitt wird das korrigiert. Meist muss dazu in dickeres Holz zurückgeschnitten werden, es entstehen große, mitunter nicht verheilende Wunden. Daher sollte der Verjüngungsschnitt vermieden werden.

Nach einem kräftigen Verjüngungsschnitt beginnen Bäume oft stark zu wachsen. Dann ist es wichtig, wieder einige Jahre einen jährlichen Erziehungsschnitt folgen zu lassen. Sie müssen den Teil der Krone, den Sie weggeschnitten haben, wieder neu erziehen. Erst wenn sich der Baum beruhigt hat, können Sie wieder zum Erhaltungsschnitt und längeren Schnittzyklen übergehen.

Bäume, die nie geschnitten wurden, können eine Herausforderung sein, mit der selbst Experten zu kämpfen haben.

Der Baum zwei Stunden später …

Beim Pflanzschnitt wird das Grundgerüst des Baumes festgelegt.

5) Schnitt von ungepflegten oder falsch geschnittenen Bäumen

Ziel: Auslichten, Verbesserung der Kronenform, Kronensicherung

Wann?: bei lange nicht oder falsch geschnittenen Bäumen

Wie oft?: einmalig oder aufgeteilt auf mehrere Jahre

Der Schnitt von alten, ungepflegten Bäumen ist die Königsdisziplin des Obstbaumschnitts, leider müssen viele Menschen damit beginnen. Aber keine Angst, der Vorteil ist, dass Sie hier meist wenig kaputt machen können. Alte Bäume sind das ideale Übungsfeld, um Obstbäume verstehen zu lernen. Die Schwierigkeit bei diesen Bäumen liegt darin, dass das Grundgerüst oft nicht einer Öschbergkrone entspricht. Daher können Sie nur versuchen, sich dem Idealzustand anzunähern, soweit es geht. Sie müssen hier Kompromisse eingehen und immer wieder einmal eine Idee versuchen, die vielleicht im nächsten Jahr verworfen wird. Sie müssen hier Entscheidungen treffen. Sollte Ihnen das Probleme bereiten, können Sie diese Arbeit als kostenloses Training ansehen.

Ungepflegte Kronen zu korrigieren, gelingt meist nicht in einem Jahr. Oft braucht es mehrere Jahre, bis zu einem normalen Erhaltungsschnitt übergegangen werden kann.

Pflanzschnitt

Wie schon erwähnt (→ „Schnittphasen während des Lebens eines Baumes", Seite 93ff.), muss beim Pflanzschnitt das Gleichgewicht zwischen Wurzel und Krone wiederhergestellt werden. Beim Pflanzschnitt legen Sie aber auch die Form der Krone fest, also wie viele Leitäste der Baum hat und wie diese stehen. Unterlassen Sie den Pflanzschnitt daher auf keinen Fall. Wenn Sie im Frühjahr pflanzen, können Sie den Schnitt unmittelbar nach der Pflanzung machen. Wenn Sie im Sommer oder im Herbst pflanzen, machen Sie den Pflanzschnitt im Februar darauf.

In der Regel werden Bäume verkauft, die einen Stamm haben und eine Reihe von einjährigen Trieben, aus denen die Krone geformt werden kann. Manchmal haben Bäume noch keine Seitentriebe; wie diese geschnitten werden, wird im Anschluss an den Pflanzschnitt erklärt. Wenn die Bäume schon älter sind und die Leitäste Seitenverzweigungen haben, sollte der Pflanzschnitt ordentlich erfolgt sein. Sie können dann mit dem Erziehungsschnitt fortfahren. Allerdings schadet es nicht zu kontrollieren, ob der Kronenaufbau tatsächlich brauchbar ist. Gegebenenfalls können Sie diesen korrigieren.

Schritt-für-Schritt-Anleitung für den richtigen Pflanzschnitt bei handelsüblichen Jungbäumen mit einjährigen Seitentrieben

1. Auswählen der Triebe, die die Krone bilden

Der erste Schritt ist, sich zu überlegen, welcher Trieb am schönsten in der Mitte wächst und die Stammverlängerung bilden kann. In der Regel wird das der Trieb ganz an der Spitze sein. Manchmal ist dieser verkümmert, dann können Sie einen anderen wählen. Machen Sie sich keine Sorgen, wenn dieser Trieb nicht ganz gerade nach oben schaut. Leichte Schrägstellungen wachsen sich über die Jahre aus. Steht er sehr schief, können Sie ihn mit einem Stab geradebinden.

Nun legen Sie fest, welche drei Triebe die Leitäste bilden. Achten Sie darauf, dass diese gut entwickelt und gleichmäßig um den Stamm verteilt sind. Gleichzeitig schauen Sie darauf, dass die Äste etwa in einem Winkel von 50°–60° abstehen. Den Winkel können Sie im nächsten Schritt korrigieren, die Verteilung der Leitäste ist daher wichtiger.

Alle nicht benötigten Triebe werden nun komplett entfernt. Sie haben nun noch 4 einjährige Triebe übrig.

Alternativ können überzählige Triebe auch waagrecht gebunden werden. Dadurch kommt der Baum früher in Ertrag. Allerdings schwächt es den Baum, wenn er sehr früh Früchte trägt, und es reduziert das Wachstum. Diese waagrecht gebundenen Äste sind nur Fruchtäste und werden nach einigen Jahren entfernt.
Wenn Sie zu wenige Leitäste haben, können Sie auf → Seite 99 nachlesen, wie Sie vorgehen sollen.

Maximal 3-4 Leitäste belassen, sonst wird die Krone zu dicht

Mitteltrieb

Überzählige Triebe entfernen

Im ersten Schritt werden die Triebe ausgewählt, die zukünftig die Krone bilden sollen. Die Leitäste sollen gleichmäßig um den Mitteltrieb verteilt sein.

Schlitzäste vermeiden

Bei der Auswahl der Leitäste müssen Sie vor allem bei Kirsche und Zwetschke darauf achten, dass die Äste gut mit dem Stamm verwachsen sind. Bei sogenannten Schlitzästen bleibt immer ein wenig Rinde zwischen Stamm und Ast und sie brechen später bei gutem Ertrag aus. Schlitzäste dürfen daher nicht als Leitäste verwendet werden – auch nicht, wenn sie noch so schön stehen.

2. Zu steil oder zu flach stehende Triebe formieren

Triebe, deren Winkel zu flach oder zu steil ist, können mit breitem Bindematerial in eine optimale Position gebunden werden. Nach ein bis zwei Jahren bleibt der Ast von allein in dieser Position, die

Um das Ausbrechen von Schlitzästen später zu vermeiden, ist Einfallsreichtum gefragt.

Werden Äste gebunden, immer dickes Material verwenden oder zum Beispiel ein Stück eines alten Fahrradreifens unterlegen. Durch das Dickenwachstum schnüren sich die Äste sonst schnell ab.

Fixierung kann entfernt werden. Die Arbeit, die Sie hier investieren, spart Ihnen später viel an Ärger! Wichtig ist, dass Sie breites Material zum Binden verwenden. Schmale Schnüre können bereits in einer Saison in den Ast einwachsen. Sie haben dann eine potentielle Bruchstelle direkt im Leitast.

Für das Binden gibt es verschiedene Möglichkeiten. Sie können die Schnur an einem Pflock am Boden befestigen oder Gewichte direkt an den Ast hängen (z. B. Joghurtbecher, die Sie mit Beton oder Sand verfüllt haben). Achten Sie darauf, dass Sie möglichst nahe am Ursprung des Astes biegen und nicht einen Bogen bilden. Zum Abspreizen von zu steilen Ästen können Sie Hölzer an den Enden keilförmig zuspitzen, die Sie zwischen Ast und Stammverlängerung klemmen. Kontrollieren Sie über das Jahr, ob die Formierung intakt ist.

Denken Sie daran, dass Birnen steiler stehen. Es hat also keinen Sinn, Birnen weit nach außen zu binden – sie werden mit dem Neuaustrieb wieder steil nach oben wachsen.

3. Leitäste einkürzen auf Saftwaage

Die Leitäste werden nun reihum um ca. ein Drittel der Länge des einjährigen Triebes eingekürzt. Dadurch wird einerseits der Wurzelverlust kompensiert und andererseits das Wachstum der Leitäste gefördert (→ „Spitzenförderung", Seite 88f.).

Die Arbeit, die man am Beginn in das Formieren von Leitästen investiert, spart einem später viel Kummer und Ärger beim Schnitt.

Wählen Sie dazu als Erstes den kürzesten Leitast. Kürzen Sie diesen um etwa ein Drittel der Länge ein. Achten Sie dabei darauf, dass Sie genau oberhalb einer Knospe schneiden, die nach außen schaut. Aus dieser Knospe entwickelt sich im Frühling ein Trieb, der schräg nach außen wächst. Dadurch entwickelt sich von selbst eine breite Krone. Würde die oberste Knospe nach innen schauen, würde der oberste Trieb nach innen wachsen – Sie hätten beim nächsten Schnitt ein Problem mit der Triebspitze.

Nun wechseln Sie zum nächsten Leitast und kürzen diesen ebenfalls ein. Wichtig ist nun, dass Sie die sogenannte Saftwaage einhalten. Das heißt, Sie müssen den zweiten Trieb in der gleichen Höhe wie den ersten Trieb abschneiden. Denn das Spitzenförderungsgesetz wirkt nicht nur an einem Trieb, sondern auch im ganzen Baum. Alle Triebspitzen auf der gleichen Höhe wachsen ungefähr gleich stark weiter. Durch den Schnitt auf Saftwaage erhalten Sie eine Krone, die einigermaßen gleichmäßig wächst.

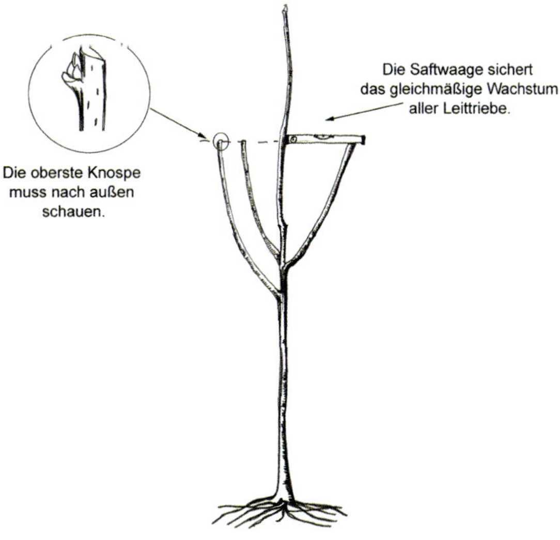

Das Bäumchen nach dem Rückschnitt der Leitäste. Da alle Astspitzen auf der gleichen Höhe sind, wirkt das Spitzenförderungsgesetz überall gleich und der Baum wird gleichmäßig weiterwachsen.

Nun kann sich ein Problem auftun: Entweder Sie schneiden auf der gleichen Höhe wie der Vortrieb oder Sie schneiden auf eine Knospe nach außen. Beides lässt sich manchmal nicht gleichzeitig verwirklichen. Dann ist es wichtiger, auf eine Knospe nach außen zu schneiden. Bei der Höhe kommt es nicht auf ein paar Zentimeter an.

Den dritten Leitast schneiden Sie in der gleichen Weise zurück. Im Durchschnitt sollten Sie die Leitäste um ein Drittel zurückschneiden. Wenn die Triebe stark unterschiedlich lang sind, werden Sie die langen etwas stärker und die kurzen etwas schwächer zurückschneiden müssen.

Sie haben nun drei Leitäste, deren Spitzen etwa in der gleichen Höhe sind und deren oberste Knospen nach außen schauen.

4. Mitteltrieb zurückschneiden

Zuletzt wird noch der Mitteltrieb gekürzt. Dieser wird so abgeschnitten, dass sich mit den Leitästen eine flache Pyramide ergibt. Für die, die es genau wissen wollen: Der Dachwinkel sollte etwa 120° betragen. Einfacher ist, sich zu merken, dass die Stammverlängerungsspitze ungefähr ein bis zwei Handbreit höher sein sollte als die Leitastspitzen. Wohin die oberste Knospe der Stammverlängerung schaut, ist egal, solange der Trieb in der Mitte steht. Schaut der Trieb mehr nach rechts, schneiden Sie auf eine Knospe, die nach links schaut, und umgekehrt. So richtet sich die Stammverlängerung immer ungefähr mittig aus.

Das war es auch schon.

Die Krone sollte
wie eine Pyramide
aussehen.

Das Bäumchen nach dem Pflanzschnitt

Sonderfälle rund um den Pflanzschnitt

Das Umkehrauge-Verfahren; eine Abwandlung für steil wachsende Sorten bzw. für Birnen

Die oberste Knospe eines Langtriebes, egal, ob geschnitten oder nicht geschnitten, versucht immer nach oben zu wachsen. Oft führt das dazu, dass die Leitäste zu steil stehen und die Bäume nicht in die Breite gehen. Vor allem bei Birnen ist das ein häufiges Problem.

Ein Apfelbaum vor und nach dem Pflanzschnitt. Kurze Fruchttriebe, die sich bereits gebildet haben, können belassen werden.

Beim Umkehrauge-Verfahren wird deshalb nicht auf eine Knospe nach außen geschnitten, sondern genau eine Knospe darüber – ganz egal, wohin diese schaut. Das führt dazu, dass die oberste Knospe steil nach oben wächst, allerdings in die Krone hinein. Die zweite Knospe hat nun keinen Platz mehr, um nach oben zu wachsen, sie wird nach außen abgedrängt und wächst wie gewünscht schön schräg nach außen.

Wichtig: Im Folgejahr muss der Teil, der über dem nach außen gewachsenen Trieb steht, weggeschnitten werden. Genauer gesagt wird er auf den nach außen stehenden Trieb abgeleitet. Wird das unterlassen, haben Sie plötzlich eine Astspitze, die in die Krone wächst.

Beim Umkehrauge-Verfahren steht erst die zweite Knospe nach außen. Ein Jahr später hat sich aus dem zweiten Auge ein Trieb entwickelt, der schräg nach außen gewachsen ist, da nach oben kein Platz war (oben). Der überstehende Teil muss nun auf diesen Trieb abgeleitet werden (unten).

Hohlkrone

Wenn Sie eine Hohlkrone formen möchten, gehen Sie wie oben beschrieben vor. Nur anstatt die Stammverlängerung einzukürzen, schneiden Sie sie direkt oberhalb des obersten Leitastes ab. Es verbleiben dann nur die drei Leitäste.

Zu wenige Triebe vorhanden

Wenn Ihnen ein Leitast fehlt, ist das kein Problem. Schneiden Sie den ersten und zweiten Leitast wie beschrieben. Nun kürzen Sie die Stammverlängerung ein. Achten Sie hier darauf, dass nach dem Schnitt die zweite Knospe von oben genau in die Richtung schaut, wo Ihnen der dritte Leitast fehlt. Im Folgejahr wird aus der obersten Knospe die Stammverlängerung weiterwachsen und aus der zweiten Knospe entwickelt sich der fehlende Leitast. Es ist kein Problem, wenn zwischen den Leitästen ein Abstand von dreißig Zentimetern liegt – Sie werden das nicht mehr bemerken, wenn die Leitäste dick geworden sind.

Noch keine Triebe vorhanden

Wenn Sie nur einen langen Trieb ohne Seitenäste haben, machen Sie einen Kronenanschnitt. Legen Sie dazu die Höhe fest, in der die ersten Äste entspringen sollen. Nun zählen Sie fünf Knospen nach oben und schneiden den Baum oberhalb der fünften Knospe ab („Höhe-plus-5-Knospen-Regel"). Aus diesen fünf Knospen entwickeln sich nun genügend starke Triebe für den Aufbau der Krone. Im nächsten Jahr können Sie daraus die Krone formen und den Pflanzschnitt machen. Ist der Baum noch niedriger als Ihr gewünschter Astansatz, kürzen Sie die Rute trotzdem um 10–20 cm ein. Dann wächst der Baum mit einem starken Trieb weiter. Im nächsten Jahr können Sie ihn dann mit der „Höhe-plus-5-Knospen-Regel" einkürzen.

Astansatz ist zu niedrig

In der Höhe, in der die Leitäste entspringen, bleiben sie ihr ganzes Leben lang. Der Baum wächst nur an den Spitzen weiter und das Holz wird dicker. Sollten Sie nun irrtümlich einen Baum gekauft haben, bei dem die Äste tiefer als gewünscht ansetzen, können Sie das jetzt korrigieren. Ist die Stammverlängerung bereits so hoch, wie Sie den Stammansatz wünschen, können Sie einfach vorgehen, wie im Abschnitt → „Noch keine Triebe vorhanden" (Seite 99) beschrieben. Die eigentlichen, tiefer stehenden Leitäste schneiden Sie einfach komplett weg. An der Spitze wird sich eine neue Krone bilden.

Ist der ganze Baum noch zu klein, kürzen Sie die Seitentriebe auf ca. 5 cm ein und auch die Stammverlängerung um 10–20 cm. Die eingekürzten Seitentriebe dienen der Energiezufuhr, damit der Stamm sich kräftig entwickelt. Wenn der Mitteltrieb im Winter darauf die gewünschte Höhe erreicht hat, können Sie die „Höhe-plus-5-Knospen-Regel" anwenden. Alle Seitenäste werden nun entfernt.

Astansatz ist zu hoch

Schwieriger wird es, wenn der Astansatz niedriger als beim Kauf sein soll. In diesem Fall müssen Sie das Bäumchen etwa 10 cm unterhalb des gewünschten Kronenansatzes anschneiden. Junge Bäume treiben problemlos wieder aus und bilden mehrere Triebe. Einen davon ziehen Sie gerade nach oben, dazu müssen Sie ihn eventuell an einem Stab anbinden. Im Winter darauf können Sie den Baum wieder am einjährigen Trieb mit der „Höhe-plus-5-Knospen-Regel" abschneiden (→ „Noch keine Triebe vorhanden", Seite 99). Es ist nicht möglich, den Baum gleich beim ersten Schnitt auf die passende Höhe zu schneiden. Die Triebe, die sich rund um die Schnittwunde bilden, sind nicht für den Kronenaufbau geeignet.

Pflanzschnitt wurde versäumt

Wenn Sie ein Bäumchen bereits vor einigen Jahren gepflanzt haben, können Sie den Pflanzschnitt noch nachholen. Vor allem ist es sinnvoll, überzählige Leitäste zu entfernen. Aus Sicht der Wundverheilung können Sie beim Kernobst Äste bis 5 cm Durchmesser meist problemlos entfernen. Beim Steinobst müssen Sie etwas vorsichtiger sein. Manchmal kann es durchaus sinnvoller sein, mit mehreren Leitästen zu leben, als ein zu großes Loch in die Krone zu schneiden. Der eigentliche Schnitt der verschiedenen Äste ist dann ein Erziehungsschnitt (→ Seite 101).

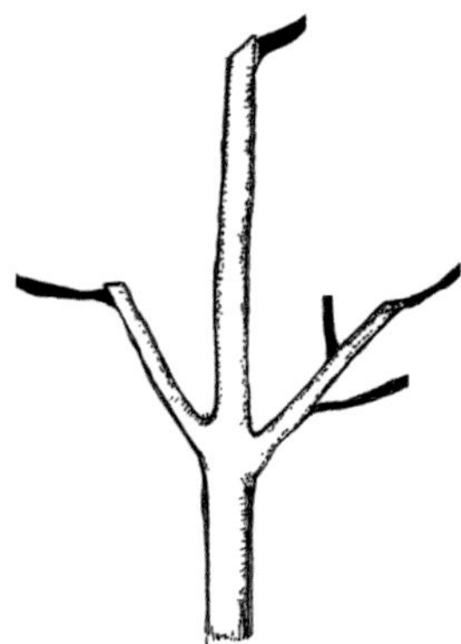

Um eine gestörte Saftwaage (links) zu korrigieren, schneiden Sie in das ältere Holz zurück. Nutzen Sie, wo immer es geht, Ableitungen (rechts).

Korrigieren einer gestörten Saftwaage

Wenn Sie den Schnitt über Jahre versäumt haben, kann es vorkommen, dass Leitäste stark ungleich lang sind. Dieses Ungleichgewicht sollten Sie über ein bis zwei Jahre beheben. Dazu müssen Sie in der Regel die zu langen Äste stärker in das ältere Holz zurückschneiden. Suchen Sie sich dort eine Verzweigung, die Sie als Ableitung verwenden können. Auch die Stammverlängerung müssen Sie dann stärker zurückschneiden. Wenn Sie es im ersten Jahr nicht schaffen, eine Saftwaage herzustellen, ist das kein Problem. Durch den Schnitt bilden sich jede Menge neuer Triebe, die Sie im nächsten Jahr nutzen können.

Erziehungsschnitt

Im Jahr nach dem Pflanzschnitt setzt der Erziehungsschnitt ein. Dieser wird jährlich durchgeführt, bis der Baum 5 bis 10 Jahre alt ist. Wenn der Baum eher kleiner bleiben soll, können Sie etwas früher mit dem Erziehungsschnitt aufhören, wenn die Krone sehr groß werden soll, lieber 10 Jahre erziehen.

In den Jahren des Erziehungsschnitts bauen Sie eine Krone mit stabilen Ästen auf, die später das große Gewicht der Früchte tragen kann. In diesen Jahren wird der Zuwachs der Leitäste jedes Jahr wieder eingekürzt. Dadurch bilden sich dickere Leitäste, die nach oben wachsen. Wird der Erziehungsschnitt unterlassen, biegen sich die Leitäste später unter dem Gewicht der Früchte langsam zur Seite und hängen bald bogenförmig hinunter. Das mag in den ersten Jahren praktisch sein, wenn der Baum aber älter wird, kann der Ertrag nur schwer zunehmen, da die Krone zu klein ist. Gleichzeitig beginnen die Bäume an den Scheitelpunkten stark zu wachsen und Sie haben einen höheren Schnittaufwand. Zuletzt brechen die breiten Leitäste gerne ab und damit verschwindet auch gleich ein Teil der Krone.

Lassen Sie sich also nicht von der Aussicht auf einen raschen Ertrag dazu verführen, die Bäume nicht zu erziehen, Sie werden es später bereuen. Sie sollten sogar Früchte vor der Ernte schon auspflücken, wenn sich die Leitäste durch ihr Gewicht nach unten biegen. Das ist besonders bei neueren Zwetschkensorten notwendig, die oft bereits im Pflanzjahr so stark tragen, dass der Baum im Sommer wie eine Trauerweide aussieht. Die Äste richten sich zwar wieder ein wenig auf, aber auf eine stabile Krone zu hoffen ist nicht mehr möglich.

Jährliche Wiederholung des Pflanzschnittes – mit Erweiterungen

Wenn Ihnen der Pflanzschnitt schon locker von der Hand gegangen ist, wird Ihnen auch der Erziehungsschnitt keine Probleme bereiten, denn der jährliche Erziehungsschnitt ist eine ständige Wiederholung des Pflanzschnitts. Jedes Jahr wird der Zuwachs der Leitäste um etwa ein Viertel bis ein Drittel eingekürzt, wobei die Knospen wieder nach außen schauen und auf die Saftwaage geachtet wird. Die Stammverlängerung wird wieder so eingekürzt, dass sich eine flache Pyramide ergibt. Was neu hinzukommt, ist das Auslichten der überzähligen Triebe und das Formieren der Fruchtäste.

Hier nun wieder die Vorgehensweise beim Erziehungsschnitt im Detail:

1. Analysieren des Kronenaufbaus

Verschaffen Sie sich zu Beginn immer zuerst einen Überblick über die Krone: Wo ist die Stammverlängerung, wo sind die Leitäste? Beurteilen Sie, wie gut der Baum wächst – ist der Zuwachs der Triebe zumindest 20 cm lang, können Sie zufrieden sein, dem Baum dürfte es ganz gut gehen.

2. Entfernen aller nicht benötigten Langtriebe

Schneiden Sie nun alle Langtriebe weg, die offensichtlich keinen Platz haben sich zu entwickeln. Das sind Langtriebe, die von einem Leitast Richtung Mitte wachsen oder auf der Oberseite eines Astes senkrecht nach oben wachsen.

Kurztriebe bleiben beim Erziehungsschnitt immer ungeschnitten. Am besten, Sie ignorieren alles, was kürzer als 10 cm ist, komplett. Aus diesen Trieben entwickelt sich das Fruchtholz.

3. Rückschnitt des 1. Leitastes

Nun suchen Sie sich die Spitze des 1. Leitastes. Sie werden bemerken, dass hier oft zwei Langtriebe recht knapp nebeneinander stehen. Das sind die Triebe aus der obersten und der zweiten Knospe. Suchen Sie sich den Trieb aus, der besser als Spitze für den Leitast passt, meist wird das der Trieb an der Spitze sein. Den zweiten Trieb können Sie komplett entfernen – er würde der eigentlichen Spitze nur Konkurrenz machen.

Nun kürzen Sie den Zuwachs vom letzten Jahr (also den einjährigen Langtrieb an der Spitze) etwa um ein Viertel bis ein Drittel seiner Länge ein. Achten Sie wieder darauf, dass die Knospe nach außen schaut. Sie können hier natürlich wieder das System des Umkehrauges anwenden (→ „Pflanzschnitt", Seite 98).

Sollte eine Formierung der Leitäste notwendig sein, können Sie diese nun auch noch durchführen.

4. Auslichten und Rückschnitt der Seitenäste (= Fruchtäste)

Als Seitenäste sind nur Langtriebe zu verwenden, die aus der Krone hinauswachsen. Ideal sind Langtriebe, die an der Außenseite der Leitäste entspringen, sie haben genug Platz. Langtriebe, die seitlich entspringen, können für den Aufbau verwendet werden, wenn sie schräg nach außen wachsen. Auch sie haben dadurch genug Platz für ihre Entwicklung. Langtriebe, die seitlich in Richtung des nächsten Leitastes wachsen, sind ungeeignet und werden entfernt.

Die verbliebenen Seitenäste müssen nun ebenfalls etwas angeschnitten werden. Sie müssen ja genauso mit den Leitästen mitwachsen und starke Äste bilden.

Bei der Auswahl der Seitenäste und ihrem Rückschnitt beginnen Sie am besten an der Spitze des Leitastes. Höher als diese Spitze darf kein Seitenast sein. Gehen Sie nun Langtrieb für Langtrieb nach unten und entscheiden Sie jedes Mal, ob der Trieb bleiben kann oder nicht. Wenn er bleibt, kürzen Sie ihn etwas ein, so dass sich von der Spitze des Leitastes über die Spitzen der Seitenäste eine schräge Linie ergibt, ähnlich der Schräge von Stammverlängerungsspitze zu Leitastspitze.

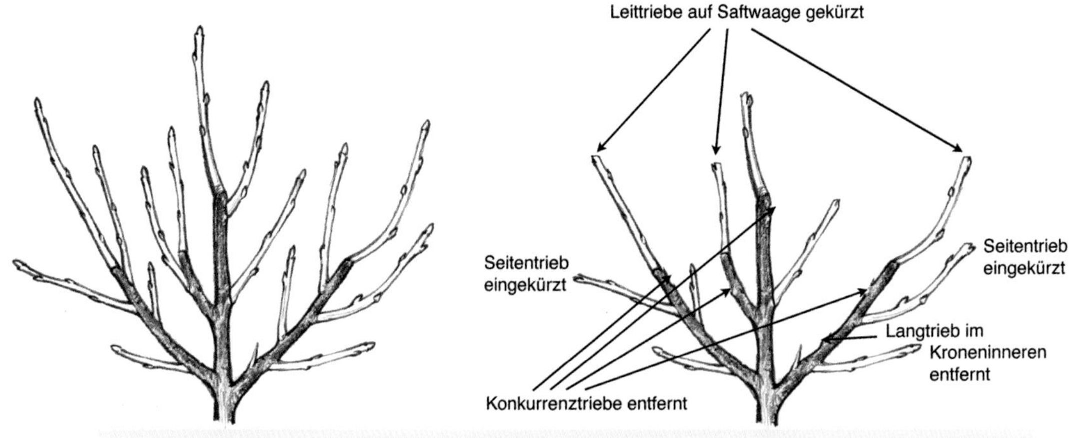

Erster Erziehungsschnitt nach dem Pflanzschnitt. Hell ist der Zuwachs des letzten Jahres. Im Prinzip ist der Erziehungsschnitt eine erweiterte Wiederholung des Pflanzschnittes.

5. Rückschnitt des 2. und 3. Leitastes

Gehen Sie hier wie beim 1. Leitast vor, achten Sie wieder auf die Saftwaage. Kürzen Sie auch die Seitenäste ein.

6. Stammverlängerung einkürzen

Suchen Sie nun die Spitze der Stammverlängerung, also jenes Triebs, der in der Mitte steht und gerade nach oben wächst. Meist wird auch hier ein Konkurrenztrieb stehen, den Sie entfernen müssen. Die Stammverlängerung wird nun so weit eingekürzt, dass die Spitze mit den Leitästen eine flache Pyramide bildet.

7. Stammverlängerung auslichten

Entfernen Sie alle Langtriebe an der Stammverlängerung, die steil nach oben wachsen – aus ihnen würden sich zusätzliche und daher unnötige Leitäste entwickeln. An der Stammverlängerung verbleiben nur Triebe, die mehr oder weniger im rechten Winkel von der Stammverlängerung wegwachsen.

Noch ein Tipp für Sorten, die wenig waagrechte Fruchtäste bilden. Wenn Sie die steil wachsenden Äste wegschneiden, bilden sich meist bei den Schnittwunden neue Langtriebe, die wieder steil stehen. In solchen Fällen können Sie einen kleinen Stummel stehen lassen (ca. 2–3 cm). Mit etwas Glück befindet sich auf der Unterseite des Stummels eine Knospe, die austreibt. Da der Trieb aber nicht nach oben wachsen kann, wächst er waagrecht nach außen und Sie erhalten einen idealen Fruchtast. Das funktioniert natürlich nicht immer, aber die fehlgeschlagenen Stummel können Sie beim nächsten Mal einfach wieder entfernen.

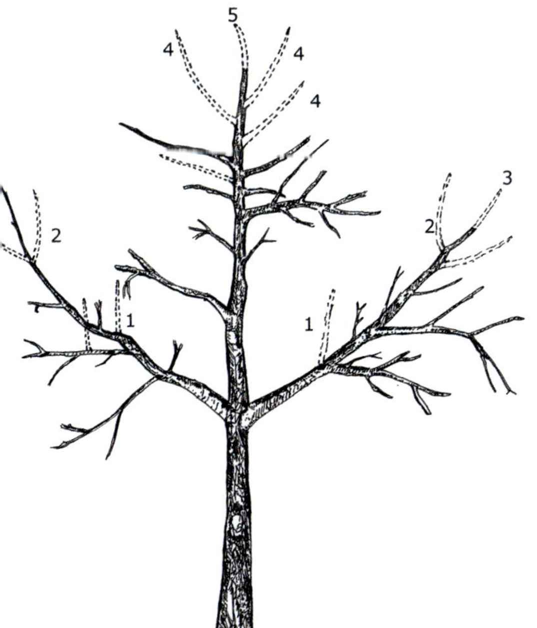

Erziehungsschnitt nach dem zweiten Standjahr: 1: In das Kroneninnere gewachsene Langtriebe entfernt, 2: Konkurrenztriebe an den Leitastspitzen entfernt, 3: Leitäste eingekürzt, 4: steil stehende Langtriebe am Mitteltrieb entfernt, 5: Stammverlängerung eingekürzt.

Erziehungsschnitt an mehrjährigen, ungeschnittenen Bäumen

Sollten Sie über mehrere Jahre den Erziehungsschnitt versäumt haben, benötigen Sie eventuell zwei oder drei Jahre, bis Sie die Krone in die gewünschte Form gebracht haben. Oft sind ungeschnittene Jungbäume vergreist – sie haben kaum mehr Zuwachs, die Leitäste sind nach außen gebogen. Bei solchen Bäumen müssen Sie im ersten Jahr

Werden an der Stammverlängerung steil wachsende Triebe auf Stummel entfernt, bilden sich teilweise im Folgejahr waagrecht stehende Äste aus Knospen auf der Unterseite des Stummels. Der senkrechte Trieb wird wieder entfernt.

einen stärken Rückschnitt durchführen, um sie wieder zum Wachsen zu bringen. Nur wenn der Baum wächst, haben Sie auch Triebe, die Sie erziehen können. Suchen Sie sich dazu zuerst für alle Leitäste eine passende Spitze, die nach oben schaut, und leiten Sie die Leitäste auf diese ab. Überzählige Leitäste entfernen Sie. Die Mitte kürzen Sie ein, so dass sich wieder die Pyramide ergibt. Wenn diese zu Beginn zu steil ist, ist das kein Problem, das können Sie mit den Jahren korrigieren.

Auf diesen Schnitt wird der Baum mit starkem Wachstum reagieren. Im Folgejahr können Sie sich die schönsten Triebe für das Weiterziehen der Krone aussuchen. Vielleicht leiten Sie jetzt auch noch

Oft muss ein versäumter Erziehungsschnitt (links) über mehrere Jahre korrigiert werden. Der Apfelbaum hat zu viele Leitäste und ist sehr dicht. Die oberen Äste sind durch ihre Stellung begünstigt und entwickeln sich stärker. Es bildete sich eine nach oben strebende Krone.

Ein Jahr später hat der Baum einen kräftigen Neuaustrieb, mit dem gearbeitet werden kann.

Die Leitäste wurden auf vier im unteren Bereich reduziert, der Dachwinkel ist dadurch noch sehr steil.

Es wird wieder ausgelichtet, wobei günstig stehende Seitentriebe für die Erziehung von Fruchtästen belassen werden. Die Leitäste werden etwas länger belassen und die Stammverlängerung stärker eingekürzt – ein idealer Dachwinkel ist entstanden. Abbildungen aus „Naturgemäße Kronenpflege am Obsthochstamm", Kompetenzzentrum Obstbau Bodensee

einen Leitast auf einen tiefer stehenden jüngeren Trieb ab, der besser nach außen wächst. Wenn die Krone in der Mitte zu hoch ist, schneiden Sie die Leitäste nur wenig an und die Stammverlängerung stärker – schon haben Sie den perfekten Winkel oder sich zumindest diesem weiter angenähert.

Wenn Sie den Schnitt über Jahre versäumt haben, stecken Sie sich nicht zu hohe Ziele. Sie müssen damit leben, dass die Krone nicht sofort perfekt aussehen wird. Was Sie über Jahre versäumt haben, lässt sich nicht in einem Jahr aufholen. Andererseits gibt es keinen Grund, einen seltsam wachsenden Baum nicht zu sanieren. Wenn es Ihnen gelingt, den Baum ins Wachsen zu bringen, haben Sie gewonnen. Wenn der Baum allerdings auch auf einen starken Rückschnitt nicht mit Wachstum reagiert und er genug Wasser und Nährstoffe hat, dann müssen Sie ihn wohl aufgeben. Es gibt immer wieder Bäume, die nicht wachsen, das kommt vor. Tauschen Sie ihn lieber aus, bevor Sie sich über Jahre ärgern.

Erhaltungsschnitt

Der Übergang vom Erziehungs- zum Erhaltungsschnitt ist ein fließender. Wenn Sie der Meinung sind, der Baum hat bereits eine stattliche Höhe erreicht, können Sie beginnen, den Baum nur alle zwei oder drei Jahre zu schneiden. Der Baum wird nun etwas langsamer weiterwachsen, aber eben trotzdem noch wachsen. Später werden Sie dann in einen Rhythmus von drei bis fünf Jahren übergehen, ohne dass der Baum zu dicht wird.

Nur weil Sie beschließen, dass Sie in den Erhaltungsschnitt übergehen, wird der Baum sein Wachstum nicht sofort ändern. Er wird wieder überzählige Langtriebe bilden, die sich, da sie nicht entfernt wurden, im zweiten Jahr verzweigen und im dritten Jahr vielleicht schon Früchte tragen. Beim Erhaltungsschnitt werden daher nicht mehr primär einjährige Langtriebe entfernt, sondern kleine Äste. Der Erhaltungsschnitt ist mehr eine Sägearbeit als eine Scherenarbeit.

Ableiten statt Anschneiden ist die Devise

Ziel des Erhaltungsschnitts ist es, zu verhindern, dass die Krone zu dicht und im oberen Bereich zu breit wird. Beim Erhaltungsschnitt spielt die Saftwaage keine Rolle mehr, da der Baum nicht mehr stark weiterwächst. Wurde die Saftwaage bis jetzt eingehalten, wird sie sich auch beim Erhaltungsschnitt automatisch ergeben.

Da beim Erhaltungsschnitt Wachstum nicht mehr das Ziel ist, werden Triebe nur mehr in Ausnahmefällen angeschnitten. Wenn eingekürzt wird, dann durch → Ableiten. Dadurch wird starkes Wachstum verhindert.

Denken Sie daran, dass der Erhaltungsschnitt bei Kirsche und Marille nur im Sommer durchgeführt werden soll, → „Wann wird was geschnitten?" (Seite 83).

Zuerst schauen und überlegen, dann schneiden

Bevor Sie zur Säge greifen, sollten Sie sich immer einen Überblick über den Zustand und den Kronenaufbau des Baums verschaffen. Gehen Sie rund um den Baum und kontrollieren Sie, ob große Wunden bestehen oder ob vielleicht sogar schon morsche Stellen zu sehen sind. Morschungen sind immer eine Gefahr für die Stabilität, dadurch kann es notwendig werden, Äste einzukürzen, bevor sie abbrechen.

Ableiten statt Anschneiden ist die Devise beim Erhaltungsschnitt, um unnötig starkes Wachstum zu verhindern.

Überlegen Sie wieder, wo die Stammverlängerung ist und wo die Leitäste sind. Schauen Sie, ob sich starke Äste gebildet haben, die stören und deren Entwicklung Sie vielleicht in den Jahren zuvor unterschätzt haben. Überlegen Sie gegebenenfalls, ob Sie solche Äste noch entfernen können oder ob die Wunde schon zu groß ist. Dazu ein Tipp aus der Erfahrung: Vertrauen Sie Ihrem Bauchgefühl! Wenn Sie das Gefühl haben, ein Bereich der Krone ist zu dicht, dann ist er das meist auch tatsächlich.

Wenn Sie sich so einen Überblick verschafft haben, können Sie an die Arbeit gehen. Der Erhaltungsschnitt selbst besteht aus vier verschiedenen Arbeiten, die sich zum Teil überschneiden.

Auslichten

Entfernen Sie alle Äste, die im Kroneninneren störend sind. Das sind Äste, die über andere Äste ragen oder steil nach oben stehen. Denken Sie zurück an den Erziehungsschnitt – für das Kronengerüst braucht es Seitenäste, die nach außen wachsen. Im Inneren sollen kurze Fruchtäste wachsen, die anderen Ästen nicht im Weg sind.

Wenn Sie die augenscheinlich unnötigen Äste entfernt haben, beginnen Sie am besten an der Spitze eines Leitastes. Stellen Sie die Spitze frei, und falls sich diese umgebogen hat, leiten Sie sie auf eine Verzweigung ab, die nach oben schaut. Nach dem Schnitt sollten die Leitastspitzen immer nach oben gerichtet sein. Nun arbeiten Sie sich Ast für Ast nach unten. Überlegen Sie wieder bei jedem Ast, ob es ein Seitenast ist, der nach außen wächst und Platz hat, oder ob er in andere Kronenteile wächst.

Zwischen den einzelnen Seitenästen muss genügend Platz für die Entwicklung der Früchte vorhanden sein. Ein genaues Maß lässt sich hier schwer angeben, aber Sie werden sehen, Sie entwickeln dafür ein Gespür. Wenn Sie das Gefühl haben, eine Kronenpartie ist zu dicht, überlegen Sie zuerst, wie die Partie aussehen würde, wenn Sie den mittleren Ast komplett entfernen. Meist ist das ausreichend.

Entfernen Sie lieber ganze Seitenäste, anstatt alle Äste zurückzuschneiden, um Platz zu schaffen. Denn an jeder Schnittstelle bilden sich wieder junge Triebe. Bei vielen kleinen Schnitten wird die Krone schnell dichter, als sie zuvor war. Halten Sie die Anzahl der Schnitte möglichst gering! Allerdings sind zwei mittelgroße Wunden mit 5 cm Durchmesser besser als eine sehr große Wunde mit mehr als 8 cm Durchmesser.

So arbeiten Sie sich alle drei Leitäste entlang. Zuletzt lichten Sie auch die Stammverlängerung aus. Hier müssen konsequent alle Äste entfernt werden, die steil nach oben stehen. Belassen werden nur möglichst waagrechte, kürzere Fruchtäste, Diese müssen immer wieder eingekürzt werden, damit sie nicht in die Leitäste wachsen. Sollten sie sich nach unten biegen, leiten Sie sie auf Verzweigungen ab, die nach oben schauen.

Teil eines Leitastes vor und nach dem Auslichten. Einzelne Fruchtäste wurden komplett mit der Säge entfernt. Versuchen Sie die Anzahl der Schnitte gering zu halten, um den Neuaustrieb zu minimieren.

Fruchtäste auf Neutriebe ableiten

Fruchtäste neigen sich mit den Jahren durch das Gewicht der Früchte nach unten, sie bilden sogenannte Fruchtbögen. Da der Baum Kronenteile, die stark nach unten hängen, schlecht versorgt, müssen Sie diese Fruchtäste immer wieder nach oben ableiten. Suchen Sie dazu eine Verzweigung, die nach oben schaut, und schneiden Sie den nach unten hängenden Teil komplett weg. Der Trieb, auf den Sie abgeleitet haben, wird sich nun weiterentwickeln und mit den Jahren wieder nach unten sinken. Irgendwann schneiden Sie ihn dann wieder weg und leiten wieder auf einen Trieb nach oben. Ein ewiger Kreislauf.

Nur weil der Baum Kronenbereiche, die nach unten hängen, schlecht versorgt, heißt das nicht, dass kein Ast nach unten geneigt sein darf. Das wird nicht möglich sein. Äste können sehr wohl nach unten schauen, dort, wo sich die Möglichkeit ergibt, werden sie aber eine Ableitung dafür nutzen, zumindest die Spitze wieder nach oben zu richten. Das kann durchaus bedeuten, dass ein Fruchtast zuerst nach unten schaut und in halber Länge wieder nach oben gerichtet ist.

Fruchtbögen werden regelmäßig auf einen nach oben gerichteten Trieb abgeleitet, um die Versorgung zu verbessern. Der verbleibende Trieb wird in der Regel nicht angeschnitten.

Äste können durchaus ein Stück nach unten wachsen, bevor sie mit einer Ableitung wieder aufwärts gerichtet werden.

Ideal ist eine Ableitung, wenn der verbleibende Ast schräg nach außen weist und mindestens 1/3 so dick ist wie der abgeschnittene Ast an der Schnittstelle. Ableitungen auf senkrecht stehende Triebe sollten vermieden werden, da diese dazu neigen, sehr stark zu wachsen.

Kurze Fruchttriebe werden im Regelfall nicht als Ableitungen verwendet. Sollte aber kein passenderer Trieb vorhanden sein, kann ausnahmsweise auch auf einen kurzen Trieb abgeleitet werden. In diesem Fall wird der Kurztrieb etwa um die Hälfte eingekürzt. Dadurch wird er angeregt, wieder stärker auszutreiben. Das funktioniert nicht immer. Meist bildet sich aber in den Folgejahren in der Umgebung der Schnittstelle ein neuer Trieb, der die Führung des Astes übernimmt.

Fruchtholzverjüngung

Wie im Abschnitt → „Was Sie über das Wachstum eines Baumes wissen müssen" (Seite 80) erklärt, bildet sich mit den Jahren aus kurzen Fruchtästen vergreistes Quirlholz. Es trägt zwar viele Früchte, diese werden aber nicht optimal ernährt. Gleichzeitig trägt der Baum dadurch oft mehr Früchte, als er ernähren kann, wodurch alle kleiner bleiben. Quirlholz muss daher regelmäßig durch neue Fruchttriebe ersetzt werden. Schneiden Sie dazu einfach einzelne Quirl komplett weg oder kürzen Sie sie auf Seitenverzweigungen ein. An der Schnittstelle wird sich im Folgejahr ein dezent längerer Trieb bilden, der sich im Folgejahr verzweigt und wieder Kurztriebe bildet.

Für die Fruchtholzverjüngung können Sie sich folgende Faustregel einprägen: Wenn Sie alle 5 Jahre den Erhaltungsschnitt durchführen,

Sind Kronenpartien sehr dicht, reicht es oft, einen Ast aus der Mitte zu entfernen. Damit wird gleichzeitig auch altes Fruchtholz entfernt. An den verbleibenden Ästen wird vor allem dichtes oder nach unten gerichtetes Fruchtholz entfernt.

Werden kleine Astquirl entfernt, bildet sich im nächsten Jahr meist ein etwas längerer Kurztrieb, auch Fruchtrute genannt, der sich weiter verzweigt und rasch Früchte trägt.

schneiden Sie jeweils ein Drittel des Quirlholzes heraus. Dann erneuert sich automatisch alle 15 Jahre das gesamte Fruchtholz.

Übrigens: Wenn Sie Fruchtbögen wieder nach oben leiten, können Sie das alte Quirlholz natürlich genauso zur Fruchtholzverjüngung zählen.

Höhenkontrolle

Um zu verhindern, dass Bäume zu hoch werden und Verjüngungsschnitte notwendig werden, sollte regelmäßig die Höhe der Bäume etwas eingekürzt werden. Dadurch kann der Rückschnitt sehr sparsam erfolgen und der Baum wird ruhig weiterwachsen.

Wichtig dabei ist, immer abzuleiten. Die verbleibende Verzweigung nimmt den Saftstrom vom Baum auf und verringert so den Saftdruck an der Schnittstelle. Dadurch kann es nicht zu einem unkontrollierbaren Wuchs an der Schnittstelle kommen.

Suchen Sie sich für die Höhenkontrolle eine mehr oder weniger steil nach oben stehende Verzweigung am Leitast in der gewünschten Höhe. Leiten Sie auf diese Verzweigung ab, indem Sie den eigentlichen Leitast abschneiden. Die Verzweigung übernimmt nun die Funktion der Leitastspitze und wird nach Möglichkeit nicht angeschnitten – der Baum soll ja ruhig weiterwachsen. Nach einigen Jahren suchen Sie an diesem Ast wieder eine tief stehende Verzweigung und leiten abermals auf diese ab. Mit dieser Technik variiert die Höhe immer ein wenig und es entstehen keine großen Wunden.

Die Höhen- und damit auch die Breitenkontrolle ist vor allem bei Kirsche und Marille wichtig. Kirschen neigen dazu, sehr groß zu werden, was das Pflücken der Kirschen verunmöglicht. Marillen wachsen von Natur aus sehr breit und haben gleichzeitig bruchgefährdetes Holz.

Verjüngungsschnitt

Pflanz-, Erziehungs- und Erhaltungsschnitt sind eine natürliche Abfolge im Leben eines Obstbaumes, die immer erfolgen müssen. Der Verjüngungsschnitt hingegen ist eigentlich das Korrigieren eines Versäumnisses. Er wird notwendig, wenn

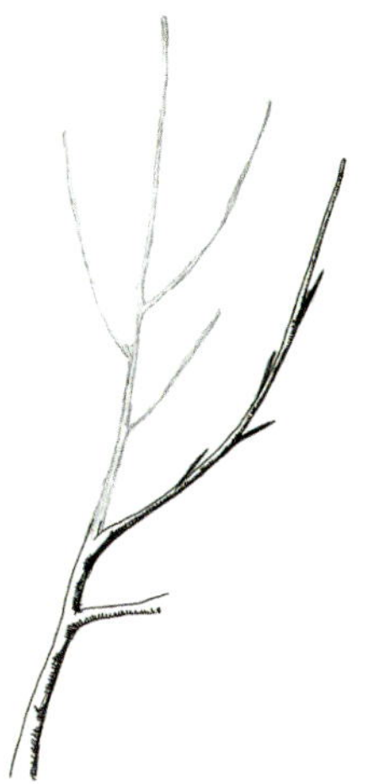

Mit Ableitungen kann die Höhe eines Baumes regelmäßig eingekürzt werden, ohne dass der Baum mit starkem Wachstum darauf reagiert. Der hell gezeichnete Teil ist die ehemalige Leitastspitze, die entfernt wird.

Nach einem starken Verjüngungsschnitt hat sich bei dieser Marille wieder eine kompakte Krone gebildet, die etwas zu dicht ist. Es kann bei Marille und Kirsche aber auch vorkommen, dass sie sich nicht mehr erholen.

Sie beim Erhaltungsschnitt zu zögerlich waren und Ihnen der Baum „über den Kopf gewachsen ist" oder im oberen Bereich zu dicht geworden ist.

Bei einem Verjüngungsschnitt wird die gewünschte Kronenstruktur wiederhergestellt und häufig der Baum auch in der Höhe eingekürzt. Vor allem Überbauungen müssen entfernt werden. Das sind Äste, die sich im oberen Bereich der Stammverlängerung zu stark entwickelt haben, wodurch der Baum statt einer Pyramidenform eine Kastenform erhalten hat. Da meist große Wunden entstehen, muss immer abgewogen werden, ob der Nutzen größer als der Schaden für den Baum ist.

Immer auf Seitenäste ableiten

Wie beim Erhaltungsschnitt sollten Sie immer auf bestehende Seitenäste ableiten. Wenn Sie keine Äste finden, die nach oben gerichtet sind, leiten Sie auf waagrecht stehende ab. Das ist nicht ideal, hilft aber bei der Wundverheilung. Nur wenn es gar nicht anders geht, sollten Sie Äste stumpf abschneiden. Nach dem Schnitt sollte Ihr Baum die gewünschte Höhe haben und wieder eine pyramidale Form aufweisen.

Vor allem bei ungepflegten Kirschen tritt oft der Fall ein, dass die Ertragszone erst in drei oder vier Metern Höhe beginnt. Um solche Bäume zu verjüngen, müssen sie so tief eingekürzt werden, dass kaum noch Äste zum Ableiten vorhanden sind. Ein solch radikaler Schnitt ist immer problematisch, und ob der Baum noch einmal austreiben wird, ist nicht gesichert. Es kann gutgehen oder auch nicht. Sehr empfindlich reagieren neben der Süßkirsche auch die Weichsel und die Marille auf einen derart radikalen Rückschnitt. Zwetschken vertragen starke Rückschnitte, solange sie noch einigermaßen vital sind. Apfel- und Birnbäume reagieren darauf selbst noch im hohen Alter mit gutem Neuaustrieb. In jedem Fall muss bei solch großen Wunden mit einer Morschung gerechnet werden. Daher muss der Neuaustrieb alle paar Jahre wieder eingekürzt werden, um ein Ausbrechen der Äste an den morschenden Stellen zu verhindern.

Bei starken Verjüngungsschnitten muss darauf geachtet werden, dass unbedingt noch Feinäste verbleiben, aus denen der Baum austreiben kann. Sonst stirbt der Baum eventuell ab.

Bei starken Verjüngungsschnitten sollte immer ein Teil der Krone verbleiben, der dem Baum einen normalen Austrieb im Frühjahr ermöglicht. Andernfalls kann es passieren, dass der Baum in seinem eigenen Saftdruck erstickt und abstirbt. Legen Sie daher starke Verjüngungsschnitte auf mehrere Jahre an. Im ersten Jahr schneiden Sie die Hälfte der Krone kräftig zurück, den Rest kürzen Sie nur zur Hälfte ein. Wenn der stark verjüngte Kronenteil sich nach ein bis zwei Jahren etwas erholt hat, können Sie auch den Rest der Krone zurückschneiden.

Nach der Verjüngung braucht es wieder Erziehung

Der Verjüngungsschnitt selbst ist nicht zeitaufwendig, da meist nur einige größere Äste gekappt werden müssen. Anstrengender wird die Zeit danach. Denn nun müssen Sie wieder über mehrere Jahre jährlich schneiden (eventuell sogar im Sommer und im Winter), um den Baum wieder unter Kontrolle zu bekommen.

Ein dezenter Verjüngungsschnitt wird kein dramatisches Wachstum auslösen, vor allem dann nicht, wenn Sie schöne Ableitungen hatten. Kontrollieren Sie aber im nächsten Winter den Baum. Wenn sich viele neue Langtriebe gebildet haben, gehen Sie wie im Folgenden beschrieben vor.

Nach starken Verjüngungsschnitten fängt der Baum an verschiedenen Stellen stark zu wachsen an:

1. Rund um die großen Schnittwunden bilden sich mehrere kräftige Langtriebe.
2. Überall auf den dicken Ästen im Kroneninneren wachsen unzählige „Wassertriebe", auch „Wasserschosser" genannt. Das sind einjährige Langtriebe, die aber schmäler als herkömmliche Langtriebe sind und kleinere, schlechter entwickelte Knospen haben. Bei vielen Gärtnern sind sie gefürchtet - zu Unrecht, wie wir gleich sehen werden.

Um dieses starke Wachstum wieder zu beruhigen, müssen Sie nach dem Verjüngungsschnitt wieder eine Phase der Erziehung einplanen, in der Sie jährlich schneiden. In 2–3 Jahren bauen Sie nun die Krone, die Sie ja zu einem Großteil entfernt haben, wieder auf und erziehen neues Fruchtholz in verkahlten Bereichen. Das Schlimmste, was Sie machen können, ist, nach einem starken Verjüngungsschnitt jahrelang nicht zu schneiden. Innerhalb kürzester Zeit ist der Baum dichter und unbeerntbarer als zuvor.

Nachpflege der Schnittstellen

Ein häufiger Fehler ist, alle entstehenden Langtriebe rund um die Schnittwunden zu entfernen. Der Baum kann dann nicht anders, als wieder stark durchzutreiben. Bedenken Sie, dass durch den Rückschnitt der Baum in ein dramatisches Ungleichgewicht zwischen Krone und Wurzel geraten ist. Von einem Tag auf den anderen ist die Wurzel viel zu umfangreich für die Krone. Die überschüssige Energie des Baums müssen Sie gezielt in einige Triebe lenken, die sich entwickeln können.

Am besten beginnen Sie mit der Nachpflege schon im Juli nach dem Schnitt, dadurch können Sie das Wachstum zusätzlich beruhigen. Wählen Sie an der Schnittwunde einen kräftigen Trieb aus, der zukünftig die Spitze des Astes sein soll. Diesen lassen Sie stehen und schneiden nur die Spitze des Triebes ab. Dadurch wird das Wachstum des Triebes etwas gebremst. Dann wählen Sie zwei oder drei Triebe aus, die nicht so steil stehen und schwächer entwickelt sind, auch bei diesen brechen Sie die Spitzen ab. Sehr hilfreich ist es, diese Triebe waagrecht zu binden. Mit den Jahren können Sie daraus Seitenäste entwickeln, wenn Platz ist. Wenn nicht, helfen sie mit, die Wunde schneller zu verheilen und den Baum zu beruhigen. Nach einigen Jahren können Sie diese Äste dann langsam wieder entfernen.

Die verbleibenden steil stehenden Triebe entfernen Sie ganz. Alle schwach entwickelten Triebe belassen Sie, auch sie helfen bei der Beruhigung und können später entfernt werden.

Im Winter darauf lichten Sie noch einmal aus, falls sich weitere Triebe gebildet haben. Wenn notwendig, können Sie die verbliebenen Triebe etwas einkürzen. Seien Sie dabei aber vorsichtig, Sie wollen ja kein zusätzliches Wachstum anregen. Manchmal können schon Ableitungen genutzt werden, die sich durch das Abbrechen der Spitzen ergeben haben.

Im zweiten Winter nach dem Rückschnitt lichten Sie wieder alle neu entstandenen Langtriebe aus und formieren die Astspitze. Versuchen Sie keine Triebe mehr anzuschneiden. Im dritten Jahr können Sie vielleicht schon einmal mit dem Schnitt auslassen. Wenn der Baum noch sehr wuchert, lichten Sie weiter aus und versuchen noch mehr Triebe waagrecht zu binden. Im vierten Jahr kontrollieren Sie wieder, der Baum sollte sich aber nun stabilisiert haben und Sie können mit dem üblichen Erhaltungsschnitt fortfahren.

Für den Neuaufbau der Krone brauchen Sie zumindest 1–1,5 m lange Triebe. Das müssen Sie beim Rückschnitt bereits mitplanen und den Baum entsprechend kürzer abschneiden.

Aus Wassertrieben wird Fruchtholz

Die Wassertriebe sind eine natürliche Reaktion des Baumes auf starken Rückschnitt und entstehen aus Knospen, die im Rindengewebe eingebettet sind. Mit diesen Trieben versucht der Baum die vermeintlich weggebrochene Krone wieder aufzubauen. Wassertriebe sind schlechter entwickelt und sollten zum Beispiel nicht zum Veredeln verwendet werden. Sehr wohl lässt sich aus ihnen aber Fruchtholz erziehen und sogar ganze Fruchtäste können daraus erzogen werden. Mit Wassertrieben haben Sie die Möglichkeit, wieder Früchte im unteren Bereich des Baumes zu ernten, der oft schon verkahlt ist.

Wassertriebe und wie hier der Neuaustrieb bei Schnittwunden können im Juni gerissen werden. Dadurch wird ein starkes Nachtreiben verhindert.

Werden Wassertriebe später als im Juni gerissen, entstehen große Wunden, die nur schwer verheilen.

Beginnen Sie im Juni nach dem Schnitt die Wassertriebe auszulichten, indem Sie sie „reißen". Nehmen Sie dazu den Trieb, der gerade erst wächst und noch krautig ist, in die Faust und ziehen Sie ihn mit einem kurzen Ruck seitlich weg. Dadurch reißt der gesamte Wassertrieb mit den meisten schlafenden Knospen an der Basis aus dem Holz, es entsteht ein kleiner Krater. Mit dem Reißen verhindern Sie, dass die Wassertriebe zahlreich wieder aus den schlafenden Knospen austreiben. Gerissen darf nur bis Juni werden, später ist der Trieb schon zu sehr verankert und es reißt ein Streifen Rinde mit (→ siehe Foto Seite 111 unten).

Belassen Sie aber rund ein Viertel der Wassertriebe, aus denen Sie Fruchtholz erziehen. Wählen Sie dazu wieder bevorzugt schwächer entwickelte Triebe, die mehr waagrecht als senkrecht stehen. Bei diesen Trieben brechen Sie wieder die Spitzen weg (das nennt sich Pinzieren). Die Triebe werden etwas gebremst trotzdem weiterwachsen. Daher sollten Sie im Juli noch einmal pinzieren. Im Winter lichten Sie noch einmal aus, so dass alle verbleibenden Triebe genug Platz für die Entwicklung haben. Versuchen Sie im Winter möglichst keine Triebe anzuschneiden – nur wenn diese sehr dünn und lang sind, können Sie sie ruhig um die Hälfte einkürzen.

Im nächsten Jahr werden sich die verbleibenden Wassertriebe verzweigen und Fruchtholz bilden. Im Winter können Sie zu stark entwickelte entfernen oder sie auf tiefer stehende Verzweigungen ableiten. Und mit etwas Glück können Sie im dritten Jahr wieder bequem Früchte pflücken.

Beim Pinzieren wird im Sommer die Triebspitze abgebrochen, um das Wachstum zu bremsen.

Schnitt ungepflegter Kronen

Nun kommen wir zur Königsdisziplin – dem Schnitt von Kronen, die seit Jahrzehnten nicht geschnitten wurden oder die sehr falsch geschnitten wurden. Dieser Schnitt ist schwierig, weil Sie nicht mit einer schönen Öschbergkrone rechnen können. Es gibt Kronen, die nach anderen, früher verbreiteten Systemen geschnitten wurden oder die mehr oder weniger sich selbst überlassen waren. Dadurch sind oft zu viele Starkäste vorhanden, die zu flach oder zu steil oder quer durch die Krone wachsen. Bei diesen Bäumen können Sie sich schwer an einer vorgegebenen Struktur orientieren, die den Schnitt strukturiert.

Verzweifeln Sie nicht an solchen Bäumen, denn auch erfahrene Obstbaumschneider stehen oft ratlos davor. Manchmal lässt sich selbst mit viel Fantasie nicht vorhersagen, wohin der Schnitt bei solchen Bäumen geht. Man muss dann einfach an einer beliebigen Stelle beginnen. Der große Vorteil eines solchen Baumes ist, dass Sie kaum etwas falsch machen können. Im schlimmsten Fall schneiden Sie zu viel weg – dann wird der Baum einfach stark wachsen. Aber Wachstum bedeutet ja immer, dass Sie mit dem Baum arbeiten können, dass es neue Chancen gibt. Also frisch drauflos – wobei, ein paar Dinge müssen Sie im Vorfeld schon überlegen.

Was ist das Ziel des Schnittes?

Der Schnitt ungepflegter Bäume variiert, je nachdem, welches Ziel Sie verfolgen:

A) Sicherung der Krone

Wenn der Baum alt ist und eine ausladende Krone hat oder bereits Morschungen sichtbar sind, muss die Krone so weit verkleinert werden, dass der Bruch von Ästen verhindert wird. Denn Äste brechen sehr oft direkt am Stamm ab und reißen diesen auf. Kürzen Sie Äste lieber einige Jahre früher ein als zu spät. Bruchgefahr besteht vor allem kurz vor der Ernte bei gutem Fruchtbehang oder wenn schon im Spätherbst eine große Menge nasser Schnee fällt. Steil stehende Äste sind stabiler als waagrecht stehende. Besonders bruchgefährdetes Holz hat die Marille, die Zwetschke und auch der Nussbaum. Im Zweifelsfall ziehen Sie einen Baumpfleger oder Obstbaumwart zur Beurteilung bei.

Ungepflegte Kronen verkahlen im unteren Bereich und werden zu dicht.

B) Verbesserung der Fruchtqualität

Wenn Sie vor allem die Qualität der Früchte verbessern wollen, Ihnen aber egal ist, wo die Früchte hängen, müssen Sie nur auslichten. Dabei schneiden Sie mit der Säge kleinere Fruchtäste heraus, so dass die verbleibenden Kronenteile mehr Licht bekommen. Sie können hier im Wesentlichen wie beim Erhaltungsschnitt vorgehen. Solche Schnitte sind sehr schonend und der Baum wird mit mäßigem Wachstum darauf reagieren. Es reicht meist,

Bei einem vorsichtigen Eingreifen wird nur ausgelichtet, der Baum wird mit wenig Wachstum darauf reagieren.

Soll vor allem die Fruchtqualität verbessert werden, reicht es, kräftig auszulichten.

Hier wurde die Struktur der Krone stark verbessert, sie ist nun wieder pyramidal. Der zu erwartende starke Neuaustrieb kann dazu genutzt werden, im unteren Bereich wieder Fruchtholz zu erziehen. Es ist aber eine aufwändige Nachpflege notwendig und die starken Schnittwunden werden zu Morschungen führen. Abbildungen aus „Naturgemäße Kronenpflege am Obsthochstamm ", Hans Thomas Bosch, siehe Literatur

wenn Sie in drei bis fünf Jahren den nächsten Schnitt ansetzen.

C) Ertrag in den unteren Regionen
In der Regel sind ungepflegte Kronen im unteren Bereich verkahlt, die Früchte hängen ganz oben. Wenn Sie den Ertrag wieder nach unten bringen möchten, benötigen Sie einen stärkeren Rückschnitt, bei dem Sie in das Grobastgerüst des Baumes eingreifen. Dabei wird viel an Fruchtholz verloren gehen. Das heißt, Ihr Ertrag wird über einige Jahre recht gering sein. Danach aber können Sie wieder bequem pflücken.

Nach einem derartig starken Eingriff müssen Sie über einige Jahre wieder jährlich schneiden, um die Krone neu aufzubauen. Das Fruchtholz können Sie aus Wassertrieben aufbauen. Wie die Nachpflege genau erfolgt, können Sie im Abschnitt → „Verjüngungsschnitt" (Seite 108ff.) nachlesen.

Schnittanleitung für ungepflegte Kronen

Hier eine Anleitung, wie Sie an den Schnitt ungepflegter Kronen herangehen können, wenn Sie die Krone in eine neue Struktur bringen möchten. Ihre Vision wird die Öschbergkrone sein, wobei sie meist nicht vollkommen zu verwirklichen sein wird. Wichtig ist aber, möglichst die pyramidale Form zu formen und den oberen Bereich stark auszulichten, damit die unteren Bereiche des Baumes gut besonnt werden.

1. Beurteilen Sie den Gesundheitszustand des Baumes.

Wenn der Baum bereits große Schnittwunden aufweist, brauchen Sie sich keine Sorgen darüber machen, wie groß Ihre neuen Schnittwunden sein werden. Die alten Wunden, die meist auch noch stammnäher sind, werden auf jeden Fall vorher ein Problem werden. Wenn der Baum noch sehr gesund ist, sollten Sie jeden Schnitt, der eine Wunde über 5–7 cm verursacht, vermeiden.

Der Baum wurde vor etlichen Jahren stark eingekürzt und hat daraufhin stark ausgetrieben. Da die Nachpflege versäumt wurde, ist der Baum viel zu dicht.

2) Wo ist die Stammverlängerung mit dem höchsten Punkt des Baumes?

Überlegen Sie, ob Sie eine Stammverlängerung definieren können. Das kann auch durchaus ein jüngerer Trieb sein, der von einem Ast aus in der Mitte nach oben wächst. Wenn eine vorhanden ist, leiten Sie die Spitze auf eine Verzweigung ab, die eindeutig nach oben schaut. Sie haben nun Ihren höchsten Punkt im Baum definiert und können versuchen, sich bei den anderen Ästen daran zu orientieren.

Manchmal haben Bäume zwei Stammverlängerungen, die beide so stark entwickelt sind, dass es keinen Sinn macht, eine zu entfernen. Sie haben dann eine Doppelspitze. Wenn keine Stammverlängerung vorhanden ist, haben Sie eine Hohlkrone.

Im ersten Schritt wird die Stammverlängerung gesucht, auf die gewünschte Höhe eingekürzt und ausgelichtet.

Für jeden Leitast wird danach die Spitze festgelegt und das Fruchtholz ausgelichtet.

3) Stammverlängerung auslichten

Nur waagrechte Fruchtäste verbleiben in der Mitte. Lichten Sie diese wenn nötig aus, so dass genug Freiraum zwischen den einzelnen Ästen ist. Meist müssen die Fruchtäste eingekürzt werden, dann immer ableiten.

4) Wo sind Leitäste?

Überlegen Sie, welche Äste nach oben streben und als Leitäste fungieren können. Es kann sein, dass das mehr als drei oder vier sind oder dass ein Leitast aus einem anderen entspringt.

5) Spitze des ersten Leitastes festlegen

Beginnen Sie an der Spitze des ersten Leitastes und leiten Sie diese wieder auf einen Trieb ab, der nach oben schaut. Die Spitze Ihres Leitastes muss klar unterhalb der Baumspitze liegen, damit Sie eine Pyramidenkrone erhalten. Achten Sie darauf, dass die Leitastspitze nicht zu weit von der Mitte entfernt ist – nach unten muss der Baum noch pyramidal breiter werden können.

6) Fruchtäste auslichten und einkürzen

Nun gehen Sie von der Spitze abwärts Seitenast um Seitenast tiefer und überlegen sich für jeden Ast, ob ausreichend Platz ist oder ob er weggeschnitten werden muss. Meistens müssen die Seitenäste auch etwas eingekürzt werden. Versuchen Sie gleich so abzuleiten, dass Sie abgetragene Fruchtbögen wegschneiden und die Äste wieder nach oben ausrichten. Kürzen Sie die oberen Etagen so stark ein, dass sie nicht über die tieferen Astetagen hängen. Die Spitzen der Seitenäste sollten mit der Spitze des Leitastes wieder ungefähr eine schräge Linie bilden. Es kann sein, dass Sie die Seitenäste von der Leiter aus beschneiden müssen. Sehr praktisch sind hier Stangenscheren.

7) Schneiden Sie die restlichen Leitäste nach dem gleichen Schema.

Ast für Ast arbeiten Sie sich nun rund um den Baum. Eine Saftwaage müssen Sie nicht streng einhalten. Wenn die Leitastspitzen aber ungefähr auf der gleichen Höhe sind, wird der Baum sehr harmonisch wirken.

8) Gehen Sie einige Schritte zurück und betrachten Sie Ihr Werk.

Aus der Entfernung werden Ihnen sofort Fehler auffallen, wenn z. B. irgendwo ein Ast aus der Struktur ragt. Korrigieren Sie das nun zum Abschluss.

Die Nachpflege der Bäume erfolgt wie unter → „Verjüngungsschnitt" (Seite 108ff.) beschrieben.

Alternative Erziehungssysteme, auf die Sie stoßen können

Schnitt auf mehrere Leitastetagen

Vor allem im landwirtschaftlichen Streuobstbau war früher ein etwas abgewandelter Öschbergschnitt verbreitet. Die Krone wurde wie gewohnt mit drei oder vier Leitästen angelegt. Nach etwa 1,5 Metern wurde allerdings an der Stammverlängerung ein weiterer Leitastquirl angelegt, eventuell weiter oben sogar ein dritter. Bei diesen Bäumen wachsen fast immer die oberen Leitastetagen viel zu stark und werden zu breit. Dadurch werden die unteren Leitäste in ihrer Entwicklung behindert und nach unten in die Waagrechte abgedrängt. Solche Bäume verkahlen ohne starken, regelmäßigen Schnitt fast zwangsläufig, da die Krone im oberen Bereich zu dicht wird.

Bei solchen Altbäumen lässt sich der zweite Astquirl meist nicht mehr sinnvoll entfernen. Kürzen Sie die oberen Äste aber stark zurück, und versuchen Sie durch Ableitungen Fruchtäste daraus zu formen. Mit der Zeit werden die unteren Leitäste wieder nach oben wachsen, die alten, waagrechten Spitzen der Leitäste werden dann zu Fruchtästen umfunktioniert.

Mostbirnen werden riesig und benötigen mehrere Leitastetagen, wenn sie zu Bäumen heranwachsen sollen, die das Landschaftsbild bereichern.

Mehrere waagrechte Leitastetagen

Diese Form findet sich heute noch verbreitet im Kleingarten. Sie hat theoretisch den Vorteil, dass die Bäume nicht zu groß werden und leicht beerntet werden können. Allerdings sind diese Bäume

Kronen mit zu vielen Leitastetagen können über mehrere Jahre auch zu Öschbergkronen umgebaut werden ...

... und können so große Erträge in pflückbarer Höhe liefern.

sehr schnittaufwändig und nur selten erfolgt der Schnitt so, dass das Ertragspotential auch nur annähernd ausgeschöpft werden kann. Ganz im Gegenteil, meist werden die Bäume jährlich stark geschnitten und tragen nur wenige Früchte.

Das Problem dieser Bäume ist, dass die Krone immer wieder versucht, nach oben durchzuwachsen. Daher bilden sich auf den waagrechten Ästen sehr viele senkrecht stehende Langtriebe. Diese Langtriebe müssen waagrecht auf die Seiten gebunden werden, damit sie dort Fruchtholz ansetzen. Zudem ist es günstig, die Langtriebe auf diesen Fruchtästen wie beim Spalierschnitt im Sommer 2-3-mal zu schneiden (→ „Spalierbäume", Seite 122). Wenn es Ihnen einmal gelungen ist, an den Bäumen einen hohen Ertrag zu erzielen, wird sich auch der Schnittaufwand lohnen und verringern.

An waagrecht gestellten Leitästen bilden sich laufend viele Langtriebe, die idealerweise zum Teil waagrecht gebunden werden sollten.

Ohne regelmäßige Kroneneinkürzung können Kirschbäume sehr hoch werden.

Schnitteigenheiten der einzelnen Obstarten

Nachfolgend werden die Haupt-Baumobstarten noch einmal überblicksmäßig besprochen und die Besonderheiten zusammengefasst.

Süßkirsche

Erziehungsschnitt: Winterschnitt (besser nicht vor März)
Erhaltungs- und Verjüngungsschnitt: im Sommer nach der (oder zur) Ernte

Kirschen bilden auch ohne Schnitt vergleichsweise schöne Kronen, trotzdem muss in den ersten Jahren eine Krone erzogen werden. Wenn der Baum eher klein bleiben soll, empfiehlt es sich, eine Hohlkrone zu erziehen. Bei der Auswahl der Leitäste auf Schlitzäste achten.

Beim Erhaltungsschnitt genügt es, dezent auszulichten. Wichtig ist, die Höhe und die Breite alle paar Jahre einzukürzen, sobald die gewünschte Höhe erreicht ist, da Kirschen sehr hoch werden können. Kirschbäume sind schnittempfindlich, daher Schnittwunden über 3 cm Durchmesser möglichst vermeiden.

Bei Kirsche soll höher (1 cm) über der Knospe angeschnitten werden (Stummelschnitt). Wunden verschließen sich nicht so gut wie beim Kernobst und angeschnittene Triebe trocknen meist zurück. Ein Schnitt direkt über der Knospe führt dazu, dass die Knospe (die ja austreiben soll) vertrocknet, belässt man einen Stummel, trocknet dieser ein und die Knospe treibt aus.

Weichsel/Sauerkirsche

Erziehungsschnitt: Winterschnitt (besser nicht vor März)
Rückschnitt der Ruten: Winter- oder Sommerschnitt
Erhaltungs- und Verjüngungsschnitt: im Sommer nach der (oder zur) Ernte

Aufgrund des höheren Schnittaufwands sollte bei Weichseln eine Hohlkrone erzogen werden. In der Erziehungsphase die Leittriebe stark um ein Drittel einkürzen, damit der Baum kräftige Äste entwickelt. Nach wenigen Jahren kann bereits mit dem Erhaltungsschnitt begonnen werden.

Weichseln werden in zwei verschiedene Wuchstypen unterteilt.

Wuchstyp stark hängend: z. B. ‚Schattenmorelle', ‚Morellenfeuer'
Sorten dieses Typs tragen an den einjährigen Trieben seitlich fast ausschließlich Blütenknospen. An der Spitze sitzt eine Blattknospe. Im Frühling und Sommer blühen und fruchten die seitlichen Knospen und die Spitzenknospe wächst weiter und bildet einen neuen Trieb. Dort, wo die Kirschen sitzen, bilden sich keine neuen Knospen mehr, was

Wo sich Verzweigungen bilden, werden sie genutzt, die langen Ruten einzukürzen.

zum Verkahlen des Triebes führt. Über die Jahre bilden sich dadurch lange, herabhängende, kaum verzweigte, peitschenförmige Triebe, die immer nur an der Spitze fruchten. Da der Zuwachs immer geringer wird, sinkt auch der Ertrag sehr stark.

Beim Erhaltungsschnitt werden bei diesen Typen die Peitschentriebe auf Verzweigungen zurückgeschnitten, die näher am Ast sitzen. Sind Knospen an der Basis erkennbar, kann auch auf diese zurückgeschnitten werden. Ideal ist, einen zweijährigen Turnus einzuführen: In einem Jahr wird die eine Hälfte des Baumes geschnitten, im anderen Jahr die andere Hälfte.

Wuchstyp stark aufrecht: z. B. ‚Koröser Weichsel', ‚Heimanns Rubinweichsel'
Diese Typen verzweigen sich besser und verkahlen kaum. Beim Erhaltungsschnitt alle paar Jahre wird daher etwas ausgelichtet, die Breite und Höhe begrenzt und allfällige Peitschenruten zurückgekürzt.

Es gibt auch einige Sorten, die zwischen diesen beiden Wuchstypen liegen. ‚Ludwigs Frühe' etwa verzweigt sich ausreichend, bildet aber auch Peitschentriebe. Diese Sorten werden regelmäßig ausgelichtet und eingekürzt, wobei auch gleich Peitschentriebe zurückgeschnitten werden.

Oft ist nicht mehr bekannt, welche Weichselsorte gepflanzt wurde. Sie brauchen aber den Namen der Sorte gar nicht zu wissen, schauen Sie, wo sich die Triebe verzweigen und wie lang die Peitschentriebe sind.

Die einjährigen Triebe vieler Weichselsorten wachsen immer nur an den Spitzen weiter und verkahlen dahinter.

Marille/Aprikose

Erziehungsschnitt: Winterschnitt (besser nicht vor März)
Erhaltungs- und Verjüngungsschnitt: im Sommer nach der (oder zur) Ernte

Im Wesentlichen können Marillen wie allgemein beschrieben geschnitten werden. Da sie sehr empfindlich auf Schnitt sind, sollte der Schnitt in altes Holz und Wunden über 3–4 cm vermieden werden.

Beim Erziehungsschnitt wird heute vielfach eine Hohlkrone erzogen. Wenn der Baum aber zu einem großen Schattenbaum heranwachsen soll, können Sie auch eine normale Öschbergkrone erziehen. Marillen wachsen gerne sehr breit, haben aber gleichzeitig ein sprödes, bruchgefährdetes Holz. Daher darauf achten, dass sie nicht zu breit werden.

Marillen blühen auch auf Langtrieben sehr stark, allerdings leicht später. Das kann gezielt dazu genutzt werden, die Blütezeit zu verlängern und damit die Ertragssicherheit zu erhöhen.

Bei der Marille ist noch eine Eigenheit zu beachten, die besonders dort interessant ist, wo Spätfröste regelmäßig die Ernte vernichten. Marillen blühen sowohl auf Kurztrieben wie auch seitlich auf Langtrieben. Allerdings blühen sie auf den Langtrieben etwas später als auf den Kurztrieben. In kühleren Regionen sollten Sie daher bewusst Langtriebe in der Krone belassen, die eigentlich stören. Sie können so die Blütezeit verlängern und Ihre Chance erhöhen, dass Spätfröste nur einen Teil der Blüte vernichten. Schneiden Sie solche Langtriebe auch immer auf kurze Stummel zurück, damit dort wieder kräftige Langtriebe für das nächste Jahr austreiben.

Zwetschken, Pflaumen, Ringlotten, Mirabellen

Erziehungsschnitt: Winterschnitt
Erhaltungs- und Verjüngungsschnitt: Winterschnitt

Es gibt eine Reihe von nahe miteinander verwandten „Pflaumenarten", die beim Schnitt aber gleich behandelt werden. Generell sind sie sehr unempfindlich auf Schnitt und treiben stark nach.

Sollen Zwetschken gepflückt – und nicht geschüttelt – werden, sollte eine kompakte Krone erzogen werden.

Zwetschkenbäume wachsen sehr gerne mehrstämmig. Das ist grundsätzlich kein Problem. Lassen Sie 2–3 Stämme nach oben wachsen, das Fruchtholz befindet sich dann außen rund um diese Stämme. Aufgrund des etwas anderen Fruchtholzes können Zwetschken insgesamt dichter als Apfelbäume sein. Lichten Sie regelmäßig im Inneren aus. Manchmal bilden sich steil stehende Triebe, die in der Erhaltungsphase entfernt werden müssen.

Zwetschken sind am aromatischsten, wenn sie vom Baum fallen. Wenn Sie die Früchte pflücken wollen, kürzen Sie den Baum rechtzeitig regelmäßig ein. Zur Erneuerung des Fruchtholzes werden laufend kleine Fruchtäste entfernt, die dann nachtreiben.

Zwetschken bilden gerne schlecht mit dem Stamm verwachsene Schlitzäste (→ „Pflanzschnitt", Seite 96). Solche Äste dürfen nicht als Leitäste verwendet werden.

Birne

Erziehungsschnitt: Winterschnitt
Erhaltungs- und Verjüngungsschnitt: Winterschnitt

Im Wesentlichen gelten die allgemeinen Schnittbeschreibungen. Birnen wachsen sehr steil, dadurch ist im Inneren nur wenig Platz für Fruchtäste. Teilweise verzweigen sich Birnensorten schlecht, machen aber Unmengen kurzes Fruchtholz entlang der Haupttriebe. Im Hausgarten ist das durchaus tolerierbar, da die Bäume gut tragen und wenig Schnittaufwand entsteht.

Apfel

Erziehungsschnitt: Winterschnitt
Erhaltungs- und Verjüngungsschnitt: Winterschnitt

Im Wesentlichen gelten die allgemeinen Schnittbeschreibungen.

Pfirsich

Erziehungsschnitt: Winterschnitt (besser nicht vor März)

Erhaltungsschnitt: rund um die Blüte

Bei Pfirsich muss zwischen den weißfleischigen Weingartenpfirsichen und den gelbfleischigen „Edelpfirsichen" unterschieden werden.

Weingartenpfirsiche sind sehr robust und können wie Zwetschkenbäume geschnitten werden. Die Krone sollte regelmäßig ausgelichtet und, falls notwendig, die Höhe etwas begrenzt werden.

Große, gelbfleischige Pfirsiche haben beim Schnitt eine Sonderstellung, da sie schon in jungen Jahren sehr fruchtbar sind und ohne jährlichen Schnitt schnell vergreisen. Sie müssen jedes Jahr geschnitten werden.

Beim Pflanzschnitt wird eine Hohlkrone mit 3–4 Leitästen geschnitten. Die Leitäste werden auf 5–6 Knospen eingekürzt. In den nächsten 1–3 Jahren werden die Leitäste durch jährliches Einkürzen um ca. die Hälfte des Jahreszuwachses weiter erzogen. Dann setzt meist schon der Ertrag ein und es wird auf Ertragsschnitt gewechselt.

Pfirsich Ertragsschnitt

Der richtige Schnittzeitpunkt ist, wenn die Blüten schon leicht aus der Knospe schauen. Beim Schnitt müssen verschiedene Triebformen unterschieden werden.

Kurztriebe: Sie tragen Blüten und Blattknospen und können ungeschnitten bleiben. Sie werden regelmäßig entfernt, damit sie neu durchtreiben.

Holztriebe: Das sind Langtriebe, die nur Blattknospen tragen. Diese werden nicht mehr benötigt. Sie werden auf 2 Knospen an der Basis, also auf kurze Stummel, zurückgeschnitten, um einen kräftigen Neuaustrieb zu bewirken.

Falsche Fruchttriebe: Es sind Langtriebe, die nur an der Basis und an der Spitze Blattknospen tragen, dazwischen stehen einzelne Blütenknospen. Diese Triebe würden nur kümmerliche Früchte tragen, da zu wenige Blätter vorhanden sind. Sie werden wie Holztriebe auf 1–2 Knospen zurückgeschnitten.

Wahre Fruchttriebe bei Pfirsich tragen Knospendrillinge mit einer Blattknospe in der Mitte und links und rechts davon einer Blütenknospe.

Wahre Fruchttriebe: Das sind Langtriebe, die an der Basis und der Spitze wieder Blattknospen tragen. Dazwischen sitzen Knospendrillinge. Sie sind leicht zu erkennen, weil drei Knospen aus einem Punkt kommen. Bei Knospendrillingen sitzt in der Mitte eine Blattknospe und links und rechts davon eine Blütenknospe. Diese Triebe sind ideal, da die Blätter in der Mitte die Früchte ernähren.

Da Pfirsiche sehr lange Triebe bilden können, müssen auch diese auf 6 Knospendrillinge eingekürzt werden. Dieser Fruchttrieb trägt im Sommer Früchte. Im Winter darauf wird er auf zwei Blattknospen an der Basis zurückgeschnitten, damit sich neue Langtriebe bilden.

Durch den Stummelschnitt werden die Bäume immer breiter, da Stummel auf Stummel steht. Achten Sie daher darauf, dass Sie regelmäßig wieder auf Triebe ableiten, die stammnäher stehen.

Im Sommer können Pfirsichbäume etwas ausgelichtet werden, um Schattenfrüchte zu vermeiden. Dabei werden vor allem schlecht entwickelte (grüne) Triebe entfernt.

Besondere Baumformen

Spalierbäume

Neben den bisher beschriebenen Rundkronen können auch Längskronen in Form von Spalieren erzogen werden. Spaliere brauchen ein Gerüst, mit dessen Hilfe Äste in die gewünschte Position geformt werden können. Meist werden sie entlang von Wänden gezogen, sie können aber auch frei stehen, etwa um eine optische Trennung im Garten zu erreichen oder anstatt einer Hecke an den Grundgrenzen. An ungedämmten Wänden können wärmebedürftige Arten und Sorten auch noch in kühlen und kalten Regionen gezogen werden, da die Mauer Wärme speichert und wieder abgibt.

In welche Form ein Spalier gezogen wird, ist im Prinzip der eigenen Kreativität überlassen. Es können geometrische Formen gebildet oder die Triebe einfach formlos den Strukturen des Hauses angepasst werden. Achten Sie dabei darauf, dass zwischen den Ästen zumindest 50 cm Abstand ist, damit die einzelnen Fruchtäste genügend Licht bekommen.

Zu den strengen Erziehungsformen zählen senkrechter und waagrechter Schnurbaum (Kordon). Dabei wird nur ein vertikaler bzw. horizontaler Ast mit kurzem Fruchtholz erzogen. Verrier-Palmetten oder Armleuchter-Palmetten bestehen aus mehreren senkrechten Spalierästen. Palmetten bestehen aus einem aufrechten Mitteltrieb, von dem im Abstand von 40 cm waagrechte Spalieräste gezogen werden. Beim Schrägkordon werden diese schräg in die Höhe gezogen.

Bei der Anlage eines Spaliers ist die richtige Auswahl der Wuchsstärke des Baumes wichtig (→ die Erklärungen zu den Veredelungsunterlagen im Kapitel „Obstgehölze vermehren", Seite 171ff.). Wird der Baum an einer Giebelwand gepflanzt, an der er 4–5 m Höhe erreichen kann, wird ein auf Sämling veredelter Baum verwendet. Bei Spalieren, die frei stehen und nur rund 2 m hoch werden sollen, muss eine schwachwüchsige Unterlage verwendet werden. Ansonsten wächst der Baum zu stark und bildet kaum Fruchtholz. Für Baumgrößen dazwischen werden mittelstark wachsende Unterlagen verwendet.

An Hauswänden können Spaliere den Gegebenheiten angepasst werden.

Spalierbäume tragen Obst an kurzem Fruchtholz direkt an den meist waagrecht geformten Fruchtästen.

Mit Spalierbäumen lässt sich auch ein kleines Obsthaus bauen.

Bei Spalierbäumen existieren im Prinzip nur Fruchtäste, die direkt mit kurzem Fruchtholz garniert sind. In der Regel verzweigen sich diese Fruchtäste nicht weiter, nur bei großen Wandspalieren können Seitenäste noch Lücken, z. B. zwischen Fenstern, ausfüllen.

Als Gerüst für das Spalier sind unterschiedlichste Materialien möglich. Häufig wird mit Holzlatten ein Raster gebildet. Senkrecht stehende Latten werden direkt an die Wand montiert und darauf die Querlatten im Abstand von 50 cm befestigt. So entsteht ein kleiner Hohlraum zwischen der Wand und den Latten, der zum Anbinden der Äste notwendig ist. Es können aber auch Drähte gespannt werden oder Schnüre. Benötigt wird das Gerüst nur in den ersten Jahren zum Formieren der Grundstruktur, später ist das Holz ausreichend fest und bleibt in der gewünschten Form.

Senkrechter Kordon

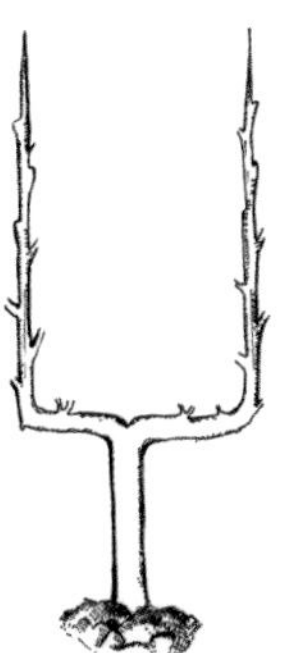

Zweiarmiger senkrechter Kordon

Erziehung eines Spaliers

Für Spaliere werden idealerweise einjährige Veredelungen ohne Seitenäste gepflanzt. Bei diesen Bäumen kann mit dem Pflanzschnitt die Höhe der ersten Queräste festgelegt werden. Wenn Sie schon ältere Bäumchen kaufen, achten Sie darauf, dass die untersten Äste sich in der richtigen Höhe befinden und noch in die Waagrechte gebunden werden können. Vom Boden sollten die ersten Queräste mindestens 40–50 cm entfernt sein.

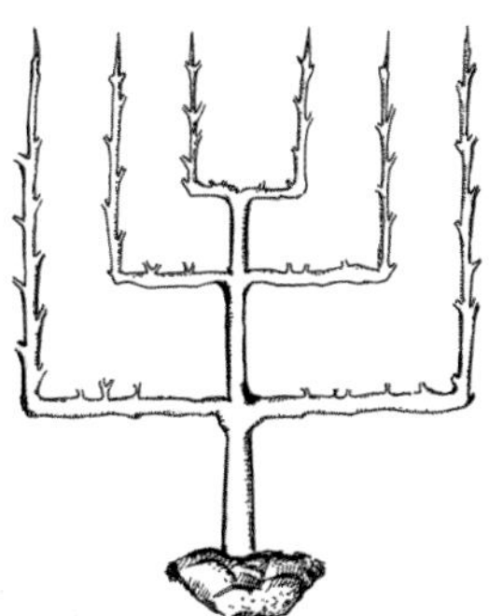

Armleuchter-Palmette

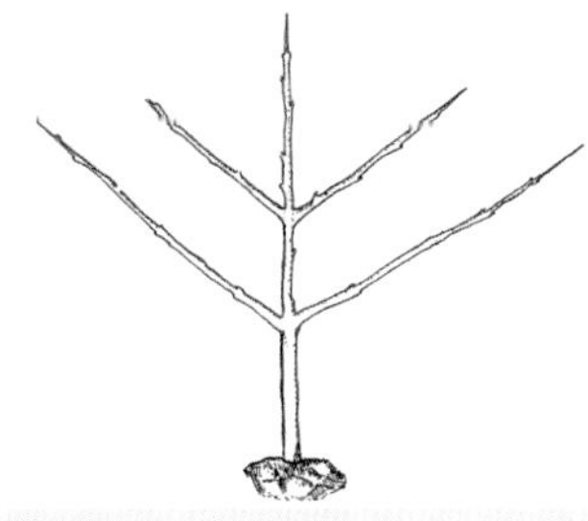

Schrägkordon

Formloses Wandspalier

Nach dem Einpflanzen des jungen Spalierbaumes werden zunächst der mittige Leittrieb und, falls vorhanden, die untersten waagrechten Äste an dem Spalier fixiert. Dies geschieht am besten mit einem elastischen Schlauchband aus Kunststoff; starre Verbindungen mit Draht oder Kabelbinder sind weniger gut geeignet, da hier die Gefahr von Scheuern und Einwachsen besteht. Hat der Baum noch keine Seitenäste, wird nun beim Pflanzschnitt der Mitteltrieb in der Höhe der ersten Querleiste angeschnitten. Bei Bäumchen mit Ästen wird der Mitteltrieb auf Höhe der nächsten Etage abgeschnitten und die Seitenäste werden um ein Drittel auf ein nach unten schauendes Auge eingekürzt. Weitere Langtriebe werden entfernt, kürzere und schwächere Triebe können belassen werden.

Beim Erhaltungsschnitt werden bereits im Juni Langtriebe zum ersten Mal pinziert. Derselbe Trieb wird im Juli wieder oberhalb des achten Blattes eingekürzt. Mitte August erfolgt der letzte Schnitt auf vier bis fünf Blätter.

Mit im Handel erhältlichen Asfix-Klemmen können Langtriebe rasch waagrecht gebogen werden.

Im Jahr darauf haben sich neue Langtriebe gebildet. Sie werden für den Aufbau der nächsten Etage genutzt. Solange Seitenäste noch weiterwachsen sollen, werden sie laufend etwas angeschnitten. Der Mitteltrieb wird immer in der Höhe der nächsten Etage eingekürzt. Wachsen die Äste sehr stark und steil, können sie im Sommer bereits in einem Winkel von 45° vorgeformt werden, sie können dann im Winter leichter in die Waagrechte gebunden werden. So wird verfahren, bis die Endhöhe des Spaliers erreicht wird. Gleichzeitig beginnt bereits der Erhaltungsschnitt, bei dem Fruchtäste gezogen werden.

Erhaltungsschnitt bei Spalieren

Wächst ein Spalierbaum nur dezent, bildet sich von selbst jede Menge Fruchtholz, ohne dass viel geschnitten werden muss. In diesem Fall werden einfach alle Langtriebe entfernt und sich bildende Seitenäste so weit durch Ableiten eingekürzt, dass kurzes Fruchtholz rund um die Äste steht. Dieses Fruchtholz wird alle paar Jahre erneuert, indem Sie einzelne Ästchen wegschneiden – aus dem Neuaustrieb entsteht das junge Fruchtholz.

Häufig wachsen die Bäume aber stärker als gewünscht und es bilden sich viele senkrechte Langtriebe, aber nur mäßig viele oder wenige Kurztriebe. In diesem Fall muss durch einen mehrmaligen Sommerschnitt gezielt kurzes Fruchtholz erzogen werden.

Der erste Schnitt erfolgt Mitte bis Ende Juni. Brechen Sie nun die Spitzen der gerade entwickelten Langtriebe ab (das sogenannte Pinzieren). Die Triebe werden nach einer kurzen Unterbrechung aus den bereits vorhandenen Knospen neu austreiben und weiterwachsen. Manchmal verzweigen sie sich bereits.

Beim zweiten Schnitt Ende Juli pinzieren Sie die neuen Spitzen der Triebe abermals, diesmal oberhalb des achten Blattes.

Mitte August führen Sie den letzten Schnitt aus. Der Trieb wird noch einmal durchgetrieben haben und Sie schneiden ihn nun oberhalb des vierten oder fünften Blattes ab. Eventuell können Sie kurze Seitenäste auch schon belassen und den Trieb etwas länger schneiden.

Durch diese Behandlung bilden sich im nächsten Jahr kurze Seitenverzweigungen und Sie erhalten eine gute Garnierung mit Fruchtholz.

Langtriebe, die Gerüstäste werden sollen, werden auf 45° Neigung gebunden.

Buschbäume

Buschbäume – teilweise auch Spindelbusch genannt – sind Obstbäume mit einer Rundkrone, die nur etwa 2–3 m hoch und 2–4 m breit werden. Sie müssen auf schwachwüchsigen bis mittelschwachwüchsigen Unterlagen veredelt sein, um zu starkes Wachstum zu verhindern (→ Kapitel „Obstgehölze vermehren", Abschnitt „Vermehrung ‚auf fremde Wurzel' – Das Veredeln", Seite 169).

Aufgrund der kleinen, kompakten Krone wird bei Buschbäumen keine Öschbergkrone erzogen. Vielmehr entspricht ein Buschbaum im Aufbau im Prinzip einem einzigen Leitast, der allerdings rundherum mit Fruchtästen garniert ist. Das bedeutet, bei einem Buschbaum gibt es einen Mitteltrieb, von dem Seitenäste abzweigen, die sich mehr oder weniger spiralförmig nach oben winden. Die untersten Seitenäste stehen schräg nach oben, die oberen stehen waagrecht bis leicht schräg. Nach oben hin werden die Äste immer kürzer, wodurch eine breit-pyramidale Form entsteht, die eine ausreichende Besonnung garantiert. Insgesamt können sie dichter sein als große Kronen.

Bei der Pflanzung haben Buschbäume oft schon eine Reihe von Seitenästen. Diese werden bei Bedarf ausgelichtet und um ein Viertel ihrer Länge eingekürzt. In den Folgejahren werden die einzelnen Äste nicht mehr angeschnitten, es wird nur ausgelichtet bzw. durch Ableitungen verhindert, dass einzelne Äste zu lang werden. Stehen die Seitenäste sehr steil, empfiehlt es sich, diese waagrecht zu binden. Schräg stehende Äste werden nicht angeschnitten, dadurch senken sie sich durch das Fruchtgewicht mit den Jahren von selber in die Waagrechte.

In der Erhaltungsphase wird vor allem Fruchtholz verjüngt (→ „Erhaltungsschnitt", Seite 105ff.) und darauf geachtet, dass die oberen Triebe nicht zu lang werden. Wenn sich die Spitzen der untersten Äste durch das Fruchtgewicht nach unten biegen, werden sie auf jüngere, nach oben gerichtete Triebe abgeleitet.

Spindelbäume

Spindelbäume sind schwachwüchsige Bäume, die durch Schnitt eine relativ zweidimensionale, schmale Krone erhalten. Sie können nur auf schwach wachsenden Unterlagen gezogen werden. Ein Spindelbaum besteht aus einem Mitteltrieb, von dem seitlich waagrecht stehende Fruchtäste abzweigen. Nach vorn und nach hinten wird meist nur kurzes Fruchtholz erzogen, wodurch der

Bei Spindelbäumen wird durch Schnitt eine schmale, mehr oder weniger zweidimensionale Krone erzogen.

Baum nur ca. 50 cm tief ist (es ist aber auch möglich, Spindelbäume tiefer zu erziehen). Die Breite variiert je nach Erziehungssystem zwischen 1 m und 3 m. Diese Baumform wird im Erwerbsobstbau verwendet, eignet sich aber auch für kleine Gärten. Allerdings brauchen die Bäume ihr ganzes Leben lang eine Unterstützung und Düngung und in trockeneren Gebieten auch eine Bewässerung. Zum Formieren der Seitenäste ist ein Drahtgerüst hilfreich.

Bei Spindelbäumen werden Triebe nie angeschnitten, um zu starkes Wachstum zu verhindern. Steil stehende Seitenäste müssen waagrecht gebunden oder komplett entfernt werden. Da Spindelbäume rasch tragen, neigen sich schräg stehende Äste durch das Fruchtgewicht rasch selbst nach unten.

Beim Erhaltungsschnitt werden regelmäßig Fruchtäste auf kurze Stummel entfernt. Aus dem Neuaustrieb der Stummel werden wieder neue, waagrecht stehende Fruchtäste geformt.

Pflanz- und Erziehungsschnitt

Bei der Pflanzung werden alle steil stehenden Triebe entfernt. Da Spindelbäume normal als gewöhnliche Buschbäume gekauft werden, müssen alle langen Seitentriebe, die nach vorn oder nach hinten wachsen, ebenfalls entfernt werden. Achten Sie beim Einpflanzen bereits darauf, dass die schönsten Seitenäste in die gewünschte Längsrichtung schauen. Die verbleibenden 2–4 Seitenäste werden nicht angeschnitten. Nur wenn diese sehr lang sind und keine Verzweigungen haben, werden sie ca. um ein Drittel eingekürzt. Auch die Stammverlängerung wird nur angeschnitten, wenn sie sehr lang ohne weitere Seitenäste ist.

In den nächsten Jahren werden vor allem zu steil und zu dicht stehende Seitenäste ausgelichtet. Angeschnitten wird nur, wenn die Triebe sehr lang sind, um kahle Stellen zu vermeiden.

Erhaltungsschnitt

Durch die geringe Wuchskraft vergreist das Fruchtholz an Spindelbäumen sehr rasch. Anders als bei Rundkronen werden hier jedoch nicht die einzelnen Quirle erneuert, sondern es werden regelmäßig Fruchtäste komplett entfernt und durch neue Triebe ersetzt. Je nach Größe des Baumes werden dazu jährlich zwei oder drei der ältesten Seitenäste direkt am Stamm abgeschnitten. Um den Neuaustrieb zu fördern, können diese auf kurze, zwei bis drei Zentimeter lange Stummel geschnitten wer-

Wenn notwendig, werden Fruchtäste an Spindelbäumen waagrecht gebunden.

den. Die auf dem Stummel verbleibenden Knospen bilden im Folgejahr neue Seitenäste, von denen ein flach stehender als Ersatzast ausgewählt wird. Die restlichen werden entfernt.

Laufend werden auch steil angesetzte Triebe entfernt und wenn möglich nach unten hängende Fruchtbögen durch Ableitung wieder nach oben gerichtet.

Wipfelschnitt

Ist die gewünschte Höhe erreicht, muss der Mitteltrieb regelmäßig eingekürzt werden falls er weiter stark wächst. Hier muss sehr vorsichtig vorgegangen werden, da die Gefahr besteht, dass starkes Wachstum an der Spitze entsteht. Idealerweise wird die Spitze immer auf bestehende Äste abgeleitet. Bei nur mäßigem Wachstum können Sie auch zuwarten, ob sich die Spitze von selbst durch das Fruchtgewicht umbiegt. Wenn möglich wird die Spitze im Sommer eingekürzt, das verringert den Neuaustrieb.

Säulenobstbäume haben keine Seitenverzweigungen, die Früchte sitzen direkt auf kurzem Fruchtholz am Stamm.

Säulenobstbäume

Säulenobstbäume haben nur einen Stamm, auf dem direkt kurzes Fruchtholz sitzt. Bei speziellen Apfelsorten wird diese Eintriebigkeit heute leicht erreicht. Die Säulenformen der anderen Obstarten bilden oft durchaus Seitentriebe, die aber relativ kompakt bleiben.

Pflanz- und Erziehungsschnitt

Bei Säulenobstbäumen darf der Mitteltrieb nicht eingekürzt werden, da die Bäume sonst beginnen sich zu verzweigen. Der Haupttrieb bleibt auch weiterhin unbeschnitten, bis die gewünschte Höhe erreicht ist.

Wurde der Haupttrieb versehentlich angeschnitten oder eine Höhenbegrenzung vorgenommen, bilden sich Seitenverzweigungen. Diese werden im Juni auf 10 cm pinziert (das bedeutet, die Spitze des wachsenden Triebes wird abgebrochen) und Mitte August noch einmal auf rund 5 cm eingekürzt. Durch diesen Schnitt sollte sich Fruchtholz bilden. Bilden sich entlang des Triebes Seitenäste, werden diese auch so behandelt, nur so lässt sich eine Säulenform erhalten. Es kann aber auch ein Spindelbaum daraus erzogen werden.

Literatur

- Bosch, H. T. (2016). Naturgemäße Kronenpflege am Obsthochstamm.3. stark erweiterte Auflage, Kompetenzzentrum Obstbau Bodensee (KOB), Ravensburg-Bavendorf; sehr gute Darstellung der Pflege von alten, ungepflegten Obstbäumen anhand von Bildern
- Eipeldauer, A. (1995). *Eipeldauers Obstbaumschnitt in Wort und Bild.* AV Buch, Wien; Standardwerk des Obstbaumschnittes, umfangreich mit viel Detailinformation (nur antiquarisch)
- Spornberger, A. (2013). *Der professionelle Obstbaumschnitt.* Stocker Verlag, Graz; gute Ergänzung für Buschbäume und Spindelschnitt

Hier ein sogenanntes Nützlingshotel, um Wildbienen und Insekten anzulocken.

Pflanzengesundheit im Obstgarten

Unsere Obstbäume sind von einer Vielzahl von Viren, Bakterien, Pilzen, Insekten und selbst von Säugetieren bedroht. Es wäre ja auch höchst verwunderlich, wenn nur wir Menschen erkannt hätten, dass es da Gutes gibt. Bei der isolierten Betrachtung all dieser Gefahren erscheint es fast verrückt, einen Obstbaum zu pflanzen. Und doch ernten wir jedes Jahr tausende Tonnen von Obst. Denn die Pflanzen haben gelernt, sich gegen die Gefahren zu wehren oder Hilfe in Form von Nützlingen herbeizurufen. Und oft helfen uns Mikroorganismen zufällig dabei, unsere Ernte einzufahren.

Man sollte sich nach der Lektüre dieses Kapitels nicht dazu verleiten lassen, alle Krankheiten und Schadtiere zu „ernst" zu nehmen. Denn jeder Eingriff mit einem Pflanzenschutzmittel bedeutet eine Verschiebung des Natur-Gleichgewichts in eine Richtung. Eine Richtung, die wir vielleicht nicht vorausgesehen haben. Wir haben dann zwar einen Pilz bekämpft, der ein kleines Problem war, sein plötzliches Fehlen reißt aber eine Lücke, in die ein anderer Pilz eindringen kann, der vielleicht ein viel größeres Problem bewirkt. Eine wichtige „Pflanzenschutzmaßnahme" im Obstgarten ist daher, sich selbst zurückzunehmen und die Natur ein Stück weit ihr Werk machen zu lassen. Und in diesem Sinne ist ein ganz zentrales Pflanzenschutzgerät eine wirklich gute Hängematte. Denn wer bequem liegt, hat nicht das Bedürfnis, jedem Tier und jedem Pilz sofort hinterherzujagen.

In diesem Kapitel werden einige Krankheiten und Schädlinge im Obstgarten beschrieben, die entweder häufig auftreten oder besonders unangenehme Auswirkungen haben. Bei manchen

Krankheiten kann im Hausgarten bzw. teilweise auch im Obstbau nichts unternommen werden, wenn sie einmal ausgebrochen sind. Hier ist Vorbeugung die einzige Möglichkeit, die zur Verfügung steht. Neben diesen beschriebenen kommen noch eine Vielzahl weiterer Krankheiten oder Schädlinge immer wieder vor. Für die Diagnose dieser finden Sie bei den Literaturangaben empfehlenswerte Bücher und Links zu Online-Diagnosehilfestellungen.

Ökologischer Pflanzenschutz

Der ökologische Pflanzenschutz betrachtet die Pflanze als Teil eines umfassenden Systems, das den Boden und das Klima genauso beinhaltet wie die Interaktion zwischen benachbarten Pflanzen. Ziel dabei ist es, das ökologische Gleichgewicht stabil zu halten, damit kein Organismus sich übermäßig vermehren und zu einem Problem werden kann.

Vorbeugen ist besser als heilen

Vorbeugen ist das wichtigste Prinzip beim ökologischen Pflanzenschutz. Das umfasst im Obstbau besonders die Sortenwahl. Es gibt Apfelsorten, die in trockenen Lagen gesund sind, in feuchten Lagen aber stark von der Pilzkrankheit Schorf befallen werden. Umgekehrt gibt es genauso Sorten, die in feuchten Lagen gesund sind, in warmen Gegenden aber von Mehltau geplagt sind. Wird von vorneherein die richtige Sorte gewählt, spart das später viel Ärger und Frust und vor allem Pflanzenschutzmaßnahmen.

Zur Problemvermeidung gehören aber auch die Bodenpflege und die Ernährung der Pflanze als auch der Bodenlebewesen. Regenwurm und Co. sind wertvolle Helfer bei der Gesunderhaltung unserer Pflanzen, aber sie müssen auch etwas zu fressen bekommen – das ist billig zu haben, es sind abgestorbene Pflanzen. Darum ist Kompost so ein wertvoller Dünger, weil er zuerst das Bodenleben füttert und dadurch erst zum Dünger wird. Umgekehrt macht Überdüngung Pflanzen krankheitsanfällig, da sie große Zellen bilden mit dünnen Zellwänden – ideal für Pilze und Bakterien, um in Pflanzen einzudringen.

Kommt es trotz allem Vorbeugen zu einem Befall, werden zuerst Nützlinge, biotechnische oder physikalische Verfahren genutzt, um das Gleichgewicht wiederherzustellen. Erst wenn das alles versagt, wird zur Spritze gegriffen. Dabei werden Mittel eingesetzt, die aus der Natur kommen und möglichst gezielt nur den Schadorganismus bekämpfen und alle anderen schonen.

Pflanzenschutzmaßnahmen

Der Pflanzenschutz versucht durch geeignete Maßnahmen die Pflanzen gesund zu halten und Schäden zu verhindern. Pflanzenschutz beginnt damit schon bei der Sorten- und Standortwahl und bei allen Maßnahmen, die das Wohlbefinden der Pflanze fördern. Je besser es einer Pflanze geht, umso besser kann sie sich selbst gegen Krankheiten und auch Schädlinge wehren. Eine ausgeglichen mit Nährstoffen versorgte Pflanze ist robuster, wohingegen zu starke oder einseitige Düngung die Anfälligkeit erhöht (Symptome bei Überdüngung → Seite 61).

Im Juni findet man viele Larven des Marienkäfers, die die Blattläuse auffressen. Die orangen Tiere im Bild sind Larven, die sich bereits verpuppt haben.

Biotechnische Maßnahmen helfen, einen Befall vor allem mit schädigenden Tieren zu verhindern oder zu reduzieren. Nützlinge können eine Massenentwicklung eines Insektes verhindern. Damit Marienkäfer und Co. im Garten leben können, braucht es ein gewisses Maß an Insekten, die sie fressen können. Das bedeutet, dass in einem intakten Obstgartenumfeld auch z. B. Blattläuse aufkommen dürfen, um Nützlinge zu ernähren. Diese sorgen dann schon dafür, dass die Läuse nicht überhandnehmen.

Nur ganz zuletzt und in Notfällen sollte mit Mitteln eingegriffen werden, die Schadorganismen direkt bekämpfen. Denn auch biologische Mittel können unselektiv wirken und Nützlinge schädigen und damit das ganze Gleichgewicht zum Kippen bringen.

Nützlinge

Als Nützlinge bezeichnet man Insekten, die räuberisch von Schädlingen leben oder ein Insekt als Brutstätte für ihre Eier benutzen. In einem vielfältigen Garten sind viele Nützlinge zu finden. Manche können allerdings gezielt im Garten ausgebracht werden. Bezugsquellen für Nützlinge sind die Firmen www.biohelp.at und www.neudorff.de.

Marienkäfer und deren Larven

Gegenspieler von: Blatt-, Blut- und Schildläusen, Spinnmilben, Woll- und Schmierläusen

Es gibt verschiedene Marienkäferarten, die alle verschiedenste Blattläuse fressen.

Die Larve des Siebenpunktmarienkäfers frisst 600–800 Blattläuse, bis sie sich schließlich verpuppt. Ein erwachsener Marienkäfer frisst 150 Blattläuse am Tag. Im Handel ist der Australische Marienkäfer erhältlich.

Schwebfliegenlarven

Gegenspieler von: Blattläusen, gelegentlich auch Blattsaugern und Blutläusen

Eine Larve vertilgt 400–700 Blattläuse in 1–2 Wochen Entwicklungszeit.

Schwebfliegen sehen häufig Bienen oder Wespen ähnlich, sind aber vollkommen ungefährlich. Sie haben nur ein Flügelpaar und in Ruhestellung klappen sie die Flügel meist auf die Seite, während sie Wespen nach hinten klappen.

Florfliegenlarven

Gegenspieler von: Blattläusen, Raupen, Spinnmilben, Thripsen, Wollläusen

Wird auch Blattlauslöwe genannt und frisst bis zu 50 Läuse pro Tag und bis zu 800 im Leben. Ein Weibchen legt bis zu 800 Eier ab.

Florfliegenlarven sind im Handel erhältlich. Sie werden als Larven in Wabenkartons verschickt, die in befallene Kulturen gehängt werden.

Lang gestieltes Ei einer Florfliege

Schlupfwespen

Gegenspieler von: Raupen, Blattwespen, Larven, Blattläusen, Woll- und Schmierläusen

Es gibt verschiedene Schlupfwespenarten, die meist nur bestimmte Arten parasitieren. Schlupfwespen legen mit einem Legebohrer Eier in andere Insekten. Aus dem Ei schlüpft innerhalb von ein bis zwei Tagen eine Larve, die damit beginnt, den Wirt von innen aufzufressen. Die Blattläuse entwickeln sich nach fünf bis sechs Tagen zu sogenannten Blattlausmumien, welche kugelig rund und hellbraun gefärbt sind. Nach weiteren fünf Tagen schlüpft ein neuer Nützling aus. Ein Weibchen kann 200 bis 500 Eier ablegen. Im Handel sind verschiedene Schlupfwespenarten erhältlich.

In morschen Ästen können Vögel brüten, die Unmengen an potentiellen Schädlingen fressen. Als Ersatz können Nistkästen montiert werden.

Vögel

Studien haben gezeigt, dass im Herbst die Nahrung von Vögeln wie Kohlmeise oder Gartenbaumläufer zu über 80 Prozent aus Larven des Apfelwicklers (der „Wurm" im Apfel) besteht.

Um Vögel anzusiedeln, sollte altes Holz für Nistmöglichkeiten im Baum belassen werden. Nistkästen können als Ersatz dienen. Wildsträucher mit Früchten helfen die Ernährung der Vögel sicherzustellen.

Pflanzenstärkungsmittel

Pflanzenstärkungsmittel dienen allgemein der Gesunderhaltung der Pflanzen. Sie sind keine Pflanzenschutzmittel im klassischen Sinn. Viele Pflanzenstärkungsmittel regen aber die Bildung von Abwehrstoffen wie Blausäureglykosiden oder Chitinasen an, wodurch sich die Pflanze selbst wehren kann.

Vorteile von Pflanzenstärkungsmitteln:

- keine Resistenzbildung der Schaderreger
- ungiftig und breit wirksam
- keine Auswirkungen auf die Umwelt

Pflanzenstärkungsmittel können selbst hergestellt werden. Besonders Brennnessel und Ackerschachtelhalm haben eine fördernde Wirkung. Angewendet werden verschiedene Zubereitungsarten:

Tee

Wird wie normaler Kräutertee zubereitet. Das Kraut mit kochendem Wasser übergießen, zudecken, 15 Minuten ziehen lassen, dann abseihen und abkühlen lassen.

Kalter Auszug

Pflanzenmaterial mit Wasser (am besten Regenwasser) übergießen und maximal 24 Stunden stehen lassen. Danach abseihen.

Jauche

Wird meist als Dünger mit Gesundheitsförderung verwendet. Pflanzenmaterial in einer Tonne (nicht aus Metall) mit Wasser ansetzen und gären lassen – regelmäßig umrühren. Bei Geruchsentwicklung mit Steinmehl bestreuen und Deckel auf die Tonne geben. Nach 3 Wochen verdünnt ausspritzen.

Pflanzenbrühe

Zerkleinerte Pflanzenteile in kaltem Wasser ansetzen und 24 Stunden ziehen lassen. Danach aufkochen und 15 Minuten leicht kochen. Nach dem Erkalten abseihen.

Rezepte: (veränderter Auszug aus der online verfügbaren Broschüre „Brühen, Jauchen und Tees selbst gemacht – Vorbeugen und Düngen mit Rohstoffen aus der Natur", Aktion „Natur im Garten" des Landes Niederösterreich, www.naturimgarten.at)

Herstellung und Anwendung von Pflanzenjauchen

Pflanze	Herstellung	Wirkung
Brennnessel	Jauche: 1 kg frisches oder 200 g getrocknetes Kraut auf 10 l Wasser 1:10 mit Wasser verdünnt im Wurzelbereich gießen Noch gärende Jauche: 1:50 verdünnt auf Blätter spritzen Kalter Auszug: 10 l Wasser auf 1 kg frisches Kraut. Unverdünnt über Blätter spritzen	Stickstoffdünger, allgemein stärkend und gesund erhaltend Kalter Auszug und teilweise auch gärende Jauche für Pflanzen, die gegenüber saugenden Schädlingen (z. B. Blattläusen) empfindlich sind
Ringelblume	Jauche: Blüten, Stängel und Blätter ansetzen. 1:10 verdünnt ausgießen	Stärkt Widerstandsfähigkeit von Gemüse, Obst und Blumen
Ackerschachtelhalm (nur Sommertriebe verwenden)	Brühe: Ca. 1 kg frisches Kraut oder 200 g getrocknetes auf 10 l Wasser 1:5 verdünnen. Alle 2–3 Wochen auf Blätter und Boden spritzen Jauche: 1:5 verdünnen, Menge wie oben	Alle frischen Austriebe regelmäßig spritzen, wirkt gegen Pilzerkrankungen und Blattläuse
Knoblauch	Jauche: 500 g zerhackte Zehen in 10 l Wasser ansetzen. 1:10 verdünnt über Boden gießen Tee: 70 g für 1 l Wasser. Mehrere Stunden stehen lassen. Unverdünnt über gefährdete Pflanzen sprühen	Zur Gesunderhaltung und Stärkung von Pflanzen, die gegenüber Pilzkrankheiten empfindlich sind. Beispiel: Echter Mehltau
Kren	Tee: 500 g zerkleinerte Blätter auf 1 l Wasser Brühe: 300 g zerkleinerte Wurzeln oder Blätter auf 10 l Wasser	1:1 verdünnt: zur Gesunderhaltung und Kräftigung von Pflanzen, die gegenüber Monilia empfindlich sind 1:1 verdünnt: bei akutem Befallsdruck; zur Gesunderhaltung und Kräftigung von Pflanzen, die gegenüber Monilia empfindlich sind
Rainfarn	Tee: 30 g getrocknete Blüten mit 1 l Wasser übergießen. Vorbeugende Spritzungen von Obstbäumen im Herbst und Winter Im Sommer besser 1:3 verdünnen Brühe: 300 g frisches oder 30 g getrocknetes Pflanzenmaterial in 10 l Wasser ansetzen Jauche: 300 g Pflanzenmaterial in 10 l Wasser ansetzen. Unverdünnt spritzen	Hilft Pflanzen, die gegen Milben, Blattläuse, div. Schmetterlingsraupen wie z. B. Frostspanner empfindlich sind Hilft Pflanzen, die gegen Milben und Insekten empfindlich sind
Zwiebel	Tee: 75 g gehackte Zwiebeln mit 10 l Wasser überbrühen. Unverdünnt spritzen Jauche: 500 g Pflanzenmaterial auf 10 l Wasser ansetzen. 1:10 mit Wasser verdünnen Auf Boden und/oder Pflanzen gießen	Allgemein kräftigend. Hilft Pflanzen, die gegen Pilzinfektionen empfindlich sind, z. B. Beerensträucher und Obstbäume

Es gibt auch eine Vielzahl von käuflichen Mitteln. Nach der aktuellen Gesetzgebung darf bei Pflanzenstärkungsmitteln im Handel keine Indikation angegeben werden, also wogegen es hilft. Mehr Infos unter http://pflanzenstaerkungsmittel.jki.bund.de.

Biologische Wirkstoffe

Biologische Wirkstoffe kommen in der Natur vor. Trotzdem können sie auch „harte" Gifte sein und unselektiv Insekten töten. Ihr großer Vorteil ist, dass sie in der Regel schnell abgebaut werden.

Die Endung -oide bei Wirkstoffen bedeutet, dass es künstlich nachgebaut wurde, also nicht mehr aus Pflanzen gewonnen wird. Oft geht damit eine langsamere Abbaubarkeit einher, aber auch eine längere Wirkungsdauer. Die Inhaltsstoffe sind bei den jeweiligen Mitteln angegeben.

Erlaubter Anwendungsbereich

Pflanzenschutzmittel müssen auf ihre Wirkung gegen Schädlinge, aber auch auf ihre unerwünschten Auswirkungen hin untersucht werden. Zugelassen sind sie daher nur bei den Kulturen, bei denen sie getestet wurden.

Die Zulassung findet sich auf den Packungshinweisen und muss eingehalten werden. Dort sind auch die Konzentrationen und die Anwendungsintervalle angegeben.

- Pflanzenschutzmittel dürfen nur in den Kulturen angewendet werden, für die sie zugelassen sind = Indikationszulassung.
- Alle Kulturen und Schädlinge, für die das Mittel zugelassen ist, stehen auf der Verpackung.
- Für jede Kultur ist eine maximale Anwendungszahl, eine Konzentration und eine Wartezeit (die Zeit, die mindestens zwischen Anwendung und Ernte liegen muss) angegeben.

In den offiziellen Pflanzenschutzmittelregistern können Zulassungen abgefragt werden, aber auch nach zugelassenen Mitteln für eine bestimmte Krankheit/einen Schädling gesucht werden. Dort finden sich auch die genauen Registerauszüge. Unter www.biologischgaertnern.at steht eine Produktdatenbank mit Pflanzenschutzmitteln, die für biologischen Gartenbau möglich sind. Die Liste orientiert sich an den Vorgaben für den biologischen Landbau.

Brühenbereitung

Pflanzenschutzmittel müssen meist in Wasser verdünnt ausgebracht werden. Die Tabelle unten gibt Auskunft über die durchschnittlich benötigte Brühenmenge.

Erfahrungswerte für die benötigte Spritzbrühenmenge

Spindelbüsche	jüngere 0,5 l je Baum, ältere 2,0 l je Baum
Halb- und Hochstämme je nach Kronenumfang	Kronendurchmesser x Kronenhöhe x 0,3 (i. d. R. 8 bis 14 l)
Beerensträucher	je nach Größe 1,0 bis 2,0 l je Strauch

Quelle: www.gartenakademie.rlp.de

Tipp:

Grundsätzlich gilt die Regel, dass keine Pflanzenschutzmittelbrühereste entstehen sollten. Ist man nicht ganz sicher, wie viel Spritzbrühe benötigt wird, sollte erst die Hälfte angesetzt werden, um danach bedarfsgerecht die restliche Spritzmittelmenge zu ermitteln. Kleine Brühereste, wie sie oft in der Spritze verbleiben, werden im Verhältnis 1:10 mit Wasser verdünnt und nochmals über den behandelten Pflanzen ausgebracht. Das Gleiche gilt für das Spülwasser des ersten Reinigungsganges.

Wichtige Krankheiten und Schädlinge im Porträt

Anhand der Tabelle unten können Sie die möglichen Ursachen für ein Schadbild in Ihrem Garten identifizieren. Die genaue Beschreibung samt Gegenmaßnahmen finden Sie bei den einzelnen Krankheiten bzw. Schädlingen.

Pflanzenteil	Schadbild	Krankheit/Schädling	Obstart
Baumkrone	wintergrüne, buschige Pflanzen (Mistel) in der Baumkrone	Mistel	v. a. Apfel
Blätter	Fraßspuren an Blättern, Blätter verkrüppelt, Spinnfäden	Frostspanner	alle (außer Pfirsich)
Blätter	junge Blätter eingerollt, darin Blattläuse	Blattläuse	alle
Blätter	Blätter bei Birne eingerollt, braun gefleckt, gekräuselt, großflächige schwarze Verfärbungen	Birnblattsauger	Birne
Blätter	weißlicher mehlartiger Überzug von Blättern bei jungen Trieben (v. a. Langtrieben)	Mehltau	Apfel
Blätter	Blätter durchlöchert, v. a. an Kronenbasis	Schrotschusskrankheit	Steinobst
Blätter	Blätter bei Austrieb gekräuselt, rot gefärbt, fallen ab	Kräuselkrankheit	Pfirsich, Nektarine, Mandel
Blätter	Blätter werden welk, rollen sich ein, Wachstumsstopp	Europäische Steinobstvergilbung	v. a. Marille
Blätter	Blätter auf Oberseite orangefarbene Flecken, knorpelige gitterartige Gebilde auf Unterseite	Birnengitterrost	Birne
Blätter	schnelle Welke der Blätter, anfangs einiger Äste, später der gesamte Baum absterbend, Braun- und Rotfärbung der Blätter	Birnenverfall	Birne

Pflanzenteil	Schadbild	Krankheit/Schädling	Obstart
Blätter	graugrüne, später braune Flecken an Blättern und runde schwarz-braune Flecken	Frühschorf	Kernobst
Blätter	Blätter kümmernd, Vergilbungen	Nährstoffmangel	alle
Blätter	Vergilbung, Gelbfärbung, junge Blätter grün	Stickstoffmangel	alle
Blätter	Vergilbung junger Blätter, Blattadern bleiben grün	Eisenmangel	alle
Blätter	Vertrocknung, Bräunung der Ränder alter Blätter	Kalimangel	alle
Blüten	Blüten und Triebe sterben ab, verfärben sich dunkel, sind hakenförmig gekrümmt	Feuerbrand	Kernobst
Blüten	Blüten werden braun, sterben ab	Frostspanner	alle (außer Pfirsich)
Blüten	Blätter und Blüten auf Jungtrieben hängen, bräunen („Spitzendürre")	Triebmonilia	Steinobst
Jungtriebe	tiefschwarze, stark glänzende Eier, oval und ca. 1/2 mm lang, teilweise mit Wachs überpudert	Blattläuse	alle
Jungtriebe	junge Triebe sterben ab, verfärben sich dunkel, sind hakenförmig gekrümmt	Feuerbrand	Kernobst
Jungtriebe	dürr bleibende Spitzen beim Austrieb	Schorf	Kernobst
Jungtriebe	Vegetationsruhe: tiefschwarze, stark glänzende Eier, oval und ca. 1/2 mm lang, teilweise mit Wachs überpudert	Blattläuse	alle
Jungtriebe, Knospen	Vegetationsruhe: Knospen der Jungtriebe von weißlichem Pilz überzogen, abstehende gespreizte Knospenschuppen der Endknospen	Mehltau	Apfel

Pflanzenteil	Schadbild	Krankheit/Schädling	Obstart
Früchte	Fäulnis rund um Fraß- oder Stichstellen an Früchten	Fruchtmonilia	alle
Früchte	Früchte angebohrt und ausgehöhlt, gelbliche Larve mit 11 Fußpaaren	(Pflaumen-)Sägewespe,	Steinobst, Kernobst
Früchte	Früchte fallen im Juni ab, angebohrt und darin liegende Made	Pflaumenwickler	Steinobst
Früchte	Früchte fallen im Juni ab, angebohrt und darin liegende Made	Apfelwickler	Kernobst
Früchte	tiefe Risse an älteren Früchten	Frühschorf	Kernobst
Früchte	reife, intakte Früchte werden angestochen, faulen anschließend	Kirschessigfliege	Steinobst, Beerenobst
Früchte	Verkorkungen an Früchten	Hagelschaden, Frostspanner	alle
Früchte	punktförmige, eingesunkene Flecken im Fruchtfleisch, bitterer Geschmack	Stippigkeit	Apfel
Früchte	am Lager verbräunt Fruchtfleisch flächig, wird weich	Fleischbräune	Kernobst
Früchte	glasig durchscheinendes Fruchtfleisch, süßlicher Geschmack, später Bräunung	Glasigkeit	Kernobst
Früchte	Kelchgrube ist faulig	Obstbaumkrebs	Kernobst
Früchte	reife Früchte haben ein Bohrloch, darin frisst eine Larve	Apfelwickler, Pflaumenwickler, Kirschfruchtfliege	Kernobst, Zwetschke, Kirsche
Früchte	kleine schwarzbraune Flecken in Folge von feuchtem Wetter gegen Ende der Vegetationszeit	Spätschorf	Kernobst
Früchte	hängen gebliebene, dunkelbraune, verdorrte Früchte	Fruchtmonilia	alle
Rinde	Risse	Frostschäden	alle

Pflanzenteil	Schadbild	Krankheit/Schädling	Obstart
Rinde	eingesunkene Stellen an der Rinde mit rötlicher Färbung	Obstbaumkrebs	Kernobst, v. a. Apfel
Stamm	Stammschäden, Verletzungen an der Rinde, Ringelfraß	Wildverbiss, Feldmaus	alle
Stamm	Wucherungen, offen (an Wundrändern) oder geschlossen zur Knolle	Obstbaumkrebs	Kernobst, v. a. Apfel
Wurzel	Baum wackelt, stellt Wachstum ein, Baum lässt sich einfach herausziehen, abgefressene Wurzel	Wühlmaus (Schermaus)	alle

Abiotische Schäden

Abiotische Schäden entstehen durch die Faktoren Klima, Boden und Chemikalien. Probleme in diesem Bereich treten besonders bei unpassenden Standorten auf. Richtige Standortwahl ist daher eine der wichtigsten Maßnahmen, um Pflanzen gesund zu halten. Bei der Diagnose einer Schadursache müssen immer auch abiotische Möglichkeiten in Betracht gezogen werden.

Nährstoffmangel

Allgemeine Unterernährung kommt im Hausgarten erfahrungsgemäß selten vor. Nährstoffmangelsymptome sind daher meist auf ungünstige Bodenverhältnisse oder/und falsche Düngung zurückzuführen, da ein Überangebot eines Nährstoffes die Aufnahme eines anderen Nährstoffes blockieren kann.

Mangelsymptome treten am ehesten auf sehr trockenen, auf sehr feuchten und auf sehr sauren oder sehr kalkhaltigen Böden auf. Auch hier sind die Nährstoffe meist im Boden vorhanden, sie können nur nicht aufgenommen werden. Unter www.tll.de/visuplant findet sich eine Online-Diagnosehilfe für Ernährungsstörungen.

Stickstoffmangel

Stickstoff ist besonders wichtig für den Aufbau von Blattmasse. Gleichzeitig wird er im Boden leicht ausgeschwemmt, vor allem wenn er als Mineraldünger gedüngt wurde (das im Bio-Landbau nicht zugelassene „Blaukorn" und andere mineralische Dünger). Ausgeschwemmter Stickstoff findet sich im Grund- und Trinkwasser als Nitrat wieder.

Ist er als organische Masse im Boden gespeichert, wird er von den Bodenlebewesen laufend verfügbar gemacht. Bei Trockenheit sind diese

Stickstoffmangel zeigt sich durch eine Aufhellung der ganzen Blattspreite (links), rechts davon eine gut versorgte Pflanze.

wenig aktiv, was zu einem Stickstoffmangel führen kann, der meist noch durch Wassermangel verstärkt wird.

Achtung: Ein Überschuss an Stickstoff führt zu starkem Wachstum, verringerter Blütenbildung, geringerer Winterhärte und höherer Krankheitsanfälligkeit!

Schadbild:

- Aufhellung, später Vergilbung der Blätter, die bis zur völligen Gelbfärbung reicht
- Die Blattadern sind dabei ebenfalls gelb.
- Da Stickstoff innerhalb der Pflanze verlagert werden kann, sind die jüngsten Blätter noch grün, die älteren aber gelb.
- allgemein kleinere Blätter und Früchte, geringer Zuwachs
- starker Junifruchtfall
- Früchte früher reif und gut ausgereift

Ursache:

- Boden mit geringer organischer Substanz
- Auswaschung auf leichten Sandböden
- schlechte Aufnahmemöglichkeit durch geringen Wurzelumfang (schwach wachsende Unterlagen)
- Trockenheit

Maßnahme:

- Humusaufbau durch Mulchen, Kompostgaben, Begrünungen
- Gießen bei Trockenheit
- Düngen mit organischen Langzeitdüngern: Mist, Kompost, Hornspäne ...

Eisenmangel

Auch Eisen ist wichtig für den Aufbau des Blattgrüns Chlorophyll, kann aber nicht mehr aus alten Blättern gelöst werden. Eisenmangel tritt daher zuerst auf jungen Blättern auf und wird häufig auch Eisen- oder Kalkchlorose genannt.

Bei Magnesiummangel bleiben an jungen Blättern die Blattadern grün, während die Blattspreite vergilbt.

Schadbild:

- Junge Blätter der Triebspitzen vergilben, später auch die alten.
- Blattadern bleiben mit Ausnahme der Birnenblätter grün.
- Bei lange anhaltendem Mangel vertrocknen die Blätter vom Rand her.

Ursache:

- Tritt meist auf kalkreichen Böden auf (über pH 7), da dort die Eisenverbindungen blockiert sind.
- Im Hausgarten kann Bauschutt im Boden die Ursache für hohen Kalkgehalt sein.

Maßnahmen:

- konsequente Senkung des pH-Wertes durch sauer wirkende Dünger: z. B. Komposte aus dem sauren Laub von Ahorn, Kastanie, Eiche oder Walnuss. Fichtennadelkompost

Kalimangel

Unsere Böden sind in der Regel ausreichend mit Kali versorgt. Auf sehr sandigen Böden kann bei starkem Regen Kalium ausgewaschen werden.

Schadbild:

- Erste Symptome treten bei älteren Blättern auf.

- Blattränder bräunen sich und vertrocknen.
- Kranke Blätter rollen sich löffelartig ein.
- Sie bleiben meist am Baum hängen.

Ursache:
- Fixierung auf kalkarmen Tonböden
- Auswaschung bei sehr sandigen Böden

Maßnahme:
- Aschedüngung
- bei tiefem pH-Wert vorsichtige Kalkdüngung

Hagel
Durch Hagel beschädigte Früchte haben Verletzungen, die meist verkorken und später oft Risse auf der Frucht bilden. Hagelschäden treten oft stärker im oberen und Außenbereich der Krone auf und weniger im Inneren der Krone.

Physiologische Erkrankungen
Physiologische Erkrankungen treten auf, ohne dass ein Schadorganismus einwirkt. Meist kommt es zu einer ungünstigen Veränderung des Stoffhaushaltes in den Früchten und dadurch zu einer Verfärbung und Veränderung des Fruchtfleisches. Physiologische Erkrankungen sind daher nicht ansteckend und nur über Kulturmaßnahmen bekämpfbar.

Fleischbräune
Unter dem Begriff Fleischbräune werden mehrere ähnliche Schadbilder zusammengefasst, die mit einer Veränderung des Fruchtfleisches einhergehen. Einige Zeit nach dem Einlagern beginnt das Fruchtgewebe weich zu werden und verbräunt flächig, die Grenzen zum gesunden Fruchtfleisch sind verschwommen. Die Fruchtschale und das Kernhaus sind erst im fortgeschrittenen Stadium betroffen. Ursache sind Veränderungen im Stoffwechsel, die zum Absterben von Zellen führen. Fleischbräune tritt vor allem bei zu reif geernteten Früchten auf. Bei kälteempfindlichen Sorten wie ‚Cox Orange', ‚Jonathan' oder ‚Boskoop' kann sie auch durch zu kalte Lagerung ausgelöst werden. Diese Sorten dürfen nicht unter 3,5 °C gelagert werden.

Maßnahmen:
- auf ein ausgewogenes Blatt-Frucht-Verhältnis achten, starke Rückschnitte daher meiden
- rechtzeitig ernten
- sparsame Stickstoffdüngung
- zu hohe Luftfeuchtigkeit am Lager vermeiden

Stippe des Apfels
Charakteristisch sind dunkelgrüne bis braune, mehrere Millimeter große eingesunkene Flecken. Darunter findet man braune Flecken im Fruchtfleisch, die verschieden tief reichen können. Die Stellen schmecken bitter. Ursache für die Stippe ist ein gestörtes Nährstoffverhältnis von Kalium und Magnesium am Baum und in der Frucht.

Maßnahmen:
- regelmäßige Erträge anstreben, schwach tragende Bäume mit großen Früchten sind anfälliger
- auf regelmäßige Wasserversorgung achten
- zu starkes Wachstum vermeiden bzw. unterdrücken

Stippe wird durch ein gestörtes Nährstoffverhältnis von Kalium und Magnesium ausgelöst. Manche Sorten sind anfälliger als andere.

Glasigkeit

Im Bereich des Kernhauses ist das Fruchtfleisch glasig durchscheinend und schmeckt süß. Später verbräunen die geschädigten Stellen. Ausgelöst wird die Glasigkeit durch eine plötzliche Zuckeranreicherung und durch eine stärkere Einlagerung von Zellsaft. Diese physiologische Störung wird gefördert durch Hitze, verbunden mit kühlen Nächten.

Maßnahmen:

- für ausgeglichenes Wachstum sorgen
- termingerecht ernten
- eventuell mit Düngerkalk düngen (Kohlensaurer Kalk, Gesteinsmehl)

Krankheiten

Nachfolgend sind einige wichtige Krankheiten und Schädlinge beschrieben. Weitere Schadorganismen finden Sie in der Fachliteratur bzw. auf Online-Diagnoseseiten (→ Literatur, Seite 519).

Apfelschorf, Birnenschorf

Schaderreger: Apfel: *Venturia inaequalis*, apple scab; Birne: *Venturia pirina*, pear scab

Biologie

Der Schorf ist eine Pilzkrankheit bei Kernobst. Voraussetzung für die Infektion durch die Pilzsporen ist eine Durchfeuchtung der Blätter, meist durch Regen. Ein Schorfbefall hängt unmittelbar mit dem Witterungsverlauf zusammen. Der Pilz ist daher vor allem in feuchten Regionen mit regelmäßigem Niederschlag ein Problem.

Die Schorfgefahr ist im meist feuchten Frühjahr und Herbst am größten, während im Sommer der Infektionsdruck gering ist. Ein Schorfbefall im Frühjahr führt zu größeren Blattschäden und Ertragsminderung durch den Verlust an Blattmasse sowie zu stärkeren Fruchtschäden durch Rissbildungen und Sekundärbefall durch Fäulniserreger. Eine Infektion mindert zwar die Fruchtqualität durch die kleinen Schorfflecken, die Früchte sind aber dennoch gut verwertbar.

Die Sporen des Pilzes entwickeln sich in befallenem nassem Laub. Von Anfang April bis Mitte Juni werden sie ausgeschleudert und infizieren Blätter und Früchte. Der Pilz kann auch als Myzel an Knospenschuppen überwintern und im Folgejahr die daraus wachsenden Triebe direkt befallen. Befallene Früchte und Blätter können wiederum im Sommer eine Sekundärinfektion auslösen bis zum Triebschluss im Herbst.

Symptome

Der Schorf ist im fortgeschrittenen Stadium eindeutig an den schwarz-braunen Flecken auf Blättern und Früchten zu erkennen. Die ersten Symptome zeigen sich bei Äpfeln an der Blattoberseite, bei Birnen an der Blattunterseite – ausgehend von den Stielen der Blätter und Blüten.

Die Symptome an den Blättern sind anfangs olivgrüne, samtartige Flecken bis 10 mm. Später vernarben diese Schadstellen, manche Blätter welken und fallen vorzeitig ab. Befallene Früchte bekommen von Anfang Juni an die ersten kleinen Schorfflecken, mit dem Fruchtwachstum werden diese später größer. Es kommt in Folge zu Rissbildungen, die Eintrittspforten für Fäulniserreger sein können (Monilia). Die Früchte sind bei starkem Befall deformiert oder wachsen kümmerlich, manche Früchte fallen vorzeitig ab. Spätschorfbefall mit einer Infektion im Herbst zeigt sich an kleineren schwarz-braunen Flecken auf den Früchten.

Im Hausgarten von Relevanz ist der Schorf durch Ertrags- und Qualitätsminderung durch die Reduktion der Blattmasse, vorzeitigen Fruchtfall und Fäulnisbildung sowie Verluste auf dem Lager. Besonderes Augenmerk sollte daher bei Neupflanzungen eine standortgerechte Sortenwahl bekommen (→ Übersicht auf Seite 20ff.).

Im Erwerbsobstbau ist die Schorfkrankheit die wirtschaftlich bedeutendste Erkrankung bei Äpfeln und Birnen, da viele Hauptsorten sehr anfällig auf

Früher Befall mit Schorf führt zu starken Schäden an den Früchten.

Auch auf den Blättern zeigen sich die charakteristischen Flecken.

Schorf sind. Die Züchtung von schorfresistenten Sorten bekommt eine große Beachtung. Bei Birnen sind die Fruchtschäden bei starkem Befall im Frühjahr noch nachteiliger als bei Äpfeln, was sich vor allem in feuchten Jahren bei nicht standortgerechter Sortenwahl zeigt.

Überträger

Die Übertragung erfolgt bei ausreichender Nässe primär über das befallene, abgefallene Laub und durch überwinterte Konidien an Zweigen, die Sekundärinfektion durch befallene Pflanzenteile im Baum.

Wenig anfällige Sorten (Auswahl)

Apfel: ‚Antonowka', ‚Chrysofsker', ‚Cludius Herbstapfel', ‚Edelrambour von Winniza', ‚Edelrenette', ‚Galloway Pepping', ‚Harberts Renette', ‚Himbeerapfel von Holovous', ‚Kardinal Graf Galen', ‚Schöner von Wiltshire', ‚Klarapfel', ‚Boskoop', ‚James Grieve', ‚Ribston Pepping', ‚Discovery', ‚Bittenfelder', ‚Börtlinger Weinapfel', ‚Erbachhofer', ‚Engelsberger', ‚Früher Victoria', ‚Kardinal Bea', ‚Brettacher', ‚Edelborsdorfer', ‚Eifeler Rambur', ‚Finkenwerder Prinzenapfel', ‚Jakob Fischer', ‚Lohrer Rambur', ‚Luxemburger Triumph', ‚Martens Sämling', ‚Prinz Albrecht von Preußen', ‚Rheinischer Winterrambour', ‚Rote Sternrenette', ‚Seestermüher Zitronenapfel', ‚Zabergäu Renette', ‚Hibernal', ‚Spätblühender Taffetapfel', ‚Goldrenette von Peasgood', ‚Riesenboiken', ‚Gewürzluiken', ‚Englische Spitalrenette', ‚Langtons Sondergleichen', ‚Alkmene', ‚Zigeunerin'

Neuzüchtungen mit Resistenzen: ‚Rebella', ‚Reglindis', ‚Remo', ‚Rewena', ‚Florina' (‚Topaz' – Achtung, Schorfresistenz von manchen Schorfstämmen bereits durchbrochen)

Birne: ‚Boscs Flaschenbirne', ‚Bunte Julibirne', ‚Vereinsdechantbirne', ‚Conference', ‚Jeanne d'Arc', ‚Alexander Lucas', ‚Madame Favre'

Anfällige Sorten (Auswahl):

Apfel: ‚Ingrid Marie', ‚Berlepsch', ‚Cox Orange' (besonders anfällig für Triebschorf), ‚Wintergoldparmäne', ‚Berner Rosenapfel', ‚Oberdiecks Renette', ‚Stark Earliest', ‚Weißer Winter-Taffetapfel', ‚Weißer Winterkalvill'

‚Golden Delicious' ist der „Schorfweltmeister" und daraus entstandene Kreuzungen gelten als schorfanfällig: ‚Elstar', ‚Idared', ‚Jonagold', ‚Gala', ‚Arlet', ‚Rubinette', ‚Pinova', ‚Granny Smith', ‚Gloster', ‚McIntosh', ‚Braeburn'

Birne: ‚Gute Luise', ‚Forellenbirne', ‚Winterdechantsbirne', ‚Diels Butterbirne'

Vorbeugende Maßnahmen:

Eine wichtige vorbeugende Maßnahme ist die Pflanzung von standortgerechten Sorten. In feuchten Lagen (über 800 mm Jahresniederschlag) sollten vor allem Sorten gepflanzt werden, die eine hohe Feldresistenz gegen Schorf zeigen.

Der Primärinfektion im Frühjahr kann gut entgegengewirkt werden, indem das Falllaub im Herbst entfernt und kompostiert wird. Ebenso effektiv ist eine Beschleunigung der Verrottung durch Häckseln des Falllaubs (im Hausgarten z. B. mit dem Rasenmäher ohne Fangkorb) und Ausbringung von Komposterde oder Mist für eine Beschleunigung der Verrottung. Um die Regenwürmer zu schonen, sollte auf Kupferspritzmittel verzichtet werden.

Eine locker und luftig erzogene Baumkrone ist eine gute Vorbeugung gegen Pilzkrankheiten, denn dadurch wird ein schnelles Abtrocknen der Blätter gefördert. Das Triebwachstum sollte ausgewogen sein – wird es durch einen starken Winterschnitt gefördert, schließen die Triebe später im Herbst das Wachstum ab und der Schorferreger kann eher in den Triebknospen überwintern.

Im Hausgarten können Pflanzenstärkungsmittel (→ „Pflanzenstärkungsmittel", Seite 131ff.) eingesetzt werden.

Bekämpfung:
Eine direkte Bekämpfung erfolgt im Bioobstbau mit Kupferseife und Netzschwefel.

Apfelmehltau

Schaderreger: Echter Mehltaupilz *(Podosphaera leucotricha)*

Biologie

Der Echte Mehltaupilz ist auf lebendes Gewebe angewiesen und kann neben Apfel in geringem Ausmaß auch Birne und Quitte befallen. Er schädigt die Blätter, diese sterben in Folge ab, die Assimiliationsfläche sinkt. Der Pilz braucht für die Infektion zwar genügend Luftfeuchtigkeit, zum Wachsen allerdings ein trocken-warmes Wetter, wodurch er einen Ruf als „Schönwetterpilz" hat. Der Echte Mehltaupilz überwintert auf befallenen Trieben oder in infizierten Knospen des Vorjahres. Bereits vor dem Knospenaufbruch werden die Blattanlagen im Inneren der Knospe infiziert. Nach dem Knospenaufbruch werden Pilzsporen (Konidien) mit dem Wind verbreitet und infizieren umliegende junge Blätter und Blüten. Nach dem ersten Sporenflug zu Beginn der Apfelblüte kann es durch die Folgeinfektionen innerhalb weniger Tage zu neuerlichen Sporenflügen und einem massiven Befall kommen. Ein Mehltauwetter ist warm (um 20 °C) bei einer hohen Luftfeuchtigkeit. Bereits im Juni werden die Knospenanlagen der kommenden Wachstumsperiode infiziert. Werden keine Gegenmaßnahmen vorgenommen, baut sich der Befall mit Mehltau von Jahr zu Jahr auf.

Der Apfelmehltau tritt verstärkt in trockenwarmen Klimaregionen auf, bei der Anfälligkeit gibt es große Unterschiede bei den Sorten.

Von Mehltau werden immer die jungen Pflanzenteile befallen. Solche weißlich überzogenen Triebspitzen sollten sofort abgeschnitten werden.

Symptome

Während der Vegetationsruhe können infizierte Triebe an den gespreizt abstehenden Knospenschuppen erkannt werden, vor allem an der Terminalknospe. Die Infektion der jungen Blätter erfolgt schon vor dem Austrieb. Die Blätter sind von einem mehlig-weißen Belag überzogen, nach oben gerollt und häufig rötlich verfärbt. Später sterben sie bis auf die jüngsten Blätter an der Triebspitze ab. Besteht ein starker Befall, werden auch Früchte befallen, erkennbar an netzartigen Berostungen der Fruchtschale. Später befallene Blätter (Sekundärbefall) sind an den Rändern gewellt und haben an der Unterseite einen weißen Pilzbelag. Starke Wassertriebe können durch das Absterben der Terminalknospe Symptome eines Hexenbesenwuchses zeigen.

Besonders bei anfälligen Sorten ist die wirtschaftliche Bedeutung hoch, ein Mehltaubefall kann Ertragsminderungen von 40–70 % zur Folge haben. Da bei einem Mehltaubefall viele Blätter absterben, ist der Baum auch sehr in seiner Wuchskraft geschwächt.

Überträger

Die Übertragung des Echten Mehltaupilzes erfolgt bei warmem Wetter durch den Sporenflug in mehreren Zyklen über die gesamte Vegetationsperiode.

Wenig anfällige Sorten (Auswahl)

‚Alkmene', ‚Berlepsch', ‚Bohnapfel', ‚Schweizer Orangenapfel', ‚Martens Sämling', ‚Seestermüher Zitronenapfel', ‚Rote Sternrenette', ‚Brettacher', ‚Bittenfelder', ‚Börtlinger Weinapfel', ‚Erbachhofer', ‚Engelsberger', ‚Früher Victoria', ‚Kardinal Bea', ‚Jakob Fischer', ‚Prinzenapfel', ‚Spätblühender Taffetapfel', ‚Goldrenette von Peasgood', ‚Riesenboiken', ‚Gewürzluiken', ‚Chrysofsker', ‚Galloway Pepping', ‚Königin Olga', ‚Königlicher Kurzstiel', ‚Langer Bellefleur', ‚Pfirsichroter Sommerapfel', ‚Rodauner Goldapfel', ‚Schmidberger Renette', ‚Sikulaer'

Anfällige Sorten (Auswahl)

‚Jonathan' („Mehltauweltmeister"), ‚Cox Orange', ‚McIntosh', ‚Weißer Klarapfel', ‚Boskoop', ‚Gravensteiner', ‚Ontario', ‚Ingrid Marie', ‚Elstar', ‚Gelber Bellefleur', ‚Idared', ‚Landsberger Renette', ‚Geheimrat Dr. Oldenburg', ‚London Pepping', ‚Mantet', ‚Minister von Hammerstein', ‚Ribston Pepping', ‚Weißer Winterkalvill', ‚Topaz', ‚Jonagold'

Vorbeugende Maßnahmen

Bei Neupflanzungen sollten in trockenen und eingeschlossenen Lagen keine mehltauanfälligen Apfelsorten gepflanzt werden. Beim Winterschnitt infizierte Triebe ausschneiden, um den Befallsdruck zu reduzieren. Pflanzenstärkungsmittel unterstützen die Widerstandskraft der Pflanzen, manche haben zudem eine pilzhemmende Wirkung (→ „Pflanzenstärkungsmittel", Seite 131ff.).

Bekämpfung

Tritt Mehltau auf, Triebe sofort wegschneiden, der Pilz stirbt am abgeschnittenen Teil ab, daher können diese Triebe kompostiert werden. Eine direkte Bekämpfung erfolgt mit Präparaten von Schwefel bzw. Schwefelkalkbrühe.

Monilia-Fruchtfäule, Monilia-Spitzendürre

Schaderreger: *Monilinia laxa, Monilinia fructicola, Monilinia fructigena*

Schadbild

Monilia ist eine Pilzerkrankung, die besonders Steinobst befällt, aber vor allem in feuchten Jahren auch bei Kernobst bedeutend ist. Es wird zwischen den Krankheitsbildern Fruchtfäule und Spitzendürre unterschieden.

Der Schadpilz überwintert in erkrankten Zweigen und auf Fruchtmumien im Baum. Im Frühjahr gehen bei feucht-kühler Witterung die ersten Infektionen von diesen Pflanzenteilen aus. Durch den Sporenflug werden offene Blüten infiziert. Bald nach der Blüte welken Blätter und Blüten an den Trieb- und Zweigspitzen schlagartig und verfärben sich braun und es kommt zum Absterben des Triebs (Spitzendürre). Die Monilia-Spitzendürre kommt häufiger bei Weichsel (besonders an ‚Schattenmorelle'), Kirsche und Marille vor, seltener an Äpfeln (z. B. ‚James Grieve', ‚Alkmene'). Während der Fruchtreife werden vor allem verletzte Früchte durch die Sporenlager im Baum (befallene Triebe, Fruchtmumien vom Vorjahr) infiziert und bekommen braune Faulstellen, die sich rasch vergrößern und die ganze Frucht befallen können. Es bilden sich in Ringen angeordnete graue oder braune Sporenlager, die befallenen Früchte fallen ab oder bleiben als Fruchtmumien bis ins Frühjahr hängen (Fruchtfäule). Die Infektion vollzieht sich ausschließlich durch sich berührende Früchte und Wunden (Risse, Hagelschäden, Schorf, Insektenstiche ...). Ein weiteres Krankheitsbild zeigt sich bei Lagerobst in den ersten Wochen nach dem Einlagern, wenn sich Äpfel und Birnen innerhalb weniger Tage schwarz verfärben (Schwarzfäule).

Vorbeugende Maßnahmen

Beim Winterschnitt sind verbliebene Fruchtmumien zu entfernen und befallene Triebe auszuschneiden. Ein lockerer Kronenaufbau ermöglicht ein gutes Abtrocknen der Blätter und wirkt vor-

Bei der Monilia-Spitzendürre verwelken nach der Blüte die Enden der Triebe mit den Blüten.

Charakteristisch sind die Sporenlager des Pilzes, die oft kreisförmig angeordnet sind.

Im Winter müssen die am Baum verbliebenen Fruchtmumien entfernt werden, aus ihnen erfolgt die Neuinfektion.

beugend bei Pilzkrankheiten. Faulende Früchte laufend pflücken und entfernen und bei zu dichtem Behang Früchte auspflücken. Empfindliche Sorten in feuchten Lagen als Spalier unter einem Vordach ziehen. Pflanzenstärkende Spritzungen von Meerrettich-Tee oder von Kräuterpräparaten aus Schachtelhalm oder Zwiebelgewächsen zur Blüte und Fruchtreife (→ „Pflanzenstärkungsmittel", Seite 131ff.).

Bekämpfung

Befallene Triebspitzen unmittelbar nach dem Befall 20–30 cm ins gesunde Holz zurückschneiden (sie können kompostiert werden, wenn sie gut zerkleinert und abgedeckt sind). Die Spitzendürre-Monilia kann mit zwei Spritzungen zum Knospenschwellen und Blühbeginn mit biologischen Kupfer- oder Netzschwefelpräparaten direkt bekämpft werden. Die Fruchtfäule-Monilia selbst ist kaum direkt zu bekämpfen, hier stehen vorbeugende Maßnahmen im Vordergrund.

Schrotschusskrankheit

Schaderreger: *Stigmina carpophila, Coryneum beijerinckii*

Schadbild

Die Schrotschusskrankheit ist eine Pilzerkrankung bei Steinobst und kommt weltweit vor. Namensgebend sind die durchlöcherten Blätter (Durchmesser bis 5 mm).

Die ersten Blattsymptome zeigen 1–2 mm große rundliche, rötliche Flecken. Diese vergrößern sich, werden braun mit einem helleren Zentrum, schließlich brechen sie aus dem umliegenden gesunden Blattgewebe aus. Es kann auch zu vorzeitigem Blattfall kommen (Marille, Pfirsich, Zwetschke). Die Früchte bekommen eingesunkene braune Flecken mit einer roten Umrandung. Die Triebe weisen rote bis bräunliche kleine Flecken auf, die sich während des Krankheitsverlaufs verbinden können und die Triebe zum Absterben bringen.

Schrotschuss zeigt sich durch braune Flecken, die später aus dem Blatt herausfallen. Dieses sieht aus wie mit Schrot durchschossen.

Gummitropfen treten an infizierten Stellen aus.

Der Schadpilz überwintert an erkrankten Früchten und Trieben sowie in erkranktem Falllaub. Die Pilzsporen werden bei feuchtem Wetter durch Regen oder Tropfwasser verbreitet. Bereits im Herbst werden die Knospen infiziert. Die weitere Ausbreitung erfolgt im Frühjahr bei ausgiebigen Niederschlägen oder dichtem Nebel.

Der untere Kronenbereich zeigt meist stärkere Blattsymptome, da durch abfließendes Wasser der Infektionsdruck durch Pilzsporen höher ist.

Vorbeugende Maßnahmen

Befallene Triebe sollten möglichst rasch entfernt werden. Sind Bäume stark betroffen, ist ein kräftiger Rückschnitt und Auslichtung heilsam. Es gibt unterschiedliche Anfälligkeiten der *Prunus*-Arten und -Sorten, die aber kaum dokumentiert sind.

Bekämpfung

Während der Vegetationsruhe reduziert eine Behandlung gegen Pilzkrankheiten (z. B. Kupfer) den Infektionsdruck. Pflanzenstärkungsmittel erhöhen die Widerstandsfähigkeit der Pflanzen gegen einen Befall (→ „Pflanzenstärkungsmittel", Seite 131ff.).

Die Kräuselkrankheit ist bei Weingartenpfirsichen meist geringer ausgeprägt.

Kräuselkrankheit

Schaderreger: *Taphrina deformans*

Schadbild

Die Kräuselkrankheit wird durch einen Pilzerreger ausgelöst, dieser befällt Pfirsiche, Nektarinen und Mandeln vor allem in feuchten Wintern. Die Infektion erfolgt bereits beim Schwellen der Knospen. Die Blätter sind bei einem starken Befall bereits beim Austrieb stark gekräuselt und rot gefärbt. Schließlich vertrocknen die Blätter und fallen ab. Im Juni/Juli treibt der Baum zwar dann noch einmal aus, bleibt aber sehr geschwächt und trägt selbst im Folgejahr nicht oder kaum.

Der Pilz überwintert auf Trieben und Knospenschuppen und wird im Februar in die sich öffnenden Knospen geschwemmt. Der Pilz ist auf feuchtkühles Wetter angewiesen. Temperaturen unter 16 °C und eine kontinuierliche Nässe auf der Rinde über 12,5 Stunden sind Voraussetzung für eine Infektion. Hohe Luftfeuchtigkeit oder Nebel alleine sind nicht ausreichend. Die jungen Blätter und Blüten werden vom Pilz durchwuchert und zeigen die Kräuselsymptome. Die Sporenlager werden Mitte Mai bis Anfang Juni gebildet, keimen noch im Sommer und überwintern bis in den Februar als Myzel an Knospenschuppen und auf Trieben.

Vorbeugende Maßnahmen

Bei der Widerstandsfähigkeit gegen die Kräuselkrankheit gibt es große Sortenunterschiede. Weingartenpfirsiche zeigen am wenigsten Befall durch die Kräuselkrankheit. Weißfleischige Sorten sind grundsätzlich weniger anfällig. Einige neuere Sorten sind ebenso robust (→ Artenporträt Pfirsich und Nektarine, Seite 368).

Im Hausgarten ist die einfachste Maßnahme, den Pfirsich als Spalier an eine Wand zu pflanzen – so steht der Baum geschützt vor Regen. Einen bereits infizierten Baum kann man stärken, indem man wässert, düngt und eine Baumscheibe offenhält. Knoblauch als Unterpflanzung wirkt etwas vorbeugend.

Bekämpfung

In der Phase, wenn die Knospen schwellen, kann man die Krankheit am wirkungsvollsten behandeln. Neben kupferhaltigen Mitteln helfen Pflanzenstärkungsmittel auf Schachtelhalmbasis (→ „Pflanzenstärkungsmittel", Seite 131ff.). Bei warmen Wetterlagen ab 10 °C können die Knospen bereits im Jänner anschwellen. Dann muss auch schon die erste Spritzung erfolgen. Vom ersten Anschwellen der Knospen bis zum Öffnen sind meist 2 bis 3 Spritzungen (im Abstand von 2–3 Wochen) erforderlich.

Birnengitterrost

Schaderreger: *Gymnosporangium sabinae*

Schadbild

Der Birnengitterrost ist eine Pilzerkrankung, die Birnen befällt. Es ist ein wirtswechselnder Pilz, die Infektion erfolgt ausgehend von befallenem Wacholder auf die Birne. Die Blätter haben ein auffälliges Schadbild mit orange-roten Blattflecken, die später das gesamte Blatt einschließen.

An befallenen Wacholder-Arten bilden sich Ende März bis Ende Mai orange-rote Sporenlager. Mit dem Wind werden die Sporen verteilt und

Birnengitterrost wird erst ein Problem, wenn im Sommer mehr als die Hälfte der Blattfläche gelb-orange verfärbt ist.

infizieren frisch austreibende Blätter bei Birnbäumen in einem Umkreis von bis zu 1000 m. Von diesen wechselt der Pilzerreger nach der Bildung von Sporenlagern über den Sommer wieder zu Wacholder als Hauptwirt, wo er überwintert. Es gibt keine Übertragung von Birne auf Birne. Der Pilz kann weder im Falllaub noch auf anderen Pflanzenteilen der Birne überdauern.

Die Infektion erfolgt während des Austriebs bis Anfang Juni. Bei starkem Befall können auch Triebe und Früchte Symptome zeigen. Ein starker Befall über mehrere Jahre kann neben einer Ertragsminderung und Kümmerwuchs auch zum Absterben von Birnbäumen führen. Ein geringer Befall ist fast immer zu finden und für den Baum kaum von Bedeutung.

Vorbeugende Maßnahmen

Je größer der Abstand zwischen den Wirten ist, desto geringer ist auch der Infektionsdruck. Den größten Erfolg bringt eine Rodung infizierter Wacholderpflanzen in der Umgebung. Eine Sanierung von erkranktem Wacholder ist nicht möglich, da das Pilzmyzel tief im Holz wächst. Es gibt Wacholderarten, die nicht anfällig sind – bei Neupflanzungen sollten diese Arten bevorzugt werden (u. a. der heimische *J. communis, J. virginiana, J. horizontalis, J. squamata*). Erfolgversprechend sind Informationskampagnen und Aktionen auf Nachbarschafts- oder Gemeindeebene. Bei den Birnen gibt es keine Sortenunterschiede in Bezug auf die Anfälligkeit. Durch ausreichende Bewässerung, eine Baumscheibe und Düngung sollte die Vitalität des Baumes gestärkt werden.

Obstbaumkrebs

Schaderreger: *Neonectria ditissima*

Schadbild

Obstbaumkrebs wird durch einen Pilz ausgelöst und ist vor allem bei Apfelbäumen auf feuchten, schweren Böden von Bedeutung. Birnen werden seltener befallen. Die Sorten sind unterschiedlich anfällig. Bei Neuinfektionen zeigen sich eingesunkene, rötliche Stellen auf der Rinde von Ästen. Jüngere Triebe sterben oberhalb des Befalls ab. Bei älteren Ästen bilden sich tiefgehende Wunden mit wulstigem Rand (Namensgebung „Krebs").

Am Beginn der Infektion mit Obstbaumkrebs zeigen sich an der Rinde eingesunkene Stellen.

Da der Baum vergeblich versucht die Wunde zu verschließen, entstehen krebsartige Wucherungen rund um die Infektion, der Trieb hinter der Wunde stirbt mit der Zeit ab.

Vorbeugende Maßnahmen

Auf feuchten, kalten Böden Sorten wählen, die wenig anfällig sind. Vermeidung von Staunässe, Abmagerung schwerer Böden durch Sandbeigaben bei der Pflanzung.

Starken Schnitt, der das Triebwachstum fördert, vermeiden. Obstbaumschnitt bei trockenem Wetter. Bei hohem Infektionsdruck Schnittwunden vorbeugend mit Lehm versiegeln.

Bekämpfung

Alle Krebsstellen während längerer Schönwetterperioden bis ins gesunde Holz zurückschneiden und das Astmaterial sofort vernichten. In diesem Fall Wunden unverzüglich mit einem Wundverschlussmittel versiegeln. Auch eine dick aufgetragene Lehmschicht, die mit einer Bandage aus Jute oder Stoff gehalten wird, reduziert eine Neuinfektion und fördert die Heilung. Am Starkholz kann das befallene schwarzbraune Gewebe herausgeschnitten und ebenfalls mit einer Lehmschicht verschlossen werden.

Feuerbrand

Schaderreger: *Erwinia amylovora*

Befällt nur Kernobst und diverse Wildobstarten: Apfel, Birne, Quitte, *Sorbus* (z. B. Eberesche, Mehlbeere, Speierling), *Crataegus* (z. B. Weißdorn, Rotdorn), Mispel *(Mespilus)*, Zierquitte *(Chaenomeles)*, Felsenbirne *(Amelanchier)*, Apfelbeere *(Aronia)*, außerdem diverse Ziergehölze.

Schadbild

Feuerbrand ist eine Krankheit, die von dem Bakterium *E. amylovora* übertragen wird. Es ist die bedeutendste Bakterienkrankheit bei Kernobst und steht in Europa unter Quarantäne (Meldepflicht). Das Auftreten ist regional unterschiedlich und jährlichen Schwankungen unterworfen. Die Infektion erfolgt über Blüten, unverholzte Jungtriebe oder Verletzungen.

Am häufigsten ist die Infektion während der Blüte bei warm-feuchter Witterung (+ 18 °C, 70 % Luftfeuchtigkeit). Der Schaderreger überwintert in erkranktem Rindengewebe („Canker"), im Frühjahr werden die Bakterien durch Insekten, Wind oder Regen auf die Blüten übertragen. Befallene Blütenbüschel welken plötzlich, die Triebspitzen verkrümmen charakteristisch und verfärben sich von fahlgrün auf braun bis schwarz. Häufig sind die Triebspitzen auffällig nach unten gebogen. Über die Blüten können die Erreger weiter ins Holz wandern. Befallenes Holz verfärbt sich rotbraun, häufig bildet sich bei Feuchtigkeit ein klebriger Bakterienschleim. Auch eine Sekundärinfektion über Blätter oder durch Verletzungen der Rinde (Hagelschlag, Schnitt/Formierung) als Eintrittspforten ist möglich. Über Schnittwerkzeug kann der Erreger auf andere Bäume übertragen werden.

Birnenbäume und Quitten sind anfälliger auf Feuerbrand, Bäume anfälliger Sorten können innerhalb weniger Wochen absterben. Bei Apfelbäumen ist der Krankheitsverlauf in der Regel langsamer und weniger schwer. Weil Infektionen bei unverholzten Trieben leichter stattfinden, sind stark wachsende Bäume anfälliger für Triebinfektionen.

Vorbeugende Maßnahmen

Vermeidung von Schnitt bei Feuerbrandrisiko. Sorgsame Desinfektion des Werkzeuges. Bei Zierpflanzen auf anfällige Arten verzichten. Starkes Triebwachstum durch vorsichtigen Schnitt und sparsame Düngung vermeiden. Es gibt große Sortenunterschiede, wobei die Widerstandsfähigkeit gegen Feuerbrand nur bei einem Teil der Sorten erforscht ist.

Es gibt für den Bioobstbau mit „Blossom protect" ein Spritzmittel zum Schutz der Blüten auf Basis von Hefen. Es muss vor einer möglichen Infektion ausgebracht werden. Der Einsatzzeitpunkt kann mit einer Feuerbrandprognose auf der Homepage des Herstellers für den eigenen Standort ermittelt werden.

Bekämpfung

Bei Krankheitsverdacht diesen bei der Gemeinde melden, notwendige Maßnahmen werden durch die Sachverständigen beschlossen. In der Regel ist es ausreichend, befallene Triebspitzen möglichst sofort nach dem Befall bis 40–50 cm ins gesunde Holz abzuschneiden oder zu reißen (anschließende Desinfektion der Schnittwerkzeuge!), Schnittwunden mit Wundverschlussmittel behandeln, kleinere Mengen Schnittmaterial im Hausmüll entsorgen, bei größeren Mengen vor Ort in einem heißen Feuer verbrennen, nicht kompostieren, Schnittwunden mit Wundverschlussmittel behandeln.

Scharka

Schaderreger: Scharkavirus unterschiedlicher Stämme, engl. plum pox virus

Betrifft: Steinobst allgemein (*Prunus* ssp.), Zwetschken sind am stärksten betroffen, dann Marille und Pfirsich, Süß- und Sauerkirschen bislang nur in Osteuropa.

Schadbild

Scharka ist die „bedeutendste" Viruserkrankung bei Steinobst. Infizierte Bäume zeigen ring- und fleckenartige Blattverfärbungen unterschiedlicher Grün- und Gelbtöne. Die Blattadern wirken bei infizierten Zwetschken häufig ausgebleicht, die Blattform kann an Eichenblätter erinnern. Die Früchte zeigen Symptome von Einsenkungen und hellen Ringmustern. Die Früchte können frühzeitig abfallen. Die Kerne haben an der Schale ebenfalls ringartige Muster unterschiedlicher Farbintensitäten. Die Ausprägungen der Fruchtsymptome nehmen mit dem Baumalter zu.

Die Viruskrankheit Scharka zeigt sich durch ringförmige Aufhellungen am Blatt, bei empfindlichen Sorten auch durch ringförmige Einsenkungen des Fruchtfleisches.

Vorbeugende Maßnahmen

Pflanzung und Verwendung nur von zertifiziert scharkafreiem Pflanzgut (Jungbäume) und Vermehrungsmaterial (Unterlagen, Edelreiser). Durch die Vermehrung über Samen kann eine Virusinfektion durchbrochen werden. Bei Zwetschken gibt es tolerante Sorten, die zwar Blattsymptome zeigen, aber keine Fruchtsymptome (→ Artenporträt Zwetschke, Seite 378).

Bekämpfung

Sind die Früchte befallen, werden diese ungenießbar, die Bäume sollten dann gerodet werden, um eine weitere Ausbreitung der Krankheit (durch Vektoren wie Blattläuse) zu verhindern.

Birnenverfall

Schaderreger: *Candidatus phytoplasma pyri*, pear decline

Biologie

Der Erreger des Birnenverfalls zählt zu den Phytoplasmen, das sind Bakterien ohne Zellwand. Phytoplasmen sind obligate Parasiten, das bedeutet, sie können nur in lebenden Wirtspflanzen und Insekten selber überleben und sich vermehren, nicht jedoch in Totholz, auf Schnittwerkzeug oder in Obstkisten. Den Winter überdauern Phytoplasmen in den Wurzeln, oberirdische Teile sind im Winter kaum befallen (Winterveredelungen sind daher zu bevorzugen).

Beim Birnenverfall sterben die Bäume schnell oder schleichend ab.

Beim Schlagtreffen der Marille sterben Bäume schlagartig ab. Meist sind junge Bäume bis zum 10. Jahr betroffen.

Symptome

Die Anzeichen für eine Infektion können sich sehr rasch und massiv zeigen (quick decline) oder auch schleichend und graduell auftreten (slow decline).

Ist die Unterlage anfällig gegenüber der Phytoplasmose und leidet ein Baum zusätzlich unter Trockenstress, bewirkt der Schaderreger ein rasches Absterben des Baumes während der Vegetationsperiode. Eine langsame und fortschreitende Ausbreitung von Symptomen zeigen Bäume, die auf mehr oder weniger widerstandsfähigen Unterlagen stehen.

Auffälligste Merkmale sind eine vorzeitige Rotlaubigkeit und ein vorzeitiger Blattfall, verbunden mit einem Einrollen der Blätter. Erkrankte Bäume wachsen kaum, die Früchte sind kleiner und insgesamt ist der Ertrag geringer.

Alle Symptome sind reversibel und können wieder verschwinden, wenngleich der Schaderreger weiter im Baum vorhanden ist. Die jährlichen Schwankungen in der Symptomausprägung erschweren die visuelle Diagnose.

Überträger

Die Erreger werden durch Birnblattsauger (Psylliden, *Cacopsylla pyri und C. pyricola*) von Baum zu Baum übertragen. Eine Verbreitung erfolgt auch über Vermehrungsmaterial. Unterirdisch kann der Erreger über Wurzelverwachsungen zwischen benachbarten Bäumen übertragen werden, dieser Weg der Infektion ist noch nicht endgültig bestätigt.

Die Übertragung durch Samen und Pollen ist nicht möglich, ebenso wenig wird der Schaderreger durch mechanische Übertragung, z. B. über Schnittwerkzeuge, übertragen.

Vorbeugende Maßnahmen

Wichtig ist, die Bäume im Obstgarten auf Symptome zu kontrollieren, und das vorzugsweise im September/Oktober. Offensichtlich kranke Bäume müssen gemeldet werden und eine Blattprobe wird im Labor auf Schaderreger untersucht.

Bekämpfung

Der Erreger besiedelt das Phloem (Leitgewebe) und schädigt dieses. Ein Ansatz zur Behandlung des Birnenverfalls besteht darin, das Leitgewebe zu erneuern. In einem Versuch am DLR Rheinpfalz wurden an infizierten Bäumen 1–3 cm tiefe Längsschnitte auf Höhe der Veredelungsstelle gemacht. Die Verletzungen bewirkten eine Neubildung des Leitgewebes und ein Aufbrechen der Nekrosen. Ob die Linderung dauerhaft oder nur von vorübergehender Natur ist, ist noch offen (→ www.hortipendium.de/Birnenverfall).

Europäische Steinobstvergilbung

Synonym: Schlagtreffen, European stone fruit yellows (ESFY)
Schaderreger: *Candidatus Phytoplasma prunorum*

Biologie/Lebenszyklus/Verbreitung

Der Erreger der Europäischen Steinobstvergilbung zählt zu den Phytoplasmen (→ „Birnenverfall", Seite 149f.).

Symptome

Der Erreger unterbindet die Versorgung des Baumes mit Wasser und Nährstoffen. Die Blätter hellen schon in der Vegetationsperiode auf, rollen sich ein und wirken welk, der Baum stellt mehr und mehr das Wachstum ein. Zusätzliche Bewässerung zeigt keine Wirkung. Ganze Bäume oder einzelne Äste treiben im Frühjahr „wie vom Schlag getroffen" gar nicht aus. Bisweilen verursacht das Phytoplasma einen verfrühten Austrieb der Blätter schon im Februar. Marillen- und Pfirsichbäume, die beim Auspflanzen gesund wirken, können den Schaderreger schon in sich tragen. Die ersten Symptome treten im Alter von drei bis vier Jahren auf.

Der Schaderreger verursacht im Erwerbsobstbau und im Hausgarten durch das Absterben von Bäumen große Schäden.

Überträger

Die Erreger werden durch den Pflaumenblattsauger *(Cacopsylla pruni)* von Baum zu Baum übertragen (→ „Birnenverfall", Seite 149f.).

Vorbeugende Maßnahmen

Marillen sollten nicht in der unmittelbaren Nähe von Schlehenhecken gepflanzt werden.
Erkrankte Bäume sind zur Vermeidung weiterer Infektionen zu entfernen. Visuelle Kontrollen alleine reichen nicht aus, um eine Infektion an Jung- und Altbäumen sicher festzustellen, Laboranalysen sind notwendig.
Im Verdachtsfall Bäume nicht vermehren und weiter beobachten!

Bekämpfung

Direkte Bekämpfungsmaßnahmen sind nicht möglich, ebenso wenig können Blattsauger als Überträger mit derzeit im Bioanbau zugelassenen Mitteln bekämpft werden.

Schädlinge

Blattläuse

Name: Es gibt eine Reihe unterschiedlicher Arten, z. B. Grüne Apfelblattlaus *(Aphis pomi)*, Mehlige Apfelblattlaus *(Dysaphis plantaginea)*, Apfelfaltenlaus *(Dysaphis devecta, D. anthrisci)*.

Schadbild

Es gibt viele verschiedene Blattlausarten auf Obstgehölzen, die meist nur einzelne Arten befallen.

Ameisen tragen im Frühling Blattläuse auf die Bäume und Sträucher, um die süßen Ausscheidungen der Läuse fressen zu können.

Da sich die Blätter durch die Saugtätigkeit rasch einrollen, ist eine Bekämpfung schwierig.

Ein Leimring im Frühling verhindert, dass Blattläuse auf die Bäume kommen, und ist die effektivste Vorbeugung.

Bei allen aber rollen sich die jungen Blätter ein und das Triebwachstum ist gehemmt. Es kommt in Folge zu einer Ertrags- und Qualitätsminderung der Früchte. Blattläuse sind Überträger (Vektoren) verschiedener Viruserkrankungen, welche einen größeren Schaden verursachen als die Blattläuse selbst.

Blattläuse ernähren sich an Pflanzensäften und scheiden den „Honigtau" aus, eine wichtige Nahrungsquelle für viele Insekten (Ameisen, Wespen, Honigbienen u. v. m.). An den Zuckerausscheidungen der Läuse siedeln sich Rußtaupilze an, die zu einer Schwarzfärbung von Blättern oder Früchten führen.

Ab September legen die Weibchen der letzten Generation glänzende bis mattschwarze Wintereier an geschützten Rindenstellen oder in Knospenritzen. Sie können sich explosionsartig vermehren. Sie werden dabei von Ameisen gezielt verbreitet und vor Feinden geschützt, eine Art Symbiose. Nützlinge, welche die Blattläuse fressen oder parasitieren, entwickeln sich meist etwas zeitverzögert, können aber später im Jahr Blattläuse effektiv kontrollieren. Manche Arten wandern im Sommer an Gräser und Kräuter ab.

Vorbeugende Maßnahmen

Vorbeugend vor dem Blattaustrieb Leimringe anlegen, sie verhindern, dass Ameisen Läuse auf den Baum tragen. Dies ist oft ausreichend (→ Kapitel „Pflege und Düngung von Obstgehölzen", Seite 60, „Leimringe schützen vor Blattläusen", Seite 67).

Bekämpfung

Blattläuse mit Schmierseifenlauge abwaschen funktioniert gut, aber nur in frühen Stadien, da sie rasch durch die sich einrollenden Blätter geschützt sind. Es können gezielt Nützlinge ausgebracht werden, zahlreiche Blattlausfeinde sind im Handel erhältlich. Wirksam ist eine Winter- oder Austriebsspritzung gegen „am Baum überwinternde tierische Schädlinge" auf Rapsöl- oder Paraffinölbasis (ca. 30 % Öl, 70 % Wasser, Emulgator). Während der Vegetationszeit ist eine Behandlung mit einem Neemöl-Präparat möglich, dieses ist zwar nützlingsschonend, schädigt aber Schlupfwespen (nicht verträglich bei Birne).

Erfolgreich und zeitsparend in der Anwendung ist eine Zuckerlösung am Stammfuß als alternative Nahrung für Ameisen. Diese verzichten bei ausreichender Verfügbarkeit auf die „Blattlauszucht" und Nützlinge können ohne den Schutz der Ameisen die vorhandenen Blattläuse erfolgreicher bekämpfen. Nur das Basteln der Zuckertränke erfordert etwas Geschick (Schutz vor Witterung, nur Ameisen sollten Zugang haben).

Birnblattsauger

Schaderreger: Verschiedene Arten von Birnblattsauger (*Cacopsylla* sp.)

Schadbild

Die Birnblattsauger erzeugen ähnliche Symptome wie Blattläuse: Die Blätter sind im späten Frühjahr braun gefleckt, rollen sich ein oder sind gekräuselt. Die gelb-braunen Larven saugen an den Blättern den Pflanzensaft und produzieren eine große Menge an Honigtau. In Folge werden die Blätter von Rußtaupilzen besiedelt, es kommt zu großflächigen schwarzen Verfärbungen. Die adulten geflügelten Insekten fliegen bei einer Beunruhigung springend auf. Die Birnblattsauger können die Bäume sehr stark schädigen. Sie haben auch große Bedeutung als Krankheitsüberträger, wie bei Feuerbrand und Birnenverfall.

Der Birnblattsauger überwintert in Borkenschuppen und Rindenritzen im Baum, zum Teil auch in sonnigen Verstecken am Boden. Die tiefgelben Eier werden schon vor Knospenaufbruch an Jungtriebe oder Fruchtholz gelegt, fest verbunden mit dem Pflanzengewebe. Nach 3–6 Wochen entwickeln sich die Larven. Je nach Art sind 1–4 Generationen pro Jahr möglich.

Vorbeugende Maßnahmen

Wirksam ist eine Austriebsspritzung mit Rapsöl (Konzentration Rapsöl in Wasser: 2 %; die Spritzung nach 5–7 Tagen wiederholen), Leimringe anbringen, mit scharfem Wasserstrahl abspritzen. Zahlreiche Nützlinge können Birnblattsauger in Schach halten, vor allem Räuberische Blumenwanzen sind bedeutende Gegenspieler. Das Triebwachstum sollte ausgeglichen sein, nicht übermäßig durch Schnitt und Düngung fördern.

Bekämpfung

Stark befallene Triebe können ausgebrochen werden. Auch ein mehrmaliger Einsatz eines Schmierseifen-Präparats reduziert den Befall. Eine Beregnung wäscht den schützenden Honigtau ab, die Larven werden in Folge vom Sonnenlicht zerstört.

Apfelwickler

Name: *Cydia pomonella*

Schadbild

Der Wurm im Apfel ist eigentlich eine Raupe: die Larve des Apfelwicklers. Der kleine, unauffällige Nachtfalter legt ab Juni vor allem an Apfel und Birne seine Eier ab. Die schlüpfenden Raupen bohren sich in die Frucht hinein und zerstören das Kerngehäuse. Die Früchte werden notreif und fallen vorzeitig ab (Junifruchtfall). Die Einbohrstelle ist mit Kotkrümeln gefüllt. An der Frucht findet sich ein Loch, das in das zerfressene Kernhaus führt. Die Früchte können problemlos gegessen werden, nur faulen sie durch den Schaden meist rasch (Monilia als Sekundärinfektion). 3–4 Wochen später verlassen die Raupen die Frucht und spinnen sich in einem weißen Kokon unter Borkenschuppen und anderen Baumverstecken ein. Meist schlüpft eine zweite Generation, die dann ihre Eier an den heranreifenden Früchten ablegt. Ihre Larven findet man in den reifen Früchten. Die Überwinterung erfolgt als Larve in Rindenritzen oder im Boden. Ein beschränkter Befall mit dem Apfelwickler führt zu einer natürlichen Fruchtausdün-

Der Wurm im Apfel ist eigentlich eine Raupe, die Larve des Apfelwicklers.

Mit Wellpapperingen (Fanggürtel) kann ein Teil der sich verpuppenden Larven abgefangen werden.

Mit Apfelwicklerfallen kann der richtige Zeitpunkt für die Bekämpfung herausgefunden werden. Als direkte Bekämpfung sind sie nicht geeignet.

nung (es werden Früchte entfernt, die der Baum sowieso nicht ernähren könnte).

Vorbeugende Maßnahmen

Ab Juli Ringe aus Wellpappe (sogenannte „Fanggürtel") dicht an den Stamm anlegen. In diesen verpuppen sich einige Larven. Spätestens drei Wochen, nachdem Larven entdeckt werden, die Ringe entfernen und vernichten. Befallene Früchte laufend auspflücken bzw. auflesen und vernichten. Natürliche Gegenspieler fördern (Schlupfwespen, Ohrwürmer, Wanzen, Vögel). Nistkästen für Vögel anbringen (Vögel fangen große Mengen Schadinsekten), Hühner im Obstgarten halten – sie picken die Larven aus der Rinde und vom Boden. Weidetiere (Schafe, Rinder) fressen Fallobst, das mit den ersten Generationen der Apfelwickler vorzeitig abfällt. Beweidete Obstbaumwiesen haben häufig einen geringen Befall mit Apfelwicklern.

Bekämpfung

Im Handel erhältlich sind Granuloseviren. Diese natürlich vorkommenden Krankheitserreger wirken spezifisch nur gegen die betreffende Wicklerart. Sie werden kurz vor dem Schlüpfen der Larven als Spritzmittel ausgebracht (von Mitte Juni bis Anfang September im 8-Tage-Rhythmus). Für die Feststellung des idealen Zeitpunkts können Apfelwicklerfallen eingesetzt werden. Als alleinige Bekämpfung zeigen Apfelwicklerfallen keinen Erfolg. Apfelwickler können allerdings auch Resistenzen gegen Granuloseviren aufbauen, weshalb vorbeugende Maßnahmen stets Vorrang haben sollten. Auch im Einsatz sind Verwirrungstechniken mit Pheromonen. Diese sind allerdings erst ab einer Mindestfläche von 2–3 ha erfolgreich und damit nur für große Streuobstwiesen oder den Erwerbsobstbau relevant.

Kirschfruchtfliege

Name: *Rhagoletis cerasi*

Schadbild und Schaderreger

Die Kirschfruchtfliege legt beim Farbumschlag von grün auf gelb ihre Eier in die Kirschen. Nach etwa einer Woche schlüpfen die Maden und fressen das Fruchtfleisch. Die Maden sind weißlich,

Gelbtafel locken durch ihre Farbe die Kirschfruchtfliege an, die am Leim kleben bleibt. Es müssen mehrere Fallen pro Baum aufgehängt werden, um eine Verbesserung zu erzielen.

kopf- und beinlos und bis zu 6 mm lang. Befallene Früchte verlieren an Glanz und haben um die Stielgegend eine bräunlich verfärbte Stelle. Die Früchte werden weich, faulig und fallen häufig zu Boden. Die Maden fallen mit den reifen Kirschen zu Boden oder lassen sich nach dem Verlassen der Kirsche fallen, verpuppen sich und überwintern in ca. 3 cm Tiefe im Boden. Sie schlüpfen abhängig von der Bodentemperatur Mitte Mai bis Ende Juni und starten nach 10 Tagen Reifungsfraß (Nektar, Honigtau) mit der Eiablage.

Vorbeugende Maßnahmen

Mit der Wahl von frühreifen Kirschsorten (1. und 2., eingeschränkt auch 3. Kirschwoche, → Artenporträt Kirsche, Seite 392) kann ein Befall mit der Kirschfruchtfliege verhindert werden, da diese erst später ihre Eier ablegt. Ein vollständiges Abernten der Früchte reduziert die Population der Kirschfruchtfliege im Folgejahr.

Eine Einnetzung der Bäume mit speziellen feinmaschigen Netzen zur Flugzeit verhindert einen Befall. Das Abdecken des Bodens mit einem Kulturschutznetz (0,8 mm Maschenweite) Mitte Mai reduziert den Befall, zumindest in Kirschenanlagen, um 70–90 %.

Mit Gelbtafeln (Gelbfallen) kann der Befall beobachtet werden, eine brauchbare Regulation ist nur mit zahlreichen Gelbtafeln bei einem niedrigen Befallsdruck aussichtsreich.

Bekämpfung

In biologischen Kirschenplantagen wird neben vorbeugenden Maßnahmen das biologische Insektizid Pyrethrum in kurzen Abständen vor der Eiablage eingesetzt. Es hat allerdings eine breite Wirkung und schädigt alle Kaltblüter (Insekten, Spinnen, Amphibien, Fische ...).

Pflaumenwickler

Name: *Cydia funebrana*, plum fruit moth

Schadbild

Der Wurm in Zwetschke, Pflaume und Co. ist die Raupe eines Nachtfalters, die Larve des Pflaumenwicklers. Die Larven des Pflaumenwicklers überwintern im Kokon hinter der Rinde. Der Falter schlüpft Ende April. Die Weibchen legen an die Unterseite junger Früchte ihre Eier. Nach etwa einer Woche schlüpfen die jungen Larven und bohren sich in das Fruchtinnere. Im Juni fallen vorzeitig gefärbte Zwetschken auf, sie haben im Inneren eine rote, 16-füßige Raupe, welche am Fruchtfleisch frisst. Am Einbohrloch tritt ein Gummiharz aus, die notreifen Früchte fallen vorzeitig ab. Rund um den Kern im Fruchtinneren sind Kotkrümel. Die satten Raupen verlassen die Frucht und verpuppen sich in der Borke oder im Boden. Es folgt die zweite Generation im Juli, diese verursacht bedeutende Schäden und kann zu großen Ernteverlusten führen. Befallene Früchte bekommen häufig Monilia als Sekundärinfektion. Die Früchte können zwar bedenkenlos gegessen werden, die Verarbeitung ist allerdings mühsam.

Vorbeugende Maßnahmen

Wie beim Apfelwickler helfen Ringe aus Wellpappe (sogenannte „Fanggürtel"), die ab Juli dicht an den Stamm anlegt werden (→ Apfelwickler). Es gibt einige Nützlinge, welche die Eier des Wicklers parasitieren: Schlupfwespen *(Ichneumonidae)* und Brackwespen *(Braconidae)*. Durch Pheromonfallen können männliche Falter gefangen werden, beim Einsatz mehrerer Fallen wird der Befall dezimiert. Regelmäßig befallene Früchte aufsammeln und vernichten. Das reduziert vor allem die zweite Generation, die an späten Pflaumensorten einen erheblichen Schaden verursachen kann. Frühe Pflaumensorten sind in geringerem Ausmaß vom Pflaumenwickler befallen.

Bekämpfung

Im Handel sind gezüchtete Schlupfwespen als Nützlinge erhältlich *(Trichogramma cacoecia)*, welche die Eier des Pflaumenwicklers und des Apfelwicklers parasitieren. Ebenso wird eine Verwirrungstechnik angeboten, die allerdings nur bei 1–2 ha großen Anlagen und daher nur für den Erwerbs-Obstbau eingesetzt werden kann.

Pflaumensägewespe

Name: Schwarze Pflaumensägewespe *(Hoplocampa minuta)*, black plum sawfly, Gelbe Pflaumensägewespe *(Hoplocampa flava)*, yellow plum sawfly

Die Apfelsägewespe *(Hoplocampa testudinea)* und Birnensägewespe *(Hoplocampa brevis)* verursachen ein ähnliches Schadbild und es gelten dieselben Regulierungsmaßnahmen.

Schadbild

Die noch grünen, kleinen Früchte weisen kleine Löcher auf, diese sind mit Kot verstopft. Im Inneren frisst eine ca. 1 cm lange weiße Larve mit einem bräunlichen Kopf Kern und Fruchtfleisch. Die zerfressenen Früchte fallen ab. Sägewespen können in manchen Jahren große Schäden anrichten, da eine einzige Larve 2–4 Früchte schädigen kann. In Jahren mit einer spärlichen Blüte und/oder einem hohen Populationsdruck der Sägewespe kann es zu einem Totalausfall kommen. Das Weibchen legt seine Eier während der Blüte in die Kelchblätter. Die Larve schlüpft nach etwa zwei Wochen und frisst am Fruchtknoten und bohrt sich in die heranreifende Frucht. Sie befällt bis zu 4 Früchte und wandert mit der herabfallenden Frucht im Juli in den Erdboden ab, wo sie als Kokon überwintert.

Vorbeugende Maßnahmen

Befallene Früchte sofort aufsammeln und entfernen, die Bäume vorher abschütteln (vor allem nach der Blüte bis Juni). Dadurch kann die Population für das kommende Jahr reduziert werden.

Bekämpfung

Eine direkte Bekämpfung ist durch einen Massenfang mit weißen Leimtafeln während der Blüte möglich, die im unteren Kronenbereich aufgehängt werden. Die weiße Farbe täuscht eine Blüte vor und lockt die Sägewespen an, die am Leim kle-

Die kleinen Bohrlöcher auf den jungen, abgefallenen Früchten sind ein Anzeichen für die Pflaumensägewespe.

Mit beleimten Weißfallen kann die Pflaumensägewespe vor der Eiablage gefangen werden.

ben bleiben. Weißfallen sind im Handel erhältlich oder können einfach selber gemacht werden, mit weißen Plastiktellern (Einweg), welche mit Insektenleim bestrichen werden.

Kleiner Frostspanner

Name: *Operophtera brumata*

Schadbild

Der Frostspanner überwintert im Eistadium in Rindenritzen und Zweigspitzen. Aus den Eiern schlüpfen kleine, anfangs dunkelgraue und später grüne Raupen mit Beinen nur an Körperspitze und Hinterteil. Sie haben eine typische Fortbewegungsart: Sie ziehen das Hinterteil nach und machen dabei einen Buckel („Spanner"). Die Raupen fressen junge Blätter, Blüten und Früchte. An den Blättern und Blüten zeigen sich Fraßspuren und Spinnfäden, an Früchten ein Hohlfraß. In manchen Jahren und Regionen gibt es einen Kahlfraß und einen Totalausfall. Anfang Juni seilen sich die Raupen ab und verpuppen sich in den obersten 5–25 cm des Bodens. Im Oktober schlüpfen die adulten Tiere nach den ersten Frostnächten, paaren sich und die flugunfähigen Weibchen legen die Eier in der Krone ab.

Vorbeugende Maßnahmen

Vögel sind die wichtigsten Gegenspieler der Frostspannerraupen, sie haben zur Zeit der Brut einen hohen Futterbedarf. Hühner im Obstgarten fressen die Raupen, wenn sie sich Anfang Juni abseilen. Auch Raupenfliegen und Schlupfwespen parasitieren die Frostspannerraupen. Bei Gefahr eines Frostspannerbefalls (Befall im Vorjahr) wird bereits im Oktober ein Leimring angelegt, um das Hochwandern der flügellosen Weibchen zu verhindern (→ Kapitel „Pflege und Düngung von Obstgehölzen", Seite 67).

Die Raupen des Frostspanners sind grün und machen bei der Fortbewegung einen Buckel. In manchen Jahren fressen sie Bäume komplett ab.

Bekämpfung

Durch eine Austriebsspritzung im Frühjahr (auf Raps- oder Paraffinölbasis) werden auch die Eier des Frostspanners dezimiert. Eine direkte Bekämpfung ist mit einem biologischen Bakterium-Präparat möglich. Es enthält spezifisch wirkende, für Spannerraupen schädliche *Bacillus-thuringensis*-Bakterien. Es ist am wirksamsten, wenn die Spanner noch jung sind. Sobald nach dem Knospenaufbruch die Frostspanner in einer großen Anzahl festgestellt werden, wird das Mittel auf die Blätter und Knospen ausgebracht. Die Beigabe von Zucker erhöht die Wirkung durch eine verstärkte Aufnahme. Die Temperatur sollte in den darauffolgenden Tagen mindestens 15 °C betragen, ein Niederschlag wäre ungünstig. Die Raupen nehmen das Bakterium durch das Fressen auf, es kommt zu einem sofortigen Fraßstopp und innerhalb von drei Tagen sterben diese ab.

Kirschessigfliege

Name: *Drosophila suzukii*, vinegar fly, spotted wing drosophila

Schadbild

Die Kirschessigfliege ist weltweit in vielen Obstbauregionen ein invasives Insekt. Sie stammt aus Südostasien und wurde durch den globalen Handel mit dem Transport befallener Früchte weltweit massiv verbreitet. Eine lokale Ausbreitung (einige Kilometer) ist durch die Fliegen selbst möglich. In Nordamerika und Südeuropa trat sie zum ersten

Mal 2009 auf, in Österreich wurde sie erstmals im September 2011 beobachtet (v. a. Steiermark, Kärnten, Osttirol und Vorarlberg).

Das Weibchen der Kirschessigfliege befällt gesunde, reife Früchte nach dem Farbumschlag (vorzugsweise weichschalige Früchte von Wild- und Kulturpflanzen - v. a. Beerenobst, Steinobst). Sie legt mit dem gezähnten Eiablageapparat ihre Eier in die Früchte einzeln ab, die Larven (Fliegenmaden) fressen im Fruchtinneren. Unter optimalen Bedingungen (+ 25 °C) dauert der Zyklus vom Ei zur adulten Fliege 8 Tage. In Österreich sind 5–7 Generationen im Jahr wahrscheinlich (potentiell bis zu 13 Generationen/Jahr).

Befallene Früchte weisen an der Oberfläche kleine Löcher mit leicht eingedrückten, weichen Flecken auf. Sekundärinfektionen wie Pilzinfektionen, Fäulnis und weitere Schadinsekten durch den Saftaustritt sind die Folge. Bis zu 80 % Ertragsverlust in betroffenen Kulturen.

Vorbeugende Maßnahmen

In Befallsgebieten können spezielle Fallen aus dem Handel oder Eigenbau zum Monitoring oder auch für den Massenfang eingesetzt werden. Eine Variante für den Eigenbau einer Kirschessigfliegenfalle: Becher oder PET-Flasche mit 8–10 kleinen Fangöffnungen (Durchmesser 2–3 mm, um Nebenfänge zu vermindern), Lockflüssigkeit (beste Ergebnisse mit einer 1:1-Mischung aus Rotwein und Rotweinessig, eventuell Zusatz von Hefe oder vergorenem Kirschsaft), Positionierung im Schatten; Kulturen können auch mit feinmaschigen Netzen, Maschenweite 0,8 mm, eingenetzt werden.

Wühlmäuse fressen die Wurzel komplett ab und führen zum Absterben des Baumes.

Entfernung von Misteln, die Mistelbeeren dienen zur Überwinterung und als frühe Nahrungsquelle für die Kirschessigfliege. Frühe und vollständige Ernte, gründliche Entfernung von Restfrüchten nach der Ernte, häufige Erntedurchgänge (v. a. Beerenobst). Vor der Kompostierung sollen befallene Früchte solarisiert werden, um die Larven abzutöten und eine weitere Verbreitung einzuschränken (10–15 Tage in einen durchsichtigen, dichten Plastiksack in die Sonne legen), oder vergoren werden (in einem Plastikfass mit dicht schließendem Deckel einige Tage gären lassen). Der Komposthaufen kann ansonsten ein mögliches Winterquartier sein.

Mit dem Einsatz von Nützlingen konnten im Labor bereits gute Erfolge gezeigt werden, hier besteht Hoffnung für den biologischen Pflanzenschutz mit Parasitoiden.

Wühlmaus und Feldmaus

Name: Schermaus *(Arvicola terrestris)*, Feldmaus *(Micatus arvalis)*

Schadbild

Der junge Baum treibt nicht gut aus oder welkt plötzlich im Sommer trotz genügend Feuchtigkeit, bei näherer Begutachtung wackelt er und lässt sich ohne Widerstand aus dem Boden ziehen. Die Wurzeln wurden von der Schermaus pfahlförmig zugespitzt abgenagt, der Baum ist verloren. Eine abgenagte Rinde rund um die Stammbasis junger Bäume (Ringelfraß) deutet auf die Feldmaus hin, der Nageschaden kann die Bäume ebenfalls zum Absterben bringen.

Auf die Schermaus deuten maulwurfsähnliche, jedoch flachere, krümelige Hügel mit Pflanzenresten im Erdauswurf hin. Die Hügel liegen eng beieinander, häufig überlagern sie sich auch. Die Spuren der Feldmäuse erkennt man an kleinen runden Erdlöchern (Ø 2 cm), verbunden mit oberirdischen Laufgängen. Direkt um die Löcher ist die Vegetation kurzgefressen, vor den Baueingängen finden sich häufig flache, feinkrümelige Erdhaufen.

Vorbeugende Maßnahmen

Ein Wühlmausgitter, zu einem Korb gebogen, schützt in den ersten kritischen Jahren die Wurzeln im Stammbereich. Nach etwa zehn Standjahren kommt ein Baum mit etwaigen Fraßschäden zurecht (→ „Einen Obstbaum richtig pflanzen", Seite 55). Durch die Förderung von Raubvögeln (etwa durch Sitzstangen), Hermelin, Mäusewiesel und Hauskatzen (nicht verwöhnt) kann bei hohen Wühlmausdichten der Bestand etwas reguliert werden. Im Handel erhältliche schall- oder vibrationserzeugende Geräte haben keinerlei abschreckende Wirkung, wie vielfach belegt wurde. Ebenso wirkungslos sind diverse Hausmittel, die in die Gänge gelegt werden, da die Tiere die unerwünschten Präparate mit Erde verschütten.

Bekämpfung

Es gibt Schlagfallen, die direkt in die Wühlmausgänge gelegt werden können (Bayrische Drahtfalle, Topcat-Falle und Neudorff's Wühlmausfänger). Doch ist ein vermeintlicher Wühlmausgang bewohnt? Oder gehört er dem schützenswerten Maulwurf? Hier gibt die Wühlkontrolle Aufschluss: Mit der Hilfe eines Stabs wird zwischen oberirdischen Erdhaufen nach einem Gang gesucht. Dieser wird etwa 30 cm breit geöffnet. Der Querschnitt von Maulwurfsgängen ist eher queroval, der von Schermaus hochoval (wie ein stehendes Ei). Die Erde des geöffneten Gangs wird schließlich festgedrückt und für die Nachuntersuchung markiert. Der Maulwurf wird die Stelle um- oder untergraben. Die Schermaus wühlt in der Regel zumindest eine der Öffnungen zu. Anschließend kann eine gezielte Bekämpfung erfolgen. Der Erfolg ist allerdings meist nur von kurzer Dauer, da einwandernde Wühlmäuse die Biotop-Lücke rasch wieder füllen.

Literatur und Links

- Persen, U. Steffek, R., Lethmayer, C. et al. (2005). *Pflanzengesundheit im Obstbau – Krankheiten, Schädlinge, Nützlingseinsatz.* AV Buch, Wien; ausführliche Beschreibung vieler Schadursachen
- Griegel, A. (2001). *Mein gesunder Obstgarten.* 9. Auflage Eigenverlag, Dorsheim; gute Beschreibungen mit Illustration des Schadverlaufes übers Jahr
- Schnitzer, A. (2013). *Gärtnern ohne Gift – Ein praktischer Ratgeber.* Böhlau Verlag, Wien-Köln-Weimar; gute Erklärung der Zusammenhänge und Rezepte für Pflanzenschutzmittel
- www.arbofux.de/ – Diagnosedatenbank für Gehölze
- www.tll.de/visuplant/vp_idx.htm – Diagnosedatenbank
- www.podcast.fagw.info/diagnose-von-krankheiten.html – Podcast über viele Pflanzenschutzthemen
- www.ages.at – Agentur für Ernährungssicherheit, Infos über Schadorganismen
- www.pflanzenschutzdienst.at/ – Infos rund um Quarantäneschadorganismen
- www.neudorff.de/ – Produkte der Fa. Neudorff
- www.biohelp.at/ – Nützlinge

Aufbau einer zwittrigen Obstblüte. In der Mitte sitzen die weiblichen Blütenteile, rundherum die männlichen.

Obstgehölze vermehren

Während sich einige Obstgehölze sehr einfach vermehren lassen, sind manche Vermehrungsmethoden eine Herausforderung, die etwas Übung und Geschicklichkeit erfordert. Obstgehölze werden meist vegetativ vermehrt. Die bewährten gärtnerischen Methoden haben klingende Namen wie „Geißfußmethode" oder „Kopulation mit Gegenzunge". Für die Erhaltung der Vielfalt der Obstgehölze sind die verschiedenen Vermehrungsmethoden besonders wichtig. Dieses Kapitel erklärt zunächst die Befruchtungsbiologie der Obstgehölze und warum die sortenechte Vermehrung über Samen – im Gegensatz zu Gemüsen, Kräutern oder Getreide – kaum möglich ist. Im Anschluss werden die verschiedenen vegetativen Vermehrungsmethoden anschaulich erklärt.

Befruchtungsbiologie von Obstgehölzen

Unsere Obstgehölze haben großteils zwittrige Blüten. Das heißt, weibliche und männliche Blütenteile sind in einer Blüte vereint.

Weibliche Blütenorgane = Stempel: Narbe, Griffel und Fruchtknoten mit Samenanlage

Männliche Blütenorgane = Staubgefäße: Staubfaden und Staubbeutel mit dem Pollen

Für die Bestäubung einer Blüte muss der männliche Pollen auf die weibliche Narbe einer Blüte gelangen. Wenn alles passt, keimt der Pollen und wächst mit einem dünnen Schlauch durch den Griffel in den Fruchtknoten, wo sich das Erbgut des männlichen Pollenkorns mit den weiblichen Samenanlagen vereint. Ist eine Samenanlage befruchtet, bildet derBlütenboden die eigentliche Frucht. Bei einem Apfel etwa ist das Fruchtfleisch der ausgewachsene Blütenboden, das Kernhaus ist der Fruchtknoten der Blüte und aus den – bereits in der Blüte angelegten – Samenanlagen haben sich die Kerne gebildet. Die Frucht sieht daher auf einem Baum mehr oder weniger immer gleich aus, ganz egal, woher der Pollen für die Befruchtung kam. Erst die Frucht eines Baums, die aus dem Kern gewachsen ist, hat das vermischte Erbgut von Pollen und Samenanlage. Durch die Vermischung der Gene bei der Befruchtung tragen bei Fremdbefruchtern aus Kernen gezogene Bäume stets andere Früchte als die Muttersorte – in der Regel ungenießbare. Zufällig kann aber eine gute Sorte aus einem Kern entstehen, so sind auch viele alte Sorten entstanden.

Bei selbstfruchtbaren Arten und Sorten können Pflanzen aus den Samen gezogen werden, die Sorte verändert sich jedoch etwas.

Selbststerilität verhindert Inzucht

Um Inzucht zu verhindern, die zu geringerer Vitalität und erhöhter Krankheitsanfälligkeit der Nachkommen führt, kann der Pollen bei vielen Arten oder Sorten nicht die eigene Narbe befruchten. Man nennt das selbststeril, die Sorte ist auf Fremdbefruchtung angewiesen.

Das gilt nicht nur für eine einzige Blüte: Alle Blüten einer Sorte können sich bei Fremdbestäubern gegenseitig nicht befruchten. Dasselbe gilt auch für alle Blüten eines anderen Baumes der gleichen Sorte. Wenn also zum Beispiel zwei Bäume eines ‚Berner Rosenapfels' alleine auf einer Waldlichtung stehen, werden sie nie Früchte tragen. Für die Befruchtung von Fremdbestäubern braucht es daher immer zwei Bäume verschiedener Sorten, die sich dann gegenseitig bestäuben können. Bei unserem Beispiel auf der Waldlichtung würde es also genügen, zum Beispiel einen ‚Lavanttaler Bananenapfel' zu den beiden anderen Bäumen zu pflanzen. Sobald dieser blüht, würde der ‚Lavanttaler Bananenapfel' die beiden Bäume der Sorte ‚Berner Rosenapfel' bestäuben und diese den Bananenapfel. Welche Sorte zum Befruchten gepflanzt wird, ist relativ egal – mit wenigen Ausnahmen, die weiter unten und in der Tabelle „Übersicht über **die Befruchtungsverhältnisse der wichtigsten Obstarten**" (→ Seite 165) angeführt werden. Zu beachten ist allerdings, dass die Blütezeit der einzelnen Sorten variiert: Es gibt Sorten, die früh blühen, und Sorten, die spät blühen. Dazwischen liegt die große Gruppe der Sorten, die im mittleren Bereich blühen.

Je näher zwei Bäume stehen, umso zuverlässiger erfolgt die Bestäubung

Der Pollen wird bei Obstgehölzen durch **Insekten** übertragen, vor allem durch Honigbienen und Wildbienen (inkl. Hummeln). **Windbestäubung** erfolgt bei Walnuss und Haselnuss. Damit die Bestäubung zuverlässig funktioniert, sollten die beiden Bäume nicht mehr als 300 m voneinander entfernt stehen – das ist jene Flugdistanz, die von Bienen regelmäßig geflogen wird. Die Bestäu-

Viele Obstarten sind selbststeril, der Pollen kann die Blüten der eigenen Sorte nicht bestäuben. Damit die Bäume Früchte tragen, müssen (mindestens) zwei Bäume von unterschiedlichen Sorten gepflanzt werden.

Edelkastanie hat männliche (oben) und weibliche (unten) Blüten getrennt auf einem Baum.

bung kann auch auf größere Entfernung funktionieren, da Bienen auch mal zwei Kilometer fliegen, aber nur, wenn sie gerade nichts Besseres in der Nähe finden.

Es ist auch möglich, zwei (oder noch mehr) verschiedene Sorten auf einen Baum zu veredeln. Die beiden (oder mehreren) Teile verhalten sich dann wie zwei verschiedene Sorten und können sich, wenn nicht andere Gründe wie unterschiedlicher Blütezeitpunkt oder Intersterilitätsgruppen dagegen sprechen, gegenseitig bestäuben.

Ein Baum oder Strauch reicht bei selbstfertilen Sorten

Manche Arten oder Sorten sind selbstfertil, die Blüten haben diese Keimhemmung nicht und der Pollen kann auf der eigenen Blüte keimen und diese befruchten. Bei diesen selbstfruchtbaren Gehölzen genügt ein Baum, um Früchte zu erhalten. Auch selbstfruchtbare Obstsorten benötigen Insekten für die Bestäubung, da sonst zu wenig Blütenstaub auf die Narbe gelangt.

Manche Pflanzen wie Edelkastanie oder Walnuss haben zwar weibliche und männliche Blüten auf einer Pflanze, diese sind aber getrennt in verschiedenen Blüten. Oft blühen diese nicht zur gleichen Zeit auf einer Pflanze, womit auch wieder eine Fremdbefruchtung notwendig ist. Walnuss ist windbestäubt, das heißt, die einzelnen Individuen können weiter entfernt voneinander stehen als bei Arten, die von Insekten bestäubt werden.

Zweihäusigkeit

Bei einigen Arten wie zum Beispiel Kiwi gibt es Pflanzen, die rein weibliche Blüten haben, und Pflanzen, die rein männliche Blüten haben: Sie sind zweihäusig (wir Menschen sind auch „zweihäusig"). Hier ist immer eine männliche und eine weibliche Pflanze notwendig, damit die weibliche Pflanze Früchte trägt. Die männlichen Pflanzen werden nur für die Bestäubung benötigt, in der Regel reicht eine männliche Pflanze für mehrere weibliche.

Bestäubung durch Wild- und Honigbienen

Bienen sind die wichtigsten Bestäuber für Obstpflanzen in unseren Breiten. Ihre Rolle als Bestäuber beruht auf dem Umstand, dass sie nicht nur für die eigene Ernährung Pollen und Nektar sammeln, sondern auch große Mengen für die Aufzucht ihres Nachwuchses benötigen. Biene bedeutet aber nicht gleich Honigbiene – es gibt rund 750 verschiedene Bienenarten in Mitteleuropa. Lange wurde dabei die Bedeutung der Honigbiene überschätzt, die für rund 80 % der Bestäubungsleistung verantwortlich gemacht wurde. Untersuchungen in Großbritannien haben gezeigt, dass im Jahr 2007 höchstens ein Drittel der Bestäubung auf Honigbienen zurückzuführen war, der Rest wurde vor allem von Wildbienen und Schwebfliegen geleistet. Wildbienen erhöhen sogar den Fruchtansatz, selbst wenn die Honigbiene häufig ist. Beim Kaffeebaum hat sich gezeigt, dass nicht die Anzahl der Bienenindividuen, die eine Blüte besucht, ausschlaggebend für die Höhe des Ertrages ist, sondern die Anzahl der verschiedenen Arten. Es kann durchaus vermutet werden, dass das bei heimischen Kulturen teilweise ähnlich ist.

Die wichtige Rolle der Wildbienen bei der Befruchtung der Obstgehölze wurde lange unterschätzt.

Abschnittweises Mähen von Wiesen erhält kontinuierlich die Nahrungsquelle von Insekten.

Vielfalt bedeutet Ertragssicherheit

Die große Bedeutung der Wildbienen liegt in ihrer großen Vielfalt. Die einzelnen Arten unterscheiden sich stark in Bezug auf ihre Blütenvorlieben und ihre Witterungsabhängigkeit. Das heißt, gerade bei ungünstiger Witterung zur Blütezeit fliegen manche Wildbienenarten schon, wenn die Honigbiene den warmen Stock noch nicht verlässt. Bedenkt man, dass etwa Kirschenblüten nur 1–2 Tage Pollen abgeben oder Birnen für Honigbienen so unattraktiv sind, dass sie nur angeflogen werden, wenn nicht genug interessantere Pflanzen vorhanden sind, wird ebenso die Bedeutung von unterschiedlichen Ansprüchen verständlich. Wildbienen sind auch oft weit effizienter als Honigbienen. Um einen Hektar Apfel- oder Mandelbäume zu bestäuben, braucht es nur wenige hundert Weibchen der Mauerbiene *Osmia cornuta*, während zehntausende Arbeiterinnen der Honigbiene von Nöten sind. Allerdings muss auch erwähnt werden, dass Honigbienen in großen Völkern leben und so auch leichter große Mengen an Arbeiterinnen aufbringen, während Wildbienen oft solitär leben und nur kleine Familien im Jahresverlauf bilden. Obstbauvereine züchten teilweise Wildbienen, um den Bestand zu sichern, und informieren über die Bedeutung der Wildbienen.
→ www.wildbienengarten.at.

Sogenannte Nützlingshotels bieten Wildbienen Nistmöglichkeiten im Garten. In den Röhren sind die aneinandergereihten Kammern mit je einem Ei und etwas Futter als Vorrat sichtbar.

Wildbienen ein Heim bieten

Wildbienen sind also ganz wichtig für die Bestäubung unserer Obstbäume und Obststräucher, noch dazu, da die Bestände der Honigbiene in den letzten Jahren durch einen Rückgang der Imkerei und durch das Honigbienensterben stark reduziert wurden. Im Hausgarten und auf Streuobstwiesen sollte daher eine Mischung von gesunden Honigbienenvölkern und arten- und individuenreichen Gemeinschaften von Wildbienen vorkommen. Da Wildbienen nicht so leicht wie Honigbienen angesiedelt werden können, ist es wichtig, ein Umfeld herzustellen, das die natürliche Entwicklung von artenreichen Bienenbeständen fördert. Ein zentrales Element ist hier die Blütenvielfalt und die Blütenmenge. Alle Bienenarten haben zur Obstblüte jede Menge Nahrung, davor und danach sind sie aber genauso auf Nahrung angewiesen. Um sie zu fördern, sollten frühblühende Gehölze, allen voran Weiden, gepflanzt werden, aber auch Kornelkirsche und Schlehe blühen sehr früh. Um den Rest des Jahres abzudecken, sollte die Wiese – oder zumindest Teile davon – erst spät gemäht werden, wenn die meisten Pflanzen verblüht sind. Wichtig ist auch abschnittweises Mähen, damit nicht die gesamte Futtermenge auf einen Schlag vernichtet ist. Das Anlegen von Blühstreifen zum Beispiel entlang von Hecken fördert ebenso die Bienenvielfalt.

Wildbienen brauchen geeignete Brutplätze. Das sind offene, sonnenbeschienene Böschungen oder Bodenstellen, Steinstrukturen wie Trockenmauern, liegendes oder stehendes totes Holz und alte Stängel von Pflanzen, in denen sie den Winter verbringen können. Vielfach gibt es mittlerweile auch „Insektenhotels" zu kaufen, die geeignete Strukturen bieten. Kurz gesagt, je vielfältiger an Strukturen Ihr Garten oder Ihre Obstwiese ist, umso mehr Wildbienen werden sich ansiedeln und umso mehr und vor allem kontinuierlicher werden Sie Obst ernten können.

Altes Holz und Steinhaufen bieten natürliche Brutmöglichkeiten.

Frühblühende Gehölze wie Kornelkirsche und vor allem Weiden bieten Bienen im Frühling die erste Nahrung.

Übersicht über die Befruchtungsverhältnisse der wichtigsten Obstarten

Obstart	Form der Befruchtung und Bemerkungen
Apfel	Fremdbefruchter
Birne	Fremdbefruchter
Süßkirsche	Fast alle Sorten sind Fremdbefruchter, neuere Sorten wie ‚Lapins' oder ‚Sunburst' sind Selbstbefruchter, Intersterilitätsgruppen beachten.
Weichsel, Sauerkirsche	je nach Sorte Selbstbefruchter, Fremdbefruchter und teilweise Selbstbefruchter (dann geringere Erträge)
Zwetschke und Verwandte	je nach Sorte Selbstbefruchter, Fremdbefruchter und teilweise Selbstbefruchter (geringere Erträge)
Marille, Mandel	Selbstbefruchter (mit wenigen Ausnahmen)
Pfirsich, Nektarine	Selbstbefruchter
Nashi	Fremdbefruchter, können von Birnen bestäubt werden
Quitte	meist Selbstbefruchter
Kiwi	meist zweihäusig mit rein weiblichen und rein männlichen Pflanzen
Walnuss und Haselnuss	Männliche und weibliche Blüten sind getrennt auf einer Pflanze; oft aber stark unterschiedliche Blütezeit, daher verschiedene Sorten pflanzen, Windbestäubung.
Maroni	Fremdbefruchter, teilweise neuere Sorten auch Selbstbefruchter
Erdbeere	fast alle Selbstbefruchter
Himbeere	Selbstbefruchter
Brombeere	Selbstbefruchter
Ribisel, Stachelbeere, Jostabeere	Selbstbefruchter, teilweise (v. a. bei schwarzen Sorten) steigt der Ertrag bei Fremdbefruchtung.
Mispel, Asperl	Selbstbefruchter
Wein	Selbstbefruchter

Quelle: eigene Zusammenstellung

Jungfernfrüchtigkeit – Früchte ohne Bestäubung

Vereinzelt kommt es vor, dass Blüten auch ohne Befruchtung Früchte bilden. Ein bekanntes Beispiel ist die Feige und die Minikiwisorte ‚Issai'. Diese wird oft fälschlich als selbstfruchtbar verkauft, da sie tatsächlich ohne männlichen Bestäuber Früchte bildet. Allerdings werden sie aber einfach ohne Bestäubung gebildet mit entscheidenden Nachteilen: Die Früchte sind bedeutend kleiner und der Strauch trägt nur mangelhaft. Wird ein männlicher Bestäuber zu einer Issaipflanze gesetzt, steigt sowohl die Fruchtgröße als auch die Anzahl der Früchte.

Auch bei manchen Birnensorten kommt es zu Jungfernfrüchtigkeit, die hier eventuell eine gewisse Bedeutung in ungünstigen Blühjahren hat. Bei manchen Sorten sind unbefruchtete Früchte aber klein und stark verformt. Auf eine reine Jungfernfrüchtigkeit sollte man sich daher nicht verlassen, da mit Bestäubung immer bessere Erträge zu erreichen sind.

Wirklich bedeutend ist die Jungfernfrüchtigkeit (auch Parthenokarpie genannt) in unseren Breitengraden bei der Feige. Da die Feigenwespe, die Feigen bestäubt, in Mitteleuropa nicht vorkommt, können nur Sorten gepflanzt werden, die auch ohne Bestäubung Früchte bilden.

Nur Feigen-Sorten, die ohne Bestäubung Früchte ausbilden können, können in Mitteleuropa angebaut werden.

Sonderfall Triploidie und Intersterilitätsgruppen

Die Funktionen einer Pflanze werden durch Gene gesteuert, sie sind die „Bau- und Funktionspläne". Jedes Gen ist für spezielle Aufgaben zuständig. In der Regel ist in jeder Pflanzenzelle jedes Gen zweimal vorhanden, man spricht von „diploiden Pflanzen" (griechisch „Doppelheit"). Vor allem bei Kernobst sind die Gene manchmal in dreifacher (triploider) Ausführung vorhanden. Äußerlich erkennbar ist dies durch starkes Wachstum und große Früchte, die keine oder nur verkümmerte Samen ausbilden. Triploide Sorten können andere Sorten nicht oder nur schlecht bestäuben. Dies hat eine besondere Bedeutung, wenn in Einzellagen nur wenige Bäume einer Art gepflanzt werden. In guter Literatur, zum Beispiel in den Arche-Noah-Sortenblättern, ist Triploidie und auch die Blütezeit angegeben, wenn bekannt. Sollte eine triploide Sorte gepflanzt werden, müssen mindestens zwei diploide Sorten dazugesetzt werden, damit alle Bäume tragen. Dann können sich die diploiden Sorten gegenseitig befruchten und sie bestäuben auch die triploide Sorte.

Auch bei manchen diploiden Sorten ist der Pollen schlecht und bestäubt nur mangelhaft. Hier ist die Quellenlage allerdings spärlich.

Wichtige triploide Apfel- und Birnensorten. Sie können keine anderen Sorten befruchten

Triploide Apfel-Sorten	‚Kidds Orange'
‚Adersleber Kalvill'	‚Mutsu'
‚Baldwin'	‚Ontario'
‚Bohnapfel'	‚Osnabrücker Renette'
‚Brauner Matapfel'	‚Rheinischer Winterrambour'
‚Brettacher'	‚Ribston Pepping'
‚Close'	‚Riesenboiken'
‚Coulons Renette'	‚Roter Bellefleur'
‚Damason Renette'	‚Roter Boskoop'
‚Geflammter Kardinal'	‚Roter Eiserapfel'
‚Goldrenette von Blenheim'	‚Roter Gravensteiner'
‚Gravensteiner'	‚Roter Winterkalvill'
‚Graue Französische Renette'	‚Schöner aus Boskoop'
‚Grünling von Rhode Island'	‚Schöner von Nordhausen'
‚Harberts Renette'	‚Schwarzschillernder Kohlapfel'
‚Hauxapfel'	‚Weiße Kanadarenette'
‚Holsteiner Cox'	‚Winterrambur'
‚Horneburger Pfannkuchen'	‚Winterzitronenapfel'
‚Jakob Fischer'	‚Zabergäu Renette'
‚Jakob Lebel'	
‚Jerseyred'	Triploide Birnen-Sorten
‚Jonagold'	‚Alexander Lucas'
‚Josef Musch'	‚Diels Butterbirne'
‚Kaiser Wilhelm'	‚Gute Graue'
‚Kanadarenette'	‚Pastorenbirne'

Quelle: http://forum.planten.de, verändert

Vor allem bei Süßkirschen gibt es Gruppen von Sorten, die sich gegenseitig nicht bestäuben können, sogenannte Intersterilitätsgruppen. Hier kann der Pollenschlauch bei allen Sorten einer Gruppe nicht in den Griffel wachsen – und daher kommt es nicht zur Fruchtbildung. Alle Sorten einer Gruppe verhalten sich wie eine selbststerile Sorte.

Generative Vermehrung – Anbau von Samen

Der Anbau von Samen hat in der Vermehrung von Obstgehölzen vor allem für die Heranzucht von Veredelungsunterlagen und Wildobstgehölzen Bedeutung. Notwendig ist er auch bei der Anzucht von Monatserdbeeren, → Seite 168.

Bei den selbstfruchtbaren Obstarten wie Marille und Pfirsich ist die Chance, dass aus dem gelegten Samen eine Frucht entsteht, die der der Mutterpflanze gleicht, relativ hoch. Weingartenpfirsiche werden meist über Samen vermehrt, wodurch viele verschiedene Typen existieren. Aber auch bei gelbfrüchtigen Pfirsichen lohnt das Experiment, Kerne von wohlschmeckenden Sorten gleich nach dem Genuss zu vergraben. Denn schon nach drei bis vier Jahren blüht und fruchtet das daraus entstandene Bäumchen und jene Bäumchen, die keine guten Früchte haben, können einfach wieder entfernt werden.

In Lagen, in denen es eigentlich schon zu kalt für Pfirsiche ist, wird dieses Verfahren oft recht erfolgreich angewendet, um trotzdem regelmäßig Pfirsiche genießen zu können. Fünf, sechs Kerne der Früchte werden jedes Jahr kreisförmig im Abstand von rund 2 Metern zwischen den Kreisen um den bestehenden Baum in die Erde gelegt. Dadurch bildet sich ein kleiner Bestand von unterschiedlich alten Bäumen. Wenn die ältesten, meist nach wenigen Jahren, wieder absterben, trägt bereits die nächste Generation Früchte.

Auch bei der Marille wurden und werden Bäume vielfach aus Samen gezogen, das Resultat lässt allerdings wesentlich länger auf sich warten (bis zu 10 Jahre).

Bäumchen, auf denen dann veredelt wird (= Veredelungsunterlage), können auch selbst aus Samen gezogen werden. Vor allem bei Hauszwetschken, Kirschpflaumen, Marillen, Kirschen, Mandeln und Pfirsichen funktioniert das sehr gut. Apfel- und Birnensämlinge sind erstens oft sehr uneinheitlich. Zweitens sind viele dieser Bäumchen wenig vital. Hier ist der Zukauf von Unterlagen empfehlenswerter, da diese von bestimmten Sorten gewonnen werden, die gute Eigenschaften vererben (Bezugsquellen von Unterlagen → Serviceteil, Seite 522).

Die Keimhemmung muss abgebaut werden

Von welchen Sorten die Samen genommen werden, ist im Prinzip egal. Wichtig ist aber, dass die Samen vor der Aussaat speziell vorbehandelt („stratifiziert") werden, da sie sonst oft nicht keimen oder – wenn sie schon im Herbst ausgesät oder eingelegt werden – über den Winter von Mäusen gefressen oder vom Schimmel vernichtet werden. Um die Keimhemmung abzubauen,

Weingartenpfirsiche können aus Kernen gezogen werden.

Um die Keimhemmung abzubauen, werden Samen von Obstgehölzen über den Winter in feuchten Sand eingelegt und mäusesicher gelagert.

werden Samen von Obstgehölzen über den Winter in feuchten Sand eingelegt und mäusesicher gelagert.

Zum Stratifizieren die Samen vollständig vom Fruchtfleisch befreien und die Samen danach luftig und kühl bis zum Herbst lagern. Die harte Schale von Steinobst-Kernen wird nicht aufgebrochen! Im Herbst werden sie in einem Gefäß mit feuchtem Sand vermischt und möglichst kühl, aber frostfrei über den Winter gelagert. Günstig ist ein feuchter Keller, Sie können den Behälter aber auch abgedeckt mit feinmaschigem Gitter (gegen Mäuse) an einer schattigen Stelle im Garten vergraben. Wenn der Sand mit den Samen ab und zu friert, ist das kein Problem, längere Frostperioden sollten aber vermieden werden. Der Sand soll nicht austrocknen, aber auch nicht tropfnass sein, verwenden Sie unbedingt ein Gefäß mit Löchern im Boden.

Bei großen Samen werden Sie im Frühling sehen, dass sie beginnen sich zu öffnen. Sie können sie nun aus dem Sand geben und in ein Pflanzbeet übersiedeln. Kleine Samen werden mit dem Sand auf ein Saatbeet breit aufgestreut.

Im ersten Sommer sind Sämlinge oft ein wenig hitzeempfindlich, es empfiehlt sich, ein kleines Gestell zu bauen, auf dem Bambusmatten zum Schattieren aufgebracht werden können.

Vermehrung von Monatserdbeeren

Monatserdbeeren werden immer über Samen vermehrt, da sie keine Ausläufer bilden. Die winzigen Samen der Monatserdbeere sitzen außen auf den Früchten. Zur Samengewinnung die reifen Beeren auf Zeitungspapier oder Küchenrolle zerreiben und das Papier samt Fruchtfleisch und Samen trocknen. Werden die Samen von im Juni/Juli reifenden Früchten gewonnen, so kann die Aussaat noch im gleichen Sommer erfolgen. Herbstaussaat ist nicht zu empfehlen, da die jungen Pflanzen eine gewisse Größe brauchen, um den Winter gut zu überstehen. Die Keimung dauert 2–3 Wochen,

Bei Monatserdbeeren sitzen die Samen außen auf der Frucht, hier die Sorte ‚Fraise des Bois'.

die optimale Keimtemperatur liegt bei 15–18 °C. Im Sommer deshalb auf die Temperatur achten (nicht zu warm, daher bei hohen Temperaturen beschatten). Aussaat im Frühjahr ist ebenso möglich. Im Frühjahr gesäte Monatserdbeeren bringen ab Juli Früchte hervor.

Vegetative Vermehrung – Vermehrung über Pflanzenteile

Sie ist im Obstbau die weitaus wichtigere Vermehrungsart, da dabei die Sortenechtheit bewahrt bleibt. Das heißt, dass alle von einer Mutterpflanze stammenden Pflanzen gleich sind, dieselbe Erbinformation aufweisen, man spricht auch von einem Klon. Je nach Obstart erfolgt die Vermehrung „auf fremde Wurzel" (ein Pflanzenteil der Edelsorte wird auf eine bewurzelte Unterlage veredelt) oder „auf eigene Wurzel" (ein Pflanzenteil der Edelsorte bildet selbst Wurzeln). Es gibt jeweils verschiedene Verfahren, die angewendet werden können.

Obstgehölze zu vermehren ist recht einfach. Selbst das oft als besonders schwierig angesehene Veredeln ist schnell erlernt und funktioniert recht zuverlässig. Man kann zum Beispiel an einfachen Weidenästen üben, bevor man sich dann an „echte" Obstpflanzen heranwagt. Wer es einmal im Griff hat, verlernt es genauso wenig wie das Fahrradfahren. Diese einfachen Fähigkeiten sind dann rasch hilfreich: Sie sind bei einer Freundin, die einen wunderbaren Apfelstrudel aus ihren eigenen Äpfeln gebacken hat – im Winter veredeln Sie sich selbst einen Baum mit einem Edelreis vom Apfelbaum Ihrer Freundin. Oder: Sie essen im Sommerurlaub eine besonders aromatische Johannisbeere. Ein Steckling ist schnell abgezwickt und schon wächst die Sorte auch bei Ihnen. Wenn Sie Obstgehölze auf diese Weise selbst vermehren, müssen Sie nicht aufwendig die Sorte herausfinden, um dann zu versuchen, genau diese Sorte in einer Baumschule zu erhalten. Sie können sich auch einfach von Ihrem Geschmack leiten lassen. Und quasi nebenbei erhalten Sie vielleicht auch noch eine alte Obstsorte in Ihrem eigenen Garten, die Sie dann irgendwann selbst wieder weitergeben können. Ganz nach dem Motto: „Rettet die Vielfalt, esst sie auf!" Bei unseren eintägigen Veredelungskursen können die Teilnehmer immer einige Bäumchen veredeln und mit nach Hause nehmen. Und bei den meisten Teilnehmern wachsen diese auch wunderbar an.

Veredelte Bäume bestehen aus der Unterlage mit den Wurzeln und der Edelsorte. Manchmal ist bei alten Bäumen noch die Veredelungsstelle sichtbar.

Vermehrung „auf fremde Wurzel" Das Veredeln

„Veredeln" ist die Übertragung eines Pflanzenteiles einer zu vermehrenden Obstsorte (Edelsorte) auf eine bewurzelte Unterlage.

Beim Baumobst ist das Veredeln (auch Pfropfen genannt) die wichtigste Vermehrungsform. Dabei wird ein Trieb oder ein Auge (= Knospe) einer Edelsorte auf eine „Unterlage" – das heißt, auf bereits bewurzelte Pflanzen – aufgesetzt. Dabei sollen die Unterlage und das Edelreis von der gleichen Pflanzenart oder einer nahe verwandten Art stammen. Es ist zum Beispiel nicht möglich, Äpfel auf Zwetschken zu veredeln. Hingegen lassen sich Marillen, Pfirsiche und Mandeln auf Zwetschken veredeln, da sie recht nahe verwandt sind. Auch bei Birne und Apfel ist die Verwandtschaft sehr weit, vereinzelt gelingen aber solche Veredelungen und leben auch lange. Besser – wenn auch oft

Erleben, wie aus einem Stück Holz ein ganzer Baum heranwächst, ist für viele ein besonderer Reiz beim Veredeln.

mit Problemen – funktioniert die Veredelung von Birne auf Quitte. Im Wesentlichen übernimmt die Unterlage die Wurzelbildung, Wasser- und Nährstoffaufnahme, während die Edelsorte die Kronen- und Fruchtentwicklung bestimmt.

Einige wichtige Begriffe

Obstart: Apfel, Birne, Zwetschke ... sind Obstarten.

Obstsorte: Pflanzen einer Obstart, die idente oder zumindest sehr ähnliche Baum- und Fruchteigenschaften haben.

Klonsorte: Aus einem Teil einer Mutterpflanze wird eine neue, eigenständige Pflanze erzogen. Diese hat die exakt gleichen Eigenschaften wie die Mutterpflanze, sie ist ein Klon dieser Sorte und alle weiteren Nachkommen der Muttersorte sind ebenfalls (Ausnahmen nur, wenn es spontan zu kleinen Veränderungen im Erbgut, sogenannten Mutationen, gekommen ist; → Mutanten) genetisch ident. Die meisten Baum- und Beerenobstsorten werden so vermehrt und zählen daher zu den Klonsorten.

Mutanten: Bei wachsenden Obstpflanzen kann es zu Veränderungen im Erbgut kommen, zum Beispiel können die Früchte an einem Ast eines Baumes plötzlich anders gefärbt sein als am Rest des Baumes. Werden solche Veränderungen vom Menschen erkannt, positiv bewertet und bewusst weitervermehrt, spricht man von einer Mutante, in diesem Fall von einer Farbmutante. Der ‚Rote Boskoop' ist eine Mutante der Sorte ‚Schöner aus Boskoop' und der ‚Rote Gravensteiner' ist eine Mutante vom ‚Gravensteiner'. Bei der Sorte ‚Gala' gibt es besonders viele bekannte Farbmutanten, nämlich über 20.

Edelsorte: Bezeichnet eine Sorte, die vermehrt werden soll.

Edelreis: Ein einjähriger Trieb einer Edelsorte, mit dem veredelt wird.

Unterlage: Bewurzeltes Bäumchen, auf das ein Edelreis aufgesetzt (veredelt) wird.

Vegetative Vermehrung: Die Vermehrung über Pflanzenteile ist bei vielen Obstgehölzen notwendig, um die Sorteneigenschaften zu erhalten. Es gibt verschiedene Methoden, z. B. die Veredelung.

Generative Vermehrung: Die Vermehrung über Samen spielt in der obstbaulichen Praxis kaum eine Rolle, weil die Sortenidentität verloren geht. Ausnahmen sind wenige Sorten bei Zwetschke und Pfirsich, deren Sämlingsnachkommen der Muttersorte entsprechen. Man sagt, „eine Sorte fällt kernecht aus" oder „die Sortenidentität bleibt erhalten". Monatserdbeeren werden auch über Samen vermehrt. Bei der Züchtung neuer Sorten spielt die Vermehrung über Samen hingegen eine Rolle.

Sämling: Ein aus einem Samen gezogener Obstbaum. Die Nachkommen entsprechen nicht mehr dem Sortenbild der Muttersorte. Ein Sämling wird auch Wildling, im Englischen Pepping oder Pippin (*pip* ist der Apfelkern) genannt. Sämlinge sind vor allem bei der Anzucht von Veredelungsunterlagen relevant.

Zufallssämling: Bezeichnet einen Sämling, der zufällig in der Landschaft gefunden, als wertvoll erkannt und als Sorte benannt und beschrieben wurde. Die Eltern eines Zufallssämlings sind unbekannt. Die meisten alten Apfel- und Birnensorten sind Zufallssämlinge. Der bekannteste der Welt ist der ‚Golden Delicious' (gefunden in den USA um 1890).

Fremdbefruchtung (selbststeril)**:** Die Blüte eines selbststerilen Obstbaumes bildet nur dann eine Frucht und Samen aus, wenn sie vom Pollen einer anderen Sorte befruchtet wird – ein zweiter Baum derselben Sorte reicht für die Befruchtung nicht aus! Fremdbefruchtung ist bei vielen Obstarten die Regel. Ist eine

Samenanlage befruchtet, bildet der Blütenboden die Frucht. Die Frucht sieht daher immer gleich aus, ganz egal, woher der Pollen für die Befruchtung kam.

Selbstbefruchtung (selbstfertil): Der Pollen einer selbstfertilen Blüte kann die eigene Blüte bestäuben. Ob dies möglich ist, ist art-, aber auch sortenabhängig. Selbstbefruchtung ist die Regel bei Marillen, Weichseln, Quitten, Beerenobst und einigen anderen.

Vatersorte – Muttersorte – Nachkommen: Bei Fremdbefruchtern landet der männliche Pollen der Vatersorte auf der weiblichen Narbe der Muttersorte. Erst nach der Befruchtung bildet sich die Frucht (aus dem Blütenboden) mit dem oder den Samen. Der Samen enthält die vermischten Eigenschaften von Muttersorte und Vatersorte.

Links eine vegetativ vermehrte „Typenunterlage" und rechts eine Sämlingsunterlage. Während die Sämlingsunterlage starke, sich verzweigende Wurzeln bildet, ist die Typenunterlage durch feine Wurzeln erkennbar, die aus dem Holz entspringen.

Veredelungsunterlagen

Als Unterlagen dienen im Obstbau

- generativ vermehrte Pflanzen (Sämlinge, Wildlinge)
- vegetativ vermehrte Pflanzen (Typenunterlagen, Klone)

Aus Samen gezogene, generativ vermehrte Unterlagen sind starkwüchsig und bilden der Art entsprechend große Bäume. Die Wurzeln von Sämlingsunterlagen entwickeln sich sehr gut und erreichen bei ausgewachsenen Bäumen einen Umfang, der 1,5-mal dem Umfang der Krone entspricht. Das heißt, der – nicht sichtbare – Wurzelbereich eines solchen Baumes reicht weit über den – sichtbaren – Bereich der Krone hinaus. Mit diesem umfangreichen Wurzelsystem können sie sehr gut auch noch tiefliegende Wasserschichten erschließen und Nährstoffe aufnehmen. Aus Sämlingsunterlagen veredelte Bäume sind daher immer die robustesten Bäume, die auch noch für trockenere Standorte ohne Bewässerung geeignet sind. Diese Bäume erreichen etwa ein Alter von 100 Jahren, allerdings brauchen sie dafür bei Kernobst und Zwetschke meist 7–12 Jahre, bis sie die ersten Früchte tragen, bei Kirsche und Marille 4–7 Jahre, Pfirsiche tragen schon früher. Sämlingsunterlagen werden vor allem für Bäume auf Streuobstwiesen verwendet bzw. überhaupt für Hochstamm-Obstbäume (→ „Einen Obstgarten planen und anlegen", Seite 10).

Heute werden Sämlingsunterlagen beim Kernobst von bestimmten Sorten gezogen, da diese sehr gut und regelmäßig wachsen.

Unterlagen können gebündelt zu 25 oder 50 Stück in eigenen Unterlagsbaumschulen bezogen werden. Adressen dazu finden sich im → Serviceteil, Seite 522. Für kleinere Mengen können Unterlagen auch einzeln bei Baumschulen bezogen werden. Fragen Sie einfach bei Ihrer Baumschule nach.

Vegetativ vermehrte Unterlagen werden auch Typenunterlagen genannt. Es gibt verschiedene Methoden der Produktion, es wird aber immer ein oberirdischer Trieb eines Baumes mit Erde überhäuft. Dieser bildet als Notmaßnahme nun Wurzeln – an Stellen, wo normal keine Wurzeln vorhanden sind – und wächst mit einem Trieb wieder aus der Erde heraus. Ausgegraben hat man wieder ein kleines Bäumchen mit Wurzeln. Diese Wurzeln werden allerdings nie so mächtig wie von einem Sämling. Wie groß sie maximal werden, ist von Typ zu Typ unterschiedlich und beeinflusst wesentlich die Wuchsstärke des Baumes. Grob können diese Unterlagen eingeteilt werden in schwachwüchsig, mittelstark wüchsig und starkwüchsig (→ Tabelle unten).

Auswirkungen der Wuchsstärke der Unterlage auf die Wuchsstärke und andere Eigenschaften eines Obstbaums

Wuchsstärke der Unterlage	Wuchsstärke und weitere Eigenschaften des Baums
schwachwüchsig	Bäume bleiben klein (2–3 m hoch), sie sind nicht vollkommen standfest und brauchen zeitlebens einen Pflock, der Ertrag tritt nach 2–3 Jahren ein, das durchschnittliche Lebensalter liegt bei ungefähr 30 Jahren.
mittelschwach- bis mittelstarkwüchsig	Die Bäume werden etwa 3–4 m hoch und sind meist auch schon ohne Pflock standfest, der Ertrag tritt nach 4–7 Jahren ein, das Lebensalter liegt bei 50 Jahren und mehr.
starkwüchsig	Die Bäume erreichen fast die Größe von Sämlingsunterlagen, sie tragen aber bedeutend früher als diese, sie sind robust, aber weniger gut für trockene Standorte geeignet; sie können auch recht alt werden.

Insgesamt bleiben auf Typenunterlage veredelte Obstbäume kleiner und sie brauchen einen besseren Boden als eine Sämlingsunterlage. Dabei gilt: Je schwächer eine Unterlage wächst, desto kleiner bleibt der Baum und desto höhere Ansprüche stellt der Baum an die regelmäßige Wasser- und Nährstoffversorgung. Ist der Standort schlecht (mager, trocken, seichtgründig) und eine Verbesserung durch Düngen und regelmäßiges Gießen nicht möglich, sind eher stärker wachsende Unterlagen – die auch mehr Platz brauchen – zu bevorzugen. Die unten stehende Tabelle bietet einen Überblick über weitere Eigenschaften.

Eigenschaften von Sämlings- und Typenunterlagen

Kriterium	Sämlingsunterlage	Typenunterlage
Wuchsstärke	stark	schwach bis stark
Baumform	große Baumformen, Halb- und Hochstamm	kleine bis mittlere Baumformen, Spindel, Busch, Halbstamm (Hochstamm in Ausnahmefällen)
Bodenansprüche	genügsam, kommt je nach Sorte auch mit trockenen, lehmigeren oder kargeren Böden zurecht	hoch, braucht gute Wasser- und Nährstoffversorgung
Ertragseintritt	spät, 7–12 Jahre bei Kernobst und Zwetschke, 4–7 Jahre bei Marille	sehr früh bis mittel, 2–7 Jahre
erreichbares Alter	hoch, 100 Jahre und mehr	niedrig bis hoch, 30–80 (100) Jahre
Verwendung	Streuobstbau, Alleen, Schattenbäume, große Hausgärten	Erwerbsobstbau, Gärten, Zierformen

Gegenüberstellung der wichtigsten Eigenschaften von Sämlings- und Typenunterlagen.
Quelle: eigene Zusammenstellung

Im Holz ist manchmal die Veredelung noch deutlich sichtbar. Hier ein Brett einer Marille, die auf halber Höhe auf einer Zwetschkenunterlage veredelt war.

Nicht nur die Unterlage beeinflusst die Wuchskraft eines Baums, auch die Edelsorte wirkt sich auf diese aus. Wird eine schwach wachsende Unterlage mit einer schwach wachsenden Edelsorte kombiniert, führt das dazu, dass der Baum kaum wächst und viel zu klein bleibt. In diesem Fall muss eine stärker wachsende Unterlage gewählt werden, um das schwache Wachstum der Edelsorte auszugleichen.

Auch andere Eigenschaften werden von beiden „Partnern" beeinflusst. So haben manche Typenunterlagen einen positiven Einfluss auf die Qualität der Früchte und die Edelsorten bestimmen die Anpassungsfähigkeit an Boden und Klima mit.

Beeinflussung der Größe des zukünftigen Obstbaumes durch Unterlage und Edelsorte

Wuchsstärke Unterlage	+	Wuchsstärke Edelsorte	=	Größe des Obstbaums
stark	+	stark	=	sehr groß
stark	+	schwach	=	mittel
schwach	+	stark	=	mittel
schwach	+	schwach	=	sehr klein

In der Tabelle auf der Seite 174ff. sind einige der häufiger verwendeten Unterlagen angeführt. Für den extensiven Bereich im Hausgarten oder den landwirtschaftlichen Bereich besonders empfehlenswerte Unterlagen sind kursiv gedruckt. Die Prozentangaben beim Baumobst geben die ungefähre Wuchsstärke im Vergleich zum Sämling (= 100 %) an.

Bei folgenden Eigenschaften gibt es Wechselwirkungen zwischen Unterlage und Edelsorte:

- Entwicklung – Wachstum
- Lebensalter – Ertrag
- Fruchtqualität – Anpassungsfähigkeit an Boden und Klima
- Widerstandsfähigkeit gegenüber Krankheiten und Schädlingen

Genaues Arbeiten ist die Voraussetzung für den Erfolg beim Veredeln.

Übersicht über die wichtigsten Veredelungsunterlagen verschiedener Obstarten

Unterlage	Wuchs/sonst. Eigenschaften
Apfel (*Malus domestica*)	
Apfelsämling (‚Bittenfelder Sämling', ‚Grahams Jubiläumsapfel')	sehr stark (100 %), später Ertragseintritt, robust, für große Baumformen
A 2	sehr stark (95 %), früher Ertragsbeginn, für große Baumformen in Hausgarten und Landschaft, nicht für sehr trockene Böden, blutlausanfällig
M 25	stark (70 %), früher Ertrag, gute Fruchtqualität, für extensive Ertragsanlagen interessant
MM 111	mittelstark (60 %), robust, für trockenere Lagen, standfest, ideal für mittlere Baumformen (Halbstamm) im Hausgarten, gute Erträge
M 7	mittelschwach (50 %), standfest, frühe und gute Erträge; gute, anspruchslose Unterlage für kleine Baumformen
MM 106	mittelschwach (50 %), gute Fruchtqualität und frühe und gute Erträge, ideal für kleine Baumformen im Hausgarten, ausreichend standfest; für mittlere und leichte Böden
M 26	schwach (40 %), frühe und gute Fruchtbarkeit, nur für Spindelbusch, nicht standfest, weniger anspruchsvoll als M 9
M 9	schwach (30 %), sehr frühe Erträge, nur für Spindelbusch, braucht gute Böden, nicht standfest, häufig verwendet
M 27	sehr schwach (20 %), bei starkwachsenden Sorten für Spindelbusch
Birne (*Pyrus communis*)	
Birnensämling (‚Kirchensaller Mostbirne')	stark (100 %), robust, anpassungsfähig, für große Baumformen, anfällig für Birnenverfall
OHF 87 und 97	stark (90 %), resistent gegen Birnenverfall
Pyrodwarf©	mittelstark (60 %), für kalkhaltige Böden, verträglich mit alten Sorten, ideal für mittlere Baumformen im Hausgarten, schwer zu bekommen
Farold (verschiedene Typen)	mittelstark (60 %), gute Erträge, für kalkhaltige Böden
Quitte Ba 29	mittelschwach (45 %), etwas kalktoleranter als andere Quitten, für kleine Baumformen
Quitte A und C	schwach (40 + 30 %), nur für gute Böden, nicht kalktolerant, frostempfindlich

Unterlage	Wuchs/sonst. Eigenschaften
Quitte (*Cydonia oblonga*)	
Quitte Ba 29	mittelstark, etwas kalktoleranter
Quitte A, C	schwach, nicht für kalkreiche Böden
Mispel (*Mespilus germanica*)	
Quitte	→ Quitte
Weißdorn	schwach, Verträglichkeitsprobleme
Süßkirsche (*Prunus avium*)	
Vogelkirschensämling	stark (100 %), robust, sehr trockenfest, für große Baumformen
Colt	mittelstark bis stark (70 %), Ertrag früh und hoch, gute Fruchtbarkeit, frostempfindlich, bei Trockenheit kleine Früchte
Weiroot (verschiedene Klone)	schwach bis mittelstark (50–70 %), nur für gute Böden, braucht intensive Pflege, meist standfest
GiSelA 6	mittelstark (65 %), breiter Wuchs, frühe Erträge, für trockene Standorte, anfangs bedingt standfest, virustolerant, braucht gute Wasserversorgung, ideal für mittlere Baumformen
GiSelA 5	schwach (50 %), frühe und hohe Erträge, frosthart, flache Astwinkel, ideal für kleinere Baumformen im Hausgarten
Weichsel (*Prunus cerasus*)	
wie Süßkirsche	
zusätzlich auch Steinweichsel (*Prunus mahaleb*)	mittelstark (60 %), für trockene Böden
Pflaume, Zwetschke, Mirabelle, Ringlotte (*Prunus domestica*)	
Kirschpflaumensämling, Myrobalane (*Prunus cerasifera*)	stark (100 %), Ertrag spät und hoch, keine Wurzelbrut, mitunter aber Stockausschläge, für trockene Böden, Frosthärte nicht immer ausreichend
Brompton (Sämlinge der Sorte)	stark (90 %), Universalunterlage, früher Ertrag, frosthart, alle Böden, auch auf schweren, feuchten, kalten Böden, wenig Wurzelbrut (= Wurzelausläufer)
Hauszwetschkensämling	mittel bis stark (90 %), mitunter krummwüchsig, Wurzelbrut unterschiedlich, für schwere Böden
St. Julien INRA 2	mittelstark (85 %), gute Ertragseigenschaften, für gute, nicht zu leichte Böden, für basische Böden, Wurzelbrut
Wangenheims (Sämling der Sorte)	mittelstark (70 %), gute, robuste Unterlage für etwas kleinere Bäume, kaum Wurzelausläufer
St. Julien 655/2	mittelstark (65 %), früher und hoher Ertrag, flache Astwinkel, gute Fruchtgröße, auch auf feuchten, schweren und kalkhaltigen Böden, sehr starke Wurzelbrut

Unterlage	Wuchs/sonst. Eigenschaften
Marille (*Prunus armeniaca*)	
Marillensämling	stark (100 %), nur für durchlässige, mittlere bis trockene Böden
Kirschpflaumensämling, Myrobalane (*Prunus cerasifera*)	stark (100 %), erhöhte Gefahr von Schlagtreffen, für sehr trockene Böden, wenig empfehlenswert
Brompton (Sämlinge der Sorte)	stark (90 %), Universalunterlage, früher Ertrag, frosthart, alle Böden, auch auf schweren, feuchten, kalten Böden, wenig Wurzelbrut
Hauszwetschkensämling	mittel bis stark (90 %), beste Unterlage für den Hausgarten, vor allem auf schweren Böden
Wangenheims (Sämling der Sorte)	mittelstark (70 %), gute, robuste Unterlage für etwas kleinere Bäume, kaum Wurzelausläufer, für schwere Böden
weitere Unterlagen → Zwetschke	
Pfirsich (*Prunus persica*); **Mandel** (*P. dulcis*)	
Pfirsichsämling	stark (100 %), kalkempfindlich, für warme, leichte Böden, verträgt Trockenheit, gute Fruchtqualität
Mandelsämling	stark (100 %), kalkverträglich, trockene Böden
Pfirsich-Mandelbastard (z. B. *Prunus* GF 677)	stark, kalkverträglich, trockene Böden, etwas früherer Ertrag
weitere Unterlagen → Zwetschke	
Walnuss (*Juglans regia*)	
Walnuss	Stark
Schwarznuss	mittel bis stark, für feuchtere Böden
Haselnuss (*Corylus avellana* und *maxima*)	
Haselnuss	für mittlere Böden
Baumhasel	für trockene Böden, keine Wurzelschosse
Ribisel, Stachelbeere	
Goldjohannisbeere (*Ribes aureum*)	für Stämmchen
Kiwi (*Actinidia chinensis*)	
Sämling	
Wein (*Vitis vinifera*)	
Teleki 8 B	mittelstark bis stark, sehr hohe Kalktoleranz, nicht zu trockene Böden
Kober 5 BB	stark, gute Kalktoleranz, anpassungsfähig
1616 C	mittelstark, für nasse Böden

Quelle: eigene Zusammenstellung

Edelreiser sind einjährige Triebe. Sie sind daran zu erkennen, dass sie keine Verzweigungen haben.

Das Edelreis

Für die Veredelung der Edelsorte wird von dieser ein sogenanntes „Edelreis" benötigt. Edelreiser sind einjährige Triebe, das heißt, sie sind im Vorjahr von Frühling bis Herbst gewachsen. Sie sind daran zu erkennen, dass sie keine Verzweigungen haben und rundherum Knospen tragen, die direkt aus dem Trieb kommen. In den Knospen sind bereits fertige Blätter oder Blüten gebildet, die sich im Frühling entfalten. Aus Blattknospen entwickeln sich im kommenden Jahr großteils neue einjährige Triebe.

Einjährige Triebe werden nach ihrer Länge in Langtriebe und Kurztriebe unterschieden:

Langtriebe	sind lang und stehen ziemlich senkrecht. Sie tragen Blattknospen und dienen dem Wachstum. Bei Birne und Apfel tragen Langtriebe in der Regel nur Blattknospen. Marille und Pfirsich trägt seitlich an den Langtrieben teilweise auch Blütenknospen. Weichselsorten, die stark hängend wachsen, haben an einjährigen Trieben seitlich nur Blütenknospen und an der Spitze eine Blattknospe.
Kurztriebe	sind kurz und stehen eher schräg bis waagrecht. Sie tragen seitlich Blattknospen und an der Spitze meist eine Blütenknospe. An ihnen wachsen die Früchte.

Ein Trieb, der in der Vegetationszeit gerade aus einer Knospe entstanden ist und wächst, wird **diesjähriger Trieb** genannt. Von unten nach oben verholzt er langsam, die Spitze ist bis in den Spätsommer immer weich und krautig. Bereits ab Juni bilden sich laufend Knospen für das nächste Jahr.

Vorweg: Zum Veredeln verwendet man bevorzugt zumindest bleistiftstarke einjährige Triebe. Von den Edelreisern werden die mittleren Abschnitte (Augen) verwendet. Die Augen an der Basis und Spitze sind schlecht zur Veredlung geeignet. Besonders wichtig ist dies bei Kirschenreisern.

Einjährige Triebe sind immer an den Spitzen von Trieben zu finden.

Qualitätsmerkmale von Edelreisern

Für Edelreiser, kurz nur Reiser genannt, eignen sich gesunde, normal bis kräftig entwickelte, mindestens bleistiftstarke einjährige Triebe, die gut belichtet wachsen konnten. Rasch gewachsene und dadurch schlecht entwickelte Wassertriebe aus dem Inneren der Krone sind nicht geeignet (→ Kapitel „Obstbäume richtig schneiden", Seite 111). Im Regelfall werden Langtriebe für die Veredelung verwendet, es können notfalls aber auch Kurztriebe genutzt werden. Bei diesen muss auf jeden Fall die Spitzenknospe beim Veredeln entfernt werden, da diese sonst eventuell blühen würde. Für Sommerveredelungen werden diesjährige Triebe verwendet.

Generell versucht man zu vermeiden, mit Triebstücken zu veredeln, die Blütenknospen tragen. Blüht ein Edelreis auf einer Veredelung, kostet das Energie, es ist aber kein Problem, solange auch Blattknospen vorhanden sind. Probleme kann das bei der Marille und vor allem bei der Weichsel bereiten. Die Weichsel ist eine Ausnahme: Da viele Weichselsorten an den Ertragstrieben nur an der Spitze eine Blattknospe tragen, muss hier so veredelt werden, dass die Spitzenknospe auf der Veredelung verbleibt. Wenn vorhanden, werden bei der Weichsel kräftige Langtriebe verwendet, die sich nach einem Rückschnitt gebildet haben und steil nach oben wachsen. Diese Triebe haben ausreichend Blattknospen.

Rund um Schnittstellen bilden sich auch bei alten Bäumen meist neue Langtriebe, die als Edelreiser ideal sind.

Edelreiser von alten Bäumen

Immer wieder sind von regional bewährten Sorten nur alte Bäume vorhanden, die beinahe vergessen in einem großen Garten oder in der Landschaft stehen. Diese alten, meist ungepflegten Bäume wachsen nur wenig und bilden keine guten Edelreiser. Bei solchen Bäumen schneiden Sie im März oder April 2–3 etwas stärkere Äste (Durchmesser 2–3 cm) auf einen kurzen Stummel ab. Diese treiben nun wieder aus und bilden starke einjährige Triebe – die dann für die Veredelung im nächsten Jahr verwendet werden können. Bei Kernobst funktioniert das auch noch bei sehr alten, fast abgestorbenen Bäumen. Steinobst reagiert manchmal nicht mehr auf diesen Rückschnitt, wenn die Bäume schon sehr alt sind (→ Kapitel „Obstbäume richtig schneiden", Seite 72).

Schnittzeitpunkt von Edelreisern

Generell kann im Winter und im Sommer veredelt werden. Für die Winterveredelung werden einjährige Triebe genutzt (Winterreiser) und für die Sommerveredelung diesjährige Triebe (Sommerreiser).Winterreiser werden während der Winterruhe an einem frostfreien, trockenen Tag geschnitten. Sommerreiser werden Ende Juli bis Anfang August am besten unmittelbar vor der Veredelung geschnitten. Da die diesjährigen Triebe Blätter tragen, die Wasser verdunsten, müssen die-

Edelreiser nach dem Schneiden immer gleich beschriften!

Bei Sommerreisern müssen sofort die Blätter abgeschnitten werden. Ein kurzer Stummel des Blattstiels sollte am Reis verbleiben.

Links Winterreiser, rechts Sommerreiser

se sofort abgeschnitten werden, sonst vertrocknet das Reis. Beim Abschneiden mit der Schere immer ca. 1–2 cm des Blattstiels am Reis belassen, der Stiel wird dann bei der Veredelung benötigt. Sommerreiser müssen danach sofort in feuchte Tücher eingewickelt und im Kühlschrank oder einer Kühlbox gelagert werden. Sie sollten möglichst rasch verwendet werden, können so aber auch ein paar Tage gelagert werden. Wichtig ist, die Reiser gleich beim Schneiden mit einem Etikett mit dem Sortennamen zu versehen. Vertrauen Sie nicht darauf, dass Sie sich in ein bis zwei Monaten noch daran erinnern, welche Sorten Sie da eigentlich geschnitten haben. Edelreiser können im Winter problemlos mit der Post verschickt werden. Dazu die Reiser so einkürzen, dass sie in ein A4-Kuvert passen, sie in feuchtes Zeitungspapier einwickeln und das Ganze noch in ein dichtes Kunststoffsackerl packen. Bezugsquellen für Edelreiser sind im → Serviceteil (Seite 521) angeführt.

Steinobst: Hier müssen die Reiser bereits im Dezember oder Jänner geschnitten werden. Bei späterem Schnitt sind die Knospen oft schon etwas angeschwollen und treiben während der Lagerung aus. Wird sofort nach dem Schneiden veredelt, können die Reiser auch noch später geschnitten werden. Sie dürfen aber noch nicht merkbar angetrieben haben.

Kernobst: Die Reiser werden zwischen Jänner und März geschnitten; wenn sofort veredelt wird, kann auch noch im April geschnitten werden.

Lagerung von Edelreisern

Winterreiser müssen für manche Veredelungsarten lange gelagert werden. Dabei muss verhindert werden, dass sie austrocknen oder austreiben. Zur Lagerung die Reiser in ein feuchtes Tuch einschlagen und in einen Kunststoffsack stecken. Dieser sollte nun möglichst kühl, ideal bei + 1–2 °C, dunkel gelagert werden. Sie sollten nicht frieren, da Frost das Wasser aus den Trieben zieht. Steht kein entsprechender Raum zur Verfügung, kann auch der Kühlschrank genutzt werden. Man kann sie auch an einem schattigen Platz im Garten vergraben (wichtig ist ein Gitter als Wühlmausschutz).

Eine ältere und bewährte Gärtnermethode ist die Lagerung in feuchtem Sand. Die Reiser dabei entweder ganz bedecken oder zumindest ein Drittel ihrer Länge in den Sand stecken.

Voraussetzungen für das Gelingen von Veredelungen

- **Richtiger Veredelungszeitpunkt** → unten.
- **Kambium auf Kambium**: Die Berührungsflächen sollen möglichst groß sein → Text und Foto Seite 180f.
- **Scharfes Werkzeug**: Veredelungsmesser sollen nur einseitig geschliffen sein (es gibt Rechtshänder- und Linkshändermesser) → Seite 181f.
- **Rasches Arbeiten**: Die Schnittflächen dürfen nicht austrocknen → Seite 182.
- **Schnittflächen** an Unterlagen und Edelreis mit den Händen **nicht berühren** → Seite 182.
- **Feste Verbindung** zwischen Unterlage und Edelreis → Seite 182f.

Richtiger Veredelungszeitpunkt

Je nach der verwendeten Methode ist der richtige Veredelungszeitpunkt ein anderer, → Tabelle rechts.

Manche Veredelungsmethoden können nur angewendet werden, wenn die Rinde sich leicht vom Holz löst. Das ist ungefähr rund um die Kirschblüte im Frühjahr der Fall und dann wieder ungefähr Ende Juli bis Mitte August. Zu diesem Zeitpunkt wachsen Reiser sehr gut an, allerdings nur, wenn die Rinde wirklich gut löst. Kontrollieren Sie ab April regelmäßig die Löslichkeit an Trieben. Wenn Sie das einmal machen, werden Sie wissen, wie es aussieht, wenn sich die Rinde wirklich gut löst.

Einteilung der Veredelungsarten nach dem Zeitpunkt

Zeitpunkt	mögliche Veredelungsart
Jänner bis April, vor dem Rindenlösen	• Kopulation • Dünnrindenpfropfen • Geißfußpfropfen • Seitliches Anplatten
(Ende März) April bis Anfang Mai, wenn die Rinde löst (abhängig von der Höhenlage, rund um die Kirschblüte)	• Pfropfen hinter die Rinde • Dickrindenpfropfen
Sommer, Ende Juli bis Mitte August, beim Rindenlösen	• Okulieren • Pfropfen hinter die Rinde • Dickrindenpfropfen

Quelle: eigene Zusammenstellung

Tipp:

Phytoplasmen sind jene Schadorganismen, die Birnenverfall, Apfeltriebsucht und das Schlagtreffen der Marille (ESFY) verursachen (→ Kapitel „Pflanzengesundheit im Obstgarten"). Sie ziehen sich im Winter in die Wurzeln zurück, darum sind Winterreiser auch bei befallenen Bäumen relativ frei von Phytoplasmen. Bei der Okulation im Sommer werden diese Organismen über das Edelreis auf den neuen Baum übertragen, wo es zu einer Infektion kommen kann. Generell sind daher Veredelungen mit nicht auf Krankheiten geprüften Reisern nach Möglichkeit im Winter durchzuführen.

Kambium auf Kambium

Um diese Regel zu verstehen, vorab eine Erklärung, wie ein Stamm und auch ein einjähriger Trieb aufgebaut ist. Im Inneren eines Stammes oder Triebes befindet sich der Holzteil. Holz sind alte, abgestorbene Zellen, die für die Stabilität und für den Wassertransport von den Wurzeln zu den Blättern zuständig sind. Bei Obstgehölzen werden etwa die

Die dünne grüne Schicht unterhalb der Rinde ist teilungsfähiges Kambium. Kambium kann mit anderem Kambium nur verwachsen, wenn sie genau aufeinander liegen.

äußersten 20 Jahresringe für den Wassertransport genutzt. Der innere Teil ist mit Gerbstoffen zur Pilzabwehr angereichert.

Außen am Stamm ist die Rinde. Sie besteht aus der Borke und dem darunter liegenden Bast. Die Borke ist der abgestorbene Teil und schützt den Baum nach außen. Im Bast werden vom Baum produzierte Kohlenhydrate (Zucker ...) transportiert und im Baum verteilt.

Zwischen dem Holzteil und der Rinde befindet sich eine sehr dünne Zellschicht, das Kambium. Das Kambium bildet durch Zellteilung nach außen Rinde und nach innen Holz, so entstehen die Jahresringe und der Stamm wächst in die Dicke.

Das Kambium ist der einzige Bereich, in dem verschiedene Pflanzen zusammenwachsen können. Kommt Kambium auf Kambium zu liegen, bilden diese schnell von beiden Seiten Wachstumsbrücken und vereinen sich. Liegt Kambium auf Holz oder auf Rinde, können Unterlage und Edelreis nicht zusammenwachsen!

Veredelungsmesser mit Rindenlöser auf der Rückseite der Schneide. Dieser wird für manche Veredelungsarten benötigt.

Die große Kunst beim Veredeln ist es daher, so gerade und ebene Schnitte zu machen, dass das Kambium der Unterlage auf das Kambium des Edelreises trifft. Gelingt das, funktioniert die Veredelung. Ist Luft zwischen den beiden Teilen – wenn die beiden Teile nicht wirklich gerade geschnitten wurden –, können sie nicht zusammenwachsen.

Scharfes Werkzeug

Zum Veredeln werden eigene Messer verwendet, die nur auf einer Seite geschliffen sind. Das ist wichtig, mit beidseitig geschliffenen Messern (etwa Küchenmesser) kann nicht veredelt werden. Es gibt Messer für Rechtshänder und für Linkshänder, auch das ist wichtig. Mit einem Rechtshändermesser in der linken Hand kann auch nicht veredelt werden.

Für verschiedene Veredelungsarten gibt es spezielle Veredelungsmesser. Für gelegentliche Veredelungen reicht aber ein einfaches Kopulationsmesser. Achten Sie nur darauf, dass es einen Rindenlöser hat. Der wird für alle Methoden benötigt, wenn die Rinde löst. Bei unseren Kursen haben sich auch Rosenokulationsmesser bewährt, die den Rindenlöser auf der Rückseite der Schneide haben.

Verwenden Sie Veredelungsmesser nur zum Veredeln. Sie sollten wirklich sehr scharf sein und sie nachzuschleifen ist nicht einfach. Gehen Sie bei Bedarf daher lieber zu einem Scherenschleifer. Desinfizieren Sie das Messer nach jeder Sorte, um das Übertragen von Krankheiten zu verhindern (→ Kapitel „Obstbäume richtig schneiden", Seite 72, „Notwendiges und sinnvolles Werkzeug", Seite 77).

Rasches Arbeiten

Das beim Veredeln so wichtige Kambium ist empfindlich gegen Austrocknen. Arbeiten Sie daher zügig ohne unnötige Pausen, aber ohne Hektik oder Stress. Es ist genug Zeit, dass Sie die Veredelung in Ruhe machen können. Wirklich rasch müssen Sie nur im Sommer beim Okulieren arbeiten, da hier die Pflanzen im Saft stehen und es viel heißer wird.

Schnittflächen nicht berühren!

Unsere Finger haben immer einen Fettfilm. Wenn Sie eine Schnittfläche auf der Unterlage oder dem Edelreis berühren, bildet dieses Fett eine Isolierschicht – und die Partner können nicht zusammenwachsen. Wenn man die Schnittflächen versehentlich berührt hat, ist es besser nachzuschneiden, als zu hoffen, dass es schon wachsen wird.

Feste Verbindung zwischen Unterlage und Edelreis

Die beiden Veredelungspartner müssen fest zusammengebunden werden, damit sie eng aneinanderliegen. Dazu können verschiedene Materialien verwendet werden.

Bast

Bast ist in Gartenmärkten leicht zu erhalten, da er zum Blumenbinden verwendet wird. Er dehnt sich bei Feuchtigkeit etwas aus und zieht sich bei Trockenheit zusammen. Es ist daher sehr wichtig, Bast nur feucht zu verwenden, sonst wird er beim ersten Regen locker. Bast ist nicht dehnungsfähig und gibt nicht nach. Er muss daher im Sommer nach der Veredelung wieder aufgeschnitten werden, sonst würde sich der Baum durch das Dickenwachstum selbst abschnüren. Dazu einfach mit einem senkrechten Schnitt eine Bahn des Bastes durchschneiden, den Bast aber nicht entfernen. Dadurch bleibt der Druck noch aufrecht, der Bast lockert sich aber langsam mit dem Dickenwachstum. Bast kann für alle Methoden verwendet werden.

Veredelungsbänder

Es gibt eigene dehnbare Veredelungsbänder. Diese werden vor allem für die Kopulation verwendet. Sie zerfallen langsam am UV-Licht und brauchen nicht aufgeschnitten werden.

Kunststofftapes

Aus dem Laborbereich wurde für Veredelungen das Material Medifilm übernommen. Die auf Rollen erhältliche Kunststofffolie ist dehnbar und wird unter ständigem Zug um die Veredelung gewickelt. Sie wird vor allem für Kopulationen verwendet. Sie braucht nicht verknotet werden, da das Material selbst durch Adhäsion haftet. Medifilm sollte bei der Veredelung nicht über die Knospe gewickelt werden (→ „Kopulation", Seite 183f.).

Eine neuere Weiterentwicklung ist Buddy Tape. Es wird wie Medifilm verwendet, ist aber poröser. Dadurch kann es über die Knospe gewickelt werden und diese kann durch die Folie durchwachsen. Allerdings reißt Buddy Tape beim Verbinden sehr leicht ab.

Okulationsschnellverschlüsse (Okuletten)

Diese sind bei Okulationen hilfreich, da mit ihnen

Verschiedene Materialien zum Verbinden: Veredelungsbänder, Bast, Kunststofftape auf der Rolle, Okuletten

schnell verbunden werden kann. Sie bestehen aus einem dehnbaren Gummistück, das über eine Klammer gezogen wird.

Sonstige Improvisationen

Es werden alle möglichen Materialien zum Verbinden verwendet. Verbreiterter, weil leicht zu bekommen sind Malerabdeckbänder, bevorzugt jene aus Papier. Sie reißen in der Regel von selbst durch das Baumwachstum auf und erleichtern zudem das Wickeln, da sie kleben. Manchmal dürfte der Kleber aber ungewünschte Wucherungen bei der Veredelung auslösen. Werden Kunststoffbänder wie Isolierbänder verwendet, müssen diese im Sommer aufgeschnitten werden.

Veredelungsarten

Beim Veredeln unterscheiden wir generell Reiserveredelungsverfahren – dabei wird ein ganzes Triebstück aufgesetzt – oder das Okulieren oder Äugeln, bei dem nur eine Knospe unter den Bast der Unterlage geschoben wird.

Die gebräuchlichsten Veredelungsverfahren sind:

Kopulieren = einjähriges Holz in junges Holz (ein- oder zweijährig)
Pfropfen = einjähriges Holz in altes Holz
Okulieren = Auge in junge Rinde

Bei den verschiedenen Pfropfmethoden ist die Unterlage dicker als das Edelreis.

Je nach Stärke der Veredelungspartner können unterschiedliche Veredelungsmethoden angewendet werden. Neben den angeführten Methoden gibt es noch einige hier nicht besprochene Methoden.

Verschiedene Methoden der Veredelung je nach Stärke der Unterlage im Verhältnis zum Edelreis

Unterlage und Edelreis gleich dick	- Kopulation
Unterlage stärker als das Edelreis	- Dünnrindenpfropfen - Geißfußpfropfen - seitliches Anplatten - Dickrindenpfropfen
Unterlage fingerdick	- Okulieren

Kopulation

Edelreis und Unterlage sind gleich dick.
Zeitpunkt: Jänner (im Haus), Februar bis April (im Freien)

Die Kopulation ist sozusagen die Mutter aller Veredelungen. Sie besteht aus einem schrägen Schnitt an der Unterlage und einem schrägen Schnitt am Edelreis. Die beiden Schnitte werden aufeinandergelegt und können verwachsen. So einfach ist es aber nun doch nicht, denn von der korrekten Ausführung des Schnittes hängt alles ab:

Der Kopulationsschnitt muss vollkommen eben sein, damit die Kambien tatsächlich direkt aufeinander liegen. Es dürfen im Schnitt keine Kanten sein und er darf auch nicht halbrund sein – Sie würden es nicht schaffen, ein entsprechendes Gegenstück zu schneiden. Nur wenn beide Schnitte, auf Unterlage und Edelreis, ganz eben sind, haben die Kambien wirklich Kontakt.

Der Schnitt muss möglichst lang sein, damit möglichst viel Kambium auf Kambium liegt. Die Länge hängt natürlich vom Durchmesser des Triebes ab, aber zwei bis drei Zentimeter sollte er mindestens lang sein. Besonders viel Kambium wird an den Rundungen, also am Beginn und Ende

Eine gelungene Kopulation beginnt auszutreiben.

des Schnittes, freigelegt, da dort die Zellschichten schräg durchschnitten werden. Das bedeutet, der Schnitt an Unterlage und Edelreis sollte möglichst gleich lang sein, damit die Rundungen übereinanderliegen. Es hilft also auch nichts, wenn Sie am Edelreis einen zehn Zentimeter langen Schnitt schaffen, wenn er an der Unterlage nur einen Zentimeter lang ist. Versuchen Sie daher lieber einen durchschnittlich langen Schnitt zu erhalten, den dafür möglichst konstant.

Bei der Kopulation müssen die beiden Partner an der Schnittstelle gleich dick sein. Nur so kann es gelingen, dass Kambium auf Kambium liegt.

Der Kopulationsschnitt wird für viele Methoden benötigt

Der Kopulationsschnitt ist sehr bedeutend, weil er für viele andere Veredelungsarten auch benötigt wird. Es lohnt sich daher, der Einübung dieses Schnittes einiges an Zeit zu widmen. Üben Sie mit der folgenden Anleitung an einjährigen Trieben

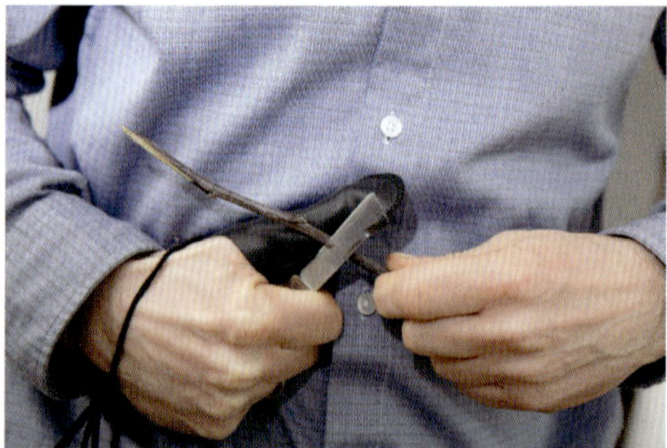

Am Beginn empfiehlt es sich, den Daumen mit einem Fingerling oder Leukoplast zu schützen.

den Schnitt so lange, bis Sie mehrmals hintereinander einen einigermaßen gleich langen Schnitt schaffen. Die intensive Übung dieses Schnitts soll zu einer Automatisierung der Handbewegungen führen, das bewirkt, dass die Schnitte immer gleich lang werden. Zum Üben empfiehlt es sich, Reiser von Apfel zu verwenden, da dieser das weichste Holz hat. Steinobst ist bedeutend schwerer zu schneiden.

Noch ein Tipp für Anfängerinnen und Anfänger: Schützen Sie Ihren Daumen. Oft ist die Angst, sich in den Finger zu schneiden, so groß, dass viel zu zögerlich geschnitten wird und die Veredelung nicht klappt. Wickeln Sie einfach einige Lagen Leukoplast um den Finger oder stülpen Sie einen Fingerling darüber. Schon klappen die Schnitte viel besser.

Schritt-für-Schritt-Anleitung für die Kopulation für Rechtshänder

Beginnen Sie mit dem Kopulationsschnitt am Edelreis. Der Schnitt sollte gegenüber einer Knospe liegen, da die Knospe das Anwachsen des Edelreises fördert. Suchen Sie sich eine Knospe am Reis aus, wo Sie schneiden möchten. Diese sollte nicht am unteren Ende des Reises liegen – diese Knospen sind oft ausgetrocknet. Nehmen Sie das Reis in die linke Hand, die Spitze des Reises schaut nach unten. Den Daumen der linken Hand legen Sie vor die ausgewählte Knospe, so dass die Spitze des Daumens auf die Spitze der Knospe schaut.

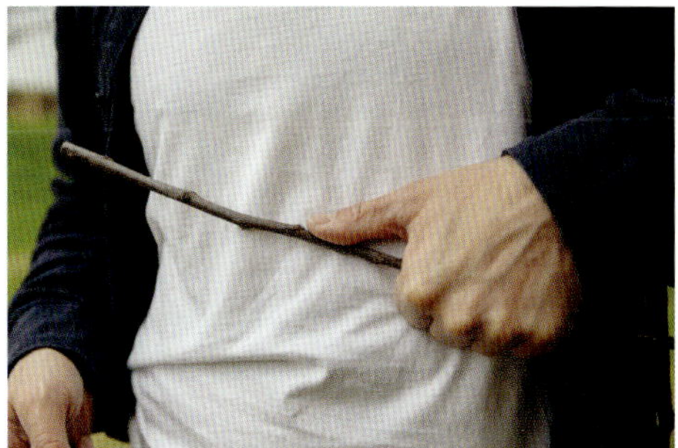

Nehmen Sie das Edelreis fest in die Hand. Der Daumen ist nach vor abgespreizt und weist zur Knospe. Drehen Sie nun die Hand, so dass die Knospe und der Daumen zu Ihnen gerichtet sind.

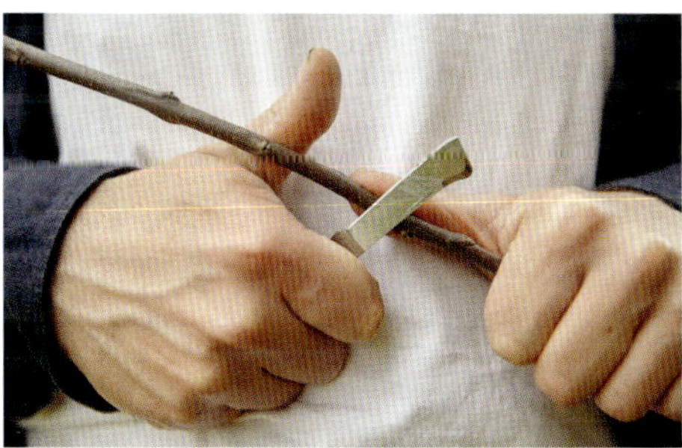

Das Messer liegt in der Faust der rechten Hand. Legen Sie die Klinge ca. einen Zentimeter vor der Knospe gegenüber dem Daumenballen an das Edelreis, ohne in die Rinde einzuschneiden. Die Spitze des Messers schaut schräg nach oben. Achten Sie darauf, dass der Trieb ganz unten am Beginn der Messerschneide anliegt. Der Daumen der rechten Hand ist senkrecht abgespreizt und liegt an der Innenseite des Reises (Ihnen zugewandt).

Die Stellung des Daumens der rechten Hand ist sehr wichtig. An ihm gleitet das Edelreis beim Schnitt vorbei und er verhindert, dass sich das Reis gegen Ende des Schnitts wegbiegt. Wenn Sie sehr lange, ausfasernde Schnitte haben, liegt Ihr Daumen nicht am Trieb! Sehr häufig wird der Daumen aus Angst während des Schneidens weggezogen, achten Sie darauf, dass er am Holz bleibt. Drücken Sie aber nicht gegen den Trieb, der Daumen liegt nur an und gibt dem Trieb Führung. Wenn Sie gegen den Trieb drücken, klemmen Sie die Messerschneide ein.

Mit dem Handballen der rechten Hand, die das Messer hält, drücken Sie nun sanft gegen Ihren Brustkorb. Diese Hand braucht sich nicht mehr zu bewegen, den Rest macht die linke Hand. Indem Sie mit der Hand gegen die Brust drücken, stabilisieren Sie die Hand und Ihre Aufmerksamkeit ist automatisch auf den seitlichen Druck gelenkt.
Dadurch verhindern Sie, dass Sie während des Schnitts mit dem Daumen der rechten Hand in Richtung Messerschneide drücken – ein instinktiver Impuls, den man sich am Anfang erst abgewöhnen muss.
Schneiden Sie immer nahe am Körper, das sind die sichersten Schnitte, weil Sie Ihre Hände gut unter Kontrolle haben. Wenn Sie die Hände vom Körper weghalten, haben Sie weniger Kraft und können den Schnitt weniger gut kontrollieren.

Ziehen Sie nun mit der linken Hand das Edelreis schräg nach unten und etwas von Ihnen weg, dabei wird das Reis schräg durchschnitten. Die rechte Hand mit dem Messer bewegt sich nicht. Wichtig ist, dass die Bewegung aus dem Ellbogen und nicht aus der Schulter kommt. Der Unterarm beschreibt eine gerade Bewegung nach unten, während der Rest des Arms ruhig bleibt. Wenn Sie aus der Schulter drehen, wird der Schnitt halbrund werden, das können Sie nicht verhindern.

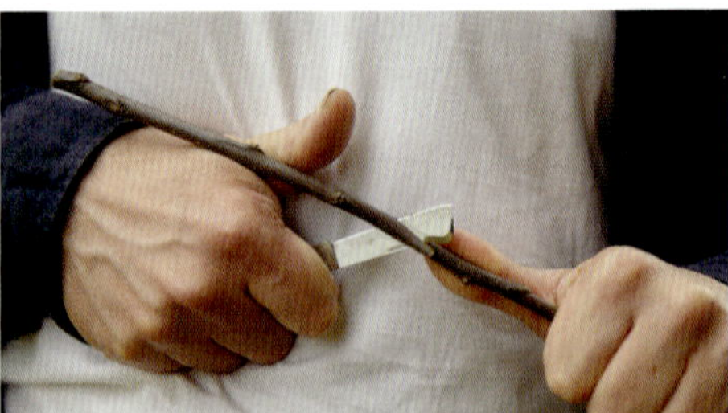

Ziehen Sie das Reis in einem Zug an der Messerschneide entlang. Mit jeder Unterbrechung entsteht ein Höcker in der Schnittfläche.
Achten Sie auch darauf, dass Sie nicht beim Anlegen des Messers schon leicht in die Rinde schneiden, auch hier gibt es dann Abweichungen vom geraden Schnitt.
Versuchen Sie nicht, das Reis durch die Schneide zu drücken, das geht sehr schwer. Sie müssen wirklich schneiden. Wenn die linke Hand nach unten zieht, muss sie gleichzeitig auch nach außen ziehen, damit Sie an der Schneide entlangschneiden! Das ist sehr wichtig und am Anfang manchmal ein Problem.

Fertig! Sie halten nun das Edelreis in der linken Hand, das Sie veredeln wollen. Der unnötige Rest ist zu Boden gefallen. Der Schnitt ist lang und gleichmäßig. Achtung: Die Schnittfläche nicht berühren!

Der Schnitt ist vollkommen eben. Wenn Sie sich nicht sicher sind, können Sie zur Kontrolle das Messer mit der Schneide gegen den Schnitt halten, es sollte flächig über die ganze Länge plan aufliegen.

Halten Sie nun Ihren Schnitt über die Unterlage und schätzen Sie ab, wo diese gleich stark wie das Edelreis ist. Dort suchen Sie wieder eine Knospe, wo Sie schneiden. Auf der Unterlage muss aber nicht gegenüber einer Knospe geschnitten werden. Die Unterlage nehmen Sie wie das Edelreis in die linke Hand, die Wurzeln schauen nach unten. Der Rest erfolgt wie beim Schnitt des Edelreises.

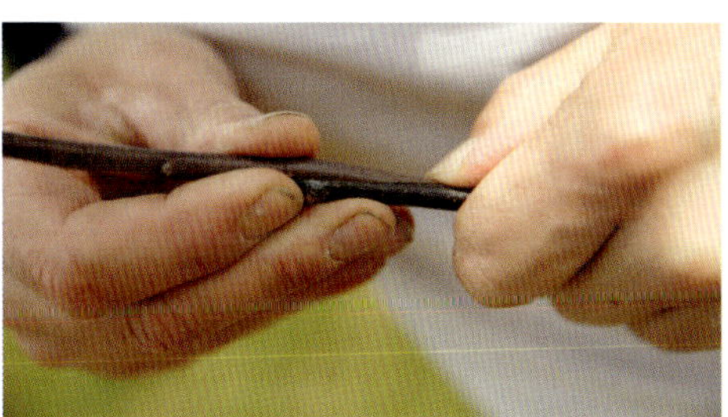

Legen Sie die Schnittflächen aneinander, sie sollten genau passen, so dass von keiner Seite die Schnittfläche auf einem Trieb sichtbar ist (kleine Stellen werden immer sichtbar sein, da die Reiser nicht ganz gerade sind). Wenn die Unterlage dünner ist, machen Sie einen neuen Schnitt.
Sollte ein Schnitt länger als der andere sein, legen Sie die beiden Schnitte so aneinander, dass sie sich an einer Rundung genau überdecken. Wenn ein Stück der Schnittfläche sichtbar ist, verwächst sich das wieder. Sollte aber ein Stück überstehen und mit der Schnittfläche zum anderen Trieb schauen, schneiden Sie den überstehenden Teil einfach weg. Sind die beiden Schnittflächen nicht gleich breit und Sie können nicht mehr nachschneiden, achten Sie darauf, dass sie auf einer Längsseite exakt passen, auf der anderen Seite liegt das Kambium dann am Holz auf. Solche Veredelungen wachsen oft auch schon an.

Nun muss die Veredelung noch verbunden werden. Hier am Beispiel eines Veredelungsbandes:

Das Edelreis schaut zu Ihnen, der Daumen der linken Hand drückt das Edelreis gegen die Unterlage. Zwischen Daumen und Edelreis wird das Veredelungsband im unteren Bereich des Schnitts eingeklemmt, so dass ein Stück übersteht. Mit der rechten Hand wird der Gummi gespannt und nach hinten geführt. Dort fixiert der Zeigefinger das Gummiband. Sie können nun loslassen und von vorne den Gummi wieder nehmen.

Der Gummi wird unter der überstehenden Lasche durchgeführt und über die Daumenspitze an den Trieb gepresst. Dadurch wird der Gummi fixiert und kann nicht mehr nachrutschen. Wickeln Sie nun ein bis zwei Windungen nach unten bis zum unteren Ende der Schnittflächen. Nun wickeln Sie nach oben. Versuchen Sie, dass sich die einzelnen Bahnen ein wenig überlappen. Bleiben Sie immer auf Zug, so dass der Gummi gespannt bleibt und die beiden Reiser fest aneinandergepresst werden.

Die Knospe am Edelreis wird nicht eingebunden. Sie können versuchen, den gespannten Gummi unter die Knospenspitze zu ziehen.

Wenn Sie am oberen Ende der Schnitte angelangt sind, wickeln Sie den Gummi einmal über Ihren Zeigefinger. Diesen ziehen Sie nun vom Reis weg. In den Spalt dazwischen fädeln Sie den Rest des Gummis ein und ziehen ihn fest, indem Sie den Gummi vom Zeigefinger rutschen lassen.

Das Edelreis wird nun nach der dritten Knospe, die über die Wickelung hinausschaut, abgeschnitten. Dadurch wird verhindert, dass zu viele Blätter austreiben, die zu viel Wasser verdunsten würden.

Alle offenen Schnittstellen müssen nun mit einem Wundverschlussmittel verstrichen werden, um die Wasserverdunstung zu minimieren. Auf jeden Fall verschlossen wird die Anschnittstelle an der Spitze des Edelreises. Wenn Sie mit dem Veredelungsband sehr sorgfältig gewickelt haben und alle Bahnen sich überdecken, brauchen Sie diesen Bereich nicht verstreichen. Verwendet werden kann dafür Baumwachs oder ein anderes Wundverschlussmittel. Wenn mehr Veredelungen gemacht werden, gibt es ein eigenes Veredelungswachs, das eingeschmolzen wird. Die gesamte Spitze wird darin bis zur Veredelung kurz eingetaucht. Wenn nichts anderes zur Hand ist, können Sie auch mit einer Kerze einfach Wachs auf die offenen Stellen tropfen.

Fertig! Nun nur noch das Bäumchen gleich mit einem Etikett beschriften.
Die hier beschriebene Form der Kopulation wird auch Winterhandveredelung genannt, dabei ist die Unterlage ausgegraben und es kann im Haus jederzeit ab Jänner (oder auch schon früher) veredelt werden. Wenn die Unterlage schon ausgepflanzt ist, wird genauso verfahren, nur dass Sie bei der Unterlage mit dem Messer ziehen müssen. Mit ein wenig Übung wird Ihr Daumen dabei aber nicht gefährdet sein.

Winterhandveredelungen werden nach der Veredelung noch mindestens für zwei bis drei Wochen gelagert, bevor sie ausgepflanzt werden. Während der Lagerung bilden sich erste Verwachsungen, und wenn das Bäumchen dann ausgepflanzt wird, bekommt es schon etwas Wasser von der Unterlage. Dazu die Wurzel der Bäumchen am besten in einen Kübel Sand stecken und diesen in den Keller stellen, es kann ruhig dunkel sein. Ausgepflanzt werden sollte auf jeden Fall, bevor die Bäumchen beginnen auszutreiben.

Kopulation mit Gegenzunge

Edelreis und Unterlage sind gleich dick.
Zeitpunkt: Jänner (im Haus), Februar bis April (im Freien)

Diese Methode wird auch „verbesserte Kopulation" oder „Englische Kopulation" genannt. Es werden auf der Unterlage und dem Edelreis die Kopulationsschnitte wie oben beschrieben gemacht. Nun wird im oberen Drittel der Schnittfläche ein vertikaler Einschnitt bei beiden Trieben gemacht. Die Veredelungspartner können nun ineinandergeschoben und verbunden werden. Der Vorteil der Veredelung ist, dass mehr Kambium freigelegt wird und die beiden Veredelungspartner beim Verbinden bereits halten. Empfehlenswert vor allem bei starken Sortierungen.

Beim Kopulieren mit Gegenzunge entsteht eine besonders innige Verbindung.

Seitliches Anplatten (Anschäften) und Dünnrindenpfropfen

Die Unterlage ist etwas dicker als das Edelreis.
Zeitpunkt: Jänner (im Haus), Februar bis April (im Freien)

Eine Abwandlung der Kopulation ist das Seitliche Anplatten, das durchgeführt werden kann, wenn die Unterlage etwas stärker als das Edelreis ist. Die Vorgangsweise ist ähnlich der Kopulation. Das Edelreis erhält einen Kopulationsschnitt. Die Unterlage wird mit einer Baumschere in der gewünschten Höhe waagrecht abgeschnitten. Nun wird ein oberflächlicher Kopulationsschnitt an der Unterlage durchgeführt, mit dem im Prinzip ein schmaler Rindenlappen abgeschnitten wird. Die Ränder des Edelreises müssen nun deckungsgleich mit den Rändern der Schnittfläche an der Unterlage sein.

Wichtig: Die Schnittfläche des Edelreises muss über die waagrechte Schnittfläche der Unterlage hinausragen. Sonst würde das Edelreis durch die Kallusbildung von der Unterlage weggedrückt werden.

Die Veredelung wird wieder verbunden und mit Baumwachs verstrichen. Auch die waagrechte Schnittstelle an der Unterlage wird verstrichen.

Das Dünnrindenpfropfen funktioniert genauso, nur dass hier der Rindenlappen von oben nur eingeschnitten wird. Am Edelreis wird unter der Knospe vorsichtig die Rinde entfernt. Beim Binden wird der Rindenlappen gegen die Rückseite des Edelreises gedrückt, wodurch mehr Kambium aufeinander zu liegen kommt.

Beim Seitlichen Anplatten wird an der Unterlage nur ein flacher Schnitt gemacht. Beginnen Sie sehr flach, nachschneiden ist immer möglich, wenn der Schnitt am Edelreis noch breiter ist.

Alle offenen Schnittstellen werden wieder mit Baumwachs verstrichen.

Über die waagrechte Schnittstelle der Unterlage muss der Kopulationsschnitt des Edelreises hinausragen.

Geißfußpfropfen

Die Unterlage ist dicker als das Edelreis; Umveredeln von Bäumen.

Zeitpunkt: Februar bis April (im Freien)

Das Geißfußpfropfen wird vor allem beim Steinobst angewendet, wenn die Unterlage bereits dicker ist. Es ist die wichtigste Veredelungsart bei Kirschen, kann aber auch bei anderen Arten angewendet werden. Der Geißfuß hat den großen Vorteil, dass das Reis gut in der Unterlage hält und rasch stabil verwächst. Dem steht gegenüber, dass die Veredelung selbst recht schwierig ist und, wenn sie nicht optimal durchgeführt wird, die Edelreiser nur teilweise verwachsen und die Triebe kaum weiterwachsen.

Schritt 1: Die Unterlage (der Baum oder Ast, der umveredelt wird) wird in der gewünschten Höhe waagrecht abgesägt. Mit dem Veredelungsmesser werden die Wundränder sauber nachgeschnitten.
Schritt 2: Am Edelreis wird zuerst ein Kopulationsschnitt durchgeführt. Allerdings schaut die Knospe dabei nicht zum Körper, sondern nach oben. Nun wird das Edelreis um 90° verdreht und ein zweiter Kopulationsschnitt durchgeführt. Dadurch ergibt sich eine keilförmige Spitze, die Knospe sitzt zwischen den Schnitten.

Für das Geißfußpfropfen wird mit zwei Schnitten aus dem Edelreis ein Keil geschnitten, die Knospe sitzt gegenüber den Schnittflächen.

Schritt 3: An der Unterlage wird eine Kerbe herausgeschnitten, die dem Keil am Edelreis entspricht. Wichtig: Immer vom Körper weg schneiden! Die Kerbe und der Keil müssen so gut zusammenpassen, dass im Randbereich wieder Kambium auf Kambium zu liegen kommt. Auch hier muss die Schnittstelle des Edelreises ein Stück über die waagrechte Schnittstelle der Unterlage ragen.

Aus der Unterlage wird eine Kerbe geschnitten, dabei immer vom Körper weg schneiden!

Der Keil muss genau in die Kerbe passen und die Schnittflächen oben etwas hinausragen.

Schritt 4: Es wird mit Bast fest verbunden, das Edelreis auf drei Augen eingekürzt und alle Schnittflächen werden mit Baumwachs verschlossen. (Nicht vergessen, den Bast im Sommer aufzuschneiden! → „Voraussetzungen für das Gelingen von Veredelungen" – „Feste Verbindung", Seite 182f.).

Pfropfen hinter die Rinde

Die Unterlage ist dicker als das Edelreis; Umveredeln von Bäumen.

Zeitpunkt: (Ende März) April bis Anfang Mai und Ende Juli bis Mitte August, wenn die Rinde löst (abhängig von der Höhenlage, etwa zur Kirschblüte)

Das Pfropfen hinter die Rinde ist für den Anfänger die erfolgversprechendste Veredelungsmethode. Sie kann durchgeführt werden, wenn das Edelreis dünner als der Pfropfpartner ist. Entscheidend für das Gelingen ist, dass die Rinde gut löst (→ „Voraussetzungen für das Gelingen von Veredelungen" – „Richtiger Veredelungszeitpunkt", Seite 180). Dies ist in der Regel ab Ende März, Anfang April der Fall und reicht bis Ende April, Anfang Mai. Im Sommer, Ende Juli bis Mitte August, löst die Rinde noch einmal, dann kann auch wieder hinter die Rinde gepfropft werden.

Beim Pfropfen hinter die Rinde soll die Relation zwischen Unterlage und Edelreis bedacht werden, das heißt, starke Reiser für dickere Unterlagen und schwache für dünne. Dieses Veredelungsverfahren gelingt auch mit sehr schwachen Edelreisern noch relativ sicher. An stärkeren Unterlagen (> 5 cm Durchmesser) sollten zwei oder mehr Reiser veredelt werden, das gilt auch für andere Veredelungsverfahren.

Das Pfropfen hinter die Rinde ist gut für Kernobst geeignet, weniger für Steinobst, da hier die relativ großen Wunden schlecht verheilen.

Schritt 1: Die Unterlage (der Baum oder Ast, der umveredelt wird) wird in der gewünschten Höhe waagrecht abgesägt. Mit dem Veredelungsmesser werden die Wundränder sauber nachgeschnitten.

Schritt 2: Von der Schnittfläche wird ein gerader Schnitt im rechten Winkel zur Schnittfläche gemacht, der die Rinde bis zum Holz durchschneidet (das geht ganz leicht).

Schritt 3: Mit dem Rindenlöser werden die Rindenlappen rechts und links des Schnittes etwas vom Holz gelöst. Dazu den Rindenlöser in den Schnitt führen, etwas zur Seite kippen und nach unten fahren. Achtung: Die Rindenflügel müssen nur leicht gelöst werden! Sie sollten den Baum nicht abschälen. Wenn die Rinde sich nicht ganz leicht vom Holz löst, ist der Zeitpunkt nicht richtig. Zur richtigen Zeit löst sich die Rinde, als wäre ein Wasserfilm zwischen Holz und Rinde.

Schritt 4: Am Edelreis wird ein Kopulationsschnitt durchgeführt.

Beim Lösen der Rinde muss darauf geachtet werden, dass wirklich bis zum Holz gelöst wird. Oben: Falsch, hier wurde nur der äußere Teil der Rinde gelöst. Unten: Richtig, die Rinde ist bis zum glatten Holz gelöst.

Seitlich kann beim Edelreis noch die Rinde flach weggeschnitten werden, um zusätzliches Kambium freizulegen.

Das Edelreis wird von oben in den Schnitt der Unterlage eingeschoben.

Vor drei Jahren wurde diese Zwetschke mit zwei Edelreisern hinter die Rinde gepfropft. Das linke Reis hat den neuen Stamm gebildet und überwächst langsam die Schnittfläche. Das rechte Reis wurde belassen, aber kurz gehalten, da es die Wundverheilung fördert.

Schritt 5: Das Edelreis wird mit der Schnittfläche zum Holz in den Schnitt eingesteckt. Dabei kommt das seitliche Kambium am Edelreis in Kontakt mit dem Kambium der Unterlage, das zum richtigen Zeitpunkt teilweise am Holzkörper verbleibt. Wenn der Zeitpunkt passt und der Kopulationsschnitt gerade ist, funktioniert das automatisch, darum ist diese Veredelungsart auch recht zuverlässig. Auch hier muss wieder die Schnittstelle des Edelreises ein Stück über die waagrechte Schnittstelle der Unterlage ragen.

Schritt 6: Es wird mit Bast fest verbunden, das Edelreis auf drei Augen eingekürzt und alle Schnittflächen werden mit Baumwachs verschlossen. (Nicht vergessen, den Bast im Sommer aufzuschneiden! → „Voraussetzungen für das Gelingen von Veredelungen" – „Feste Verbindung", Seite 182f.)

Spezialfälle für das Pfropfen hinter die Rinde

Mit der Technik des Pfropfens hinter die Rinde können verschiedene Spezialveredelungen durchgeführt werden, bei denen das Edelreis seitlich in die Unterlage „eingespitzt" wird.

Ammenveredelung

Bei schwachwüchsigen Kernobstunterlagen tritt immer wieder die Kragenfäule auf, eine Pilzkrankheit, die zum Absterben der Rinde am Stammfuß führt. Sollen solche Bäume gerettet werden, kann mit einer Ammenveredelung die Wasser-

Ammenveredelung mit drei Unterlagen. Die drei Bäumchen versorgen mit ihren Wurzeln den kranken Baum, dessen Basis fast vollkommen abgestorben ist, mit Wasser und Nährstoffen.

und Nährstoffversorgung gewährleistet werden. Dazu wird direkt neben dem kranken Stamm eine (oder auch mehrere) junge Unterlagen gepflanzt. Am Baum wird oberhalb der schadhaften Stelle ein T-Schnitt gemacht, also ein waagrechter Schnitt und ein davon weg nach oben führender senkrechter Schnitt. An der neuen Unterlage wird ein Kopulationsschnitt gemacht und dieser in den T-Schnitt eingeführt und verbunden. Beim waagrechten Schnitt muss dabei meist die Rinde schräg geschnitten werden, damit die Unterlage mit dem Kopulationsschnitt auch wirklich am Holz aufliegt und nicht etwa Luft dazwischen ist. Verbunden wird wie üblich.

Bypassveredelung

Das gleiche Prinzip kann auch angewendet werden bei Stammschäden. Dabei wird aber nicht eine neue Unterlage gepflanzt, sondern ein Edelreis wird oberhalb und unterhalb der schadhaften Stelle einveredelt. Der Baum kann über diesen „Bypass" die Wasser- und Nährstoffversorgung führen, bis die Wunde wieder verschlossen ist. Verwendet werden kann dafür ein beliebiges Edelreis der gleichen Art.

Beim seitlichen Einspitzen (Ammen- und Bypassveredelung) muss die Rinde beim Querschnitt immer etwas schräg geschnitten werden, damit das Edelreis am Holzkörper anliegt.

Mit einer Bypassveredelung können Wunden am Stamm überbrückt werden.

Dickrindenpfropfen

Die Unterlage ist dicker als das Edelreis, die Borke bereits dick.

Zeitpunkt: (Ende März) April bis Anfang Mai und Ende Juli bis Mitte August, wenn die Rinde löst (abhängig von der Höhenlage, etwa zur Kirschblüte)

Das Dickrindenpfropfen wird bei älteren Bäumen durchgeführt und entspricht im Prinzip dem Pfropfen hinter die Rinde. Am Edelreis wird ein Kopulationsschnitt geführt. Auf der gegenüberliegenden Seite wird unterhalb des Auges ein zweiter, kurzer Kopulationsschnitt gemacht. An der Unterlage wird die Rinde durch zwei parallele Schnitte in der Breite des Edelreises vom Holzteil gelöst und das Edelreis eingeschoben. Der über das Edelauge stehende Rindenteil wird abgeschnitten. Danach wird der Pfropfkopf wie üblich verstrichen und mit Bast verbunden.

Dickrindenpfropfen ist beim Kernobst sinnvoll, kaum aber beim Steinobst, weil so große Wunden schlecht verheilen.

Okulation oder „Äugeln"

Die Unterlage ist ca. fingerdick.

Zeitpunkt: vor allem Ende Juli bis Mitte August, aber auch (Ende März) April bis Anfang Mai und wenn die Rinde löst

Bei der Okulation wird eine Knospe des Edelreises, das Edelauge, in eine etwa fingerdicke Unterlage eingeschoben. Stärkere Unterlagen müssen vorher verjüngt werden, indem man sie im Frühjahr zurückschneidet und im folgenden Jahr den Neuaustrieb veredelt. Grundsätzlich wird unterschieden zwischen der Okulation auf treibendes und auf schlafendes Auge. Erstere wird im Frühjahr zur Zeit des Rindenlösens durchgeführt und die veredelte Knospe treibt noch im Frühling aus. Üblicher ist jedoch die Okulation auf schlafendes Auge im Juli/August. Die veredelte Knospe treibt hier erst im nächsten Frühjahr aus. Beim Okulieren ist ein gutes Lösen der Rinde Grundvoraussetzung fürs Gelingen. Probieren Sie ab Ende Juli alle paar Tage, ob die Rinde sich gut löst. Wie bei allen anderen Veredelungsverfahren sollen die Schnittflächen nicht mit den Fingern berührt werden, was beim Okulieren etwas mehr Geschick erfordert.

Die Okulation im Sommer sollte nicht bei großer Hitze durchgeführt werden, da die Schnittflächen rasch austrocknen. Am besten wählen Sie einen trüben Tag oder die frühen Morgenstunden. Hier ist rasches Arbeiten besonders wichtig. Beachten Sie auch die Angaben zu den Sommeredelreisern im Abschnitt → „Das Edelreis", Seite 177.

Die Okulation wird häufig bei jungen Bäumen durchgeführt. Dazu werden die Unterlagen im Frühling gepflanzt und im Sommer veredelt. Da die Unterlagen dann schon angewachsen sind, treiben die gelungenen Veredelungen im nächsten Frühjahr rasch aus und wachsen sehr stark.

Vorgangsweise bei der Okulation auf schlafende Knospe im Sommer (die Veredelung im Frühling ist gleich, nur dass kein Blattstiel zum Halten verfügbar ist):

Schritt 1: Die Unterlage wird mit einem Tuch gesäubert.

Schritt 2: An der Unterlage wird in die Rinde ein ca. 1 cm langer waagrechter Schnitt und ein ca. 3 cm langer senkrechter Schnitt in Form eines T gemacht (T-Schnitt). Der Schnitt geht bis zum Holz. Der Schnitt sollte möglichst entgegen der

Die Rindenflügel des T-Schnitts werden mit dem Rindenlöser am Messer vorsichtig etwas gelöst.

Windrichtung sein, damit der spätere Trieb nicht weggedrückt wird und ausbricht.

Schritt 3: Die Rindenflügel werden mit dem Rindenlöser am Messer etwas vom Holz gelöst.

Schritt 4: Am Edelreis wird eine Knospe herausgeschnitten. Dazu das Edelreis wie beim Kopulationsschnitt in die Hand nehmen, die Spitze des Reises schaut aber nach oben und die Knospe vom Körper weg. Mit dem Messer wird ca. 1 cm unterhalb der Knospe angesetzt und diese mit einem zügigen flachen Schnitt herausgeschnitten. Der Schnitt oberhalb des Auges kann ruhig etwas länger sein, dies erleichtert die Handhabung. Der Schnitt braucht nur so flach sein, dass gerade die Knospe in ihrer Breite herausgeschnitten wird.

Schritt 5: Beim Herausschneiden des Auges wird immer ein wenig Holz mitgeschnitten, dieses muss unbedingt entfernt werden. Dazu das Auge am Blattstiel halten und das obere Ende der Rindenzunge nach unten ziehen. Dadurch spreizt sich der Holzteil weg und kann abgezogen werden.

Schritt 6: Nun wird die Knospe in den T-Schnitt so tief eingeschoben, dass sie ca. einen halben Zentimeter unterhalb des waagrechten Schnitts liegt.

Schritt 7: Der überstehende Rindenlappen muss noch auf der Höhe des waagrechten Schnitts abgeschnitten werden. Jetzt kann die Knospe ganz in den T-Schnitt rutschen und liegt am Holz fest an.

Mit einem flach durchgeführten Kopulationsschnitt wird eine Knospe aus dem Holz geschnitten. Wenn am oberen Ende Rinde lang übersteht, ist das kein Problem.

Die Knospe wird am Blattstiel gehalten und in den T-Schnitt geschoben, so dass sie ca. 0,5 cm unterhalb des waagrechten Schnitts liegt.

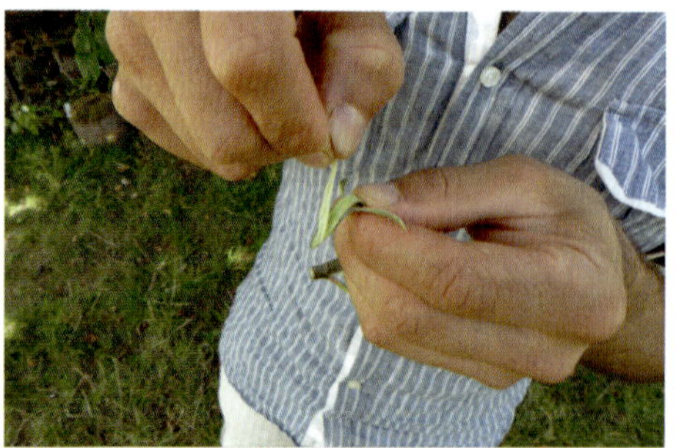

Wird der obere Rindenlappen nach unten gedrückt, steht der mitgeschnittene Holzteil weg und kann abgezogen werden.

Der überstehende Rindenlappen wird beim waagrechten Schnitt abgeschnitten.

Schritt 8: Das Ganze wird nun noch verbunden, so dass die Knospe frei bleibt. Achten Sie darauf, dass die Rindenlappen oberhalb der Knospe fest angepresst werden. Wenn Sie Okulationsschnellverschlüsse (Okuletten) verwenden, bei diesen zuerst die Drahtklammer etwas zusammendrücken. Dann wird diese mit dem Gummiteil auf die Knospe gedrückt und unter starkem Zug der Gummi um den Stamm geführt und über die Spitzen der Klammer gedrückt. Ein Verstreichen ist bei der Okulation nicht notwendig. Fertig.

Mit Okulationsschnellverschlüssen kann schnell verbunden werden (oben), aber auch Gummibänder können verwendet werden (unten).

Tipp:

In trockenen Sommern löst die Rinde oft schlecht. Gießen Sie den zu veredelnden Baum einmal kräftig für mehrere Stunden. Ein bis zwei Tage später löst die Rinde dann gut – vorausgesetzt, der Zeitpunkt passt (→ Seite 180).

Bereits zwei bis drei Wochen später kann kontrolliert werden, ob die Veredelung gelungen ist. Fällt der Blattstummel beim Berühren ab (oder ist schon abgefallen) und schaut die Knospe prall aus, waren Sie erfolgreich. Vertrocknete Blattstummel sind ein Zeichen für misslungene Okulationen. Für die Kontrolle kann die Okulette schon entfernt werden. Bastverbände werden zwei bis drei Wochen nach der Veredelung mit einem scharfen Messer durchtrennt.

Ist das Edelauge angewachsen, wird im Februar an einem frostfreien Tag die Unterlage etwa zehn Zentimeter über der Veredelungsstelle abgeschnitten (auf Zapfen), damit das Auge auch austreibt. Dieser Zapfen kann zum Anbinden des Neuaustriebs genutzt werden, damit dieser gerade nach oben wächst. Nach einem Jahr wird der Zapfen oberhalb des Austriebs ganz weggeschnitten („abgeleitet", → Kapitel „Obstbäume richtig schneiden" – „Ableiten", Seite 87f.).

Die Okulation ist gelungen, die Knospe treibt aus.

Tipp:
Wer sichergehen will, kann mehrere Knospen in eine Unterlage „einäugeln". Eine der angewachsenen wird zur Erziehung des Stamms verwendet, die anderen können einfach weggebrochen werden.

Stammerziehung veredelter Bäume

Nach einer gelungenen Veredelung muss mitunter über mehrere Jahre ein Stamm erzogen werden. Hier eine Anleitung, wenn Sie einen Hochstamm möchten, bei dem die Äste erst in einer Höhe von rund 160 cm beginnen. Für kleinere Bäume wird sinngemäß vorgegangen, nur dass die Höhe für den Kronenanschnitt (→ Seite 99) schneller erreicht wird.

Ein Trieb aus dem Edelreis wird an einem Stab nach oben gezogen, die Seitentriebe des Edelreises werden nun im Sommer eingekürzt.

1. Wachstumsjahr nach der Veredelung (bei Frühjahresveredelungen das gleiche Jahr, bei Sommerokulationen das folgende Jahr):

An der Unterlage treiben die Knospen immer vor dem Edelreis aus. Dieser frühe Austrieb wird weggebrochen, damit die Kraft des Baumes in die Knospen des Edelreises geht. Sollten Sie allerdings vermuten, dass die Veredelung missglückt ist, können Sie diesen Austrieb lassen, um die Unterlage im Folgejahr (oder im Sommer) noch einmal zu veredeln. Aus dem Austrieb des Edelreises wird ein starker Trieb gewählt, der an einem Stab befestigt nach oben gezogen wird. Bei den anderen Trieben vom Edelreis werden im Juli die Spitzen abgebrochen (pinziert). Austrieb aus der Unterlage wird immer entfernt.

1. Winter (Februar):
Der nach oben gezogene Trieb wird um ca. 10 cm eingekürzt. Alle Seitentriebe werden auf 3–4 cm gekürzt.

2. Wachstumsjahr:
Der Mitteltrieb wird weiter nach oben geleitet. Im Juni und noch einmal im Juli werden alle alten und sich neu bildende Seitentriebe pinziert.
2. Winter:
Der Mitteltrieb ist jetzt oft schon rund 1,5 m lang. Er wird wieder um 10 cm eingekürzt. Die untersten Seitentriebe werden nun ganz entfernt, die oberen wieder auf 3–4 cm eingekürzt.

3. Wachstumsjahr:
Wie im Vorjahr
3. Winter:
Der Baum müsste nun die Höhe für den Kronenanschnitt erreicht haben. Wählen Sie die gewünschte Höhe für den Ansatz der ersten Äste und zählen Sie 5 Knospen nach oben. Oberhalb der 5. Knospe schneiden Sie den Mitteltrieb ab. Die unteren Seitenäste entfernen Sie wieder, die oberen lassen Sie.

4. Wachstumsjahr:
Aus den oberen fünf Knospen entwickelt sich nun die Krone. Die Seitenäste darunter werden wieder pinziert. Im Winter darauf werden sie komplett entfernt. Die 5 obersten Triebe werden nun nach den Regeln des Pflanzschnitts geschnitten (→ Kapitel „Obstbäume richtig schneiden", Seite 72).

Werden mehrere Bäume veredelt, kann eine kleine Baumschule mit Querdrähten zum Befestigen der Triebe eingerichtet werden.

Wird ein größerer Baum umveredelt, müssen immer einige Zugäste verbleiben, die erst später entfernt oder veredelt werden.

Bei größeren Pfropfköpfen werden bis zu fünf Edelreiser im Kreis eingesetzt.

Umveredeln größerer Bäume

Bei älteren Bäumen mit unpassenden Sorten – etwa weil diese krankheitsanfällig sind oder einfach nicht gut schmecken – kann eine Umveredelung sinnvoll sein. Grundvoraussetzung ist, dass Stamm und Leitäste gesund sind und der Baum noch vital ist. Bei Steinobst (v. a. Kirsche, Marille) ist eine Umveredelung von älteren Bäumen wenig sinnvoll, da durch die großen Schnittwunden Stammschäden entstehen, die die Lebensdauer oft stark verkürzen.

Vorgangsweise: Im Herbst wird die Krone im Winkel von ca. 120° in der gewünschten Veredelungshöhe auf Stummel abgeschnitten. Im unteren Kronenbereich werden Zugäste belassen. Im Frühjahr werden diese Stummel (Pfropfköpfe) nochmals 10 cm zurückgeschnitten und mit Geißfuß, Pfropfen hinter die Rinde oder bei starken Ästen mittels Dickrindenpfropfen veredelt.

Bei größeren Pfropfköpfen müssen mehrere Edelreiser im Kreis eingesetzt werden. Aus einem wird der neue Ast erzogen, die anderen verbleiben, weil sie die Wundverheilung fördern, werden aber kurz gehalten.

Nachbehandlung von Pfropfköpfen

Nach einigen Wochen beginnen die Augen zu „schieben" und die Veredelungsreiser auszutreiben. Damit der Bast beim beginnenden Dickenwachstum nicht einschnürt, wird er nach fünf bis sechs Wochen gelöst.

Unterhalb der Pfropfköpfe kommt es in Folge des Abwerfens der Krone zu starkem Neutrieb der Unterlage aus schlafenden Augen. Bis auf 30 cm unterhalb der Pfropfköpfe (von oben) sind alle Neutriebe wiederholt wegzuschneiden. Weiter unten entstandene Triebe werden entspitzt (pinziert) oder waagrecht gebunden. Dadurch kommt der Saftstrom vor allem den Edelreisern zugute.

Ein Neutrieb pro Pfropfkopf soll den neuen Ast bilden und verbleibt. Alle anderen Neutriebe werden entspitzt oder waagrecht gebunden, dadurch wird der Trieb besonders gefördert. Diese Triebe dürfen nicht weggeschnitten werden, da sie die Wundheilung beim Pfropfkopf fördern, sie sollten aber kurz gehalten werden.

Die Zugäste werden nach und nach entfernt, so dass drei Jahre nach der Veredelung keine Zugäste mehr vorhanden sind.

Vermehrung „auf eigene Wurzel"

Bei der Vermehrung auf eigene Wurzel wird ein Teil einer Edelsorte wieder bewurzelt, es wird im Prinzip ein Klon der alten Pflanze gemacht. Es gibt verschiedene Methoden, die vor allem bei der Vermehrung von Beerenobst und für die Anzucht von Veredelungsunterlagen angewendet werden. Viele dieser Methoden sind sehr einfach durchzuführen und die Pflanzen wachsen verlässlich an. Wenn Sie also zum Beispiel einen guten Ribiselstrauch in der Nachbarschaft kennen, lohnt es sich durchaus, ein wenig Arbeit in die Vermehrung zu stecken, dann wissen Sie schon, dass Ihnen die Sorte schmeckt.

Auswahl der Mutterpflanze

Als Mutterpflanze wird jene Pflanze einer Sorte bezeichnet, von der das Vermehrungsmaterial (also Edelreiser, Steckhölzer ...) geschnitten wird. Der Mutterpflanze kommt eine besondere Bedeutung zu, denn alle Eigenschaften der Mutter werden bei der ungeschlechtlichen Vermehrung auf die Nachkommen weitergegeben.

Theoretisch sind dabei alle Nachkommen einer Mutterpflanze untereinander und mit der Mutter identisch (Klonsorten). Das heißt, alle Pflanzen der Ribiselsorte ‚Heinemanns Spätlese' sollten sich in ihren Eigenschaften nicht voneinander unterscheiden. In der Praxis trifft das nicht zu. Es gibt innerhalb einer Sorte eine Streuung an Eigenschaften, die durch Mutationen, Virosen, Verwechslungen ... bedingt werden. Daher kommt der Auswahl, also der Selektion einer gesunden, robusten, gut tragenden Mutterpflanze mit guten Früchten, eine große Rolle zu. Da die Vermehrung oft im Winter erfolgt, sollten Sie sich daher im Sommer schon jene Pflanzen markieren, die besonders gut tragen, besonders gute Früchte haben und die augenscheinlich gesund sind.

Vermehrung über oberirdische Ausläufer

Die klassische Methode, um Gartenerdbeeren (Ananaserdbeeren) zu vermehren. Die anderen Beerenobstarten bilden keine oberirdischen Ausläufer.

Die Vermehrung ist einfach. Die Ausläufer (auch Kindeln genannt) werden ab Mai gebildet. Je länger die Tage werden, desto zahlreicher erschei-

Erdbeeren bilden auf langen „Fäden" Jungpflanzen, sogenannte Ausläufer, die bei Bodenkontakt Wurzeln bilden. Sie können einfach umgepflanzt werden.

Mit einer selbst gebogenen Drahtklammer kann der Ausläufer im Topf fixiert werden.

nen die Ausläufer. Für die Vermehrung einfach die Erdbeerjungpflanzen aus den Erdbeerbeeten ausgraben und umpflanzen. Bester Umpflanztermin ist zwischen Ende Juli und Mitte August. Später sollte nicht mehr umgepflanzt werden. Zu beachten ist, dass Pflanzen, die wenige Erdbeeren tragen, die meisten Ausläufer bilden, somit läuft man Gefahr, gerade die „faulen" Träger zu vermehren (→ „Auswahl der Mutterpflanze", Seite 200). Das kann man verhindern, indem die reichtragendsten Mutterpflanzen markiert und nur von diesen Ausläufer entnommen werden.

Ein anderer Weg, Erdbeeren zu vermehren, ist, die geeigneten Mutterpflanzen auszuwählen und diese im Herbst in Töpfe zu pflanzen. Im Folgejahr werden die Ausläufer in kleinere Töpfe oder auf eine mit Erde bedeckte Folie geleitet. Dort werden sie mit einer kleinen Drahtklammer fixiert und schlagen Wurzeln. Im Herbst erhält man so fertig getopfte Pflanzen, die weitergegeben werden können.

Werden Jungpflanzen in eigene Töpfe geleitet, die keinen Bodenkontakt haben, kann die Übertragung von Wurzelkrankheiten verhindert werden.

Unbewurzelte Ausläufer können wie Grünstecklinge bei hoher Luftfeuchtigkeit bewurzelt werden. Auch so kann eine Krankheitsübertragung vermieden werden.

Erdbeeren können von gefährlichen, ausgesprochen langlebigen Wurzelkrankheiten (Phytophthora- und Verticilliumpilze) befallen werden, die im Boden überleben. Werden bei der Vermehrung Ausläufer und Mutterpflanzen getrennt gehalten, werden bodenbürtige Wurzelkrankheiten nicht auf die Jungpflanzen übertragen, da diese ja nie mit dem Mutterboden in Kontakt kommen.

Eine weitere Methode zur Erzeugung von gesunden Jungpflanzen ist das Abnehmen der jungen Ausläufer, bevor sie Wurzeln ausbilden. Die zarten Pflänzchen werden wie Grünstecklinge behandelt (→ Seite 204). Mehrere Stecklinge können in größeren Kisten oder Saatschalen in ein Gemisch aus Sand und Torfersatz gesteckt werden. Sobald sich Wurzelansätze bilden, werden sie einzeln getopft. Bei dieser Vermehrungsmethode können Sie schon im Juli kräftig bewurzelte Jungpflanzen in den Garten setzen.

Vermehrung über Wurzelschösslinge

Bei Himbeere wird oft ebenfalls von Wurzelausläufern gesprochen; diese Bezeichnung ist eigentlich nicht richtig, da es sich nicht um Ausläufer handelt, sondern um Adventivsprosse (Wurzelschösslinge). Wie dem auch sei, rund um Himbeerpflanzen sprießen jedes Jahr neue Triebe aus dem Boden. Diese jungen Ruten können im Herbst oder im zeitigen Frühjahr einfach ausgegraben und an neuer Stelle eingepflanzt werden. Meist tragen sie noch im selben Jahr Früchte. Auch einige Brombeersorten machen Wurzelschösslinge und können so vermehrt werden.

In der Zeit von Mitte April bis Anfang September sollten keine Ruten ausgegraben werden. Die zu dieser Zeit entnommenen Ruten wachsen meistens nicht an und gehen ein.

Die Wurzelschösslinge wurden auch häufig bei recht ursprünglichen Pflaumenarten (z. B. Spän-

Himbeeren und manche Brombeeren bilden Wurzelschösslinge, die einfach im Herbst umgepflanzt werden können.

Himbeeren und bestachelte Brombeeren können über Teile von Wurzeln einfach vermehrt werden.

ling) zur Vermehrung verwendet oder für die Nutzung als Veredelungsunterlagen. Die Neigung zur Bildung von Wurzelschösslingen kann aber im Hausgarten leicht sehr lästig werden, da diese dann auch im Gemüsebeet und im Rasen sprießen.

Vermehrung über Wurzelschnittlinge (Wurzelstücke)

Diese effiziente Methode der Vermehrung wird bei Himbeeren und bestachelten Brombeeren (→ nächster Absatz) angewandt. Beide Arten haben die Eigenschaft, selbst aus kurzen Wurzelstücken neu auszutreiben. Für die Vermehrung werden die Wurzeln von November bis Anfang März ausgegraben und in etwa 8 cm lange Stücke geschnitten. Die Wurzelschnittlinge sollten mindestens Bleistiftstärke haben. Werden die Wurzeln bereits im Herbst ausgegraben (Vorteil: Boden sicher nicht gefroren), so müssen die Wurzeln bis ins Frühjahr in feuchten Sand eingeschlagen und kühl gelagert werden. Die Wurzeln werden erst kurz vor dem Legen im Frühjahr zerschnitten und anschließend in etwa 5 cm Tiefe in lockerer, humoser Erde abgelegt. Die so gewonnenen Pflanzen können bei Bedarf im Herbst umgepflanzt werden.

Warum nur bestachelte Brombeeren?

Viele stachellose Brombeersorten sind Mutanten von bestachelten Typen. In einigen Fällen ist allerdings nicht die gesamte Pflanze mutiert, sondern nur die Zellen der Rinde haben sich genetisch dahingehend verändert, dass keine Stacheln ausgebildet werden. Werden bei diesen Sorten Wurzelschnittlinge genommen, entsteht daraus ein bestachelter Trieb! Die mutierte Rindenschicht ist nämlich an der Entstehung des neuen Triebes nicht beteiligt. Darum können stachellose Brombeeren nur über Triebspitzen vermehrt werden.

Werden stachellose Brombeeren über Wurzelschnittlinge vermehrt, entsteht daraus ein bestachelter Trieb!

Vermehrung über Absenker

Bei sehr vielen Obstarten können Absenker gewonnen werden: Bei diesem Verfahren wird neben der Mutterpflanze ein kleines Loch gegraben und ein junger Trieb im Frühjahr von der Mutterpflanze bogenförmig nach unten und durch das Loch

Unter der Erde bilden Triebe von Ribiseln in einem Jahr Wurzeln. Im Herbst können diese von der Mutterpflanze getrennt und umgepflanzt werden

geführt. Im Loch wird er durch einen Drahthaken oder einen Stein befestigt und das Loch dann wieder mit Erde verfüllt. Die Spitze des abgesenkten Triebes schaut weit aus dem Boden heraus. Nach ein bis zwei Jahren hat der Absenker eigene Wurzeln gebildet und kann von der Mutterpflanze getrennt werden.

Verwendet wird diese Vermehrungsart vornehmlich bei der Haselnuss, die sonst nur durch Veredelung sortenecht vermehrt werden kann. Im Hausgarten können damit aber auch Ribiseln, Stachelbeeren, Brombeeren, Preiselbeeren, Quitten, Feigen und Typenunterlagen von Apfel vermehrt werden. Beim Wein war diese Methode früher ebenfalls üblich (heute nur noch bei Direktträgern).

Vermehrung über Ableger

Während bei Absenkern nur eine neue Pflanze pro Trieb entsteht, können durch Ablegen mehrere Pflanzen auf einmal gewonnen werden. Dabei wird von einem Mutterstock ein einjähriger Trieb horizontal in die Erde gelegt. Die Neuaustriebe bewurzeln meist innerhalb eines Jahres. Verwenden kann man diese Vermehrungsart für Stachelbeeren, Johannisbeeren, Apfel- und Pflaumenunterlagen.

Vermehrung über Triebspitzen

Funktioniert nach demselben Prinzip wie die Absenker-Vermehrung. Im Unterschied dazu werden hier nur die Triebspitzen vergraben oder am Boden mittels Haken befestigt. Viele Brombeeren mit bogenförmigen Trieben (z. B. ‚Theodor Reimers', wilde Brombeeren) oder Schwarze Himbeeren vermehren sich von Natur aus durch bewurzelte Triebspitzen und bilden einen „Schlag".

Vermehrung über Abrisse

Ältere Mutterstöcke werden im Winter „auf Stock" gesetzt, also kräftig zurückgeschnitten. Die neu austreibenden Triebe werden bis zum Sommer wiederholt mit Erde angehäufelt und bilden Wurzeln. Im Herbst wird die Erde entfernt und die bewurzelten Triebe werden von der Mutterpflanze abgeschnitten oder abgerissen und sogleich ausgepflanzt. Besonders geeignet für Stachelbeervermehrung und für Ribiselsorten, die sich über Steckholz schlecht bewurzeln.

Besonders zu beachten: Regelmäßiges Anhäufeln und Befeuchten ist notwendig. Bei Trockenheit ist deshalb zusätzliches Mulchen zu empfehlen.

Vermehrung über Stockteilung

Ältere Stöcke von Ribisel, Stachelbeere und Erdbeere können ausgegraben und zerteilt werden. Bei dieser Art der Vermehrung ist keine Verjüngung der Pflanze gegeben. Deshalb ist die Methode nur in Ausnahmefällen zu empfehlen.

Sind bei den bisher beschriebenen Verfahren die Jungpflanzen bis zur „Ernte" mit dem Mutterstock verbunden, so wird bei Stecklings- und Steckholzanzucht noch vor der Bewurzelung der Jungpflanze diese von der Mutterpflanze getrennt.

Vermehrung über Steckhölzer

Die Steckholzvermehrung wird vor allem bei Ribiseln und mit Einschränkung auch bei Stachelbeeren angewandt. Ein Steckholz ist ein verholzter, einjähriger Trieb, der im Herbst oder im Frühjahr (vor dem Austrieb) von der Mutterpflanze geschnitten wird. Steckhölzer von Ribisel oder Stachelbeere sollten eine Länge von 15 bis 20 cm haben. Sie werden so tief in lockere Erde gesteckt, dass nur ein oder zwei Augen (Knospen) zu sehen sind. Praktisch bewährt hat sich das Stecken durch doppellagiges Packpapier oder Karton, das den Unkrautwuchs unterbindet. Auf diese Weise können neben Johannisbeere und Stachelbeere auch Heidel- und Preiselbeere, Wein, Weiße Maulbeere und Feige vermehrt werden.

Geschnitten werden Steckhölzer

a.) bereits im September: Die Blätter müssen nach dem Schneiden sogleich entfernt werden. Die Steckhölzer werden wie oben beschrieben gesteckt und bewurzeln sich noch vor dem Winter.

b.) Ende Oktober/November: Die Steckhölzer werden in reinen Sand eingeschlagen und kühl und frostfrei (z. B. Keller) gelagert und erst im Frühjahr in Erde gesteckt. Im Einschlag bilden sich zwar noch keine Wurzeln, aber eine Kallusschicht, die bei wärmeren Temperaturen im Frühjahr die Wurzelbildung fördert. Diese Methode empfiehlt sich bei Stachelbeer- und Ribiselsorten, die sich schlecht bewurzeln.

c.) im Frühjahr vor dem Austrieb. Sie werden sofort gesteckt.

Vermehrung über Stecklinge (Grünstecklinge)

Dieses Verfahren eignet sich, wenn man viele Pflanzen ziehen möchte. Vermehrt werden solcherart: als Steckholz schlecht bewurzelnde Rote Ribiselsorten, Stachelbeeren, Preiselbeeren, Heidelbeeren und Kiwis.

Stecklinge werden während der Vegetationszeit im Juni oder Juli gemacht. Dazu werden belaubte Stücke von diesjährigen Trieben (unverholzt) geschnitten. Die Triebe werden mit einem scharfen Messer auf drei Augen(paare) eingekürzt, wobei knapp oberhalb (am oberen Ende)

Steckhölzer sind verholzte einjährige Triebe. Beim Stecken darauf achten, dass die Knospen nach oben schauen.

Steckhölzer werden so tief in die Erde gesteckt, dass nur die oberste Knospe herausschaut. Der sich entwickelnde Trieb wird im Folgewinter auf 15 cm eingekürzt, um die Verzweigung anzuregen.

Gegen Reblaus resistente Weinsorten können auch über Steckhölzer vermehrt werden.

bzw. unterhalb (am unteren Ende) der Knospen abgeschnitten wird. Die unteren Blätter werden entfernt, nur das oberste Blatt verbleibt. Bei großen Blättern kann dieses noch in der Mitte der Blattspreite abgeschnitten werden.

Danach wird der Steckling bis unter die oberste Knospe in feuchten Sand oder Anzuchterde gesteckt. Bei manchen Arten empfiehlt sich die Verwendung von Bewurzelungshormonen, die im Fachhandel erhältlich sind. Da der Steckling über das Blatt Wasser verdunstet, aber noch keine Wurzeln zum Ansaugen von Wasser vorhanden sind, muss die Verdunstung gering gehalten werden. Dazu wird eine Atmosphäre mit hoher Luftfeuchtigkeit geschaffen (gespannte Atmosphäre), indem über den Steckling eine durchsichtige Kunststofffolie gespannt wird. Um einen Luftaustausch zu ermöglichen, sollte diese einige Male mit einer Kugelschreiberspitze durchlöchert werden. Der Steckling wird an einen schattigen Platz gestellt bzw. im Freiland mit Schilfmatten schattiert. Nach ein bis zwei Monaten können die bewurzelten Stecklinge umgetopft werden.

An Stecklingen darf nur das oberste Blatt verbleiben, da sonst zu viel Wasser verdunstet.

Während des Anwachsens eines Stecklings muss eine Atmosphäre mit hoher Luftfeuchtigkeit geschaffen werden. Wird ein Glas verwendet, muss regelmäßig kurz belüftet werden.

Drei Wochen später, der Steckling beginnt weiterzuwachsen.

Äpfel und Birnen können platzsparend in einem Regal mit herausziehbaren Kästen gelagert werden.

Obst lagern

Das ganze Jahr über frisches Obst aus dem eigenen Garten ist bei geschickter Sortenwahl und dem Vorhandensein von geeigneten Lagerräumen kein Ding der Unmöglichkeit. Das Lagern von Obst ist eine Form der Vorratshaltung und ähnlich wie beim Einkochen gibt es ein paar Grundrezepte mit unzähligen Gestaltungsmöglichkeiten. Ein guter Lagerraum ist heute nur in den wenigsten Haushalten vorhanden. Wer sich so einen schaffen will, der sollte nicht nur über das Lagerverhalten von Obst Bescheid wissen, sondern idealerweise auch ein wenig von Bauphysik und Klimatechnik verstehen. Lagerraum oder Lagerort sollten sich an den Bedürfnissen von Äpfeln, Birnen, Quitten und Nüssen orientieren. Da diese bei Kern- und Schalenobst unterschiedlich sind, werden sie im Kapitel getrennt behandelt.

Lagerfähigkeit der einzelnen Obstarten

Beim Kernobst ist die Lagerfähigkeit bei Winteräpfeln am besten ausgeprägt, gefolgt von den Winterbirnen. Quitten reifen spät und bleiben, je nach Sorte, bis März verarbeitungsfähig. Das gilt nicht für Mispeln, die zwar spät reifen, aber nur kurz lagerfähig sind oder überhaupt „am Baum hängend" aufbewahrt werden. Manche Zwetschken können durchaus drei, vier Wochen im Kühlen überdauern, ohne Schaden zu nehmen, ansonsten ist das Steinobst generell kein Lagerobst und es ist im Sinne der Vorratshaltung sinnvoller, in eine effiziente und rasche Verarbeitung zu investieren oder Steinobstfrüchte entsteint und halbiert gleich einzufrieren.

Beeren sind selbst im Kühlen nur sehr begrenzt vor dem Verderb geschützt und werden am besten so rasch wie möglich verzehrt, tiefgefroren oder verarbeitet. Unter den weichfleischigen Beerenobstarten sind die Roten Johannisbeeren, aber vor allem die Echten Kiwis Ausnahmen. Rote Johannisbeeren halten mithilfe moderner Kühllagertechnik mehrere Monate und werden als Delikatesse um Weihnachten am Frischmarkt angeboten. Im Haushalt gelingt das nicht über eine so lange Zeit, aber ein, zwei Wochen lassen sie sich im Kühlschrank aufbewahren. Hingegen sind Kiwis auch im Selbstversorger-Haushalt ein echtes Lagerobst und wie Winteräpfel und Winterbirnen erst nach einer mehrwöchigen Lagerung weich, reif und wohlschmeckend.

Walnüsse und Haselnüsse sind durch die Schale ausgezeichnet geschützt und – wenn sie gut getrocknet sind – über Monate ohne Qualitätsverluste lagerfähig. Ein trockener und luftiger Ort für die Langzeitlagerung ist beim Schalenobst leichter zu finden als ein guter Platz zum raschen Trocknen der Ernte – eine Grundvoraussetzung für die schimmelfreie Aufbewahrung!

Kernobst – Lagerverhalten und Lagertechnik

Auch gepflückt lebt ein Apfel noch weiter. Die Stoffwechselprozesse gehen auch nach der Ernte in der Frucht weiter. Stärke wird in Zucker umgewandelt, Säuren bauen sich ab, Aromastoffe bilden sich. Die Früchte geben Wasser und Gase (Kohlendioxid, Geruchsstoffe und Ethylen) an die Umgebung ab. Die Zellen des Fruchtfleischs beginnen sich voneinander zu trennen. Die anfänglich saftige, knackige Frucht wird zunächst reif und mürbe, später mehlig und trocken und schließlich ungenießbar. Damit also Früchte noch Monate nach der Ernte frisch, harmonisch und knackig sind, müssen die Reifeprozesse (also die Alterungsprozesse) verlangsamt werden. Das funktioniert durch Absenkung der Temperatur. Weiter verlängert werden kann die Lagerdauer, wenn auch noch Sauerstoff entzogen wird. Fehlt das lebenswichtige Gas, reduziert sich die Atmung (ja, auch Früchte atmen!).

Seit wenigen Jahrzehnten sind Äpfel und Birnen global gehandelte Produkte, die ganzjährig verfügbar sind. Die Lagertechnik des Erwerbsobstbaus, die das ermöglicht, ist ausgefeilt und hochtechnisiert und steht im Haushalt in dieser Form nicht zur Verfügung. Die Grundprinzipien der Obstlagerung gelten allerdings da wie dort. Für den Hausgebrauch ist das Ziel daher die Annäherung an die optimale Lagerumgebung mit den im Haushalt zur Verfügung stehenden Mitteln.

Was kann man sich vom Obstbauern abschauen?

Standard im biologischen wie auch im konventionellen Erwerbsanbau ist heute die sogenannte CA-Lagerung. CA steht für „Controlled Atmosphere", zu Deutsch „kontrollierte Atmosphäre", dabei wird die Zusammensetzung der Luft im Lagerraum kontrolliert verändert. In diesen Lagern herrscht eine Temperatur von 1–4 °C, die Luftfeuchtigkeit beträgt 98 % und durch Zugabe von Stickstoff liegt der Sauerstoffanteil bei nur 2–3 % und der Kohlendioxidgehalt bei 3–4 %.

Eine relativ neue Entwicklung – und im Bio-Anbau nicht zugelassen – ist das SmartFresh-Verfahren. Hier werden die Früchte zusätzlich mit einem Gas behandelt. Dieses blockiert die Wirkung des apfeleigenen Reifehormons Ethylen. Ethylen regt viele der Reifevorgänge an. Fehlt es, fällt ein Apfel in eine Art dauerhaften Schlaf. Ethylen ist ein Reifehormon mit lawinenartiger Wirkung, das bedeutet: Je mehr Ethylen da ist, desto mehr wird davon in der Frucht gebildet. Ein Prozess, der sich selber antreibt und verstärkt. Fast alle Obst- und Gemüsearten reagieren mit beschleunigter Reife auf das Reifehormon Ethylen, jedoch mit unterschiedlicher Empfindlichkeit. Äpfel geben besonders viel Ethylen ab und sollten daher nicht mit besonders empfindlichen Gemüsearten gelagert werden, dazu zählen die Kohlgewächse, Tomaten und andere. Relativ unempfindlich gegen das Gas sind Zwiebeln, Karotten, Rote Rüben und weitere Wurzelgemüse, sie eignen daher besser zur gemeinsamen Lagerung mit Apfel und Birne (→ Tabelle Seite 208).

Ethylen-Ausscheidung und Empfindlichkeit von verschiedenen Früchten und Gemüsen

Arten, die empfindlich auf Ethylen reagieren	Arten, die wenig empfindlich auf Ethylen reagieren	Arten, die viel Ethylen abgeben	Arten, die wenig Ethylen abgeben
Weißkraut	Zwiebel	Apfel	Quitte
Kohl/Wirsing	Karotte	Birne	Kartoffel
Apfel	Rote Rübe	Banane	Karotte
Birne	Knollensellerie	Marille	Knollensellerie
Quitte	Kartoffel (mittel)		Rote Rübe
			Zwiebel

Quellen: www.containerhandbuch.de; www.lebensmittellexikon.de

Angestrebte Lagerbedingungen

Temperatur: Die optimale Temperatur, die man bei der Lagerung von Äpfeln anstrebt – und die keinesfalls dauerhaft unterschritten werden soll –, liegt bei 2 °C bis 3 °C. Birnen vertragen etwas tiefere Temperaturen (1 °C). Frostschäden treten ab -2 °C auf. Je höher die Temperatur, desto schneller laufen die Reifeprozesse ab und umso kürzer ist die mögliche Lagerzeit. Bei Temperaturen über 10 °C nimmt die Lagerfähigkeit rapide ab.

Luftfeuchtigkeit: Die Luftfeuchtigkeit sollte hoch sein, möglichst bei 80–90 %. Aber Achtung – hohe Luftfeuchtigkeit und hohe Temperaturen sind eine fäulniserregende Kombination! Ein kühler, trockener Raum ist einem feuchten, warmen Keller vorzuziehen. Bei zu hoher Luftfeuchtigkeit hilft Lüften oder ein Luftentfeuchter.

In diesem gemauerten Keller herrschen gute Lagerbedingungen. Der Boden ist nicht befestigt. Die Früchte liegen einlagig auf Zeitungspapier.

Günstige Lagerbedingungen bieten oft Keller mit Lehmboden. Lehm wirkt feuchtigkeitsausgleichend und kann überschüssige Luftfeuchtigkeit aufnehmen und bei Bedarf wieder abgeben. Dieser Effekt kann auch durch Lehmverputz erzeugt werden oder wenn der Boden mit unglasierten Lehmziegeln ausgelegt wird.

Selbstgebauter Erdkeller

In einem Meter Tiefe unter der Erde beträgt die Temperatur konstant 8 bis 9 °C. Diese natürliche Kälte nutzt man im Erdkeller aus – er muss nicht künstlich gekühlt werden. Umgekehrt friert es dadurch in einem Erdkeller nicht, wenn er richtig angelegt wurde.

Wer ein Obstlager bauen möchte, der kann sich an dieser Skizze orientieren. Der Keller ist nur zu drei Vierteln unter der Erde, derart kann eine genügend große Menge an kalter Außenluft hereinströmen. Der Zuluftschacht muss nordseitig angebracht sein, die Abluftöffnung ist auf der Gegenseite angebracht. Die Kaltluft wird am Boden zugeführt und gegen die warme Innenluft getauscht. In größeren Räumen können thermostatisch gesteuerte Ventilatoren zusätzlich für eine Luftzirkulation und Temperaturabsenkung sorgen. Der Zuluftschacht sollte nicht zu klein dimensioniert werden. Das Prinzip des belüfteten Erdkellers funktioniert für kleine (um 20 m³) sowie auch für größere Einheiten.

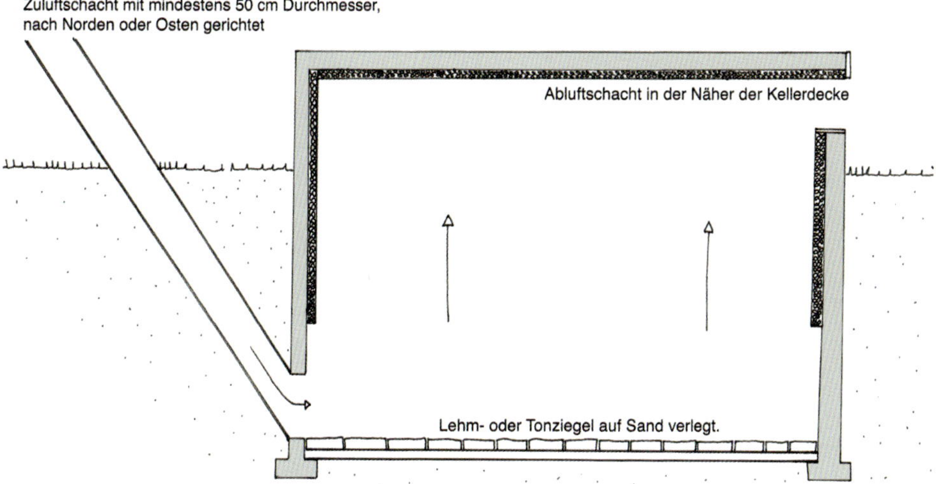

Die Skizze zeigt das Schema eines selbstgebauten Erdkellers mit Querlüftung.

Einlagig oder in Kisten?

Man hört und liest es immer wieder: Zur Vermeidung von Fäulnis dürfen sich Früchte im Lager nicht berühren und sollten einlagig liegen. Das sind allerdings Halbwahrheiten. Richtig ist, dass bei der Lagerung in Kisten die Früchte eher Druckstellen erleiden, als wenn sie einlagig im Regal liegen. Bedenken Sie jedoch, das Obst muss vom Gebinde, in das Sie pflücken, in das Regal umgelagert werden. Beim Manipulieren entstehen leicht Druckstellen. Daher ist es sinnvoll, wenn Sie das Obst gleich in die Lagerkisten pflücken. Dass die Früchte übereinanderliegen, schadet nicht, wenn Sie vorsichtig arbeiten.

Es ist nicht richtig, dass eine faule Frucht alle Nachbarfrüchte ansteckt. Fäulnis breitet sich im Obstlager aus, wenn die Bedingungen nicht passen (zu warm, zu feucht) oder wenn das Obst „krank" eingelagert wird. Vor allem Äpfel sind beim Einlagern manchmal bereits mit Monilia (→ Kapitel „Pflanzengesundheit im Obstgarten", Seite 143f.) infiziert. Diese Krankheit führt dazu, dass die Früchte innerhalb weniger Tage komplett schwarz werden. Auch Druckstellen oder wurmige Früchte beginnen nach dem Einlagern rasch zu faulen. In den ersten zwei Wochen muss daher das Obst alle 3–4 Tage auf faulige Früchte kontrolliert und diese entfernt werden. Danach entwickeln sich meist erst wieder faule Früchte, wenn die Früchte überreif werden.

In alten Büchern ist es empfohlen und auch einzelne Arche-Noah-Mitglieder schwören darauf: Auf Farnkraut gelagerte Äpfel sind nicht so fäulnisanfällig. Ein wissenschaftlicher Nachweis ist bislang ausständig (wohl auch, weil sich die Forschung in den letzten Jahrzehnten auf die tech-

Farn werden positive Wirkungen auf die Lagerung von Obst nachgesagt.

nischen Fragen der Lagerhaltung in großen Einheiten konzentriert hat). Faktum ist allerdings, dass Farne aufgrund ihrer antibakteriellen Eigenschaften in der Kosmetik verwendet werden, unter anderem auch, um die Hautalterung zu verlangsamen. Aus dem gleichen Grund wurde früher Zeitungspapier auf die Früchte gelegt. Die antibakterielle Wirkung dürfte hier wohl der früher bedeutend giftigeren Druckerschwärze zuzuschreiben sein. Aus diesem Grund raten wir heute von der Verwendung von bedrucktem Zeitungspapier ab.

Pflückreife und Geschmacksbildung

Das Einlagern von Früchten verfolgt nicht nur den Zweck der Vorratshaltung. Gut und lange lagerfähige Sorten (Winteräpfel, Winterbirnen, spätreifende Quitten und Kiwis) sind bei der Ernte im Herbst noch nicht reif. Sie sind hart und schmecken säuerlich, grasig. Ein harmonischer Geschmack (also ein ausgewogenes Zucker-Säure-Verhältnis) und ein sortentypisches Aroma bilden sich erst nach einer mehrwöchigen Reifephase aus.

Warum? Lagerfähige Früchte sind sogenannte „klimakterische" Früchte. Bis zur sogenannten Baumreife werden Inhaltsstoffe in die am Baum hängenden Früchte eingelagert, erst nach der Baumreife beginnen die Früchte am Baum oder am Lager zu reifen, bis sie die Genussreife erlangen. Im Unterschied dazu reifen nicht-klimakterische Früchte wie Erdbeeren oder Trauben nach der Ernte nicht weiter. Die Pflück- und Baumreife ist eine Eigenschaft, die von Sorte zu Sorte variiert. Der Zeitpunkt der Genussreife und die generelle Lagerfähigkeit sind ebenso stark von der Sorte abhängig.

Wann ist eine Frucht pflückreif?

Die Pflückreife ist der Zeitpunkt des optimalen Erntetermins aus der Perspektive des weiteren Verwendungszwecks der Früchte. Soll das Obst möglichst lange gelagert werden, sollte es möglichst zum Zeitpunkt der Baumreife geerntet werden. Bei Lagerobst fallen die Pflück- und Baumreife zusammen. In manchen Fällen werden Früchte besser vor der Baumreife gepflückt: Zum Beispiel können Sommerapfel- und Sommerbirnensorten schon einige Tage vor der Baumreife geerntet werden, da sich dadurch die kurze Haltbarkeit etwas verlängert. Das ist allerdings eine Ausnahme, eine zu frühe Ernte bewirkt keineswegs automatisch eine verbesserte Langzeitlagerung.

Die Früchte reifen am Baum nicht gleichzeitig. Ein mehrmaliges Durchpflücken bringt eine bessere Qualität. In der Praxis werden oft die ersten Früchte gepflückt und später wird der Baum geschüttelt und die Äpfel und Birnen wandern in die Presse.

Der richtige Erntetermin

Der Erntetermin hat noch weitere Einflüsse auf das Verhalten der Früchte am Lager. Eine Übersicht gibt die Tabelle unten.

Einfluss des Erntezeitpunktes auf Qualitätsparameter beim Apfel

	Ernte zu Baumreife		
Qualitätsparameter	**zu früh**	**recht-zeitig**	**zu spät**
Lagerdauer	(+)	+	-
Fruchtfarbe	-	+	+
Fruchtgröße	-	+	+
Geschmack	-	+	(+)
Fäulnis	(+)	+	-
Schrumpfen	-	+	(-)
Stippe	-	+	(-)
Glasigkeit	+	+	(-)

+ positiver bzw. günstiger Einfluss; ( ) bei bestimmten Bedingungen und Sorten, - negativer bzw. ungünstiger Einfluss
Quelle: verändert nach Wierer, P., Tscholl, H., Fleck, K., Angello, Z. & Pernter, P. (2000)

Feststellung der Baumreife

- **Lösen des Stiels**: Im Haus- und Selbstversorgergarten ist das wichtigste Kriterium zur Feststellung der Baumreife das leichte Lösen des Stiels vom Fruchtkuchen. Die Früchte werden mit der ganzen Hand umfasst und nach oben gehoben, bis sich der Stiel durch das Heben (und nicht ein Ziehen) vom Holz löst. Bei Äpfel und Birnen mit langem Stiel kann es sein, dass der Stiel sich beim Heben der Früchte umbiegt und sich nicht löst. In diesem Fall kann der Stiel mit Hilfe von Daumen und Zeigefinger vom Fruchtkuchen getrennt werden, allerdings muss das sehr leicht gehen! An großen Bäumen hängen die schönsten und am frühesten reifenden Früchte in der gut besonnten Außenkrone. Ein Obstpflücker kommt zum Einsatz. Im Idealfall werden die Früchte mit dem Pflückkorb angehoben und sie lösen sich und fallen in den Korb. Wird an den Früchten gezogen und landen diese ohne Stiel oder mit einem ganzen Zweig im Pflückkorb, ist der optimale Erntezeitpunkt noch nicht erreicht.
- **Farbe der Samen**: Die Samen von Winterapfel- und -birnensorten sind bei der Baumreife braun bis schwarz. Bei Sommersorten ist auf dieses Merkmal kein Verlass. Die Samen können bei dieser Sortengruppe auch noch weiß oder hellbraun sein, obwohl die Pflückreife erreicht ist und die Früchte sich lösen.

Früchte dürfen mit dem Pflücker nicht vom Baum gerissen werden. Früchte anheben, und wenn sich der Stiel löst, ist der Apfel reif.

- **Jod-Kali-Test:** Dieser zeigt, wie viel Stärke bereits in Zucker umgewandelt ist. Das Verfahren findet im Erwerbsobstbau Anwendung, lässt sich aber auch leicht selber ausprobieren. Stärke färbt sich in einer Jod-Kali-Lösung blau, Zucker nicht. Diese Eigenschaft macht man sich zunutze, um den vorhandenen Stärkegehalt im Fruchtfleisch eines Apfels sichtbar zu machen. Ein Apfel wird halbiert und in die Lösung gelegt. Je mehr Stärke in der Frucht vorhanden ist, desto intensiver fällt die Blaufärbung an der Schnitthälfte aus. Im Zuge der Reife wird Stärke in Zucker umgewandelt („Stärkeabbau"). Jede Apfelsorte weist zum Zeitpunkt der Pflückreife einen sortenspezifischen Stärkegehalt auf. Für Tafelobstsorten sind diese Werte bekannt und es gibt Abbildungen von Apfelhälften nach der Jod-Kali-Färbung, die zeigen, bei welcher Intensität der Blaufärbung die Sorte pflückreif ist. Erhältlich ist die notwendige Jod-Kaliumiodid-Lösung, auch Lugol'sche Lösung genannt, in Apotheken.

Grundregeln der Lagerung

Das beste Obstlager nutzt nichts, wenn diese Grundregeln nicht befolgt werden:

- Der Zeitpunkt der Ernte beeinflusst die geschmackliche Qualität des gelagerten Obsts. Früchte sollten möglichst zur Pflückreife – weder davor noch danach – geerntet werden.
- Eingelagert werden nur vollkommen gesunde und unbeschädigte Früchte.
- Beim Pflücken werden die Früchte möglichst wenig berührt und sanft in die Lagerkiste gelegt.
- Die Lagerräume werden vor der Einlagerung sorgfältig mit heißem Wasser gereinigt und desinfiziert. Die Wahl des Desinfektionsmittels hängt von der Beschaffenheit der Oberfläche ab. Raue Wände können gekalkt

werden, glatte Oberflächen lassen sich mit Essig oder Alkohol desinfizieren. In den ersten Wochen nach der Einlagerung wird regelmäßig auf faule Früchte kontrolliert.

Lagerpraxis – Erfahrungen aus dem eigenen Keller

In allen Obstbaubüchern sind Angaben zur Lagerfähigkeit von Apfel- und Birnensorten nachzulesen. Es steht jedoch selten dabei, unter welchen Bedingungen die Zeitangaben Gültigkeit haben.

Die Apfelsorte ‚Schmidberger Renette' zum Beispiel ist laut Sortenbeschreibung bis März lagerfähig. Diese Angabe gilt definitiv nicht für meinen Lagerkeller, der trocken ist, bei dem die Temperaturen im tiefsten Winter nie unter 5° Grad sinken und je nach Witterung auch 15 °C erreichen. Hier reduziert sich die Lagerdauer auf Anfang Jänner. Was kann ich tun? Besonders im November und Dezember sind die Temperaturen draußen für die Lagerung tauglicher im Vergleich zum Klima in meinem Keller. Daher probiere ich seit ein paar Wintern eine Lagerkombination: Die Obstkisten stehen bis Mitte Dezember im Freien, bei Frostgefahr decke ich sie ab. Vor Weihnachten kommt ein Teil der Kisten in den Keller und ein Teil auf den nicht ausgebauten Dachboden. Am Dachboden, so mein Kalkül, ist es tendenziell kühler als im Keller. Leider schwanken die Temperaturen am Dachboden stark, bei trüber, kalter Witterung sinkt das Thermometer unter null und das Obst muss zusätzlich mit Decken abgedeckt werden. Bei Sonne heizt sich der Raum auf. Fazit: Außerhalb von Kellern lässt sich Kernobst gut und lange lagern. Das Auf- und Zudecken und das Herumschleppen der Kisten sind in Summe aber wenig erfreulich.

Solange keine Frostgefahr besteht, lässt sich Obst gut regengeschützt im Freien lagern.

Tipps:

- Es muss nicht immer der Keller sein. Eine Lagerung in **Schuppen, Balkon, Garage oder Dachboden** ist oft eine bessere Alternative, vor allem im Herbst bis zu den ersten strengen Frösten. Die Nordseite schützt vor der warmen Herbstsonne, im Winter bewahren Decken die Früchte vor Frost.
- **Isolierte Lagerkisten.** Das isolierende Material schützt vor Hitze und Frost. Heimwerker können Lagerkisten auch aus Holz tischlern und mit Stroh, Wolle oder ähnlichen Materialien auskleiden (→ „Tipps von Arche Noah-Gärtne-rInnen", Seite 213ff).
- **Ein Kühlschrank im Keller** ist super zum Lagern! Das Obst veratmet den Sauerstoff, die Temperatur ist fast optimal und die Luftfeuchte kann durch feuchte Tücher erhöht werden. Im kühlen Keller braucht das Gerät wenig Strom.
- **Mini-CA-Lager** (→ Fotos auf der gegenüberliegenden Seite). In einem geschlossenen Polyethylen-Sack bildet sich eine eigene Atmosphäre, eine Art Mini-CA-Lager. Die CO2-Konzentration und die Luftfeuchtigkeit steigen an. Beides fördert die Haltbarkeit von Obst. Die Säcke dürfen erst zwei Tage nach dem Befüllen verschlossen werden. Bei Temperaturen über 8–10 °C besteht die Gefahr, dass sich Schimmelpilze ausbreiten. Daher ist abzuwägen, ob eine Lagerung im Freien vorerst besser ist und die Säcke erst im Winter in den Keller übersiedeln.

Lageräpfel werden im Oktober in einen PE-Sack (Wandstärke 50 µ in den Maßen 500 x 600 mm) gefüllt.

Der Sack wird zwei Tage nach dem Befüllen verschlossen. Ein Zip-System ist besonders praktisch. Der Sack kann auch zugebunden werden.

Zur Belüftung stechen Sie mit dem Kugelschreiber 6 Löcher in den Sack.

Tipps von Arche Noah-GärtnerInnen

Lagern in Pappschachteln im Styropormantel

„Ich habe meine eigene einfache Methode entwickelt und wende sie seit 4 Jahren sehr erfolgreich an: Übers Internet habe ich große, gebrauchte Styroporkisten gekauft (60 x 46 x 30 cm und 3 cm Wandstärke). In die Kisten setze ich noch eine Pappschachtel ein und fülle dann im Oktober die Äpfel ein. Lagern tue ich sie an der Nordseite unseres Hauses im Freien. Inzwischen habe ich mir eine überdachte Regalvorrichtung gebaut. Ideal wäre ein Schuppen. Ein Balkon geht sicher auch, solange die Kisten nicht in der Sonne stehen. Man muss sie allerdings beschweren, damit der Wind nicht die Deckel davonweht. Die Kisten lasse ich bis -10 °C im Freien, eine Nacht darunter macht auch nichts aus. Wenn's aber mehrere Tage unter -10 °C bleibt, dann kommen die Kisten in meinen Keller, bis die Temperatur wieder passt. Wenn es dann wieder wärmer wird, hebe ich gelegentlich kurz die Deckel, damit die Feuchtigkeit rauskann. Eventuell bildet sich oberflächlich Schimmel. Das lässt sich aber problemlos abwaschen. Die Äpfel kann ich so bis zum Mai hinüberretten und sie bleiben so knackfrisch, wie sie auch im Laden angeboten werden. Die Sorten kenne ich nicht, einzig Boskoop mag diese Art der Lagerung gar nicht."

Anneliese Simon-Reitebuch, Wolfratshausen bei München

Lagersorten werden im Herbst direkt in eine Styroporkiste gelegt. Diese kann am Balkon oder im Freien aufbewahrt werden.

Die Kiste wird verschlossen und bei strengen Frösten zusätzlich mit einer Decke isoliert. Wenn es wärmer wird, kann gelüftet werden.

Lagern in alten Gefriertruhen

„In Schottland habe ich auf einem Biobauernhof diese Lagermöglichkeit kennengelernt. Sie haben dort in den letzten Jahren viel ausprobiert und nun eine Möglichkeit gefunden, die bei ihnen am besten funktioniert. Sie verwenden alte Gefriertruhen, die nicht in Betrieb sind. Der Deckel ist ganz wenig offen, nur einen Spalt. Der Deckel ist auf einer dünnen Holzleiste aufgelegt. Die Äpfel werden in kleine Sackerl (wie Gefriersackerl) gegeben – 5 bis 10 Äpfel in je eines. Die Sackerl bleiben oben offen, der obere Rand wird umgestülpt. Sie werden in der Gefriertruhe in Schachteln platziert, damit sie nicht umfallen und auch noch nach oben hin gestapelt werden kann. Die Gefriertruhen und -schränke stehen in einem ungeheizten Stall. Diese Lagermethode funktioniert gut, solange es im Stall längerfristig nicht unter -4 °C bekommt, das passiert, wenn es draußen unter -10 °C hat."

Marion Wolf

Lagern in Holzsteigen im Gartenhäuschen

„Als meine Eltern Anfang der 1950er Jahre unseren Garten (630 m²) in 1190 Wien erwarben, befanden sich darauf neben anderen Obstbäumen sehr viele Spindel-Apfel- und -Birnbäume der verschiedensten Sorten sowie ein schattig stehendes kleines Holzhäuschen auf Betonfundament ohne besondere Isolierung der Wände. Die reiche Ernte an Äpfeln und Birnen konnte natürlich nicht gleich verbraucht werden und wurde von uns in Holzsteigen im Gartenhäuschen (Nordseite) eingelagert. Mit fallenden Temperaturen wurden die Steigen einzeln mit Decken, Pölstern und alten Teppichen zugedeckt und

schließlich auch stapelweise richtiggehend eingewickelt. Wir bemerkten auch, dass es wichtig war, eine Isolierung zum Boden hin vorzusehen (Teppich). Diese Art der Lagerung bewährte sich recht gut. Wir kamen im Spätherbst und Winter etwa alle 14 Tage zum Nachschauen und Holen von Nachschub an Äpfeln und Birnen. Auf diese Weise konnten wir oft bis weit in den Jänner hinein eigenes Obst genießen. Natürlich gab es fallweise auch gefaulte Exemplare. Wenn der Frost extrem war, konnte es auch passieren, dass ein Teil des restlichen Vorrats erfror. Insgesamt gesehen, hat sich diese Art der Lagerung für uns doch recht bewährt, schon deswegen, weil es die einzige Möglichkeit war."
Helga Hitschmann, Wien

Lagern in mit Heu isolierten Lagerkisten

„An verschiedenen Schulen in der Weststeiermark betreute ich ein Obstprojekt. Die Schüler und Schülerinnen sollten u. a. herausfinden, wie Äpfel am besten gelagert werden können. In einem alten Obstbaubuch waren mit Stroh isolierte Lagerkisten beschrieben. Die haben die Kinder der NMS Krottendorf im Werkunterricht nachgebaut. Im Oktober füllten wir zwei verschiedene Apfelsorten, ‚Ilzer Rose' und ‚Idared', in die selbstgezimmerten Kisten und stellten sie an zwei verschiedenen Orten im Freien auf. Wir lagerten Früchte derselben Sorten auch in Polyethylenfolien (PE, Wandstärke 50 µ in den Maßen 500 x 600 mm), in Styroporkisten und in offenen Kartons unter ganz ähnlichen Bedingungen in einem direkt daneben stehenden Schuppen.

Die Lagerkisten haben sich im Vergleich am besten bewährt! Als die Temperaturen für einen längeren Zeitraum deutlich unter 0 °C fielen (Nachtfröste unter -10 °C), sind die Früchte in den PE-Säcken, den Kartons und den Styroporkisten komplett gefroren. Nach dem Wiederauftauen musste die ‚Ilzer Rose' aller drei Vergleichsversuche komplett kompostiert werden. Auch beim ‚Idared', der das Durchfrieren besser vertragen hat, gab es vermehrt Ausfälle durch Frostschäden. Die Früchte in der Lagerkiste aber haben die Frostperioden praktisch alle schadlos überstanden.

Erika Keller kontrolliert das Obst in den selbst gebauten Lagerkisten.

Heu als Isoliermaterial wurde zwischen Mantel und Obstkiste gestopft.

Bereits im Dezember begann sich in den Plastiksäcken und den Isolierboxen Schimmel auszubreiten. Auch Schimmelbildung war in den heuisolierten Kisten kein Thema. Anfang März waren die Äpfel beider Sorten in den Kisten noch fast vollständig vorhanden und geschmacklich wie optisch einwandfrei."

Erika Keller, Grabenwarth in der Weststeiermark

Bauanleitung von isolierten Obst-Lagerkisten

Die Lagerkiste besteht aus drei Teilen: dem Mantel, der Obstkiste und dem Deckel. Zwischen Mantel und Obstkiste wird das gewählte Isoliermaterial gestopft.

Am Boden des Mantels befinden sich 4 Holzklötze, auf denen die Obstkiste nach dem Verteilen des Isoliermaterials angeschraubt wird. In alle vier Seitenwände werden Löcher gebohrt, um einen gewissen Luftaustausch zu gewährleisten. Ausgekleidet wird der Mantel von innen mit Hasengitter (Sechseckgeflecht), damit sich keine Mäuse im Isoliermaterial einnisten können.

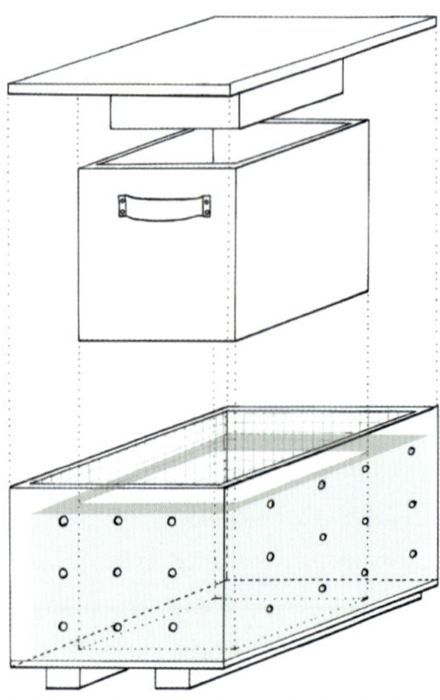

Die Lagerkiste steht am besten geschützt vor Niederschlägen und direkter Sonne in einer Holzhütte, im Schuppen oder unter einem Vordach. Die Isolationsschicht schützt vor Frost (-10 °C) und Wärme.

Materialliste:

Deckel
- OSB-Platte 12 mm
- 2 starke Scharniere
- Sperrholzplatte 8 mm
- Rechteckleisten 30 x 50 mm

Obstkiste
- Sperrholzplatte 8 mm
- Rechteckleisten 30 x 50 mm
- Hanfseil ca. 1 m für Griffe

Mantel
- OSB-Platte 12 mm
- Rechteckleisten 30 x 50 mm
- Hasengitter
- 2 Holzstaffeln
- 4 Holzklötze 10 x 10 mm

Isoliermaterial
- Heu, geschnittenes Stroh, Schafwolle u. a.

Die Rechteckleisten dienen der Verschraubung der jeweiligen Platten. Zur Fixierung

Erdbeeren, Johannisbeeren und Stachelbeeren lagern im Glas, die Kiwi hält sich im kühlen Keller bis Februar und länger!

des Hasengitters nimmt man am besten U-Haken (die allerdings schwer in die USB-Platten einzuschlagen sind). Der Deckel hat auf der Unterseite einen Isolieraufsatz, der ebenso mit dem gewünschten Isoliermaterial (z. B. Heu) gefüllt wird. Es ist darauf zu achten, dass der Isolieraufsatz möglichst genau in die Apfelkiste passt. Die Apfelkiste kann bis zu 40 cm mit Obst befüllt werden. Die restlichen 10 cm sind für den Isolieraufsatz.

Jörg Hopfer-Karatzias

Kiwis lagern

Die große oder Echte Kiwi ist die einzige Vertreterin des süßen Beerenobstes, die spät geerntet und über einen recht langen Zeitraum gelagert und gegessen gelagert werden kann. Die einfacher zu kultivierenden und frostfesteren Kiwai sind hingegen nur kurze Zeit genießbar. Und so geht das:

Ernten Sie die Kiwis möglichst spät, aber vor dem ersten stärkeren Frost. Dort, wo Kiwis gerne wachsen (→ Artenporträt Kiwi, Seite 462), friert es meist Ende Oktober. Kiwis sind bei der Ernte hart und reifen am Lager aus. Die Früchte zählen wie Apfel und Birne zu den klimakterischen Früchten und haben ein gutes Nachreifeverhalten. Damit sie im Laufe des Winters weich und süß werden, dürfen sie keinesfalls zu früh gepflückt werden. Die Samen müssen bei der Ernte jedenfalls schon schwarz sein.

Hohe Temperaturen beschleunigen die Reife, tiefe verlangsamen sie. Am besten lagern Sie die Früchte einlagig in Kartons im kühlen Keller (1–4 °C sind ideal). Für den baldigen Genuss können Sie laufend Früchte in die Küche holen und die Reife eher herbeiführen.

Lagerung von echten Kiwis

„Ich pflücke die Kiwis so spät wie möglich, aber vor dem ersten Nachtfrost, das ist in der Wachau Mitte bis Ende Oktober. Leichten Frost vertragen die Früchte, zumal sie unter den Blätter geschützt sind. Den richtigen Zeitpunkt zu erwischen, ist oft ein bisschen ein Glücksspiel. Die Kiwis lagern dann zum Nachreifen in Steigen in kühlen Räumen, aber nicht ganz kalt. Auch nicht überheizte Wohnungsräume sind geeignet. Essbar sind sie meist ab Mitte Jänner, je nach Reifegrad beim Pflücken. Durch Druckprobe und Probe durch Verkosten erkennt man die Reife. Bei ca. 6–8 °C gelagert halten sie bis Ende Februar, in kühleren Kellern auch länger.

Die Lagerung selbst ist unkompliziert, man kann bei Platzmangel auch 3–4 Lagen übereinander in Bananenkartons stapeln. Faulige oder gar schimmlige Früchte sind selten, und sie stecken ihre Nachbarn meist nicht an.

Wenn man sie zu früh erntet, werden sie nicht mehr wirklich reif (wie Winterbirnen). Erntet man sie zu spät, d.h. nach den ersten richtigen Nachtfrösten, sind sie innen glasig. Das ist optisch nicht

Beim Auflesen der herabgefallenen Nüsse ist der Obstblitz eine große Hilfe.

sehr schön, schadet aber nicht wirklich. Lagert man Früchte, die einen Frost abbekommen haben, werden diese ab Februar gatschig."
Simon Wagner, Arche Noah-Mitglied, baut Kiwis in der Wachau an

Ausreichend getrocknete Walnüsse können platzsparend in prall gefüllten Kartoffelsäcken hängend gelagert werden.

Walnüsse lagern

Im Spätsommer beginnen die grünen Schalen der Walnuss langsam aufzubrechen. Der Beginn der Reifezeit ist sortenabhängig und erstreckt sich über 14 bis 20 Tage. Die grüne Schale öffnet sich so weit, dass die Nuss in der holzigen Schale von alleine zu Boden fällt. Ein ausgewachsener Walnussbaum lässt in einem guten Jahr rund 80 kg reife Nüsse fallen, das sind ca. 3500–4000 Stück. Die baumreifen Nüsse müssen für die Langzeitlagerung in der harten Schale getrocknet werden. Bei der Trocknung verlieren sie rund 50 % ihres Gewichts. Das Trocknen von vielen Kilos an Nüssen benötigt einigen Platz, ist aber absolut unumgänglich. Das Auslösen der baumfrischen Nüsse spart das Trocknen, hat aber entscheidende Nachteile: Die noch weichen und hellen Nüsse schmecken unreif (enthalten eben noch viel Wasser, das Nussaroma entsteht erst beim Trocknen) und bitter. Sie müssen zum längeren Aufbewahren sogleich tiefgefroren werden, am besten in 200- bis 500-g-Portionen aufgeteilt.

Wenn die abgefallenen Walnüsse im feuchten Gras liegen, womöglich auch bei Regen und Morgentau, fördert dies die Infektion mit Schimmelpilzen, die in das Innere der Nuss eindringen können. Daher müssen die Nüsse am besten täglich aufgesammelt und gleich getrocknet werden.

Um die Erntezeit zu verkürzen und nicht ständig Nüsse auflesen zu müssen, empfiehlt es sich, die reifen Nüsse aus den schon geöffneten grünen Schalen vom Baum zu schütteln und gleich aufzuklauben. Beim Auflesen der herabgefallenen Nüsse ist der Obstblitz eine große Hilfe (→ Foto oben).

Das Abschlagen der nicht oder nur halb geöffneten grünen Nüsse ist keine Option, da die Früchte nicht reif sind und das Auslösen aus der grünen Schale mehr als mühsam ist.

Zum Trocknen müssen Walnüsse luftig an einem warmen, trockenen Ort gelagert werden.

In einem Heizkeller auf Horden aufgelegt herrschen gute Bedingungen zum raschen Trocknen von Walnüssen.

Horden sind auch zum Trocknen von Früchten gut geeignet.

Die aufgeklaubten Walnüsse keinesfalls waschen (außer Sie sind im Besitz einer professionellen Trocknungsanlage). Die braunen und grünen Schalenreste können abgebürstet werden, wobei nur grobe und fest an der Nuss anhaftende Stücke den Trocknungsprozess negativ beeinflussen. Feine Schalenreste sind eher eine optische Beeinträchtigung.

Walnussproduzenten trocknen die Nüsse in der Schale im warmen, trockenen Luftstrom bei Temperaturen zwischen 20 °C und 43 °C bis zu einer Restfeuchte von 9 %. Die Temperaturführung hängt von der Größe der Walnuss und dem Feuchtegehalt ab. Liegt die Trocknungstemperatur höher, verfärbt sich der fetthaltige Nusskern dunkelbraun und kann ranzig und bitter werden.

Im Haushalt kann man sich an diese Grundregel halten: Temperatur idealerweise um die 25 °C, aber nie mehr als 30 °C. Daher ist umso mehr auf eine gute Durchlüftung und niedrige Luftfeuchtigkeit zu achten. Walnüsse werden auch bei geringeren Temperaturen trocken, es dauert eben länger. Gut durchlüftet sind häufig Dachböden, Schuppen oder Garagen. Die Nüsse werden am besten auf Gittern (Horden) oder in Obstkisten aus Holz oder anderen Gebinden mit Schlitzöffnungen einlagig getrocknet und gelagert. Nachtfröste schaden beim Trocknen nicht. Die Nüsse sollten am Lager regelmäßig bewegt und gewendet werden. In einem Heizkeller herrschen an sich sehr gute Bedingungen. Für den Luftstrom kann ein Ventilator eingesetzt werden.

Im Wohnraum können Nüsse hängend in Kartoffelsäcken getrocknet werden – allerdings dürfen zum Trocknen nur wenige Nüsse (1–2 kg) in einen Sack gefüllt werden. In prall gefüllten

Das Trennhäutchen zwischen den Nusshälften gibt ebenso Auskunft, ob die Nüsse ausreichend trocken sind. Dazu muss eine Nuss vorsichtig geöffnet, das Trennhäutchen herausgelöst und entzweigebrochen werden. Knackt es, ist die Nuss ausreichend trocken.

Säcken staut sich die warme Luft im Inneren und die Nüsse schimmeln.

Ein trockener Luftstrom entzieht dem feuchten Trockengut Wasser. Die Luft erreicht und umströmt das Trockengut am vollkommensten, wenn es schwebt oder auf einem feinen Gitter aufliegt. Ein Rahmen mit darin gespanntem Gitter oder Netz wird Horde genannt. Horden bzw. Hordentrockner kommen bei der Herstellung von Nudeln, Dörrobst und vielen weiteren Lebensmitteln zum Einsatz. Eine Horde lässt sich mit etwas Geschick selber bauen.

Sind die Nüsse ausreichend getrocknet, können sie platzsparend in prall gefüllten 10-kg-Kartoffelsäcken hängend gelagert werden. Idealerweise bei Temperaturen um 10 °C und einer niedrigen Luftfeuchte (unter 65 %). Bei Zimmertemperatur gelagerte Walnüsse sollten nach vier Monaten (im Februar) nach und nach verbraucht sein, der Rest kann geknackt und tiefgefroren werden.

Kennzeichen für die ausreichende Trocknung

Gleich nach dem Auflesen der baumreifen Nüsse legen Sie 2 kg abgewogene Walnüsse extra, trocknen diese aber gleich wie den Rest der Ernte. Nach ca. 3–4 Wochen in der Trocknung wiegen Sie die (ursprünglich) 2 Kilogramm nochmals, die Nüsse sollten an Gewicht verloren haben. Beträgt das Gewicht nur mehr 1 kg, so sind sie ausreichend trocken. Das Trennhäutchen zwischen den Nusshälften gibt ebenso Auskunft, ob die Nüsse ausreichend trocken sind. Dazu muss eine Nuss vorsichtig geöffnet, das Trennhäutchen herausgelöst und entzweigebrochen werden. Knackt es, ist die Nuss ausreichend trocken.

Schimmel und Aflatoxine

Schimmel kann entstehen, wenn Nüsse nicht richtig getrocknet oder falsch gelagert werden. Wärme und hohe Luftfeuchtigkeit fördern das Pilzwachstum. Gefährlich ist Nussschimmel, da die Schimmelpilze Giftstoffe bilden können. Diese sogenannten Aflatoxine zählen aufgrund ihrer krebserzeugenden Wirkung zu den stärksten natürlichen Giften. Sie wirken leber- und nierenschädigend und können das Erbgut verändern. Werfen Sie daher Nüsse, die Spuren von Schimmel aufweisen, immer weg. Wenn Kerne verfärbt sind oder muffig riechen, sollten sie auch entsorgt werden. Schmecken Nüsse muffig oder verdorben, am besten wieder ausspucken. Haben Sie einzelne verschimmelte Nüsse gegessen, ist nicht mit akuten gesundheitlichen Folgen zu rechnen, die Gesamtbelastung an solchen Giftstoffen sollte jedoch möglichst niedrig gehalten werden. Kenntlich ist Schimmel auf Nusskernen und -schalen in der Regel durch einen weißlich-grauen Belag. Er kann pelzig mit kleinen Härchen sein oder auch wie ein feines Spinnengeflecht wirken. Da Schimmel oft nur beim genauen Hinsehen zu erkennen ist, knackt man Walnüsse am besten immer bei guten Lichtverhältnissen. Schimmelpilztoxine sind hitzeresistent. Die Giftstoffe werden durch Kochen oder beim Backen nicht unschädlich!

Sorten und Lagereignung

Die Lagereignung hängt auch von der Walnusssorte ab. In Nüsse mit nicht vollständig geschlossener Schale kann Wasser eindringen und Schimmelpilze breiten sich aus.

Nützliche Websites

- http://www.bund-lemgo.de/lagerung-von-aepfeln.html
- http://www.gartenbauvereine.org/texte/merkinfo/m_kernobstlagerung.html

Literatur

- Höhn, E. et al. (2007). *Physiologische Lagerkrankheiten der Äpfel und Birnen.* Forschungsanstalt Agroscope Changins-Wädenswil: Eigenverlag.
- Stoll, K. (1962). *Aufbewahrung von Früchten und Gemüsen in naturgekühlten Lagerräumen.* Mitteilung der Eidg. Forschungsanstalt für Obst-, Wein- und Gartenbau, Flugschrift 108.
- Wierer, P., Tscholl, H., Fleck, K., Angello, Z. & Pernter, P. (2000) *Richtlinien für die Ernte und Lagerung von Obst aus integriertem Anbau* (3., veränderte Auflage). *Herausgegeben von* Agrios. *www.agrios.it/doc/Richtlinien_Ernte_2000_deutsch.pdf*

Jahreszahl und Inhalt auf jedem Glas notieren. Dazu reicht ein wasserfester Stift. Stoffdeckerl und Schnörksel-Etiketten sind gar nicht notwendig.

Obst konservieren

Das Thema Haltbarmachen ist umfangreich. Wir beschreiben in diesem Buch die wichtigsten Zubereitungsarten und die Grundsätze des schonenden Haltbarmachens. Ergänzt wird das Kapitel durch zahlreiche Rezepte, die Gärtnerinnen und Gärtner der Arche Noah zur Verfügung gestellt haben. Weitere Rezepte und Hinweise finden sich bei den einzelnen Kulturarten.

Vollreife, frische Früchte sind immer unvergleichbar gut. Im Kapitel → „Einen Obstgarten planen und anlegen", Seite 10 gehen wir darauf ein, wie man Obstarten und -sorten so wählen kann, dass man über einen langen Zeitraum hinweg frische Früchte erntet. Trotzdem: Unser Klima ist durch Jahreszeiten geprägt, und so gibt es nun einmal eine frischfruchtarme und schließlich eine frischfruchtlose Zeit. Und für diese gilt es die gute Ernte haltbar zu machen. Zudem tragen viele Obstarten in manchen Jahren sehr viele Früchte, in anderen wenig bis gar keine – etwa, wenn das Wetter zur Blütezeit zu frostig oder zu feucht war. In den „fetten" Jahren muss daher im Selbstversorger-Garten für die „mageren" Jahre ein Vorrat angelegt werden. Andererseits ist eine praktikable Grundidee, dass man nicht Unmengen einkocht, sondern so viel, wie man bis zur erwarteten neuen Ernte essen (und verschenken) kann. So ist der Erfahrungswert, wie verlässlich die eigenen Bäume tragen, ein wichtiger Ausgangspunkt für die Menge, die man einkocht (und damit auch für die Zeitplanung fürs Einkochen). In einer Region, in der die Marillen regelmäßig den Spätfrösten zum Opfer fallen, ist es sicher lohnend, in fetten Jahren den Jahresbedarf für zwei oder gar drei Jahre einzukochen. Hingegen reicht es in Regionen, in denen die Marillen jährlich verlässlich tragen, den Jahresbedarf für ein Jahr einzukochen. Literaturwerte über den Bedarf finden sich im Kapitel → „Einen Obstgarten planen und anlegen", Seite 33. Aber jede Familie ist anders, und es zahlt sich aus, sich das für den eigenen Versorgungshaushalt einmal genau zu überlegen. Allerdings ist es häufig so: Man isst, was da ist, und die selbst eingemachten Früchte werden ja meistens besonders gerne gegessen.

Im Sommer und Herbst gilt es, sich genug Zeit zu nehmen, um die Ernte einkochen, trocknen und verarbeiten zu können. Die arbeitsintensivsten Monate sind Juli, September und Oktober. Ja! Einkochen braucht Zeit! Doch viele Gartenschätze sind dann so etwas wie ein Vorrat für die tägliche schnelle Küche.

Einkochen/Einwecken

Das Einkochen von Obst hat eine lange Geschichte. Es wird auch als Einwecken oder als Sterilisieren bezeichnet. Das Prinzip ist einfach: Lebensmittel werden im Glas erhitzt, luftdicht eingeschlossen und sind so konserviert. Alle Kompotte und Fruchtmuse werden im Wasserbad oder im Backrohr eingekocht (sterilisiert). Mit Zucker eingekochte Marmeladen und Chutneys werden einfach kochend heiß in die Gläser gefüllt und müssen nicht zusätzlich eingekocht werden. Im Jahr 1904 erschien das Büchlein „Weck. Koche auf Vorrat!", das die Grundlagen des Einkochens von Obst, Gemüse, Fleisch, Milchprodukten und Pilzen beschreibt. In den Folgejahren erschien es in vielen weiteren Auflagen und revolutionierte gemeinsam mit den Weck-Einmachgläsern mit Dichtgummi und metallenem Verschlussbügel die Konservierungsmöglichkeiten so sehr, dass der Name „einwecken" in den allgemeinen Sprachgebrauch überging. Die „Weck-Gläser" dürfen ausschließlich von der Firma Weck hergestellt werden: „Was in Weck Du schaffst in Vorrat, wird im Winter Dir zu Wohltat" war einer der Werbesprüche der Firma Anfang des 20. Jahrhunderts. Mittlerweile gibt es allerdings auch einige andere Hersteller. Obst kann auch einfach im Schraubverschlussglas eingekocht werden („Twist-off"-Methode). So können auch gekaufte Gurken- und andere Gläser noch einmal verwendet werden. Wichtig ist allerdings, dass man die Deckel jedes Mal erneuert. Zum einen nehmen sie mit der Zeit den Geschmack des Füllguts an (und Birnenkompott mit dem Essiggurkerl-Geschmack des Vorjahresinhalts ist wohl nicht jedermanns Sache); zum anderen sind Deckel einfach nicht so haltbar wie die Gläser, werden häufig beim Öffnen leicht beschädigt und schließen dann das Glas nicht mehr luftdicht ab.

Ein Keller voller Gartenschätze (Martina und Lukas Heilingsetzer)

Tipps und Rezepte von Arche Noah-GärtnerInnen für das Pasteurisieren, Einwecken und Einlegen

- Halten Sie sich beim Einwecken im Einkochtopf immer genau an die Angaben des Herstellers.
- Alle Gläser sollten dieselbe Höhe und denselben Durchmesser haben.
- Die Angaben zur Einkochzeit beziehen sich immer auf den Zeitpunkt des Erreichens der vorgeschriebenen Temperatur.
- Kontrollieren Sie Glas, Gummiring und Deckel vor dem Waschen.
- Kochen Sie die Gummiringe in Essigwasser aus.
- Füllen Sie die Einmachgläser bis 2 cm unter dem Rand.
- Wischen Sie Gummi und Rand nach dem Einfüllen sorgfältig mit Alkohol ab.
- Gläser mit Schraubdeckel (Twist-off-Gläser) sollten nach dem Erkalten in der Mitte eine kleine Mulde aufweisen.
- Nehmen Sie die Spangen von Weck-Gläsern erst nach dem Erkalten herunter und kontrollieren Sie die Deckel.
- Bewahren Sie die vollen Gläser kühl, trocken und lichtgeschützt auf.
- Falls der Inhalt eines Glases unangenehm riecht, sollten Sie das Einmachgut sofort wegschütten und auf keinen Fall kosten!
- Mehr Tipps und viele köstliche Rezepte in Ilse und Hans Gutmanns Buch: Wir kochen Sie ein! www.gasthaus-gutmann.com

Ilse Gutmann, Zöbing

Veränderung der Inhaltsstoffe durch das Einkochen: Grundsätzlich schont das Erhitzen Inhaltsstoffe und das Aroma, wenn die angegebenen Zeiten und Temperaturen nicht überschritten werden. Allerdings nimmt der Gehalt an einzelnen Vitaminen durch das Erhitzen stark ab. Aber auch je nach Lagerung und Fruchtart verlieren die Früchte bereits an Inhaltsstoffen. Auch das ist ein Grund, warum nur erntefrische Ware eingekocht werden sollte. Vitamin C hält sich in der Säure von Fruchtsäften sehr gut, in Marmeladen kann mehr als die Hälfte durch das Einkochen verloren gehen. Der Carotin-Gehalt sinkt um ca. 40 %, der Gehalt an Vitaminen aus dem Vitamin-B-Komplex zwischen 0 und 40 %, jener an Folsäure um 60 %. Niacin bleibt hingegen fast vollständig erhalten.

Sauberes Arbeiten und frische Früchte: Die wichtigsten Grundsätze für das Konservieren sind:

Beispiele für das Einkochen von Gemüse und Obst

Gemüse/ Obst	Aufguss	Einkochtemperatur und -zeit bei Glas, Volumen 1/2 bis 3/4 Liter	Bemerkungen
Fruchtsäfte	–	75 °C	Nur erhitzen, bis im Inneren des Behälters die Temperatur erreicht ist.
Obstkompotte, Früchte (roh)	Zucker-Gewürz-Lösung	Steinobst 20 Min. bei 85 °C Kernobst 30 Min. bei 90 °C Beeren 20 Min. bei 80 °C	Kernobst kann auch vorgekocht werden und muss dann nur 20 Minuten eingekocht werden; taucht man Marillen, Pfirsiche oder Zwetschken kurz in heißes Wasser, kann man die Haut leicht abziehen.
Fruchtmus	–	30 Min. bei 90 °C	Zubereitung → Seite 225f.

Einkocharten und Temperaturen; Temperatur- und Zeitangaben aus Hildegard Rust (2012)

erstens das saubere Arbeiten, zweitens ausschließlich erntefrische (!) und reife (aber nicht überreife) und nicht faule oder beschädigte Früchte verwenden. Auch überdüngte Früchte lassen sich nicht konservieren. So findet sich bereits im Weck-Kochbuch aus dem Jahre 1904 der Hinweis, dass mit Peru-Guano gedüngte Erdbeeren sehr leicht zu gären beginnen. Zwar ist dieses Düngemittel mittlerweile nicht mehr in Verwendung, doch auch mit Hühnermist oder anderen biologischen Düngern kann man zu stark düngen. Drittens müssen gebrauchte Gläser sorgfältig mit Spülmittel ausgewaschen sein, viertens die Gläser unmittelbar vor dem Einfüllen heiß ausspülen (ebenso die Deckel, die man auch in Salzwasser auskochen kann) und auf ein neues Geschirrtuch stürzen (nicht abtrocknen). Fünftens: Das Füllgut muss kochend heiß eingefüllt werden (daher am besten dünne Handschuhe tragen). Auch Zucker, Salz, Geliermittel und Essig haben bereits eine konservierende Wirkung, da sie den Mikroorganismen die Lebensgrundlage entziehen. Je weniger von diesen Konservierungsmitteln verwendet werden, umso wichtiger sind die oben genannten Grundsätze des sauberen Arbeitens. Besonders wichtig ist dies bei allen Beeren und bei reifem Steinobst. Beide müssen unmittelbar nach der Ernte eingekocht werden.

Erhitzen der Gläser: Es gibt zwei Möglichkeiten des Erhitzens der Gläser. Egal, welche der beiden Methoden man wählt, es ist hilfreich, dass die Gläser jeweils die gleiche Größe haben und so einheitlich erhitzt werden. Die Gläser (auf ein Tuch) in den Topf stellen, sodass sie sich gegenseitig nicht berühren. Je nach Obstart müssen unterschiedlich lange Einkochzeiten eingehalten werden. Diese beziehen sich immer auf den Zeitpunkt, ab dem die notwendige Temperatur erreicht wird (→ Tabelle, Seite 224).

Im Wasserbad: Dazu werden die Gläser in einen Topf mit Wasser gestellt und der Topf auf 90 °C erhitzt. Entscheidend ist, dass das Füllgut diese Temperatur erreicht. Im Handel werden Einkochtöpfe angeboten, die bereits mit einem Thermometer ausgestattet sind. Man kann auch jeden gewöhnlichen Topf verwenden und ein Einkochthermometer dazukaufen. Wer auf Nummer sicher gehen will, „opfert" ein Glas, sticht den Inhalt mit einem Bratenthermometer an und misst die Temperatur im Glasinneren. Wer einen Schnellkochtopf hat, kann auch diesen verwenden. Da hier höhere Temperaturen erzielt werden, ist die Einkochzeit erheblich minimiert, allerdings geht das zu Lasten der Inhaltsstoffe.

Im Backrohr: Die Gläser stellt man nebeneinander in ein mit Wasser gefülltes tiefes Backblech (oder eine Fettpfanne). In Heißluftherden können zwei Lagen übereinander ins Rohr geschoben werden. Das Rohr wird auf 175 °C und im Heißluftherd auf 160 °C erhitzt. Die eigentliche Einkochzeit beginnt im Backrohr dann, wenn der Saft in den Gläsern zu perlen beginnt (kleine Luftbläschen steigen in den Gläsern auf), das passiert meist etwa nach 30–35 Minuten. Dann kann man den Ofen ausschalten und die Gläser für weitere 30 Minuten im Rohr lassen. Man nimmt die Gläser heraus, stellt sie (Twist-off-Gläser kopfüber) auf ein Tuch, deckt sie mit weiteren Geschirrtüchern (oder einem Handtuch) ab und lässt sie langsam bis zum nächsten Tag abkühlen.

Nach dem Erkalten müssen Gläser mit Schraubdeckel eine kleine Mulde in der Mitte haben. Nur das ist ein verlässlicher Hinweis darauf, dass im Glas ein Vakuum entstanden ist. Die Gläser nun beschriften und möglichst kühl, trocken und finster lagern.

Fruchtmus

Das mengenmäßig wichtigste Mus ist das Apfelmus. Gerade wer einen Sommerapfel- oder einen Herbstapfelbaum hat, kann so die großen Mengen gut verarbeiten und für den Winter konservieren. Auch Fallobst kann sehr gut vermust werden. Braune Stellen werden großzügig ausgeschnitten, sonst entsteht kaum Abfall. Auch Quitten und Birnen, Pfirsiche und Marillen eignen sich sehr gut zum Vermusen; grundsätzlich auch alles Beerenobst, wobei man davon meist nicht so große Mengen hat und diese dann eher zu Marmeladen verarbeitet. Doch sie lassen sich auch gut mit Äpfeln vermischen. Saure Äpfel können auch mit Birnen gemeinsam vermust werden.

Und so geht's: Die Früchte waschen, vierteln (nicht schälen!), 2 Zimtrinden und 5 Gewürznelken zugeben und mit wenig Wasser kochen, bis sie weich sind (für 5 kg Äpfel ca. 1/2 Liter Wasser), bei den Quitten etwas mehr Wasser und keine Gewürze zugeben. Dann Zimt und Gewürznelken entfernen und durch eine Passiermühle („Flotte Lotte") drehen und auf 5 kg Früchte 1/2 kg Zucker und eventuell nochmals etwas Wasser einrühren. Dünnflüssiges Fruchtmus ist besser haltbar als dickflüssiges. Die Masse erhitzen und in saubere und mit heißem Wasser ausgespülte Einmachgläser bis maximal 4 cm unter dem Rand anfüllen (das Fruchtmus dehnt sich beim anschließenden Sterilisieren aus). Das heiße Mus nun bei 90 °C 20 Minuten sterilisieren. Fruchtmus ist im Winter eine herrliche Beilage zu vielen Süßspeisen, sei es zu Kaiserschmarrn oder Topfenauflauf – es schmeckt aber auch einfach pur.

Kompott

Das Konservieren von Früchten in Form von Kompott hat drei Vorteile: Das Kompott ist bereits gebrauchsfertig verarbeitet, anders als beim Tiefgefrieren ist kein zusätzlicher Energieaufwand nötig und der Geschmack der Früchte erhält sich zudem besser als beim Tiefgefrieren. Zu Kompott werden vor allem Früchte verarbeitet, die sich nicht gut lagern lassen: Marillen, Zwetschken, Pfirsiche und Kirschen. Die Früchte werden gewaschen, entkernt und in die Gläser geschichtet und anschließend mit der kochend heißen Zucker-Gewürz-Lösung übergossen. Wichtig ist, dass die Flüssigkeit die gesamten Früchte bedeckt. Nach dem Befüllen und Verschließen der Gläser werden diese erhitzt. Wie lange das notwendig ist, hängt von der Größe der Gläser ab. Entscheidend ist, dass auch das Innere des Glases eine Temperatur von 80–90 °C erreicht. Nur dann ist der Inhalt auch für längere Zeit haltbar, → Tabelle 224.

Trocknen und Dörren

Das Trocknen von Früchten ist ein sehr altes Verfahren, um sie haltbar zu machen. Das Prinzip ist einfach: Durch das Trocknen der Früchte sinkt der Wassergehalt auf 10–15 %, und so finden die im Obst enthaltenen Mikroorganismen keine Lebensgrundlage. Durch das Trocknen werden die meisten Inhaltsstoffe nicht nur erhalten, sondern Säuren, Mineralstoffe und Zucker sogar konzentriert. Aus diesem Grund gelten Dörrfrüchte auch als

Eine Apfelschälmaschine schneidet Äpfel in gleich dicke Ringe, ideal zum Dörren.

Eine Arbeit, die man gut mit Kindern gemeinsam machen kann.

Kraftnahrung. Hingegen geht ca. die Hälfte der Vitamine verloren. Bei Marillen und Zwetschken ist folgende Temperaturregelung wichtig, damit die Fruchtoberfläche nicht zäh wird: zu Beginn bei maximal 40 °C trocknen – so kann auch das Wasser aus dem Fruchtinneren gut entweichen. Wenn die Früchte noch weich, aber nicht mehr saftig sind, wird die Temperatur auf 50–60 °C erhöht. Marillen und Zwetschken werden halbiert und entkernt und mit der Schnittfläche nach oben auf die Siebe des Dörrapparats gelegt. Wichtig ist, dass alle Fruchtstücke annähernd gleich groß sind, so trocknen die Früchte gleichmäßig und gleichzeitig. Die Früchte sind fertig, wenn sie sich trocken anfühlen, aber noch zäh sind und sich biegen lassen. Können die Früchte einfach mit den Händen gebrochen werden, sind sie bereits zu trocken. Äpfel und Birnen werden dazu am besten

Apfelspalten trocknen rasch.

So lassen sich auch Sommer- und Herbstäpfel für den Winter konservieren.

mit der im Handel günstig erhältlichen Apfelschälmaschine („Apple Slicer") geschnitten. So werden die Stücke genau gleich dick. Natürlich kann man auch mit dem Messer gleich große Stücke schneiden, doch mit dem einfachen Gerät (die Äpfel oder Birnen werden aufgesteckt und dann von Hand gedreht, dabei wird die Frucht nicht nur geschält, sondern auch spiralförmig geschnitten) sind die Früchte in einem Arbeitsgang geschält und geschnitten. Wer größere Mengen trocknen will, für den ist diese feine Erfindung aus den USA Gold wert. Kinder lieben es übrigens, ihre Äpfel durch dieses Maschinchen zu drehen. Auf diese Weise sind schon absolute Apfel-Verweigerer zu begeisterten Apfel-Essern mutiert (und dies ganz ohne mahnende Zeigefingersprüche, dass Äpfel ja so gesund sind).

Die durchschnittliche Ausbeute liegt übrigens – je nach Zuckergehalt der Früchte – zwischen 15 und 25 % des Ausgangsgewichts. Im Handel sind einige Dörrapparate, die mit Strom funktionieren, erhältlich. Der stromsparende Solartrockner hat in den meisten Regionen unserer Breiten einen großen Nachteil: In der Jahreszeit, in der die meisten Früchte anfallen, also im Herbst, sind die Nächte bereits wieder sehr kühl und feucht. Untertags trocknen die Früchte, und in der Nacht ziehen sie fast wieder so viel Feuchtigkeit an, wie sie abgegeben haben. Daher eignet sich diese Methode (anders als in Mittelmeerländern oder in Afrika) bei uns nur für trockene Sommertage und -nächte. Im Backrohr sollten die Früchte keinesfalls getrocknet werden, diese Methode braucht am meisten Strom. So manche, die einen Kachelofen ihr Eigen nennen, haben hier gute Erfahrungen mit dem Dörren gemacht. Bis der Kachelofen in den meisten Häusern durchgängig Wärme spendet, ist das Obst zwar schon lange geerntet, aber immerhin lassen sich Lagerbirnen und Lageräpfel dann noch gut trocknen. Man kann auch die Restwärme nach dem Brotbacken in einem Brotbackofen ausnutzen.

Trockenfrüchte lagern: Sind die Früchte gut getrocknet, können sie theoretisch jahrelang aufbewahrt werden. Sie müssen allerdings luftdicht verschlossen gelagert werden. Dazu eignen sich große Gläser oder Dosen aus Metall, die man vorher mit Butterbrotpapier auslegt. Man kann die Früchte auch auf einem trockenen Platz in Stoffsäckchen aufbewahren. Hier sind sie aber nicht vor Schädlingen geschützt.

Tipps von Arche Noah-GärtnerInnen

Dörrzwetschken aus dem Brotbackofen

„Meine Oma hat nach dem Brotbacken die Zwetschken in den noch heißen Brotbackofen (noch mit gemauertem Gewölbe) auf Weidengittern eingeschoben. Davon hat es dann doppelt gut geduftet, erst nach frischgebackenem Brot und dann picksüß nach Dörrzwetschken."

Maria Hagmann

Marmelade

Unter Marmelade versteht man mit einem Geliermittel und (meistens) Zucker eingekochte Fruchtaufstriche aus einer oder mehreren Obstarten. Sie werden aus passierten Früchten hergestellt. Gelees werden aus reinen Fruchtsäften zubereitet und ebenfalls mit Zucker eingekocht. Statt weißem Zucker kann man auch braunen Zucker, Melassen, Honig oder Ahornsirup verwenden. Dies ist eine Frage des Geschmacks – wobei man beim Honig bedenken muss, dass er durch das starke Erhitzen viele wichtige Inhaltstoffe verliert. Man kann Marmeladen auch mit wenig Zucker (20–25 % des Fruchtgewichts) oder mit dem richtigen Geliermittel auch ganz ohne Zucker herstellen. Dann müssen sie nach dem Öffnen im Kühlschrank gelagert und innerhalb von 2–3 Wochen aufgebraucht werden. Daher für diese Methode eher kleinere Gläser (150–250 ml) verwenden.

Im Handel werden fertige Gelierzucker angeboten. Diese enthalten bereits ein Geliermittel (meist Pektin). Bei 2:1- oder 3:1-Gelierzucker benötigt man weniger Zucker zum Haltbarmachen, dafür enthalten sie auch Mittel zur Verlängerung der Haltbarkeit, meist Kaliumsorbat. Wer auf diese Zusätze in der eigenen Marmelade verzichten will, kauft in der Apotheke, im Reformhaus oder im Bio-Laden Pektin oder Agar-Agar. Ersteres wird aus (unreifen) Äpfeln oder Quitten gewonnen, Zweiteres aus Meeresalgen. Beides ist also rein pflanzlich.

Die Früchte selbst enthalten auch Pektin, sie haben aber je nach Reifegrad und Fruchtart einen unterschiedlich hohen Gehalt und gelieren unterschiedlich gut. Früchte mit einem sehr hohen Pektingehalt benötigen keine Zugabe eines Geliermittels.

Früchte, die gut gelieren	Früchte, die mittelmäßig gelieren	Früchte, die schlecht gelieren
Quitten unreife Äpfel Rote Ribiseln Schwarze Ribiseln Stachelbeeren Preiselbeeren	Weiße Ribiseln Heidelbeeren Berberitze Holunder Süße Eberesche	Erdbeeren Himbeeren Kirschen Trauben Weichseln Zwetschken Marillen

Zubereitung der Marmelade: Idealerweise die Früchte am Vorabend mit der gewünschten Zuckermenge bestreuen und über Nacht stehen lassen, gleich das Geliermittel zugeben (jedenfalls in die noch kalte Fruchtmasse). Am nächsten Tag (oder bei sehr reifen Früchten im heißen Sommer auch am gleichen Tag) langsam erhitzen. Je nach Fruchtart und gewünschter Konsistenz mit einem Mixstab pürieren. Wer wenig Erfahrung mit dem Geliermittel und/oder den Früchten hat, macht, nachdem das Fruchtmus 2 Minuten gekocht hat, eine Gelierprobe: Dafür 1–2 Teelöffel entnehmen, auf einen kleinen Teller geben und in den Kühlschrank stellen. Durch das Abkühlen geliert die

Masse zu Marmelade. Ist das nicht der Fall, wird nochmals Geliermittel in etwas kaltem (!) Wasser aufgelöst und zugegeben. Dann 5 Minuten sprudelnd kochen, zurückschalten und sofort in die vorbereiteten, heiß ausgewaschenen Gläser füllen. Jedes Jahr frische Deckel verwenden, diese mit acht Tropfen Weingeist beträufeln, anzünden und brennend auf die Gläser drehen. Die Gläser stürzen und auf ein dickes Tuch (alte Handtücher sind ideal) stellen. Die Gläser bleiben dann abgedeckt stehen, bis sie erkaltet sind. Auf den Weingeist kann bei sauberem Arbeiten auch verzichtet werden, doch erhöht er die Gewissheit, dass kein Glas im Lager schlecht wird, auf fast 100 Prozent.

Chutney

Aus der südostasiatischen Küche sind Chutneys nicht wegzudenken. In vielen europäischen Küchen ist diese süß-saure bis pikant-scharfe Sauce weniger bekannt – außer in England. Die Kolonialmacht brachte Chutneys bald aus der indischen Kolonie auf die Britischen Inseln. Viele Früchte und Gemüse lassen sich zu fertigen Chutneys verarbeiten. Wie Marmelade werden sie kochend heiß in Gläser gefüllt. Paprika und Kürbis eignen sich ebenso wie Quitten, Birnen oder Zwetschken, um die schmackhaftesten Früchte aus unseren Gärten zu nennen. In Indien werden Chutneys zum Beispiel aus Mangos, aber auch aus anderen tropischen Früchten zubereitet. Hier ein Grundrezept: 1 kg Früchte, 1/2 kg Zwiebeln, 125 ml milder Fruchtessig, 2 Esslöffel Apfelpektin, 170 g Zucker, 5 Knoblauchzehen, 50 g Ingwer, Salz und nach Belieben Knoblauch, Chilipulver, Kreuzkümmel oder etwas Zitronensaft. Alle Zutaten wie Marmelade verarbeiten und kochend heiß in saubere Gläser abfüllen.

Dampfentsaften

Es gibt verschiedene Methoden, Saft aus Früchten zu gewinnen. Je nach Obstart werden die Früchte entweder entsaftet oder gepresst. Je nach Fruchtart und Entsaftungsmethode schwankt auch die Saftausbeute. Alle Beeren und weichschaliges Obst (also auch Marillen und Zwetschken) werden am einfachsten mit dem Dampfentsafter entsaftet. Das Entsaften per Dampfentsafter hat einen entscheidenden Vorteil: Die Säfte werden heiß abgefüllt und sind so auch gleich konserviert. Das Dampfentsaften ist eine einfache Methode der Saftgewinnung. Es braucht zwar ein eigenes Gerät, diese sind aber extrem langlebig und nicht sehr teuer (im Gegensatz zur Ausstattung, die man zum Beispiel für Obstpressen benötigt), die Geräte kosten zwischen 30 und 100 Euro. Bei den gängigen Elektrogeräten zur schnellen Saftherstellung muss das Obst vor dem Entsaften geschält oder entkernt werden. Das ist beim Dampfentsaften nicht der Fall. So ist diese Methode auch besonders arbeitssparend. Der Dampfentsafter wird wahlweise aus Edelstahl, Aluminium oder emailliertem Stahl angeboten. Betrieben wird er auf dem Herd, einige Geräte verfügen auch über ein eigenes Heizelement und werden per Stromkabel mit Energie versorgt. Der Dampfentsafter besteht aus drei Teilen: dem Wasserbehälter, dem Saftbehälter und dem Fruchtbehälter. Einige Hersteller haben das Gerät so konzipiert, dass die einzelnen Bestandteile auch eigenständig (als Kochtopf oder zum Dämpfen von Gemüse) verwendet werden können.

Vorbereitung des Obstes: Obst waschen, Kernobst grob zerteilen, Beeren entstielen oder abrebeln (z. B. Holler).

Auswahl und Vorbereiten der Flaschen: Bei Flaschen mit Schraubverschluss jedes Mal neue Verschlusskapseln verwenden. Die Flaschen werden unmittelbar vor dem Befüllen mit kochend heißem Wasser ausgespült. Gebrauchte Gummikappen (oder bei Weck-Flaschen Gummiringe) unbedingt vor Gebrauch in Essig- oder Salzwasser auskochen und mit einem sauberen Tuch trocken wischen.

Mit und ohne Zucker: Beim Dampfentsaften ist eine Zuckerzugabe nicht unbedingt notwendig. Je weniger Zucker verwendet wird, umso sauberer muss gearbeitet werden! Den Zucker kann man entweder direkt zu den Früchten geben oder man fängt den Saft in einem Topf auf und gibt dann erst den Zucker zu. Ersteres spart Zeit, Zweiteres Zucker (da immer auch etwas Zucker an den Fruchtresten haften bleibt).

Das Entsaften: Wenn das Wasser zu kochen beginnt, steigt Wasserdampf hoch und erhitzt die Früchte. Beeren platzen auf, und durch den siebähnlichen Fruchtbehälter rinnt der Saft in den Auffangbehälter. Dieser hat einen Abzapfhahn, aus dem die Flaschen direkt befüllt werden. Die Flaschen stehen idealerweise in einem Gefäß mit warmem Wasser. So zerspringen sie durch die unregelmäßige Hitzeeinwirkung nicht und können gleich abgewaschen werden. Der erste Liter ist oft noch nicht ausreichend erhitzt, darum fängt man ihn extra auf und leert ihn noch einmal über die gesamte Fruchtmasse im Dampfentsafter. Bei sehr saftigem Obst muss man den Entsafter gut im Auge haben und öfters ablassen. Sonst rinnt der Saft, wenn der Behälter voll ist, in den Wasserbehälter. Die Früchte sind dann fertig entsaftet, wenn sie ganz zusammengefallen und braun geworden sind. Die Flaschen müssen bis oben hin befüllt und gleich verschlossen werden. Nur so entsteht ein Vakuum!

Aufkochen nach Zuckerzugabe: Wird der Saft nicht direkt in die Flaschen gefüllt, sondern erst nach dem Entsaften mit Zucker versetzt, muss der Saft noch einmal auf 82 °C erhitzt werden. Dazu ständig umrühren und die Temperatur mit einem Thermometer kontrollieren.

Die Haltbarkeit: Wenn der Saft zu schimmeln oder zu gären beginnt, muss er unbedingt weggeschüttet werden. Die Ursache ist einzig, dass man nicht sauber gearbeitet hat.

Weitere allgemeine Infos → Literatur und www.dampfentsafter.net.

Saftausbeute einzelner Obstarten je 10 kg

Obstart	Liter/10 kg Frucht
Apfel	5–8
Birne	6–8
Brombeere, Himbeere, Erdbeere	6–8
Ribisel	7–8,5
Kirsche	5,5–7,5
Weintraube	6,5–8,2
Heidelbeere	7–8

Quelle: Spornberger, A., Skriptum Extensiver Obstbau, Universität für Bodenkultur, Wien.

Schnaps

Den Schnaps als Konservierungsmethode zu bezeichnen, mag verwegen erscheinen. Doch in ausgesprochenen Obstjahren ist das Einmaischen und anschließende Schnapsbrennen eine willkommene Methode, die Früchte zu verarbeiten. Und auch wer kein großer Schnapstrinker ist, wird sich an einem kalten Winterabend am Duft der Früchte erfreuen, der aus dem Schnapsglas hochsteigt. Wir können an dieser Stelle keine Anleitung zum Schnapsbrennen geben. Einige wichtige Hinweise zur Qualität des Obstes sollen aber nicht fehlen, denn aus einer schlechten Maische kann der beste Schnapsbrenner keinen guten Schnaps brennen. Erstens: Gutes Brennobst wird in der Genussreife geerntet (nicht vorher und nicht überreif, denn nur in der vollen Genussreife sind die sortentypischen Aromen ausgebildet). Zweitens muss das Obst sauber und drittens muss es gesund sein. Faule und wurmige Früchte dürfen nicht mitvermaischt werden.

Hinten Muser, vorne Hydropresse

Äpfel und Birnen musen …

… bevor sie in die Presse kommen.

Tipps von Arche Noah-GärtnerInnen

Apfelsaft in Haushaltsmengen

„Seit vielen Jahren pressen wir unseren eigenen Apfel- oder Apfel-Birnen-Saft. Ich habe schon an mehreren Orten, zu verschiedenen Zeiten und mit verschiedenen Ausstattungen gearbeitet und meine, dass ich derzeit die für Kleinanwender optimale Zusammenstellung an Geräten habe: Es braucht ein Gerät zum Musen, eines zum Pressen und eines zum Pasteurisieren. Erstens: der Muser. Äpfel und Birnen müssen vor dem Pressen zuerst gemust/gehäckselt werden. Ich hatte am Anfang einen Muser zum Kurbeln. Das ist mühsam, und das Gerät kostet kaum weniger als ein elektrisches, in das man das Obst (sauber, aber ansonsten nicht weiter vorbereitet) hineinwirft. Unten kommt die direkt zum Pressen geeignete Masse heraus. Zweitens: das Pressen. Ich kenne aus eigener Erfahrung Spindelpressen. Auch die sind nicht ganz billig und wenig effizient. Zum gleichen Preis etwa kann ich eine sogenannte Hydropresse empfehlen. Sie funktioniert mit dem normalen Druck aus der Wasserleitung. Ein Gummibalg in der Presse dehnt sich durch den Wasserleitungsdruck aus und drückt das Pressgut nach außen gegen ein zylindrisches Metallsieb. Das geht ganz rasch. Am Ende lässt man das Wasser aus, der Balg zieht sich wieder zusammen und man kann, nach Entfernung der ausgepressten Trester, umgehend wieder den Metallkorb füllen und zu neuer Tat schreiten. Drittens: das Pasteurisieren.

Will man den Saft haltbar machen (zwei Jahre ohne Geschmacksverlust sind nach meiner Erfahrung kein Problem), muss man ihn auf 78 °C erhitzen. Manche machen dies am Herd in einem entsprechend großen Topf. Ich habe bisher die besten Erfahrungen mit einem schlanken Edelstahlgefäß gemacht (65 Liter), in dem der Inhalt mit einem passenden, extra an diese Gefäßform angepassten Tauchsieder erhitzt wird. Ich habe mir gleich zwei gekauft, es geht dadurch ungleich rascher. Ein Thermometer, das man in den Saft reinhängt, dient der laufenden Temperaturkontrolle. Eine kleine Ergänzung: Ich habe auch Erfahrung mit einer Spirale aus Edelstahl, die man in einen Kessel mit kochendem Wasser hängt. Bei diesem System fließt aus einem Behälter der frisch gepresste Saft durch die Spirale direkt in die Flasche. Mit einem Hahn, an dem ein Thermometer befestigt ist, kann man die Durchflussmenge regulieren und so darauf achten, dass der in die Flasche abgefüllte Saft immer die erforderlichen 78 °C heiß ist. Vorteil: Der Saft wird während des Durchfließens, also innerhalb von Sekunden, erhitzt. Nachteil: Der Vorgang entzieht dem Wasser so viel Energie, dass man dazu einen großvolumigen Kessel braucht, dessen Inhalt man ständig am Kochen halten muss. Nur dann geht es wirklich rasch. Weiterer Nachteil: Es ist nicht ganz leicht, die Temperatur des durchfließenden Saftes exakt zu kontrollieren. Viertens: das Abfüllen. Aus dem beschriebenen Behälter, der über einen Abflusshahn verfügt (oder aus dem Topf), füllt man den heißen Saft direkt in das vorgesehene Gefäß (z. B. saubere Glasflaschen). Glasflaschen haben Vor- und Nachteile. Ich habe im Laufe der Jahre eher die Nachteile gesehen (Gewicht, erforderliches Lagerungsvolumen, Kisten, Verschluss – Kronenkorken, Gummikappe –, aufwändige Reinigung, kurze Haltbarkeit nach Öffnen der Flasche) und habe daher auf das ‚Bag-in-Box'-System umgestellt. Ein hitzebeständiger Kunststoffsack, versehen mit einem Verschluss samt kleinem Hahn, wird mit dem heißen Saft befüllt, möglichst voll, also ohne Luftraum zu lassen, und verschlossen in den dazugehörigen Karton gegeben. Der kleine Hahn bleibt dabei zugänglich, und man kann nach dem erstmaligen Öffnen durchaus mehrere Monate lang Saft entnehmen, weil sich der Kunststoffsack beim Entleeren zusammenzieht und daher kein Sauerstoff in den Sack kommt. Es empfiehlt sich daher (eine ‚Bag-in-Box' gibt es in Größen von einem Liter bis zu 20 Litern), nicht zu kleine Volumina zu wählen. Ich selbst habe sehr gute Erfahrung mit 5-Liter-Boxen. Diese Grundausstattung kostet ca. 2300 Euro."

Oskar Frischenschlager, Schiltern

Literatur

Wer sich darüber hinaus mit dem Thema Konservieren und Haltbarmachen beschäftigen möchte, dem empfehlen wir folgende Bücher:

- Zehetgruber, R. (2016). *Natürlich konservieren. Vorrat aus Gemüse, Obst und Kräutern das ganze Jahr genießen.* Innsbruck: Löwenzahn Verlag.
- Gutmann, I. & H. (2004). *Wir kochen Sie ein!* Zöbing: Eigenverlag.
- Rust, H. (2012). *Vorrat halten.* München: Knürr.

Ein Frühstück unter Obstbäumen

Streuobstbäume prägen das Landschaftsbild und haben einen hohen ökologischen Wert.

Streuobstbau

Streuobstwiesen haben einen hohen Wert für die Natur. Sie schaffen attraktive Landschaftsbilder, sie sind Lebensraum für teilweise gefährdete Tier- und Pflanzenarten und sie stellen verschiedene Ökosystemleistungen wie Boden- und Wasserschutz, Klimaregulierung oder die Bewahrung der genetischen Biodiversität innerhalb der einzelnen Obstarten bereit. Lange Zeit über waren sie auch ein wesentlicher Bestandteil der Ernährung und brachten Wohlstand in die ländlichen Regionen. Vielen in Oberösterreich und Niederösterreich ist noch der alte Spruch bekannt: „Den Vierkanter hat der Most gebaut."

Einen großen Aufschwung erlebte der Obstbau in Form des Streuobstbaus in vielen Regionen mit der Fertigstellung der Bahnlinien im Laufe des 19. Jahrhunderts. So war mit der Fertigstellung der Westbahn im Jahr 1860 diese durchgängig von Wien bis Salzbug befahrbar. Damit konnten die zahlreichen Bauern und Bäuerinnen der Mostregion Mostviertel ihr Obst und ihren Most auf die Marktplätze großer Städte wie Wien, Linz und Salzburg schnell und günstig transportieren. In dieser Zeit entstanden die für die Region heute typischen Vierkanter. Vierkanter ist die Bezeichnung für die typische Hofform in vielen Regionen und in Oberösterreich.

In der Zwischenkriegszeit boomte der Most als billiges alkoholisches Getränk. In dieser Zeit pflanzten die Bauern eine Menge Bäume. Die

Pflanzaktivitäten in den 1930er und 1940er führten letztlich dazu, dass der Höchststand an Obstbäumen in der Ertragsphase zeitversetzt in die 1950er Jahre fällt, also in eine Zeit, in der Pressobst und Most zunehmend an Ansehen und Wert verloren. Die landwirtschaftliche Beratung drängte darauf, die großen Mengen an Obst aus Streuobstbau durch Baumrodungen zu reduzieren.

Seit Beginn der flächendeckenden Mechanisierung in der Landwirtschaft ab den 1950er Jahren nimmt der Bestand an Streuobstwiesen in Österreich stetig stark ab. Bei einer umfassenden Obstbaumzählung im Jahr 1938 wurden in Österreich rund 30 Millionen Hoch- und Halbstämme gezählt (Österreichisches Statistisches Landesamt 1939). Gegenwärtig wird von nur mehr 4,5 Millionen Bäumen ausgegangen, wobei die Anzahl weiterhin stetig abnimmt (→ Grafik unten).

Ähnlich ist die Situation in der Schweiz. Auch dort sind nach Angaben von Hochstamm-Suisse (www.hochstamm-suisse.ch) in den letzten 50 Jahren über 80 % der Hochstamm-Obstbäume verschwunden. 1950 wurden in der Schweiz noch 15 Millionen Bäume gezählt, bei der letzten Baumzählung 1991 waren es nur mehr 3 Millionen. Der heutige Bestand wird noch auf 2,3 Millionen Hochstammbäume geschätzt. Zwischen 1994 und 2004 wurden 750.000 Bäume gefällt. Im Verlauf dieser zehn Jahre wurde jede Stunde ein Baum gerodet. In Deutschland schätzt der NABU (www.nabu.de) den bundesweiten Bestand an Streuobstwiesen auf rund 300.000 Hektar. Zur Hochblüte im Jahr 1950 waren es 1,5 Millionen Hektar.

Nach einer Phase der von öffentlicher Hand geförderten „Landschaftsbereinigung" besinnt man sich seit etwas mehr als zwei Jahrzehnten wieder verstärkt auf den Wert von Streuobstwiesen. Heute wird die Auspflanzung von großkronigen Obstbäumen vielfach von öffentlichen Stellen gefördert.

Gegenwärtig sind in Österreich rund 54.000 Hektar an Streuobstwiesen vorhanden, wobei in Oberösterreich und Niederösterreich die meisten Streuobstbäume stehen. Damit übertrifft der Streuobstbau flächenmäßig den Erwerbsobstbau

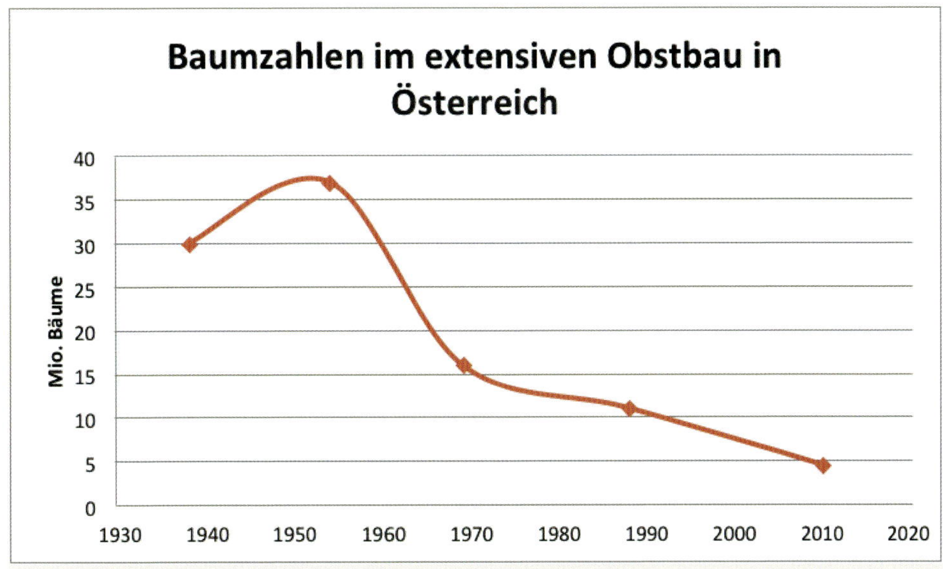

Seit Mitte der 1950er Jahre ist der Streuobstbestand in Österreich stark gesunken.
Quelle: Bader, R. & Holler, C. (2013)

Über Jahrzehnte wurde ein Großteil der Streuobstbäume Mitteleuropas gerodet.

Die früher übliche regellose, „verstreute" Anordnung der Obstbäume gab der Streuobstwiese ihren Namen.

Streuobstbau in Österreich

	Baumzahlen Landwirtschaft 2010		Baumzahlen nicht Landwirtschaft (exkl. Kleinformen)		Baumzahlen insgesamt (Summe LW + nLW)	
Bundesland	Bäume*	Fläche ha ca. (mit 85 Bäumen/ha, gerundet auf 100 ha)	Bäume	Fläche ha ca. (mit 85 Bäumen/ha, gerundet auf 100 ha)	Bäume	Fläche ha ca. (mit 85 Bäumen/ha, gerundet auf 100 ha)
Burgenland	75.000	900	175.000	2.100	250.000	2.900
Kärnten	330.000	3.900	170.000	2.000	500.000	5.900
Niederösterreich	726.000	8.500	374.000	4.400	1.100.000	12.900
Oberösterreich	792.000	9.300	408.000	4.800	1.200.000	14.100
Salzburg	75.000	900	25.000	300	100.000	1.200
Steiermark	594.000	7.000	306.000	3.600	900.000	10.600
Tirol	75.000	900	225.000	2.600	300.000	3.500
Vorarlberg**	41.500	830	83.500	1.670	125.000	2.500
Wien	600	0	19.400	200	20.000	200
Österreich	**2.709.100**	**32.230 (60 %)**	**1.785.900**	**21.670 (40 %)**	**4.495.000**	**53.800 (100 %)**

** 85 Bäume/ha ** 50/ha in V. Quelle: Bader, R. & Holler, C. (2013)*

(→ Seite 239), der sich in Österreich über 11.500 Hektar erstreckt. Die Daten legen dar, dass auch potentiell mehr Obst aus Streuobstbau im Vergleich zum Erwerbsobstbau im Jahr anfällt. Wie viel Obst aus Streuobst tatsächlich genutzt wird, lässt sich nicht abschätzen. Die Zahlen basieren auf einer Zusammenführung statistischer Daten und tatsächlichen Baumzählungen durch die Statistikerin Renate Bader und den Ökologen Christian Holler. In der Tabelle (→ oben) wird differenziert zwischen Streuobst auf landwirtschaftlicher und auf nichtlandwirtschaftlicher Fläche. Diese Unterscheidung ist insofern bemerkenswert, da heute bereits sehr viele Obstbäume (40 %) im nicht-landwirtschaftlichen Bereich, also in Hausgärten, wachsen und dort auch viele Tonnen an Obst anfallen.

Die in Südeuropa verbreiteten Olivenhaine sind per Definition auch Streuobst. Das Bild zeigt einen alten Olivengarten in Montenegro. Die gestreut gepflanzten Oliven bilden einen lichten Bestand, der Schafen als Weide dient (Unternutzung).

Die Nutzung von Streuobstflächen als Acker war in Österreich nur in wenigen Regionen wie im Burgenland verbreitet und ist heute kaum mehr zu finden.

Was ist Streuobst?

Der Begriff „Streuobst" wurde erstmals im Jahr 1941 vom Schweizer Autor Spreng verwendet, der ihn für Obstbau in Streulage gebrauchte. Die früher übliche regellose, „verstreute" Anordnung der Obstbäume gab der Streuobstwiese ihren Namen. Verbreitung fand der Begriff erst durch die Verwendung durch Behorden und Erwerbsobstbauern ab den 1950er Jahren. Diese benutzten ihn, um den traditionellen, als rückständig angesehenen Anbau auf Hoch- oder Halbstämmen vom modernen Anbau auf Niederstämmen abzugrenzen. Der Begriff „Streuobstwiese" wurde erst in den 1970er Jahren von Naturschützern eingeführt. Er war positiv behaftet und wies bereits auf die wichtige ökologische Bedeutung im Zusammenspiel der Strukturen von Obstbaum und Wiese hin.

Streuobst ist vieles

Streuobst kann in Europa und der Welt in vielen verschiedenen Ausprägungen vorgefunden werden, dementsprechend weit gefasst muss eine Definition erfolgen. Folgende Merkmale sind für Streuobst kennzeichnend, wobei nicht immer alle zutreffen müssen:

Eine für mitteleuropäische Verhältnisse sehr dicht gepflanzte Streuobstwiese in Kasachstan. Der Astansatz ist niedrig, durch die Beweidung mit Kühen und Pferden ist eine Art Kuppel entstanden.

- großwüchsige Bäume verschiedener Obstarten, Sorten und Altersstufen
- Diese stehen auf Feldern, Wiesen und Weiden in ziemlich unregelmäßigen Abständen, sozusagen „gestreut".
- Die Abstände zwischen den Bäumen sind weit.
- Es können flächenhafte Anlagen sein, aber auch Einzelbäume an Wegen, Straßen und Böschungen oder kleine Baumgruppen und Baumreihen.
- Typische Baumform ist der Hochstamm, aber auch Halbstamm oder große Sträucher können Streuobst sein.

- Es erfolgt eine Doppelnutzung: Obst und der Ertrag der Fläche darunter (Grasschnitt oder Beweidung).
- Es stehen Arten und Sorten mit unterschiedlicher Reifezeit nebeneinander, wodurch das Erntefenster von Juni (Kirschen) über den Hochsommer bis in den Oktober reicht.

Die Unternutzung von Streuobst kann also Grünland oder Acker sein, allerdings ist im deutschsprachigen Raum vorwiegend Wiese oder Weide zu finden. Während in Deutschland die großen Streuobstbestände großteils durch Hochstammbäume gebildet werden, sind gerade in Österreich besonders in den regellos gepflanzten Beständen häufig Halbstämme auf starkwüchsigen Sämlingsunterlagen zu finden. Der Pflanzabstand liegt in der Regel zwischen acht und zehn Metern, Zwetschkenbestände sind aufgrund von Wurzelausläufern oft bedeutend dichter.

Die regellose Anordnung der Bäume findet sich heute noch teilweise, schon seit den 1950er Jahren wurden Neuanlagen zunehmend in regelmäßige Reihen gepflanzt, um die maschinelle Pflege der Fläche zu erleichtern. Bei Erfüllung der anderen Kriterien (oder zumindest einiger) wird aber trotzdem von Streuobst gesprochen.

In jüngerer Zeit verschiebt sich die Mehrfachnutzung des Obstgartens hin zu „Gartennutzung", Freizeit- und Spielfläche. Hintergrund dieser geänderten Nutzung ist, dass viele alte Streuobstbestände vor 50, 60 Jahren auf landwirtschaftlichen Flächen rund um den Hof gepflanzt wurden. Seit damals nimmt jedoch die Zahl der Bauern und Bäuerinnen ab und zahlreiche Bauernhöfe wurden aufgegeben. Die ehemaligen Wohngebäude wurden zu beliebten Wohnhäusern mit angeschlossenen Obstgärten umgestaltet. Der Strukturwandel in der Landwirtschaft bedingt, dass heute in Österreich rund 22.000 ha Streuobst (von 55.000 ha) auf nicht-landwirtschaftlichen Flächen stehen.

Extensive Obstproduktion

Die Bewirtschaftung der Wiese als auch der Bäume erfolgt in der Regel extensiv – ohne oder mit geringem Einsatz von Pflanzenschutzmitteln. Das Obst entspricht daher nicht den Vorgaben des Qualitätsklassengesetzes und wird neben der Eigenversorgung der Besitzer und Besitzerinnen mit frischem Obst vor allem zu Most, Saft und Schnaps verarbeitet. Die Bäume werden nach einem Erziehungsschnitt nur alle paar Jahre ausgelichtet oder leider gar nicht geschnitten und tragen vielfach nur jedes zweite Jahr stark (man nennt das Alternanz).

Der Begriff „extensiv" bezeichnet im Obst- und Gartenbau eine Wirtschaftsweise, die nicht auf eine Maximierung des Flächenertrags abzielt. Versucht man auf einer kleinen Fläche möglichst viel zu ernten, spricht man von einer intensiven Nutzung. Es ist durchaus sinnvoll, eine Fläche, die sich gut für die Kultur von Obst oder Gemüse eignet, „biologisch-intensiv" zu bewirtschaften und dafür den ökologisch wertvollen Trockenrasen, den Waldsaum oder eine Feuchtwiese nur minimal oder gar nicht zu nutzen. Das gilt auch für alte Streuobstbestände – oft ist es angebracht, die überalterten Bäume aus ästhetischen und ökologischen Gründen einfach stehen zu lassen und doch ein paar Kilo Obst aus wahrlich „extensivem" Anbau zu ernten.

Fast die Hälfte der Streuobstbäume Österreichs steht heute auf als Garten genutzten Flächen, meist mit Rasen unter den Bäumen.

Streuobstwiesen sind Kulturland. Werden sie nicht mehr gepflegt, kehrt langsam der Wald wieder zurück.

Kennzeichen des Erwerbsobstbaus sind kleinkronige Bäume, hohe Baumdichten und ein eingeschränktes Sortenspektrum.

Streuobstwiesen sind Kulturland

Streuobstwiesen sind kein natürlicher Biotoptyp. Die heutigen Kulturformen der klassischen Obstbaumarten Apfel, Birne, Zwetschke, Kirsche, Marille, Pfirsich und Walnuss sind alle in Mitteleuropa eingeführt worden. Mit dem Holzapfel *(Malus sylvestris)*, der Holzbirne *(Pyrus pyraster)* und der Vogelkirsche *(Prunus avium)* finden sich zwar in der heimischen Flora eng verwandte Arten der heutigen Kultursorten. Bei deren Entstehung waren die heimischen Wildformen allerdings nur eingeschränkt beteiligt. Die heimischen Arten finden sich heute einzeln eingestreut in Wäldern und es gibt keine Hinweise darauf, dass sie einst größere, einheitliche Bestände gebildet haben. Lediglich die Vogelkirsche kann kleinräumig in homogeneren Beständen vorgefunden werden.

Die Entstehung der Obstwiesen ging daher vom Menschen aus und setzte in Mitteleuropa bereits im Mittelalter ein.

In ihrem Erhalt sind Streuobstbestände von der Pflege durch den Menschen abhängig. Verwilderte Streuobstwiesen im Wienerwald zeigen, dass die standörtliche Vegetation die Bäume verdrängt. Auch der parkähnliche Charakter der Obstwiesen mit ihrem Wiesenunterwuchs ist nur durch regelmäßige Pflege in relativ kurzen Intervallen aufrechtzuerhalten.

Exkurs Erwerbsobstbau

Im sogenannten Erwerbsobstbau (der auch als Intensivobstbau oder Plantagenobstbau bezeichnet wird) ist es Ziel, makelloses Tafelobst für den Handel zu produzieren. Kennzeichen des Plantagenobstbaues sind kleinkronige Bäume, hohe Baumdichten und ein eingeschränktes Sortenspektrum (‚Golden Delicious', ‚Gala', ‚Elstar', ‚Jonagold'; Williamsbirne, ‚Uta' etc. als Hauptsorten). Für die Produktion von Tafelobst ist es notwendig, Spritzmittel gegen diverse Schaderreger einzusetzen und die Kulturen mit Hagelnetzen zu schützen. Im Streuobstbau ist das nicht der Fall und schon aufgrund der Größe der Bäume kaum möglich.

In Österreich gibt es 4.200 Betriebe und rund 11.500 ha mit Intensiv-Obstbau, davon entfallen 6.800 ha auf den Apfel. Erwerbsobstbau kann konventionell oder kontrolliert biologisch betrieben werden. Im Bio-Erwerbsanbau wird in Österreich die Apfelsorte ‚Topaz' in größerem Umfang vermarktet. ‚Topaz' ist gegenüber Schorf und Mehltau resistent.

Der Einstieg in den Erwerbsobstbau und die Vermarktung von Tafelobst aus Intensivobstanlagen verlangen ein hohes Spezialwissen, das in diesem Buch nicht ausreichend vermittelt werden kann.

Multifunktioneller Wert von Streuobstflächen

Der Wert und die Nutzungen von Streuobstflächen gehen weit über die Produktion von Obst hinaus und sind vielfältig. In ihrer Dissertation listet die Wissenschaftlerin Theresa Foith diese auf:

- **Obstbaulicher Wert:** angepasste Sorten, Geschmacksvielfalt, Genreservoir, alte Sorten, Züchtungspartner, Resistenzen
- **Ökologischer Wert:** Lebensraum für Flora und Fauna, Trittstein, Erosionsschutz, Biotop, Wasserschutz, Arten- und Sortenvielfalt, Bodenschutz
- **Ökonomischer Wert:** Obstnutzung, Grünlandnutzung, Tourismus, Imkerei, Holznutzung, Arbeitsplätze, regionale Produkte
- **Landschaftskultureller Wert:** Orts- und Landschaftsbild, Biodiversität, Sortenwissen, Tradition, Kulturlandschaftselement, historische Gebäude
- **Gesellschaftlicher Wert:** Erholungsraum, Landschaftspflege, Sortenerhaltung, Lebensqualität, gesunde Produkte, geringer Ressourcenverbrauch, Nachhaltigkeit, Bildungsfunktion, Umweltbewusstsein

Obstbaulicher Wert

Auch wenn Streuobstbäume derzeit bei der Versorgung mit Frischobst nur eine kleine Rolle spielen, sollte ihr Potenzial für Krisenzeiten nicht übersehen werden. Durch ihre Diversität an Obstarten, Sorten und Erziehungsformen sind sie widerstandfähiger gegenüber neu auftretenden Krankheitserregern, die die einheitlichen Intensivobstplantagen in kurzer Zeit schwer schädigen können. Auch von nicht gepflegten Streuobstbäumen kann über einen sehr langen Zeitraum Obst in ausreichender Qualität geerntet werden, während ungepflegte Intensivplantagen ohne Pflege rasch zusammenbrechen.

Von großer Bedeutung ist Streuobst für die Saft- und Mostproduktion. Durch die extensive Produktionsweise wird in Streuobstwiesen weniger Energie benötigt als in Obstplantagen und damit auch weniger klimaschädliches Kohlendioxid ausgestoßen. Zudem ergibt die Mischung der unterschiedlichen Sorten einen geschmacklich ausgewogeneren Saft.

Genetisches Reservoir

Wie viele Obstsorten in Österreich existieren, lässt sich nur schätzen. Schätzungen sprechen von alleine ca. 2.000 Apfelsorten in Österreich, wobei nur ein Teil davon beschrieben ist. Sicher ist auf jeden Fall, dass die Vielfalt an Sorten und mit ihr das genetische Reservoir gewaltig ist, es aber kaum genutzt wird. Nach einer Arbeit des deutschen Pomologen Hans-Joachim Bannier gehen die modernen Erwerbsobstsorten fast durchgän-

Von Most über Saft bis zum Schnaps – Streuobst wird vielseitig verarbeitet und hat obstbaulich eine hohe Bedeutung.

Die hunderten Apfelsorten, die auf Streuobstwiesen die Zeit überdauert haben, sind eine wichtige Ressource der Züchtung bei der Suche nach Krankheitsresistenzen.

gig auf sechs relativ krankheitsanfällige Sorten zurück: ‚Golden Delicious', ‚Cox Orange', ‚Jonathan', ‚McIntosh', ‚Red Delicious' und ‚James Grieve' (Bannier, 2011).

Für die Zukunft wird auf das Potential der Artenvielfalt in den Streuobstwiesen verstärkt zurückgegriffen werden müssen. Die Ergebnisse des Interreg-IV-Projekts „Gemeinsam gegen Feuerbrand" zeigen etwa, dass etliche alte Landsorten von Apfel und Birne sehr widerstandsfähig gegen den Erreger des Feuerbrands *Erwinia amylovora* sind (→ www.feuerbrand-bodensee.org).

Die Vielfalt ist derzeit fast ausschließlich in den Altbeständen zu finden. Bei den Neuauspflanzungen der letzten Jahre wurden vermutlich nur 30–50 Sorten in nennenswerter Stückzahl gepflanzt, vorwiegend jene Sorten, die zu Beginn des 20. Jahrhunderts propagiert wurden und deren Namen heute noch unter Bäuerinnen und Bauern bekannt sind. Eine Auswertung von drei großen Auspflanzaktionen in Nieder- und Oberösterreich bestätigt diese Vermutung. Gleichzeitig geht der Trend vor allem in der Mostproduktion zu reinsortigen Mosten, wobei einige wenige Sorten bevorzugt werden.

Ökologischer Wert

Streuobstwiesen sind häufig sehr artenreich. Von den 70–80 Pflanzenarten, die in diesen Wiesen mehr oder weniger regelmäßig vorkommen, können in den jeweiligen Einzelbeständen 25–35 vorgefunden werden. Möglich macht diese Vielfalt das Mosaik an verschiedenen Standortbedingungen, die durch die Bäume entstehen. Schattige Flächen liegen neben sonnigen, trockenere unter den Kronendächern neben feuchteren in den Zwischenräumen, in Stammnähe wird weniger gedüngt als weiter weg und bei Beweidung wird die Grasnarbe punktuell aufgerissen, wodurch sich auch weniger konkurrenzstarke Arten ansiedeln können. Untersuchungen haben gezeigt, dass Streuobstwiesen unter speziellen Bedingungen auch Pflanzengesellschaften beherbergen, die in der Roten Liste der Biotoptypen Österreichs angeführt sind. Die Artenvielfalt der Wiesen ist allerdings an deren Bewirtschaftung gekoppelt. Nur wenn die Wiesen ein- bis zweimal, bei wüchsigeren Standorten dreimal im Jahr gemäht werden und das Schnittgut abtransportiert wird, bildet sich die Artenvielfalt. Der erste Schnitt sollte dabei nicht zu früh erfolgen. Das Mähen und der Abtransport des Schnittgutes sind meist an Tierhaltung gekoppelt. Fehlen die Tiere als Futterverwerter, kann das Gras kompostiert oder verkauft werden. Die Arbeitsbelastung der Mahd vermeiden heute immer mehr Streuobstbesitzer und das Mulchen wird häufiger. Wird die Wiese nur gemulcht, also das Gras fein zerkleinert auf der Fläche belassen, geht die Artenzahl rasch zurück und einige wenige Gräser setzen sich durch. Ein zwei- bis dreimaliges Mulchen ist aus ökologischer Sicht allerdings noch besser als die Extremform: das wöchentliche Rasenmähen.

Besonders groß ist die Bedeutung von Streuobstwiesen für die Vogelwelt. Alte, hochstämmige Obstbestände bieten eine Vielzahl von Brutmöglichkeiten, insbesondere für Höhlen- und Halbhöhlenbrüter, die in den Kulturforsten mit ihren

Nur wenn Wiesen zwei- bis dreimal gemäht werden und das Gras frisch oder als Heu abtransportiert wird, bleibt die Artenfülle der Wiesen erhalten.

Nicht nur Vögel profitieren von Streuobstwiesen, auch Säugetiere nutzen sie als Lebensraum. So wie dieses Eichkätzchen, das geschickt einen Marillenkern knackt, um an die Mandel zu gelangen.

raschen Umtriebszeiten kaum mehr Nistplätze finden. Es profitieren aber auch Nischen- und Freibrüter von den dichten Kronen und selbst Bodenbrüter finden im Stammbereich geschützte Nistplätze. Auch das Nahrungsangebot in und rund um Obstbäume ist sehr umfangreich. Unzählige Insekten bevölkern den ganzen Baum, aber auch die Wiese rundherum und eine Reihe von Arten nutzt das Obst oder die Obstkerne. Die Kronen der Bäume dienen Vögeln (auch Greifvögeln) als Sing- und Ansitzwarten und bieten Rastplätze und Schutz vor Feinden und Witterungseinflüssen. Durchzugsvögel profitieren ebenso von dieser Schutz-, Nahrungs- und Rastfunktion.

Einzelbäumen oder kleinen, isolierten Streuobstflächen in ausgeräumten, intensiv genutzten Kulturlandschaften kommt eine besondere Bedeutung zu. Sie sind „Trittsteine" bei der Vernetzung entfernter Populationen, indem sie den Tieren und Pflanzen die Überbrückung sonst ungeeigneter Lebensräume erleichtern. Idealerweise sind die Obstbestände daher über ein Netz an Rainen und Hecken miteinander verbunden.

Apfelsafttrinker retten Streuobstwiesen

Ja, aber auf den Apfel kommt es an. Viele Säfte werden heute aus eingedicktem Konzentrat hergestellt, das von der ganzen Welt und vor allem aus China importiert wird. Achten Sie daher beim Kauf von Apfelsaft darauf, dass es sich zumindest um Direktsaft handelt, also Saft, der frisch gepresst wurde. Die Früchte dafür kommen aber teilweise auch aus Obstplantagen. Nur wenn auf der Verpackung erwähnt wird, dass der Saft aus Streuobst stammt, können Sie darauf vertrauen, beim Safttrinken die Natur zu schützen.

Ökonomischer Wert

Die Mehrfachnutzung von Wiese oder Acker und der Obstbäume hat in der Vergangenheit vielen kleinen Betrieben das Überleben mit wenig Fläche ermöglicht. Der Mostheurige oder der Verkauf des Obstes brachte genug Geld, um in Kombination mit den anderen Tätigkeiten in der Landwirtschaft zumindest für eine Person, meist die Bäuerin, einen Arbeitsplatz zu garantieren. Aber auch größere Betriebe profitierten vom Obst und konnten ihre Höfe ausbauen. Das wieder beschäftigte vom Maurer bis zum Tischler viele andere Menschen und ganze Regionen blühten mit dem Obst auf.

Engagierte Streuobstbesitzer kreieren laufend neue Produkte, um dem Streuobstbau neue Marktchancen zu öffnen.

Die Nachfrage nach Obstprodukten, allen voran nach Most, war in den Städten und ab Mitte des 19. Jahrhunderts in den durch Industrie und Bergbau geprägten ländlichen Regionen (zum Beispiel in der West- und Obersteiermark) sehr hoch.

Auch heute noch ist für etliche spezialisierte Betriebe Streuobstbau ein wichtiges Standbein, das den ökonomischen Bestand garantiert. Aber auch ganze Regionen profitieren noch heute vom Streuobstbau. In Österreich etwa das Mostviertel, das zur Blütezeit und darüber hinaus viele TouristInnen anzieht, die die Blütenpracht bestaunen. Andere Gebiete wieder haben es geschafft, ein Produkt erfolgreich zu vermarkten. Das Pielachtal in Niederösterreich etwa ist heute fast besser als „Dirndltal" bekannt, nach dem regionalen Namen „Dirndl" für die Kornelkirsche. Beispiele dafür gibt es auch in anderen Ländern viele und sie zeigen, dass Streuobst helfen kann, auch Regionen, die weit von Ballungszentren entfernt liegen, Attraktivität zu verschaffen.

Landschaftskultureller Wert

Obstbäume wurden schon im Altertum als gestalterisches Element eingesetzt. In Persien ließ König Kyros (558–529 v. Chr.) die großen Heerstraßen, die auf die Hauptstadt zuführten, mit Obstbäumen säumen – die älteste bekannte Straßenbepflanzung. Von König Xerxes (485–465 v. Chr.) wird erzählt, dass er sich so sehr über den Anblick eines fruchttragenden Apfelbaumes gefreut habe, dass er ihn mit goldenem Zierrat schmücken ließ.

Ein besonderes Beispiel für den Einsatz von Obstbäumen beschreiben die Obstbauberater Markus Zehnder und Friedrich Weller: Fürst Leopold Friedrich Franz verwirklichte ab 1765 in Anhalt-Dessau eine programmatische Landesverschönerung, bei der unter anderem „anmutige Haine von Obstbäumen" inmitten „geregelter Fluren und verschönter Dörfer" angelegt wurden. Es sollte „alles, wohin wir blicken, das Bild der zweckmäßigen Benutzung sein und das ganze Land ein Gemälde von Schönheit und Bequemlichkeit darstellen." Reisende seiner Zeit zeigten sich davon beeindruckt: „Welch einen herrlichen Anblick von Wohlstand und Fülle gibt nicht die ganze Provinz, deren Felder und Gegenden mit Obstbäumen besetzt sind: Man reise einmal durch das Dessauische ... und überzeuge sich davon."

Den gestalterischen Wert der Obstbäume hob Nicolas Gaucher, der damalige Direktor der Obst- und Gartenbauschule in Stuttgart, in seinem im Jahr 1889 erschienenen Werk „Handbuch der Obstkunde" hervor. Über einen mächtigen alten Birnbaum schreibt er: „Wer ihn sieht, der vermag nicht mehr zu behaupten, dass der Obstbaum kein Zierbaum sei, im Gegenteil, er wird von der Überzeugung durchdrungen, dass, wenn richtig angebracht und zweckmäßig gepflegt, kein anderer Baum unsere Gartenanlage so sehr schmückt wie der Obstbaum und namentlich wie der Birnbaum."

Auch aktuelle Untersuchungen zeigen, dass Landschaften, die durch Streuobstbestände strukturiert sind, als besonders wohltuend empfunden werden. Die Attraktivität wechselt dabei je nach Jahreszeit und somit dem phänologischen Erscheinungsbild der Bäume. Im Frühling wirkt

Menschen fühlen sich in Landschaften, die durch Streuobstbäume strukturiert sind, besonders wohl.

die opulente Blütenfülle anziehend. Es kommen aber auch Sinneseindrücke wie der Duft der Blüten, das Summen der Bienen oder der Gesang der Vögel hinzu. Das Jahr über gliedern die Bäume den Raum und machen ihn besser erfahrbar. Hinzu kommt, dass viele Menschen sich in einer Umwelt wohlfühlen, in der nicht alles normiert ist. Die unterschiedlichen Wuchsformen, Baumarten oder Alterstrukturen in Streuobstwiesen kommen diesem Bedürfnis weit mehr entgegen als einheitliche Intensiv-Obstanlagen.

Gesellschaftlicher Wert

Streuobstwiesen haben auch für unser Wohlbefinden, für unsere Erholung und unsere Ausgeglichenheit eine große Bedeutung. Obstbäume haben, besonders an heißen Tagen, eine positive Wirkung. In ihrem Schatten ist die direkte Sonneneinstrahlung abgeschirmt und dadurch die Belastung für den Körper reduziert. Ein Schattenbaum für die Jausenzeiten war in früheren Zeiten, als die Feldarbeit noch händisch ausgeführt wurde, daher besonders wichtig. Dieser Umstand könnte auch die hohe Anzahl von Einzelbäumen erklären, da diese Streuung für die Produktion nicht notwendig war.

Auf der anderen Seite bremsen Obstbäume den Wind. Bei alten Bauernhäusern in raueren Lagen lässt sich heute zum Teil noch erkennen, dass die Bäume auf der windausgesetzten Nordwestseite des Hauses gepflanzt wurden. In einem Ratgeber zum Obstbau des Erzherzogtums Österreich unter der Enns aus dem Jahr 1911 wird angeführt, dass „Obst- oder Baumgärten in der Nähe des Hauses zum Schutze des Hauses gegen Sturm und Wind und zum Ertrag" angelegt werden. Geschlossene Obstbaumgürtel am Rand von Siedlungen schaffen ein geschütztes Mikroklima im Ortsinneren, zugleich behindern die durchlässigen Streuobstbestände aber nicht den notwendigen Luftaustausch. Dies hat besondere Bedeutung bei Inversionswetterlagen mit behindertem vertikalem Luftaustausch und bei Übererwärmung des Ortskernes.

Durch die Transpiration der Blätter kommt es zu einer Befeuchtung der Luft. Dieser Effekt funktioniert selbst bei großer Trockenheit noch, da die Obstbäume das Wasser auch in tieferen Schichten mobilisieren können.

Die Wiederentdeckung des Streuobstes

Nach Jahrzehnten, in denen Obstbäume nicht gepflanzt, sondern ausschließlich gerodet wurden, kam es ab Anfang der 1980er Jahre langsam zu einer Rückbesinnung auf den Wert der Streuobstbestände. In Österreich gingen diese Aktivitäten zunächst von Vereinen wie „Arche Noah" und „Ökokreis" (ehemals „Ökokreis Waldviertel") aus, in Deutschland vom Pomologenverein und in der Schweiz von der Organisation Pro Specie Rara. Aber auch viele private Einzelpersonen engagierten sich und begannen die Sorten der verbliebenen Obstbestände zu kartieren, zu sammeln und mehr oder weniger systematisch abzusichern. Gleichzeitig wurde der ökologische Wert dieser Biotope stärker untersucht und ihre Bedeutung ins Licht der Öffentlichkeit gerückt. Im Österreich, Deutschland und der Schweiz gab es zahlreiche Initiativen zur Rettung der Streuobstwiese, die aller-

In Streuobstwiesen finden sich heute vor allem sehr alte und ganz junge Bäume. Bäume im Altersbereich von 20–50 Jahren fehlen fast vollkommen.

dings nicht aus dem Obst- oder landwirtschaftlichen Bereich kamen, sondern aus der Umwelt- und Naturschutzbewegung. Ab dem Jahr 1993 förderten das Land Niederösterreich (NÖ Agrarbezirksbehörde, NÖ Landschaftsfonds) wie auch andere Bundesländer die Auspflanzung von Hochstammbäumen bewährter „alter" Sorten auf landwirtschaftlichem Grund. Aufgrund der verbesserten Qualität in den Mostereien und konstanter Medienarbeit diverser Organisationen (z. B. der Regionalmanagements in den Mostgegenden) wurde Mosttrinken wieder schick. Immer mehr Bauern und Bäuerinnen eröffneten Mostheurige und Streuobst wurde auch ökonomisch wieder interessant. Diese Betriebe pflanzten wieder Jungbäume als Ersatz für absterbende Altbäume aus. Da über Jahrzehnte keine Obstbäume nachgepflanzt wurden, finden sich in Streuobstwiesen heute vor allem alte und recht junge Bäume. Bäume im Altersbereich von 20–50 Jahren fehlen fast vollkommen.

Streuobst – Quo vadis?

Nichtsdestoweniger steht der Streuobstbau vor einer großen Herausforderung. Die überwiegende Mehrheit der Altbäume stammt aus einer relativ einheitlichen Zeitspanne vor den 1950er Jahren. In den nächsten ein bis zwei Jahrzehnten haben diese Bäume ihre natürliche Altersgrenze erreicht. Gleichzeitig bereiten bakterielle Erkrankungen wie der Birnenverfall immer größere Probleme und führen zum frühzeitigen Absterben vor allem der großen Mostbirnen. Um dem entgegenzuwirken und gleichzeitig die Versorgung mit Mostobst für die immer stärker spezialisierten Mostbetriebe sicherzustellen, wird bereits mit Intensivmostobstkulturen experimentiert. Diese wachsen in Dichtpflanzung am Spalier auf schwachwüchsigen Unterlagen. Sie können zwar den Rohstoff Obst sicherstellen, jedoch nicht die ökologischen Funktionen einer Streuobstwiese. Immer stärker drängt auch Überschussobst aus Intensiv-Tafelobstplantagen in die Mostereien. Aus deren säurearmen Äpfeln lässt sich ein äußerst milder Most herstellen, der immer mehr nachgefragt wird. Wie lange unter diesen Gesichtspunkten noch Hochstammobstbäume in größerem Maßstab nachgepflanzt werden, ist fraglich.

Anlage einer Streuobstwiese

In diesem Abschnitt werden Themen behandelt, die für die Anlage von Streuobstwiesen besonders relevant sind. Darüber hinaus sollten auch die Erläuterungen im Kapitel → „Einen Obstgarten pla-

Mit Initiativen und Veranstaltungen wurde ab den 1980er Jahren die Bedeutung der Sortenvielfalt und des Streuobstbaus ins Rampenlicht gerückt.

Obstjause unter Kirschbäumen im Schaugarten der Arche Noah in Schiltern

nen und anlegen" (Seite 10) und die Beschreibungen der einzelnen Arten berücksichtigt werden.

Streuobstbäume beginnen nach sieben bis zehn Jahren zu tragen und es dauert mindestens 15 Jahre, bis ein nennenswerter Ertrag eingefahren werden kann. Danach sind sie über Jahrzehnte beerntbar und beständig. Da man eine einmal gepflanzte Streuobstwiese über Jahrzehnte nicht mehr verändern kann, sollte die Anlage einer neuen Wiese im Vorfeld genau geplant werden.

Sortenwahl

Die Sortenwahl hängt natürlich stark vom Standort und von der geplanten Verarbeitungsweise ab. Da bei großkronigen Obstbäumen Pflanzenschutz kaum möglich ist, sollten vor allem robuste Sorten, die für die Lage gut geeignet sind, gewählt werden (→ Artenporträts). Zu beachten ist auch die Reifezeit der einzelnen Sorten. Die Sorten können entweder so gewählt werden, dass sie nicht gleichzeitig reif sind – um Arbeitsspitzen zu vermeiden. Das ist vor allem bei Obst, das eingelagert werden soll, sinnvoll. Umgekehrt können die Sorten auch so gewählt werden, dass sie möglichst gleichzeitig reifen und gemeinsam verarbeitet werden können. Sollen Spezialprodukte wie reinsortige Säfte produziert werden, empfiehlt sich vorab eine intensive Recherche. Manche Sorten ergeben, wenn sie gemeinsam gepresst werden, spannende Säfte mit interessanten Geschmacksnuancen. Aber nicht jede Sorte gewinnt, wenn sie alleine zu Saft und Most verarbeitet wird. Sommersorten können meist nur in einem sehr kurzen Zeitfenster gepresst werden.

Baumformen

Im Streuobstbau werdenin der Regel großkronige Bäume auf Hoch- oder Halbstamm gepflanzt. Der Hochstamm hat heute den großen Vorteil, dass eine maschinelle Pflege der Wiese möglich ist, und ist daher die hauptsächlich verwendete Baumform. Als Unterlagen werden dazu meist Sämlinge gewählt (→ Kapitel Veredelung, Seite 169). Werden Halbstämme gepflanzt, muss im Vorfeld genau überlegt werden, wie die Pflege der Fläche erfolgen soll, wenn die Bäume ausgewachsen sind und einen Durchmesser von 6–10 m haben. Eine maschinelle Pflege ist dann meist nur mit Spezialmaschinen möglich.

Pflanzabstände und Anordnung der Bäume

Die Wahl des Pflanzabstands wird vor allem von zwei Faktoren bestimmt: Wie intensiv oder extensiv soll die Fläche darunter bewirtschaftet werden und wie groß sind die Maschinen für die Bewirtschaftung der Fläche? Grundsätzlich sollte ein Pflanzabstand von 8 Metern nicht unterschritten werden, da nur so ein Mindestmaß an Durchlüftung und Sonneneinfall auf untere Kronenbereiche gewährleistet ist. Wenn die Wiese darunter für Viehfutter benötigt wird, sollten die Abstände allerdings erhöht werden, damit genügend Licht zum Boden kommt. Dabei kann der Abstand in der Reihe geringer ausfallen als der Abstand zwischen den Reihen, da mit den Maschinen nur zwischen den Reihen gefahren wird.

Bewährte Pflanzabstände für Streuobstwiesen

Obstart	Abstand zwischen den Reihen	Abstand in den Reihen
Apfel	12–15 m	9–12 m
Birne	12–15 m	10–12 m
Kirsche	12–15 m	10–12 m
Zwetschke	10–13 m	8–10 m
Marille	10–13 m	8–10 m
Walnuss	16–18 m	12–14 m

Quelle: Biologischer Obstbau auf Hochstämmen, FIBL

Die Anordnung der Bäume erfolgt, damit die Fläche gut gepflegt werden kann, in parallelen Reihen. Die Reihen sollen nach Möglichkeit Richtung

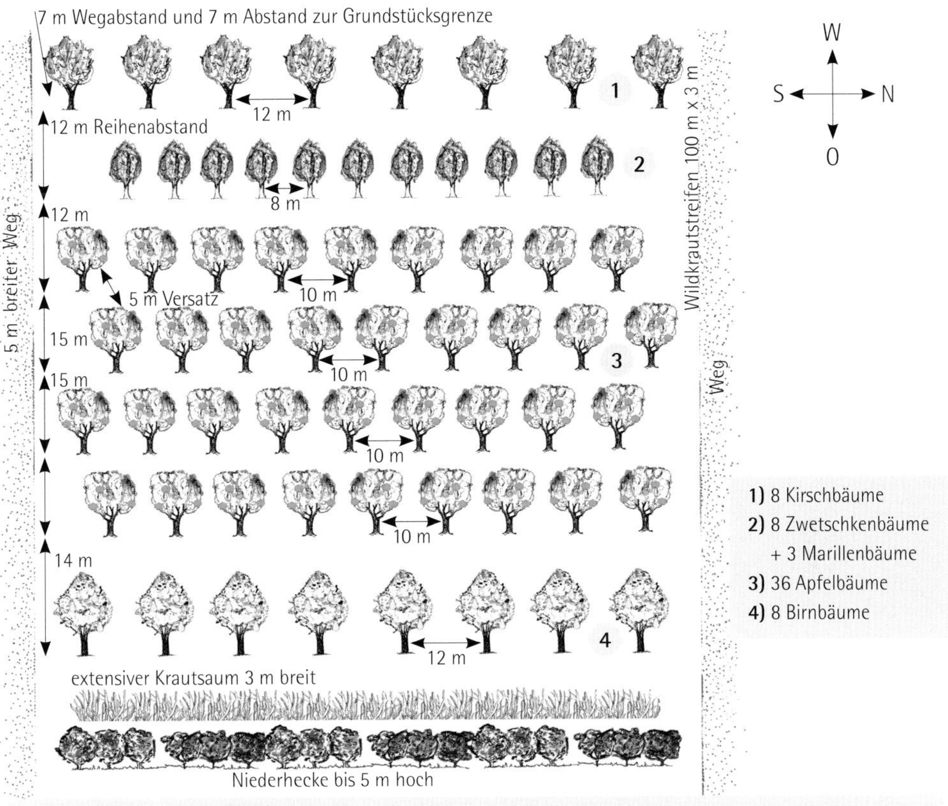

Planungsbeispiel für eine Streuobstwiese, bestehend aus 8 Kirschbäumen an der Westseite, 3 Marillen, 8 Zwetschken, 36 Apfelbäumen (versetzt gepflanzt) und 8 Birnbäumen, die trotz hohem Wuchs wenig Schatten auf die übrigen Bäume werfen, wenn sie auf der Ostseite gepflanzt werden, verändert nach 'Biologischer Obstbau auf Hochstamm, FIBL'.

Süd-Nord ausgerichtet sein, um die gegenseitige Beschattung der Bäume zu minimieren. Aus dem gleichen Grund sollte jede zweite Reihe auf Lücke gesetzt werden, also zwischen zwei Bäume der Vorreihe.

Auch bei der Anordnung der Arten sollte auf die Himmelsrichtungen Bedacht genommen werden, vorausgesetzt, das Grundstück ist eben und hat einheitliche Bodenbedingungen. Ist das nicht der Fall, werden die einzelnen Arten nach ihren Bodenansprüchen verteilt. Auf ebenen Flächen werden Kirsch- und Marillenbäume an die Westseite gepflanzt, da sie besonders empfindlich auf Feuchtigkeit sind. An der Westseite leiden sie nicht unter dem Schattenwurf der anderen Bäume und werden vom Wind, der meist aus Nordwest kommt, besser belüftet. Daran anschließend werden Zwetschkenbäume angeordnet, die schmale, lockere Kronen haben und auch bei dichterer Pflanzung genügend Durchlüftung im Inneren des Bestands erlauben. Birnbäume hingegen, die besonders hoch werden, pflanzt man an die Ostseite, wo sie die letzte Reihe bilden. Die Apfelbäume werden dazwischen angeordnet (→ Zeichnung oben).

Zu Waldflächen sollte ein Mindestabstand von 15 Metern eingehalten werden, da die Bäume sonst häufig schlecht gedeihen und einseitig aus dem Schatten Richtung Licht wachsen. Der Mindestabstand zu Nachbarflächen ist meist in Kulturflächenschutzgesetzen festgelegt. Erkundigen Sie sich dazu bei den entsprechenden Behörden. Entlang von Wegen und Straßen ist zu beachten, dass die Bäume nicht zu nahe stehen, damit die hier fahrenden größeren Maschinen den Stamm und die Krone nicht beschädigen.

Werden die Bäume exakt in Reihe gepflanzt, erleichtert das die maschinelle Pflege der Wiese.

Greifvogel-Ansitzstangen verhindern, dass sich die Vögel auf die Äste junger Bäume setzen – und die schweren Vögel die Äste abbrechen. Gleichzeitig locken die Stangen Greifvögel an, die dann in der Anlage auf Mäusefang gehen.

Die größte Schwierigkeit beim Mähen einer Fläche ist, wenn einzelne Bäume aus der Reihe ragen. Daher sollte darauf geachtet werden, dass die Bäume tatsächlich exakt in Reihe stehen. Dazu wird eine Schnur gespannt, entlang derer die Pflanzlöcher für die Bäume markiert werden. Einfach geht das, indem der gewünschte Abstand mit Farbe an der Schnur markiert wird, die Schnur braucht dann immer nur Reihe für Reihe weitergespannt werden. Sind verschiedene Pflanzabstände notwendig, können diese mit verschiedenen Farben markiert werden. Die Position der einzelnen Pflanzstellen kann anhand der Schnur mit Kalk markiert werden, dann muss die Schnur beim Pflanzen nicht belassen werden.

Eine Obstwiese anlegen, die schnell UND lange ertragreich ist

Obstbäume auf stark wachsenden Sämlingsunterlagen brauchen mindestens 20 Jahre, bis sie annähernd die endgültige Kronendimension erreicht haben. In diesen Jahren ist kaum ein Ertrag zu erwarten. Zum Ausgleich dafür fruchten sie danach 60 bis 80 Jahre reich und regelmäßig und versorgen auch noch die nächsten Generationen mit Obst. Hingegen fruchten Bäume auf schwachwüchsigen Unterlagen bereits im zweiten oder dritten Standjahr und können nach fünf Jahren im Vollertrag stehen. Nach wenigen Jahrzehnten müssen sie aber wieder gerodet werden. Beim „Bleiber-Weicher-System" wird versucht, die Vorteile der beiden Produktionssysteme zu vereinen. Dazu werden großkronige, langlebige Bäume („Bleiber") im gewünschten Abstand gepflanzt. Zwischen den Bleibern werden in der Reihe im Abstand von ein bis zwei Metern die „Weicher" gepflanzt: Bäume, die auf schwachwüchsige Unterlagen veredelt sind (Apfel in der Regel auf M9 veredelt, besser M26, → Kapitel „Obstgehölze vermehren", Seite 171ff.). Diese Pflanzkombination wird als Bleiber-Weicher-System bezeichnet.

Nach wenigen Jahren bereits kann – während die Bleiberbäume heranwachsen – Obst in großen Mengen von den Weicherbäumen geerntet werden. Wenn die „Bleiber" in die Breite wachsen, rodet man nach und nach die „Weicher". Nach rund 20 Jahren stehen nur mehr die Bleiber auf der Fläche, Diese stehen nun im Vollertrag und erfreuen für weitere 80 Jahre als Streuobstwiese die Herzen.

Das System klingt verlockend, es hat aber auch Nachteile: Für die Weicher muss ein Drahtsystem installiert werden, an dem die Bäume angebunden und formiert werden können. Auch dieses Drahtsystem muss gemeinsam mit den Bäumen wieder entfernt werden. Bei den schwachwüchsigen Bäumen muss der Boden freigehalten werden und sie müssen meist bewässert und intensiver gedüngt werden. Der Aufwand beim Mähen ist größer, da zum Teil noch händisch ausgemäht werden muss. In Wiesen sind die kleinwüchsigen Bäume besonders von Wühlmäusen bedroht. Vor der Anlage eines Bleiber-Weicher-Systems sollte daher sorgfältig überlegt werden, ob die zusätzlichen Arbeiten geleistet werden können und ob die Kosten für die Errichtung auch wieder eingenommen werden können.

Baumschutz

Auf Streuobstwiesen müssen auf jeden Fall die Baumstämme vor Wildschäden geschützt werden. Rehwild fegt bevorzugt im Frühjahr auf jungen Obstbäumen den Bast vom Geweih und fegt dabei auch die Rinde vom Baum. Bei hoher Schneelage, wenn Hasen nichts mehr zu fressen finden, knabbern sie sehr gerne die Rinde von Obstbäumen an. Dem kann auch etwas entgegengewirkt werden, indem Heu für die Hasen auf den Schneedecken aufgelegt wird. Sobald sich eine raue Borke bildet, sind die Bäume für Hasen und Rehe uninteressant.

Der Baumschutz kann aus verschiedenen Materialien hergestellt werden und sollte eine Höhe von mindestens 140 cm haben. Günstig sind Wildschutzzäune aus Drahtgeflecht (in Rollen zu 50 Metern erhältlich). Pro Baum benötigt man ungefähr einen Meter. Der Zaun muss im unteren Bereich einen Hasenschutz aufweisen und sollte mindestens eine Drahtstärke von zwei Millimetern haben, damit er vom Wild nicht in Richtung Stamm gedrückt wird.

In nur einer Nacht haben Rehe die Rinde dieses Baums „verfegt". Der Baum muss ersetzt werden.

Hasen knabbern in schneereichen Wintern die Rinde feinsäuberlich von den Bäumen.

Wildschutzzäune aus Drahtgeflecht müssen im unteren Bereich einen Hasenschutz haben.

Geschlossene Kunststoffhüllen sind ungeeignet als Stammschutz. Durch die starke Erhitzung im Inneren bei Sonneneinstrahlung kann es zu Stammschäden kommen.

Pferde fressen, wenn ihnen langweilig ist, auch noch alte Bäume an.

Auf Weiden müssen Bäume massiver geschützt werden.

Eine kreative und einfache Möglichkeit, Bäume auf Weiden zu schützen.

Bewährt haben sich auch Schilfmatten, die an den Enden mit den überstehenden Drähten zusammengebunden werden können. Über die Jahre verrottet der Schilfschutz, hält aber meist so lange, bis die Bäume so stark sind, dass sie für Rehe uninteressant sind. Vorsicht ist hier nur geboten, dass keine Querdrähte beim Entfernen übersehen werden. Vor allem der unterste ist meist schon halb im Boden versunken und würde den Baum abschnüren, wenn er nicht auch entfernt wird.

Auch Hüllen aus Kunststoff können verwendet werden, sofern diese ausreichend viele Löcher zur Belüftung haben. Geschlossene Kunststoffhülsen sind ungeeignet. Ebenso sogenannte „Baumschutzspiralen", die um den Stamm gewickelt werden, denn die Rehe schieben sie einfach nach oben.

Wird die Fläche beweidet, müssen massive Konstruktionen aus Zäunen, Pflöcken und Brettern die Bäume vor den Weidetieren schützen. Rinder und Pferde reiben sich gerne an Obstbäumen, Schafe stellen sich gerne mit den Vorderfüßen auf den Rücken anderer Tiere, um an die Blätter der unteren Äste zu gelangen. Bei Weideflächen müssen rund um den Baum im Abstand von mindestens einem Meter zum Baum drei oder vier starke Pflöcke eingegraben werden. Diese werden nun mit Wildschutzzaun oder starken Querleisten verbunden. Besonders bewährt gegen Schafe und Ziegen haben sich Schutzgitter, die oben (ca. 150 cm) nach außen gebogen sind.

Beerenobst, Wildobst und seltene Obstarten

Volkswirtschaftlich von Bedeutung ist der Anbau von Erdbeeren. Alleine in Österreich wachsen auf über 1.000 Hektar Erdbeeren und auf ca. 1.300 Hektar Holunder. Die Anbauflächen von zahlreichen anderen Obstarten sind relativ klein. Jedoch: Unzählige Kleinproduzenten und Kleinproduzentinnen bereichern den Markt mit Spezialitäten. Vor allem Beerenobst ist reich an Arten, die nur in kleinem Stil ab Hof oder auf Bauernmärkten zu finden sind. Lokale Besonderheiten, wie zum Beispiel Elsbeerprodukte aus dem Wienerwald oder Dirndln (Kornelkirschen) aus dem niederösterreichischen Pielachtal, sind in der jeweiligen Region und überregional in Feinkostläden zu finden.
Zu den seltenen Obstarten zählen auch Kriecherl, Spänling und andere Pflaumenarten, die als Edelbrände und Nektar auf den Markt gelangen. Eine steigende Nachfrage besteht nach Walnussen und neuerdings nach Haselnüssen aus Österreich. Details zur Kultur der einzelnen Arten in den → Artenporträts.

Erntemethoden

Obst von Streuobstwiesen wird in erster Linie für die Verarbeitung genutzt. Wird sofort verarbeitet, können die Früchte auch von den Bäumen geschüttelt werden – da die Aufprall-Stellen der Früchte dann nicht schimmeln können. Viele Streuobstsorten sind gute oder ausgezeichnete Tafeläpfel. Daher kann das Obst einer Wiese oder auch eines Baumes zum Teil gepresst und zum Teil eingelagert werden. Es empfiehlt sich, in einem ersten Schritt die leicht erreichbaren Früchte für den Eigenbedarf oder die Direktvermarktung zu pflücken. Danach kann der Rest für die Presse vom Baum geschüttelt werden. Bei Kirschen gibt es spezielle Sorten, die sich vom Baum schütteln lassen. Solche Schüttelkirschen, wie die Sorte ‚Dolleseppler', sind in der Schweiz und Baden-Württemberg bekannt, in Österreich haben Schüttelkirschen hingegen keine Anbautradition. Bei den meisten Kirschensorten löst sich der Stiel aber schlecht vom Ast und die Früchte können nur gepflückt werden.

Pflücken von der Leiter

Das Pflücken ist bei großkronigen Bäumen mühevoll und nicht ungefährlich, da in der Regel von Leitern aus gepflückt wird. Die eigene Sicherheit steht und fällt dabei mit der Qualität der Leiter und der Umsicht, mit der diese aufgestellt wird. Generell wird zwischen Anlegeleitern und Stehleitern unterschieden. Es gibt aber auch Mehrzweckleitern, die für beides geeignet sind. Achten Sie immer darauf, dass Ihre Leiter ein GS-Zeichen trägt (das bedeutet „Geprüfte Sicherheit") und dass sie unbeschädigt ist und die Sprossen nicht wackeln. Anlegeleitern müssen in einem Winkel von 65–75° angelehnt werden. Dieser Winkel kann leicht mit der Ellbogen-Probe kontrolliert werden. Dazu stellt man sich an die erste Sprosse der angelehnten Leiter und spreizt den Arm seitlich gerade weg. Der Ellbogen muss nun den Leiterholm berühren.

Mit der „Ellbogen-Probe" kann man den richtigen Aufstellwinkel einer Leiter kontrollieren.

Die Leiter muss stets mit beiden Füßen sicher stehen. In Wiesen erhöhen Metallspitzen, die angeschraubt werden können, die Sicherheit. Beachten Sie, dass Leitern manchmal plötzlich einsinken können, wenn ein Wühlmausgang einbricht. Eine große Gefahr ist das Umkippen oder seitliche Wegkippen der Leiter. Um das zu verhindern, kann mit einem Strick eine Sprosse an einem Ast festgebunden werden. Niemals darf die Leiter mit einer Sprosse am Stamm angelehnt werden, da sie dann schon bei kleinen Gewichtsverlagerungen kippen kann. Für solche Fälle gibt es Gurte, die zwischen die Holme gespannt werden.

Stehleitern müssen immer vollkommen ausgeklappt sein, so dass die Spreiz- und Drucksicherung gespannt ist. Die oberste Sprosse darf nur bestiegen werden, wenn sie dafür vorgesehen ist (z. B. als Plattform). Stehleitern sind auf Wiesen sehr problematisch, da oft nur schwer eine Stelle gefunden werden kann, wo alle vier Füße sicher stehen. Es gibt daher eigene Obstbaumleitern, bei denen auf der zweiten Seite nur ein oder zwei bewegliche Holme montiert sind. Diese können so eingerichtet werden, dass die Leiter sicher steht. Beim Pflücken müssen die Hände immer frei sein. Das gelingt mit eigenen Pflückkörben oder Tüchern, die umgehängt werden. Es gibt unterschiedlichste Modelle zu kaufen, ein Pflücktuch kann aber auch aus einem Jutesack selbst genäht werden.

Bei Stehleitern muss das Spreiz- und Druckband immer gespannt sein.

Obstbaumleitern haben bewegliche Holme, die genau an den Untergrund angepasst werden können.

Mit Pflücktüchern oder -körben sind die Hände immer frei, um zu klettern oder um sich anzuhalten. Durch die verschließbare Öffnung unten können die Früchte gleich direkt in die Kiste geleert werden (vorsichtig!).

Ein einfacher Haken erlaubt, den Korb an einen Ast oder die Leiter zu hängen und bequem zu pflücken.

Ursachen für Unfälle mit Leitern sind häufig:

- nicht-bestimmungsgemäße Verwendung der Leiter
- Verdrehen, Ab- oder Wegrutschen der Leiter
- einseitiges Versinken des Leiterfußes
- Leiterstandplatz ist nicht eben
- Verlieren des Gleichgewichts, z. B. durch seitliches Hinauslehnen oder Überkopfarbeit
- Abrutschen von der Leitersprosse, z. B. durch ungeeignetes Schuhwerk oder abgenutzte Leitersprossen
- Absturz aufgrund von – nicht erlaubter – Verwendung von Maschinen, die mit beiden Händen bedient werden müssen
- Versagen von Leiterteilen (Gelenkversagen, Sprossen- oder Holmbruch)

Schüttelhilfen

Das Schütteln von alten Obstbäumen ist nicht so einfach und auch gefährlich – wenn es vom Baum aus gemacht wird. Besser geht es mit einem auf einer langen Stange befestigten Haken, mit dem weit draußen, wo die Äste schwächer sind, angesetzt werden kann.

Es gibt eigene Schüttelgeräte, die an den Traktor angebaut werden. Dabei wird zwischen Seilschüttlern und hydraulischen Schüttlern unterschieden. Bei Seilschüttlern wird ein Seil über den Ast gelegt, das vom Gerät hin und her bewegt wird. Die bedeutend teureren Hydraulikschüttler umfassen den ganzen Stamm und schütteln ihn. Speziell für Kirschen gibt es Systeme, bei denen unter dem Baum vor dem Schütteln ein Kunststofftrichter aufgespannt wird, der die Kirschen auffängt und in einen Sammelbehälter leitet.

Aufsammelhilfen

Beim Aufsammeln der vielen Früchte helfen meist Freunde oder die Großfamilie zusammen. Für viele ist die Obsternte ein Fest. Wenn nicht genügend helfende Hände zusammenkommen, ist die Arbeit doch recht anstrengend. Findige Techniker haben sich Erleichterungen einfallen lassen.

Mit einem Obstblitz lässt es sich bequem arbeiten.

Die kostengünstigste Arbeitserleichterung ist der „Obstblitz". Der flexible Drahtkorb wird einfach über den Boden gerollt und die Früchte dabei in den Korb gedrückt. Mit einer Spange kann der Korb dann einfach in einen Kübel entleert werden. Das Gerät gibt es in verschiedenen Größen für Nüsse oder Äpfel. Im Vergleich zum händischen Auflesen ist der Obstblitz langsamer, allerdings muss man sich nicht extra bücken und kann das Obst im Gehen auflesen.

Sehr effizient und leistungsfähig ist der sogenannte „Obstigel". Auf einer gefederten Achse dreht sich eine mit Dornen bestückte Walze, die die Früchte ansticht, nach oben dreht und über ein Gitter wieder abstreift, von wo sie in einen Behälter gleiten. Der Nachteil des Gerätes ist, dass die Früchte viele Verletzungen haben, die rasch zu faulen beginnen. Daher kann der Obstigel nur verwendet werden, wenn das Obst sofort nach dem Aufklauben verarbeitet wird. Zudem muss meistens vorher auch noch Laub aussortiert werden.

Für größere Flächen gibt es motorbetriebene „Obstwiesel", die mit Bürsten die Früchte aufsammeln, ohne sie zu verletzen, und danach durch Gebläse gleich vom Laub befreien. Die Obstwiesel sind auf geradem Boden leichter einsetzbar als auf Hanglagen. Sie sind allerdings teuer und

Ein Obstigel ist praktisch, allerdings muss das angestochene Obst sofort verarbeitet werden.

lohnen sich bei kleinen Betrieben nicht. Eventuell ist aber der gemeinsame Ankauf durch mehrere Betriebe anzudenken.

Zusammenfassend lässt sich sagen, durch den Einsatz von Obstigel oder Obstwiesel reduziert sich die Zeit für das Auflesen der Früchte massiv. Jedoch muss das Obst vor dem Pressen händisch durchsortiert werden. Das Auslesen von faulen Früchten, Laub und Erde kann mitunter sehr viel Zeit in Anspruch nehmen! Daher ist der Einsatz nur dann eine tatsächliche Kostenersparnis, wenn vor dem Schütteln der Bäume das Gras kurz geschnitten ist, der Boden trocken (und nicht matschig) ist und alle faulen Früchte und das Laub entfernt werden. Die Geräte sollten auch über 15 Jahre im Gebrauch sein und jährlich 150 Stunden genutzt werden, um die Anschaffungskosten zu rechtfertigen. Das ergab eine Untersuchung in Bayern (Degenbeck, 2013).

Aktuelle Preise und Leistungs-Daten zu den vorgestellten Geräten finden Sie auf der Website der Hersteller (www.baeuerle-landtechnik.de und www.obstigel.de).

Fördermöglichkeiten

Viele Länder fördern die Auspflanzung und die Pflege von Streuobstbäumen vorwiegend über das Programm zur ländlichen Entwicklung der EU. Bei manchen Programmen kann auch eine Beratungsleistung durch einen Experten für die Planung und Anlage einer Streuobstwiese gefördert werden. Erkundigen Sie sich bei den zuständigen Stellen – in der Regel Naturschutzabteilungen und Landwirtschaftsabteilungen – in Ihrem Bundesland oder Kanton über diese Möglichkeit. Teilweise ist auch ein finanzieller Zuschuss für den Ankauf von Obstpressen oder anderen Geräten möglich.

In verschiedenen Regionen werden immer wieder Sammelbestellungen für Hochstamm-Obstbäume durchgeführt, bei denen teilweise auch der Kaufpreis für die Bäume gefördert wird.

Die Sortenvielfalt der Streuobstwiesen ist die Basis für erstklassige Produkte.

Von der Selbstversorgung zur Produktion – Arbeitsaufwand und Kalkulation

Dieser Abschnitt richtet sich an Personen, die Obst verkaufen möchten, sei es, weil sie mehr haben, als sie für die Selbstversorgung brauchen, oder weil sie gezielt Bio-Obst für die Vermarktung erzeugen wollen. Das Kapitel ist zugleich nützlich für all jene, die in die Selbstversorgung mit Obst einsteigen wollen. In jedem Fall ist es ratsam, sich auszurechnen, was Anlage, Pflege und Herstellung von Obstgärten und Obstprodukten kosten. Das Obst aus dem eigenen Garten auch finanziell zu bewerten, ist eine Aufgabe, die Ihnen hilft zu entscheiden: Rechnet sich eine Vermarktung, rentiert sich eine Investition und schaffe ich die Arbeitsspitzen im Herbst – neben Job, Schulbeginn und Gemüsegarten?

Rohware Streuobst

Die Rohware aus dem Streuobstbau sind händisch gepflückte oder vom Boden aufgeklaubte oder maschinell aufgelesene Früchte: Äpfel, Birnen (Mostbirnen und Tafelbirnen) und Zwetschken. In der Regel sind Äpfel und Birnen aus Streuobst säure- und gerbstoffreicher als Rohware aus Plantagenobstbau (→ Artenporträts Apfel und Bir-

Streuobst ist Basis für blanke (klare, links) und naturtrübe (rechts) Apfel- und Birnensäfte.

ne, Seite 312 und 338). Bei der Zwetschke fallen hauptsächlich Hauszwetschken an, diese Sorte ist für die Verarbeitung einzigartig.

Die Rohware wird entweder an einen Verarbeiter verkauft oder selber veredelt. Verarbeiter können größere Unternehmern sein, die aus der Rohware Konzentrat oder Direktsaft herstellen und die Produkte über den Lebensmittel-Einzelhandel vertreiben. Kleinere Verarbeiter (Mostereien), die Produkte abseits der Massenware herstellen (naturtrübe oder sortenreine Säfte, sortenreine Moste, Edelbrände etc. ...), suchen ebenso Rohware aus Streuobstbau.

Marktpreise für Streuobst

Auch Apfel- und Birnensaft sind globalisierte Produkte. Die Erzeugerpreise für Rohware – also das, was Produzenten an Euro pro Kilo Frucht beim Verkauf an Verarbeiter bekommen – sind abhängig von der weltweiten Apfel- und Birnenernte. Die Pressobst-Preise für Rohware bei Apfel und Birne schwanken. Gute Ernten in Osteuropa und Asien lassen die Preise auf unter 0,05 /kg fallen, in ertragsschwachen Jahren steigen sie auf über 0,1/kg. Saft aus Streuobst steht dabei in preislicher Konkurrenz zu Apfelsaftkonzentrat, das bedingt durch die geringen Transportkosten und die lange Haltbarkeit auf Schiffen weit transportiert werden kann. Dadurch richtet sich der Preis für Streuobst nicht nach dem Bewirtschaftungsaufwand, sondern danach, wie günstig Apfelsaftkonzentrat am Weltmarkt eingekauft werden kann.

Allerdings: Die Nachfrage nach biozertifiziertem Streuobst aus Österreich ist seit Jahren stabil auf hohem Niveau (rund 0,25/kg).

Zertifiziert biologisches Obst

Streuobstflächen können konventionell (Verzicht auf chemisch-synthetische Pflanzenschutzmittel und leicht lösliche Düngemittel) oder biologisch (nur bestimmte Spritzmittel und Düngemittel sind zugelassen) bewirtschaftet werden. Im Falle der zertifizierten biologischen Wirtschaftsweise wird die Einhaltung der Bio-Richtlinien kontrolliert und ein Kontrollvertrag muss abgeschlossen werden.

Dabei spielt es keine Rolle, ob ein Obstgarten zu einem landwirtschaftlichen Betrieb zählt oder nicht. Auch Nicht-Landwirte können ihren Obstgarten biozertifizieren lassen.

Hinweise zur Bio-Zertifizierung

Jede Person, Vereinigung oder Firma, die Bio-Produkte in Verkehr bringen will, braucht einen Bio-Kontrollvertrag. Der im Vertrag genannte Vertragspartner erhält ein Zertifikat, auf dem jene Produkte gelistet sind, die mit Bio-Hinweis vermarktet werden können. Der Vertragspartner muss als Verkäufer auftreten.

Ob das nun eine Einzelperson mit kleinen Flächen ist oder ein Verein mit großer Fläche, ist nicht entscheidend. Es ist auch nicht erforderlich, ein „landwirtschaftlicher Betrieb" mit Betriebsnummer zu sein. Die Flächen können auch zum Beispiel Bauland sein. In Österreich gibt es 55.000 ha Streuobst, davon liegen rund 22.000 ha auf nicht landwirtschaftlichem Grund. Sehr große Mengen an Wirtschaftsobst fallen in diesen Beständen an. Da die Nachfrage nach zertifiziertem Bio-Streuobst groß ist, kann es auch für Privatpersonen sinnvoll sein, ihren Bestand biozertifizieren zu lassen. Das ist hinsichtlich Kulturführung und

Bauern und Bäuerinnen liefern das Obst an spezielle Sammelstellen für Bio-Obst.

Pflanzenschutz leicht machbar. Das Obst hat dann einen ungleich höheren Marktwert. Das ist insofern bemerkenswert, als zwischen dem konventionellen und dem biologischen Streuobstbau keine so großen Unterschiede in der Kulturführung und den Erträgen liegen.

Alternanz

Ein großes Problem im Streuobstbau bei Apfel und Birne ist die sogenannte Alternanz. Das ist die Bezeichnung für den Umstand, dass auf ein Tragjahr, in dem die Bäume einen hohen Ertrag liefern, ein Rastjahr, in dem sie wenige oder gar keine Früchte tragen, folgt. Stark schwankende Erträge erschweren eine kontinuierliche Marktbelieferung und sorgen für große Preisschwankungen.

Eine Herausforderung ist auch der späte Ertragseintritt. Wer sich heute einen Streuobstgarten anlegt, kann erst in 15 Jahren in die Saftproduktion einsteigen – außer man legt einen Obstgarten im „Bleiber-Weicher-System" an, → Seite 248).

Spezialisierte Mostobstanlagen in Plantagen
In Österreich ist die Nachfrage nach säure- und gerbstoffreichen Mostapfelsorten und nach Mostbirnen groß. Mit der Ernte aus dem klassischen Streuobstbau könnte der Bedarf für Mischsäfte und Apfel- und Birnenmost gedeckt werden. „Könnte" – denn der niedrige Preis und der hohe Bewirtschaftungsaufwand führen dazu, dass viel Obst nicht genutzt wird. Das führt zu der paradoxen Situation, dass einerseits innovative Ab-Hof-Vermarkter zu wenig Obst haben und andererseits in anderen Gegenden das Obst von Streuobstwiesen verfault.
Wissend, dass ein Hochstamm erst nach 15 Jahren die ersten größeren Ernten liefert und die Erträge von Jahr zu Jahr stark schwanken, beginnen die Vermarkter vermehrt Mostobst in Plantagen anzulegen und versuchen derart diese Nachteile zu vermeiden. Solche Mostobstplantagen werden als Niederstammanlagen geführt. In Zukunft könnte immer mehr säurebetontes und gerbstoffreiches Wirtschaftsobst in spezialisierten Mostobstplantagen produziert werden. Diese Entwicklung ist aus wirtschaftlichen Gründen nachvollziehbar, aus ökologischen Gründen jedoch bedenklich.

Kalkulation für die Anlage und Pflege einer Streuobstwiese

Die Anlage und Pflege einer Streuobstwiese bedeutet meist viel Handarbeit, die Entlohnung der Arbeit ist auch der größte Kostenfaktor. Gute Angaben zum Zeitbedarf und den Kosten errechnete Martin Degenbeck.

Zeitbedarf für Anlage, Pflege und Nutzung einer Streuobstwiese, Angaben in Stunden

Errichtung Streuobstwiese, 1 Hektar, 100 Bäume, Zaun vorhanden, Nutzung über 50 Jahre	
Pflanzung (inklusive Kauf der Bäume)	1 h pro Baum
	0,02 h/Baum/Jahr (Zeit aufgeteilt auf 50 Nutzungsjahre)
Pflege 100 Obstbäume und Baumscheibe über 50 Jahre	
Erziehungsschnitt, 1.–6. Standjahr, jährlich	0,4 h pro Baum x 6 = 2,4 h
Baumscheibe, 1.–5. Standjahr, 2 x jährlich jäten	0,3 h pro Baum x 5 = 1,5 h
Erhaltungsschnitt bei Jungbäumen, 7.–24. Standjahr, alle 3 Jahre	2 h pro Baum x 6 = 12 h
Erhaltungsschnitt im Vollertrag, 25.–50. Standjahr, alle 5 Jahre	4 h pro Baum x 5 = 20 h
Schnittmaßnahmen und Baumscheibe, 1.–50. Standjahr	**0,72 h pro Baum x 50 = 36 h**
Pflege Fläche 1 Hektar, 100 Bäume	
Düngung alle 2 Jahre	10 h pro Hektar
Mähen und Rundballenpresse, 2 x jährlich	24 h pro Hektar
Summe	**0,29 h/Baum/Jahr**
Ernte, 100 Bäume, 140 kg Ertrag/Baum, 35 Jahre Vollertrag, händisch	
Schütteln der Bäume, händisch	0,3 h pro Baum
Obstklauben (Auflesen), Durchschnitt 80 kg/h	1,75 h pro Baum
Abtransport 6 h mit Traktor und Hänger	0,06 h pro Baum
Summe	**2,11 h**
Zusammenfassung: Zeitbedarf für Anlage und Pflege	
Anlage	0,02 h
Pflege Schnitt und Baumscheibe	0,72 h
Pflege Wiese	0,29 h
Ernte händisch	2,11 h
Zeitbedarf pro Baum und Jahr	**3,14 h**

Quellen: eigene Zusammenstellung nach Degenbeck, M. (2013) und Foith, T. (2011)

Zeitbedarf

Der tatsächliche Zeitbedarf für Pflanzung, Pflege der Baumscheibe und Schnitt hängt von vielen Faktoren ab. Ein steiles Gelände, steinige Böden, lange Wege und damit lange Wegzeiten, schlechtes Wetter oder Krankheit können Arbeiten erheblich in die Länge ziehen. Astbruch, Trittschäden, Unebenheiten am Gelände verlangsamen die Ernte. Handwerkliches Geschick und Erfahrung reduzieren den Stundenaufwand. Adaptieren Sie die in der Tabelle angeführten Kennzahlen daher nach Ihrer persönlichen Einschätzung und den Gegebenheiten Ihres Obstgartens.

Die Pflege der Bäume ist mit einer Dreiviertelstunde pro Jahr gut geschätzt, sodass die gepflegten Bäume auch einen guten Ertrag (bei Apfel 140 kg/Baum und Jahr) erwarten lassen.

Die Bewirtschaftung einer Streuobstwiese kann auf unterschiedlichste Weise erfolgen. In der unten angeführten Aufstellung wird die Wiese zweimal gemäht und das Schnittgut zu Heu oder Siloballen verarbeitet und verkauft. Das Mulchen der Wiese und das Belassen des Schnittgutes im Obstgarten verursacht deutlich weniger Kosten, ist aus ökologischer Sicht jedoch zu hinterfragen – da die Wiese immer nährstoffreicher wird und viele Gräser und Kräuter, die typisch für diese Wiesen sind, dann von konkurrenzstärkeren Arten verdrängt werden. Damit nimmt auch die Artenvielfalt von Insekten und anderen Tieren ab.

Kosten der Errichtung einer Obstanlage

Die Materialkosten für die Pflanzung eines Bio-Obstbaumes (Halb- oder Hochstamm) lassen sich pauschal mit 50 Euro beziffern (inkl. Wühlmauskorb) und der Zeitbedarf mit 1 Stunde kalkulieren (inkl. Kauf der Bäume). Weidetiere wie Rinder oder Schafe erfordern einen stabileren und höheren Schutz, der mit zusätzlichen Kosten von 15–20 pro Baum zu Buche schlägt. Die Arbeitszeit für den Bau eines stabilen Baumschutzes beträgt 40–90 Minuten pro Baum.

An Materialkosten fallen an:

- Obstbaum
- Pfahl/Pflock
- Schnur
- einfacher Verbissschutz
- *Optional:*
- Wühlmauskorb – bei hohem Wühlmausdruck zu empfehlen
- Schutz gegen Weidetiere

Kosten der Ernte

Im Streuobstbau steht die Gewinnung von Wirtschaftsobst (Pressobst) im Vordergrund. Die Früchte werden zum Großteil aufgelesen (geklaubt) und sofern notwendig zuvor vom Baum geschüttelt. Das Pflücken der Früchte zum Frischessen oder für die Lagerung hat in der Regel eine untergeordnete Bedeutung. Obst von Halb- oder Hochstammobstbäumen gelangt kaum frisch auf den Markt – ein Grund hierfür ist, dass die Pflückkosten enorm hoch sind und stark schwanken.

Voraussetzung für ein zügiges Auflesen ist eine gemähte Wiese. Zwei Wochen vor der Ernte sollte das Gras kurz geschnitten werden. Die Ernte wird entscheidend vom Gelände beeinflusst. Unebenheiten und steilere Flächen verunmöglichen den Einsatz von Maschinen, die das Auflesen unterstützen, und erschweren auch das händische Aufklauben. Die Größe der Früchte ist ebenso ein Kriterium.

Arbeitserleichterungen bei der Ernte

Zeitbedarf für das Schütteln und Aufklauben von Äpfeln. Angenommen wird ein Ertrag von 140 kg pro Baum.

	Zeit pro Baum	Schüttel- oder Klaubleistung pro Stunde
Schütteln mit Seilschüttler	0,12 h pro Baum	8 Bäume pro Stunde
Schütteln mit Hand	0,3 h pro Baum	3 Bäume pro Stunde
Obstklauben (Auflesen), kleinfrüchtige Sorte, steiles Gelände	3,5 h pro Baum	40 kg pro Stunde
Obstklauben (Auflesen), großfrüchtige Sorte, ebenes Gelände	1,17 h pro Baum	120 kg pro Stunde
maschinell mit Obstigel 1000 kg/h	0,14 h pro Baum	1000 kg pro Stunde
maschinell mit Obstwiesel 1400 kg/h	0,1 h pro Baum	1400 kg pro Stunde

Der Einsatz von einfachen Maschinen zur Unterstützung der Ernte reduziert die Zeit um ein Vielfaches.

Die Familie klaubt die Äpfel in Kübel ...

... währenddessen wird der nächste Baum geschüttelt. Ein Haken an einer Stange erleichtert die Arbeit.

Die vollen Kübel werden in den Kipper entleert.

Kosten der Verarbeitung

Die Verarbeitung kann mit eigenen Maschinen, innerhalb einer Genossenschaft oder eines Vereins erfolgen oder im Lohn an ein Unternehmen ausgelagert werden. In der Beispielkalkulation wird das Pressen und Füllen im Lohnverfahren erledigt. Die Variante ist besonders zu empfehlen, wenn sich eine moderne Lohnpresse in Ihrer Nähe befindet. Empfehlungen für die häusliche Verarbeitung → Seite 222. Adressen von Lohnpressen in Österreich, der Schweiz und Deutschland → Service-Teil, Seite 520f.

Porträt: Oberösterreich: Samareiner Press- und Saftgemeinschaft

16 Landwirte aus der Naturparkgemeinde St. Marienkirchen/Polsenz (Bezirk Eferding, Oberösterreich) gründeten 2009 den Verein „Samareiner Press- und Saftgemeinschaft". Die Ziele dieser Kooperation sind die Verarbeitung und Veredelung des regionalen Streuobstes und eine betriebliche Diversifizierung. Die getätigten Investitionen (u. a. Bandpresse, Pasteurisieranlage, Abfüllmaschine, Zentrifuge, Nirostatanks, Elektro-Stapler, Zubehör) und Werbemaßnahmen wurden durch ein LEADER-Projekt gefördert. Jedes der 16 Vereinsmitglieder brachte 5.000,- an Eigenmitteln ein. Als Produktionsstandort wurde eine Maschinenhalle angemietet. Die Vorteile einer Gemeinschaftsanlage zeigten sich bereits nach wenigen Jahren: Arbeitsteilung zwischen den Mitgliedern, Risikostreuung und bessere Auslastung der Anlage. Die Angebotspalette der Pressgemeinschaft umfasst die Saftverarbeitung für Mitglieder und Kunden sowie die Herstellung und Vermarktung von eigenen Fruchtsäften. Die „Samareiner Obstsäfte" werden als österreichische Naturpark-Spezialität vermarktet. Die Säfte (Apfelsaft, Birnensaft, Apfel-Mischsäfte) sind in 1-Liter-Pfandflaschen und auch in 3-, 5- oder 10-Liter-Bag-in-Boxen erhältlich.

Schon bald stellte sich heraus, dass die Dienstleistung des Obstpressens und Saftmachens für private Kunden den Hauptanteil des Umsatzes ausmacht (rund 80 %). Ab 100 kg können Konsumenten ihre Äpfel und Birnen zu Saft verarbeiten lassen. Das Motto „Eigener Saft aus eigenen Früchten" ist das Hauptmotiv für viele und liegt auch im allgemeinen Trend der Selbstversorgung. Viele Menschen möchten wissen, woher ihre Lebensmittel kommen.

In der Region in und um den Naturpark Obst-Hügel-Land (Hausruckviertel) haben viele Bewohner und Hausbesitzer einen eigenen Obstgarten. Oft stellte sich die Frage nach einer sinnvollen Verwertung, insbesondere bei Wirtschaftsäpfeln. Die Pressgemeinschaft war eine wichtige Antwort auf diese Frage. Die meisten Kunden kommen aus einem Umkreis von rund 20 bis 30 Kilometern, es kommen aber auch Interessierte aus ganz Oberösterreich und zum Teil aus anderen Bundesländern, um ihre Früchte hier pressen zu lassen.

Ein Trend ist sehr positiv: Durch das Angebot der Samareiner Press- und Saftgemeinschaft wird im Naturpark Obst-Hügel-Land und im Umland wieder mehr Obst geklaubt und verarbeitet. Die Nachfrage und damit auch die Auszahlungspreise für regionales Streuobst stiegen. Bei den Obstbaum-Pflanzaktionen des Naturparks zeigt sich, dass wieder vermehrt regionaltypische Wirtschaftsobstsorten (z. B. ‚Weberbartl'-Apfel, ‚Brünnerling', ‚Erbachhofer') gepflanzt werden. Durch die Möglichkeit der Verarbeitung und Inwertsetzung des Streuobstes steigt die Chance, die vielen landschaftsprägenden Obstbäume in der Region dauerhaft zu erhalten. Die Samareiner Press- und Saftgemeinschaft stellte sich als eines der wirkungsvollsten Naturparkprojekte der letzten Jahre heraus.

Kontakt und Information

- Samareiner Press- und Saftgemeinschaft: www.samareinersaft.at
- Naturpark Obst-Hügel-Land: www.obst-huegelland.at

Ab einer Liefermenge von 100 kg Obst erhalten die Kunden am nächsten Tag den Saft aus den eigenen Früchten. Der Saft wird in praktische Bag-in-Boxen gefüllt.

Die „Samareiner Obstsäfte" werden als österreichische Naturpark-Spezialität vermarktet.

Das Haupteinzugsgebiet der Kunden liegt im Umkreis von rund 20 bis 30 Kilometern, es kommen aber auch Interessierte aus ganz Oberösterreich zur Obstverarbeitung nach St. Marienkirchen.

Wie lassen sich Kosten reduzieren?

- Eine große Streuobstfläche (über 1 ha) hat ökologische und ökonomische Vorteile. Die Fläche kann durch Auspflanzung, durch das Zusammenlegen benachbarter Flächen oder Pacht vergrößert werden. Das Zusammenlegen bietet den zusätzlichen Vorteil, dass der Obstgarten gemeinsam und arbeitsteilig bewirtschaftet werden kann.
- Bei Pflege (Mahd, Mulchen) und Ernte (Seilschüttler, Erntegeräte) ist es empfehlenswert, mit Maschinen zu arbeiten. Um jedoch die hohen Anschaffungskosten zu reduzieren, sollten die Geräte überbetrieblich zum Einsatz kommen. Die Ernte ist meist der größte Kostenfaktor und kann durch die Verwendung von Seilschüttlern und handgeführten oder selberfahrenden Obstauflesemaschinen optimiert werden. In kleinstrukturiertem und unebenem Gelände sind kleinere und handgeführte Geräte zu bevorzugen (→ Tabelle Seite 259).
- Die Neuanschaffung einer kompletten Anlage zur Herstellung von Obstsäften ist teuer. Neben einer Presse ist eine Waschanlage, eine Obstmühle, eine Zentrifuge, Füllanlage und ein Pasteur Standard. In den meisten Fällen ist daher die Lohnverarbeitung einer Investition vorzuziehen.
- Die oben genannten Punkte können durch Gründung einer Genossenschaft gut und kostengünstig organisiert werden. Dazu gibt es zahlreiche positive Beispiele (→ Betriebsporträt Samareiner, Seite 260f.).
- Das Mulchen (Schnittgut bleibt im Obstgarten) der Wiese kostet weniger Zeit als das Mähen und das Verbringen des Grasschnitts (für Heu oder Silage). Aus ökologischen Gründen sollten artenreiche Wiesen jedoch gemäht werden. Über spezielle Umweltprogramme wird die späte Mahd finanziell abgegolten (die Teilnahme an solchen Programmen ist landwirtschaftlichen Betrieben mit über 2 ha vorbehalten).
- Bei der Sortenwahl sind großfrüchtige Sorten mit regelmäßigen Erträgen zu bevorzugen, das mindert die Kosten für das Auflesen.
- Der Baumschnitt lässt sich durch Verwendung von qualitativ hochwertigem und gepflegtem Werkzeug (unter anderem Teleskopschere und Teleskopsäge) beschleunigen.

Kalkulationsbeispiel

**Bewirtschaftung einer Bio-Streuobstfläche mit 63 Bäumen
Kalkulation des Deckungsbeitrags und des Erlöses (vereinfacht)**

Bezeichnung	Einheit	Menge	/Einheit	Gesamt*
Apfel – Pressobst an Saftproduzent	kg	1.500	€ 0,25	€ 375
Marille – Tafelware, Ab-Hof-Verkauf	kg	50	€ 2,50	€ 125
Apfelsaft – klar, Ab-Hof-Verkauf	l	900	€ 2,00	€ 1.800
Apfel-Birnensaft, Ab-Hof-Verkauf	l	800	€ 2,00	€ 1.600
Most, Ab-Hof-Verkauf	l	100	€ 1,80	€ 180
Umwegrentabilität Apfelsaft, Eigenverbrauch	l	250	€ 2,00	€ 500
Umwegrentabilität Most, Eigenverbrauch	l	200	€ 1,80	€ 360
Umwegrentabilität Frischobst, Eigenverbrauch	kg	500	€ 0,35	€ 175

Bewirtschaftung einer Bio-Streuobstfläche mit 63 Bäumen Kalkulation des Deckungsbeitrags und des Erlöses (vereinfacht)				
Bezeichnung	**Einheit**	**Menge**	**/Einheit**	**Gesamt***
Silageverkauf	kg	1.800	€ 0,06	€ 108
Heuverkauf	kg	400	€ 0,16	€ 64
ÖPUL-Landschaftselemente (tatsächliche Prämie abhängig von Gesamtgröße und sonstiger Ausstattung mit LSE)	Bäume	45	€ 6,00	€ 270
Summe Leistungen				€ 5.557
Nachpflanzung	Baum/Schutz	2	€ 50,00	€ 100
Pflanzenschutzmittel				
Neem bei Jungbäumen	Stk	1	€ 30,00	€ 30
variable Maschinenkosten				
Traktor (34PS)	h	6	€ 6,00	€ 36
Mahd (zweimalig, Doppelmessermähwerk)	h	2	€ 5,00	€ 10
Rundballenpresse	h	4	€ 18,00	€ 72
Säge, Schere, Leitern				€ 130
Obstpresse	h	0	€ 0,00	€ 0
Brenngerät	h	0	€ 0,00	€ 0
Lohnarbeitskräfte	h	30	€ 10,00	€ 300
Lohn – Safterzeugung	l	1.550	€ 0,60	€ 930
Lohn – Mostpressen	l	300	€ 0,30	€ 90
Lohn – Brennen	l	0	€ 0,00	€ 0
Etiketten	Stk	1.800	€ 0,12	€ 216
Flaschen	Stk	2.250	€ 0,40	€ 900
Kronenkorken	Stk	2.250	€ 0,02	€ 36
Fahrt zur Lohnpresse	km	200	€ 0,42	€ 84
Reparatur für Zaun, Verbissschutz	Stk	5	€ 12,00	€ 60
Lieferfahrten	km	300	€ 0,42	€ 126
Bio-Zertifizierung (anteilig)				€ 50
Summe variable Kosten				**€ 3.170,00**
Deckungsbeitrag (Leistungen minus variable Kosten)				**€ 2.387,00**
rechnerisch ermittelter Stundenlohn (3,14 Std pro Baum rund 198 Std/Jahr)				**€ 12,07**

**Nettopreise*
Nicht berücksichtigt: Kosten für Errichtung der Anlage, Annuitäten, Steuern, Versicherungen und Abgaben

Der Bio-Streuobstgarten ist mit 40 Apfelbäumen, 15 Birnbäumen, 5 Zwetschken, 2 Marillen und 1 Kirsche bestückt. Die ältesten Bäume im Streuobstgarten stammen aus den 1930er Jahren, in den 1950er Jahren kamen einige dazu. Von den 63 Obstbäumen stehen 50 gut im Ertrag, 4 Apfelbäume, 3 Birnbäume und 2 Zwetschken sind noch jung und liefern kein Obst. Die Bewirtschafter pflanzen jährlich einen oder zwei Bäume nach, sie möchten den Obstbestand konstant halten.

Die Familie erntet jährlich etwa 4.000 kg Äpfel, 1.200 kg Birnen und über 100 kg Marillen, 20 kg Kirschen und 30 kg Zwetschken.

Das Obst wird händisch geerntet und zur Verarbeitung an eine 25 km entfernte Lohnpresse geliefert. Ein Teil der Ernte wird als Pressobst an eine Übernahmestelle für Bio-Obst geliefert. Marillen finden als Tafelobst Absatz. Saft und Most lassen sich ebenso ab Hof gut verkaufen. Der Saft wird auch zugestellt, die Leergebinde abgeholt. Eine nicht unbedeutende Menge von rund 450 Litern (Most und Saft) trinkt die große Familie selber, auch wird Obst reichlich gegessen und eingelagert.

Tiere sind keine am Betrieb, das Gras wird als Heu oder Siloballen verkauft. Der Betrieb beteiligt sich am ÖPUL (Österreichisches Programm für eine umweltgerechte Landwirtschaft) und erhält für die Bäume als Landschaftselemente eine Prämie.

Erfasst sind möglichst alle Leistungen (= Einkünfte) aus dem Streuobstgarten und alle variablen Kosten (= Ausgaben), die mit der Bewirtschaftung der Fläche und der Herstellung von Obstprodukten zusammenhängen. Der Eigenverbrauch von Saft und Obst wird als Leistung verbucht. Ohne eigenen Saft müssten sie ja um dieses Geld das Getränk zukaufen, so die Annahme. Aus der Formel Leistungen minus variable Kosten errechnet sich der Deckungsbeitrag. Der Deckungsbeitrag gibt an, welchen Beitrag in diesem Fall „die Streuobstwiese" zur Deckung der Fixkosten leistet.

Die Kalkulation der Leistungen und der variablen Kosten ist vereinfacht. Einige Kosten wurden nicht berücksichtigt: zum Beispiel für die Errichtung des Obstgartens, die Annuitäten für die Anlage, den Zaun, Versicherungen und Abgaben.

Aus der Tabelle „Zeitbedarf für Anlage, Pflege und Nutzung einer Streuobstwiese" (→ Seite 258) lässt sich entnehmen, wie viele Stunden Arbeitszeit pro Baum notwendig sind, um einen Streuobstgarten fachgerecht zu bewirtschaften. Aus der Formel Deckungsbeitrag/Arbeitszeit kann ein Stundenlohn berechnet werden (fachlich korrekt Deckungsbeitrag pro Arbeitsstunde). Der Stundenlohn muss ausreichend sein, um Lebensunterhalt, betriebliche Fixkosten und bei Bedarf Sozial- und Krankenversicherung zu bezahlen.

Ergebnis: Das Beispiel zeigt, es ist möglich, aus einer Streuobstwiese einen Stundenlohn von 12 Euro zu erzielen, dazu muss jedoch Zeit in die Pflege der Bäume und im Herbst recht viel Zeit für die Ernte investiert werden können. Der Stundenlohn ist nicht „üppig" und fällt rapide, wenn für das Obstklauben mehr Zeit aufgewendet werden muss.

In einem gemischten Betrieb lassen sich für alle Beriebssparten (Ackerbau, Viehhaltung, Gemüsebau etc.) Deckungsbeiträge und Stundenlöhne berechnen und miteinander vergleichen.

Vorarlberg: Obst von Streuobstwiesen verarbeiten

Im vorarlbergischen Rheintal, wo Land knapp und wertvoll ist, verarbeitet und vermarktet Richard Dietrich Obst und Obst-Verarbeitungsprodukte. Die Früchte stammen aus hofeigenen Obstgärten und jenen der nahe gelegenen Streuobstinitiative Hofsteig.

Die Entwicklung des Obstbaus am Betrieb von Richard Dietrich ist charakteristisch für viele bäuerliche Obstverarbeiter. Obstbau und der daraus gewonnene Most waren über Jahrhunderte fixer Bestandteil der bäuerlichen Selbstversorgung – so auch in Vorarlberg. Die Kulturform war der extensive Streuobstbau mit seinen großkronigen und langlebigen Hochstammbäumen. Der Bedarf an Most nahm kontinuierlich ab und war am Hof und in der Direktvermarktung Ende des 20. Jahrhunderts bescheiden. Erst im letzten Jahrzehnt zog die Nachfrage nach Apfel- und Birnensäften, nach Most und Cider in der Direktvermarktung an.

Die alten – vor 60–100 Jahren gepflanzten – Obstbäume sind auf den Betrieben zwar noch vorhanden, jedoch lässt ihr Ertrag nach. Viele Bauern pflanzten als Ergänzung zum Streuobstbau Spindelanlagen aus, die ihnen nun die benötigten Früchte für die Verarbeitung liefern. Auf die Qualität von Obst, gewachsen auf Hochstammbäumen, will Richard Dietrich nicht verzichten. Hochstammapfel- und -birnbäume werden nachgepflanzt und der vorhandene Bestand mit 70 Bäumen wird gepflegt und die Früchte verarbeitet. Wichtigste Produkte sind saisonaler Süßmost (im Bild ein Selbstbedienungsstand an der Straße), Most und Edelbrände.

Beim Auflesen der Früchte für die Presse gehört der Obstigel dazu und leistet seit vielen Jahren gute Dienste. Da die Früchte gleich verarbeitet werden, spielt die Verletzung der Früchte (durch das Aufspießen) keine Rolle.

Jeden Herbst übernimmt der Betrieb Dietrich von der Streuobstinitiative Hofsteig in Lauterach am Samstagnachmittag Äpfel und Birnen von Hochstämmen. Das Obst wird zu einem Fixpreis abgegolten, der deutlich über dem Preis liegt, den große Verarbeiter zahlen.

Eine Besonderheit ist der Sortengarten. Die Anlage beherbergt einige seltene Sorten, die Richard Dietrich und andere Sortenkundige im Bodenseegebiet gefunden haben. Im Sortengarten stehen 200 Apfel- und Birnensorten, darunter seltene Sorten wie ‚Latschen-

Am Selbstbedienungsstand wird Süßmost (Apfelsaft) angeboten.

Der Obstigel leistet seit 10 Jahren einen guten Dienst bei der Ernte.

Eine Lieferung Birnen wird übernommen.

Über 200 Apfel- und Birnensorten stehen im Sortengarten von Richard Dietrich.

birne', ‚Augsburgerbirne', ‚Husbira', ‚Subira', ‚Klosabira' (Syn. ‚Hermannsbirne'), ‚Brentewinar' (Syn. ‚Sommerparmäne'), ‚Erdbeerer', ‚Haenesler', ‚Roteicherle', ‚Stierfüdlar' u. v. m. Die Bäume werden als Halbstamm erzogen.
Richard Dietrich ist auch dafür verantwortlich, dass der Vorarlberger Riebelmais heute wieder im Handel erhältlich ist. Der Riebel ist ein traditionelles Gericht aus Maisgrieß – ähnlich dem Sterz in der Steiermark –, hergestellt aus weißem, geschrotetem Mais. Richard Dietrich sammelte die dafür verwendeten lokalen Maissorten und baut sie in einer Sortenmischung an.
Richard Dietrich war nicht immer Landwirt. Er arbeitete lange Jahre in Wien als Agrarwissenschaftler und ist heute sozusagen im Nebenerwerb als Geschäftsführer im Büro für Naturbewirtschaftung und Ländliche Entwicklung tätig.

Salzburg: Das Bramberger Obstprojekt – Von der Tradition zur Innovation

Die Ausgangssituation vor knapp zehn Jahren in Bramberg: Immer mehr alte Obstbäume verschwinden. Früchte verderben in Massen ungenutzt als Fallobst. Toni Lassacher, der Obmann des Obst- und Gartenbauvereins Bramberg, sah nicht tatenlos zu und wandte sich an den Verein Tauriska und dessen Leiter Susanna Vötter-Dankl und Christian Vötter. Zusammen erwirkten sie die Anschaffung einer Obstpressanlage, nicht nur der modernsten damals, auch der sozusagen „demokratischsten": Zum Pressen kann schon der Kleinstbesitzer mit 20 kg Äpfel vorbeikommen.
10.000 Obstbäume wurden seit 2007 zwischen Hollersbach und Krimml gepflanzt, ständig kommen neue hinzu. Viele alte, heimische Sorten (z. B. ‚Zwiebler', ‚Borsdorfer', ‚Weinling', ‚Spitzling') findet man heute wieder in den Streuobstwiesen, die auch viele Touristen gerne besuchen.
In der Bramberger Mittelschule bekommt jeder Schüler/jede Schülerin zum Schuleintritt ein Apfelbäumchen, darf es im Schulgarten großziehen und bei Schulabschluss mitnehmen. Welch feinsinniges Ritual in der stürmischen Zeit der Pubertät!
Die Obstpresse wird zur Initialzündung für eine ganze Reihe an verschiedenen Initiativen. Sukzessive bauen die Projektbetreiber eine solide Wertschöpfungskette zwischen Landwirtschaft, Tourismus und Handel auf. Eine Fülle von regionalen Köstlichkeiten wird kreiert, weshalb sich die Region jetzt auch „Genussregion Bramberger Obstsaft" nennen darf. In den „GenussKorb" packen sie Apfelsaft und Apfelbier, Apfel-Miniguglhupf und Apfelbrot, in Apfeltrester gepökelten Rinder-

speck, Apfelbrand, Apfelschokolade, Apfelseife, Apfelminze-Tee. Arbeitsplätze werden gestärkt, der Kleinhandel und das Kleingewerbe profitieren.

Philosoph Leopold Kohr, der verstorbene Schirmherr von Tauriska und der Leopold Kohr-Akademie in Neukirchen am Großvenediger, würde diesem Projekt in seiner Vielfalt ein entschiedenes „Ausgezeichnet" verpassen – wird hier doch vorbildlich umgesetzt, was der Alternativnobelpreisträger stets gefordert hatte: Nachhaltigkeit und regionale Identifikation. Dazu braucht es Mutmacher, regionale Kulturarbeiter mit Durchhaltevermögen. Die Vötters zeigen das mit ihrem Verein Tauriska seit 30 Jahren vor.

Auch die Obstpresse in Bramberg hat einen Siegeszug angetreten. Durch die angeschaffte Apfelmehlanlage kann der Apfel nun „mit Putz und Stingl", wie man im Pinzgau sagt, verwertet werden. Bisher wurden Apfeltrester, also die wertvollen Reststoffe, verworfen oder verfüttert. Jetzt werden sie zu Pulver vermahlen und zum Backen verwendet – als fertige Mischung für den „Ruck-Zuck-Apfelkuchen" oder als Zutat der süßen Mehlspeise „EpföAugen" eines Bramberger Bäckers. Anstoß dazu hatte die Masterarbeit von Verena Olschnögger aus Mittersill an der Fachhochschule Salzburg (Studiengang Design und Produktmanagement) gegeben.

Die Anlage wurde mittlerweile auf der „Anuga. Allgemeine Nahrungsmittel- und Genussmittel-Ausstellung – Taste for the Future" (Corporate Social Responsibility + Nachhaltigkeit – gesunde und nicht-industriell fabrizierte Ernährung) in Köln, der international bedeutsamen Ernährungsmesse für Handel und Gastronomie, vorgestellt.

Mittlerweile kommen internationale Firmen (Bio-Erzeuger) nach Bramberg, um sich die Anlage anzusehen und Testtrocknungen zu machen. Erhältlich ist das Apfelmehl derzeit beim Verein Tauriska, der Obstpresse in Bramberg am Wildkogel und in regionalen Naturkostläden. Eine Produktion in größeren Mengen und die Belieferung des regionalen Handels sind schon in Planung (im Internet: *www.obstpresse.at*, *www.epfoe-genuss.at*, *www.tauriska.at)*.

Auch Hausgärtner können Kleinstmengen an Obst zu eigenem Saft verarbeiten lassen – hier in Mischung mit Karotten.

Die Früchte werden in einer Bandpresse zu Saft gepresst. Der Pressrückstand, der Trester, wird anschließend getrocknet und als Apfeltresterpulver vermarktet.

Apfeltresterpulver kann Mehl beigemischt und zum Backen verwendet werden.

Literatur

- Bader, R. & Holler, C. (2013). Extensiver Obstbau in Österreich. Entwicklung des Baumbestandes anhand statistischer Erhebungen seit 1930. *Statistische Nachrichten, 4/2013*, 308ff.
- Bannier, H.-J. (2011). Moderne Apfelzüchtung. Genetische Verarmung und Tendenzen zur Inzucht. *Erwerbs-Obstbau, 52/2011*, 85–110.
- Bernkopf, S. (1994). Geschichte des österreichischen Obstbaues. In U. Blaich (Hrsg.), *Alte Obstsorten und Streuobstbau in Österreich.* Wien: Grüne Reihe des Bundesministeriums für Umwelt, 7/1994 (S. 41–55).
- Degenbeck, M. (2013). *Wirtschaftlichkeit des Streuobstbaus – Bio-Streuobst kann sich rechnen!* Vortrag bei der Tagung „Bio-Streuobstbau" der Bayrischen Landesanstalt für Landwirtschaft am 27.02.2013 in Freising.
- Foith, T. (2011). *Entwicklung von Kenngrößen zur Bestandescharakterisierung und Sicherung von Streuobstbeständen unter besonderer Berücksichtigung des Bundeslandes Kärnten.* Dissertation. Wien: Universität für Bodenkultur.
- Wurm, L. et al. (2012). *Erfolgreicher Obstbau.* Wien: Österreichischer Agrarverlag.
- Das Forschungsinstitut für Biologischen Landbau (FiBl) veröffentlicht empfehlenswerte Merkblätter zu Pflanzenschutz, Anbautechnik, Sortenwahl im Bio-Obstbau. https://shop.fibl.org/de
- Zehnder, M. & Weller, F. (2006). *Streuobstbau: Obstwiesen erleben und erhalten.* Stuttgart: Verlag Ulmer.
- Landesausschuss des Erzherzogtums Österreich unter der Enns (1911). *Kurze Anleitung zum Betriebe des Obstbaues. Ein Mahnwort an die Landwirte Niederösterreichs, die Obstbaumbestände zu vermehren und zu pflegen.* Wien: Verlag des Landesausschusses von Niederösterreich.
- Heintel, M. (2012). *Vierkanter Haag. Entwicklungsperspektiven eines regionalen Kulturgutes.* Wien: Studie des Instituts für Geographie und Regionalplanung.

In Österreich gibt es ca. 2.000 verschiedene Apfelsorten.

Pomona war die römische Göttin der Baumfrüchte. Ihr Name leitet sich von dem lateinischen Wort pomum („Baumfrucht", „Obstfrucht") ab. Das Bild „Hommage an Pomona" von Hendrik Carré (1669–1775) ist im Rijksmuseum Amsterdam ausgestellt.

Pomologie – Geschichte und Grundlagen der Obstsortenkunde

Die Pomologie ist die Wissenschaft von den Obstsorten. Pomologen sind Sortenkundige. Sie haben einen großen Überblick über die vorhandene und historische Vielfalt der Obstsorten, kennen regionale Verbreitungen von Sorten, beschreiben ihre Eigenschaften, systematisieren bekannte und bestimmen noch unbekannte Sorten. Auch wenn es erstaunlich klingen mag: Gerade beim Obst tauchen immer wieder neue, noch nicht beschriebene „alte" Sorten auf. Das ist für Pomologen in etwa so, wie wenn ein Astronom oder eine Astronomin einen neuen Stern entdeckt. Für Gärtnerinnen und Gärtner ist die Pomologie hilfreich, wenn sie eine geeignete Sorte finden wollen, die sowohl dem Standort ihres Gartens wie auch ihren eigenen Vorlieben – etwa Geschmack, Reifezeit und Haltbarkeit – entspricht. Pomologen rechnen für Österreich mit einem Vorkommen von bis zu 1.000 Apfelsorten, Birnen gibt es mit 300–400 Sorten deutlich weniger. Beim Steinobst können selbst Experten nur grobe Schätzungen abgeben: Bei Marille, Pflaume und Zwetschke sowie der Kirsche dürften jeweils zwischen 80 und 150 Sorten in Österreich vorhanden sein.

Die Anfänge der Obstsortenkunde

Die pomologische Forschung formierte sich im 18. Jahrhundert. Zu Beginn stand der Versuch, die vorhandenen Obstsorten namentlich zu erfassen und zu beschreiben. Schon damals war die Vielfalt – allen voran an Apfel- und Birnensorten – enorm groß. In allen Regionen, in denen Äpfel und Birnen angebaut werden können – also überall dort, wo die Landschaft gegenwärtig vom Ackerbau oder Grünland geprägt ist –, wurden zu dieser Zeit hunderte unterschiedliche Lokalsorten angebaut: Hier war Most das wichtigste Alltagsgetränk. Der Bedarf an Pressobst war über Jahrhunderte ungleich höher und süß-aromatische Tafelobstsorten, die roh genossen wurden, waren als „Besonderheiten" eher in den Gärten des Klerus und des Adels zu finden. Unter den Klöstern und Herrscherhäusern fand auch ein Sortenaustausch statt. So waren einzelne wohlschmeckende Tafelobstsorten, wie zum Beispiel die Sorte ‚Wintergoldparmäne', bereits im 18. Jahrhundert von England bis in die baltischen Länder verbreitet. Im 18. und 19. Jahrhundert veröffentlichten Sortenwissenschaftler die ersten pomologischen Werke mit Beschreibungen, die heute noch als Referenz Gültigkeit haben (→ Übersicht Historische Werke, Seite 274ff.). Den Wirrwarr an Sorten zu sichten und zu beschreiben war eine große Herausforderung. Ein und dieselbe Obstsorte trug in unterschiedlichen Regionen auch unterschiedliche Namen, die die Pomologie als Synonyme erfasst hat. Der Austausch von Sorten zwischen Regionen, über Ländergrenzen und auch zwischen entfernten Ländern war üblich und so gelangten weitere Sorten in den deutschsprachigen Raum. Die Pomologen und Pomologinnen merkten, dass eine eigene Beschreibungssprache notwendig ist, um die vielen hundert Sorten eindeutig und überregional zu charakterisieren. So entstand die Systematik der Obstsortenkunde. Eine Systematik, die ähnlich wie die Systematik der Botanik auf den ersten Blick unverständlich erscheint und eine eigene Sprache ist, die sich erst erschließt, wenn man mit einzelnen Früchten in der einen und einer guten Pomologie in der anderen Hand versucht, die einzelnen Merkmale eines Bestimmungsschlüssels Schritt für Schritt nachzuvollziehen.

Obst vom 18. bis ins 20. Jahrhundert: Vom Erfassen der Vielfalt zu ihrer Einengung

In den Sortenbeschreibungen des 18. Jahrhunderts werden die guten und schlechten Eigenschaften der Sorten hervorgehoben. Die Autoren geben kaum gezielte Sortenempfehlungen. Sie erachten es als ihre Aufgabe und Leidenschaft, die Sortenvielfalt zu erfassen und beschreiben. Es ist eine Art Sport, möglichst viele Sorten möglichst detailliert zu erfassen. Die Pomologie war städtisch und bürgerlich dominiert und interessierte sich kaum für die bäuerliche Praxis. So gehen die Bücher aus dieser Zeit nicht auf obstbaulich relevante Fragen ein – etwa auf den Ertrag der Sorten oder ihre Widerstandsfähigkeit gegen bestimmte Krankheiten. Erst ab Anfang des 20. Jahrhunderts interessieren sich landwirtschaftliche Forschungs- und Bildungseinrichtungen für die Pomologie – damit einher geht auch ein Paradigmenwechsel: Ab nun stehen agronomische Fragestellungen im Vordergrund. Sorten werden nach ihrem Wert für die Obstproduktion betrachtet. Die Pomologen wirken bei der Eingrenzung von Sortimenten und dem Ausmerzen von Sorten „minderer Qualität" mit. Hintergrund dieser neuen Betrachtungsweise ist, dass Obst nun nicht mehr ausschließlich der Selbstversorgung dient, sondern immer mehr zu einer Handelsware wird. Damit setzt auch ein Normierungsprozess ein: Früchte und Produkte müssen auf inländischen und ausländischen Märkten bestehen und bestimmte Qualitäten aufweisen. Pomologen unterstützen Obstbauvereine und Verbände bei der Zusammenstellung von Sorten für eine bestimmte Region, die diese neuen Kriterien erfüllen. Diese Sortenlisten werden als „Normalsortimente" bezeichnet. Baumschulen werden angehalten, diese Sorten anzubieten, und Obstbauern sollen tunlichst diese auspflanzen. So heißt es im Normalsortiment für das Land Steiermark aus dem Jahr 1910: „Je mehr Sorten ein Besitzer pflanzt, desto schwieriger ist der Absatz und umso minderer fallen die Preise aus. Es ist daher der Grundsatz aufzustellen, dass der Grundbesitzer möglichst wenig Sorten, und zwar solche, welche auf seinem Grund und Boden am verlässlichsten gedeihen und die beste Verwertung versprechen, pflanzt." Die Aufstellung von Normalsortimenten und damit die Reduktion der Anzahl der angebauten Obstsorten ist der Grundstein für den heutigen Erwerbsobstbau. Die fortschreitende Konzentration auf immer weniger Sorten dauert bis in die 1960er Jahre an und findet ihren Höhepunkt in den geförderten Rodungsaktionen, in denen die Hochobststämme der Streuobstwiesen gefällt werden (damals als „Entrümpelungsaktionen" bezeichnet). Bauern bekommen Prämien für das Fällen von Hochstamm-Obstbäumen. Die Absicht dahinter: den Obstmarkt von „wertlosem" Wirtschaftsobst zu bereinigen, um gute Preise für Tafelware aus dem Plantagenanbau zu erzielen. Diese Haltung gegenüber dem sogenannten Streuobstbau mit seiner Sortenfülle hat sich geändert. Obst aus Streuobstanbau wird ein Wert in der Herstellung von Saft und Most zugesprochen und heute werden Prämien für das Auspflanzen und die Erhaltung der Bäume bezahlt (→ Kapitel „Streuobstbau", Seite 234).

Landes-

Normal-Sortiment

von

Äpfeln und Birnen

für

Steiermark.

Graz.

Herausgegeben vom steiermärkischen Landes-Ausschusse.

1910.

Im Landes Normalsortiment für Steiermark aus 1910. Die Aufstellung von Normalsortimenten und damit die Reduktion der Anzahl der angebauten Obstsorten waren Grundstein für den heutigen Erwerbsobstbau.

Verfügbare Sortenbeschreibungen und Pomologien

Das *Handbuch Bio-Obst* liefert bei den einzelnen Kapiteln umfangreiche Sortenempfehlungen. Wer die Bestimmung einzelner Sorten erlernen will, muss sich in die Pomologie einarbeiten und das Bestimmen von Sorten mittels der einheitlichen Bestimmungscodes – wie eine neue Sprache – lernen. Dazu gibt es im Buchhandel oder online verfügbare Pomologien, die sich an unterschiedliche Zielgruppen richten. Personen, die sich über die Eigenschaft von Sorten umfassend informieren, aber nicht unbedingt unbekannte Sorten bestimmen wollen, kommen bereits mit den Ausführungen in diesem Buch relativ weit. Wer genauer ins Detail gehen will, dem empfehlen wir die *Arche Noah Obstsortenblätter*. Hinter dem Namen verbirgt sich eine Online-Pomologie, die derzeit rund 240 Sortenbeschreibungen umfasst und in unregelmäßigen Abständen um neue Sortenblätter erweitert wird. Publiziert werden in Ostösterreich aufgespürte Sorten von Kern- und Steinobst, darunter Erstbeschreibungen von Lokalsorten. Die Sortenblätter sind unter www.arche-noah.at abrufbar.

Darüber hinaus empfehlen wir folgende Bücher: den *Obstsortenatlas* von Robert Silbereisen (Ulmer Verlag, 1996) oder *Alte und neue Apfelsorten* von Franz Mühl (Obst- u. Gartenbauverlag, 2007) und ebenfalls von Franz Mühl *Alte und Neue Birnensorten, Quitten und Nashi* (Obst- u. Gartenbauverlag, 2014). Ein wichtiges Nachschlagewerk ist das *Verzeichnis der Apfel- und Birnensorten*. Das Buch von Willi Votteler (2014 in der 6. Auflage) enthält knappe Beschreibungen von 1360 Sorten. Besonders wertvoll für die Bestimmung sind die 750 Aquarelle von Pfarrer Korbinian Aigner, die den Beschreibungen beigestellt sind. Aigner fertigte die Aquarelle bis in die 1960er Jahre an.

Wer sich an der Bestimmung unbekannter Sorten versuchen möchte, benötigt gute und detaillierte Beschreibungen und aussagekräftige Abbildungen. Wir empfehlen für die einzelnen Obstarten die Werke, die in der Übersicht → Seite 274ff. zusammengefasst sind.

Farbatlas alte Obstsorten (Walter Hartmann, Ulmer Verlag, 2015, internationale und deutsche Sorten), *Von Rosenäpfeln und Landlbirnen* (Siegfried Bernkopf, Trauner Verlag, 2011, internationale und österreichische Sorten), *Früchte, Beeren, Nüsse* (David Szalatnay, Haupt Verlag, 2011, internationale und Schweizer Sorten). Empfehlenswert ist das *Handbuch Obstsorten* von Gerhard Friedrich und Herbert Petzold (Ulmer Verlag, 2008). Hierbei handelt es sich um eine Neuauflage der vergriffenen Klassiker von Petzold. Leider wurde gerade der einzigartige Bestimmungsschlüssel nicht übernommen.

Neue Alte Obstsorten (Siegfried Bernkopf, Herbert Keppel, Rudolf Novak, Club Niederösterreich, 2013) ist ein Reprint von *Blätter nach der Arbeit*. In das Buch *Neue Alte Obstsorten* wurden jedoch nicht die Originalbeschreibungen übernommen.

Das Apfel-Buch von Rosie Sanders (Delius Klasing Verlag, 2011) glänzt durch sehr schöne und präzise Zeichnungen und zeigt vornehmlich britische Apfelsorten.

Die Mostbirnen (Martina Schmidthaler, Verein Neue Alte Obstsorten, 2001, leider vergriffen) und *Ergänzungsband* (Gerlinde Handlechner, Martina Schmidthaler, 2007) konzentrieren sich auf die Mostbirnensorten des niederösterreichischen Mostviertels. Die abgebildeten und detailliert beschriebenen Sorten haben aber auch eine überregionale Bedeutung und die Bücher sind Grundlagenwerke.

Einige pomologische Werke sind Ergebnisse regionaler Forschungsprojekte und nicht über den Buchhandel erhältlich. Diverse Studien und

Das Sortenblatt des ‚Klöcher Maschanzker' erschien 2014. 240 weitere Sortenbeschreibungen sind unter www.arche-noah.at abrufbar.

Broschüren sind über den deutschen Pomologenverein oder über den NABU Streuobst-Materialversand erhältlich.

Bedeutende historische Werke der Sortenkunde

Manche kunstvoll gestalteten Pomologien enthalten neben den Sortenbeschreibungen sehr gute botanische Illustrationen. Gut erhaltene Bücher sind wahre Schätze und sind antiquarisch erhältlich. Die Bücherei des Deutschen Gartenbaues e. V. hat einige der Hauptwerke der Pomologie digitalisiert und veröffentlicht. Die historischen Werke sind unter www.gartenbaubuecherei.de einsehbar und können als CD bestellt werden. Nachdrucke von historischen und vergriffenen Pomologien bietet der Deutsche Pomologenverein an (www.pomologen-verein.de). Die Seite www.obstsortendatenbank.de sollte sich jeder Obstliebhaber unter seinen Favoriten abspeichern. Sortenbeschreibungen von fast 40 pomologischen Werken sind als Scan abrufbar. Die Verwendung ist selbsterklärend und braucht an dieser Stelle keine Erklärung. Der Dank für die Erstellung der äußerst nützlichen Datenbank gilt dem Verein BUND Lemgo. Auf der Homepage von BUND Lemgo gibt es übrigens viele weitere praktische Informationen zu alten Obstsorten und Streuobstbau (www.bund-lemgo.de).

Pomona Austriaca. Die farbig illustrierte Pomologie von Johann Kraft gilt als die erste österreichische Pomologie, erschienen 1787–1796. Kraft beschreibt Birnen, Stein- und Beerenobst. Interessanterweise sind die Äpfel ausgespart. Die Beschreibungen haben heute mehr historischen als pomologischen Wert, da viele Sorten ungenau beschrieben sind und ihre Identität unklar ist.

August Diel und Eduard Lucas beschrieben hunderte Apfel- und Birnensorten in ihren Hauptwerken. In Meyers Großem Konversationslexikon von 1905 sind einige davon abgebildet.

Systematische Beschreibung der vorzüglichen in Deutschland vorhandenen Kernobstsorten. August Diel publizierte dieses Werk in 28 Bänden 1799–1832. Er beschrieb über 1.000 Sorten, viele davon erstmals.

Illustriertes Handbuch der Obstkunde. Die Hauptautoren und Herausgeber dieses mehrbändigen Werkes waren die deutschen Pomologen Eduard Lucas, Franz Jahn und Johann Oberdieck. Die acht Bände des Handbuchs erschienen zwischen 1859 und 1875 und enthalten erstaunliche 2.651 Sortenbeschreibungen von Kern-, Stein- und Beerenobst. Grundlage für fast alle weiteren sortenkundlichen Werke im deutschen Sprachraum. Viele der dokumentierten Sorten gelten heute als verschollen.

Österreichisch-Ungarische Pomologie. Rudolf Stoll veröffentlichte dieses Werk 1883 und ergänzte die erste Auflage (Apfel und Birne) später (1888) um Stein- und Beerenobstbeschreibungen. Die 242 farbigen Sortenabbildungen und Schnittzeichnungen entsprechen zwar nicht mehr den heutigen Standards, zusammen mit den ausführlichen Sortenbeschreibungen sind sie wichtige Grundlage für spätere Pomologien.

Deutschlands Obstsorten. Diese Loseblattsammlung erschien zwischen 1905 und 1936 in sieben Lieferungen (Bänden). Die Hauptautoren Johannes Müller, Otto Bissmann, Walther Poenicke, Hermann Rosenthal und Otto Schindler beschrieben 312 Obstsorten (inkl. Beeren). Besonders hervorzuheben sind die Farbtafeln im A4-Format und die Schwarzweiß-Wuchsbilder des Baums. Das Werk ist als Reprint im Verlag Fines Mundi erschienen.

Cox' Pomona

Nach der Arbeit Obsttafel Nr. 1

Als erste Sortentafel der Zeitschrift Nach der Arbeit erschien 1935 eine Abbildung und eine Beschreibung der Sorte ‚Cox Pomona'.

Die **Blätter nach der Arbeit** waren eine Sammelbeilage der Zeitschrift *Nach der Arbeit*, die von 1935 bis 1967 erschien. Die rund 350 losen Blätter im A5-Format sind jeweils einer Sorte gewidmet und heute im Original antiquarisch erhältlich, digital können sie über die Website www.obstsortendatenbank.de eingesehen werden.

Bild links: Blätter nach der Arbeit Obsttafel 1 ‚Cox Pomona'

Apfelsorten der Schweiz und **Birnensorten der Schweiz.** Die Werke von Hans Kessler, entstanden 1947 und 1948, sind durch die guten Beschreibungen und herausragenden Illustrationen wertvoll.

Das Werk **Empfehlenswerte Obstsorten. Normalsortiment für Niederösterreich** des österreichischen Pomologen Josef Löschnig, verfasst zwischen 1912 und 1925, zeigt die bis in die 1960er Jahre erwerbsmäßig angebauten Apfel- und Birnensorten Österreichs.

Die Werke **Apfelsorten** (ab 1979 in mehreren Auflagen) und **Birnensorten** (ab 1980 in mehreren Auflagen) von Herbert Petzold, erschienen im ostdeutschen Neumann Verlag, sind aus mehrerer Hinsicht sehr empfehlenswert. Zum einen sind die Sortenbeschreibungen und Illustrationen äußerst genau. Zweitens enthalten die Bücher jeweils ein lesenswertes sortenkundliches Kapitel, die Verwechslersorten werden extra beschrieben und die wichtigsten Unterscheidungsmerkmale sind gesondert hervorgehoben.

Sprechen Sie Pomologisch?

Die pomologische Sprache ist wie jede Sprache ein Kommunikationsmittel. Damit die Kommunikation zwischen Sortenkundigen funktioniert, muss die Sprache Konventionen folgen. Im Pomologischen gibt es einfache Vokabeln. „Stiel" ist jedem ein Begriff, auch „Same" ist eindeutig definiert und braucht nicht weiter erklärt werden. Doch was ist der Unterschied zwischen Grundfarbe und Deckfarbe und was ist die Nase beim Birnensamen? Das bedarf doch einer Erläuterung. Wie jede Sprache ist auch „Pomologisch" einem stetigen Wandel unterworfen. Die Sprache war im 18. und 19. Jahrhundert viel blumiger und reicher an Varianten und Dialekten.

Die Beschreibungssprache ist heute im Vergleich zu vor 150 Jahren kürzer, technischer und einheitlicher. So beschreibt Dr. Siegfried Bernkopf in seiner im Jahr 2001 erschienenen Pomologie die ‚Wintergoldparmäne' als „angenehm säuerlich-süß, gering bis mittelstark gewürzt". Rudolf Stoll beschreibt sie im Jahr 1888 ausführlicher: „Von einem sehr feinen, weinigen, sehr angenehm gewürzhaften Zuckergeschmack, der aber in der Goldparmäne nicht günstigen Böden oder in feuchten Jahren nicht immer zur Ausbildung kommt. Das mitunter stüppig werdende Fleisch wird auffallend bitter" (Stoll, 1888).

Deskriptoren erleichtern die Bestimmung

Deskriptor nennt man eine vorgegebene Bezeichnung zur Beschreibung eines Sortenmerkmals. Kuratoren von Obstsammlungen und Züchter von Obstsorten bemühen sich, international abgestimmte Deskriptoren zu etablieren, und haben Handbücher zur Beschreibung von Obstsorten verfasst. Die Absicht dahinter ist, dass Sortenbeschreibungen aus aller Welt vergleichbar werden, wenn alle Sortenkundigen dieselben Bezeichnungen verwenden. Außerdem werden Sortenbeschreibungen immer öfter via Online-Datenbanken veröffentlicht und dort sind strikte Vorgaben zur Bezeichnung von Merkmalen unumgänglich. Man möge glauben, dass 300 Jahre ausreichen (um 1700 entstanden die ersten Sortenbeschreibungen), um unter den Pomologen einen Konsens zu erzielen, wie Obstsorten beschrieben werden sollten. Doch weit gefehlt! Die international abgestimmten Beschreibungsstandards liegen für manche Obstarten zwar vor, werden aber nicht von allen Pomologen und Pomologinnen verwendet.

Die länderübergreifende Koordination in Europa erfolgt über die ECPGR Working Groups. In diesen Gremien werden Beschreibungsstandards konzipiert. In einigen Ländern wurden nationale Beschreibungsstandards entwickelt, so auch in Österreich für den Apfel. Herausgegeben wurde die Anleitung zur Beschreibung von Apfelsorten vom Lehr- und Forschungszentrum für Wein- und Obstbau in Klosterneuburg unter dem Titel *Handbuch zur Charakterisierung von Obstarten.* Das schweizerische Pendant dazu nennt sich *Obst-Deskriptoren NAP.* Diese beiden Broschüren stehen im Internet als PDF zur Verfügung und veranschaulichen mit Hilfe von zahlreichen Abbildungen, wie Sortenmerkmale definiert sind. Sehr empfehlenswert!

Die beiden Handbücher sind empfehlenswerte Lektüren zur Erlernung der pomologischen Fachsprache.

Die Klassifizierung von Obstsorten – Historische Systeme

In der Geschichte der Pomologie wurde mehrmals versucht, Systeme zu etablieren, in die sich alle Sorten einordnen lassen, vergleichbar mit der botanischen Systematik. In einer pomologischen Systematik stehen Sorten, die sich relevante Fruchtmerkmale teilen, zum Beispiel die Ausprägung des Kernhauses oder die Reifezeit, in ein und derselben Ordnungsstufe, die meist Klasse oder Familie genannt wird. Auf den nächsten Seiten werden solche Systeme für Apfel, Birne, die Pflaumen und die Kirschen vorgestellt. Alle Systeme zur Klassifizierung sind mehr oder weniger überholt und werden in der modernen Pomologie nicht mehr verwendet. Dennoch – die von den Pomologen geschaffenen Begriffe und deren häufige Verwendung in zahlreichen Fachbüchern sind gute Gründe, die historischen Systeme vorzustellen. Denn viele der von Pomologen eingeführten Begriffe wie „Reinette", „Flaschenbirne" oder „Butterbirne" sind nach wie vor in Verwendung und bezeichnen Sortengruppen, die für viele Gärtnerinnen und Gärtner besonders interessant sind.

Die Einteilung nach August Diel und Eduard Lucas

Heute noch bekannt sind die Ordnungssysteme des deutschen Arztes August Diel (1756–1839) und die Erweiterung durch den Gärtner Eduard Lucas (1816–1882) für Apfel und Birne, die sie in mehreren pomologischen Werken ab 1799 veröffentlichten (→ historische Literatur Seite 274ff.). Die beiden deutschen Pomologen teilten die Apfel- und Birnensorten in 15 sogenannte „natürliche Familien" ein: Kalville und Rosenäpfel, Flaschenbirnen und Bergamotten, um einige zu nennen, und ergänzten die „natürlichen Familien" um das „künstliche Formensystem", in diesem werden die Sorten nach der Form und der Reifezeit gruppiert. Viele der heute noch üblichen Bezeichnungen wie „Rosenapfel", „Butterbirne" stammen von diesen Pomologen.

Wichtig in diesem Zusammenhang ist, der Begriff „Familie" ist nicht wörtlich zu nehmen. Die Sorten einer Familie sind nicht unbedingt miteinander nahe verwandt bzw. ein tatsächliches Abstammungsverhältnis ist keine Grundbedingung für die Eingliederung in eine „natürliche Familie", wie man leicht vermuten könnte.

Doch die Einteilung von August Diel und Eduard Lucas bewährte sich nicht. Denn idealerweise sind Merkmale, nach denen Obstsorten gruppiert werden, stabil, messbar und Jahr für Jahr eindeutig ausgeprägt. Leider ist das generell im Obstbau nicht die Regel. Das Erscheinungsbild von Früchten und deren Qualität variieren von Jahr zu Jahr. Die Jahreswitterung, der Standort, die Unterlage, das Baumalter und der Pflegezustand haben großen Einfluss auf viele Sortenmerkmale.

Diel und Lucas räumten dem Geschmack und der Konsistenz des Fruchtfleisches eine entscheidende Rolle ein. Für eine exakte Wissenschaft sind solche Merkmale wenig brauchbar, weil sie eben nicht gut messbar sind. Die Qualität des Birnenfruchtfleischs reagiert zu stark auf einen ungünstigen Standort, kühle Witterung oder Trockenheit, als dass deren Ausprägung stabil wäre. Eine saftige und schmelzende Butterbirne kann schon mal hart und voller Steinzellen sein, wenn die Sortenansprüche nicht erfüllt werden. Nach Diel sind die köstlichsten Tafelbirnen jene, „die sich im Kauen geräuschlos in Saft auflösen", und eine Klasse darunter sind jene vortrefflichen Birnen eingeordnet, „deren Fleisch im Kauen etwas oder ziemlich rauschend ist, sich aber doch ganz auflöst".

Die Geschmacksbeurteilung ist noch dazu stark subjektiv geprägt und für deren Beschreibung existieren keine Konventionen. Zum Beispiel wird die Klasse der Rosenäpfel durch einen „fein gewürzhaften, fenchelartigen oder rosenähnlichen Geschmack" charakterisiert. Die Gruppe der Renetten durch ein „erhabenes Gewürz". Der hohe

Stellenwert des Geschmacks und der Konsistenz des Fruchtfleisches hat aber auch Charme, denn letztlich sind es Eigenschaften von größtem Interesse für Obstbauern und Sortenliebhaber!

Die Unterteilung von Diel und Lucas findet in der modernen Pomologie keine Anwendung mehr, dennoch ist eine Auseinandersetzung mit ihrer Systematik von praktischem Nutzen. Viele Sortenkundler übernahmen die Einteilung in ihre Werke (zum Beispiel Engelbrecht, 1889) und zahllose Sortenbezeichnungen beziehen sich auf die „natürlichen Familien" von Diel und Lucas.

Die 15 Apfel-Familien des „natürlichen Systems“

nach Eduard Lucas aus dem Jahr 1894

(Die Abbildungen stammen aus dem im Jahr 1888 erschienenen Buch von Rudolf Stoll und die Sortenbeschreibungen aus dem Buch von Eduard Lucas → Literatur, Seite 274ff.)

I Calville (heute Kalville)

Lockeres, balsamisch, erd- oder himbeerartig gewürztes Fleisch, offenes oder halboffenes Kernhaus, gewöhnlich fettig werdende Schale; im Bau etwas unregelmäßig, meist nach oben zugespitzt und bald mehr oder weniger gerippt. Die Farbe kann grundfarbig, deckfarbig oder gestreift sein.

‚Gravensteiner', ein Calvill

II Schlotteräpfel

Fleisch merklich grobfaserig und ohne Gewürz, oder nur schwach und nicht balsamisch gewürzt; Kernhaus stets offen; Bau calvillähnlich, doch entweder mehr walzenförmig oder auch plattrund mit etwas vorgezogener Spitze. Farbe wie bei Familie I.

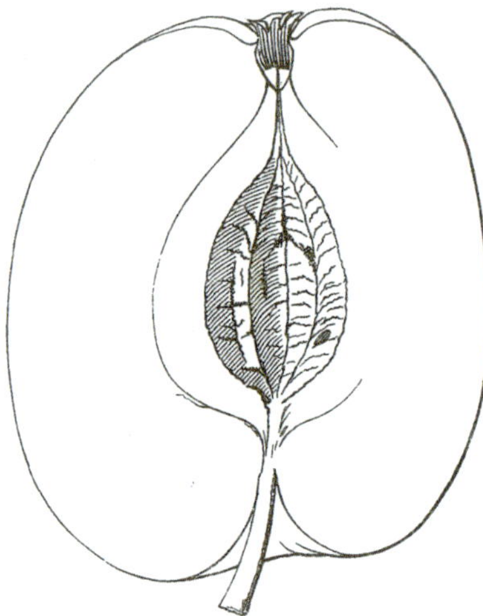

‚Rote Walze', ein Schlotterapfel

III Gulderlinge

Fleisch fest, feinkörnig, reinettenartig, Kernhaus meist offen, sehr in die Breite gehend, mit meist rundlichem Samen; Form verschieden, doch häufig etwas calvillartig. Farbe grundfarbig und deckfarbig, seltener gestreift.

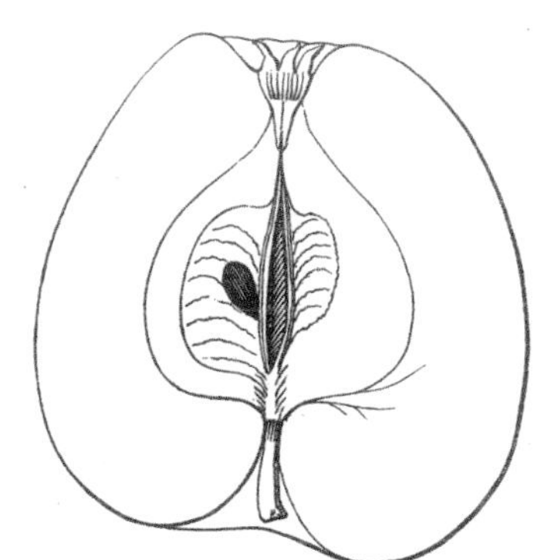

'Gelber Richard', ein Gulderling

IV Rosenäpfel

Fleisch sehr locker, schwammig, dem Druck des Fingers leicht nachgebend; Schale duftend, wie auch das Fleisch, dessen Geschmack fein, oft süßlich gewürzt (fenchel- oder rosenartig), aber nicht erdbeer- oder himbeerartig wie bei den Calvillen erscheint; die Schale fein, zart, abgerieben glänzend, oft geschmeidig, fast saftig (und rostfrei); Form und Färbung verschieden, doch meist auf der oberen Hälfte gerippt.

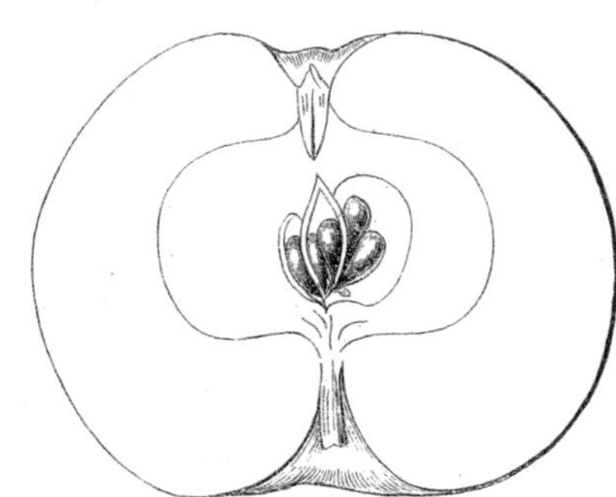

'Müschens Rosenapfel'

V Taubenäpfel

Fleisch dichter als bei den Rosenäpfeln, doch zart, fein und markig, meist schneeweiß; Kernhaus häufig offen, groß, vollsamig; Form länglich oder länglich eiförmig; Schale sehr fein, zart und glänzend; bald grundfärbig, bald deckfarbig und gestreift.

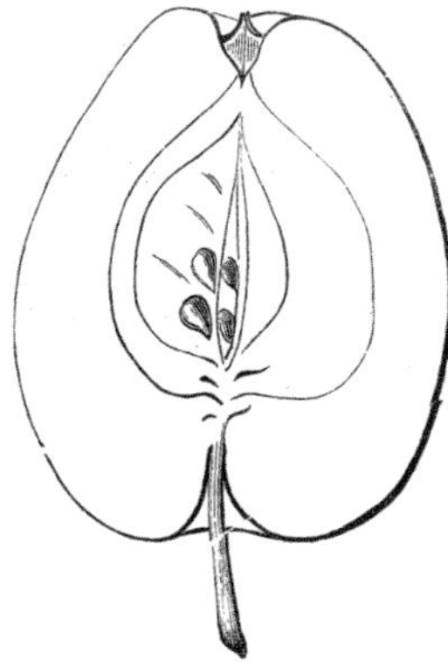

'Weißer Rosmarin', ein Taubenapfel

VI Pfundäpfel oder Ramboure

Fleisch grobkörnig, locker, süßsäuerlich, ohne das Gewürz der Calvillen und Rosenäpfel; Früchte sehr groß, plattrund oder hochgebaut kugelförmig. Mehr Wirtschafts- als Tafelfrüchte, wegen ihrer Größe und Schönheit sehr dekorativ wirkend.

'Hausmütterchen', ein Rambour

Bei der nun folgenden Gruppe der **Reinetten** (häufig heute auch Renetten genannt) muss als Hauptmerkmal die Beschaffenheit des Fruchtfleisches (und des Geschmacks) festgehalten werden. Es kommt unter den Reinetten jede denkbare Farbe, jede Abstufung der Schale, von glatt bis rostfarbig, und beinahe jede Form vor.

Das Reinettenfleisch muss spezifisch schwer sein, das heißt dichter, aber später bei voller Reife doch markig (mürbe) werden, als das bei den Familien I bis IV. Außer seiner dichten, feinkörnigen, teils markigen, teils aber auch abknackend bleibenden Beschaffenheit muss dasselbe immer von einem erhabenen Gewürz bekleidet sein. Der Geschmack der Reinetten ist jedoch nicht erdbeer- oder himbeerartig wie bei den Calvillen, oder fenchelartig wie bei den Rosenäpfen, sondern – ohne nähere Erklärung davon abgeben zu können – reinettenartig, d. h. erhaben weinartig süß.

VII Rambourreinetten

Einfarbige Reinetten von namhafter Größe und regelmäßiger, oft calvillartiger Gestalt, doch stets mehr platt als hochgebaut, meist einfarbig oder nur schwach gerötet, stark rostspurig. Fleisch reinettenartig, vielfach etwas weniger fein als bei kleineren Reinetten.

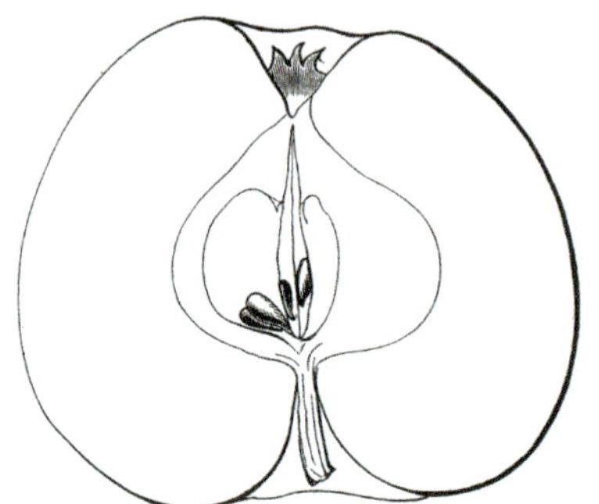

'Pariser Rambour-Reinette', eine Rambourreinette

VIII Einfarbige oder Wachsreinetten

Einfarbige Reinetten von kleiner oder mittelgroßer, regelmäßiger Form ohne merkliche Erhabenheiten und Rippen, selten auf der Sonnseite etwas gerötet.

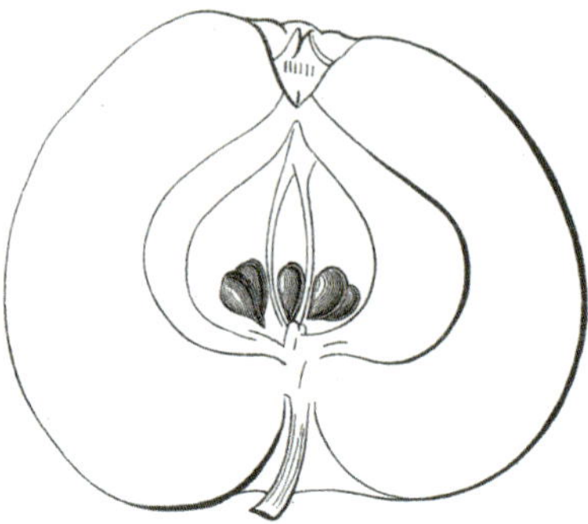

'Landsberger Reinette', eine Einfarbige Reinette

IX Borsdorferreinetten

Klein, bald einfarbige, bald deckfarbige und gestreifte Früchte von regelmäßigem Bau, meist glatter Schale, häufig mit Warzen und einzelnen Rostfiguren bekleidet.

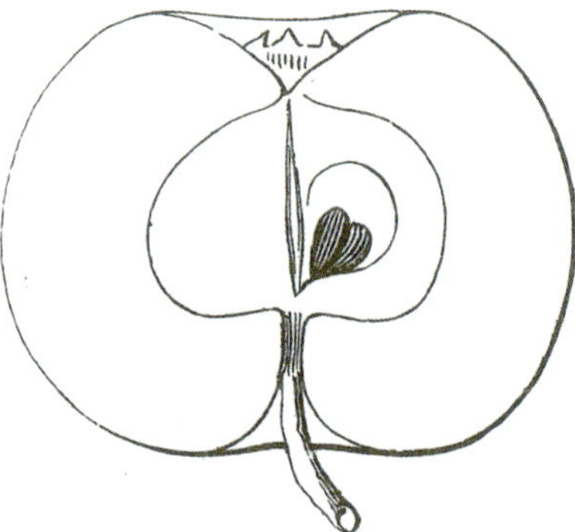

'Edelborsdorfer', eine Borsdorferreinette

X Rote Reinetten

Teils deckfarbige, teils gestreifte Reinetten, deren Grundfarbe nur grünlich- oder blassgelb erscheint und welche meistens ohne Rostflecken oder Punkte sind. Die nur mattgelbe Grundfarbe und reinere, gewöhnlich rostfreie Röte unterscheidet die Roten Reinetten von den Goldreinetten.

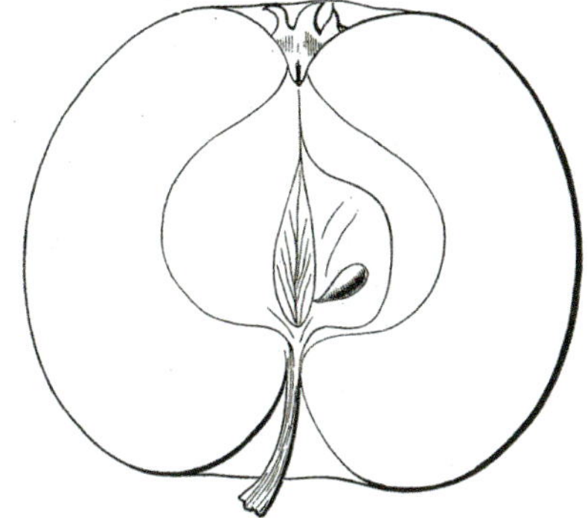

'Multhaupt's Carmin-Reinette', eine Rote Reinette

XI Graue Reinetten

Solche Reinetten, deren Schale größtenteils oder ganz mit einem rostigen Überzug bekleidet ist.

'Parker's Pepping', eine Graue Reinette

XII Goldreinetten

Solche Reinetten, deren Schale eine goldgelbe Grundfarbe zeigt und die auf der Sonnenseite wie die Roten Reinetten teils verwaschen, teils gestreift gerötet sind, aber deren Röte durch Rostfiguren und Rostpunkte gewöhnlich unrein erscheint.

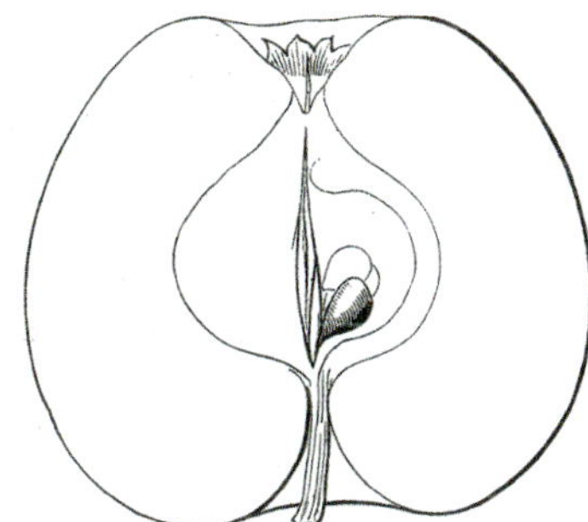

'Wintergoldparmäne', eine Goldreinette

Alle Früchte, die nun nicht zu diesen 12 Familien zu rechnen sind, sind entweder a. gestreift oder b. nicht gestreift; die gestreiften nennt man

XIII Streiflinge

Ohne Rücksicht auf äußere oder innere Merkmale, es gehören hierher alle gestreiften Äpfel, die nicht zu den seitherigen Familien zu zählen sind.
(Ihr Fleisch ist halbfein, teils fest und körnig, teils auch schwammig; der Geschmack gewöhnlich weinsäuerlich, seltener süß-sauer oder süß, nicht oder nicht deutlich gewürzt.)

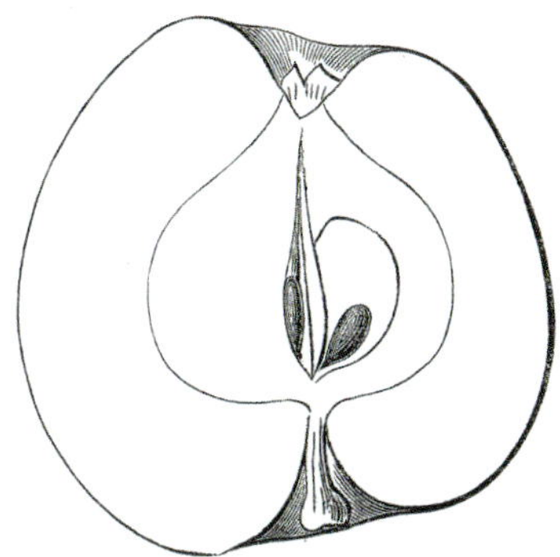

'Bohnapfel', ein Streifling

XIV Spitzäpfel

Ohne Rücksicht auf sonstige Merkmale. Meistens mittelgroße, nur selten kleine oder sehr große Früchte mit glatter, glänzender, grund- und deckfarbiger, nie gestreifter Schale, mit lockerem Fleisch und süßlichem bis weinsäuerlichem Geschmack.

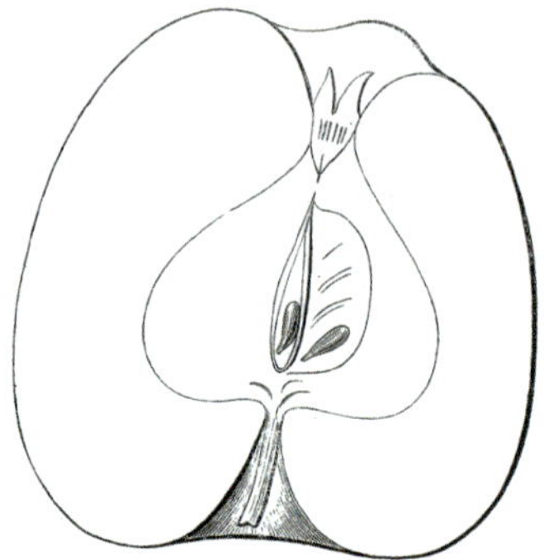

‚Königsfleiner', ein Spitzapfel

XV Plattäpfel

Ohne Rücksicht auf sonstige Merkmale, es gehören hierher alle plattrunden und platten, nicht gestreiften Äpfel, welche nicht zu den vorhergehenden Familien zu zählen sind. Ihre Schale ist glatt, glänzend, grund- und deckfarbig, nie gestreift, häufig beduftet; das Fleisch meistens fest und abknackend, selten mürbe und markig, mit rein süßem bis rein saurem nicht deutlich gewürztem Geschmack.

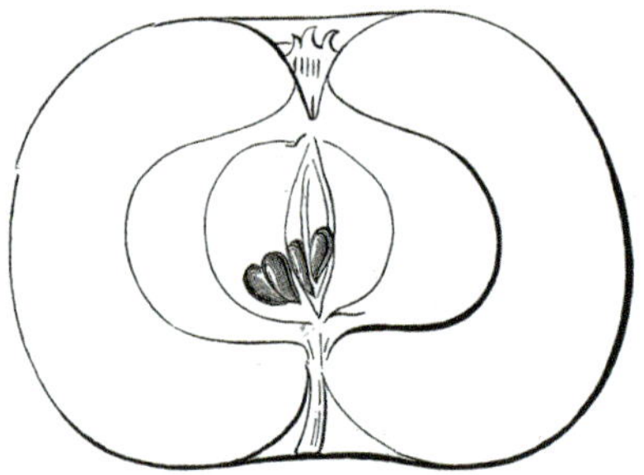

‚Gelber Edelapfel', ein Plattapfel

Die 15 Birnen-Familien des „natürlichen Systems"

entnommen aus: Lucas, E. (1894). *Die wertvollen Tafelbirnen.* Stuttgart: Ulmer Verlag. Abbildungen entnommen aus Stoll, 1888, Lucas, 1894, *Nach der Arbeit.*

I Butterbirnen

Birnen mit völlig schmelzendem Fleisch, welche in ihrer Form die wahre Birnenform oder die abgestumpfte Kegelform zeigen und einen regelmäßigen Bau haben, ohne Höcker und Erhabenheiten auf der Wölbung; die Farbe der Schale kommt nicht in Betracht. Sie sind meistens länger als breit, selten auch gleich breit und lang, aber am Stiel nicht stark abgeplattet, sondern gegen den Stiel immer verjüngt und gewöhnlich stumpf zugespitzt.

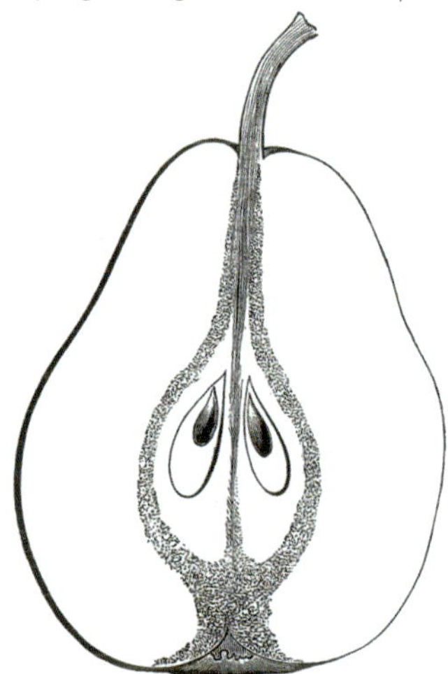

‚Diels Butterbirne', eine Butterbirne

II Halbbutterbirnen

Diese sind in Form und äußerem Ansehen den Butterbirnen ganz gleich, nur haben sie bloß ein halbschmelzendes Fleisch.

‚Grüne Sommermagdalene', eine Halbbutterbirne

III Bergamotten

Birnen von gleichem völlig schmelzendem Fleisch und daher gleicher innerer Qualität wie die Butterbirnen, aber von platter und rundlicher Form und namentlich am Stiel abgeplattet.

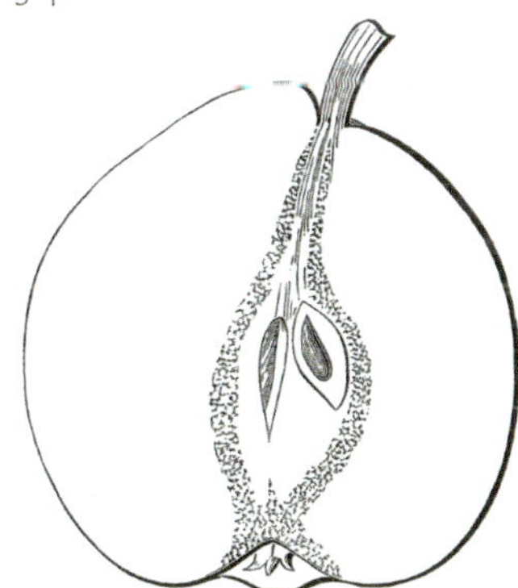

‚Esperen's Bergamotte', eine Bergamotte

IV Halbbergamotten

Birnen, die ebenfalls die plattrunde oder kugelförmige, am Stiel und Kelch abgeplattete Form der Bergamotten, aber nur halbschmelzendes Fleisch haben.

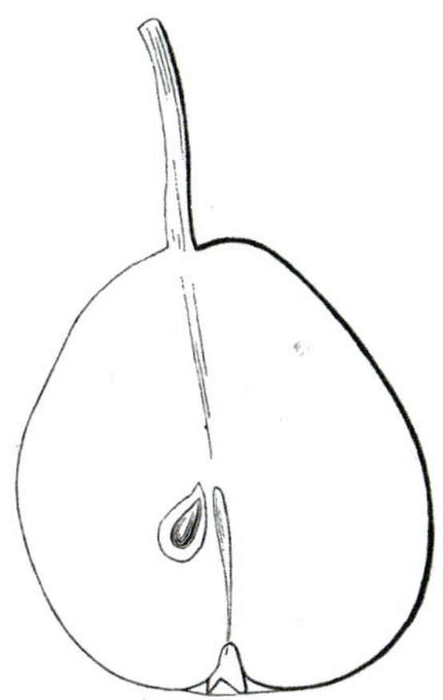

‚Juli-Dechantsbirne', eine Halbbergamotte

V Grüne Langbirnen

Birnen mit schmelzendem und halbschmelzendem Fleisch, von länglicher und langer Form (der Längsdurchmesser mindestens 1/4 größer als der Durchmesser) und grüner, nicht oder nur wenig berosteter, auch bei voller Reife nur mattgrüner oder grünlichgelb erscheinender Schale.

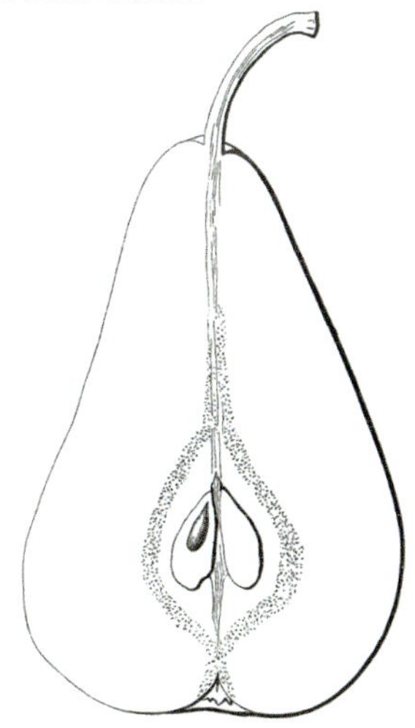

‚Pastorenbirne', eine Grüne Langbirne

VI Flaschenbirnen

Birnen von schmelzendem und halbschmelzendem Fleisch, von länglicher und langer Form (der Längsdurchmesser mindestens 1/4 größer als der Querdurchmesser) und grünlich gelber oder gelber Schale, die ganz oder zum größten Teil von einem zimtfarbigen oder rotgrauen Rost überzogen ist.

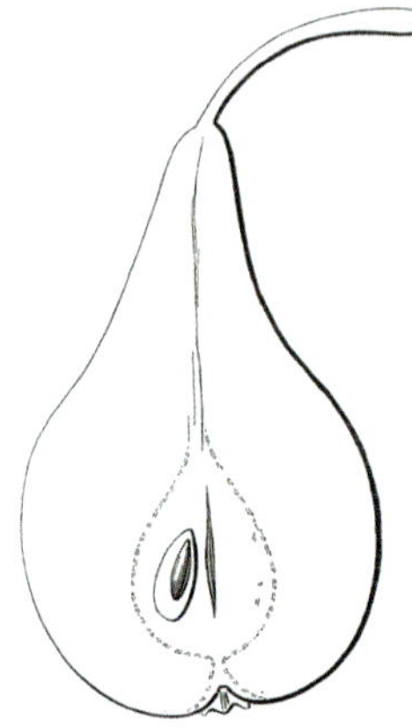

'Bosc's Flaschenbirne', eine Flaschenbirne

VII Apothekerbirnen

Birnen von schmelzendem oder halbschmelzendem Fleisch, von unregelmäßiger, beuliger oder höckriger Form, von gleichem oder ungleichem Durchmesser in Länge und Breite.

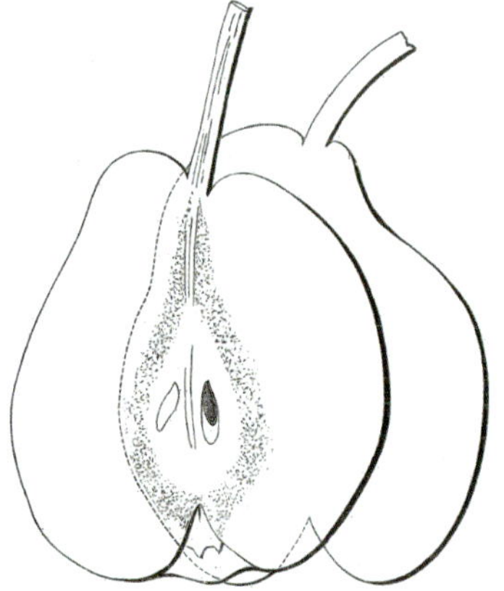

'Herzogin von Angoulême', eine Apothekerbirne

VIII Rousseletten

Kleine oder mittelgroße Birnen mit schmelzendem oder halbschmelzendem, zimtartig gewürztem Fleisch, von länglicher Gestalt und mit ganz oder doch auf der Sonnseite braunrot geröteter Schale, meist mit Rost versehen.

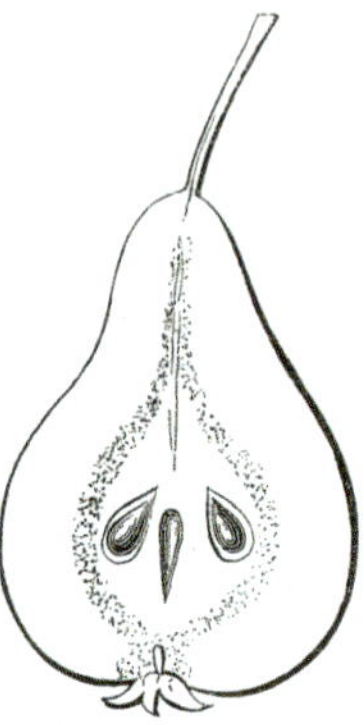

'Stuttgarter Gaishirtel', eine Rousselette

IX Muskatellerbirnen

Kleine oder mittelgroße Sommer- oder frühe Herbstbirnen, von verschiedener, doch meist länglicher Form und einem stark ausgeprägten Bisamgeschmack.

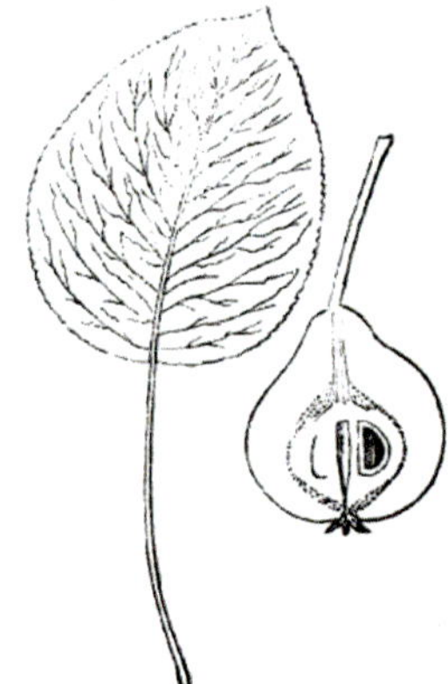

'Kleine Muskateller', eine Muskatellerbirne

X Schmalzbirnen

Hierher gehören alle mittelgroßen und großen, noch zu den Tafelbirnen zu zählenden Früchte von halbschmelzendem Fleisch, von langer und länglicher Form, die nicht in den 9 ersten Klassen inbegriffen sind.

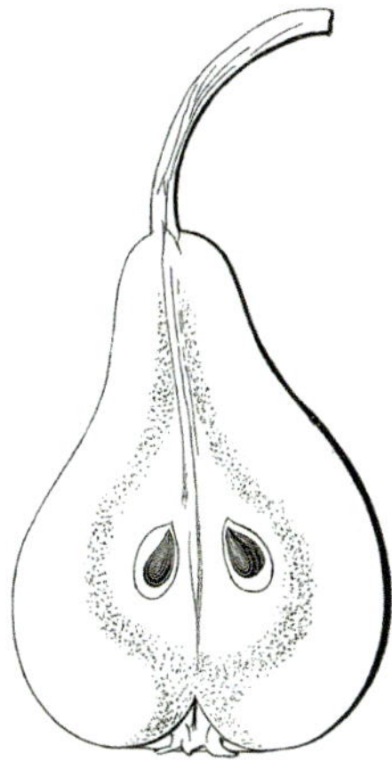

‚Römische Schmalzbirne', eine Schmalzbirne

XI Gewürzbirnen

Hierher rechnen wir alle kleineren, länglichen und rundlichen Birnen von derselben inneren Beschaffenheit wie die Schmalzbirnen; von etwas größeren Früchten nur die rundlichen und platten, nicht die länglichen, indem letztere zu den Schmalzbirnen gezählt werden.

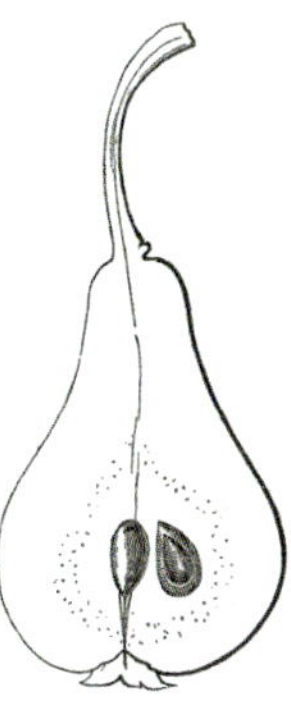

‚Nagowitzbirne', eine Gewürzbirne

XII Längliche Kochbirnen

Birnen mit hartem oder rübenartigem, nur selten halbschmelzendem Fleisch, welche sich gewöhnlich nicht für den Rohgenuss eignen, die nicht herb, dagegen fad oder fadsüß sind und deren Längsdurchmesser den der Breite übertrifft.

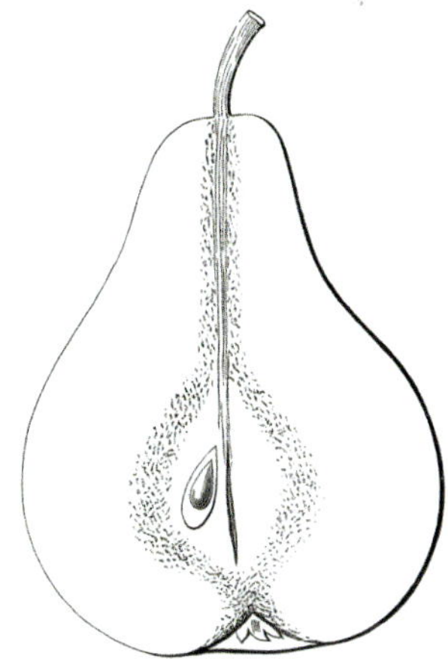

‚Königsgeschenk von Neapel', eine Längliche Kochbirne

XIII Rundliche Kochbirnen

Birnen von gleicher Qualität wie die vorhergehenden, deren beide Durchmesser gleich oder bei welchen der Längsdurchmesser geringer als der der Breite ist.

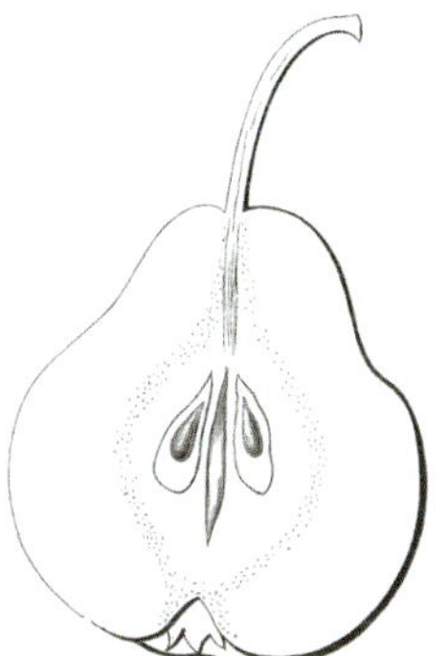

‚Großer Katzenkopf', eine Rundliche Kochbirne

XIV Längliche Weinbirnen

Birnen, die sich nicht zum Rohgenuss eignen, mit entweder brüchigem, rübenartigem oder selbst halbschmelzendem Fleisch, welche einen entschieden herben, adstringierenden Geschmack besitzen und eine längliche Gestalt haben.

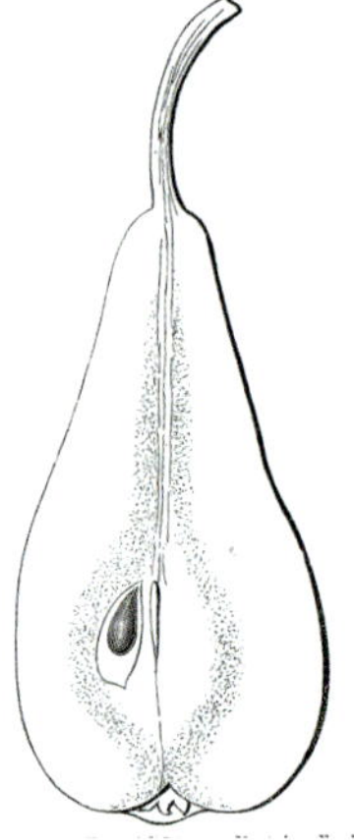

‚Langbirne', eine Längliche Weinbirne

XV Rundliche Weinbirnen

Birnen von derselben inneren Beschaffenheit wie die von der vorigen Klasse, aber von rundlicher Form.

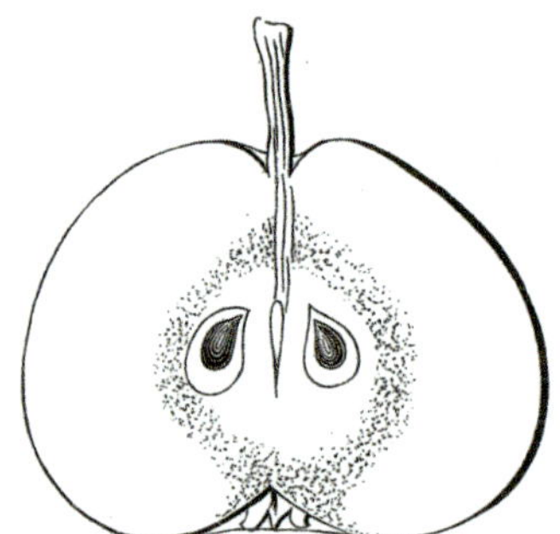

‚Champagner-Bratbirne', eine Rundliche Weinbirne

Tipp:

Renette oder Reinette?

In Österreich und Deutschland hat sich die Schreibweise Renette eingebürgert, in der Schweizer Literatur wird an der ursprünglichen Form Reinette festgehalten, so wie auch in englischen und französischen Werken. Die Bedeutung des Namens ist unklar. Zum einen wird Reinette als die Verkleinerungsform der französischen Bezeichnung für Königin *(reine)* gesehen und als Verweis auf den außergewöhnlichen (königlichen) Geschmack verstanden. Andererseits erinnert die raue und gefleckte Fruchtschale an einen Frosch und der Name könnte sich vom lateinischen *rana* (für Frosch) ableiten.

Pomologische Ordnung bei Zwetschken und Pflaumen

Die hilfreichste Einteilung von Pflaumen und Zwetschken stammt aus dem 19. Jahrhundert vom Österreicher Georg Liegl, Apotheker und Pomologe, und dem deutschen Pomologen Eduard Lucas. Ihre Unterteilungen und Definitionen sind heute noch von Bedeutung, da hiermit erstmals eine schlüssige Erklärung vorliegt, wie sich Ringlotten von Mirabellen und Pflaumen (Damascenen) von Zwetschken unterscheiden. Bei Letzteren ist die Haut ohne Säure, daher werden sie beim Kochen oder Kuchenbacken, im Gegensatz zu den anderen, nicht sauer. Zum Dörren sind die weichfleischigen Pflaumen im Gegensatz zu den festfleischigen (consistenten) Mirabellen und Zwetschken untauglich.

- Rundpflaumen (Runde Damascenen): Frucht rund, Länge und Breitendurchmesser gleich, als Tafelfrucht brauchbar. Fleisch saftreich, weich, Haut im Kochen säuerlich, zum Dörren untauglich, Holz kahl und behaart.

- Ovalpflaumen (Längliche Damascenen): Frucht oval, Längsdurchmesser größer als der Breitedurchmesser, ansonsten wie oberhalb: Rundpflaumen
- Eierpflaume: Frucht eiförmig, groß und sehr groß, nach dem Stiel stets verjüngt, Fleisch pflaumenartig, weich, nicht zum Dörren geeignet; Holz kahl und behaart.
- Edelpflaume (Reineclaude): Runde und rundliche Pflaumen von sehr edlem, erhabenem Zuckergeschmack, etwas consistentem *(dichtem)* Fleisch; Holz glatt, Wuchs gedrungen.
- Wachspflaumen (Mirabellen): Kleine runde und rundliche Früchte; Fleisch consistent, sehr süß, zum Dörren sehr brauchbar; Wuchs klein, sparrig, vielästig; Holz kahl oder behaart.
- Zwetschken: Länglich, nach dem Stiel und Stempelpunkt hin verjüngte Früchte; Fleisch süß, fest, Schale ohne Säure; Holz meist kahl, doch auch mitunter behaart, zum Dörren sehr gut geeignet.
- Halbzwetschken: Früchte von ovaler Form und zwetschkenartigem Fleische, nach Stiel und Stempelpunkt hin gleichmäßig abgerundet; Holz kahl oder behaart, zum Dörren brauchbar.
- Dattelzwetschken: Sehr lange, elliptisch geformte Früchte, von mehr pflaumen- als zwetschkenartigem Fleische, zum Dörren nicht brauchbar; Holz glatt.
- Haferpflaumen: Runde Pflaumen, die als Tafelobst nicht brauchbar sind. *(Anmerkung: hier handelt es sich um die „Kriecherl". Das Urteil „als Tafelobst nicht brauchbar" bezieht sich wahrscheinlich auf die mangelnde Steinlöslichkeit.)*
- Spillingpflaumen: Längliche, als Tafelobst nicht brauchbare Pflaumen.

Die Sorte ‚Große Grüne Ringlotte' ist zuckersüß.

Eine Dattelzwetschke aus Oberösterreich.

Die kleinen und rundlichen Mirabellen sind festfleischig und sehr süß, hier die Sorte ‚Mirabelle von Nancy'.

Das Holz der Zwetschke (= einjähriger Trieb) kann kahl oder behaart sein.

Sortengruppen bei Kirschen und Sauerkirschen

Christian Truchseß war Zeitgenosse von August Diel und beschäftigte sich als einer der ersten Pomologen intensiv mit Kirschen. Nach Jahren der Beobachtung hunderter Sorten veröffentlichte er 1819 das pomologische Standardwerk *Classification und Beschreibung der Kirschensorten.* Seine Unterteilung ist schlüssig und nach wie vor gültig.

Die folgende Unterteilung nach Truchseß ist leicht verändert entnommen aus: Gerhard Götz, Robert Silbereisen (1989). *Obstsortenatlas.* Stuttgart: Ulmer Verlag.

Süßkirschen

Süßkirschen haben einen süßen Geschmack, die Bäume wachsen stark und haben stark aufrechte Triebe. Süßkirschen werden unterschieden in die weichfleischigen Herzkirschen und die festfleischigen Knorpelkirschen (Bigarreau Cherries). Herzkirschen und Knorpelkirschen werden jeweils weiter unterschieden in Kirschen, die eine dunkle Haut haben und einen roten und färbenden Saft, und Sorten mit bunter oder gelber Haut und hellem, nicht färbendem Saft.

Bastardkirschen

Bastardkirschen haben einen süßsäuerlichen Geschmack, die Bäume sind schwachwüchsig und bilden aufrechte Triebe. Zur Gruppe der Bastardkirschen gehören Süßweichseln mit weichem bis mäßig festem Fleisch und dunklen Früchten mit rotem färbendem Saft sowie Glaskirschen, die weiche bis mäßig feste Früchte haben, deren Früchte gelb oder bunt sind und einen hellen, nicht färbenden Saft haben.

Kirschen sind dunkel, bunt oder gelb gefärbt.

Echte Sauerkirschen

Echte Sauerkirschen schmecken richtig sauer. Die Pflanzen sind ein baumartiger Strauch, die dünne Triebe bilden und einen mehr oder weniger hängenden Wuchs haben. Zu den echten Sauerkirschen zählen Weichseln und Amarellen. Weichseln sind weichfleischige, dunkle Früchte, die einen roten, färbenden Saft haben. Amarellen haben gelbe oder bunte Früchte und einen hellen, nicht färbenden Saft.

Die ‚Flamentiner' ist eine Herzkirsche mit bunter Haut, hellem und nicht färbendem Saft.

Die Früchte der Glaskirsche ‚Noah' sind süßsäuerlich, weich bis mäßig fest, bunt, Saft hell und nicht färbend.

Die Klassifizierung von Obstsorten nach der Reifezeit

Eine sehr nützliche und auch heute gebräuchliche Form der Sorten ist die Einteilung von Obstsorten nach der Reifezeit.

Apfel und Birne

Die einfachste Form der Einteilung orientiert sich nach der Jahreszeit, in der die Früchte roh verzehrt werden:

- Sommerapfel/Sommerbirne werden im Sommer gepflückt und gegessen.
- Herbstapfel/Herbstbirne werden im Herbst gepflückt und auch verzehrt oder gepresst.
- Winterapfel/Winterbirne werden im Herbst geerntet, sind aber erst im Winter gut zum Essen.

Die moderne Form der Unterteilung orientiert sich nach Referenzsorten, die jeweils in diesem Zeitraum reifen.

Erntereife	Referenzsorte Apfel	Referenzsorte Birne
extrem früh	‚Vista Bella', ‚Close'	‚Nagowitz'
sehr früh	‚Weißer Klarapfel'	‚Giffards Butterbirne'
Früh	‚Jerseymac', ‚Discovery'	‚Frühe von Trévoux', ‚Clapps Liebling'
früh bis mittel	‚James Grieve', ‚Gravensteiner'	‚Williams Christ'
Mittel	‚Cox Orange', ‚Elstar', ‚Berner Rosen'	‚Gute Luise', ‚Gellerts Butterbirne'
mittel bis spät	‚Kronprinz Rudolf', ‚Golden Delicious'	‚Conference', ‚Boscs Flaschenbirne'
Spät	‚Jonagold', ‚Wintergoldparmäne', ‚Schöner aus Boskoop'	‚Mollebusch', ‚Alexander Lucas'
sehr spät	‚Schweizer Glockenapfel', ‚Bohnapfel', ‚Idared'	‚Gräfin von Paris', ‚Josephine von Mecheln', ‚Pastorenbirne'
extrem spät*	‚Granny Smith'	‚Esperens Bergamotte', ‚Edelcrassane' (‚Passe Crassane')

Quelle: Gantar (2016), Handbuch zur Charakterisierung der Obstarten, Szalatnay (2006), Obst-Deskriptoren NAP, und eigene Ergänzungen

** Extrem spätreifende Apfel- und Birnensorten reifen in Österreich und Deutschland nur in sehr warmen Gebieten aus.*

‚Kronprinz Rudolf'

‚Josefine von Mecheln'

Kirsche

Die Reifezeit von Kirschsorten wird kaum nach dem Kalendermonat angegeben, sondern traditionell in Kirschwochen. Das hat gute Gründe, die Reife einer Kirschsorte schwankt je nach Jahreswitterung um bis zu drei Wochen und ist stark vom Standort des Baumes abhängig. Das ist bei anderen Obstarten auch der Fall, jedoch ist diese Abhängigkeit bei Kirschen besonders ausgeprägt. Eine Kirschwoche bezeichnet die Reifezeiten der einzelnen Sorten untereinander. Reift eine Kirschsorte in der 3. Kirschwoche, ist sie jedes Jahr eine Kirschwoche vor einer Sorte reif, deren Reifezeit in der 2. Kirschwoche liegt.

Eine Kirschwoche beginnt nicht an einem bestimmten Datum und dauert auch nicht unbedingt eine Woche. Die 1. Kirschwoche beginnt mit der Reife der Sorte ‚Früheste der Mark'. An einem sehr warmen Standort und in einem warmen Jahr reift die ‚Früheste der Mark' bereits Mitte Mai. In den Alpen kommt sie womöglich erst einen Monat später zur Reife und setzt somit den Beginn der ersten 1. Kirschwoche in den Juni! Eine warme Jahreswitterung beschleunigt die Reife und eine Kirschwoche reduziert sich auf 5 Tage, umgekehrt kann in einem kühlen Jahr die Kirschwoche auch 10 Tage dauern. Fix ist: Die Sorten reifen stets schön der Reihe nach ab.

Die Klassifizierung nach dem primären Verwendungszweck

Eine praxisnahe und auch heute gebräuchliche Form der Sorteneinteilung ist jene nach dem Verwendungszweck bzw. nach der Nutzung. Diese Art der Betrachtung, bei der die Verwendung der Sorten – heute und im historischen Kontext – im Fokus steht, wird Ethnopomologie genannt. Grundsätzlich lassen sich die meisten Sorten auf mehrere Arten verwerten. Ein Mostapfel kann in der Regel auch gegessen werden und ein Tafelapfel auch gepresst. Überwiegt eine Nutzungsform, spricht man vom primären Verwendungszweck. Dieser Ausdruck macht deutlich, die jeweilige Sorte bringt für den primären Verwendungszweck die notwendigen Eigenschaften mit, kann aber auch anderswertig genutzt werden (→ Artenporträts Apfel und Birne, Seite 312 und 338).

Sortenklassifizierung und Sortenbestimmung mit Hilfe von molekularbiologischen Methoden

Die moderne Pomologie hält Abstand von den historischen Ordnungssystemen. Phänologische Merkmale unterliegen je nach Standort, Unterlage, Pflegemaßnahmen und Witterung großen Schwankungsbreiten, als dass sich jede Sorte sicher einer Familie zuordnen ließe. Allerdings, moderne Untersuchungsmethoden gewähren heute Einblicke in das Erbmaterial von Obstsorten. Mithilfe von molekularbiologischen Methoden lassen sich sogenannte Fingerabdrücke (Fingerprints) erstellen, die als Unterstützung bei der Sortenbestimmung und bei der Klärung von Verwandtschaftsverhältnissen (Vaterschaftstests) Anwendung finden. Stimmen die Fingerabdrücke von zwei Sorten überein, so sind diese ident. In Europa gibt es an mehreren Instituten Referenzdatenbanken. Dort sind die Fingerabdrücke von Obstsorten hinterlegt. Wird nun der Fingerabdruck einer unbekannten Sorte analysiert, kann dieser mit einem der hinterlegten Fingerabdrücke verglichen werden – derart lassen sich Sorten bestimmen. Der Haken dabei, die Sortenidentität des hinterlegten Musters (Referenzsorte) muss stimmen und dieses Verfahren ist bis dato nur für Apfel tatsächlich realisiert.

Jede Obstsorte hat eine Vater- und eine Muttersorte. Durch Untersuchungen am Erbmaterial lässt sich herausfinden, welche Vorfahren (Eltern, Großeltern) eine bestimmte Sorte hat. Im Unterschied zu den „natürlichen Familien" von Diel und Lucas lassen sich derart Familien, basierend auf realen Verwandtschaftsverhältnissen, eruieren. Ein sogenannter phylogenetischer Stammbaum stellt Verwandtschaftsbeziehungen zwischen Sorten dar (→ Abbildung unten). Die Molekulargenetik wird die klassische Pomologie in naher Zukunft auch bei der Beschreibung von Sorteneigenschaften ergänzen und vielleicht auch ersetzen. Durch sogenannte „Marker unterstützte Selektion" lassen sich Eigenschaften (z. B. Resistenz gegen eine Krankheit) auf genetischer Ebene nachweisen. Es ist anzunehmen, dass sich in Zukunft viele weitere Eigenschaften (das Vorhandensein von Aromastoffen, Bräunungsverhalten des Fruchtfleisches, Zuckergehalt, Berostungsneigung) auf genetischer Ebene feststellen lassen.

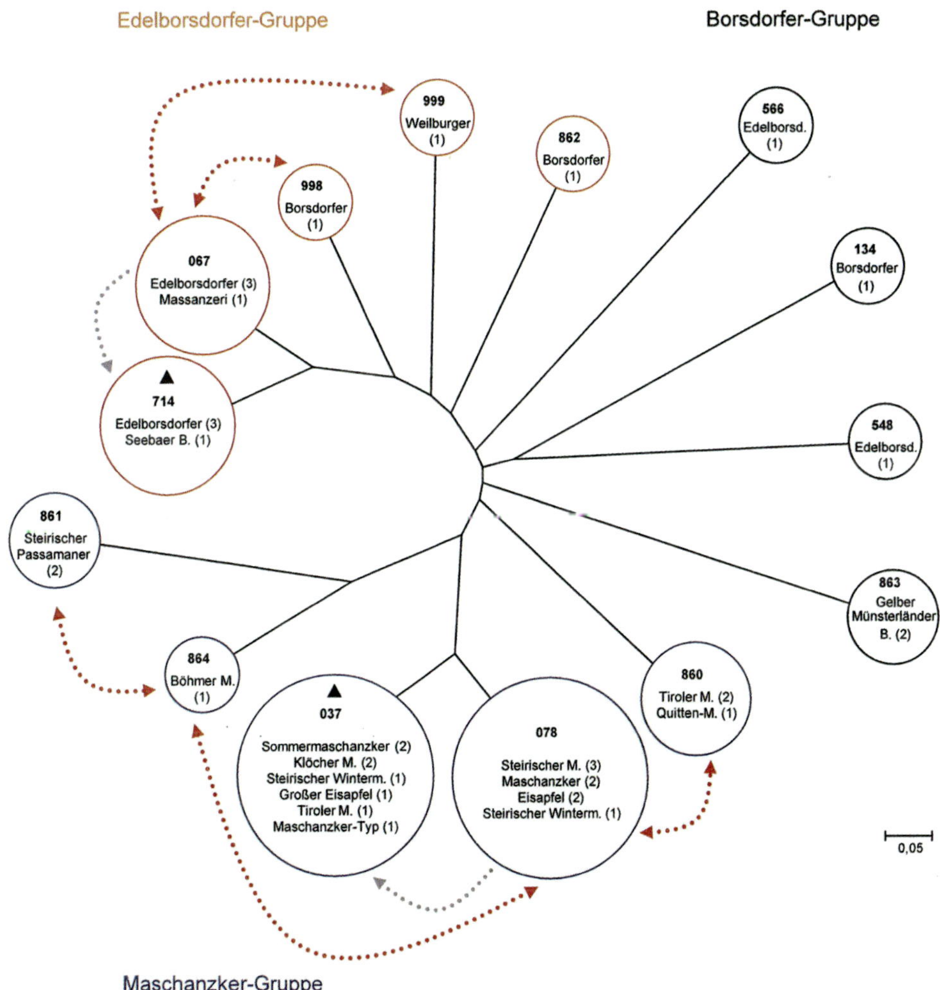

Die Gruppe der Borsdorfer- und Maschanzkeräpfel ist in der historischen Pomologie beschrieben. Die Abbildung zeigt das Ergebnis einer molekularbiologischen Untersuchung von Vertretern dieser Gruppe. Jeder Kreis der Abbildung repräsentiert einen Genotyp (also eine Sorte). Die rot gestrichelten Pfeile zeigen Abstammungsverhältnisse an.

Sortenbestimmung für Einsteigerinnen und Einsteiger

Damit diese Anleitung nicht zur Frustration führt, sei eines vorweggenommen: Die Sortenbestimmung braucht sehr viel Erfahrung und führt auch mit viel Erfahrung nicht immer zum Erfolg. Sortenbestimmung kann nur anhand von Früchten gelernt werden, Bücher unterstützen dabei. Allerdings, jeder und jede waren mal Anfänger und Anfängerin, und warum nicht heute damit beginnen? Unbedingt zu vermeiden ist das Blättern in Büchern, ohne sich die Merkmale der unbekannten Früchte davor genau angesehen zu haben. Meist wird so ein Ergebnis erzielt, aber eben ein falsches. Es ist hingegen sehr zu empfehlen, zuerst die Früchte genau zu betrachten und eine Beschreibung der wichtigsten Merkmale anzufertigen. Dazu dienen die in diesem Kapitel beschriebenen Deskriptoren und die unten vorgestellten 10 Schritte. Zum richtigen Erfassen der Sortenmerkmale kann zusätzlich eine namentlich bekannte Sorte als Referenz (Vergleichssorte) dienen, die im eigenen oder Nachbarsgarten gewachsen ist. Bestens geeignet als Vergleichssorte ist eine Apfel- oder Birnensorte, deren Aussehen und Geschmack mir gut bekannt ist und von der ich eine Beschreibung in einer guten Pomologie zur Verfügung habe.

Die Samenform und die Farbe der Samen sind wichtige Bestimmungsmerkmale bei Apfel und Birne.

Stabile Fruchtmerkmale bei Apfel und Birne

Es gibt Fruchtmerkmale, deren Ausprägung je nach Jahr und Standort variiert. Daneben gibt es Merkmale, die unabhängig von äußeren Einflussfaktoren stabil sind. Es ist wichtig, sich bei der Sortenbestimmung vor allem daran zu orientieren. Dazu zählen

- Samengröße, Samenfarbe, Samenausbildung bei Apfel und Birne
- Kernhausachse und Kelchröhre bei Apfel und Birne
- Stiel und Stielansatz bei Birne
- Kelch und Kelchblätter bei Birne

10 Schritte zur Bestimmung einer unbekannten Apfel- oder Birnensorte

Erklärungen zu den Sortenmerkmalen und den pomologischen Fachbegriffen finden Sie im Anschluss an die 10 Schritte.

1. Stelle fest, wann die Sorte reift (Pflückreife). Pflücke 10 schöne, gut besonnte Früchte der unbekannten Sorte und notiere das Datum. Wenn möglich stelle fest, wann eine namentlich bekannte Sorte in der Nähe reift, pflücke diese zum Vergleich und verfahre wie mit der unbekannten Sorte.
2. Stelle fest, ob die Sorte genussreif ist (Genussreife). Lagere gegebenenfalls die Früchte bis zum Beginn der Genussreife an einem kühlen Ort und notiere das Datum. Haben die Früchte die Genussreife erlangt, beurteile …
3. … die Form der Früchte (bei Apfel und Birne).
4. … die Grund- und Deckfarbe und die Berostung.
5. … bei Birnen die Länge und Dicke des Stiels und zusätzlich den Stielansatz.
6. … den Kelch.
7. … den Geschmack, das Aroma und die Konsistenz des Fruchtfleisches.

8. ... die Kernhausachse, die Farbe und Größe der Samen und stelle fest, ob eine Kelchröhre vorhanden ist.
9. Beurteile die Lagereigenschaften im Naturlager.
10. Suche in einer guten Pomologie nach Sortenbeschreibungen, die mit den erhobenen Merkmalen zusammenpassen. Achte darauf, dass vor allem die stabilen Merkmale korrespondieren: Die Beschreibung der Samen, des Stielansatzes etc. müssen mit den erhobenen Merkmalen gut übereinstimmen. Bei den variablen Merkmalen sind Abweichungen eher zu tolerieren.

Die Bezeichnung der Fruchtmerkmale

Pflückreife

Bezeichnet den günstigsten Erntezeitpunkt für die weitere Fruchtverwendung für Tafelobst, Transport, Verarbeitung und Lagerung. Meist ist der Zeitpunkt gegeben, wenn sich zwischen Fruchtholz und Fruchtstiel ein Trenngewebe ausgebildet hat und die Frucht sich leicht lost oder sogar abfällt. Diesen Zeitpunkt nennt man Baumreife. In manchen Fällen wird vor der Baumreife geerntet, nämlich um die Transportfähigkeit zu verbessern oder aus pragmatischen Gründen, weil die Früchte im Gemenge mit pflückreifen Sorten gepresst werden.

Genussreife

Der optimale Zeitpunkt der Genussreife wird subjektiv unterschiedlich bewertet! Genussreife tritt, streng interpretiert, ein, wenn Früchte die sortentypische Konsistenz, Geschmacks- und Aromaausbildung zum Frischverzehr erreichen. Allerdings beißen Liebhaber und Liebhaberinnen fester, säuerlicher Äpfel gerne im Oktober in einen Winterapfel, obwohl dieser noch kein sortentypisches Aroma ausgebildet hat.

Grundfarbe

Alle Apfel- und Birnensorten haben eine Grundfarbe, diese kann gelb, weißlich-gelb, grüngelb, weißlich-grün oder orange sein. Der Farbton der Grundfarbe ändert sich im Zuge der Nachreife am Lager. Daher sollte vermerkt sein, wann die Grundfarbe beurteilt wird (beim Pflücken oder bei der Genussreife).

Deckfarbe

Uber der Grundfarbe liegt die Deckfarbe. Die Deckfarbe kann fehlen, teilweise oder sogar vollständig eine Frucht überziehen. Die Deckfarbe kann – sehr vereinfacht – orange, rosa, rot, dunkelrot, violett oder braun sein (→ Deckfarbe Apfel Birne).

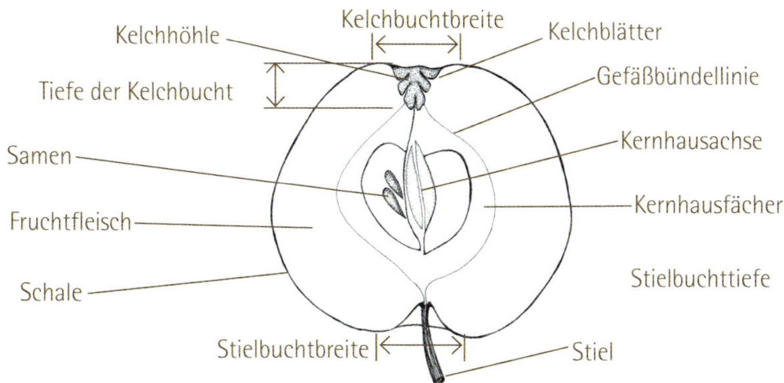

Die Bezeichnung der Fruchtteile ist bei allen Kernobstarten (Apfel, Birnen und Quitten) ident.

Das tatsächliche Farbspektrum ist riesengroß und wird sehr stark beeinflusst vom Standort, von der Jahreswitterung, von der Unterlage, vom Baumalter, vom Pflegezustand, von der Behangdichte und vom Sitz der Frucht am Baum. Schattenfrüchte hängen nordseitig oder im Inneren des Baumes, Sonnenfrüchte sind an den äußeren Ästen zu finden. Bei gut gepflegten Bäumen ist der Anteil an Sonnenfrüchten höher.

Die Auswirkung der Sonnenstrahlen auf die Ausbildung der Deckfarbe zeigt eindrucksvoll der sogenannte Blattschatten: Im Schatten eines Blattes bleibt ein Apfel oft grundfärbig, außerhalb vom Schattenwurf ist die Frucht von der sortentypischen Deckfarbe überzogen. Die Grenze zwischen gefärbt und nicht gefärbt ist beim Blattschatten sehr scharf gezogen.

Übrigens: Die Deckfarbe bildet sich bei vielen Apfel- und Birnensorten erst in den letzten Tagen vor der Pflückreife. Ein großer Temperaturunterschied zwischen Tag und Nacht begünstigt die Farbgebung. Am Lager reifen die Früchte weiter und auch die Farbe ändert sich. Bei der Beurteilung der Deckfarbe sind daher immer das Datum und die Lagerform anzugeben.

Deckfarbeanteil

Der Anteil der Deckfarbe kann in Prozent angegeben werden: 0 % bedeutet, die Deckfarbe fehlt, 100 % bedeutet, die Grundfarbe ist nicht mehr sichtbar.

Selbst Sonnenfrüchte des ‚Weißen Klarapfels' sind praktisch ohne Deckfarbe (Deckfarbenanteil bei dieser Sorte 0 %). Der Apfel ‚Red Delicious' ist vollständig (100 %) dunkelrot deckfärbig. Schattenfrüchte hingegen können auch einen geringeren Deckfarbeanteil aufweisen.

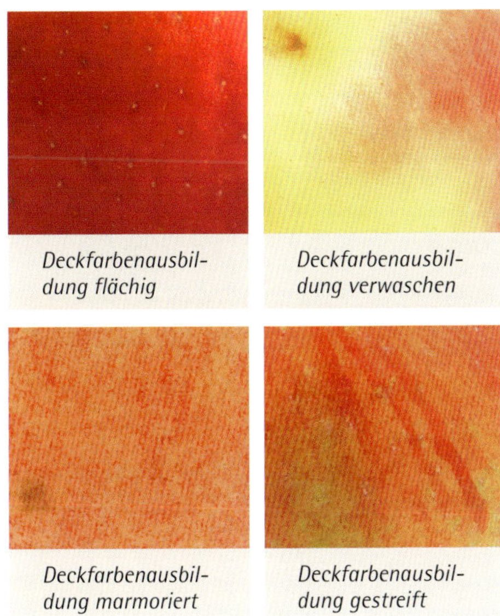
Deckfarbenausbildung flächig
Deckfarbenausbildung verwaschen
Deckfarbenausbildung marmoriert
Deckfarbenausbildung gestreift

Deckfarbenausbildung (Abbildung)

Die Deckfarbe kann flächig, gestreift, marmoriert oder verwaschen auftreten. Anteil und Ausprägung der Deckfarbe sind relativ variabel.

Die Deckfarbe ist flächig, wenn die Grundfarbe nicht durchscheint (zum Beispiel bei der Sorte ‚Kronprinz Rudolf'). Die Streifen können kurz und breit oder auch lang und dünn ausfallen. Es können auch innerhalb der Deckfarbe dunklere Streifen sichtbar sein.

Bei Früchten, die nur gering ausfärben, präsentiert sich die Deckfarbe verwaschen oder sogar nur sonnseitig angehaucht.

Berostung

Die ledrige Beschaffenheit der Schale bei Apfel und Birne wird Berostung genannt. Rost ist eigentlich ein Reparaturgewebe, das als Ersatz für eine beschädigte Fruchthaut (Kutikula) entsteht. Die Fruchthaut einiger Sorten wird beim Wachstum der Früchte durch einen inneren Druck richtiggehend gesprengt. Das ist für diese Sorten typisch und genetisch determiniert. Apfelsorten mit ausgeprägter Berostung zählen zu den sogenannten „Grauen Reinetten" und werden umgangssprachlich auch „Lederäpfel" genannt. Bei den Birnen sind Flaschenbirnen und Rousseletten öfters stärker berostet. Eine kleinflächige Berostung kommt auch auf Früchten anderer Sorten vor und kann äußere Ursachen haben, z. B. wenn Frost die Schale geschädigt hat oder Insekten die Schale angefressen haben – auch diese Löcher repariert die Frucht, indem sie an dieser Stelle ein Reparaturgewebe bildet. Die Berostung mag aus der Perspektive einiger ein Schönheitsmangel sein, aber die innere Qualität einer Frucht beeinträchtigt sie keinesfalls. Im Gegenteil: Berostung beeinflusst das Aroma positiv – das ist sogar wissenschaftlich nachgewiesen. Der wohl bekannteste Lederapfel ist die Sorte ‚Schöner aus Boskoop'.

Reif, Duft, Wachs- und Fettschicht

Die Schale von Apfel und Birne besteht aus lebenden Hautzellen (Epidermis) und aus einer leblosen

Eine vollständige Berostung zeigt der Apfel ‚Tiroler Spitzlederer'.

Bereifung bei der Sorte ‚Müschens Rosenapfel'

Schicht, der Kutikula. Die Kutikula enthält unter anderem Fett und Wachs. Diese Substanzen sind an der Schalenoberfläche sicht- und spürbar.

Eine sichtbare Wachsschicht wird Reif oder Duft genannt (obwohl sie nicht riecht). Sie ist von den Früchten abwischbar und verschwindet bei Manipulation, bekannte bereifte Sorten sind ‚Berner Rosen', ‚Ontario' oder der abgebildete ‚Müschens Rosenapfel'. Die Bereifung ist sortentypisch. Spürbar, aber nicht sichtbar ist eine Fettschicht, die manche Sorte bereits zum Zeitpunkt der Pflückreife aufweist (‚Jakob Lebel', ‚Klöcher Maschanzker') oder die erst nach einer gewissen Zeit am Lager entsteht. Sorten mit ausgeprägter Fettschicht geben weniger Wasser ab und schrumpfen am Lager weniger. Die sogenannten Reinetten haben eine trockene Schale, sie schrumpfen.

Form

Die Fruchtform bei Apfel und Birne lässt sich mit Hilfe der Zeichnungen beurteilen. Der Apfel wird in der Regel mit dem Kelch nach oben, die Birne mit dem Stiel nach oben dargestellt.

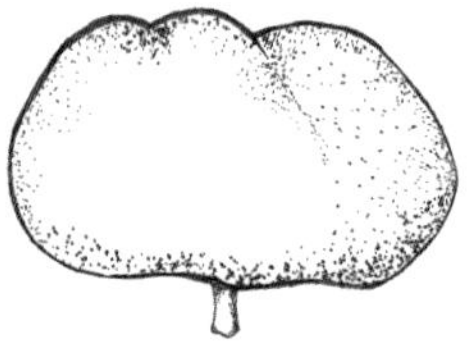

Apfel flach, abgeplattet

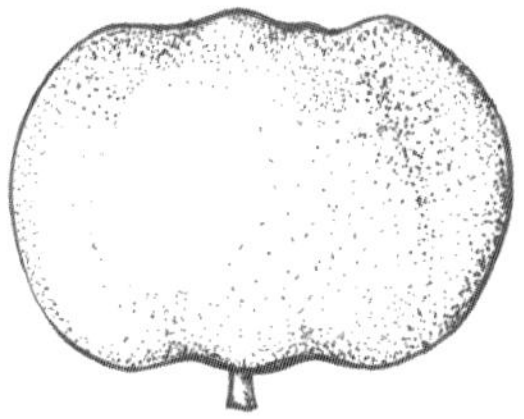

Apfel flachkugelig

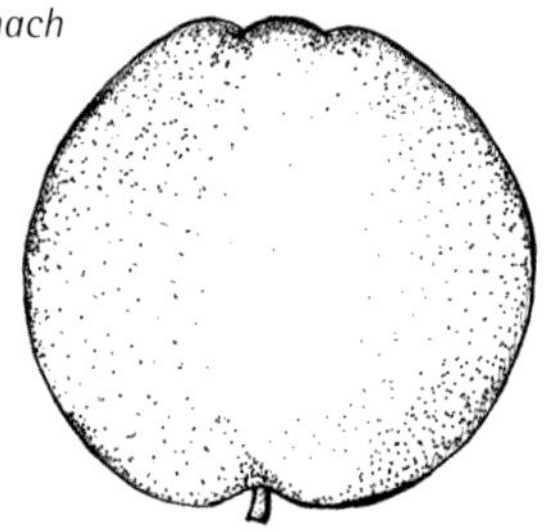

Apfel kugelig

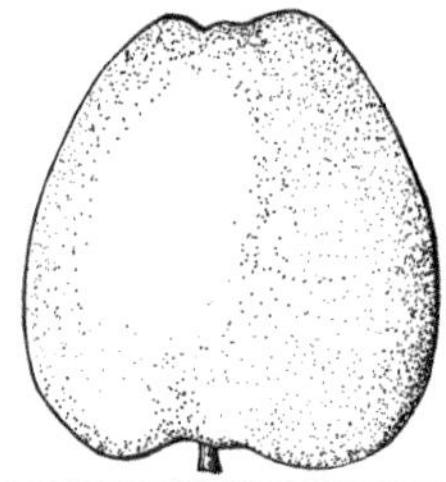

Apfel kegelförmig

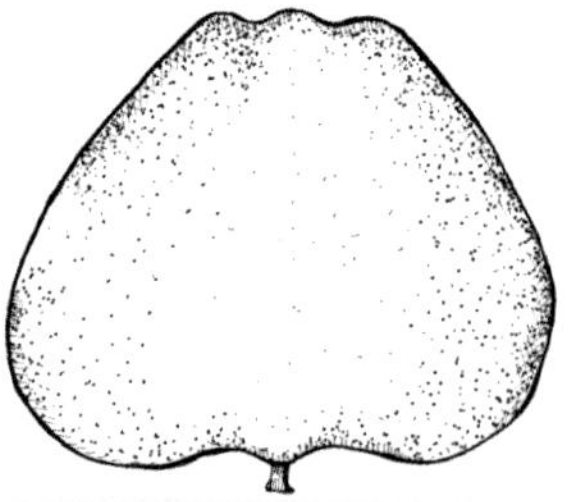

Apfel stumpf kegelförmig

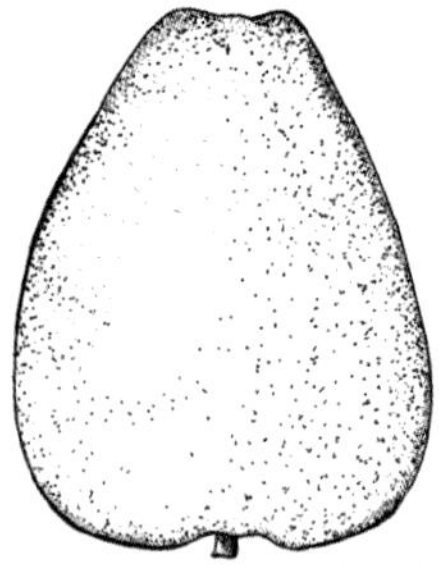

Apfel schmal kegelförmig

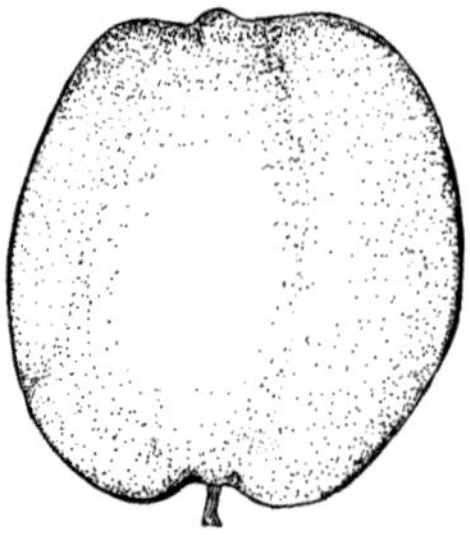

Apfel walzenförmig

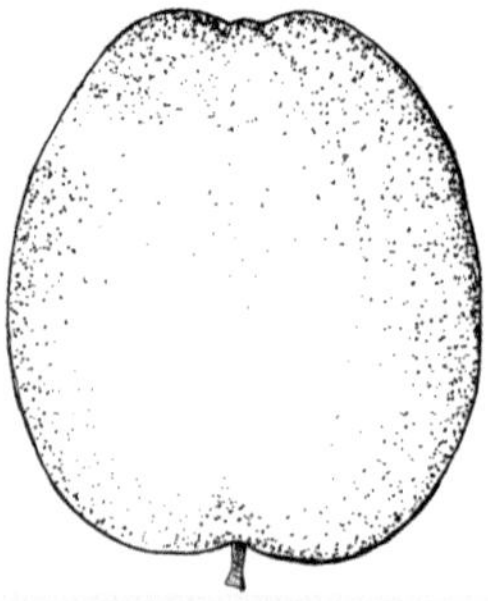

Apfel mittelbauchig

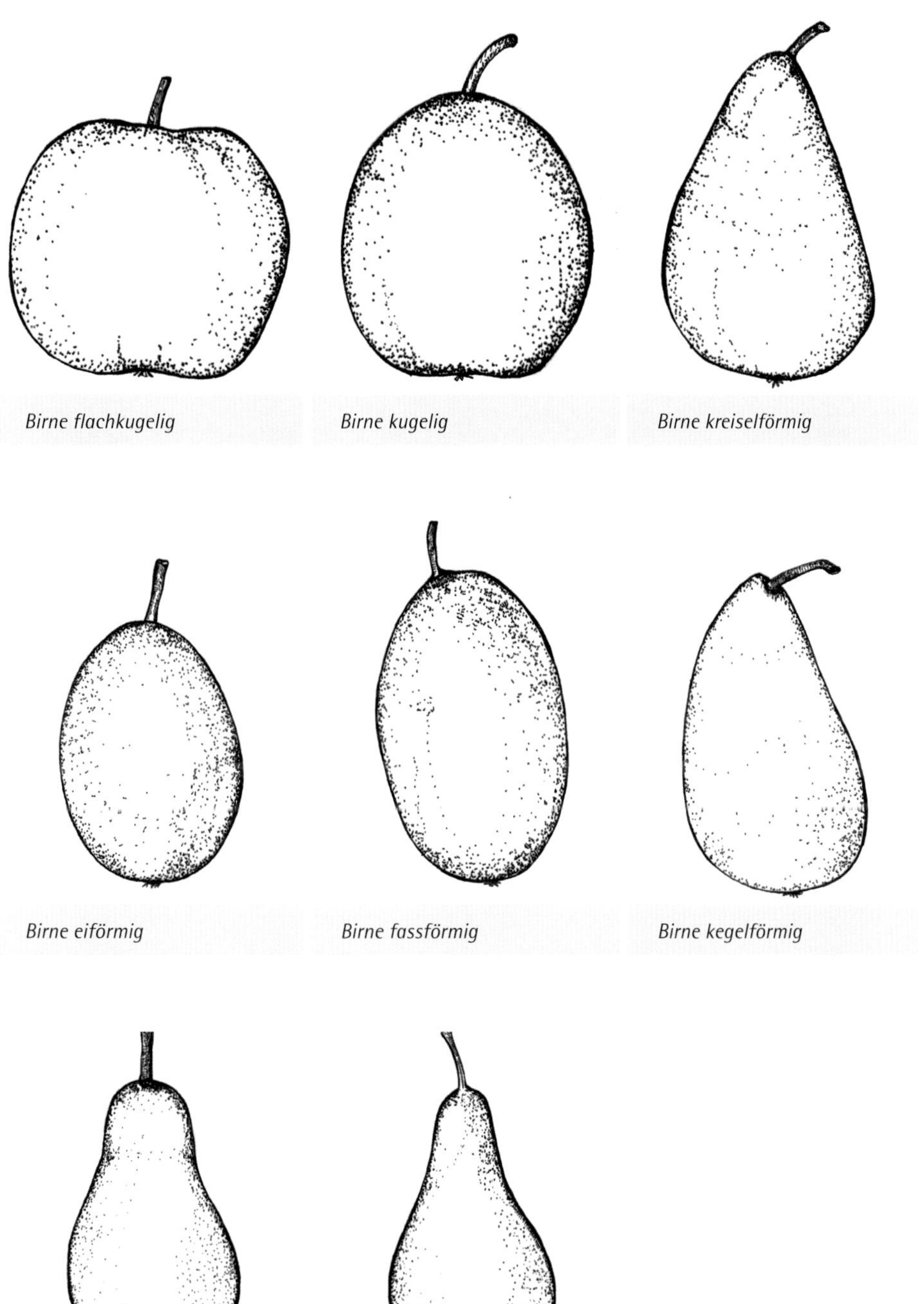

Birne flachkugelig

Birne kugelig

Birne kreiselförmig

Birne eiförmig

Birne fassförmig

Birne kegelförmig

Birne glockenförmig

Birne flaschenförmig

Apfel ohne merkliche Erhabenheiten, das Relief ist glatt.

Die Seiten des Apfels sind deutlich kantig, rund um den Kelch sind Kelchhöcker.

Relief, die Kanten der Frucht, Höcker um Kelch
Das Fruchtrelief gibt die Vertiefungen oder Erhabenheit der Frucht an den Fruchtseiten und an der Kelch- und Stielgrube an. Die Fruchtseiten können schwach, mittel oder stark kantig sein. Die Kanten können nur rund um den Kelch liegen, dann spricht man von Kelchhöcker. Die Kanten können sich aber auch vom Kelch bis zum Stiel über die Frucht ziehen.

Stiel und Stielansatz bei Birnen
Der Stiel als Erkennungsmerkmal hat beim Apfel bei Weitem nicht die Bedeutung wie bei der Birne. Bei Birnen sind Stiel und Stielsitz die wichtigsten äußeren Bestimmungsmerkmale. Der Stiel kann auf der Frucht aufsitzen – entweder gerade oder mit einem Knopf –, fleischig in die Frucht übergehen, schief angesetzt oder schief und wulstig sein (→ Zeichnungen unten).

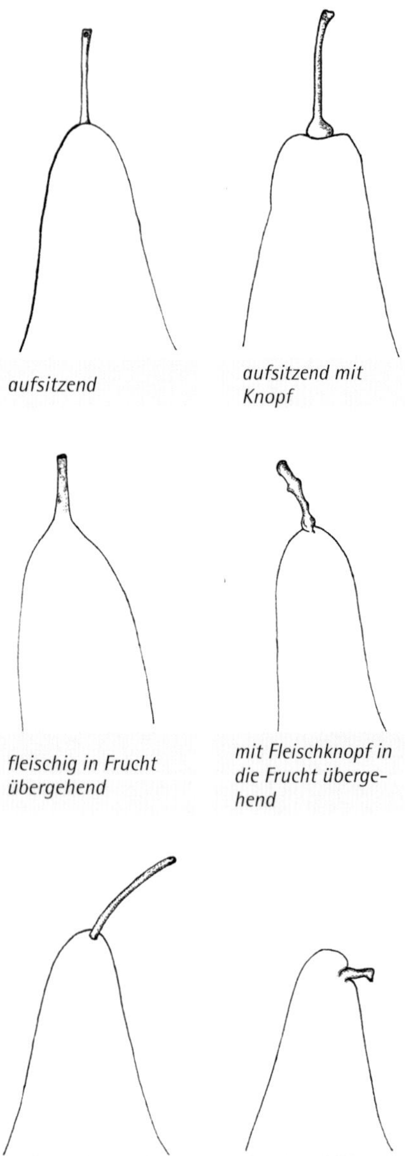

aufsitzend

aufsitzend mit Knopf

fleischig in Frucht übergehend

mit Fleischknopf in die Frucht übergehend

schief angesetzt

schief und wulstig

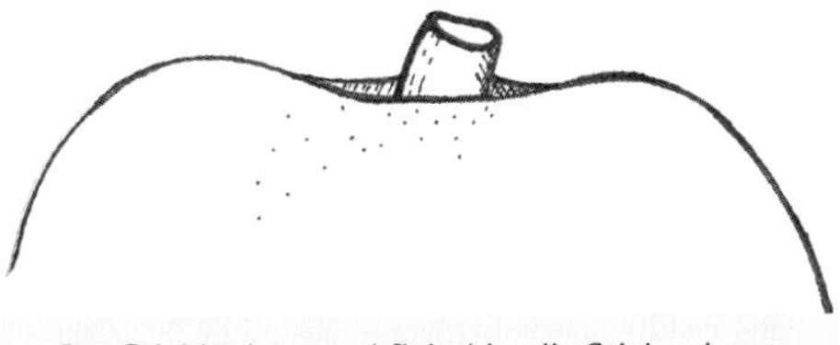

Der Stiel ist kurz und fleischig, die Stielgrube flach.

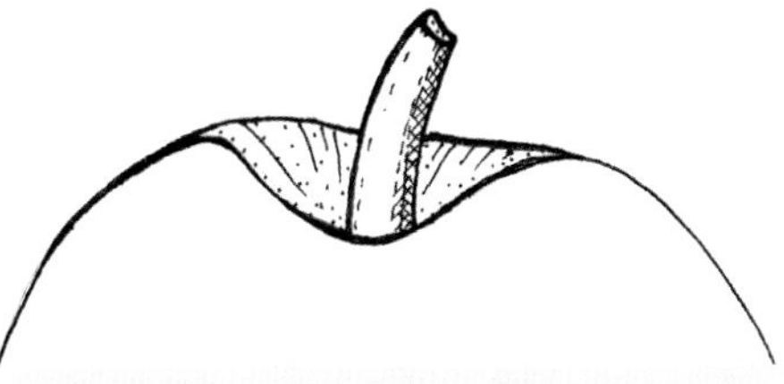

Der Stiel ist mittellang, die Stielgrube weit und mitteltief.

Der Stiel ist lang und knopfig, die Stielgrube mittelweit und tief.

Stiel und Stielgrube bei Apfel

Der Stiel kann kurz (unter 19 mm), mittellang (20–23 mm) oder lang sein (über 24 mm). Ein kurzer und dicker Stiel wird fleischig genannt. Ist der Stiel am Ende verdickt, spricht man von „knopfig". Der Stiel steckt beim Apfel in der Stielgrube. Diese kann eng oder weit sein sowie flach oder tief. Die Länge des Stiels hat auch eine praktische obstbauliche Relevanz. Kurzstielige Sorten drücken sich leicht gegenseitig vom Fruchtholz (und fallen ab) und sie lassen sich schlechter pflücken, im Gegensatz zu Sorten mit langem Stiel. Langstielig sind zum Beispiel die Sorten ‚Golden Delicious', ‚Rubinette' oder ‚Pinova'. Einen kurzen Stiel hat ‚Jakob Lebel'.

Kelch

Der Kelch liegt in der Kelchgrube. Die Kelchblätter formen den Kelch, zwischen den Kelchblättern ist das Überbleibsel der Staubgefäße zu sehen. Die Form und Anordnung der Kelchblätter ist bei Birnen ein sehr wichtiges Bestimmungsmerkmal. Der Kelch ist im Extremfall weit offen (Kelchblätter nach außen gebogen und aufliegend) oder geschlossen (die Kelchblätter sind zusammengeneigt), wobei alle Zwischenformen (halb offen) möglich sind.

Birne Kelchformen

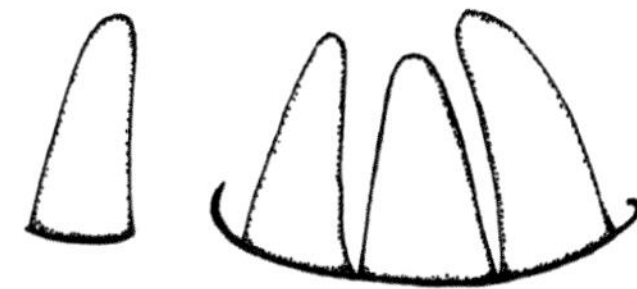

Kelch kurz, schmal, stumpf, hornartig aufrecht

Kelch mittellang, mittelbreit, spitz, gedreht, halbaufrecht

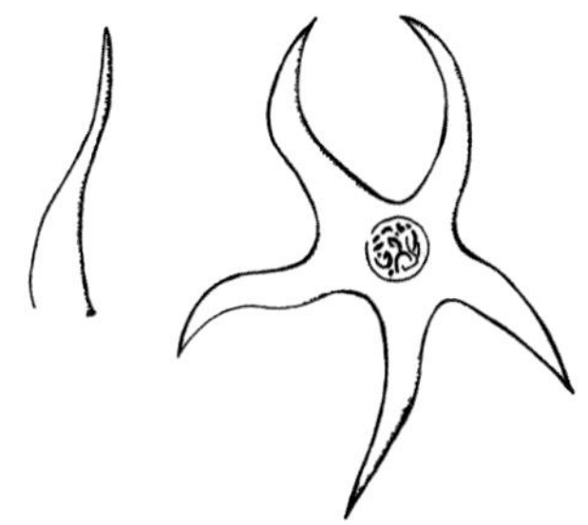

Kelch lang, schmal bis mittelbreit, spitz, aufliegend

Apfel Kelchformen

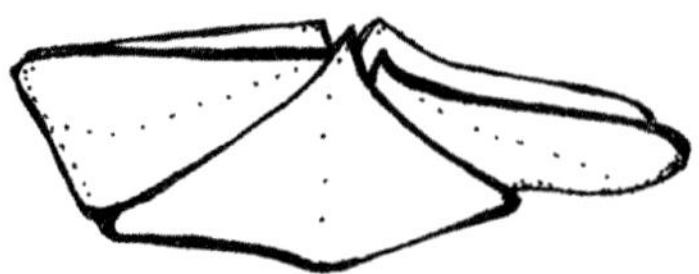

Kelch geschlossen, Kelchblätter liegen flach.

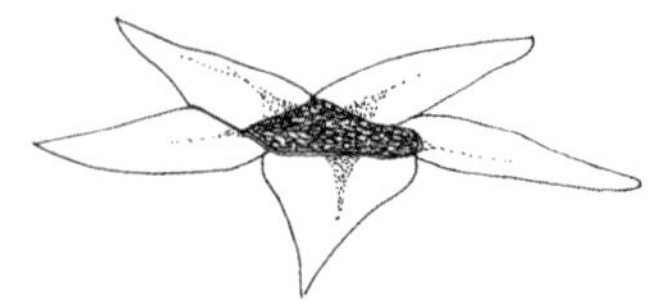

Kelch offen, Kelchblätter anliegend

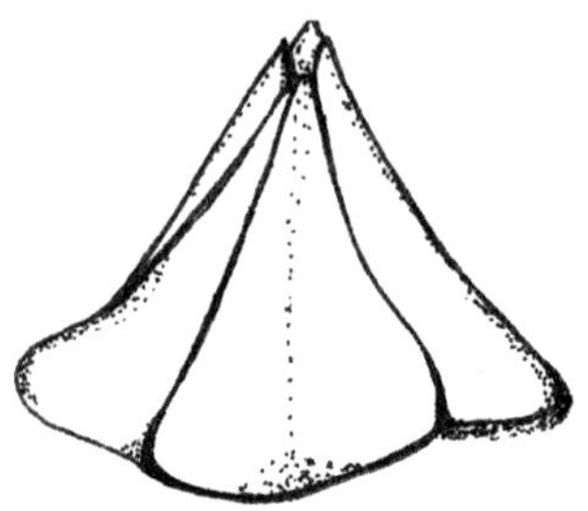

Kelch geschlossen, Kelchblätter stehen aufrecht.

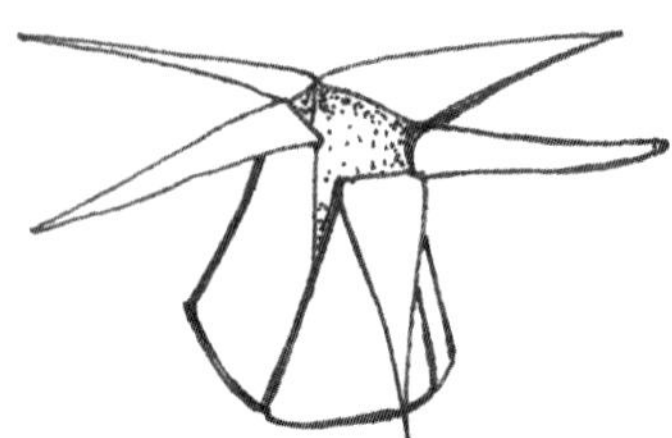

Kelch offen, Kelchblätter stehen aufrecht und Spitzen sind zurückgebogen.

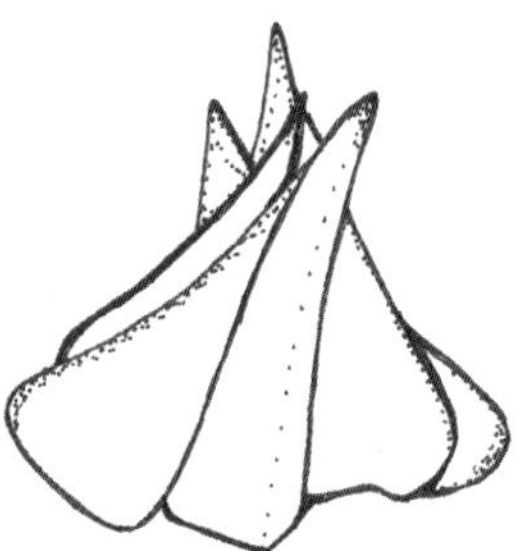

Kelch geschlossen, Kelchblätter sind ineinander verdreht.

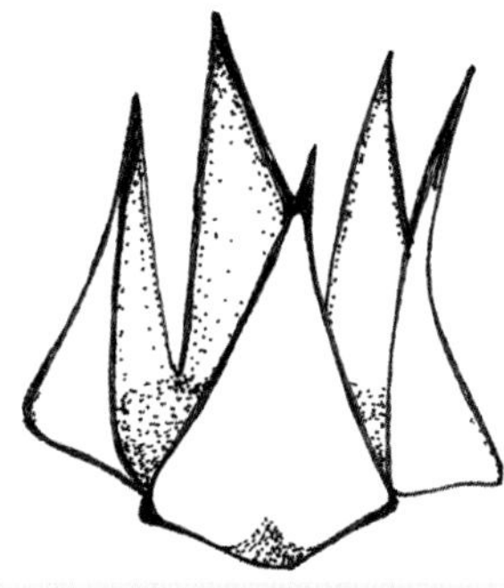

Kelch offen und Kelchblätter stehen aufrecht.

Kernhausachse und Kelchröhre

In allen guten Pomologien sind Apfel und Birnen als halbierte Frucht dargestellt. Das hat einen guten Grund: Die sogenannten inneren Merkmale haben eine geringe Variabilität und sind daher gut geeignet, um eine Sorte eindeutig zu beschreiben und sicher zu bestimmen.

Es braucht anfangs etwas Übung, diese Merkmale richtig für die Beurteilung freizulegen. Zunächst muss der Apfel durch einen sauberen Längsschnitt, beim Kelch beginnend, halbiert werden. Der Schnitt muss Kelch und Kernhaus exakt teilen. Sodann lässt sich feststellen, ob vom Kelch eine dünne Röhre Richtung Kernhaus zu sehen ist. Die Kelchröhre kann bei manchen Sorten bis ins Kernhaus reichen. Das ist zum Beispiel beim ‚Gloster' der Fall. Der ‚Gloster' und andere Apfelsorten mit durchgehender Kelchröhre leiden gerne unter Kernhausschimmel. Durch die Kelchröhre dringen Pilzsporen bis ins Kernhaus und bilden

Kelchröhre kurz, Kernhausachse geschlossen

Kelchröhre lang, reicht bis Kernhaus, Kernhausachse schmal offen

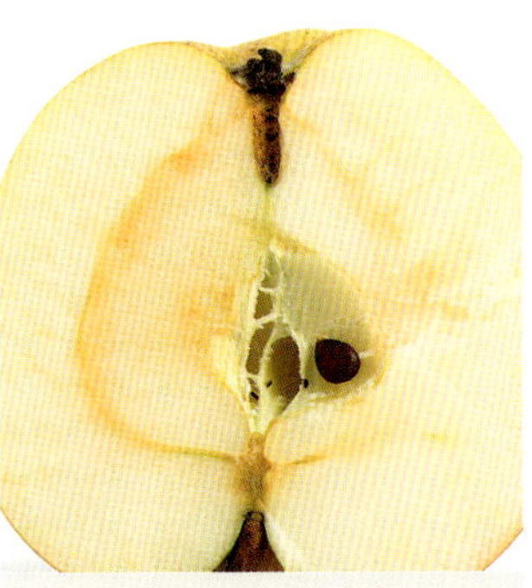
Kelchröhre breit und lang, Kernhausachse offen

dort ein Myzel aus. In den meisten Fällen ist die Kelchröhre jedoch kürzer. Die Länge und die Breite der Kelchröhre sind relativ stabile Sortenmerkmale und daher wichtig bei der Sortenbestimmung! Bei Birnen ist eine Kelchröhre selten ausgebildet, Ausnahme ist die ‚Nordhäuser Winterforelle'.

Als Nächstes kann anhand der Apfelhälfte die Öffnung der Kernhausachse beurteilt werden.

Diese kann geschlossen, halboffen oder offen sein. Dieses Merkmal ist ebenso beständig und daher bei der Bestimmung wichtig.

Samen

Den Samen (oder den Kernen) von Apfel- und Birnensorten wird von manchen Pomologen nachgesagt, sie seien das einzige wahre – weil von Jahr zu Jahr und von Frucht zu Frucht beständige – Sortenmerkmal. Das ist korrekt, wenngleich auch Samen etwas veränderlich sind, und es braucht vor allem einiges an Erfahrung, um einen Blick für die Unterschiede zwischen den Formen zu entwickeln. In guten Pomologien werden die Samen daher genau beschrieben und sind in Originalgröße oder sogar vergrößert abgebildet. Ein Apfel- oder Birnensame kann gut oder schlecht entwickelt sein. Schlecht entwickelte Samen sind entweder unzureichend befruchtet (taub) oder gänzlich verkümmert. Es ist manchen Sorten eigen, dass im Kernhaus fast immer nur taube und verkümmerte Samen zu finden sind. Alle triploiden Apfel- und Birnensorten zählen dazu. Zur Beurteilung werden alle Samen herausgelöst. Eine Sorte hat schlecht entwickelte Samen, wenn ca. 80 % taub oder verkümmert sind.

Die Formen von gut entwickelten Apfel- und Birnensamen sind sortenabhängig, vergleiche dazu die Abbildungen. Die Größe ist ebenso sortentypisch und variiert von sehr klein (unter 6 mm) über klein (7 mm), mittel (8 mm), groß (9 mm) bis sehr groß (über 9 mm lang)

Sorte mit schlecht entwickelten Samen. Drei Samen sind verkümmert und einer ist gut ausgebildet.

Apfelsamen sehr klein, mittel, sehr groß
Apfelsamen, die unter 6 mm messen, gelten als sehr klein, Apfelsamen mit über 9 mm Länge als sehr groß.

Samen können an der Kuppe eine „Nase" ausbilden. Diese kann seitlich sitzen oder mittig, kann spitz oder stumpf sein und ist speziell bei Birnen ein wichtiges Merkmal (→ Abbildung Kuppe Birnensamen rechts). Die Farbe der Apfelsamen ist gleich nach dem Herauslösen aus dem Kernhaus zu beurteilen, solange die Oberfläche nicht getrocknet ist. Die Samenfarbe ist hellbraun, dunkelbraun, rotbraun, schwarz. In alten Büchern werden Apfelsamen mit Kastanien- und Rehbraun beschrieben. Ersteres ist ein Mittel- bis Dunkelbraun mit rötlichem Schimmer und Rehbraun ist ein leicht rötliches Hellbraun.

Form Apfelsamen

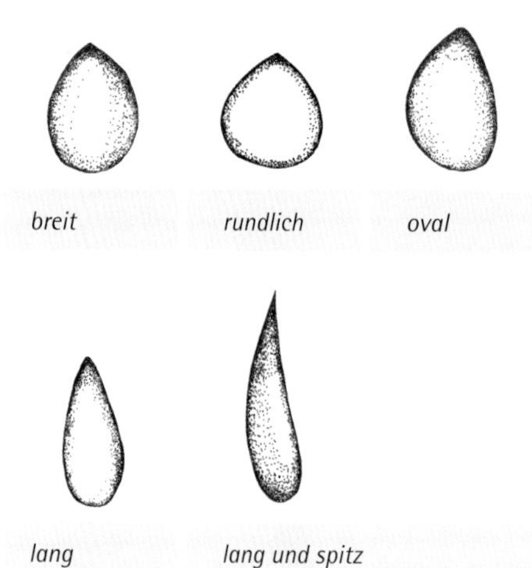

breit *rundlich* *oval*

lang *lang und spitz*

Form Birnensamen

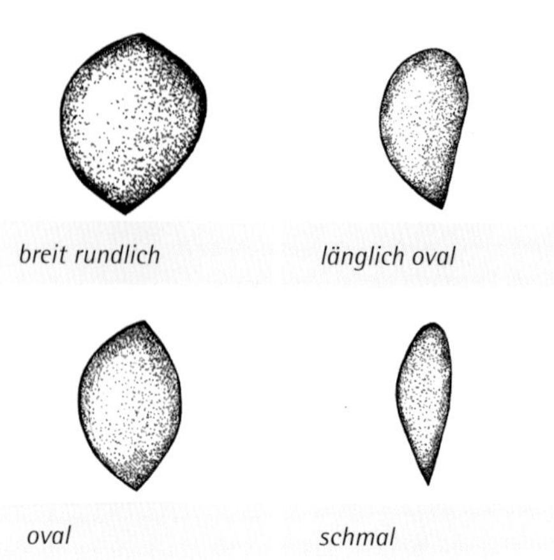

breit rundlich *länglich oval*

oval *schmal*

Kuppe Birnensamen

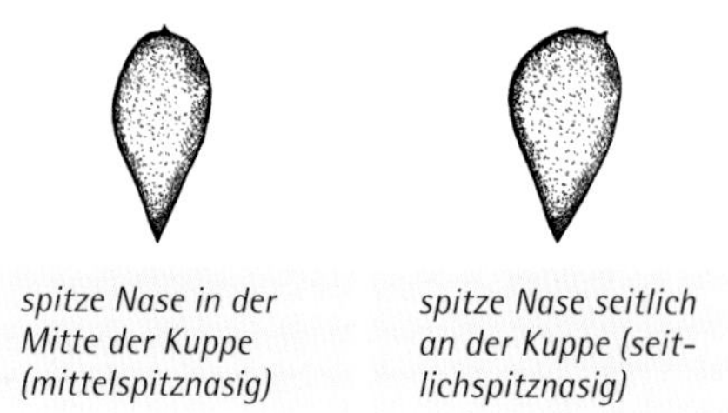

spitze Nase in der Mitte der Kuppe (mittelspitznasig)

spitze Nase seitlich an der Kuppe (seitlichspitznasig)

Geschmack

Ohne Zweifel ist der Geschmack eines der wesentlichsten Kriterien – für viele das wesentlichste Kriterium – für die Beurteilung einer Sorte. Wichtig ist, Sorten im Zeitfenster ihrer Genussreife zu beurteilen.

Ein flapsiges Urteil „schmeckt gut" ist in Wahrheit das Zusammenspiel von sechs Komponenten, die getrennt beurteilt werden können. Schwierig ist, die Komponenten bei der Verkostung und Beurteilung zu trennen. Das verlangt Übung, geht allerdings leichter, wenn man sich an ein Schema zur Beurteilung hält. Auch sehr hilfreich ist, sich an einem Standard zu orientieren. Wer mag, kann die Sorte ‚Golden Delicious' als Standard festlegen und andere Sorten daran messen. In der Auflistung sind zum Vergleich die Werte der bekannten

Sorte ‚Golden Delicious' eingefügt. Wer es genau nimmt, der schält den Apfel zuvor, denn die Schale beeinflusst natürlich ebenso den Geschmack!

Geschmackstyp (Zucker-Säure-Verhältnis)
- sehr sauer
- sauer
- ausgeglichen
- süß (‚Golden Delicious')
- sehr süß

Aroma/Art des Geschmacks
- fad
- fein aromatisch (‚Golden Delicious')
- aromatisch
- parfümiert
- bitter
- falscher Geschmack

Fruchtfleischtextur
- fein (‚Golden Delicious')
- mittel
- grob
- mehlig
- schwammig
- pappig
- mürbe
- knackend

Fruchtfleischsaftigkeit
- sehr trocken
- trocken
- mittel
- saftig (‚Golden Delicious')
- sehr saftig

Fruchtfleischfestigkeit
- sehr weich
- weich
- mittel (‚Golden Delicious')
- fest
- sehr fest

Verbreitungsgebiet/Vorkommen

Das Vorkommen einer Obstsorte beschränkt sich auf ein mehr oder weniger abgegrenztes Gebiet. Es lassen sich vier Gruppen nach Verbreitungsgebiet unterscheiden:

Weltsorten

- Marktsorten, die weltweit angebaut werden
- im Streuobstbau nur vereinzelt zu finden

Beispiele: ‚Golden Delicious', ‚Gala', ‚Fuji', ‚Pink Lady'

Überregional verbreitete Sorten

- Sorten, die in verschiedensten Obstbauregionen anzutreffen sind
- früher überregional empfohlen wurden oder heute überregional empfohlen werden
- können selten, zerstreut oder häufig vorkommen

Beispiele: ‚Bohnapfel', ‚Jakob Lebel', ‚Rheinischer Winterrambour'

Regionalsorten

- kommen überwiegend in einer oder in nur wenigen zusammenhängenden Regionen vor, in weiteren Regionen sind sie selten anzutreffen
- werden heute oder wurden früher nicht für den überregionalen Anbau empfohlen, sondern immer nur gebietsweise oder sie setzten sich im überregionalen Anbau nicht durch
- sie bestimmen oder bestimmten das Sortiment einer Region und können auch in anderen Regionen zu finden sein.
- sie kommen selten, zerstreut oder häufig vor

Beispiele: ‚Ilzer Rosen', ‚Kronprinz Rudolf', ‚Chrysofsker'

Lokalsorten

- kommen nur innerhalb eines räumlich stark begrenzten Gebiets vor und hatten darüber hinaus keine Anbaubedeutung

- die Verbreitung reicht nicht über kleine politische Räume oder über die Grenzen eines Naturraumes hinaus
- können selten, zerstreut oder häufig vorkommen

Beispiele: ‚Sommermaschanzker', ‚Siebenkant', ‚Rodauner Goldapfel', ‚Perlrenette'

Die Definitionen entnommen aus Bosch, Hans-Thomas (2006). *Rambur, Renette, Rotbirn ... lebendige Vielfalt der Äpfel und Birne.* Gartenbauvereine Saarland-Pfalz e.V. (Hrsg.) Verändert und ergänzt.

Zum Verwechseln ähnlich: Die Verwechslersorten

Apfel- und Birnensorten, deren Früchte sich zum Verwechseln ähnlich sehen, werden in guten Pomologien als solche ausgewiesen und die Unterscheidungsmerkmale zwischen den ähnlichen Sorten werden genannt. Verwechslersorten sind zum Beispiel in Grund- und Deckfarbe sehr ähnlich, jedoch durch innere Merkmale wie die Samenfarbe oder die Länge der Kelchröhre gut zu unterscheiden. Für die Bestimmung unbekannter Obstsorten sind die Nennungen ähnlicher Sorten sehr nützlich!

Sorten und Verwechslersorten beim Apfel

Sorte	Ähnliche Sorten (Apfelsorten, die mit der in der linken Spalte genannten Sorte verwechselt werden können)
‚Adersleber Kalvill'	‚Boiken', ‚Landsberger Renette', ‚London Pepping', ‚Minister von Hammerstein', ‚Winterbananenapfel'
‚Alkmene'	‚Erwin Baur', ‚Wintergoldparmäne', ‚Oldenburg', ‚Clivia'
‚Altländer Pfannkuchenapfel'	‚Roter Eiserapfel', ‚Porzenapfel'
‚Ananasrenette'	‚Zuccalmaglio', ‚Ohio Renette', ‚Ernst Bosch', ‚Manks Küchenapfel', ‚Dr. Seeligs Orangenpepping', ‚Wachendorfer Renette'
‚Auralia'	‚Minister von Hammerstein', ‚Champagner Renette', ‚Uhlhorns Champagnerrenette', ‚Weißer Wintertaffetapfel'
‚Batullenapfel'	‚Steirischer Maschanzker', ‚Kronprinz Rudolf', ‚Zuccalmaglio'
‚Baumanns Renette'	‚Roter Berlepsch', ‚Roter Bellefleur', ‚Fraurotacher', ‚Ruhm von Kirchwerder'
‚Berlepsch'	‚Bittenfelder Sämling', ‚Melrose', ‚Baumanns Renette'
‚Berner Rosen'	‚Jonathan', ‚Danziger Kantapfel', ‚Roter Hauptmann', ‚Herrnhut', ‚Spartan', ‚Oberländer Himbeerapfel'
‚Biesterfelder Renette'	‚Goldrenette von Blenheim', ‚Kaiser Wilhelm' (‚Peter Broich'), ‚Topaz'
‚Bismarckapfel'	‚Kaiser Alexander', ‚Mauks Hybride', ‚Schöner aus Pontoise'
‚Bittenfelder Sämling'	‚Engelsberger', ‚Börtlinger Weinapfel', ‚Spätblühender Taffetapfel'
‚Bohnapfel'	‚Geheimrat Breuhahn', ‚Alantapfel', ‚Mautapfel', ‚Rheinischer Krummstiel', ‚Finkenwerder Prinzenapfel', ‚Fasslapfel', ‚Rolling'
‚Boiken'	‚Landsberger Renette', ‚Minister von Hammerstein', ‚Adersleber Kalvill', ‚Großherzog Friedrich von Baden', ‚Signe Tillisch', ‚London Pepping', ‚Weißer Winterkalvill', ‚Horneburger Pfannkuchenapfel'
‚Börtlinger Weinapfel'	‚Benoni', ‚Bittenfelder Sämling'
‚Boskoop'	‚Roter Boskoop', ‚Coulons Renette', ‚Kasseler Renette', ‚Goldrenette von Blenheim', ‚Zabergäu Renette', ‚Graue Herbstrenette', ‚Damason Renette', ‚Graue Französische Renette', ‚Parkers Pepping'
‚Bramley's Seedling'	‚Brettacher', ‚Jakob Lebel'

Sorte	Ähnliche Sorten (Apfelsorten, die mit der in der linken Spalte genannten Sorte verwechselt werden können)
‚Brauner Matapfel'	‚Purpurroter Zwiebelapfel', ‚Berner Rosen'
‚Brettacher'	‚Bramley's Seedling', ‚Hagedornapfel', ‚Kronprinz Rudolf', ‚Welschbrunner', ‚Martens Sämling'
‚Brünnerling'/ ‚Welschbrunner'	‚Grüner Stettiner', ‚Grüner Fürstenapfel', ‚Brettacher', ‚Winterzitrone'
‚Carola'	‚Berlepsch', ‚Cox Pomona', ‚Ruhm von Kirchwerder', ‚Baumanns Renette', ‚Prinz Albrecht von Preußen', ‚Gascoynes Scharlachsämling'
‚Champagner Renette'	‚Auralia', ‚Minister von Hammerstein', ‚Uhlhorns Champagnerrenette', ‚Weißer Wintertaffetapfel'
‚Charlamowsky'	‚Müschens Rosenapfel'
‚Chrysofsker' (‚Roter Jungfernapfel')	‚Ilzer Rosen', ‚Erbachhofer', ‚Purpurroter Cousinot', ‚Jonathan', ‚Halberstädter Jungfernapfel'
‚Clivia'	‚Erwin Baur', ‚Wintergoldparmäne', ‚Oldenburg'
‚Cludius Herbstapfel'	‚Croncels', ‚Gelber Richard', ‚Manks Küchenapfel', ‚Golden Delicious'
‚Cox Orange'	‚Muskatrenette', ‚Ribston Pepping', ‚Laxtons Superb', ‚Holsteiner Cox', ‚Elektra', ‚Winston'
‚Cox Pomona'	‚Prinz Albrecht von Preußen', ‚Dülmener Rosenapfel', ‚Carola', ‚Rheinischer Winterrambour'
‚Credes Quittenrenette'	‚Uhlhorns Augustkalvill', ‚Oberdiecks Renette'
‚Croncels'	‚Antonowka', ‚Grahams Jubiläumsapfel', ‚Potts Sämling'
‚Damason Renette'	s. ‚Boskoop'
‚Danziger Kantapfel'	‚Roter Stettiner', ‚Prinz Albrecht von Preußen', ‚Berner Rosen', ‚Rosenapfel vom Schönbuch', ‚Brauner Matapfel', ‚Roter Berlepsch', ‚Worcester Parmäne'
‚Deans Küchenapfel'	‚Gelber Edelapfel', ‚Grahams Jubiläumsapfel'
‚Discovery'	‚Ingrid Marie', ‚Roter Astrachan'
‚Dülmener Rosenapfel'	‚Gravensteiner', ‚Geflammter Kardinal'
‚Edelrambour von Winniza'	‚Winterbananenapfel'
‚Edelrenette'	‚Englischer Goldpepping', ‚Renette von Breda', ‚Batullenapfel', ‚Engelsberger'
‚Elektra'	‚Cox Orange', ‚Ribston Pepping', ‚Winston'
‚Elstar'	‚Ingrid Marie', ‚Spartan'
‚Engelsberger'	‚Bittenfelder Sämling'
‚Erbachhofer Weinapfel'	‚Roter Trierer Weinapfel', ‚Rote Schafsnase', ‚Öhringer Blutstreifling'
‚Ernst Bosch'	‚Manks Küchenapfel'
‚Falchs Gulderling'	‚Horneburger Pfannkuchenapfel', ‚Rheinischer Krummstiel'
‚Fameuse'	‚McIntosh'
‚Fießers Erstling'	‚Gehrers Rambour', ‚Lanes Prinz Albert', ‚Schwaikheimer Rambour'
‚Finkenwerder Prinzenapfel'	‚Geheimrat Breuhahn', ‚Prinzenapfel', ‚Bohnapfel'
‚Fraas Sommerkalvill'	‚Herzogin Olga'

Sorte	Ähnliche Sorten (Apfelsorten, die mit der in der linken Spalte genannten Sorte verwechselt werden können)
‚Französische Goldrenette'	‚Goldrenette von Blenheim', ‚Königlicher Kurzstiel', ‚Orleansrenette'
‚Frauenkalvill'	‚Siebenkant', ‚Boiken', ‚Minister von Hammerstein', ‚Adersleber Kalvill', ‚Winterbananenapfel', ‚Golden Delicious', ‚Luxemburger Renette'
‚Gala'	‚Roter James Grieve'
‚Galloway Pepping'	‚Landsberger Renette', ‚Dr. Seeligs Orangenpepping'
‚Gascoynes Scharlachsämling'	‚Prinz Albrecht von Preußen', ‚Martens Sämling', ‚Jakob Fischer'
‚Geflammter Kardinal'	‚Dülmener Rosenapfel', ‚Gravensteiner'
‚Geheimrat Breuhahn'	‚Oldenburg', ‚Prinzenapfel', ‚Alantapfel', ‚Halberstädter Jungfernapfel'
‚Gehrers Rambour'	‚Fießers Erstling', ‚Lanes Prinz Albert', ‚Schwaikheimer Rambour'
‚Gelber Bellefleur'	‚Grahams Jubiläumsapfel', ‚Apfel von Grünheide', ‚Golden Delicious', ‚Grimes Golden', ‚Königin Sophienapfel', ‚Gelber Richard'
‚Gelber Edelapfel'	‚Deans Küchenapfel', ‚Fromms Renette', ‚Landsberger Renette', ‚Seestermüher Zitronenapfel'
‚Gelber Richard'	‚Golden Delicious', ‚Cludius Herbstapfel', ‚Croncels'
‚Gewürzluiken'	‚Luikenapfel', ‚Himbeerapfel von Holovous', ‚Sikulaer'
‚Gloria Mundi'	‚Riesenboiken', ‚Hausmütterchen', ‚Mutsu', ‚Apfel von Halder'
‚Gloster'	‚Roter Delicious'
‚Golden Delicious'	‚Gelber Bellefleur'
‚Goldrenette von Blenheim'	‚Kaiser Wilhelm', ‚Oberdiecks Renette', ‚Orleansrenette', ‚Weidners Goldrenette', ‚Reders Goldrenette'
‚Grahams Jubiläumsapfel'	‚Gelber Bellefleur', ‚Apfel von Grünheide', ‚Golden Delicious', ‚Grimes Golden', ‚Ortley', ‚Gelber Richard'
‚Graue Herbstrenette'	s. ‚Boskoop'
‚Gravensteiner'	‚Dülmener Rosenapfel', ‚Geflammter Kardinal', ‚Roter Gravensteiner'
‚Große Kasseler Renette'	‚Orleans Renette'
‚Großherzog Friedrich von Baden'	‚Landsberger Renette', ‚Minister von Hammerstein', ‚Signe Tillisch'
‚Grüner Fürstenapfel'	‚Grüner Stettiner', ‚Brünnerling'
‚Grüner Stettiner'	‚Brünnerling', ‚Grüner Fürstenapfel'
‚Hagedornapfel'	‚Brettacher', ‚Jakob Lebel', ‚Königinapfel'
‚Halberstädter Jungfernapfel'	‚Geheimrat Breuhahn', ‚Schöner aus Herrnhut'
‚Harberts Renette'	‚Kaiser Wilhelm', ‚Goldrenette von Blenheim', ‚Oberdiecks Renette', ‚Orleansrenette', ‚Weidners Goldrenette', ‚Reders Goldrenette'
‚Hauxapfel'	‚Roter Bellefleur'
‚Herzogin Olga'	‚Klarapfel', ‚Fraas Sommerkalvill'
‚Himbeerapfel von Holovous'	‚Idared', ‚Schöner aus Herrnhut'

Sorte	Ähnliche Sorten (Apfelsorten, die mit der in der linken Spalte genannten Sorte verwechselt werden können)
‚Horneburger Pfannkuchenapfel'	‚Schwaikheimer Rambour', ‚Falchs Gulderling', ‚Riesenboiken'
‚Idared'	‚Berner Rosen', ‚Jonathan', ‚Roter Stettiner'
‚Ilzer Rosen'	‚Roter Berlepsch', ‚Chrysofsker', ‚Worcester Parmäne'
‚Ingrid Marie'	‚Rote Sternrenette', ‚Spartan'
‚Jakob Fischer'	‚Gascoynes Scharlachsämling', ‚Martens Sämling'
‚Jakob Lebel'	‚Potts Sämling', ‚Hagedorn', ‚Bramley's Seedling', ‚Königinapfel'
‚James Grieve'	‚Piros', ‚Roter James Grieve', ‚Gala', ‚Jamba', ‚Gravensteiner', ‚Delbarestivale'
‚Jonagold'	‚Jonagored'
‚Jonathan'	‚Idared', ‚Luisenapfel'
‚Josef Musch'	‚Rheinischer Winterrambour', ‚Roter Bellefleur', ‚Sonnenwirtsapfel'
‚Juno'	‚Ontario', ‚Herma', ‚Rheinischer Winterrambour', ‚Schweizer Orangen', ‚Riesenboiken', ‚Schöner von Pontoise', ‚Edler von Leipzig', ‚Bismarckapfel'
‚Kaiser Alexander'	‚Bismarckapfel', ‚Peasgoods Sondergleichen'
‚Kaiser Wilhelm' (‚Peter Broich')	‚Kaiser Wilhelm', ‚Goldrenette von Blenheim'
‚Kanadarenette'	‚Luxemburger Renette', ‚Roter Boskoop'
‚Kantil Sinap'	‚Prinzenapfel'
‚Kardinal Bea'	‚Prinz Albrecht von Preußen'
‚Karmeliterrenette'	‚Ingrid Marie', ‚Rote Sternrenette'
‚Klarapfel'	‚Lodi', ‚Früher Viktoria', ‚Ohm Paul', ‚Herzogin Olga'
‚Kleiner Fleiner'	‚Unseldapfel', ‚Königsfleiner'
‚Kleine Kasseler Renette'	‚Adams Parmäne'
‚Kleiner Langstiel'	‚Engelsberger'
‚Klöcher Maschanzker'	‚Kronprinz Rudolf', ‚Potts Sämling'
‚Königin Olga Apfel'	‚Berner Rosen', ‚Sauergrauech', ‚Blauapfel'
‚Königin Sophienapfel'	‚Gelber Bellefleur'
‚Königinapfel'	‚Peasgoods Sondergleichen', ‚Hagedornapfel', ‚Jakob Lebel'
‚Königlicher Kurzstiel'	‚Goldrenette von Blenheim', ‚Französische Goldrenette', ‚Orleansrenette', ‚Baumanns Renette', ‚Tiroler Plattlederer'
‚Kronprinz Rudolf'	‚Klöcher Maschanzker', ‚Brettacher', ‚Kalterer Böhmer', ‚Welschbrunner', ‚Batullenapfel'
‚Krügers Dickstiel'	‚Laxton's Superb'
‚Landsberger Renette'	‚Boiken', ‚Minister von Hammerstein', ‚Adersleber Kalvill', ‚Großherzog Friedrich von Baden', ‚Signe Tillisch', ‚London Pepping', ‚Weißer Winterkalvill'
‚Lanes Prinz Albert'	‚Fießers Erstling', ‚Gehrers Rambour', ‚Schwaikheimer Rambour'

Sorte	Ähnliche Sorten (Apfelsorten, die mit der in der linken Spalte genannten Sorte verwechselt werden können)
‚Langer Bellefleur'	‚Langer Grüner Gulderling', ‚Königsfleiner', ‚Schweizer Glockenapfel', ‚Goldgulderling'
‚Laxton´s Superb'	‚Cox Orange', ‚Muskatrenette', ‚Ribston Pepping', ‚Holsteiner Cox', ‚Elektra', ‚Krügers Dickstiel'
‚Linsenhofer Sämling'	‚Wintergoldparmäne', ‚Königlicher Kurzstiel'
‚London Pepping'	‚Adersleber Kalvill', ‚Boiken', ‚Signe Tillisch', ‚Weißer Winterkalvill'
‚Lord Grosvenor'	‚Lord Suffield'
‚Luikenapfel'	‚Gewürzluiken'
‚Macoun'	‚McIntosh'
‚Martini'	‚Cellini', ‚Cox Orange', ‚Laxton's Superb'
‚Maunzenapfel'	‚Roter Trierer Weinapfel', ‚Roter Ziegler'
‚McIntosh'	‚Lobo', ‚Macoun', ‚Jamba', ‚Fameuse'
‚Merton Worcester'	‚Worcester Parmäne', ‚Cherry Cox', ‚Gala', ‚Lavanttaler Bananenapfel'
‚Minister von Hammerstein'	‚Champagner Renette', ‚Uhlhorns Champagnerrenette', ‚Weißer Wintertaffet-apfel', ‚Auralia'
‚Müschens Rosenapfel'	‚Vista Bella', ‚Charlamowsky', ‚Jakob Fischer', ‚Roter Gravensteiner'
‚Muskatrenette'	‚Cox Orange', ‚Ribston Pepping'
‚Nathusius Taubenapfel'	‚Erbachhofer', ‚Rote Schafsnase'
‚Oberdiecks Renette'	‚Zuccalmaglio'
‚Oberländer Himbeerapfel'	‚Berner Rosen'
‚Odenwälder'	‚Landsberger Renette'
‚Öhringer Blutstreifling'	‚Erbachhofer', ‚Roter Trierer Weinapfel'
‚Okabena'	‚Siebenkant', ‚Boiken', ‚Winterbananenapfel', ‚Danziger Kantapfel'
‚Oldenburg'	‚James Grieve', ‚Herrnhut', ‚Erwin Baur', ‚Alkmene', ‚Clivia'
‚Ontario'	‚Herma', ‚Juno', ‚Rheinischer Winterrambour', ‚Schweizer Orangen', ‚Riesenboi-ken', ‚Schöner von Pontoise', ‚Edler von Leipzig', ‚Bismarckapfel'
‚Orleansrenette'	‚Französische Goldrenette', ‚Königlicher Kurzstiel'
‚Parkers Pepping'	s. ‚Boskoop'
‚Peasgood Sondergleichen'	‚Kaiser Alexander', ‚Königinapfel'
‚Peter Smith'	‚Oberdiecks Renette', ‚Englischer Goldpepping', ‚Steirischer Maschanzker', ‚Batullenapfel', ‚Ananasrenette'
‚Pfirsichroter Sommerapfel'	‚Roter Astrachan'
‚Pilot'	‚Pinova', ‚Clivia'
‚Pinova'	‚Pilot', ‚Clivia'
‚Piros'	‚James Grieve'
‚Porzenapfel'	‚Altländer Pfannkuchenapfel', ‚Laxton´s Superb'
‚Potts Sämling'	‚Klöcher Maschanzker', ‚Jakob Lebel', ‚Croncels'

Sorte	Ähnliche Sorten (Apfelsorten, die mit der in der linken Spalte genannten Sorte verwechselt werden können)
‚Prinz Albrecht von Preußen'	‚Gascoynes Scharlachsämling', ‚Martens Sämling', ‚Jakob Fischer'
‚Prinzenapfel'	‚Steirische Schafsnase', ‚Bohnapfel', ‚Alantapfel', ‚Rolling', ‚Fasslapfel'
‚Purpurroter Zwiebelapfel'	‚Ingrid Marie', ‚Brauner Matapfel'
‚Rheinischer Krummstiel'	‚Mautapfel', ‚Bohnapfel'
‚Rheinischer Winterrambour'	‚Eifeler Rambour', ‚Roter Bellefleur', ‚Josef Musch', ‚Schöner von Pontoise', ‚Cox Pomona', ‚Bismarckapfel'
‚Ribston Pepping'	‚Muskatrenette', ‚Cox Orange', ‚Laxton's Superb', ‚Holsteiner Cox', ‚Elektra', ‚Winston'
‚Rodauner Goldapfel'	‚Baumanns Renette', ‚Himbeerapfel von Holovous'
‚Rosenapfel vom Schönbuch'	‚Danziger Kantapfel', ‚Roter Stettiner'
‚Rote Schafsnase'	‚Erbachhofer', ‚Nathusius Taubenapfel'
‚Rote Sternrenette'	‚Ingrid Marie', ‚Berner Rosen', ‚Florina'
‚Rote Walze'	‚Zigeunerin'
‚Roter Astrachan'	‚Pfirsichroter Sommerapfel', ‚Discovery'
‚Roter Bellefleur'	‚Baumanns Renette', ‚Hauxapfel', ‚Josef Musch', ‚Rheinischer Winterrambour'
‚Roter Delicious' (‚Starking Delicious')	‚Gloster'
‚Roter Eiserapfel'	‚Berner Rosen', ‚Rote Sternrenette'
‚Roter Herbstkalvill'	unverwechselbar
‚Roter Stettiner'	‚Kronprinz Rudolf', ‚Rosenapfel vom Schönbuch', ‚Idared'
‚Roter Trierer Weinapfel'	‚Erbachhofer', ‚Öhringer Blutstreifling'
‚Roter von Simonffi'	‚Berner Rosen'
‚Roter Ziegler'	‚Schöner aus Herrnhut', ‚Maunzenapfel'
‚Ruhm von Kirchwerder'	‚Baumanns Renette'
‚Schmidberger Renette'	‚Sudetenrenette'
‚Schöner aus Bath'	‚Ingrid Marie'
‚Schöner aus Herrnhut'	‚Oldenburg', ‚Halberstädter Jungfernapfel', ‚Himbeerapfel von Holovous'
‚Schöner aus Nordhausen'	‚Adersleber Kalvill', ‚Auralia', ‚Lunow', ‚Hagedorn'
‚Schöner aus Pontoise'	‚Prinz Albrecht von Preußen', ‚Ontario', ‚Bismarckapfel'
‚Schöner aus Wiltshire'	‚Hibernal'
‚Schwaikheimer Rambour'	‚Fießers Erstling', ‚Gehrers Rambour', ‚Horneburger Pfannkuchenapfel', ‚Lanes Prinz Albert'
‚Schweizer Glockenapfel'	‚Gelber Bellefleur', ‚Apfel von Grünheide', ‚Golden Delicious', ‚Grimes Golden', ‚Ortley', ‚Gelber Richard'
‚Schweizer Orangen'	‚Ontario', ‚Wagener Apfel', ‚Herma', ‚Rheinischer Winterrambour', ‚Juno', ‚Riesenboiken', ‚Schöner von Pontoise', ‚Edler von Leipzig'
‚Seestermüher Zitronenapfel'	‚Gelber Edelapfel', ‚Hibernal'

Sorte	Ähnliche Sorten (Apfelsorten, die mit der in der linken Spalte genannten Sorte verwechselt werden können)
‚Shampion'	‚Undine'
‚Siebenkant'	‚Minister von Hammerstein', ‚Champagner Renette', ‚Luxemburger Renette', ‚Frauenkalvill', ‚London Pepping', ‚Potts Sämling'
‚Signe Tillisch'	‚Landsberger Renette', ‚Minister von Hammerstein', ‚Adersleber Kalvill', ‚Großherzog Friedrich von Baden', ‚Boiken', ‚London Pepping', ‚Weißer Winterkalvill'
‚Sikulaer'	‚Baumanns Renette', ‚Roter Eiserapfel', ‚Brauner Matapfel', ‚Gewürzluiken'
‚Sommer Parmäne'	‚Wintergoldparmäne', ‚Oldenburg', ‚Geflammter Kardinal'
‚Sommergewürzapfel'	‚Früher Viktoria', ‚Klarapfel'
‚Sonnenwirtsapfel'	‚Peasgoods Sondergleichen', ‚Geflammter Kardinal', ‚Josef Musch'
‚Spartan'	‚McIntosh', ‚Macoun', ‚Florina', ‚Jonathan', ‚Rote Sternrenette', ‚Ingrid Marie', ‚Berner Rosen', ‚Idared', ‚Ausbacher Roter'
‚Spätblühender Taffetapfel'	‚Bittenfelder Sämling', ‚Weißer Wintertaffetapfel'
‚Steirischer Maschanzker'	‚Peter Smith', ‚Klöcher Maschanzker', ‚Fromms Renette', ‚Potts Sämling', ‚Opal'
‚Topaz'	‚Prinz Albrecht von Preußen', ‚Biesterfelder Renette'
‚Unseldapfel'	‚Kleiner Fleiner'
‚Weißer Winterkalvill'	‚Boiken', ‚London Pepping', ‚Signe Tillisch'
‚Weißer Wintertaffetapfel'	‚Champagner Renette', ‚Spätblühender Taffetapfel'
‚Winterbananenapfel'	‚Edelrambour von Winniza'
‚Wintergoldparmäne'	‚Erwin Baur', ‚Alkmene', ‚Oldenburg', ‚Clivia', ‚Karmeliter Renette'
‚Worcester Parmäne'	‚Berner Rosen', ‚Roter Berlepsch', ‚Danziger Kantapfel'
‚Zabergäu Renette'	‚Roter Boskoop', ‚Coulons Renette', ‚Kasseler Renette', ‚Goldrenette von Blenheim', ‚Zabergäu Renette', ‚Graue Herbstrenette', ‚Damason Renette', ‚Graue Französische Renette', ‚Parkers Pepping'
‚Zigeunerin'	‚Rote Walze'
‚Zuccalmaglio'	‚Ananasrenette', ‚Batullenapfel', ‚Credes Quittenrenette'

Quellen: Petzold (1990), Apfelsorten; Hartmann (2011), Farbatlas Alte Obstsorten; Arche Noah Sortenblätter 1996–2015; eigene Ergänzungen

Literatur und Quellen

Böge, S. (2003). Äpfel. Vom Paradies zur Verwendung im Supermarkt. Dortmund.

Gantar, E. (2016). Handbuch zur Charakterisierung der Obstarten.Veröffentlicht unter www.sortenvielfalt.at

Liegel, G. (1837). Botanische und Pomologische Charakteristik des Pflaumenbaumes. In: Verhandlungen des Vereins zur Beförderung des Gartenbaues in den Königlich Preussischen Staaten. Berlin: Eigenverlag, 1837, 12. Band, S. 217-226.

Lucas, E. (1894). Die wertvollen Tafeläpfel. Stuttgart: Ulmer Verlag.

Lucas, E. (1894). Die wertvollen Tafelbirnen. Stuttgart: Ulmer Verlag.

Schmidthaler, M. (2013). Wirtschaftsäpfel - die Früchte der Frauen. Unveröffentlichte Dissertation, Universität für Bodenkultur, Wien.

Stoll, R. (1888). Österreichisch-Ungarische Pomologie.Klosterneuburg: Eigenverlag.

Szalatnay David. 2006. Obst-Deskriptoren NAP. Erarbeitet im Rahmen des Projektes „Agronomische und pomologische Beschreibung von ObstGenressourcen" NAP 02-22 der Vereinigung FRUCTUS veröffentlich unter http://www.fructus.ch/assets/plugindata/poola/deskriptoren-handbuch_nap.pdf

Szalatnay, D. (2006). Obst-Deskriptoren NAP.

Szani Z. (2011). Historical apple and pear varieties within the carpathian basin from the ethnopomological aspect. Budabest: Corvinus Universität.

Apfel

Die Sortenvielfalt des Apfels ist so groß, dass es fast für jeden Standort eine passende Sorte gibt.

- *Malus domestica* – Rosengewächse
- große Sortenvielfalt für beinahe alle Lagen
- braucht feuchte, gute Böden
- Pflückreife je nach Sorte von Ende Juli bis Ende Oktober
- Lagerfähigkeit je nach Sorte von wenigen Tagen bis 7 Monate
- Verfügbarkeit von Früchten über das ganze Jahr möglich
- kann wurzelnackt zwischen Mitte Oktober und April oder als Topfpflanze ganzjährig gesetzt werden
- selbstunfruchtbar, daher mindestens zwei Sorten setzen
- erste Ernte je nach Unterlage und Erziehungsform nach 2–10 Jahren

Ein Apfel kommt nicht alleine: Wer Äpfel in seinem Garten ernten will, muss (mindestens) zwei Sorten pflanzen. Apfelbäume bevorzugen feuchte, gute Böden und sind meistens sehr frosthart. Die Früchte können vielseitig verarbeitet werden, von Mehlspeisen über Apfelkompott bis zu Apfelsaft und Schnaps. Die Schale enthält 6-mal mehr Vitamin C als das Fruchtfleisch. Ähnlich wie beim Wein gibt es auch beim Apfel schorfresistente Züchtungen. Für eine ganzjährige Versorgung: 20–25 % Sommer- und Herbstsorten und 75–80 % Wintersorten anbauen. Für den durchschnittlichen Verbrauch von 18 kg ist ein Baum für einen 4-Personen-Haushalt ausreichend, allerdings werden in „Haushalten mit Apfelbaum" deutlich mehr Äpfel gegessen.
Je nach Region, aber auch abhängig vom jährlichen Temperatur- und Witterungsverlauf können Äpfel der gleichen Sorte früher oder später reif sein.

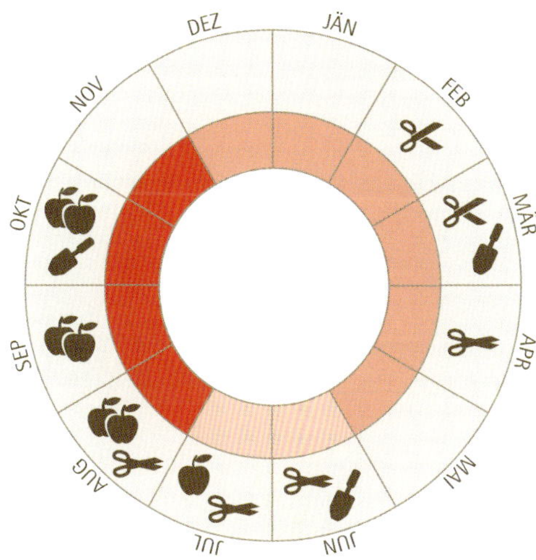

Selbstversorgung mit Äpfeln rund ums Jahr

Die Reifezeiten der Apfelsorten wie auch der Birnensorten fallen in den Sommer, Herbst oder Winter. Daher lässt sich mit einigen Apfelbäumen unterschiedlicher Sorten und guten Lagermöglichkeiten leicht eine Selbstversorgung mit Äpfeln organisieren. Sommeräpfel sind Sorten, die direkt vom Baum weg gegessen werden können. Wenn sie pflückreif sind, sind sie auch genussreif. Sie reifen zwischen Juli und September und können nur wenige Tage oder Wochen gelagert werden. Bekannte Beispiele sind der ‚Klarapfel' oder der ‚James Grieve'.

Herbstäpfel können im September oder Oktober direkt vom Baum weg gegessen werden, sie sind aber auch schon ein paar Wochen oder sogar Monate lagerfähig. Die Früchte gewinnen am Lager oft noch an Qualität. Bekannte Beispiele sind ‚Cox Orange Renette' und ‚Berner Rosenapfel'. Die Haltbarkeit von Herbstsorten ist begrenzt auf wenige Wochen, maximal bis Weihnachten. In einem Kühllager lassen sich manche Herbstsorten über Monate lagern. Bekannte Handelssorten wie ‚Gala' sind Herbstsorten.

Wintersorten werden im Oktober gepflückt, wenn sie die Pflückreife erreicht haben. Zu dem Zeitpunkt sind sie noch hart und vorwiegend sauer. Während der Lagerung reifen die Äpfel weiter, bis sie nach einigen Wochen oder Monaten die Genussreife erreicht haben. Dabei verändert sich die Farbe, das Fruchtfleisch wird weicher und das sortentypische Aroma entwickelt sich. Sehr gut lagerfähige Äpfel halten sich bei kühl-feuchten Lagerbedingungen bis Juli und werden auch Dauersorten genannt.

Die ersten Sommeräpfel schließen also nahtlos an die Wintersorten an; das ermöglicht eine ganzjährige Selbstversorgung. Wie lange ein Apfel lagerfähig ist, ist sortenabhängig. Mit zunehmender Reife werden die Früchte immer weicher – aber dafür auch aromatischer. Wer gerne knackige Äpfel hat, sollte sie daher immer kurz vor der eigentlichen Reife essen.

Die Grenzen zwischen Sommer-, Herbst- und Wintersorten verlaufen fließend. Sorten, die in rauen Lagen wachsen, reifen später und sind auch länger lagerfähig. Die Sorte ‚Gravensteiner' ist im Weinbauklima eine Sommersorte, in rauen Lagen, wo sie vorzüglich gedeiht, ein Herbstapfel, der bis Weihnachten hält.

Apfelbäume bevorzugen ausreichend feuchte Böden in gemäßigten Lagen. Sie kommen aber auch mit schlechteren Bedingungen noch zurecht.

Wo Apfelbäume gerne wachsen

Apfelbäumen behagt gemäßigtes bis kühles Klima am meisten. Bei anhaltender Hitze und der damit oft verbundenen Trockenheit reagieren sie mit Abwurf von Früchten oder einem Qualitätsverlust der Früchte. Speziell Sommersorten „zerkochen" in heißen Lagen förmlich am Baum und werden rasch mehlig. Allerdings gibt es aufgrund der großen Sortenfülle beim Apfel, alleine in Österreich sind über 1.000 Sorten bekannt, für fast jede Lage eine passende Sorte. Bis 600 Höhenmeter wachsen sehr viele Sorten, darüber bzw. in raueren Lagen ist das Sortenspektrum eingeschränkter. Aber selbst in Gebirgslagen über 1.000 Meter gedeihen einige Apfelsorten noch. Manche Sorten brauchen warmes Klima, um auszureifen, andere wieder werden in kühlen Lagen aromatischer und schmackhafter als in warmen (→ Kapitel „Einen Obstgarten planen und anlegen", Seite 10).

Apfelbäume müssen veredelt werden, um Sorteneigenschaften zu erhalten. Dabei wird ein Trieb der Edelsorte auf eine bewurzelte Unterlage „gesteckt" *(→ Kapitel „Obstgehölze vermehren", Seite 169).*

Apfelbäume brauchen ausreichend Feuchtigkeit, dürfen aber nicht in nassen Böden stehen. Ideal sind Niederschläge von rund 800 mm im Jahr. Einige Sorten wie ‚Chrysofsker' oder ‚Gelber Bellefleur' vertragen auch trockene Standorte. Die Bäume sind sehr frosthart und nur selten schädigen Spätfröste die Blüte.

Bestäubung

Apfelbäume sind selbstunfruchtbar und brauchen eine zweite Sorte als Befruchtungspartner. Eine geeignete Befruchtersorte sollte in einem Umfeld von maximal 200–300 m stehen. Fehlt der Befruchtungspartner, blühen die Bäume zwar, setzen aber keine Früchte an.

Gegebenenfalls kann auch eine zweite Sorte auf einen bestehenden Baum aufveredelt werden. Auf Sämlingsunterlage fruchten Apfelbäume nach 7–10 Jahren, auf schwächerwüchsigen je nach Unterlage nach 1–5 Jahren. Viele alte Sorten zeigen eine ausgeprägte Alternanz, das bedeutet, sie tragen nur jedes zweite Jahr stark. Neue-

Auch in kleinen Gärten können Apfelbäume zum Beispiel als Spalier gepflanzt werden.

re Sorten tragen meist jährlich (→ Kapitel „Obstgehölze vermehren", Seite 160).

Erziehungsform

Apfelbäume auf starkwüchsigen Unterlagen werden zu großkronigen Pyramidenkronen oder Hohlkronen erzogen, auf schwachwüchsigen Unterlagen zu einem Busch oder einer Spindel.

Unterlagen

Bei Apfel stehen verschiedene Unterlagen für große und kleine Bäume zur Verfügung (→ Kapitel „Obstgehölze vermehren", Seite 171).

Pflanzabstände

Der Pflanzabstand liegt je nach verwendeter Unterlage zwischen 1–10 Metern (→ Kapitel „Einen Obstgarten planen und anlegen", Tabelle „Empfohlene Pflanzabstände nach Baumform", Seite 28).

Pflanzengesundheit

Von großer Bedeutung sind bei Kernobst die Pilzkrankheiten Schorf und Mehltau, teilweise auch Monilia. Schorf und Monilia treten vor allem in Lagen mit hohen Niederschlägen auf, Mehltau in warmen Lagen. Die einzelnen Sorten sind unterschiedlich anfällig für diese Krankheiten, mit einer standortgerechten Sortenwahl und der Auswahl von wenig anfälligen Sorten kann der Pflanzenschutz auf einige Pflegemaßnahmen beschränkt werden.

Der Wurm im Apfel, den wohl jeder kennt, ist eigentlich eine Raupe. Es ist die Larve des Apfelwicklers. Bei jungen oder kleinkronigen Bäumen kann dieser Schmetterling dazu führen, dass fast die komplette Ernte vorzeitig wurmig zu Boden fällt. Bei großkronigen Bäumen kommt es zum Junifruchtfall – dabei fällt ein Teil der kleinen, grünen Äpfel schon im Juni ab. Da große Bäume meist mehr Früchte ansetzen, als sie ernähren können, bewirkt der Apfelwickler eine natürliche Fruchtausdünnung, wodurch sich die verbleibenden Früchte besser entwickeln. Der Ertrag ist meist trotzdem mehr als ausreichend. Eine Bekämpfung lohnt daher nur bei kleinen Bäumen.

Daneben gibt es noch verschiedenste weitere Krankheiten und Schädlinge, deren Bekämpfung zum Teil im Hausgarten fast unmöglich ist.

Beim Junifruchtfall fallen die ersten wurmigen Früchte zu Boden, sie sollten gleich entfernt werden.

Apfelbäume müssen regelmäßig geschnitten werden, um den Ertrag und die Fruchtqualität zu sichern.

Ein möglichst natürliches Umfeld im Garten verhindert aber meist eine starke Ausbreitung einer Krankheit oder eines Schädlings (→ Kapitel „Pflanzengesundheit im Obstgarten", Seite 128).

Schnitt

Apfelbäume müssen geschnitten werden, um eine tragfähige Krone zu erhalten, die regelmäßige, gute Ernten mit gesunden Früchten liefert. Besonders wichtig ist der Schnitt in den ersten Jahren (→ Kapitel „Obstbäume richtig schneiden", Seite 72).

Reife und Ernte

Äpfel sollen gut schmecken und gut lagerfähig sein. Daher ist es wichtig, sie zum richtigen Zeitpunkt zu ernten, also zu erkennen, wann ein Apfel pflückreif ist. Wird ein Apfel zu früh geerntet, sind die Geschmacks- und Inhaltsstoffe noch nicht voll ausgebildet. Wird er zu spät geerntet, ist er nicht mehr gut lagerfähig. Je besser die Früchte ausgereift sind, umso mehr Inhaltsstoffe haben sie. Ein deutliches Reifezeichen ist, wenn der Stiel des Apfels sich leicht vom Baum löst, aber auch andere Parameter zeigen die Reife an (→ Kapitel „Obst lagern", Seite 206).

Früchte, die an der Sonne wachsen, reifen besser aus als Schattenfrüchte und haben auch entsprechend mehr Inhaltsstoffe, beim Schnitt sollte daher auf eine lockere Krone geachtet werden. Die Inhaltsstoffe sind auch sortenspezifisch: Zum Beispiel variiert der Vitamin-C-Gehalt von Äpfeln zwischen 3 und 30 mg/100 g. Hohe Vitamin-C-Gehalte haben die Sorten ‚Weißer Winterkalvill' (31,8 mg/100 g), ‚Freiherr von Berlepsch' (23,5 mg/100 g) und mit je ca. 20 mg/100 g die Sorten ‚Ananasrenette', ‚Harberts Renette' und ‚Ontario'. Auch der ‚Klarapfel' schneidet mit 15,3 mg/100 g noch relativ gut ab. Am unteren Ende der Skala zu finden sind ‚Geheimrat Oldenburg', ‚Kalterer Böhmer' oder auch ‚James Grieve'.

Äpfel müssen vorsichtig geerntet werden. Der Stiel muss beim Pflücken an der Frucht bleiben (nur diese Früchte sind optimal lagerfähig) und die Früchte dürfen keine Druckstellen bekommen, da sie dort zu faulen beginnen (wenige Sorten nur verkorken und sind trotz Druckstelle lagerfähig). Zum Einlagern müssen sie daher unbedingt

Der ‚Ribston Pepping' ist eine ausgezeichnete Wintersorte, die im Oktober gepflückt wird, ab Mitte November gegessen werden kann und bis März lagerfähig ist.

Mit Pflückstangen können auch große Bäume beerntet werden.

gepflückt werden, ein Apfel, der zu Boden fällt, wird entweder gleich gegessen oder landet in der Saftpresse. Beim Pflücken die Früchte immer vorsichtig in den Erntekorb oder in Kisten legen, keinesfalls werfen oder schnell ausschütten. Besonders hilfreich sind „Obstpflücker". Diese bestehen aus einem Stoffsack, der an einem langen Stiel befestigt ist und an dessen oberem Rand abgerundete „Zähne" aus Draht oder einem Metallblech befestigt sind. Der Nachteil ist, dass die Arbeit sehr ermüdend ist und mit der Stange viele Äpfel zu Boden geschlagen werden. In einem ersten Schritt sollten daher alle Früchte, die vom Boden oder von Leitern erreichbar sind, gepflückt werden, danach die noch mit der Pflückstange erreichbaren. Der Rest verbleibt entweder für die Vögel oder er wird für die Verarbeitung abgeschüttelt.

Im Erwerbsobstbau werden Pflücktücher verwendet, die auch im Hausgarten gute Dienste leisten. Sie können umgehängt oder an der Leiter eingehängt und über eine verschließbare Öffnung im Boden sanft entleert werden. Für mehr Details zu Ernte und dem sicheren Umgang mit Leitern → Kapitel „Streuobstbau", „Erntemethoden", Seite 251.

Äpfel, die eingelagert werden sollen, werden immer bei trockener Witterung gepflückt und danach sofort trocken untergestellt. Wintersorten werden Mitte bis Ende Oktober vor den ersten Nachtfrösten gepflückt.

Lagerung

→ Kapitel „Obst lagern", Seite 206.

Sorten

Im deutschsprachigen Raum gibt es mehrere tausend Apfelsorten. Viele davon sind im „goldenen Zeitalter der Obstkunde", zwischen Mitte des 18. Jahrhunderts und Ende des 19. Jahrhunderts, entstanden. Anfangs waren es vor allem zufällig aus Samen entstandene Sorten, die weitervermehrt und verbreitet wurden. Später wurden auch mehr und mehr Sorten gezielt gekreuzt, um gewünschte Eigenschaften zu kombinieren. Eine große Anzahl der damaligen Sorten wurde unter den Obstkundigen hin und her getauscht und hat sich so in ganz Mitteleuropa verbreitet. Sogenannte Regional- oder Lokalsorten blieben auf einen kleinen geographischen Bereich beschränkt (ausführlich → Kapitel „Pomologie", Seite 270).

Seit Mitte des 20. Jahrhunderts werden neue Apfelsorten fast ausschließlich für den Erwerbsobstbau in Plantagen gezüchtet. Im Vordergrund stehen dabei Optik, Fruchtfleischfestigkeit, Transportfähigkeit, Lagerfähigkeit und Krankheitsresistenzen. Von den vielen ständig neu gezüchteten Sorten gelangen nur selten welche in den Anbau oder als Bäume für den Anbau im Hausgarten in die Baumschulen. Interessant für den Hausgarten machen die Neuzüchtungen ihre Krankheitsresistenzen und ihre regelmäßigen Erträge. Dem gegenüber stehen ein oft sehr einheitlicher Geschmack und die geringen Erfahrungen mit den Sorten unter Hausgartenbedingungen.

Heute steht in spezialisierten Baumschulen ein großes Angebot an alten und einigen neueren Apfelsorten zur Verfügung → Serviceteil, Seite 521.

Alte Sorten sind kaum mehr im Handel erhältlich. Auf Bauernmärkten oder in kleinen Obstgeschäften werden manchmal Raritäten angeboten.

Empfehlenswerte Apfelsorten

Die Legende zu den Klimaregionen finden Sie auf Seite 326. Weitere Sorten z. B. unter www.arche-noah.at.

Sorte	Beschreibung der Frucht (Größe, Verarbeitungs-eigenschaften und Geschmack)	Genuss-reife	Lagerfä-higkeit im Natur-lager	Sonstige Eigen-schaften	Klima-region, Stand-ort
Genussreife beginnend ab Juli:					
‚Julia'	Neuzüchtung, klein bis mittelgroß; süß mit kräftiger Säure, wohl-schmeckender Tafelapfel	Ende Juli	2 Wochen	robust	W, K
‚Klarapfel'	klein bis mittelgroß; grünlich-gelb, kräftig säuerlich und saftig	Ende Juli	wenige Tage	krebsanfällig, auch für kühlere Standorte gut geeignet, regelmäßige Ernten	M, K, H1 G
‚Mantet'	mittelgroß, gelb mit flä-chig roter Streifung, Fruchtfleisch sehr saftig und intensiv aromatisch	Ende Juli	2 Wochen	vor allem für kleine Baumformen, breit anbaufähig, etwas mehltauanfällig, Früchte ausdünnen ist empfehlenswert	M, K G
Genussreife beginnend ab August:					
‚Aldingers George Cave'	klein bis mittelgroß, gelb-grün mit roter Wange, aromatisch, angenehm süßsäuerlich	Anfang August	2 Wochen	robust, Ertrag durch-schnittlich, dafür jähr-lich (geringe Alternanz)	W, M, K G
‚Vista Bella'	mittelgroß bis groß, gelb mit dunkelroter Färbung, Fruchtfleisch weiß, aromatisch	Anfang August	wenige Tage	Ertrag früh, mittel-hoch, schorfanfällig, geschmacklich vorzüg-licher Sommerapfel	W, M G
‚Sommer-regent'	mittelgroß, festfleischig, süß-säuerlich, aroma-tisch, ähnlich wie ‚James Grieve'	Anfang August	einige Tage	schwach wachsend, früher Ertrag, für beste Lagen	W
‚Piros'	Neuzüchtung, mittel-groß, länger lagerfähig und guter Geschmack, ausgewogen süßsäuerlich	Mitte August	3 Wochen	widerstandsfähig gegen Schorf und Mehltau, nicht für spätfrostgefährdete Lagen	W, M G, S
‚Pfirsichroter Sommerapfel'	klein bis mittelgroß, flä-chig rot gefärbt, Frucht-fleisch teilweise leicht gerötet, weich, sehr saf-tig, mild säuerlich, rosenartiges Aroma	Mitte August	2 Wochen	robust gegenüber Schorf, Krebs, Mehltau, gute Winterfrosthärte, Ertrag alternierend	M, K, H1 G, S

Sorte	Beschreibung der Frucht (Größe, Verarbeitungseigenschaften und Geschmack)	Genussreife	Lagerfähigkeit im Naturlager	Sonstige Eigenschaften	Klimaregion, Standort
‚Jakob Fischer'	groß bis sehr groß, gelb mit roter Wange, aromatisch, feinsäuerlich	Ende August	1 Monat	robust, sehr frosthart, stark wachsend	M, K, H (G), S
‚Discovery'	klein bis mittel, gelb mit roter Wange, feste Frucht mit angenehmer Säure, wohlschmeckend und attraktiv	Ende August	4 Wochen	robust, schwach wachsend, guter Pollenspender	W1, M1, G
‚James Grieve'	mittelgroß, gelb-rot gestreift, knackig, sehr saftig, süßsäuerlich	Ende August, Anfang September	1 Monat	geringe Anfälligkeit für Schorf und Mehltau, etwas anfällig auf Monilia, folgeartig reifend, daher über langen Zeitraum vom Baum beerntbar	M, K G
‚Gravensteiner'	mittel bis groß, gelb-rot gestreift, typischer, sehr beliebter „Gravensteiner"-Geschmack, sehr saftig	Ende August bis Anfang September	1–2 Monate	braucht ausreichend feuchte Böden, Blüte witterungsempfindlich, sehr später Ertragseintritt, starkwachsend	M, K1, H1 (G), S
‚Müschens Rosenapfel'	mittelgroß, grün mit roter Wange, milde Säure, saftig, aromatisch, sehr attraktive Frucht, eine Rarität, die mehr Beachtung verdient	Ende August bis September	1 Monat	Ertrag regelmäßig, robust, für warme und raue Lagen empfohlen	W, M, K G
Genussreife beginnend ab September:					
‚Remo'	mittelgroß, dunkelrot, bereift, sehr saurer und gerbstoffreicher Pressapfel, zum Mischen mit anderen Pressobstsorten	Mitte September	Oktober	Mehltau- und schorfresistent, unempfindlich gegen Feuerbrand, feuchte Böden meiden, da krebsanfällig, gut zu schütteln, mittelstark wachsend, für Hochstämme zu schwach wachsend	M, K G, (S)
‚Prinzenapfel'	mittelgroß, walzenförmig, sehr attraktiv zartrot gestreift, mild süßsäuerlich, sehr intensive, typische Würze, eine Rarität, die mehr Beachtung verdient	Mitte bis Ende September	2 Monate	Ertrag mittelhoch, sehr schorffest, in warmen Lagen mehlig, besonders für kühle Lagen	M, K1 G

Sorte	Beschreibung der Frucht (Größe, Verarbeitungs-eigenschaften und Geschmack)	Genuss-reife	Lagerfä-higkeit im Natur-lager	Sonstige Eigen-schaften	Klima-region, Stand-ort
‚Elstar'	mittelgroß, gelb mit roter Wange, saftig, fein säuerlich	Mitte Septem-ber	Ende Oktober	robust, geringe Standortansprüche	W, M G
‚Reglindis'	mittelgroß, gelb-rot gestreifter Tafelapfel, süß-säuerlich, ohne besonderes Aroma	Mitte Septem-ber	Ende Oktober	schorfresistent (Resis-tenz stammt von Sorte ‚Antonovka'), unemp-findlich gegen Mehl-tau und Feuerbrand, schwachwachsend, nicht für Halb- oder Hochstamm	W,M,K, G
‚McIntosh'	mittelgroß, schön rot gefärbt, saftig, mild säuerlich	Mitte Septem-ber	bis Dezember	anfällig für Schorf und Krebs, frosttolerant	W, M G
‚Biesterfelder Renette'	groß, gelb-rot, aroma-tisch, sehr wohlschme-ckend, weich	Septem-ber	Anfang November	stippe- und krebsan-fällig, ansonsten sehr gesund, starkwachsend	M, K S
‚Geheimrat Dr. Olden-burg'	mittelgroß, gelb-rot, sehr saftig, mild süßsäuerlich	Septem-ber	bis Dezember	braucht gute Apfelbö-den; dann Massenträger	W, M, K G, S
‚Rebella'	mittelgroß bis groß, gelb, leuchtend hellrote, geflammte Deckfarbe, knackig, süß , schwach säuerlich, Tafelapfel, Küchenapfel,	Mitte Septem-ber	Dezember	Mehltau- und schor-fresistent, unempfind-lich gegen Feuerbrand, Ertrag hoch und regel-mäßig, Wuchs mittel-stark, nicht für Halb-oder Hochstammerzie-hung geeignet	W,M,K G
‚Gelber Edelapfel'	mittelgroß bis groß, gelb, kräftig weinsäuer-lich, aromatisch, hervor-ragender, nicht bräu-nender Küchenapfel	Septem-ber	bis Jänner	auch für kühle Lagen, Früchte fallen leicht ab, starkwachsend	W, M, K (G), S
‚Rewena'	mittelgroß, orange-rot verwaschen, Tafel- und Wirtschaftsapfel, sehr guter Pressapfel, säuer-lich-süß, ohne Würze	Ende Septem-ber	Februar	robuste, schorfresis-tente Sorte, unemp-findlich gegen Mehl-tau und Feuerbrand, ertragreich, für gute Böden, mittelstark-wachsend, auch für Hochstamm	M, K S

Sorte	Beschreibung der Frucht (Größe, Verarbeitungseigenschaften und Geschmack)	Genussreife	Lagerfähigkeit im Naturlager	Sonstige Eigenschaften	Klimaregion, Standort
‚Jakob Lebel'	groß, gelb mit roter Wange, sehr saftig, frisch vom Baum knackig, am Lager mürbe, leicht säuerlich, sehr guter Küchenapfel	Ende September	Dezember	robust, schorfanfällig, schirmförmige Krone, Stamm meist schief	W, M, K G, S
‚Prinz Albrecht von Preußen'	mittelgroß bis groß, zur Hälfte oder leicht rot gefärbt, Fruchtfleisch saftig und weich, mild süß-säuerlich, etwas Rosenaroma	Ende September bis Mitte Oktober	Dezember	früher Ertragseintritt, Ertrag hoch und regelmäßig, robust, sehr schwachwüchsig, in warmen Lagen moniliaanfällig	K, H G
‚Geflammter Kardinal'	groß, oft stark gerippt, gelb mit roten Streifen, Fruchtfleisch sehr saftig, locker, säuerlich-süß, erfrischend	Ende September	Dezember	sehr widerstandsfähig gegenüber Krankheiten, geringe Ansprüche an Boden und Klima, nicht für nasse Böden, etwas windanfällig	K1, H1 S
‚Grahams Jubiläumsapfel'	groß, gelb, säuerlich, wenig aromatisch	Ende September	Ende November	robust und verlässlich in höchsten Lagen, wertvoller Koch- und Kuchenapfel	K, H1 G, S
‚Antonowka'	groß bis sehr groß, hellgelb ohne jede Röte, saftig, süß, schwach säuerlich, mit eigentümlichem Aroma, für Liebhaber, Tafel- und Küchenapfel	Ende September	November	schorfresistente Sorte, bestens bewährt in Höhenlagen und in luftfeuchten Gebieten, windfest, kein Schorf	M, K, H S
Genussreife beginnend ab Oktober:					
‚Reanda'	mittelgroß, schön rot gefärbt, Fruchtfleisch knackig, feinzellig, saftig, säuerlich, vorwiegend für die Verarbeitung	Anfang Oktober	Jänner	robuste, neue, schorfresistente Sorte, wenig empfindlich gegen Mehltau und Feuerbrand, ertragreich, nicht als Hochstamm da schwachwachsend, neigt zum Verkahlen	M,K G
‚Danziger Kantapfel'	mittelgroß bis groß, ganz rot, mild süßsäuerlich, knackig	Anfang Oktober	bis Jänner	gedeiht selbst an widrigsten Standorten, ideal für Saft, regelmäßige, hohe Erträge, Blüte langanhaltend	W, M1, K1, H1 G, S

Sorte	Beschreibung der Frucht (Größe, Verarbeitungs-eigenschaften und Geschmack)	Genuss-reife	Lagerfä-higkeit im Natur-lager	Sonstige Eigen-schaften	Klima-region, Stand-ort
‚Roter Herbstkalvill'	mittelgroß, kantig, dunkelrot, Fruchtfleisch rot gefärbt, harmonisch süßsäuerlich, erinnert an Himbeeren, wird schnell mehlig	Anfang Oktober	bis November	auf kräftigen Böden in wärmeren Lagen, nicht für feuchte Lagen, da schorfanfällig, ergibt rot gefärbte Marmelade und sehr guten Saft	W, M S
‚Rote Sternrenette'	mittelgroß, ganz rot, oft rotes Fruchtfleisch mit feinem Parfüm, sehr attraktive Schaufrucht	Anfang Oktober	bis Jänner	sehr robust; nicht für trockene Böden, späte und langandauernde Blüte, guter Pollenspender	W, M, K1, H G, S
‚Wintergold-parmäne' (= ‚Gold-parmäne')	mittelgroß, sehr aromatisch, mäßig saftig, angenehm gewürzt, weich	Oktober	bis Jänner	geringe Anfälligkeit für Schorf und Mehltau, starke Anfälligkeit für Krebs und Blutlaus, wertvolle Tafelsorte auf passendem Standort	W, M1, K G, S
‚Lavanttaler Bananen-apfel'(‚Mutter-apfel')	mittelgroß, süß, kaum säuerlich und wenig saftig, in Vollreife mit typischem Bananenaroma, Tafelapfel	Mitte Oktober	November	robust, Ertrag mittelhoch und regelmäßig (geringe Alternanz), spätaustreibend, daher wenig frostanfällig, auch für feuchte Lagen	M, K1, H1 G, S
‚Chrysofsker' (= ‚Roter Jungfernap-fel')	klein, weißes Fruchtfleisch, rote, gestreifte, süße Frucht, typisches, eigentümliches Aroma	Mitte Oktober	bis März	erträgt Hitze und Trockenheit, auch geeignet für Spätfrostlagen, robust	W, M, K G
‚Topaz'	mittelgroß bis groß, rot gestreift, angenehm süßsäuerlich	Oktober	Dezember	resistent gegen Schorf, geringe Anfälligkeit für Mehltau, regelmäßig reichtragend, stark anfällig auf Kragenfäule	W, M, K G, S
‚Langer Bellefleur'	groß, grün mit roter Wange, anfangs sehr fest, später mürbe werdend, mild süß, ohne Säure, eine Rarität, die mehr Beachtung verdient	Mitte Oktober	bis April	starkes Wachstum, für Liebhaber süßer Äpfel, wurmige Früchte faulen nicht	W, M G
‚Seester-müher Zitronen-apfel'	großer Wirtschaft- und Pressapfel, gelb, ohne Röte, süß-säuerlich, harmonisch	Oktober	Jänner	sehr robuste Lokalsorte, schwacher Wuchs, Ertrag jährlich sehr hoch	M,K

Sorte	Beschreibung der Frucht (Größe, Verarbeitungseigenschaften und Geschmack)	Genussreife	Lagerfähigkeit im Naturlager	Sonstige Eigenschaften	Klimaregion, Standort
‚Batullenapfel'	mittelgroß, gelb mit roter Wange, süßsäuerlicher Geschmack, renettenartig, angenehm gewürzt	Mitte Oktober	bis Mai	mittleres bis starkes Wachstum, auch für kühle Lagen, zuverlässiger Träger, wurmige Früchte faulen nicht	W1, M1, K G, S
‚Galloway Pepping'	mittelgroß, gelb mit leichter Rotfärbung, säuerlich, kräftig gewürzt, sehr guter Kuchenapfel	Mitte Oktober	bis März	sehr widerstandsfähig gegen Schorf, ideal für Höhenlagen, nicht windfest	K1, H G, S
‚Roter von Simonffi' (= ‚Zigeunerapfel')	klein, dunkelweinrot gefärbt, glänzend, leicht süßsäuerlich, mit starkem Rosenaroma, sehr attraktiv, für Christbaum	Mitte Oktober	bis Jänner, Februar	problemlose Sorte, Früchte nehmen keinen Schaden, wenn sie vom Baum fallen, wenig wurmanfällig, Ertrag früh einsetzend	W, M G
‚Graue Herbstrenette'	mittelgroß, vollständig berostet, saftreich, weinsäuerlich gewürzt	Ende Oktober	bis Dezember	für gute Böden, etwas schorfempfindlich, pflücken, wenn die Früchte zu fallen beginnen	W, M G
‚Kronprinz Rudolf'	klein bis mittelgroß, grün mit roter Wange, saftig, säuerlich-süß, erfrischend	Ende Oktober	Februar	starkwachsend, robust, in luftfeuchten Lagen stark nebelfleckig	W, M1, K1, H G, S
‚Harberts Renette'	groß, gelb mit roten Streifen, sehr saftig, süßsäuerlich, aromatisch	Ende Oktober	März	sehr starkwüchsig, nicht für windige Lagen, etwas anfällig für Stippe, sonst robust	W, M, K (G), S
Genussreife beginnend ab November:					
‚Adersleber Kalvill'	mittelgroß, gelb mit rosa/roter Wange, milder, säuerlich-süßer, sehr guter, edler Geschmack	November	bis April	reichtragend, geringe Anfälligkeit für Schorf und Mehltau, geeignet für wärmere Standorte, mittelspäte Blüte, soll lange am Baum bleiben, zu früh geerntete Früchte welken	W, M G
‚Gelber Bellefleur'	groß, gelb, süß mit Mandelaroma	November		gut für trockene und heiße Lagen, im rauen Klima anfällig für Krebs und Schorf, typisch breite, hängende Krone	W1, M G, S

Sorte	Beschreibung der Frucht (Größe, Verarbeitungseigenschaften und Geschmack)	Genussreife	Lagerfähigkeit im Naturlager	Sonstige Eigenschaften	Klimaregion, Standort
‚Ribston Pepping'	mittelgroß, gelblich-ledrige Schale, kräftig süßsäuerlicher Geschmack, sehr wohlschmeckend	November	März	in warmen Lagen anfällig für Mehltau, breiter, starker Wuchs, braucht gute, ausreichend feuchte Böden	M1 G
‚Rodauner Goldapfel'	groß, rot gestreift, im Herbst kräftig säuerlich, nach einiger Zeit im Lager erfrischend süß-säuerlich, hervorragender Geschmack, eine Rarität, die mehr Beachtung verdient	November	bis März	auch für höchste Lagen, robust, etwas stippeanfällig, Ertrag setzt früh ein und ist regelmäßig	W, M, K1, H G, S
‚Ilzer Rosenapfel' (= ‚Weinler')	mittelgroß, Früchte verwaschen dunkelrot („Christbaumapfel"), Geschmack süßsäuerlich, aromatisch, Tafel- und Wirtschaftsapfel	November	bis März	robust und reichtragend, Lokalsorte, die sich in Steiermark und Südburgenland sehr bewährt	M, K G, S
‚Schmidberger Renette'	mittelgroß, gelb mit flächig roter Streifung, Fruchtfleisch saftig, mittelhart, angenehm säuerlich-süß, sehr guter Küchenapfel, guter Tafelapfel	November	März	sehr gesund, Schorf nur in ungünstigen Lagen, gute Lagerfähigkeit, alle zwei Jahre reiche Ernten, windfest	M, K1, H S
‚Große Kasseler Renette'	klein bis mittelgroß, gelbe, fein raue Schale mit roter Wange, spritzig süßsäuerlich, kräftig aromatisch	November	bis Mai	etwas anfällig für Schorf, selten wurmig, gut für trockene, heiße Lagen	W1, M G, S
‚Weißer Wintertaffetapfel'	mittelgroßer, weißgelber Apfel, angenehm säuerlich-süß, etwas parfümiert	November	März	Wuchs mittelstark, dünne Triebe, in rauen, feuchten Lagen schorf- und krebsanfällig	W, M1 G, S
‚Parkers Pepping'	klein bis mittelgroß, grün-gelb, oft ledrige Schale mit roter Wange, fein süßsäuerlich, aromatisch, geschmacklich bester Lederapfel	November	bis April, sehr gut lagerfähig	nicht für trockene Standorte, schwacher Wuchs, auch für kleinere Gärten	M, K1 G

Sorte	Beschreibung der Frucht (Größe, Verarbeitungseigenschaften und Geschmack)	Genussreife	Lagerfähigkeit im Naturlager	Sonstige Eigenschaften	Klimaregion, Standort
‚Tiroler Spitzlederer'	mittelgroß, süßsäuerlicher Geschmack, Früchte braunberostet (ein Lederapfel), eine Rarität, die mehr Beachtung verdient	November	bis Mai	starkes Wachstum, wenig anfällig, Ertrag spät einsetzend	W, M G, S
Genussreife beginnend ab Dezember:					
‚Siebenkant'	mittelgroß, gelb mit rosa Wange, frisch-säuerlich, aromatisch	Dezember	bis Mai, hervorragender Lagerapfel	robust, in feuchteren Lagen etwas schorfanfällig, starkwachsend, markant steile Astwinkel	W, M G, S
‚Steirischer Maschanzker'	klein bis mittelgroß, feste, eher süße Frucht, gelb, sortentypisches Aroma	Dezember	bis Juni	mittelstarkes Wachstum, für kühlere Obstlagen und gute Böden, schorfanfällig in feuchten Lagen, Lokalsorte, die sich in Steiermark und Südburgenland bewährt	M, K, H1 G, S
‚Roter Bellefleur'	mittelgroß, rot, saftig und süßsäuerlich, feiner Geschmack	Dezember	bis Mai	sehr robust, eignet sich für Spätfrostlagen, da er sehr spät blüht	W, M, K1, H1
‚Haslinger'	mittelgroß, teilweise oder ganz leuchtend rot gefärbt, Fruchtfleisch locker, saftreich, mittelhart, süß-säuerlich	Dezember	Mai	sehr robust, braucht kräftigen, feuchten, aber nicht nassen Boden, sehr frostfest, vorzüglicher Gebirgsobstbaum, ungemein fruchtbar	M, K1, H1 S
‚Schöner aus Wiltshire'	mittelgroß, hellgelb, sonnseitig orange, festfleischig, saftig, säuerlich	Dezember	März	mittelstark wachsend, sehr gesund vor allen in rauen Lagen, kaum Schorf	M, K1 S
Genussreife beginnend ab Jänner:					
‚Oberösterreichischer Brünnerling'	mittelgroß bis groß, gelb mit flächig roter Wange, keine Streifen, Fruchtfleisch fest, mäßig saftig, schwach säuerlich, genügend süß	Jänner	Juli	starkwachsend, geringe Ansprüche an den Boden, bis Höhenlagen von 1.000 m geeignet, lang lagerfähige Küchensorte, kaum krankheitsanfällig, regelmäßiger Ertrag	M, K, H S

Sorte	Beschreibung der Frucht (Größe, Verarbeitungseigenschaften und Geschmack)	Genussreife	Lagerfähigkeit im Naturlager	Sonstige Eigenschaften	Klimaregion, Standort
Genussreife beginnend ab Februar:					
‚Idared'	mittelgroß, leuchtend hell- bis dunkelrot gefärbt, saftig, frisch-säuerlich	Februar	bis Mai, sehr gut lagerfähig	in warmen Lagen anfällig für Mehltau	M G
‚Großer Bohnapfel'	mittelgroß, gelb, sonnseitig rot gefärbt, festfleischig, saftig, mäßig süß, vorherrschend säuerlich, kaum gewürzt	Februar	Juni	Massenträger jedes zweite Jahr, für Saft, aber im Frühling auch akzeptabler Speiseapfel, robust	W, M, K S
‚Grüner Fürstenapfel'	mittelgroß, grün mit etwas Röte, Schale zäh, sollte geschält werden, Fruchtfleisch fest, saftreich, erfrischend mildsäuerlich mit wenig Süße	März	Juli	äußerst gesund, trägt fast jährlich reich, geringe Ansprüche an Boden und Klima, auch für trockene Böden, für Liebhaber säuerlicher Äpfel, lässt sich sehr gut und lange lagern	W, M, K, H G, S

Sortenüberblick, Legende zu den Klimaregionen:
W: warme Lagen = Weinbauregionen in Mitteleuropa
M: mittlere Lagen = etwa 300–450 m Seehöhe, kühl-gemäßigte Lagen, typische Obstbauregionen (z. B. Mostviertel in Niederösterreich, Apfelregionen in der Steiermark, Deutschland: Baden-Württemberg, Bodenseeregion, Sachsen-Anhalt und im „Alten Land" bei Hamburg → www.obstbau.org/anbaugebiete-98.html)
K: raue Lagen = etwa 450–750 m Seehöhe (z. B. Waldviertel, Alpenvorland, Bucklige Welt, Deutschland: Schwäbische Alb)
H: Hochlagen = Lagen über 750 m bis 1.000 m und mehr
1: ausgesprochen empfohlen für die angegebene Lage
(M), (K), (H): eingeschränkt pflanzbar an geschützten Plätzen der angegebenen Lage (Spalier, Steinwand oder anderer Wärmespeicher)
Die Reifezeiten sind jeweils für mittlere Lagen angegeben und verschieben sich nach hinten, je kühler die Region ist.
G: günstig für Hausgärten, (G) eingeschränkt empfehlenswert für Gärten aufgrund starken Wuchses
S: günstig für Streuobstwiesen

Die Sorte ‚Aldingers George Cave' ist eine kaum bekannte Sommersorte.

Sortenrecherche im Internet

Viele weitere Sortenbeschreibungen finden Sie auf der Homepage des Vereins Arche Noah: www.arche-noah.at.

Die Ortsgruppe Lemgo im BUND NW e. V. betreibt eine umfangreiche Datenbank mit Sortenbeschreibungen aus historischer Literatur: www.obstsortendatenbank.de

Der Verein FRUCTUS informiert auf seiner Website über die Obstsorten der Schweiz. www.fructus.ch

Verwendung

Apfelsorten können nach ihrer Eignung für verschiedene Verwendungszwecke unterteilt werden.

Tafeläpfel/Sorten für den Frischverzehr

Das wohl wichtigste Kennzeichen einer Tafelobstsorte ist der ausgewogene (harmonische) Geschmack. Das Verhältnis von Zucker zu Säure ist wesentlich für die geschmackliche Harmonie, ideal ist ein Verhältnis von etwa 1:15, das bedeutet, auf einen Teil Säure kommen 15 Teile Zucker. Sehr süß schmeckende und sehr sauer schmeckende Äpfel werden primär nicht frisch gegessen. Zucker und Säure in einem angenehmen Zusammenspiel alleine ist noch nicht genug, erst das Vorhandensein von Aromastoffen macht aus einem Apfel einen begehrten Tafelapfel. Menschen mit einer feinen Nase können die Apfelaromen wahrnehmen, differenzieren und Analogien zu anderen bekannten Aromaten herstellen (→ Tabelle, Seite 328). Ein Standard-Tafelapfel muss darüber hinaus mittelgroß, eher fest und knackig sein. Allerdings sind diese Vorlieben durch das einseitige und normierte Angebot an Tafelobst im Lebensmitteleinzelhandel entstanden und auch wieder veränderbar.

Achtung Diabetiker: Ein säuerlicher Apfel hat nicht zwingend wenig Zucker! Der Zucker kann durch viel Säure einfach geschmacklich überdeckt werden.

Geschmacksrichtungen des Apfels

Apfelsorten können unterschiedlichste Geschmacksfacetten haben – von Anis bis Rose und von Weintraube bis Zitrone. Wir haben die verschiedensten Geschmacksfacetten jeweils mit Sortenbeispielen in der unten stehenden Tabelle zusammengestellt. Die Aromabeschreibungen entstammen verschiedenen Pomologien. Die Beschreibungen beruhen nicht auf Ergebnissen geschulter Verkoster, sondern sind die Geschmackseindrücke verschiedener Autoren. Die wahrnehmbaren Aromen sind abhängig vom Reifezustand und es bedarf – ähnlich wie beim Wein – einiger Übung, um die Wahrnehmungen in Worte fassen zu können.

Aromatypen bei Tafeläpfeln

Aromatyp	Sorte
Anis	‚Golden Delicious'
Alant	‚Alantapfel', ‚Antonowka'
Kalmus	‚Schieblers Taubenapfel'
Parfum	‚McIntosh', ‚Weißer Wintertaffetapfel'
Rose	‚Gelber Richard', alle Rosenäpfel
malzig	‚Chrysofsker' (‚Roter Jungfernapfel')
Weintraube/weinig	‚Ananasrenette'
Mandel	‚Gelber Bellefleur'
Zimt	‚Alantapfel'
Zitrone	‚Gelber Edelapfel'
Rosmarin	‚Weißer Rosmarin'
Ananas	‚Prinzenapfel'
Erdbeere	‚Worcester Parmäne', ‚Müschens Rosenapfel'
Banane	‚Lavanttaler Bananenapfel'
Nuss	‚Goldrenette von Blenheim'
Fenchel	alle Rosenäpfel
Muskat	‚Muskatrenette', ‚Cox Orange', ‚Ribston Pepping'

Quelle: eigene Zusammenstellung

Mehrnutzungssorten

Apfelsorten, die nicht als Tafelapfel eingestuft werden, werden unter Wirtschaftsobst zusammengefasst und in Küchenäpfel, Pressobst und Dörräpfel unterteilt. Allerdings heißt das nicht, dass sie nicht auch frisch gegessen werden können. Viele Sorten sind Mehrnutzungssorten, bei denen die Äpfel gute Tafeläpfel sind, die Früchte aber auch in der Küche gut verwertet werden können. Die Klassifizierung als Wirtschaftsobst ist auch nicht als Wertung zu verstehen. Gerade für Strudel werden Sorten mit ausreichend Säure benötigt, die der Süße des Teiges gegenübersteht. Spezielle Küchenäpfel oder Strudeläpfel ergeben daher die besten Apfelstrudel.

Küchenapfel/Strudelapfel

In der Regel werden in unserer Küchentradition unter dieser Bezeichnung große und säurebetonte Sorten zusammengefasst, meist reifen sie im Herbst. Feiner kann die Gruppe differenziert werden in Sorten, die beim Erhitzen zu einem Mus zerfallen (z. B. ‚Brünnerling'), und solche, die mehr oder weniger stabil bleiben (z. B. ‚Grahams Jubiläumsapfel'). Erstere sind natürlich für das Apfelmuskochen gut geeignet, aber auch für Gerichte, die eine weiche Konsistenz verlangen. In der englischen Küche sind Sorten wie der ‚Gelbe Edelapfel' als Küchenäpfel geschätzt, weil sie rasch zu einem schaumigen und säuerlichen Mus zerkochen. Apfelstücke, die ihre Form auch gekocht gut behalten, sind für den typischen Apfelstrudel oder einen gedeckten Apfelkuchen besser geeignet. Es hängt aber sehr an der persönlichen Vorliebe, ob die Äpfel im Strudel fest bleiben oder zu Mus werden sollen.

Typische Küchen- und Strudeläpfel: ‚Geflammter Kardinal', ‚Jakob Lebel', ‚Schöner aus Boskoop', ‚Croncels', ‚Peasgood Sondergleichen', ‚Idared', ‚Grahams Jubiläumsapfel' und andere.

Zu einem schaumigen Mus zerfallen: ‚Gravensteiner', ‚Goldrenette von Blenheim', ‚Gelber Edelapfel', ‚Bismarckapfel', ‚Bramley's Seedling' und andere.

Elisabeth Stäheli, ein engagiertes Mitglied der Schweizer Erhaltungsorganisation FRUCTUS, hat über mehrere Jahre Kochversuche mit verschiedensten Sorten durchgeführt. Ihre Ergebnisse finden sich unter www.fructus.ch.

Mostapfel/Pressapfel

Eine Sorte eignet sich gut zur Herstellung von Apfelsaft und Most, wenn die Früchte einerseits ausreichend Zucker und Säure enthalten und wenn sie andererseits Aromastoffe mitbringen, die dem Saft eine herbe, adstringierende Note verleihen. Die Aromastoffe sind der Gruppe der Polyphenole zuzurechnen, diese sind auch unter der veralteten Bezeichnung Gerbstoffe oder Tannine bekannt. Zusätzlich ist die Saftausbeute ein entscheidendes Kriterium. Sie besagt, wie viel Kilogramm Saft aus 100 Kilogramm Früchten gepresst werden können, und wird in Prozent angegeben. Aber Achtung, die Saftausbeute ist auch von der Presstechnik abhängig! Der Zucker vergärt bei der Mostbereitung zu Alkohol. Ein Mostapfel muss daher jedenfalls so viel Zucker mitbringen, dass nach der Gärung der Most mindestens 5 bis 6 Prozent Alkohol enthält. Sogenannte Spezialmostäpfel enthalten besonders viel Zucker und Säure, sie werden auch Säureträger genannt. Sie sind gesuchte Ware, da beim alleinigen Pressen von säurearmen Tafelobstsorten der Apfelsaft und der Apfelmost zu einseitig süß geraten. Durch das Beimischen von Mostobst zu Tafelobst stimmen die Verhältnisse im Endprodukt wieder.

In früheren Jahren war die Problemlage umgekehrt: Es gab zu viele säurereiche Mostapfelsorten und zur Verbesserung des Zuckergehalts kamen sogenannte Süßäpfel mit in die Presse. Das sind Sorten, die wenig Säure und viel Zucker enthalten.

Für die manuelle Ernte, das Obst-Klauben, ist es von Vorteil, wenn die Früchte groß sind. Ein geübter Obstklauber schafft schon 100 kg/Std. Bei kleinfrüchtigen Sorten ist die Klaubleistung pro Stunde unter 80 kg.

Die Forschungsanstalt AWC in der Schweiz hat folgendes Schema zur Beurteilung von Pressobst entwickelt. Der Zuckergehalt kann mit einem Refraktometer gemessen werden. Dieses einfache und handliche Gerät misst in einem Safttropfen die Lichtbrechung, auf einer Skala kann der Zuckergehalt abgelesen werden. Günstiger ist die Oechslewaage, eine kleine Glasröhre, die in die Flüssigkeit gehängt wird und an der anhand der Flüssigkeitsverdrängung der Zuckergehalt abgelesen werden kann. Der Säuregehalt wird mit einem Acidometer bestimmt. Dabei wird in den Saft eine Indikatorflüssigkeit getropft, bis es zu einem Farbumschlag kommt. Anhand der verbrauchten Indikatorflüssigkeit kann der Säuregehalt abgelesen werden.

Dörren

Zum Dörren eigenen sich mittelgroße und große Äpfel. Das Fruchtfleisch soll sich nicht zu dunkel verfärben und weich bleiben. Empfehlenswert

Eignung zur Saft- und Mostherstellung	Zuckergehalt (in ° Brix)	Säuregehalt (g absolute Säure/l)	Saftausbeute in %
absolut ungenügend	unter 10,0	unter 4,0	unter 75 %
ungenügend	10,1 bis 10,9	4,0 bis 5,0	75 bis 77
genügend	11,0 bis 12,34	5,1 bis 6,0	77 bis 82
gut	12,35 bis 13,54	6,1 bis 9,0	82 bis 85
sehr gut	über 13,55	über 9,0	über 85

Tabelle: Qualitätskriterien für Zuckergehalt, Säuregehalt und Saftausbeuten von Mostobst. Verändert nach Silvestri, G. & Egger, S. (2011)

sind ‚Gravensteiner', ‚Croncels', ‚Boskoop', ‚Horneburger Pfannkuchenapfel', ‚Wintergoldparmäne' und andere.

Die Heilwirkung von Äpfeln

In den reifen Früchten sind die Vitamine A, B und C ergiebig vorhanden. Äpfel dürfen beim Genuss nicht kalt sein, am besten haben sie Zimmertemperatur, dann sind sie besser bekömmlich. Roher Apfelbrei hilft gegen Durchfall (stehen lassen und etwas braun werden lassen), gekochte Äpfel sind ein vorzügliches Mittel gegen Darmträgheit.

Warum trägt mein Apfelbaum nicht?

Wenn ein Apfelbaum nicht und nicht Früchte tragen will, kann das mehrere Ursachen haben.

Er ist noch zu jung: Je nach Wuchsstärke der Unterlage beginnen Obstbäume früher oder später zu fruchten. Schwachwüchsige Apfelunterlagen beginnen im 1. bis 2. Jahr nach der Pflanzung mit dem Fruchtansatz. Mittelstark wachsende Unterlagen tragen meist nach 3 bis 5 Jahren. Sämlingsunterlagen benötigen bis zu 10 Jahre und mehr. Der Ertragseintritt ist aber auch stark sortenabhängig und variiert daher unter den Sorten auch bei Verwendung der gleichen Unterlage.

Es gibt keine Befruchtersorte in der Nähe: Dies ist dann die Ursache, wenn der Baum zwar alt genug ist und reichlich blüht, aber keine Früchte ansetzt. Da fast alle Apfelsorten selbstunfruchtbar sind, muss ein zweiter Apfelbaum in der Nähe, idealerweise im Umkreis von 300 m, stehen. Grenzt Hausgarten an Hausgarten und haben auch die Nachbarn Apfelbäume gesetzt, sind ausreichend „Befruchtungspartner" vorhanden. Bei Häusern in Einzellage müssen jedenfalls mehrere Apfelbäume gesetzt werden. Wer nur Platz für einen Baum hat, kann sich einen Baum kaufen, auf den zwei Sorten aufveredelt sind. Auskunft über gute Befruchtungspartner geben gute Baumschulen (→ Kapitel „Obstgehölze vermehren", Seite 160).

Er wurde falsch geschnitten: Wer zu stark schneidet, verjüngt den Baum ständig, und er kommt nicht ins Blühen (→ Kapitel „Obstbäume richtig schneiden", Seite 72).

Er wurde zu stark gedüngt: Übermäßige Stickstoffdüngung verzögert den Ertragsbeginn (→ Kapitel „Pflege und Düngung von Obstgehölzen", Seite 60).

Es waren zu wenig Bienen in der Blütezeit unterwegs: Ohne Bienen keine Bestäubung. Das gilt auch und insbesondere für Äpfel. Ist das Wetter während der Blüte anhaltend kühl, feucht und windig, fliegen kaum Bienen.

Es gab Frost während der Blüte: Dann fallen die Blüten ab, und der Baum setzt für dieses Jahr keine Früchte an.

Tipps von Arche Noah-GärtnerInnen

„Kinderäpfel"

Kinder werden von roten Äpfeln magisch angezogen und lieben eher süße Früchte. Folgende Sorten sind als „Kinderäpfel" besonders zu empfehlen: ‚Berner Rosen', ‚Himbeerapfel von Holovous', ‚Rote Sternrenette', ‚Roter Astrachan', ‚Chrysofsker' (= ‚Roter Jungfernapfel'), ‚Worcester Parmäne', ‚Zigeunerin'.

Der „Lederapfel"

Wir werden häufig nach einem „Lederapfel" gefragt. Der Lederapfel ist keine Sorte, sondern ein Sortentyp. Unter die volkstümliche Bezeichnung Lederapfel fallen verschiedene Apfelsorten, die in der Apfelsortenkunde meist als ‚Graue Renette' bezeichnet werden. Am häufigsten sind die Sorten ‚Boskoop', ‚Graue Herbstrenette', ‚Zabergäu Renette' und ‚Ribston Pepping' (→ Kapitel „Pomologie", Seite 270).

Ein Mehrsortenbaum: sichtbar die Sorten ‚Topaz' und ‚Delbard Jubilée'

Ein Plädoyer für Sommeräpfel

Erntereife Äpfel im Sommer – auch das gehört zum Schatz der alten Obstsorten. Sommeräpfel sind Sorten, die direkt vom Baum weg gegessen werden können (pflückreif = genussreif). Der bekannteste unter den „Heurigen" ist der ‚Weiße Klarapfel' mit seinen kleinen, fast transparent wirkenden, fein duftenden Früchten und dem wunderbaren Aroma. Aber darüber hinaus gibt es noch eine Reihe anderer frühreifender und wohlschmeckender Sommeräpfel zu entdecken. Käuflich erhältlich sind deren Früchte eher selten. Am besten also, man sucht einen Baumbesitzer in der Umgebung – oder pflanzt und pflegt gleich selbst ein Bäumchen. Beim Erdapfel funktioniert es. Für „Heurige" wird gerne mehr bezahlt, Supermärkte werben sogar mit der Ankunft der neuen Ernte. Einen heurigen Apfel im Juli im Verkaufsprospekt eines Supermarktes? Nein, das gibt es nicht. Die moderne Obstlagertechnik macht es möglich. Und es funktioniert ja auch sehr gut. Bei tiefen Temperaturen und kontrollierter Atmosphäre bleiben Wintersorten (Lageräpfel) tatsächlich bis August frisch und saftig, und der Klarapfel hat das Nachsehen. Unter den Sommeräpfeln ist, wie gesagt, der Klarapfel der bekannteste. Warum ist der Klarapfel eigentlich so prominent? Vielleicht, weil die Sorte am allerfrühesten reift? Falsch. Da gibt es andere, die den ‚Weißen Klarapfel' noch um ein paar Tage schlagen.

Juliäpfel und ihre Reifezeit

Die Sorte ‚Close' stammt aus den USA und reift Anfang Juli, also 1–2 Wochen vor dem Klarapfel. Noch etwas zeitiger ist der ‚Rote Margarethenapfel' dran, der schon Ende Juni genussreif ist. Etwas früher bis zeitgleich mit dem ‚Weißen Klarapfel' können ‚Stark Earliest' und ‚Lodi' Mitte Juli geerntet werden. Weitere Juliäpfel sind ‚Weißer Astrachan', ‚Mantet', ‚Vista Bella', ‚Aldingers George Cave', ‚Piros', ‚Hana', ‚Nela', ‚Amethyst' und andere. Juliäpfel haben eine kurze Entwicklungszeit, die temperaturabhängig ist. In Höhenlagen blühen die Bäume später – die Reife verzögert sich. Als Faustregel gilt: 30 Höhenmeter verschieben die Reife um einen Tag.

Der Erntezeitpunkt

Grundsätzlich gilt für alle Sommersorten: Das Erntefenster ist klein. Ein zweiwöchiger Sommerurlaub im Juli kann dazu führen, dass die Äpfel vor dem Urlaub unreif und nach der Rückkehr mehlig sind. Will man schmackhafte Früchte vom ‚Weißen Klarapfel', so ist zu beachten, dass die Sorte ungleich reift und mehrere Erntedurchgänge notwendig sind. Zu früh gepflückte Kläräpfel sind sauer, zu spät geerntete mehlig. Der Apfel ist nicht windfest, daher fallen schon vor der Reife Früchte vom Baum. Der richtige Pflückzeitpunkt ist gekommen, wenn sich die Schale von Grün auf Gelb aufhellt. Dann schmecken die Kläräpfel herrlich erfrischend säuerlich und saftig. In punkto Aroma und Süße gibt es Sommeräpfel, die den ‚Weißen Klarapfel' übertreffen, zum Beispiel ‚Mantet', ‚Aldingers George Cave' oder ‚Piros'.

Die Bekanntheit des Klarapfels

Dann muss es wohl das schöne Aussehen sein, das den Klarapfel so bekannt macht. Ja, der Apfel ist wirklich speziell. Die Früchte sind grünlich-gelb bis strohgelb, ohne jegliche Rotfärbung, auffällig sind die grünen Schalenpunkte. ‚Weißer Transparent' als Synonym des Klarapfels weist auf die helle (transparente) Schale hin. Der ‚Weiße Klarapfel' stammt ursprünglich aus dem Baltikum und kam um 1850 nach Mitteleuropa. In wichtigen pomologischen Werken des 19. Jahrhunderts ist er noch nicht beschrieben. Offenbar wurde die Sorte erst im 20. Jahrhundert eingeführt.

Die Stärken des Klarapfels

„Die vielen Klarapfelbäume in den Hausgärten und das Alter dieser Bäume lassen vermuten, dass die Sorte in den 1950er und 60er Jahren stark propagiert wurde. Viele erinnern sich, dass sie als Kinder die heruntergefallenen Kläräpfel aufklaubten. Als Belohnung gab es Apfelmus und Apfelstrudel. Die schlagenden Argumente für die Sorte waren die Widerstandskraft des Stamms gegen tiefe Temperaturen und die Frühreife. Diese beiden Eigenschaften prädestinieren tatsächlich den Klarapfel für den Anbau in Höhenlagen und in rauen Klimagebieten. Dort reifen die Früchte später, sind dafür etwas länger lagerfähig, und Temperaturen unter -20 °C verträgt das Holz ohne Schäden. Im warmen Weinbaugebiet reift er zwar sehr früh, wird aber auch rasch mehlig, und der Baum leidet häufig unter Mehltau. Auf vielen Bauernmärkten werden Kläräpfel, aber auch andere Sommeräpfel regelmäßig angeboten. In einem Gasthof in Tirol bekommt man im Sommer einen glasweise frisch gepressten Klarapfelsaft serviert. Eine gute und köstliche Idee, um die ersten Früchte rasch zu verwerten."

Bernd Kajtna

Der Weiße Klarapfel ist für viele die erste Apfelsorte im Jahr.

Literatur

- Schobiger, U. & Müller, W. (1975). Produktions- und verwertungstechnische Aspekte bei der Beurteilung von Apfel- und Birnensorten für die Getränkeherstellung. *Flüssiges Obst, 42,* 414–419.
- Silvestri, G. & Egger, S. (2011). Beschreibung wertvoller Mostapfelsorten. *Flugschrift Nr. 129.* Forschungsanstalt Agroscope Changins, Wädenswil.

a) **‚Adersleber Kalvill'**
b) **‚Aldinger George Cave'**
c) **‚Batullenapfel'**
d) **‚Chrysofsker'**
e) **‚Discovery'**
f) **‚Danziger Kantapfel'**

g) ‚Elstar'
h) ‚Galloway Pepping'
i) ‚Geheimrat Dr. Oldenburg'
j) ‚Gelber Bellefleur'

k) **‚Gravensteiner'**
l) **‚Graue Herbstrenette'**
m) **‚Große Kasseler Renette'**
n) **‚Himbeerapfel von Holovous'**
o) **‚Idared'**
p) **‚Ilzer Rosenapfel' (= Weinler)**

q) **‚Jakob Fischer'**
r) **‚Jakob Lebel'**
s) **‚Mantet'**
t) **‚Vista Bella'**
u) **‚Gelber Edelapfel'**

Birne

Erntereife Pastorenbirnen

- *Pyrus communis* – Rosengewächse
- Sommer- und Herbstbirnen bis in raue Gebirgslagen
- Wintersorten nur im Weinbauklima oder ausgewählte Sorten in kühlen Lagen als Wandspalier
- braucht tiefgründige, nicht zu nasse Böden
- Pflückreife je nach Sorte von Juli bis Ende Oktober
- Lagerfähigkeit bei Herbstsorten kurz, Wintersorten bis zu 5 Monate
- Verfügbarkeit von Früchten bis März möglich
- erste Ernte je nach Baumform nach 2–10 Jahren
- selbstunfruchtbar, daher mindestens zwei zueinander passende Sorten setzen

Birnen lassen sich nicht nur zu feinen Kompotten, Musen und Mehlspeisen verarbeiten. Wer im Weinbauklima wohnt und einen guten Lagerkeller hat, kann Winterbirnen bis in den März hinein lagern und sich mit frischen Birnen versorgen. In kühleren Lagen werden Wintersorten als Wandspalier gezogen. Birnbäume gedeihen – im Gegensatz zu Apfelbäumen – auch gut auf trockeneren Böden, umgekehrt reagieren sie empfindlich auf zu viel Nässe. Sommersorten brauchen weniger Wärme als Wintersorten. In unmittelbarer Nähe des Hauses sind sie aber eher zu meiden, da sie magisch Wespen anziehen.
Wie der Apfel ist die Birne gut winterhart und ebenso selbstunfruchtbar. Ist kein zweiter Birnbaum im Nachbargarten, müssen daher mindestens zwei Bäume gepflanzt werden, die gleichzeitig blühen und gute Bestäuber sind.

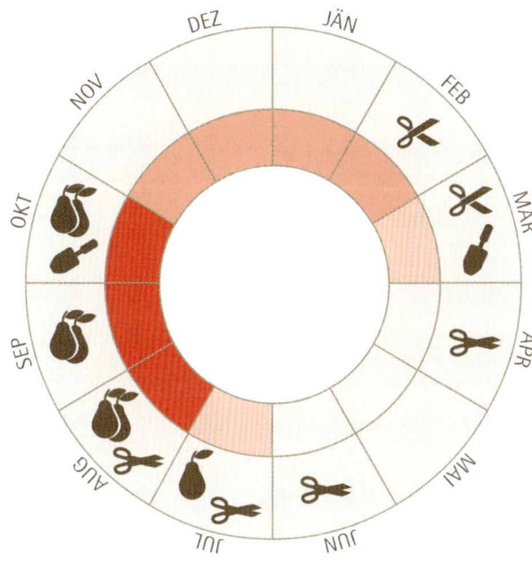

Wo Birnbäume gerne wachsen

Birnen gedeihen noch auf trockeneren Böden als Äpfel, sind aber auch dankbar für tiefgründige, nährstoffreiche Böden. Auf nassen Böden gedeihen sie nicht. Viele Sorten haben dafür höhere Wärmeansprüche als der Apfel und bevorzugen warme bis gemäßigte Klimata. Günstig sind Standorte bis etwa 400 m Seehöhe. Aber auch für höhere und kältere Lagen sind viele Sorten verfügbar, so dass zumindest Sommer- und Herbstbirnen bis in Höhenlagen von 1.000 m kultiviert werden können. Besonders hohe Wärmeansprüche stellen die lagerfähigen Winterbirnen, sie benötigen Weinbauklima, um auszureifen und schmackhaft zu werden. Einzelne Sorten wie die ‚Pastorenbirne' werden auch noch in kühleren Lagen angebaut, dort können die Früchte noch als Kochbirnen verwendet werden und erweitern so die Selbstversorgung im Winter. Eine weitere Möglichkeit in kühlen Lagen ist, Winterbirnen als Spalier vor Südwänden zu ziehen. Durch die Speicherwirkung des Gesteins erhöht sich die verfügbare Wärmesumme für den Baum und die Früchte können ausreifen (→ Kapitel „Einen Obstgarten planen und anlegen", Seite 10).

Die roten Staubbeutel von Birnen sind besonders attraktiv.

Bestäubung

Die meisten Birnensorten sind selbstunfruchtbar und brauchen in der näheren Umgebung, etwa im Umkreis von 300 m, eine zweite Sorte als Befruchtersorte. Diese muss gleichzeitig blühen.

Erziehungsform

Birnbäume wachsen grundsätzlich eher höher und schmäler als Apfelbäume. Birnbäume auf stark-

Birnbäume wachsen schmäler als Apfelbäume und können sehr groß werden.

wüchsigen Unterlagen werden zu einer Pyramidenkrone erzogen, auf schwächerwüchsigen Unterlagen zu einem Busch oder einer Spindel. Busch- und Spindelbäume sind bei Birne oft auf Quitte veredelt. Diese ist frostempfindlicher und gedeiht nicht auf sehr kalkhaltigen Böden (→ Kapitel „Obstgehölze vermehren", Seite 160).

Unterlagen

Bei Birnen stehen verschiedene Unterlagen für große und kleine Bäume zur Verfügung (→ Kapitel „Obstgehölze vermehren", Seite 174). Auf Sämling veredelte Birnen gehen nach 7–10 Jahren in den Ertrag, auf Quitte veredelte Birnen tragen bereits nach 3–4 Jahren. Bei vielen Sorten besteht Alternanz, das heißt, sie tragen jedes zweite Jahr sehr stark, in den Jahren dazwischen schwach (→ Kapitel „Obstgehölze vermehren", Seite 160).

Pflanzabstände

→ Kapitel „Einen Obstgarten planen und anlegen", Tabelle „Empfohlene Pflanzabstände nach Baumform", Seite 28.

Pflanzengesundheit

Birnen sind in punkto Pflanzenschutz wenig anspruchsvoll. Lediglich von Birnengitterrost ist fast jeder Baum befallen. Er zeigt sich durch orange, später rote Flecken auf den Blättern, aus denen im Sommer auf der Blattunterseite knollenförmige Warzen entstehen. Die Krankheit schwächt die Bäume etwas, ist aber nicht gefährlich, solange nur einige Flecken pro Blatt auftreten. Ist der Befall stärker, sollten Gegenmaßnahmen erwogen werden (→ Kapitel „Pflanzengesundheit im Obstgarten", Seite 146f.).

In feuchteren Lagen sind manche Birnensorten anfällig auf Schorf. Wie alle Kernobstarten ist auch Birne vom Feuerbrand gefährdet. Vor allem in Streuobstwiesen lässt der Birnenverfall (pear decline) viele alte Birnbäume absterben. Derzeit sind noch kaum Gegenmaßnahmen bekannt. Sporadisch können Blattläuse, der Birnblattsauger oder Frostspanner auf Birnbäumen ein Problem werden (→ Kapitel „Pflanzengesundheit im Obstgarten", Seite 151ff.).

Schnitt

Birnbäume müssen geschnitten werden, um eine tragfähige Krone zu erhalten, die regelmäßige gute Ernten mit gesunden Früchten liefert. Besonders wichtig ist der Schnitt in den ersten Jahren (→ Kapitel „Obstbäume richtig schneiden", Seite 72).

Reife und Ernte

Vor allem Winterbirnen, die ihre Genussreife ja erst im Lager erreichen, müssen besonders vorsichtig vom Baum geholt werden (→ Artenporträt Apfel, Seite 312). Auch Herbstbirnen sollten einige Tage, bevor sie die Speisereife erreichen, geerntet werden. Dadurch sind sie länger lagerbar und werden nicht so schnell überreif.

Lagerung

Die hochwertigen Wintersorten werden am besten einzeln gelagert, und zwar so, dass sich die

Der Birnenverfall führt zum Absterben von mächtigen Birnbäumen, aber auch junge Bäume sind betroffen.

Früchte gegenseitig nicht berühren. Winterbirnen sollten nach der Ernte nicht gleich in den Keller gestellt werden, sondern besser luftig unter ein Flugdach oder in einen Schuppen. Bei Frostgefahr werden sie mit Decken abgedeckt und erst in den Keller geräumt, wenn die Gefahr droht, dass sie auf 0 °C abkühlen und erfrieren (→ Kapitel „Obst lagern", Seite 206).

Sorten

Über Jahrhunderte gab es mehr Birnen- als Apfelsorten, da Birnen mit ihrer Aromenvielfalt äußerst beliebt bei Adel und Klerus waren. Noch im „Ill Handbuch der Obstkunde", das zwischen 1860 und 1900 erschien, waren 840 Apfelsorten und rund 1.000 Birnensorten beschrieben. Fast zwei Drittel dieser Sorten kamen aus Belgien und Frankreich, wo die großen Zentren der Birnenkultur lagen. Von den 1.000 beschriebenen Sorten sind heute nur mehr 160 sicher in Mitteleuropa vorhanden. Der Großteil der Birnensorten ging verloren, aber es sind noch immer hunderte Birnensorten verbreitet und zum Teil auch erhältlich. Bereits um 1331 wurde die „Regelspiern" schriftlich erwähnt, die heute eventuell noch immer unter dem Namen Regulusbirne bekannt ist. Der Name geht übrigens auf den Heiligen Regulus zurück. 1533 wurde eine „Nähkowitzpiern" erwähnt, die heute noch unter dem Namen Nagowitzbirne bei vielen älteren Leuten Kindheitserinnerungen wachruft. Lange bekannt sind auch schon Haferbirnen, Kornbirnen und Frauenbirnen. Damit wurden verschiedenste Sommersorten bezeichnet, die zur Hafer- oder Roggenernte reif waren bzw. zum Festtag Maria Geburt am 8. September.

Die Tabelle auf Seite 342 listet empfehlenswerte Tafelbirnen auf. Bezugsquellen für Birnbäume finden sich im → Serviceteil, Seite 521. Hilfe bei der Sortenwahl bietet auch die Website www.meineobstsorte.at.

Die kleinen Nagowitzbirnen werden als Ganzes in den Mund gesteckt und gegessen – mit Butz, aber ohne Stingl.

Empfehlenswerte Birnensorten

Die Legende zu den Klimaregionen finden Sie auf Seite 346.

Sorte	Beschreibung der Frucht (Größe, Verarbeitungseigenschaften und Geschmack)	Genussreife	Lagerfähigkeit im Naturlager	Sonstige Eigenschaften	Klimaregion, Standort
Genussreife beginnend ab Juli:					
‚Nagowitz'	klein, gelb, süß und angenehm würzig	Juli bis August	wenige Tage	gesunde, robuste Sorte, besonders für Hochstamm geeignet, frühe und widerstandsfähige Blüte, guter Pollenspender, starkwachsend	W, M, K1, H S
‚Grüne Sommermagdalene'	klein, eiförmig, grün mit langem Stiel, Fruchtfleisch saftig, schmelzend, säuerlich-süß, aromatisch mit sorteneigener Würze, eine der ersten geschmackvollen Sommerbirnen	Mitte Juli	wenige Tage	sehr robust, schwach anfällig auf Schorf, Ertrag setzt früh ein und ist jedes zweite Jahr hoch, geringe Wärmeansprüche, sehr frostfest	W, M1, K, H G, S
‚Bunte Julibirne'	mittelgroß, gedrungen birnenförmig, gelb mit roter Wange, Fruchtfleisch sehr saftig, schmelzend, geschmacklich sehr gut, wenn einige Tage vor der Reife geerntet, dann schnell teigig werdend	Ende Juli bis Anfang August	wenige Tage	trägt früh, Ertrag mittelhoch, auf Quittenunterlage kurzlebig, klimatisch breit anbaufähig, braucht tiefgründige, genügend feuchte Böden	W, M, K1 G, S
Genussreife beginnend ab August:					
‚Clapps Liebling'	mittelgroß bis groß, gelb-grün mit roter Wange, schmelzendes, süß-aromatisches Fruchtfleisch	Mitte bis Ende August	3 Wochen	etwas anfällig für Schorf, sonst gesund, verlangt nahrhaften, nicht zu schweren Boden, für warme bis kühle Lagen geeignet, windgeschützt, blüht spät und langwährend, wenig frost- und witterungsempfindlich, guter Pollenspender	W, M, K1, H G, S
‚Madame Favre'	mittelgroß, rundlich-dickbauchig, gelb, Fruchtfleisch feinzellig, sehr saftig, halbschmelzend bis schmelzend, süß-säuerlich, sehr harmonisch im Geschmack	Mitte bis Ende August	ein bis zwei Wochen	liebt warme, nährstoffreiche Böden, klimatisch bis in mittlere Höhenlagen anbaufähig, in hohen Lagen als Spalier, sehr gesund, kaum anfällig auf Schorf, daher besonders für Schorflagen empfohlen	W, M, K, (H) G, S

Sorte	Beschreibung der Frucht (Größe, Verarbeitungseigenschaften und Geschmack)	Genussreife	Lagerfähigkeit im Naturlager	Sonstige Eigenschaften	Klimaregion, Standort
‚Frühe von Trévoux'	mittelgroß, gelb-rot, saftig, halbschmelzend	August bis September	hartreif ernten, dann halten die Früchte einige Wochen	robust, auch für rauere Lagen geeignet, mittelfrühe, etwas spätfrostempfindliche Blüte, guter Pollenspender	W, M, K G, S
‚Gute Graue'	klein, braune, ledrige Schale, kräftiger, süßer und feiner Geschmack	August bis September	kurz haltbar	bevorzugt tiefgründigen nicht zu trockenen Boden, sehr breit anbaufähig, auch noch für Gebirgslagen bis etwa 700 m Höhe, gute Tafel- und Dörrbirne, für Hausgarten kleine Baumformen wählen, schlechter Pollenspender	W, M, K1 G, S
Genussreife beginnend ab September:					
‚Williams Christbirne'	mittelgroß, gelb schmelzend, saftig, aromatisch und süß	September, spät geerntete Früchte schmecken fad, eine Woche nach Ernte genussreif	im Naturlager 2 bis 4 Wochen haltbar, im Kühllager mehrere Wochen	nur für beste Birnenböden, warm, nährstoffreich, durchlässig, offen und tiefgründig; geschützte Tal- bis mittlere Höhenlagen, selbst im kühlen Obstbaugebiet nach Ost, Süd oder West ausgerichtet noch gut ausreifend, im Stamm frostempfindlich, guter Pollenspender	W, M, (K)
‚Doppelte Philippsbirne'	mittelgroß bis groß, gelbes, schmelzendes und sehr süßes Fruchtfleisch, feiner, süßsäuerlicher Muskatgeschmack	September bis Anfang Oktober	14 Tage	unproblematische Frühherbstbirne, anspruchsloser Massenträger, auch für raue Lagen und bei guter Düngung und Wasserversorgung auch für nährstoffarme Standorte, relativ windfest, schlechte Befruchtersorte	W, M, K1 G, S
‚Gute Luise von Avranches'	mittelgroß bis groß, langbirnenförmig bis tropfenförmig, grünlichgelb, an der Sonnseite rot, Fruchtfleisch zart schmelzend, sehr saftig, süß mit etwas Säure, edel gewürzt	Mitte September	Mitte Oktober	keine allzu großen Ansprüche, in kalten Lagen an geschützten Standorten noch befriedigend, stark schorfanfällig, daher nicht für feuchte Lagen, Ertrag früh und meist jährlich reich	W1, M1, K, (H) G, S

Sorte	Beschreibung der Frucht (Größe, Verarbeitungseigenschaften und Geschmack)	Genussreife	Lagerfähigkeit im Naturlager	Sonstige Eigenschaften	Klimaregion, Standort
‚Esperens Herrenbirne'	klein bis mittelgroß, gelbes Fruchtfleisch, edelsüßes, feines Aroma	Ende September bis Oktober	14 Tage	Blüte langdauernd, in ungünstigen Lagen anfällig auf Schorf, gut für Spalier	W, M, (K) G
‚Conference'	mittelgroß, schlank mit langem Hals, gelb, Fruchtfleisch sehr saftig, weich, feinschmelzend, süß, mit leicht würziger Säure	Ende September	10 bis 14 Tage	benötigt nährstoffreiche, gute Birnenböden, hat hohe Wärmeansprüche, gedeiht aber an günstigen Standorten noch bis 500 m Seehöhe, kalkreiche Standorte meiden, schorfanfällig	W, (M), (K) G, S
‚Gellerts Butterbirne'	groß, ledrige Schale, Fruchtfleisch süß, zartschmelzend	Mitte September bis Oktober	2 bis 3 Wochen, vorzeitige Ernte erhöht die Haltbarkeit auf Kosten der Qualität	sehr frosthart, schöner, gesunder und sehr kräftiger Wuchs, Baum wird hoch, keine hohen Ansprüche an Boden und Klima, noch in rauen Obstbaugebieten auf geschützten Standorten und guten Böden befriedigend, wird dort zur Spätherbstbirne	W, M, K, (G), S
‚Köstliche aus Charneux'	mittelgroß bis groß, kegelförmig, gelb, Fruchtfleisch sehr zart, saftig, schmelzend, sehr süß, fein gewürzt, vorzüglicher Geschmack	Ende September	2 bis 6 Wochen	braucht genügend feuchte, tiefgründige Böden mit guter Nährstoffversorgung, reift auch noch im kalten Obstgebiet, ausgesprochene Frost- und Schorflagen meiden, trägt spät, dann reichlich	W, M, K G, S
Genussreife beginnend ab Oktober:					
‚Clairgeaus Butterbirne'	große Frucht, braun-rot, wenn vollreif halbschmelzend (d. h. wird nicht ganz weich), säuerlich-süß	Ende Oktober	bis November	schorftolerant, robust, schwachwachsend, kleine Krone, auch als Wandspalier, daher für Kleingärten geeignet	W, M G

Sorte	Beschreibung der Frucht (Größe, Verarbeitungseigenschaften und Geschmack)	Genussreife	Lagerfähigkeit im Naturlager	Sonstige Eigenschaften	Klimaregion, Standort
‚Birne von Tongern'	mittelgroß bis groß, birnen-, kreisel- oder tropfenförmig, Schale auffällig zimtartig berostet, Fruchtfleisch schmelzend bis halbschmelzend, sehr angenehmer, süßsäuerlicher und aromatischer Geschmack	Anfang Oktober	Anfang November	auf feuchten Standorten schorfanfällig, Früchte bei Vollreife windanfällig, wird leicht teigig, bis Lagen um 300 m Seehöhe	W, M G, S
‚Boscs Flaschenbirne' (‚Alexanderbirne')	mittelgroß bis groß, flaschen- bis keulenförmig, Schale zimtartig berostet, Fruchtfleisch sehr saftreich, schmelzend süß, fein gewürzt, edel	Mitte Oktober	3 bis 4 Wochen	nicht schorfanfällig, liebt wärmere Lagen, gedeiht aber auch noch in kühleren Regionen, Blüte unempfindlich	W, M G, S
Genussreife beginnend ab November:					
‚Alexander Lucas'	groß, weißes, sehr saftreiches und süßes, fast ganz schmelzendes Fruchtfleisch, steinig, je nach Witterung und Standort unterschiedlich leicht gewürzt	(Ende Oktober) meist Mitte November	bis Mitte Dezember	bevorzugt leichte bis mittlere Böden, mittelfrühe Blüte und schlechter Pollenspender, auch für windgeschützte rauere Lagen	W, M, (K) G, S
‚Gräfin von Paris'	mittelgroß bis groß, hellgrün, später düster gelbgrün, Schale meist etwas derb, beim Genuss störend, Fruchtfleisch gelblich-weiß, halbschmelzend bis schmelzend, etwas körnig, saftig, vorherrschend süß, fein gewürzt	November	Dezember bis Jänner oder später, bei gleichzeitiger Ernte meist recht unterschiedliche Haltbarkeit, stärker berostete Früchte neigen zum Schrumpfen	Ansprüche an Boden und Klima sind sehr hoch, braucht sehr guten, tiefgründigen, durchlässigen, gleichmäßig genügend feuchten Boden und gute Nährstoffversorgung, nur in windgeschützten Weinlagen alljährlich sicher ausreifend, im kühlen Obstbaugebiet nur als Wandspalier; frühe Blüte, guter Pollenspender	W, (M), (K) G
‚Großer Katzenkopf'	groß bis sehr groß, kreiselfömig, Schale hart, muss geschält werden, Fruchtfleisch bei Reife durchaus wohlschmeckend, süß, etwas säuerlich, an eine Mispel erinnernd, Kochbirne	November	April bis Mai	bringt alle zwei Jahre enorme Erträge, geringe Wärmeansprüche, gedeiht bis 800 m Seehöhe, auch an Boden anspruchslos, Fruchtfleisch verfärbt sich rot beim Kochen	K S

Sorte	Beschreibung der Frucht (Größe, Verarbeitungseigenschaften und Geschmack)	Genussreife	Lagerfähigkeit im Naturlager	Sonstige Eigenschaften	Klimaregion, Standort
‚Kieffers Sämling'	mittelgroß, gelb mit oranger Wange, Fruchtfleisch halb- bis vollschmelzend, Geschmack süßsäuerlich und leicht nach Zimt	Mitte November bis Anfang Dezember	etwa 1 bis 1 1/2 Monate	ist in Bezug auf den Boden nicht besonders anspruchsvoll, liefert aber bei günstigen Bodenverhältnissen und guter Wasserversorgung höhere Erträge, Früchte sind ziemlich windfest; robust und widerstandsfähig	W, M G, S
‚Pastorenbirne'	mittelgroß bis groß, gelb ohne Röte, birnflaschenfömig, Fruchtfleisch gelblich bis schmutzigweiß, halbschmelzend und saftig, später feinkörnig gehaltreich süß	Ende November	Dezember bis Februar	an Boden und Lage keine großen Ansprüche, doch sollte die Lage nicht zu frei sein, da die großen Früchte Windschutz verlangen; mittelfrühe Blüte, schlechter Pollenspender, in kühleren Lagen eine Kochbirne	W,M, (K) G, S
Genussreife beginnend ab Dezember:					
‚Madame Verte'	klein bis mittelgroß, Schale rau, vor dem Fruchtverzehr schälen; Fruchtfleisch schmelzend, würzig, geschmacklich sehr wertvoll	Dezember	Jänner	wenig anfällig für Krankheiten und Schädlinge, nicht für kalte und trockene Standorte	W, M G
‚Josephine von Mecheln'	kleine, grünlich-gelbe Früchte, vollschmelzendes Fruchtfleisch, das süß und nach Zuckermelone schmeckt	Jänner bis März	ist in gutem Obstkeller gut und lange lagerfähig, ohne zu welken	benötigt nährstoffreiche und genügend feuchte, warme, tiefgründige Böden, warme Lagen fördern die Fruchtgüte, sie ist jedoch an geschützten Standorten bis 300–400 m anbauwürdig und auch noch geschmacklich gut	W, M, (K) G

Sortenüberblick, Legende zu den Klimaregionen:
W: warme Lagen = Weinbauregionen in Mitteleuropa
M: mittlere Lagen = etwa 300–450 m Seehöhe, kühl-gemäßigte Lagen, typische Obstbauregionen (z. B. Mostviertel in Niederösterreich, Apfelregionen in der Steiermark, Deutschland: Baden-Württemberg, Bodenseeregion, Sachsen-Anhalt und im „Alten Land" bei Hamburg, → www.obstbau.org/anbaugebiete-98.html)
K: raue Lagen = etwa 450–750 m Seehöhe (z. B. Waldviertel, Alpenvorland, Bucklige Welt, Deutschland: Schwäbische Alb)
H: Hochlagen = Lagen über 750 m bis 1.000 m und mehr
1: ausgesprochen empfohlen für die angegebene Lage
(M), (K), (H): eingeschränkt pflanzbar an geschützten Plätzen der angegebenen Lage (Spalier, Steinwand oder anderer Wärmespeicher)
Die Reifezeiten sind jeweils für mittlere Lagen angegeben und verschieben sich nach hinten, je kühler die Region ist.
G: günstig für Hausgärten; (G) eingeschränkt empfehlenswert für Gärten aufgrund starken Wuchses
S: günstig für Streuobstwiesen

Verwendung

Tafelbirnen/Birnen für den Frischverzehr

Tafelbirnen sind vorrangig zum Frischverzehr, für Kompotte und zum Einlegen geeignet. Die meisten Sorten, die nicht Mostbirnen sind, sind heute Tafelbirnen. Birnen haben eine große Vielfalt an Aromen, die kaum zu beschreiben ist, und sind meist süß dominiert.

Mostbirnen

Eine Birne wird den Mostbirnen zugeordnet, wenn die Früchte durch einen hohen Gehalt an Gerbstoffen (Polyphenolen) einen unangenehm bitteren und adstringierenden Geschmack besitzen und sich aus diesem Grund nicht für den Frischverzehr eignen. Die Polyphenole sind als typische Geschmacksstoffe und zur Klärung des Mostes wichtig.

Die Konzentration an Gerbstoffen nimmt mit zunehmender Reife ab und manche Mostbirnen werden daher nach einer sortentypischen Lagerzeit durchaus genießbar. Allerdings verwandelt sich das Fruchtfleisch von Mostbirnen bei der Reife, im Gegensatz zu guten Tafelbirnen, nicht zu saftig-schmelzend, sondern teigig und weich und färbt sich braun. Eine kernweiche und teigige Mostbirne ist ein besonderes Geschmackserlebnis, aber nicht jedermanns Sache.

Mostbirnen haben im Vergleich zu Mostapfelsorten einen höheren Zuckergehalt und einen geringeren Säuregehalt. Eine empfehlenswerte Aufstellung der Mostbirnen Österreichs findet sich in dem leider zurzeit nur antiquarisch erhältlichen Buch *Die Mostbirnen – Die Früchte des Mostviertels* von Martina Schmidthaler (Herausgeber: Verein Neue alte Obstsorten, Amstetten 2001).

Kochbirnen

Süße Gerichte aus Obst sind weit verbreitet. Früchte reich an Zucker und mit angenehm säuerlichem Geschmack bieten sich dafür an.

Pikante Rezepte mit Obst sind weniger bekannt. Eine Ausnahme sind Gerichte aus Birnen, die heute in Mittel- und Nordeuropa (Niederlande, Belgien und Norddeutschland) noch gekocht werden. Traditionell werden dafür sogenannte Kochbirnen verwendet. Das ist eine Sortengruppe, die sich durch einen bescheidenen Zuckergehalt, ein festes Fruchtfleisch und eine späte Reife auszeichnet. Es existieren auch Rezepte für Süßspeisen, die Kochbirnen erfordern. Einige Sorten werden rosa oder rot beim Kochen: ‚Boscs Flaschenbirne' (rosa färbend), ‚Clapps Liebling', ‚Madame Verte' (rötlich färbend), ‚Frühe von Trévoux', ‚Gute Luise'. Zubereitet werden Kochbirnen wie Kartoffeln: mit oder ohne Schale gekocht, im Ganzen oder geviertelt.

Die Sorten ‚Saint Rémy' und ‚Gieser Wildeman' sind Kochbirnensorten, die heute am Markt erhältlich sind. Eine große Anzahl an kleinfrüchtigen lokalen Kochbirnen ist in diesen Ländern als Altbäume in der freien Landschaft zu finden. Es ist bemerkenswert, von einem Kochbirnenbaum lassen sich mehrere Hundert Kilo Früchte ernten, die ähnlich gut und lange lagerfähig sind wie Kartoffeln.

Grundsätzlich können viele Birnen als Kochbirnen genutzt werden. Zu beachten ist, die Früchte dürfen nicht vollreif und müssen halbwegs fest beim Verarbeiten sein. Das passiert nach einem kühlen Sommer und wenn Birnen in ungünstiger Lage stehen, von alleine. Man kann auch sagen:

Kernweiche Mostbirnen sind ein besonderes Geschmackserlebnis, aber nicht jedermanns Sache.

Das Fruchtfleisch der Winterbirnensorte ‚Madame Verte' färbt sich beim Kochen rötlich.

Kochbirnen gedeihen dort, wo Tafelbirnen nicht mehr wachsen.

Rezept-Tipp: Kochbirnen mit Rosmarin

„Kochbirnen sind eigene Sorten, die bei uns fast unbekannt sind: Geeignet für diese Nutzung sind die nicht vollreifen (und daher noch harten) Früchte von ‚Olivier de Serres', ‚Esperens Bergamotte' und ‚Pastorenbirne' im Oktober/November und bis Februar die Sorte ‚Großer Katzenkopf'. Generell ist jede Winterbirne im Herbst noch hart und kann verkocht werden. Viele Sorten bleiben stabil, wenn sie als ganze Früchte (mit oder ohne Schale) wie ein Erdapfel gekocht werden. Dann lassen sie sich zu einfachen, pikanten Gerichten verarbeiten, da sie noch nicht viel Zucker enthalten. Die Früchte werden zuerst in Wasser gekocht – noch besser über Dampf gegart – und dann geviertelt in heißer Butter, die man zuvor mit Kräutern aromatisiert hat, geschwenkt. Rosmarin harmoniert geschmacklich besonders gut."

Bernd Kajtna

Tipps von Arche Noah-GärtnerInnen

Wintersorten als Wandspalier

Nur sehr wenige Wintersorten sind für Höhenlagen geeignet: Als Wandspalier lassen sich die Sorten ‚Gräfin von Paris', ‚Josephine von Mecheln', ‚Madame Verte' und ‚Nordhäuser Winterforellenbirne' ziehen.

Birnen zum Dörren

Gut geeignet sind: ‚Boscs Flaschenbirne', ‚Clairgeaus Butterbirne', ‚Clapps Liebling', ‚Herzogin Elsa', ‚Gellerts Butterbirne', ‚Gute Graue', ‚Gute Luise von Avranches', ‚Hofratsbirne', ‚Dr. Jules Guyot', ‚Köstliche von Charneux', ‚Pastorenbirne', ‚Neue Poiteau' und andere.

Literatur

Viele weitere Sortenbeschreibungen finden Sie auf der Homepage des Vereins Arche Noah: www.arche-noah.at.

Die Ortsgruppe Lemgo im BUND NW e. V. betreibt eine umfangreiche Datenbank mit Sortenbeschreibungen aus historischer Literatur: www.obstsortendatenbank.de.

Der Verein FRUCTUS informiert auf seiner Website über die Obstsorten der Schweiz: www.fructus.ch.

a) ‚**Nagowitz**'
b) ‚**Canal Red**'
c) ‚**Wiener Haferbirne**'
d) ‚**Williams**'
e) ‚**Gute Graue**'
f) ‚**Clapps Liebling**'

g) **‚Clairgeau Butterbirne'**
h) **‚Josefine von Mecheln'**
i) **‚Gellerts Butterbirne'**
j) **‚Präsident Drouard'**
k) **Pastorenbirne**
l) **‚Köstliche von Charneu'**

m) **‚Herzogin Elsa'**
n) **‚Madame Verté'**
o) **‚Alexander Lucas'**
p) **‚Winterdechantsbirne'**
q) **‚Doppelte Philippsbirne'**
r) **‚Salzburger Birne'**

Quitte

Quitten können ein Gewicht von 1 kg und mehr erreichen.

> *Cydonia oblonga* – Rosengewächse
> geringe Bodenansprüche, verträgt keine hohen Kalkgehalte
> wächst strauchförmig oder als kleiner Baum
> wärmebedürftig: Weinbauklima und geschützte Lagen – hier unkompliziert und auch für „AnfängerInnen" kultivierbar
> mäßig bis mittel frosthart
> erste Ernte nach 2–3 Jahren
> benötigt 1–2 Wochen Nachreife
> am Markt selten erhältlich, für Selbstversorgergärten eine willkommene Bereicherung

Quitten zählen zu den köstlichsten Früchten unserer Gärten. Roh duften sie wunderbar. Essbar sind sie erst, wenn sie gekocht sind. Sie lassen sich zu Marmeladen, Chutneys, Quittenkäse, Schnaps oder Sirup verarbeiten. Da sie relativ anfällig für die Bakterienkrankheit Feuerbrand sind, wurden in den Obstbauregionen in den letzten Jahren viele Bäume gerodet. Daher könnte die Quitte bald eine Rarität sein. Die meisten Sorten müssen nach der Ernte noch 1–2 Wochen nachreifen, bevor sie verarbeitet werden können.

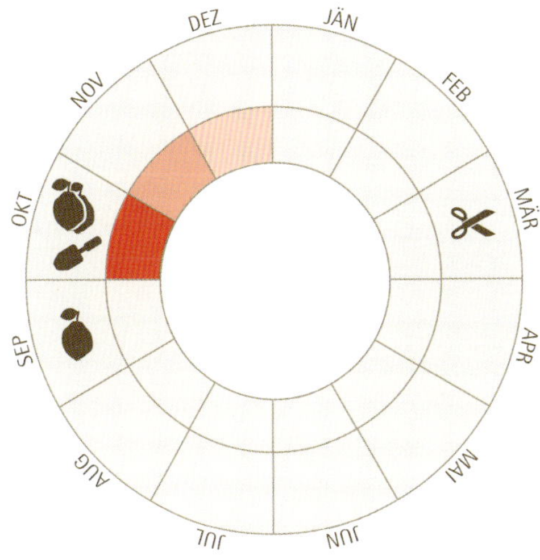

Wo Quitten gerne wachsen

Die meisten Sorten wachsen nur im Weinbaugebiet und in geringfügig kühleren Regionen gut. Doch es gibt auch Ausnahmen wie die ‚Riesenquitte von Leskovac', die in den typischen Obstregionen gut gedeiht. Quitten sind in ihren Ansprüchen an den Boden und an die Nährstoffversorgung sehr bescheiden, nur gut durchlüftet soll der Boden sein, und hohe Kalkgehalte behagen ihnen nicht. Die meisten Quittensorten sind allerdings nicht allzu frosthart, vor allem die Wurzeln sind sehr empfindlich. In kühleren Lagen sollte daher der Wurzelbereich im Winter mit einer Schicht Reisig oder Stroh abgedeckt werden. Je älter der Strauch wird, umso frosthärter wird er. Ab -20 °C entstehen schwere Schäden am Holz. Spätfrostgefährdet sind die Blüten kaum, da Quitten spät blühen.

Die späte Blüte ist wunderschön und kaum frostgefährdet.

Bestäubung

Die meisten Quittensorten sind selbstfruchtbar, einige sind selbstunfruchtbar und brauchen daher eine Bestäubersorte. Sie tragen bereits früh nach der Pflanzung und aufgrund der späten Blüte ziemlich sicher jedes Jahr.

Erziehungsform

Quitten wachsen meisten strauchförmig, können aber auch als kleine Bäume erzogen werden. Laut Literatur können sie 4–8 m hoch werden, in unseren Breitengraden stößt man allerdings selten auf Sträucher, die höher als 3–4 m sind. Sie wachsen überhängend und werden 4–5 m breit.

Unterlagen

Quitten werden auf die im → Kapitel „Obstgehölze vermehren" (Seite 175) beschriebenen Quittenunterlagen veredelt. Sie können auch auf den heimischen Weißdorn aufgepfropft werden, das ist vor allem für Frostlagen und für trockene Böden zu

Quitten wachsen meist strauchförmig, können aber auch wie hier als Spalier oder als kleine Bäume gezogen werden.

empfehlen. Diese Unterlage ist allerdings anfällig für Feuerbrand und wird daher in Baumschulen selten angeboten.

Pflanzung und Pflanzabstände

Quitten sollten wegen der Frostempfindlichkeit im Frühling gepflanzt werden. Baumförmig gezogene Pflanzen können anfangs nicht alleine stehen und benötigen unbedingt eine Stütze durch einen Pfahl. Pflanzabstand: 4,5–5 Meter. Da die Bäume Flachwurzler sind, darf der Boden nicht tief bearbeitet werden, und die Baumscheibe soll in den ersten 3 Jahren frei bleiben. Später unterdrückt die niedrige und dichte Krone den Unterwuchs ausreichend.

Pflanzengesundheit

Quitten sind grundsätzlich sehr gesund und robust. Die größten Probleme bereitet der **Feuerbrand** → Seite 148f., auf den Quitten leider sehr anfällig sind. Im Sommer sollten die Sträucher daher regelmäßig auf Befall kontrolliert und verdächtige Triebe gleich großzügig ins gesunde Holz zurückgeschnitten werden (danach unbedingt das Werkzeug desinfizieren). Die abgeschnittenen Triebe am besten im Restmüll entsorgen.

In feuchten Jahren kommt es immer wieder bei einzelnen Früchten zu Moniliainfektionen. Befallene Früchte sollten gleich entfernt werden, da sich die Krankheit sonst ausbreitet. Vor allem bei feuchter Witterung im Frühjahr kann die Pilzkrankheit **Blattbräune** *(Diplocarpon mespili)* Probleme bereiten. An den Blättern bilden sich runde, braunrote Flecken, die größer werden und zusammenlaufen, so dass die Blätter ganz braun werden können und abgeworfen werden. Bei starkem Befall bilden sich die Flecken auch auf den Früchten und auf Trieben. Da der Pilz am Falllaub und den Früchten überwintert, ist die beste Gegenmaßnahme, das Laub im Herbst zu entfernen und zu kompostieren (mit anderem Material abdecken). Befallene Früchte werden entfernt und infizierte Triebe zurückgeschnitten. Ein lockerer Aufbau des Strauches hilft, Infektionen zu vermeiden, da Regen und Tau schneller abtrocknen. Auftreten kann auch **Echter Mehltau** *(Podosphaera clandestina)*, der auf den Früchten netzförmige, verkorkte Fruchtflecken verursacht. Die Blätter sehen weiß bepudert aus. Befallene Triebe werden sofort zurückgeschnitten. Weitere Infos → Kapitel „Pflanzengesundheit im Obstgarten“, Seite 142f.

Die am häufigsten wahrgenommene Krankheit ist allerdings gar keine Krankheit, sondern eine physiologische Störung. Bei der Fleischbräune ist das Fruchtfleisch braun verfärbt, während die Quitte außen ganz normal aussieht. Sie entsteht durch ein Ungleichgewicht in der Calciumversorgung der Früchte und wird oft durch Trockenperioden, starke Stickstoffdüngung oder starken Schnitt ausgelöst. Tritt Fleischbräune regelmäßig auf, sollten die Früchte bereits geerntet werden, wenn sie beginnen sich gelb zu verfärben. Am Lager bildet sich die Fleischbräune weniger.

Unreif sind Quitten grün und mit einem abwischbaren Flaum überzogen.

Braune Früchte können problemlos verarbeitet und gegessen werden!

Schnitt

Die Quitte braucht wenig Schnitt und muss nur gelegentlich ausgelichtet werden, so dass ein lockerer, luftiger Strauch entsteht. In sehr dichten Sträuchern breitet sich oft die Pilzkrankheit Monilia aus. Geschnitten werden sollten Quitten im Jänner oder Februar, bei 0–5 °C, um die Übertragung der Bakterienkrankheit Feuerbrand zu verhindern. Der Schnitt im Sommer sollte vermieden werden.

Quittenäste sind von Natur aus unglaublich biegsam, wodurch die bei Vollertrag bis zum Boden hängenden Zweige nicht brechen.

Reife und Ernte

Quitten sind dann reif, wenn sich die Stiele leicht abpflücken lassen, das ist je nach Sorte und Standort zwischen September und Oktober. Die meisten Sorten müssen nach der Ernte 1–2 Wochen nachreifen, bevor sie verarbeitet werden können. Überreif sollten sie aber nicht sein. Um Fleischbräune zu vermeiden, früher ernten (→ Kapitel „Pflanzengesundheit im Obstgarten", Seite 139).

Lagerung

Die einzelnen Sorten lassen sich unterschiedlich lange lagern (→ Sortentabelle unten). Im Lager einzeln auflegen.

Sorten

Bei der Quitte unterscheidet man rundliche Apfelquitten und eher längliche Birnenquitten. Die Sorten sind mehr oder weniger intensiv flaumig behaart.

Im Süden Europas angebaute Sorten sind feinfleischiger, haben ein weicheres Fleisch und sind weniger behaart. In der untenstehenden Tabelle listen wir einige empfehlenswerte Sorten auf.

Empfehlenswerte Quittensorten

Sorte	Beschreibung der Frucht (Größe, Verarbeitungseigenschaften und Geschmack)	Pflückreife	Lagerfähigkeit im Naturlager	Sonstige Eigenschaften
‚Riesenquitte von Leskovac'	mittelgroße, apfelförmige Frucht, gelb (sind alle Quitten), süß und angenehm würzig	Anfang bis Ende Oktober	Oktober bis Dezember	gesunde, robuste Sorte, besonders starker und aufrechter Wuchs, daher für die Erziehung zu Bäumen geeignet, etwas weniger frostempfindlich, nicht ganz selbstfruchtbar
‚Champion'	mittelgroße Frucht, stumpf birnenförmig, bei Vollreife zitronengelb und graufilzig behaart; duftet stark, gekocht säuerlich und wenig Aroma	Ende September bis Anfang Oktober, 2 bis 3 Wochen nachreifen lassen	November	mittelstarker Wuchs, wenig frostempfindlich, robust, widerstandsfähig gegen Fleischbräune
‚Ronda'	groß, goldgelb, filzig behaart, gelbliches, intensiv aromatisches Fruchtfleisch	Mitte Oktober	Ende November	robust

Sorte	Beschreibung der Frucht (Größe, Verarbeitungseigenschaften und Geschmack)	Pflückreife	Lagerfähigkeit im Naturlager	Sonstige Eigenschaften
‚Konstantinopeler' (‚Apfelquitte')	mittelgroße bis große Früchte, hellgelbe, filzarme Schale, Fruchtfleisch weiß-gelb, saftreich, intensives Quittenaroma	Mitte Oktober	Ende November	Holz sehr frosthart
‚Vranja' (aus Serbien)	sehr groß, breit birnenförmig, typisches Quittenaroma, hoher Zuckergehalt, daher gerne als Schnapsquitte angebaut	Anfang Oktober, neigt bei zu später Ernte zu Fleischbräune	Ende November, aber starker Säure- und Aromaabbau	starker, strauchartiger Wuchs, anfällig für Monilia, früher Ertragseintritt, guter und regelmäßiger Ertrag
‚Bereczki' (aus Ungarn)	sehr groß, breit birnenförmig, Fruchtfleisch mittelsaftig, süß-säuerlich und aromatisch, wird beim Kochen rötlich	Ende September bis Anfang Oktober	Mitte November	gegenüber anderen Sorten im Holz frostempfindlicher, daher nur für warme Standorte, robust gegenüber Blattflecken, Früchte platzen teilweise am Baum auf

Verwendung

Wer Quitten zu Gelee oder Quittenkäse weiterverarbeiten will, braucht dazu übrigens Birnenquitten. Apfelquitten gelieren nicht!

Quitten sollten möglichst als ganze Frucht verarbeitet werden. Sie werden nicht geschält, da sonst ein Teil des besonderen Aromas verloren geht. Das Kernhaus wird ebenfalls mitgekocht und nach dem Kochen durch die Flotte Lotte (Passiermühle) entfernt. In und um das Kernhaus ist der Pektingehalt der Quitten am höchsten. Wenn Quitten zu Marmelade verarbeitet werden, benötigen Sie maximal die Hälfte des angegebenen Geliermittels. Sie enthalten bis zu 1,8 g Pektin pro 100 g Frischgewicht. Wenn die Früchte getrocknet oder eingekocht werden, steigt der Pektingehalt relativ zum Gewicht an.

Quitten zu schneiden ist eine ziemliche Plagerei, da das Fruchtfleisch so hart ist. Wir haben von Freunden eine einfache Methode übernommen: Die Quitten mit einem Tuch abreiben, waschen und die Blüten- und Stielansätze entfernen. Dann kommen sie *vor* der weiteren Verarbeitung für maximal 15 Minuten bei 150 °C ins Backrohr. Wenn sie abgekühlt sind, sind sie weich und lassen sich so auch leichter verarbeiten. Die so behandelten Früchte sind dann kühl bis zu zwei Wochen lagerbar und können immer wieder zwischendurch gegessen werden, was unsere Kinder besonders gerne tun. Auch die Volksmedizin verwendet Quitten, sie gelten als entzündungshemmend.

Rezept-Tipp: Quitten-Chutney

Zutaten

1 kg Quitten

1/2 l Apfelsaft

1/4 kg fein geschnittene Zwiebeln

1/4 kg Zucker oder Agavendicksaft

1/4 l milder Obstessig

Salz, Geliermittel

je nach Geschmack Chilipulver, Kreuzkümmel, fein geschnittener Knoblauch und Ingwer

Zubereitung

Die Quitten wie auf Seite 356 beschrieben vorbereiten. Dann zuerst in etwas Wasser getrennt kochen, bis sie sehr weich sind (ca. 15 Minuten). Die Quitten durch die Flotte Lotte passieren. Danach die weiteren Zutaten zugeben, nach Geschmack würzen. Geliermittel in etwas kaltem Wasser auflösen und ebenfalls zugeben. Alles gut aufkochen, 10 Minuten auf kleiner Flamme köcheln lassen, pürieren und heiß in Gläser abfüllen.

Andrea Heistinger

Die Zierquitte
(Chaenomeles japonica)

Zierquitten stammen aus Ostchina und Japan und werden seit ca. 130 Jahren in Europa in vielen Gärten rein zur Zierde angebaut. Sie blühen in großen ziegelroten Blüten und haben Dornen. Die ‚Cido'-Quitte ist eine Auslese, die zu einem kleinen Strauch heranwächst, der 1–2 m hoch wird, dornenlos ist und orangerot blüht. Dieser trägt ab dem 1., spätestens aber ab dem 2. Jahr Früchte, die einen besonders hohen Vitamin-C-Gehalt haben. Deswegen wird die ‚Cido'-Quitte auch als „Nordische Zitrone" bezeichnet. Zierquitten stellen an den Boden geringe Anforderungen, sind sehr frosthart und selbstfruchtbar. Die Früchte sind viel kleiner als die der Quitten. Ein Strauch trägt zwischen 1 und 5 Kilo pro Jahr. Die Früchte reifen ab September und können wie Quitten nicht roh gegessen werden. Da die Früchte sehr sauer sind, eignen sie sich am besten zur gemeinsamen Verarbeitung mit säurearmen Fruchtarten wie Apfel, Birne, Quitte oder Holunder (zu Saft, Marmelade oder Quittenkäse). Dünne Spalten können auch in Honig kurz gedünstet und dann getrocknet werden. Sie schmecken außen süß und innen sauer und sind bei Kindern eine beliebte Nascherei. In Lettland wird sie in großen Mengen angebaut, da sie im Gegensatz zur Quitte ausreichend frosthart ist. Die Sträucher müssen alle 5 Jahre ausgelichtet werden (Triebe, die älter als 4–5 Jahre sind, nach der Blüte entfernen). Der Wildobstexperte Helmut Pirc gibt an, dass die Pflanzen an den dreijährigen Trieben am besten fruchten.

Literatur

- Fränkisches Rekultivierungsprojekt alter Quittensorten: www.mustea.de.
- Schirmer, M. (2010). *Die Quitte. Eine fast vergessene Frucht.* IHW-Verlag, Eching.

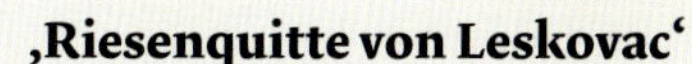

a) **‚Riesenquitte von Leskovac'**

b) **Birnenquitte**

Marille/Aprikose

Marillen sind die Früchte des Hochsommers.

- *Prunus armeniaca* – Rosengewächse
- braucht warmes Klima (Weinbauklima), verträgt aber in der kurzen Winterruhe auch tiefe Temperaturen
- jenseits des Weinbauklimas: an geschützten Orten pflanzen (Innenhof, ostseitiges Wandspalier ...), braucht lockere, durchlässige Böden, auf Lehmböden sehr kurzlebig
- Pflanzung bevorzugt im März wegen Frostempfindlichkeit
- schlecht schnittverträglich, größere Wunden vermeiden
- Ernte je nach Sorte und Standort zwischen Ende Juni und Mitte August
- Die meisten Sorten sind selbstfruchtbar.
- erste Ernte nach 3–6 Jahren
- Ein Baum deckt den Bedarf für eine Familie.

Vollreife Marillen bzw. Aprikosen sind der Inbegriff des Sommers. Die weichen, süßen Früchte schmecken am besten frisch vom Baum. Wer danach noch nicht genug hat, verarbeitet die Früchte zu Marmelade oder Kompott. Marillenmarmelade gehört nicht nur zur Sachertorte, sondern ist für viele die Lieblingsmarmelade. Die Bäume sind recht anspruchsvoll und wachsen nicht in jedem Klima. Doch mit ein paar Tricks und etwas Sortenkenntnis lassen sie sich auch jenseits des Weinbauklimas kultivieren. Das „Schlagtreffen" der Marille führt in den letzten Jahren verstärkt zum Absterben von jungen Marillenbäumen. Wenn eine Marille aber mal 10 Jahre geschafft hat, wird sie leicht auch 100 Jahre alt.

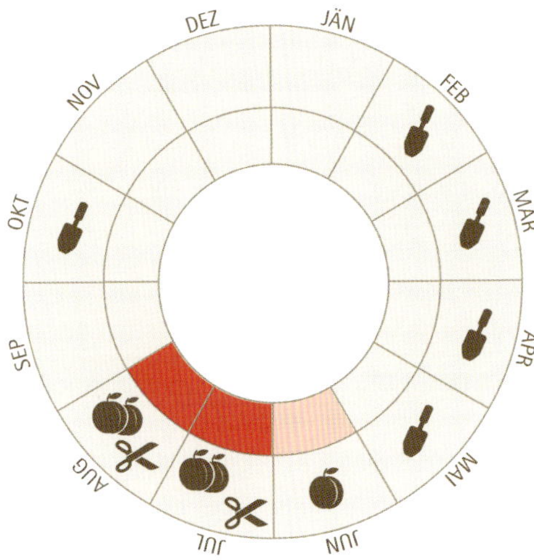

Wo Marillen gerne wachsen

Marillen brauchen – wie in ihren Herkunftsregionen, den Bergregionen Chinas, besonders rund um Peking – ein trockenes und heißes Klima. Daher gedeihen sie bei uns im Weinbauklima besonders gut. Für freistehende Bäume muss die Jahresdurchschnittstemperatur über 9 °C liegen. Niederschläge über 800 mm pro Jahr vertragen die Bäume schlecht. Darüber hinaus ist die frühe Blüte der Marillen sehr anfällig für Spätfröste. In kühleren oder rauen Lagen überleben die Bäume zwar durchaus über Jahre, die Blüte und damit auch die Ernte werden aber meistens durch Nachtfröste während der Blütezeit zerstört. Die heikle Phase ist dabei während der Blüte und kurz danach. Einige Tage später ertragen die jungen Früchte schon einige Minusgrade. Besteht Frostgefahr zur Blütezeit, können kleine Bäume abgedeckt werden. Im Erwerbsobstbau werden die Bäume mit feinem Sprühnebel beregnet. Beim Gefrieren des Wassers auf der Blüte gibt es Wärme ab und schützt sie so. Beregnet muss unbedingt so lange werden, bis das Eis am nächsten Morgen wieder abgeschmolzen ist.

In kühleren und regenreicheren Regionen gedeihen Marillen noch als Spalierbaum an überdachten, ost- oder westseitigen Wänden. Hier stehen sie meistens auch recht trocken, was ihnen ebenso behagt wie die Wärme, die die Hauswand nächtens abstrahlt. Auf der Südseite wird die Winterruhe zu früh gebrochen, die Bäume blühen noch früher und sind erst recht anfällig auf Spätfröste. Auch Standorte, die erst ab April von der Sonne beschienen werden, sind gut geeignet. So können Marillen weit über die klassischen Marillengebiete hinaus kultiviert werden.

Der Baum braucht durchlässige, trockene und nährstoffarme Böden, sonst wächst er zu triebig und ist dann holzfrostempfindlich. Schwere, lehmige Böden sind für Marillen ungeeignet und führen meist zu einem baldigen Absterben des Baums. Neben der Wärme braucht die Marille von der Blüte bis zur Fruchtreife viel Sonne. In Gebieten mit intensivem Sonnenschein kann die Marille auch noch in kühleren Lagen kultiviert werden (Jahresdurchschnittstemperaturen von 8 °C). Anhaltender Regen in der Blütezeit führt zu einem sehr schlechten Fruchtansatz. Hingegen sind trockene Winde für einen gesunden Marillenbaum und eine gute Ernte förderlich: Sie verringern das Risiko von Spätfrösten, und die Früchte trocknen rascher ab. Marillenbäume sind, wenn sie in totaler Winterruhe sind, sehr frostfest. Allerdings haben die Bäume eine sehr kurze Winterpause, der Saftstrom

Wenn sich die Früchte bereits beginnen zu entwickeln, sind sie weniger empfindlich auf Spätfröste als zur Blütezeit.

In regenreichen Regionen wachsen Marillen am besten unter vor Feuchtigkeit schützenden Vordächern.

In Zentralasien, dem Ursprungsgebiet der Marille, wachsen die Bäume auf steilen Felshängen.

beginnt bei milden Wintertemperaturen rasch wieder zu fließen, und ab diesem Zeitpunkt sind die Bäume frostempfindlich.

Wenn möglich, sollten Marillenbäume nicht auf nach Süden oder Südosten gerichteten Hängen gepflanzt werden, um eine zu frühe Blüte zu verhindern. Eine Ausnahme sind Hänge, die erst am April besonnt werden. Im Weinbaugebiet sind die besten Anbauflächen leicht nach Norden ausgerichtete Flächen mit lockeren, warmen Böden, die ein spätes Austreiben und Blühen gewährleisten. Unbedingt zu meiden sind Kaltluft-Staulagen (Senken, Hangfuß).

Der niederösterreichische Pomologe Josef Löschnig untersuchte in den 1950er Jahren die Bodenverhältnisse in alten Marillenbaumbeständen (60 Jahre und älter) und kam zu dem Schluss, dass Marillenbäume auf kalkhaltigen Böden (3–15 % Kalkgehalt) besonders alt werden, → Kapitel „Einen Obstgarten planen und anlegen", Seite 10f.

Bestäubung

Die meisten Marillensorten sind selbstfruchtbar und brauchen keine Bestäubersorte. Es gibt auch Ausnahmen: zum Beispiel die ‚Frühmarille aus Kittsee', die zur Bestäubung auf den Pollen einer anderen Marillensorte angewiesen ist. Am besten beim Einkauf der Pflanzen bei der Baumschule nachfragen. Alle Marillen sind auf die Bestäubung durch Wild- und Honigbienen angewiesen. Durch die frühe Blüte und die damit verbundenen oft tiefen Temperaturen, bei denen Honigbienen noch nicht fliegen, ist der Fruchtansatz in manchen Jahren schlecht. Ein natürliches Gartenumfeld fördert Wildbienen, die auch schon bei tieferen Temperaturen bestäuben, und sichert den Ertrag, → Kapitel „Obstgehölze vermehren", Seite 163.

Marillen tragen meist bereits 3–6 Jahre nach der Pflanzung und jährlich, so das Blühwetter passt. Erfahrungsgemäß kann aber nur in wirklich warmen Lagen auch jährlich geerntet werden. In allen anderen Gebieten fallen die Ernten frostbedingt mindestens alle drei oder vier Jahre aus.

Erziehungsform

Marillenbäume werden in der Regel veredelt. Bei selbstfruchtbaren Sorten ist auch eine Vermehrung über Kerne möglich. Die daraus entstehenden Bäume tragen meist recht ähnliche Früchte wie der Mutterbaum, diese können aber auch bitter oder trocken werden (→ Kapitel „Obstgehölze vermehren", Seite 169ff.).

Immer häufiger wird bei Marille eine Hohlkrone erzogen, da diese nach Tau oder Regen rasch

Wildbienen im Garten fördern den Ertrag, da sie teilweise auch bei ungünstiger Witterung fliegen und die Blüten bestäuben.

Das „Schlagtreffen der Marille" (Apoplexie) führt zum plötzlichen Absterben des Baumes. Die Ursache ist meist ein winziges Bakterium (Phytoplasma).

abtrocknet und die Früchte gut besonnt werden. Es ist aber auch eine Pyramidenkrone möglich. Marillen sind gut für Spalier geeignet (→ Kapitel „Obstbäume richtig schneiden", Seite 122ff.).

Unterlagen

Arteigene Marillenunterlagen sind nur für warme, leichte, durchlässige Böden geeignet. Für schwere und mittlere Böden und für kühlere Gebiete eignen sich Zwetschkenunterlagen besser. Marillen sind tendenziell etwas robuster, wenn sie hoch, direkt unterhalb des Kronenbeginns, veredelt werden (→ Kapitel „Obstgehölze vermehren", Seite 169ff.).

Pflanzung und Pflanzabstände

Aufgrund der Frostempfindlichkeit sollten Marillen im Frühling, im März bis April, gepflanzt werden. Sie können sich dann das Jahr über an den neuen Standort gewöhnen, bevor der Winter kommt. In winterwarmen Lagen kann auch im Herbst gepflanzt werden. Ab Mitte April können Marillenbäume nur noch als Topfware gepflanzt werden (→ Kapitel „Einen Obstgarten planen und anlegen", Seite 10ff.).

Marillenbäume auf Sämlingsunterlagen benötigen einen Pflanzabstand von 8–10 m, Buschbäume einen Abstand von 3–4 m.

Pflanzengesundheit

An vielen Standorten fühlen sich Marillenbäume nicht wohl und sterben dann nach ein paar Jahren ab. Häufig wachsen sie anfangs gesund, werden dann aber krankheitsanfällig, sobald sie ins Fruchten kommen. Teile der Krone oder der ganze Baum sterben oft „wie vom Schlag getroffen" plötzlich ab. Die Gründe für dieses „Schlagtreffen" sind vielfältig und oft kommen mehrere Aspekte zusammen. Ungünstiger Boden oder zu kühles Klima schwächt den Baum und er wird anfällig auf Krankheiten. Falscher Schnitt im Winter kann dann der Auslöser für das Absterben sein.

Eine wesentliche Rolle beim Absterben dürfte auch die Europäische Steinobstvergilbung (ESFY) spielen. Diese Phytoplasmen-Krankheit (→ „Pflanzengesundheit im Obstgarten", Seite 149ff.) ist nicht bekämpfbar und wird unter anderem durch Vermehrungsmaterial verschleppt. Marillenbäume sollten daher nur bei der Baumschule Ihres Vertrauens gekauft werden.

Monilia ist die bedeutendste Krankheit bei Steinobst und kann zu starken Ertragseinbußen führen. Von Bedeutung ist auch die Viruskrankheit Scharka (→ Kapitel „Pflanzengesundheit im Obstgarten", Seite 149).

Monilia ist die bedeutendste Krankheit bei Marille und führt bei der Blüte zum Absterben der Triebspitzen und im Sommer zum Faulen der Früchte. Befallene Früchte sofort pflücken, da sonst die benachbarten Früchte infiziert werden.

Marillen wachsen von Natur aus sehr breit und müssen regelmäßig zurückgeschnitten werden, um Astbruch zu vermeiden.

Schnitt

In der Erziehungsphase wird im März geschnitten, danach nur im Sommer, praktischerweise nach der Ernte bis Mitte August. Marillen vertragen Schnitt schlecht, daher sollten die Wunden so klein als möglich gehalten werden. Da das Holz sehr bruchgefährdet ist und die Bäume gleichzeitig sehr breit wachsen, müssen die Äste regelmäßig etwas eingekürzt werden, um Astbruch zu verhindern.

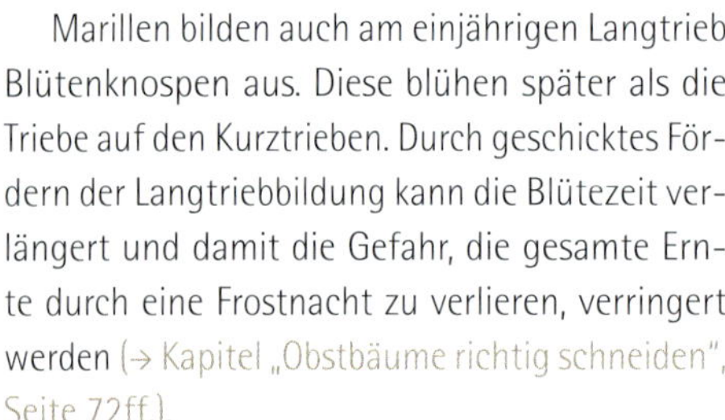

Marillen bilden auch am einjährigen Langtrieb Blütenknospen aus. Diese blühen später als die Triebe auf den Kurztrieben. Durch geschicktes Fördern der Langtriebbildung kann die Blütezeit verlängert und damit die Gefahr, die gesamte Ernte durch eine Frostnacht zu verlieren, verringert werden (→ Kapitel „Obstbäume richtig schneiden", Seite 72ff.).

Reife und Ernte

Die meisten Marillensorten reifen über einen längeren Zeitraum und müssen mehrmals beerntet werden – vor allem Sorten, die zur Reife hin schnell weich werden, wie die ‚Klosterneuburger Marille', die ‚Ungarische Beste' oder ‚Bergeron'. Die alten Marillen-Sorten, die wir für den Anbau empfehlen, reifen am Lager nicht mehr nach, um das volle Aroma zu genießen, müssen sie daher vollreif gepflückt werden.

Harzfluss bei Marille dient dem Wundverschluss und ist meist unproblematisch.

Der „Zistl" ist der traditionelle Erntekorb in der Marillenregion Wachau.

Sorten

Für den Hausgarten gibt es einige bewährte ältere Sorten, die sehr aromatisch, aber kaum transport- oder lagerfähig sind. Neuere Sorten sind besser haltbar, allerdings geht das oft zu Lasten des Geschmacks. Da Marillen früher auch über Samen vermehrt wurden oder zufällig aufgingen, sind die Sorten oft nicht ganz einheitlich, man spricht von Sortenschwärmen. Die Ananasmarille etwa ist so ein Sortenschwarm – es gibt bessere und schlechtere Typen. Welchen Baum man in der Baumschule bekommt, ist da meist dem Glück überlassen. Sollten Sie daher bereits einen schmackhaften Baum besitzen oder kennen, empfiehlt es sich, in einer Baumschule von einem Edelreis dieses Altbaumes einen jungen ziehen zu lassen. Das ist zwar etwas teurer, aber dafür haben Sie dann exakt die gleichen Früchte. Heute werden laufend neue Sorten für den Erwerbsobstbau gezüchtet. Roland Schreiber, der in Poysdorf im Weinviertel eine Obstbaumschule betreibt und sich auf Steinobst und Erwerbsobstsorten spezialisiert hat, kultiviert über 150 verschiedene Sorten, die über drei Monate verteilt reifen (www.schreiber-baum.at). Viele seltene, alte Sorten sind in der Wachauer Baumschule erhältlich (www. wachauer-baumschule.at).

Empfehlenswerte Marillensorten

Sorte	Fruchteigenschaften	Reife (im Weinbauklima)	Wuchseigenschaften
‚Frühmarille aus Kittsee'	kleine, hellgelbe, aber sehr aromatische Früchte	Anfang Juli (wird rasch überreif)	blüht sehr früh, braucht Befruchtungspartner, da selbstunfruchtbar
Ananasmarille (Sortenschwarm)	hellgelbe bis orange-gelbe Frucht, sehr guter Geschmack, wird überreif mehlig	Mitte Juli	mittelfrühe Blüte, in Tirol häufig als Spalierbaum an Hausmauern
‚Ungarische Beste' (nahe verwandt: ‚Klosterneuburger Marille')	süßsäuerlich, aromatisch, besonders gut für Marmelade, da sich das Aroma erst beim Einkochen voll entfaltet, etwas lager- und transportfähig, wird nicht mehlig	Mitte bis Ende Juli	mittelfrühe und lange Blüte, mittlere, aber regelmäßige Erträge, etwas widerstandsfähiger gegen Kälte als andere Sorten
‚Aprikose von Nancy'	groß, hellorangegelb, sonnseits rot, Fruchtfleisch saftig, angenehm süß-säuerlich, aromatisch	Mitte Juli	mittelfrüh, trägt sehr zuverlässig in warmen Lagen, Baum robust
‚Ambrosia'	groß, licht- bis sattgelb, sonnseitig rot, Fruchtfleisch hellgoldgelb, saftig, von melonenartigem Geschmack, aromatisch, gut transportfähig	Ende Juli	Blüte früh, ziemlich widerstandsfähig, fruchtet regelmäßig und reich, recht robust
‚Gelbe Wachauer Marille' (= ‚Altwachauer')	sehr aromatisch, grünlich-gelbe bis hellgelbe Früchte, sehr gut geeignet für Marmelade, lagerfähig, aber druckempfindlich	Ende Juli	mittelfrühe Blüte, hohe Erträge und mittlere Ertragssicherheit

Sorte	Fruchteigenschaften	Reife (im Weinbauklima)	Wuchseigenschaften
‚Bergeron'	orange mit rötlicher Deckfarbe, lager- und transportfähig, neuere Sorte, etwas trocken und mäßig aromatisch	Anfang bis Mitte August	sehr ertragreich, ertragssicher, da sie nach Spätfrösten nachblüht, bedingt für den Hausgarten geeignet, da ausgedünnt werden muss, anfällig für plötzliches Absterben
‚Tiroler Spätblüher'	groß bis mittelgroß, gelb, sonnseits intensiv orangerot gefärbt, Fruchtfleisch sehr süß	Mitte bis Ende August	Die Sorte kommt von 1.600 m Seehöhe in Tirol, es ist unklar, ob es eine andere bekannte Sorte ist. Sie soll aber 1 bis 2 Wochen später blühen als andere Sorten.
‚Kecskemeter Rosenmarille'	süß, besonders gut für Kompott und Marmelade, gut vom Boden zu ernten, da sehr fest	Mitte August	späte Blüte, selbstfruchtbar, mittlere, aber regelmäßige Erträge

Weitere Bezugsquellen für Marillenbäume finden sich im → Serviceteil, Seite 521f. Hilfe bei der Sortenwahl bietet auch die Website www.meine-obstsorte.at.

Tipps von Arche Noah-GärtnerInnen

Plädoyer für alte Sorten

„Wir empfehlen für den Hausgarten die alten Marillensorten. Im Gegensatz zu den neuen müssen sie im Juni nicht ausgedünnt werden. Sie sind daher weniger pflege- und arbeitsintensiv. Zudem bieten sie einen weiteren Vorteil: Wenn sie reif aussehen, sind sie auch reif. Das ist bei vielen neueren Sorten nicht der Fall, die dann noch 2–3 Wochen brauchen."

Martin Spindler und Angelika Schranzhofer, www.wachauer-baumschule.at

Besondere Marillen

Vereinzelt bieten Baumschulen Marillen an, die von den gewohnten Früchten abweichen. Unter Namen wie „Marille aus Ladakh" oder „Hunzamarille" sind Bäume aus zentralasiatischen Herkünften erhältlich, die kleine, sehr süße Früchte tragen, die sich besonders gut zum Trocknen eignen. Die Bäume sind sehr frosthart, blühen allerdings auch nicht später als das gängige Sortiment. Da sie sehr regenempfindlich sind, brauchen sie unbedingt einen trockenen Standort, am besten als Spalier unter einem Dachvorsprung.

Haben Marillen eine süße Mandel im Steinkern, kann sie gegessen werden. Auch Eichhörnchen und andere Tiere lieben sie und knacken die Kerne.

Die kleinfrüchtigen Marillen aus Asien sind sehr süß, vertragen aber Regen sehr schlecht.

Eine andere Rarität ist die ‚Alexandrinische Schwarze Marille' oder ‚Biricoccolo' genannt. Dabei handelt es sich um eine natürlich entstandene Kreuzung zwischen Marille *(Prunus armeniaca)* und Kirschpflaume *(Prunus cerasifera)*. Erwähnt wurde die Biricoccolo 1755 erstmals in Europa unter dem Namen ‚Aprikose violett', später wurde sie unter den Namen ‚Schwarze Aprikose' oder ‚Papst-Aprikose' verbreitet. Heute wird sie vor allem in Kaschmir, Russland, Südwest-Asien, Italien und Frankreich kultiviert.

Ihr Vorteil liegt in der größeren Widerstandsfähigkeit gegenüber Winterkälte und Blütenfröste, was sie für kühlere Standorte, wo die Marille nicht oder nicht mehr sicher gedeiht, interessant macht. Die Bäume ähneln dem Wuchs der Marille, wobei sie wesentlich filigraneres Fruchtholz haben. Manche Sorten neigen zu buschförmigem Wuchs. Die Sorten sind weitgehend selbstunfruchtbar und brauchen zur Bestäubung eine andere Biricoccolo-Sorte, eine Marille oder eine Kirschpflaume. Sie dürften nicht oder kaum anfällig gegenüber Monilia sein.

Die Früchte sind mehr oder weniger rund und haben ein durchschnittliches Gewicht von 25 bis 45 Gramm. Die Haut ist leicht filzig und oft dunkelrot gefärbt. Sie duften nach Marille, der Geschmack liegt zwischen Marille und Kirschpflaume. Sie sind saftig, meist steinlösend, intensiv gelb-rot gefärbt und schmecken süß-säuerlich mit etwas Marillenaroma. Die Reifezeit liegt zwischen Juli und Anfang August.

Links:

www.agrumi-voss.de (unter Sonstiges)
http://pflanzenspezl.de

In Asien werden Marillen traditionell getrocknet …

… und wie die gezuckerten Kerne auf Märkten verkauft.

Verwendung

Für alle alten Marillensorten gilt: Sie müssen so rasch wie möglich verarbeitet werden, idealerweise noch am Tag der Ernte. Die meisten alten Marillensorten sind nicht so lager- und transportfähig wie neuere Sorten (was sie auf dem kurzen Weg vom Garten in die Küche auch nicht sein müssen). Die Sorten ‚Ungarische Beste' und ‚Klosterneuburger' haben eine gute Haltbarkeit von einigen Tagen und sind auch transportfähig. Wer einmal zu viele Marillen erntet (das kann in manchen Jahren durchaus der Fall sein) und keine Möglichkeit zum Schnapsbrennen hat, dem sei als Konservierungsmethode das Dampfentsaften der Früchte empfohlen. Klassisch werden Marillen auch zu Marmelade verarbeitet (→ Kapitel „Obst konservieren", Seite 228). Auch die Verarbeitung zum – äußerst aromatischen – Marillenessig ist möglich.

Die Sorten eignen sich unterschiedlich gut für die Verarbeitung. Eine besonders gute Marmeladen-Marille ergibt die ‚Ungarische Beste', die sehr gut geliert. Ihr Marillenaroma tritt erst nach dem Einkochen stark hervor und sie gilt in Fachkreisen als der Maßstab für alle anderen Sorten. Ebenso sehr gut zum Einkochen eignen sich die ‚Gelbe Wachauer' und die ‚Kecskemeter Rosenmarille'.

Die Steine der meisten Marillensorten sind süß und können wie Mandeln gegessen werden. Dazu die Kerne aufknacken oder mit Steinen aufschlagen. Die Kerne kann man roh oder geröstet genießen. Bittere Kerne dürfen keinesfalls verzehrt werden.

Literatur

- Schreiber, R. (2008). *Marillen für den Hausgarten.* Wien: Österreichischer Agrarverlag.
- Wurm, L. et al. (2002). *Marillen/Aprikosen. Anbau. Pflege. Verarbeitung.* Wien: Österreichischer Agrarverlag.
- Viele weitere Sortenbeschreibungen finden Sie auf der Homepage des Vereins Arche Noah: www.arche-noah.at.
- Die Ortsgruppe Lemgo im BUND NW e. V. betreibt eine umfangreiche Datenbank mit Sortenbeschreibungen aus historischer Literatur: www.obstsortendatenbank.de.

a) **‚Ungarische Beste'**
b) **‚Kecskemeter Rosenmarille'**
c) **Ananasmarille**
d) **‚Frühmarille aus Kittsee'**
e) **‚Klosterneuburger'**
f) **‚Bergeron'**

Pfirsich und Nektarine

Pfirsichbäume sind anspruchsvolle Pflanzen, die warme Lagen benötigen.

- *Prunus persica* – Rosengewächse
- braucht warmes Klima (Weinbauklima) , sonst an geschützten Orten pflanzen (Innenhof, ost- oder westseitiges Wandspalier)
- braucht lockere, durchlässige und ausreichend feuchte Böden, kalkempfindlich
- liebt offenen Boden, großzügige Baumscheiben anlegen
- Pflanzung bevorzugt im März wegen Frostempfindlichkeit
- jährlicher Schnitt rund um die Blüte notwendig (Ausnahme Weingartenpfirsich)
- Ernte je nach Sorte und Standort zwischen Mitte Juli und Ende September
- für den Hausgarten besonders interessant: wurzelechte Sorten/ Weingartenpfirsiche
- Weißfleischige Sorten sind robuster als gelbfleischige.
- Die meisten Sorten sind selbstfruchtbar.
- erste Ernte nach 2–3 Jahren
- 2–3 Pflanzen decken den Bedarf für eine Familie.

Pfirsiche zählen zu den besonderen Gustostückerln aus dem Garten. Obwohl sie sehr wärmebedürftig sind, gelingt es immer wieder, einzelne Sorten in raueren Lagen zu kultivieren. Die Bäume müssen jedes Jahr stark geschnitten werden. Und zwar im Frühling, wenn die Blüten schon leicht aus der Knospe schauen.

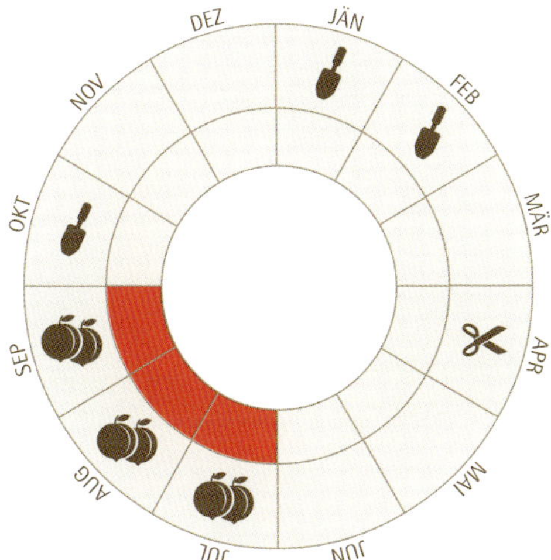

Wo Pfirsiche gerne wachsen

Der Pfirsichbaum gedeiht am besten im Weinbauklima, da er mäßig frosthart und empfindlich gegenüber Spätfrösten ist. Während der Vegetationsperiode sollte es nur wenig regnen, da die Früchte empfindlich auf zu viel Nässe sind. In feuchteren Regionen sollten sie als Spalier unter einem Dachvorsprung gepflanzt werden. Um ein zu frühes Austreiben zu verhindern, dafür die Ost- oder Westwand wählen (→ Artenporträt Marille, Seite 358). Sie sind weniger empfindlich auf Spätfröste während der Blüte als Marillen, bei Temperaturen unter -3 °C während der Blüte kommt es aber zu einem Totalausfall.

Pfirsichbäume brauchen lockere, durchlässige, ausreichend feuchte und nährstoffarme Böden, lehmige Sandböden sind ideal. Sie lieben offenen Boden unter der Krone, es sollte daher eine großzügige Baumscheibe angelegt werden, die aber durchaus gemulcht oder mit Gemüse und Kräutern bepflanzt sein kann. Knoblauch hat gleichzeitig eine gesunderhaltende Wirkung auf die Früchte. Empfindlich reagieren die Bäume auf zu hohen Kalkgehalt im Boden; mit der richtigen Unterlagswahl kann hier etwas Abhilfe geschaffen werden.

In den Weinbaugebieten Österreichs und Deutschlands wurden Pfirsichbäume traditionell im Weingarten kultiviert. Verwendet wurden hier sogenannte „Weingartenpfirsiche". Diese weißfleischigen Typen sind kleiner und robuster als die gelbfleischigen „Gartensorten". Vermehrt wurden sie immer über Kerne, die einfach in den Boden gelegt wurden, dadurch entstand eine Vielzahl unterschiedlicher Typen, die heute großteils verschwunden sind.

Pfirsiche lieben offenen Boden und wurden deshalb oft in Weingärten gepflanzt.

Pfirsiche können auch über Samen vermehrt werden, dazu die Kerne entweder gleich in die Erde stecken oder im Sandbett den Winter über im Keller lagern.

Wahre Fruchttriebe haben Drillingsknospen mit zwei Blüten- und dazwischen einer Blattknospe. Sie bringen die beste Fruchtqualität und werden gefördert.

Wer außerhalb des Weinbauklimas Pfirsiche kultivieren will, dem seien diese Weingartenpfirsiche ans Herz gelegt. In kühleren, nicht spätfrostgefährdeten Lagen gedeihen sie durchaus, auch wenn sie nicht alt werden. Folgende Vorgehensweise hat sich vielfach schon bewährt. Wenn Sie Früchte von Ihrem ersten Baum ernten, drücken Sie einige Kerne nach dem Genuss kreisförmig rund um den Baum in den Boden, einige werden austreiben und wachsen. Das machen Sie jedes Jahr, wenn Sie Früchte haben. Nach einigen Jahren wird der erste Baum absterben, da das kühle Klima zu stressig für ihn ist. Dann haben Sie aber schon die nächste Generation.

Bestäubung

Pfirsiche sind selbstfruchtbar und können daher auch als Einzelbaum gepflanzt werden. Für die Bestäubung brauchen sie Bienen. Die Ernte setzt sehr schnell bereits nach zwei bis drei Jahren ein und ist, so nicht ein Spätfrost die Blüte schädigt, jährlich hoch.

Wegen des hohen Wärmebedarfs zum Ausreifen werden Pfirsichbäume als Hohlkronen gezogen.

Erziehungsform

Pfirsiche werden in der Regel als Hohlkronen erzogen oder als Wandspalier. Sie bleiben generell kleiner als andere Baumobstarten und erreichen eine Höhe von 3 bis 4 Metern. Durch den notwendigen jährlichen Schnitt bei den „Gartenpfirsichen" sind die Bäume normal kleiner (→ Kapitel „Obstbäume richtig schneiden", Seite 72ff.).

Vermehrung und Unterlagen

Weingartenpfirsiche werden traditionell über Kerne vermehrt. Alle „Gartensorten" (Edelsorten) werden veredelt, obwohl auch bei ihnen aus Kernen gezogene Bäume meist schmackhafte Früchte bringen. Auf kalkarmen, warmen und leichten Standorten gilt der Pfirsichsämling als beste Unterlage. Auf trockenen und kalkreichen Stand-

Auch Nektarinen können über Kern vermehrt werden und sind dann teilweise recht robust wie dieser Sämling auf über 600 m Seehöhe.

orten werden Mandeln oder Pfirsich-Mandel-Kreuzungen als Unterlage verwendet, auf schweren Böden Pflaumen. Wenn möglich, beziehen Sie das Bäumchen bei einer lokalen Baumschule, die die Bodenverhältnisse der Region gut kennt. Fragen Sie jedenfalls nach, auf welche Unterlage der Baum veredelt wurde (→ Kapitel „Obstgehölze vermehren", Seite 169ff.).

Pflanzung und Pflanzabstände

Pfirsichbäume sollten nur im Frühling gepflanzt werden. Herbstpflanzungen überleben oft den ersten Winter nicht. Pflanzabstand 4–5 Meter.

Pflanzengesundheit

Pfirsichbäume werden grundsätzlich nicht sehr alt – im Gegensatz zu Apfel- oder Birnbäumen. Nach 15 bis 20 Jahren vergreist ein Pfirsichbaum. Daher: rechtzeitig für Nachwuchs sorgen. Junge Bäume tragen bereits nach zwei bis vier Jahren.

Eine „Standardkrankheit" des Pfirsichbaums ist die Kräuselkrankheit: Die Blätter sind bei einem starken Befall bereits beim Austrieb stark gekräuselt und rot gefärbt. Schließlich vertrocknen die Blätter und fallen ab. Im Juni/Juli treibt der Baum zwar dann noch einmal aus, bleibt aber sehr geschwächt und trägt im Folgejahr nicht oder kaum. Ein starker Befall führt ohne Behandlung meist innerhalb weniger Jahre zum Absterben.

Weingartenpfirsiche sind unterschiedlich anfällig auf Kräuselkrankheit, oft haben sie nur einen geringen, tolerierbaren Befall. Sollte ein Weingartenpfirsich sehr anfällig sein, lohnt die Überlegung, ihn gleich wieder durch einen neuen zu ersetzen (→ Kapitel „Pflanzengesundheit im Obstgarten", Seite 146).

Ohne jährlichen Schnitt vergreisen Pfirsiche rasch und tragen nur mehr wenige Früchte. Weingartenpfirsiche sind weniger schnittaufwändig.

Schnitt

Großfrüchtige „Gartenpfirsiche" zählen zu den schnittintensivsten Obstarten. Da das Fruchtholz schnell vergreist, müssen sie jedes Jahr stark geschnitten werden. Ungeschnitten verkahlen sie rasch und tragen dann keine Früchte. Der ideale Schnittzeitpunkt ist rund um die Blüte. Weingartenpfirsiche sind weniger aufwändig und werden alle paar Jahre ausgelichtet. Der Pfirsichschnitt unterscheidet sich von dem anderer Obstbaumarten. Eine Anleitung finden Sie im → Kapitel „Obstbäume richtig schneiden", Seite 92.

Reife und Ernte

Die Reife erstreckt sich je nach Sorte zwischen Mitte Juli und Ende September. Typisch für Frühsorten ist ihre meist fehlende oder schlechte Steinlöslichkeit, wobei neuere Sorten diese Eigenschaft bedeutend weniger zeigen. Generell sind später reifende Sorten aromatischer als Frühsorten. Weingartenpfirsiche sind Ende August/Anfang September erntereif. Pfirsiche reifen nicht alle auf einmal, die Ernte erstreckt sich etwa über eine bis zwei Wochen. Gepflückt werden sie, wenn sie beginnen weich zu werden. Bei zu früher Ernte reifen sie nicht mehr vollkommen aus und entwickeln wenig Aroma. Wirklich aromatische Pfirsiche lassen sich daher nur im eigenen Garten ziehen oder frisch vom Bauern kaufen. Für den Handel müssen sie zu früh gepflückt werden, um den Transport zu überstehen. Pfirsiche sind sehr druckempfindlich und dürfen nicht übereinander gelagert werden.

Lagerung und Konservierung

Reife Pfirsiche sind kühl bis zu 2 Wochen lagerbar. Wenn Pfirsiche eingekocht werden, sollten sie keinesfalls überreif sein, da sie dann kaum noch Fruchtsäure enthalten und langweilig schmecken. Pfirsiche lassen sich sehr gut zu Marmelade, Chutneys, Musen und Kompott verarbeiten.

Pfirsiche können gut als Kompott eingekocht werden.

Plattpfirsiche sind eine Unterart, die häufig unter dem Begriff „Saturnpfirsich" im Handel ist.

Rotfleischige Pfirsiche werden meist als „Blutpfirsich" bezeichnet.

Weingartenpfirsiche sind weißfleischig.

Sorten

Der Pfirsich zählt zu den ältesten kultivierten Obstarten und wurde bereits vor 4.000 Jahren in China angebaut. Weltweit sind über 3.000 Sorten bekannt. Bei uns sind für den Hausgarten allerdings nur eine Handvoll Sorten erhältlich.

Pfirsiche werden in zwei Unterarten eingeteilt: in die echten, behaarten Pfirsiche und die etwas kleineren Glatt- oder Nacktpfirsiche, auch Nektarinen genannt. Nektarinen sind also keine Züchtungen, sondern sind durch spontane Mutation von behaarten Pfirsichen entstanden und waren in China schon vor 2.000 Jahren bekannt. Bei uns sind sie in den letzten Jahrzehnten durch eine stärkere Züchtungsarbeit bekannter geworden.

Es gibt weißfleischige Sorten und Sorten mit gelbem Fleisch. Bei den Nektarinen sind weißfleischige Sorten hellgelb. Ältere Sorten sind meist stärker behaart und bleiben oft kleiner. Bei Weingartenpfirsichen existieren noch rotfleischige Typen (Blutpfirsich).

Eine weitere Unterart sind Plattpfirsiche, die in den letzten Jahren unter Namen wie „Wildpfirsiche", „Bergpfirsiche" oder „Saturnpfirsiche" im Handel zu finden sind.

Pfirsichsorten lassen sich nach der Form der Blüte in zwei Gruppen teilen. Einige Sorten bilden kleine, unscheinbare Blüten (z. B. ‚Kernechter vom Vorgebirge'). Blühende Pfirsichbäume der anderen Gruppe sind durch die großen Blütenkronblätter eine Zierde.

Bezugsquellen für Pfirsichbäume finden sich im → Serviceteil, Seite 521f.

Empfehlenswerte Pfirsichsorten

Sorte	Frucht	Reife	Wuchseigenschaften und Krankheitsanfälligkeit
Weingartenpfirsich	grünlich-weiß, sehr gutes Pfirsicharoma, nicht so süß, typischerweise eher kleiner, teilweise stärker behaart, sehr variabel	je nach Typ ab Anfang August, meist ab Ende August bis Mitte September, hoher Ertrag, folgeartig reifend	wächst mittelstark, meist wenig bis mäßig anfällig gegenüber Kräuselkrankheit, recht robust, auch für kühlere Lagen bei geschütztem Standort
‚Poysdorfer Weingartenpfirsich'	groß, weißfleischig, typischer Weingartenpfirsich-Geschmack, grün-rote Schale	Mitte September	schwach bis mittelstark, sehr robust gegenüber Kräuselkrankheit, Mehltau, Winter- und Blütenfrost
‚Früher Roter Ingelheimer'	mittelgroß, grüngelb gefärbt mit roter Wange, weißfleischig, saftig, süß mit angenehmem Aroma, gut steinlösend, auch gut für Verarbeitung	Mitte bis Ende Juli	mittelstark, Ertrag setzt oft schon im Pflanzjahr ein, mäßig anfällig gegenüber Kräuselkrankheit, gestaffelte Blüte, daher weniger empfindlich gegenüber Spätfrösten, auch für kühlere Lagen, in Deutschland weit verbreitet und beliebt
‚Amsden'	mittelgroß, verwaschen dunkelrot, weißfleischig, saftig, ausgezeichneter Geschmack, bei Vollreife fast ganz steinlösend	Ende Juli bis Anfang August	alte Sorte aus 1872, wächst stark, robust gegenüber Kräuselkrankheit, gute Frosthärte, sehr fruchtbar, auch für ungünstigere Lagen
‚Jayhaven'	gelbfleischig, mittlerer Geschmack	Anfang bis Mitte August	robust gegenüber Kräuselkrankheit
‚Red Haven'	mittelgroß bis groß, leuchtend gelb, ausgeprägtes Pfirsicharoma, süß	Anfang bis Mitte August, etwas folgeartig	wächst mittelstark bis stark, anfällig für Kräuselkrankheit und Monilia, Holz nicht ganz frosthart (für den Hausgarten wenig geeignet, im Bio-Erwerbsanbau im pannonischen Gebiet die wichtigste Sorte)
‚Mireille'©	weißfleischig, dunkelrot gefärbt, groß, wohlschmeckend	Mitte August	wächst mittelstark, recht widerstandsfähig gegenüber Kräuselkrankheit und robust, trägt früh und reich
‚Pfälzer Glückskugel'	mittelgroß, gelbgrün und rot gefärbt, weißfleischig, saftig, süß, aromatisch	Mitte bis Ende August	wächst mittelstark, unempfindliche Blüten, auch für kühlere Lagen, nur mäßig anfällig auf Kräuselkrankheit, robust
‚Benedicte'	groß bis sehr groß, weißlich-grünes, saftiges und aromatisches Fruchtfleisch, für Frischgenuss und Konserve	Mitte August bis Anfang September	wächst stark, nur für Weinbaugebiete, hier kaum anfällig für die Kräuselkrankheit, etwas anfällig für Monilia, selbstfruchtbar, früh einsetzende und hohe Erträge

Sorte	Frucht	Reife	Wuchseigenschaften und Krankheitsanfälligkeit
‚Kernechter vom Vorgebirge' (= ‚Roter Ellerstädter')	grünlich-gelb bis gelb, saftig, gut steinlösend, schwaches Pfirsicharoma	Anfang bis Mitte September	wächst stark, stellt an Standort und Klima nur geringe Anforderungen, sehr gut für die Verarbeitung geeignet

Empfehlenswerte Nektarinensorten

Sorte	Frucht	Reife in Pfirsichwoche	Wuchseigenschaften und Krankheitsanfälligkeit
‚Stark Red Gold'	groß, gelb mit leuchtend roter Wange, gelbfleischig, süß, aromatisch, gut steinlösend	Mitte August	stark wachsend, unempfindliche Blüte, sehr winterhart
‚Nectared 6'	gelbfleischig, sehr guter Geschmack, lagerfähig, gut steinlösend	Mitte bis Ende August	reichtragend, wenn keine Kräuselkrankheit, anfällig für Kräuselkrankheit, nicht ertragssicher
‚Nektarose'	weißfleischig	Ende August/ Anfang September	reichtragend, für eine Nektarine widerstandsfähig gegenüber Frost und Kräuselkrankheit

Tipps von Arche Noah GärtnerInnen

Marille und Pfirsich im Waldviertel

„Ich baue seit einigen Jahren Pfirsiche und Marillen an. Bei uns im nördlichen Waldviertel (650 m Seehöhe, raues Klima und sandiger, saurer Boden) habe ich mit Pfirsichbäumen bislang mehr Erfolg als mit Marillen gehabt. Pfirsichbäume wachsen robuster. Wenn sie die Kräuselkrankheit haben, tragen sie im nächsten Jahr weniger, gehen aber nicht ein. Bei den Marillen habe ich die Erfahrung, dass sie in den ersten Jahren gut wachsen, sobald sie aber zu blühen beginnen, fangen auch die Probleme an."

Andreas Vogler, St. Martin im Waldviertel

a) **‚Red Haven'**
b) **Weingartenpfirsich**
c) **‚Benedikte'**
d) **‚Nectared 6'**
e) **‚Jayhaven'**
f) **‚Mireille©'**
g) **‚Poysdorfer Weingartenpfirsich'**

Pfirsiche sind sehr druckempfindlich und müssen vorsichtig geerntet werden.

Zwetschke, Pflaume, Mirabelle, Ringlotte/Reneklode, Kriecherl und andere Verwandte

Die Verwandtschaft der Zwetschken und Pflaumen umfasst eine Vielzahl verschiedener Formen. Da findet sich für jeden Garten etwas.

- *Prunus domestica* – Rosengewächse
- Die Gruppe der Pflaumen umfasst viele Unterarten.
- hohe Wärmeansprüche nur bei spätreifenden Sorten
- gedeihen in warmen wie auch kalten Lagen
- Spätfrostlagen wegen der frühen Blüte meiden
- bevorzugen ziehende Nässe (an Bächen), gedeihen aber auch an trockenen Standorten
- je nach Sorte und Unterart kleine bis große Bäume
- Manche Sorten und Unterarten sind selbstfruchtbar.
- Erste Ernten nach 6–10 Jahren, neue Sorten tragen sehr früh.
- Mirabellen und Ringlotten haben eine kurze Haltbarkeit und eignen sich für Frischkonsum oder für Marmelade.
- 3–4 Bäume decken den Bedarf einer Familie.

Zwetschken sollten in keinem Selbstversorgergarten fehlen. Sie können frisch gegessen oder verkocht werden und lassen sich sehr gut verarbeiten und einfach konservieren. Eine frische Lagerung ist nur bei Echten Zwetschken und Pflaumen über wenige Tage möglich. Ältere Sorten neigen zur Alternanz und tragen oft in einem Jahr überreich und im nächsten kaum. Die frühe Blüte ist empfindlich gegenüber Spätfrösten.

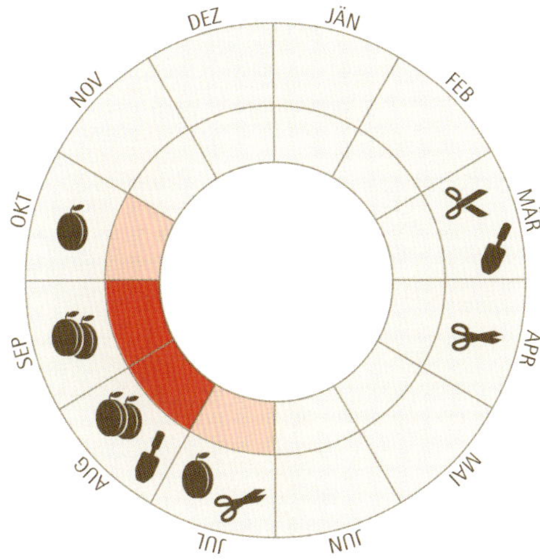

Wo Zwetschken gerne wachsen

Die Zwetschken sind von ihren klimatischen Bedürfnissen recht anspruchslos. Sie gedeihen sowohl in heißen Lagen wie auch in kühlen Gebirgsregionen. Dort reifen allerdings spätreifende Sorten nicht mehr aus. Spätfrostlagen sollten wegen der frühen Blüte gemieden werden, da an solchen Standorten selbst bei spätblühenden Sorten die Ernte regelmäßig durch Blütenfrost ausfällt. In regenreichen Gebieten stellt Fruchtmonilia ein Problem dar.

Auch an den Boden sind sie ziemlich anpassungsfähig. Bevorzugt werden aber Böden mit ziehender Nässe, also etwa entlang eines Baches. In feuchten Böden gedeihen sie von den Obstarten noch am ehesten, sind aber bei stauender Nässe kurzlebig. Zwetschken gedeihen aber auch auf trockenen Standorten.

Bestäubung

Einige Sorten sind selbstfruchtbar, viele selbstunfruchtbar. Die weit verbreiteten Hauszwetschken sind selbstfruchtbar, eignen sich allerdings nur bedingt als Bestäuber. Stimmt der Blütezeitpunkt überein, eignen sich auch Schlehen. Kirschpflaumen sind potentielle Bestäuber, blühen aber meist früher. Auch bei selbstfruchtbaren Sorten erhöht sich der Fruchtansatz durch einen Fremdbestäuber.

Häufig blühen Zwetschkenbäume stark, tragen aber keine Früchte. Das kann mehrere Ursachen haben. Erstens: Der Baum ist noch zu jung zum Fruchten. Manche Sorten scheinen in jungen Jahren eine genetische Hemmung der Fruchtbildung zu besitzen. Besonders bei Hauszwetschken kann es bis zu 15 oder gar 20 Jahre dauern, bis sich die ersten Früchte bilden. Zweitens: Die Sorte ist selbstunfruchtbar, und es steht keine geeignete Befruchtersorte in der Umgebung. In diesem Fall müssen Sie einen zweiten Baum setzen, der gleichzeitig mit Ihrer Sorte blüht, oder auf einem Ast Ihres Baumes eine zweite Sorte veredeln. Wer das Veredeln nicht beherrscht, kann auch blühende Zweige einer anderen Sorte in mit Wasser gefüllte Gefäße in den Baum hängen (auch von Schlehen oder Kirschpflaumen), das führt aber nur zu einer teilweisen Bestäubung. Drittens: Zur Blütezeit des Baumes flogen keine Bienen, weil das Wetter zu nass oder zu kalt war. Bienen fliegen erst bei +10 °C und bleiben bei wechselhafter Witterung im Umkreis des Bienenstandes. Gibt es attraktivere Futterangebote wie z. B. nahe gelegene Rapsfelder oder Löwenzahnwiesen, verzichten Bienen auf Obstgehölze mit ihrem vergleichsweise geringen Nektarangebot. Generell fördert es die Befruchtungsmöglichkeiten, wenn der Garten so bewirtschaftet wird, dass sich dauerhaft Insekten, vor allem Honigbienen, Hummeln und Wildbienen,

Der Spänling ist eine recht ursprüngliche Unterart, die besonders frosthart ist und sich daher für Gebirgslagen gut eignet.

Schlehen sind nahe mit Zwetschken verwandt und können sie auch bestäuben, vorausgesetzt, sie blühen zur selben Zeit.

Einige Zwetschkensorten sind selbstfruchtbar, andere brauchen eine zweite Sorte als Befruchter.

Sägewespen können zu einem Totalausfall der Ernte führen. Mit beleimten Weißtafeln können sie abgefangen werden.

Alte, ungepflegte Zwetschkenbäume tragen oft nur mehr im oberen Kronenbereich. Am aromatischsten sind die Zwetschken aber so und so, wenn sie von selbst vom Baum fallen.

dort aufhalten können (→ Kapitel „Obstgehölze vermehren", Seite 163). Ein vierter Grund könnte sein, dass die Blüten durch Spätfröste erfroren sind, und ebenfalls zu überprüfen ist fünftens, ob die Pflaumensägewespe am Werk war (→ Kapitel „Pflanzengesundheit im Obstgarten", Seite 156f.).

Erziehungsform

Zwetschken werden vielfach als Hochstämme oder Halbstämme gezogen. Da Zwetschken am aromatischsten sind, wenn sie reif vom Baum fallen, können auch große Kronen vollständig beerntet werden. Seit einigen Jahren sind auch Buschbäume auf schwachwüchsigen Unterlagen am Markt, die eigentlich für den Erwerbsobstbau gezüchtet wurden. Sie stellen hohe Ansprüche an die Wasser- und Düngerversorgung und sind für den Hausgarten nur bei entsprechend aufwändiger Pflege zu empfehlen.

Unterlagen

Es stehen verschiedene Zwetschkentypen als Unterlagen zur Verfügung. Manche der Sämlingstypen sind auch mittelstark wachsend (→ Kapitel „Obstgehölze vermehren", Seite 175).

Pflanzung und Pflanzabstände

Zwetschken können im Herbst oder Frühjahr gesetzt werden. Da sie eher schmal wachsen, reicht auch schon ein Pflanzabstand von 6 m. Größere Abstände fördern durch die bessere Durchlüftung aber die Pflanzengesundheit. Buschbäume werden mit einem Abstand von 3–4 m gepflanzt (→ Kapitel „Einen Obstgarten planen und anlegen", Seite 28).

Pflanzengesundheit

Einige Zwetschkensorten – leider allen voran die Hauszwetschken – sind sehr anfällig auf das **Scharka-Virus** (Pockenkrankheit). Die Krankheit führt zu Deformierungen der Frucht und diese wird ungenießbar. Befallene Bäume müssen gerodet werden, eine Heilung ist derzeit nicht möglich. Scharka ist die „bedeutendste" Viruserkrankung beim Steinobst, sie kann durch Blattläuse oder durch Kulturtechniken (Pfropfen, Schnitt) übertragen werden. Am besten lässt sich dem vorbeugen, indem man nur gesundes, virusfreies Pflanzgut verwendet und tolerante Sorten setzt. Tolerante Sorten können zwar befallen werden, haben auf den Früchten aber keine oder kaum Beeinträchtigungen (→ Kapitel „Pflanzengesundheit im Obstgarten", Seite 128ff.). Intensiv wird seit vielen Jahren versucht Sorten zu züchten, die resistent oder zumindest tolerant gegenüber dieser Krankheit sind.

Als wirklich resistent gilt derzeit nur die Sorte ‚Jojo'©. Die Früchte sind ausgesprochen süß und nicht sehr würzig. Daneben werden verschiedene geschmacklich interessante Sorten angeboten, die scharkatolerant sind. Das bedeutet, dass die Früchte kaum oder keine Symptome ausbilden. Für den Hausgarten besonders geeignet sind die Sorten ‚Hanita'©, ‚Toptaste'©, ‚Cacaks Schöne' oder als ausgesprochene Frühsorte ‚Katinka'©.

Auch einige der älteren Sorten gelten als scharkatolerant. Nur für warme Lagen geeignet ist ‚Ersingers Frühzwetschke'. Sehr widerstandsfähig sind auch ‚The Czar', ‚Wangenheims Frühzwetschke' und ‚Mirabelle von Nancy'.

Bislang ist es mit den modernen Sorten nicht gelungen, den Geschmack der Hauszwetschke zu erreichen. Leider ist gerade diese aber sehr anfällig auf Scharka. Durch breit angelegte Aussaaten von Kernen könnten auch hier Selektionen gefunden werden, die toleranter sind. Unterstützen kann jede und jeder HausgärtnerIn diese „Züchtung", indem an passenden Stellen im Garten Kerne von Hauszwetschken ausgesät werden. Diese Arbeit erfordert zwar jahrelange Geduld, aber Zwetschkenbäume werden sowieso besser für die Kinder und Enkelkinder gepflanzt.

Die ‚Mirabelle von Nancy' ist widerstandsfähig gegenüber der Viruskrankheit Scharka.

Monilia kann bei empfindlichen Sorten in regenreichen Jahren zu starker Fäulnis schon am Baum führen.

Bedeutende Schäden, vor allem bei hohen Niederschlägen übers Jahr, kann gebietsweise **Monilia** verursachen. Unter den Schädlingen sind der **Pflaumenwickler** und die **Pflaumensägewespe** manchmal lästig (→ Kapitel „Pflanzengesundheit im Obstgarten", Seite 156f.).

Schnitt

Zwetschken bilden oft keine ausgeprägten Leitäste, sondern mehrere gleichrangige, stark verzweigte Stämme, die im Außenbereich fein verzweigtes Fruchtholz tragen. Werden die Früchte aufgeklaubt, muss nicht viel geschnitten werden, regelmäßiges Auslichten und vereinzeltes Verjüngen von Fruchtästen reicht meist. Sollten die Früchte gepflückt werden, muss der Baum regelmäßig geschnitten werden, um den Ertrag in einer erreichbaren Höhe zu halten (→ Kapitel „Obstbäume richtig schneiden", Seite 72ff.).

Zwetschken tragen sehr viele Früchte. Moderne Sorten so viele, dass sie oft ausgedünnt werden müssen, damit die verbleibenden schmackhaft werden.

Der Bidling ist eine ursprüngliche Pflaumenunterart, die heute fast vollständig verschwunden ist.

Reife und Ernte

Nur wenn die Zwetschken am Baum ausreifen, entwickeln sie ihr volles Aroma. Zu früh gepflückte Früchte bleiben säuerlich und im Geschmack fad. Am besten klaubt man Zwetschken vom Boden auf, dazu kann man auch Planen oder Netze unter die Bäume breiten. Die Früchte reifen nicht einheitlich, sondern sukzessive über ein bis zwei Wochen. Wichtig ist, möglichst täglich alle Früchte aufzuklauben, auch beschädigte oder faule. Lässt man diese liegen, versammeln sich bald viele Wespen und das Aufsammeln der frisch herabgefallenen Früchte wird zu einem Spießrutenlauf. Auch für die Verarbeitung sollten stets nur vollreife Früchte verwendet werden. Die Früchte sind druckempfindlich und fangen rasch zu schimmeln und zu gären an. Sie müssen daher rasch verarbeitet werden. Um Marmelade herzustellen, können die Früchte von einigen Tagen auch eingefroren werden, um danach eine größere Menge auf einmal verarbeiten zu können.

Häufig werden moderne Sorten im Hausgarten zu früh geerntet, da sie bereits mehrere Wochen vor der Reife blau werden. Eine Eigenschaft, die vom Erwerbsobstbau gewünscht wird, da sie die Vermarktung über den Großhandel erleichtert. Werden die Früchte zu dieser Zeit bereits gegessen, schmecken sie allerdings sauer, trocken und geschmacklos. Erst wenn die ersten Früchte beginnen abzufallen und die Zwetschken sich leicht vom Stiel lösen, hat sich das volle Aroma entwickelt. Sehr reichtragende neuere Sorten müssen im Juni ausgepflückt werden, damit sie das volle Aroma entwickeln. Dazu mit der Hand überzählige Früchte wegbrechen. Pro Meter Fruchtholz sollten bei mittelgroßen Sorten nicht mehr als 30–40 Früchte hängen, bei sehr großen Sorten maximal 20–30. Wenn die Früchte in dichten Knäueln hängen, müssen auch diese ausgedünnt werden, selbst wenn weniger Früchte als angegeben pro Meter hängen.

Lagerung

Die Lagerung von Zwetschken ist bei einigen Sorten wenige Tage möglich, dazu müssen sie einzeln aufgelegt werden. Neuere Sorten können bis zu 8 Wochen gelagert werden, wenn sie bereits vorreif geerntet werden. Allerdings fehlt ihnen dann das Aroma, das sich auch nicht mehr entwickelt.

Sorten

Aus der Sicht der Pomologie ist die gesamte Gruppe der Pflaumen (*Prunus domestica*) sehr verwirrend. Zu ihr gehören die Echten Zwetschken (in Deutschland auch Zwetschgen oder Zwetschen genannt), die eher länglich und blau sind und steinlösend. Dann die Pflaumen, die verschiedene Farben haben können, eher rund und oft nicht voll steinlösend sind. Es gibt aber auch Sorten, die zwischen den beiden Typen liegen, die Übergänge sind fließend. Und dann gibt es noch eine Reihe von Unterarten: Ringlotten (in Deutschland Reneklоden), Mirabellen, Kriecherl, Spänlinge, Bidlinge und noch einige andere. Sie alle werden recht häufig unter dem Begriff „Zwetschken" zusammengefasst. Wird in diesem Kapitel von Zwetschken geredet, so ist immer die ganze Pflaumenverwandtschaft gemeint (→ Kapitel „Pomologie", Seite 270).

Die Namensvielfalt zeigt bereits, dass es viele unterschiedliche Formen gibt.
Echte Zwetschken sind längliche Früchte mit blauer Schale und gelbem Fruchtfleisch, das mehr oder minder gut vom Kern löst. Pflaumen sind oval, haben ein weicheres Fruchtfleisch und eine dünnere Fruchthaut und können unterschiedlich gefärbt sein, ihr Fleisch ist schwer vom Stein zu trennen. Renekloden (Ringlotten) sind rund und festfleischig, lösen sich schlecht vom Stein und schmecken süß. Mirabellen sind kleine, runde, gelbrote Früchte, die sich sehr gut vom Stein lösen. Spänlinge sind auf beiden Seiten zugespitzt, auch der Kern, und schmecken säuerlich-süß mit gutem Aroma. Auch sie sind meist nicht kernlösend. Kriecherl sind rund, angenehm säuerlich-süß und aromatisch.

Pflaumen haben ein weicheres Fruchtfleisch als Echte Zwetschken, sind oft bunt und meist schlecht kernlösend. Hier die Pflaume ‚Königin Viktoria'.

Bezugsquellen für Zwetschkenbäume finden sich im → Serviceteil, Seite 521f. Hilfe bei der Sortenwahl bietet auch die Website www.meineobstsorte.at. Die Legende zu den Klimaregionen finden Sie auf Seite 385.

Empfehlenswerte Zwetschkensorten

Sorte	Fruchteigenschaften	Reife	Wuchseigenschaften	Lage
‚Ersinger Früh-zwetschke'	mittelgroß, eiförmig, dunkelviolett, Fruchtfleisch gelbgrün, mäßig fest, saftig, süß, angenehmer Geschmack, für Frischverzehr, Kuchen, Marmelade und Schnaps	Mitte Juli bis Mitte August	reift folgend und kann über einen langen Zeitraum beerntet werden, scharkatolerant, Ertrag reich und frühtragend, neigt in feuchten Jahren zu Fäulnis, Blüte mittelfrüh	W, M
‚Katinka'®	klein bis mittelgroß, violettblau, Fruchtfleisch gelb-grün, süß, wohlschmeckend, gut steinlösend, für Frischverzehr und Kuchen (nässt nicht)	Mitte bis Ende Juli	neuere, robuste, scharkatolerante Sorte, selbstfruchtbar, regelmäßige, hohe Erträge, trägt sehr früh sehr stark, auf stabilen Kronenaufbau achten, nicht empfindlich auf Nässe, bei starkem Behang ausdünnen	W, M, K
‚Ontario-pflaume'	große, grünlich-gelbe Pflaume, sehr süß, saftig, etwas vorreif vorzüglich, vollreif rasch mehlig werdend	Ende Juli bis Mitte August	reichtragend und selbstfruchtbar, wenig scharkaanfällig, nicht ganz frosthart	W, M
‚The Czar'	mittelgroß, oval, duftend, dunkelblau bis violett, Haut etwas zäh, aber abziehbar, Fruchtfleisch goldgelb, steinlösend, sehr süß mit kräftiger Säure, saftig, aromatisch, Frischverzehr, für Kuchen etwas zu saftig	Ende Juli bis Anfang August	alte, sehr reichtragende Sorte, bei starkem Behang ausdünnen, selbstfruchtbar, scharkatolerant, leicht moniliaanfällig	W, M1

Sorte	Fruchteigenschaften	Reife	Wuchseigenschaften	Lage
‚Spänling' (‚Spilling')	gelb, oval, beidseitig zugespitzt, gelb oder blau, Fruchtfleisch gelb, säuerlich-süß, aromatisch, meist nicht kernlösend, für Edelbrand, Marmelade, Kuchen	Ende Juli bis Mitte August	eigene Unterart, sehr frosthart und robust, auch für raue Lagen, Spätfrostlagen meiden, Früchte nur vollreif verwenden, wenn sie zu Boden fallen, es gibt viele Typen	W, M, K, H1
‚Wangenheims Frühzwetschke'	mittelgroß, dunkelviolettblau, Fruchtfleisch gelb, süß, saftig, aromatisch mit milder Säure, Frischkonsum, Verarbeitung	Mitte bis Ende August	selbstfruchtbar, hohe Erträge, starkwachsend, besonders für Höhenlagen und Windlagen, bei starkem Behang ausdünnen	W, M1, K1, H
‚Mirabelle von Nancy'	kleine, rötlich-gelbe Frucht, süß und aromatisch, Frischkonsum, Brennen	Mitte bis Ende August	scharkatolerant, selbstfruchtbar, in der Blüte etwas empfindlich gegen Nässe und Frost, meist aber hohe Erträge	W, M
‚Königin Viktoria'	sehr große Pflaume, blass goldgelb gefärbt, an der Sonnenseite hellviolett bis rot, Fruchtfleisch gelb, saftig, süß und aromatisch, Frischverzehr	Mitte August bis Mitte September	robust, selbstfruchtbar, gute Erträge	W1, M
‚Graf Althans Ringlotte'	mittelgroße bis große, rosagelbe Frucht, angenehm aromatisch und süßsauer	Ende August bis Anfang September	geringe Ansprüche, aber für eine gute Fruchtqualität, geschützte Lagen, frostempfindlich	W, M, K
‚Hanita'®	große, dunkelblaue Zwetschke, guter, aromatischer Geschmack, für Frischverzehr und Verarbeitung, mäßig steinlösend	Ende August bis Anfang September	neuere, robuste, scharkatolerante Sorte, selbstfruchtbar, regelmäßige, hohe Erträge, trägt früh, auf stabilen Kronenaufbau achten, steil wachsend, bei starkem Behang ausdünnen	W, M1, K1, H
‚Toptaste'®	groß, blau, oval, Fruchtfleisch gelb, sehr süß, saftig, wenig Säure, genügend aromatisch, gut steinlösend, Frischverzehr, Edelbrände	Ende August bis Anfang September	sehr tolerant gegenüber Scharka, bei hohen Niederschlägen platzanfällig, neue Sorte	W, M
‚Große Grüne Ringlotte'	mittelgroß, fast kugelig, grüngelb, grünlich-gelbes Fruchtfleisch, ausgezeichneter Geschmack, saftig, für Frischverzehr, Saft und Marmelade	Ende August bis Mitte September	selbststeril, doch ein guter Pollenspender, mittlere, aber sehr regelmäßige Erträge, Früchte bei Regen in der Erntezeit nicht platzfest	W1, M1
‚Schönberger Zwetschke' (‚Große Hauszwetschke')	sehr groß, dunkelblau, länglich, Fruchtfleisch gelb, saftig, süß, aromatisch, steinlösend, Frischkonsum und alle Verarbeitungsmethoden	Ende August bis Anfang September	robust und gesund, reichtragend	W, M, K1

Sorte	Fruchteigenschaften	Reife	Wuchseigenschaften	Lage
‚Löhrpflaume'	kleine, rundliche, rotviolette Pflaume, zuckerreich, für bukettreiche Edelbrände	Mitte bis Ende September	robust, scharkatolerant	W, M, K
‚Italienische Zwetschke' (‚Bosnische Zwetschke', ‚Fellenberg')	mittelgroß bis groß, dunkelblau gefärbt und bereift, angenehm süß-sauer, sehr gut im Geschmack, für Frischverzehr und alle Verarbeitungsmöglichkeiten	Mitte bis Ende September	hohe Frostresistenz, Fruchtbarkeit früh und hoch, braucht gute, ausreichend feuchte Böden	W1, M1, K, H
‚Anna Späth'	groß, kugelig, hellblau, Fruchtfleisch gelb, mittelfest, sehr saftig, angenehm säuerlich-süß, aromatisch, schlecht steinlösend	Mitte bis Ende September	sehr robuste Sorte, reift wie Hauszwetschke, scharkatolerant!	W, M1
‚Hauszwetschke'	mittelgroß, zwetschkenförmig, dunkelblau, hellblau bereift, intensiver, aromatischer Geschmack, sehr gut für Frischverzehr und alle Verarbeitungsmöglichkeiten	Ende September	selbstfruchtbar, kommt spät in den Ertrag, scharkaanfällig, es gibt viele verschiedene Typen, die unterschiedlich wertvoll sind; gilt als die beste Zwetschke	W, M, K1
‚Valjevka'	mittelgroße, blaue Zwetschke, Fruchtfleisch gelb, süß, wohlschmeckend, Frischkonsum und Verarbeitung	Ende September	scharkatolerant, relativ ertragssicher, selbstfruchtbar	W, M1
‚Jojo'®	mittelgroße, dunkelblaue Zwetschke, milder Geschmack	Ende September	resistent gegen Scharka, mittelstark wachsend, selbstfruchtbar, braucht gute Standorte	W, M

Sortenüberblick, Legende zu den Klimaregionen:
W: warme Lagen = Weinbauregionen in Mitteleuropa
M: mittlere Lagen = etwa 300–450 m Seehöhe, kühl-gemäßigte Lagen, typische Obstbauregionen (z. B. Mostviertel in Niederösterreich, Apfelregionen in der Steiermark, Deutschland: Baden-Württemberg, Bodenseeregion, Sachsen-Anhalt und im „Alten Land" bei Hamburg → www.obstbau.org/anbaugebiete-98.html)
K: raue Lagen = etwa 450–750 m Seehöhe (z. B. Waldviertel, Alpenvorland, Bucklige Welt, Deutschland: Schwäbische Alb)
H: Hochlagen = Lagen über 750 m bis 1.000 m und mehr
1: ausgesprochen empfohlen für die angegebene Lage
(M), (K), (H): eingeschränkt pflanzbar an geschützten Plätzen der angegebenen Lage (Spalier, Steinwand oder anderer Wärmespeicher)
Die Reifezeiten sind jeweils für mittlere Lagen angegeben und verschieben sich nach hinten, je kühler die Region ist.

Die Hauszwetschke

Primitivpflaumen wie Haferpflaume, Spilling, Mirabellen dürften in Mitteleuropa schon im frühen Mittelalter kultiviert worden sein. Zwetschken und Edelpflaumen fanden ihre Verbreitung erst relativ spät im 12.–17. Jahrhundert, machen aber heute den Eindruck einer in Mitteleuropa heimischen Obstart. Besonders die Hauszwetschke führte einen rasanten Siegeszug. Ursprünglich dürfte sie aus Westasien stammen, von wo sie sich in Ungarn ausbreitete. Mitte des 16. Jahrhunderts wurde sie auch in den deutschen Raum gebracht, wo sie um 1700 bereits so weit verbreitet war, dass sie als „Teutsche blaue Zwetsche" bezeichnet wurde. Bis vor einigen Jahrzehnten gehörte sie wie selbstverständlich zu jedem Bauernhof und wuchs auch in vielen Gärten. Häufig fanden sich entlang der Dorfbäche ganze Alleen schmaler Bäume, die erst in großer Höhe eine Krone bildeten. Dort fanden sie die feuchten, aber nicht staufeuchten Böden, die ihnen besonders behagen. Sie gedeihen auch noch in hohen Lagen, auf trockenen Böden sind Ertrag und Fruchtgröße geringer.

Die Sorte ‚Anna Späth' reift spät wie die Hauszwetschke, setzte sich gegen diese wegen der schlechteren Steinlöslichkeit aber nicht durch. Heute wird sie wiederentdeckt, da sie tolerant gegen die Scharkakrankheit ist.

Die ‚Italienische Zwetschke' ist eine alte, sehr aromatische Sorte, die sehr frosthart ist.

Hauszwetschken sind kernecht, das heißt, sie können sehr gut über Kerne vermehrt werden. Dadurch entstand ein großer Formenkreis mit wertvolleren als auch weniger wertvollen Typen, was Ertrag, Fruchtgröße, Ertragssicherheit, geschmackliche Eigenschaften u. ä. betrifft. Die sicherste Methode, die eigenen Bäume zu erhalten, ist daher die Selbstaussaat.

Hauszwetschken sind mittelgroß, zwetschkenblau und länglichoval. Sie lösen sich gut vom Kern und schmecken hocharomatisch und süß. Da sie beim Kochen nicht sauer werden, eignen sie sich ausgezeichnet für die Verarbeitung. Zwetschkenröster oder Powidl schmecken unvergleichlich. Sie reifen spät, je nach Lage und Sortentyp zwischen Anfang September und Anfang Oktober. Die Ernte zieht sich über mehrere Wochen hin.

Hauszwetschken brauchen sehr lange bis zum Ertragseintritt – Berichte von 15–20 Jahren sind keine Seltenheit. Danach tragen sie meist jedes zweite Jahr stark. Um die Schwankungen zu vermeiden, kann in starken Jahren die Hälfte der Früchte ausgepflückt werden.

Durch ihre Anfälligkeit auf die Scharkakrankheit werden sie von vielen Baumschulen heute nicht mehr geführt. Die Viruserkrankung schädigt die Bäume und führt zu minderwertigen Früchten. Die moderne Züchtung hat zahlreiche Zwetschkensorten hervorgebracht, die scharkatolerant sind, aber nicht immer den ausgezeichneten Geschmack der Hauszwetschke erreichen. Durch gezielte breite Aussaat von Kernen könnte aber auch bei der Hauszwetschke eine Scharkatoleranz entstehen.

Ringlotten

Die wohl süßesten Früchte innerhalb der Pflaumenverwandtschaft findet man bei den Ringlotten (Renekloden). Die Früchte der Renekloden sind sehr süß und rundlich, sie werden auch als Edelpflaumen bezeichnet. Das Wort leitet sich von „Reine Claude" ab, der Königin Claudia, der ersten Gemahlin Franz' I. von Frankreich (1499–1524).

Bekannt und verbreitet ist die Sorte ‚Große Grüne Ringlotte'. Ihre Heimat ist nicht sicher festzumachen. Manche meinen, dass sie von Griechenland nach Italien und von dort nach Österreich und Deutschland kam. In Frankreich ist sie schon seit 1670 bekannt. Von einigen Pomologen wird sie als *Prunus italica* geführt, wonach ihre Heimat Italien wäre, andere nehmen Syrien oder Armenien als Ursprungsregion an. Die ‚Große Grüne Ringlotte' ist in den wärmeren Gebieten Österreichs verbreitet. Die Früchte reifen Ende August bis Mitte September und sind mehr oder weniger gut steinlösend (anhängig vom Typ). Der Ertrag setzt wie bei der Hauszwetschke spät ein, ist dann aber hoch und regelmäßig.

Die sehr süßen und würzigen Früchte eignen sich vor allem zum Rohgenuss und als Knödelfülle. Zum Dörren fehlt für einen ausgewogenen Geschmack die Säure, daher eventuell noch im unreifen Zustand ernten und trocknen. Eine reinsortige Marmelade ist einseitig süß, in Mischung mit anderen säuerlichen Früchten jedoch empfehlenswert. Wird mit Zucker sparsam umgegangen, können aber gute Qualitäten erreicht werden. Auf Bauernmärkten in Niederösterreich wird sie auch als Zuckerzwetschke oder Pfludern angeboten, in der Steiermark wurde sie schon (fälschlich) als Kriecherl am Markt gesehen. Bäume sind in vielen Baumschulen erhältlich.

Die ‚Graf Althans Ringlotte' ist ein Sämling der ‚Großen Grünen Ringlotte' und stammt aus Böhmen. Die Früchte sind hellviolett gefärbt, das Fruchtfleisch ist gelborange, in der Vollreife geleeartig und sehr süß und aromatisch. Im Unterschied zur ‚Großen Grünen Ringlotte' enthält sie auch eine angenehme Säure. Diese Sorte wird zwar als ertragreich beschrieben, es sind aber Bäume bekannt, die eher mäßig fruchten. Der Grund könnte im Fehlen einer Befruchtersorte liegen, da die Sorte selbststeril ist. Im Unterschied zur ‚Großen Grünen' gedeiht die ‚Graf Althans' auch in höheren Lagen.

Die ‚Große Grüne Ringlotte' entwickelt bei Vollreife teilweise eine leichte Rötung an der Sonnenseite.

Kriecherl und Kirschpflaume

Das Kriecherl entstand aus der Schlehe *(Prunus spinosa)* und der Kirschpflaume *(Prunus cerasifera)* schon vor langer Zeit vermutlich im Kaukasus und der Südtürkei. Von den Römern wurde es nach Mitteuropa gebracht, wo es weit verbreitet wurde, als es noch keine anderen Zwetschken gab. Noch vor einigen Jahrzehnten waren Kriecherl weit verbreitet und fast auf jedem Bauernhof zu finden. Das zeigt sich an der Formenvielfalt und auch an den reich vorhandenen Bezeichnungen: Rosskriecherl, Rosspauken, Weinkriecherl, Bummerl, Haferkriecherl ...

Kriecherl können sehr vielgestaltig sein. Ein typisches Kriecherl ist zuckerreich, aromatisch und erinnert im Geschmack an eine Ringlotte. Die meisten Formen sind bläulich und bereift. Es gibt aber auch gelbe oder grünliche Typen. In der Größe und Form sind sie variabel.

Die Bezeichnung Kriecherl könnte auf eine Wuchs-Eigenschaft hinweisen: Die Pflanzen bil-

Die Formen- und Farbenvielfalt bei Kirschpflaumen ist groß.

den Wurzelausläufer und verbreiten sich „kriechend". Wer einen solchen Trieb (auch Wurzelbrut genannt) ausgräbt und verpflanzt, hat einen mit der Mutterpflanze genetisch identen Baum. So werden ohne das aufwändige Veredeln die besten Typen vermehrt. Entscheidend für die Sortenvielfalt war und ist die durchaus übliche Vermehrung über den Samen, also den Kern. Die daraus wachsenden Sämlinge unterscheiden sich geringfügig von den Mutterpflanzen und erweitern die Formenvielfalt. Die in den Baumschulen verwendete Veredelungsunterlage St. Julien zählt auch zu den Kriecherln. Zum Ärgernis vieler Gartenbesitzer und Obstbauern machen Bäume auf St. Julien daher lästige Wurzelausläufer. In den letzten Jahren werden die Früchte regional wieder stärker genutzt. Sie werden zu Marmeladen oder Schnaps verarbeitet. Zum Beispiel das ‚Waldviertler Hochlandkriecherl' (www.kriecherl.at) oder in der Steiermark das ‚Steirische Kriacherl'.

Kriecherl sind heute selten geworden und doch kennen viele Menschen einen Kriecherlbaum. Dieses Paradoxon beruht auf einer Verwechslung, die sich langsam eingeschlichen hat. Während die Kriecherl immer seltener wurden, breitete sich die Kirschpflaume *(Prunus cerasifera)* aus, die in den Baumschulen als Veredelungsunterlage (auch Myroblane genannt) verwendet wurde. Häufig starben Veredelungen ab und in den Gärten verblieben dann, oft unbemerkt, Kirschpflaumen, die sich auch über Samen weitervermehrten. Der Großteil der heute als Kriecherl bezeichneten Bäume sind daher in Wirklichkeit Kirschpflaumen.

Die Vielfalt der Kirschpflaumen ist fast unüberschaubar groß. Von grüngelb über orange bis zu rot und zwetschkenblau und in verschiedenen Fruchtgrößen tritt sie in Erscheinung. Kirschpflaumen sind nicht kernlösend, eher wässrig und einseitig süß bis sauer. Marmeladen schmecken meist süß, aber fad, da jedes Aroma fehlt.

Das Kriecherl ist eine uralte Kulturpflanze, die heute fast verschwunden ist. Meist sind Kriecherl blau, es gibt aber auch gelbe und grüne Typen.

Die Oberfläche von Kriecherlkernen ist wellig (Bild), von Kirschpflaumenkernen glatter.

Mit einer Dörre können die großen Mengen Zwetschken haltbar gemacht werden.

Verwendung

Echte Zwetschken eignen sich besonders gut zum Dörren und zum Einkochen zu Marmelade. Die großfrüchtigen Pflaumen hingegen weniger; sie sind auch als Marmelade bei Weitem nicht so schmackhaft. Sie ergeben aber ein durchaus schmackhaftes Zwetschkenmus und einen guten Saft, der sich je nach Reifezeit gut mit anderen, gerade reifen Früchten mischen lässt. Sehr gut schmeckt zum Beispiel die Kombination Holler-Zwetschke.

Einige Sorten schmecken zwar roh süß, werden durch Erhitzen jedoch säuerlich. Solche Sorten sind für die Zubereitung von Kompott oder Kuchen (Zwetschkenfleck) nicht gut geeignet. Die Hauszwetschke zeigt diese Eigenschaft nicht und ist daher die Paradefrucht zum Verarbeiten. Die Hauszwetschken, die schon von Haus aus sehr süß sind, können auch ohne Zucker als Kuchenbelag verwendet und sehr gut eingekocht werden. Sie bleiben, wenn sie lange (3–4 Stunden) auf kleiner Flamme eingekocht werden, sehr gut haltbar (zuletzt noch kurz bei sprudelnder Hitze aufkochen und heiß in Gläser abfüllen). Dieses Verfahren ist auch einfacher zu bewerkstelligen als die originalen Powidlrezepte (hier kocht man bis zu 8 Stunden unter ständigem Rühren bei großer Hitze, dann viele weitere Stunden bei schwacher Hitze, bis „der Löffel stecken bleibt"). „Powidl" lässt sich schwer ins Hochdeutsche übersetzen. Am treffendsten ist wohl „lange eingekochtes Pflaumenmus". Besonders dunkel wird

Vor allem im Voralpengebiet finden sich noch Dörrhäuser. Sie wurden zentral befeuert und erlaubten das Trocknen großer Menge Früchte, teilweise sogar als Ganzes.

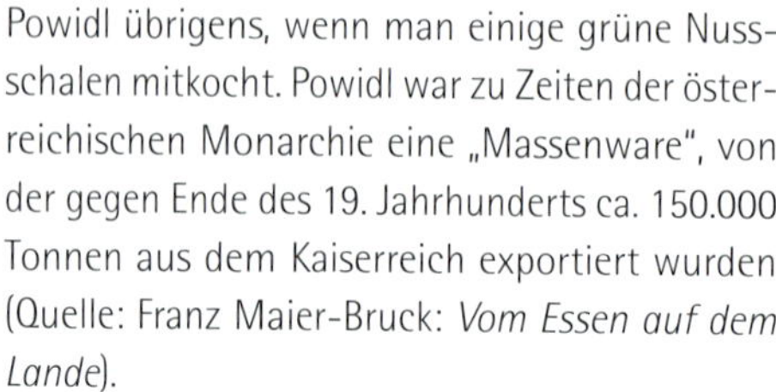

Powidl übrigens, wenn man einige grüne Nussschalen mitkocht. Powidl war zu Zeiten der österreichischen Monarchie eine „Massenware", von der gegen Ende des 19. Jahrhunderts ca. 150.000 Tonnen aus dem Kaiserreich exportiert wurden (Quelle: Franz Maier-Bruck: *Vom Essen auf dem Lande*).

Eine sehr gute Marmelade ergeben auch die unterschiedlichen Primitivpflaumen. Besonders Ringlottenmarmelade erreicht annähernd die Qualität von Marillenmarmelade, wenn mit Zucker sparsam umgegangen wird (sonst überdeckt der Zucker das Aroma). In Marillengegenden war Ringlottenmarmelade die Ersatzmarmelade, wenn die Marillenblüte wieder einmal erfroren war. Auch Kriecherl und Spänlinge ergeben mit ihrer Säure interessante Fruchtaufstriche.

Die häufigste Verwendung von Zwetschken ist allerdings die Herstellung von Edelbrand. Beim Einmaischen lässt sich auch gut die gestaffelte Reifezeit überbrücken. Heute wird vielfach ohne Kern eingemaischt und gebrannt, was mildere Brände ergibt, denen die für Zwetschken typische leichte Blausäurenote fehlt. Herstellen lässt sich auch Saft oder Nektar sehr gut.

Ringlotten, wie hier die ‚Graf Althans Ringlotte', ergeben eine gute Marmelade, wenn nur sparsam Zucker zugegeben wird.

Tipps von Arche Noah-GärtnerInnen

Eingerexte Zwetschken

„Zwetschken halbieren und entkernen, in Gläser füllen, 30–40 g Zucker (pro Liter Wasser) in Wasser auflösen und Zwetschken damit bis ca. 3 cm unterm Glasrand übergießen, verschließen und bei 75 °C 20 Minuten erhitzen. Die Zwetschken können gut für winterliche Obstkuchen verwendet werden."

Margit Lamm

Literatur

- Viele weitere Sortenbeschreibungen finden Sie auf der Homepage des Vereins Arche Noah: www.arche-noah.at.
- Die Ortsgruppe Lemgo im BUND NW e. V. betreibt eine umfangreiche Datenbank mit Sortenbeschreibungen aus historischer Literatur: www.obstsortendatenbank.de.
- Der Verein FRUCTUS informiert auf seiner Website über die Obstsorten der Schweiz: www.fructus.ch.

a) **‚Große Grüne Ringlotte'**
b) **Kirschpflaume**
c) **Hauszwetschke**
d) **‚Jojo'**
e) **‚Ontariopflaume'**
f) **Kriecherl**

Kirsche und Weichsel/Sauerkirsche

Kirschen und Weichseln schmecken am besten frisch vom Baum.

- Süßkirsche *Prunus avium* – Rosengewächse
- Sauerkirsche Prunus cerasus – Rosengewächse
- Gedeihen in warmen bis kühlen Lagen, vor allem Weichseln gedeihen auch auf kargen Böden.
- Unter -20 °C entstehen Holzschäden.
- brauchen trockene, warme Böden
- auf Sämling sehr groß werdend, Buschbäume sind möglich
- erste Ernte nach 3–6 Jahren, regelmäßig
- anfällig für Spätfröste aufgrund der frühen Blüte
- Kirschen meist selbstunfruchtbar und Weichsel meist selbstfruchtbar
- Für den durchschnittlichen statistischen Pro-Kopf-Verbrauch von 1,3 kg ist ein kleiner Baum für einen 4-Personen-Haushalt ausreichend.
- gute Verarbeitungsmöglichkeiten zu Marmelade, Saft und Kompott

Süß- und Sauerkirschen sind ideale Obstbäume für trockene, warme Standorte. Böden, die zu Verdichtung und stauender Nässe neigen, behagen ihnen gar nicht. Dafür gedeihen sie in Hanglagen besonders gerne. Jedenfalls muss die Lage offen und leicht zugig sein, damit Früchte und Blätter nach einem Regen wieder rasch abtrocknen und so besser vor einem Befall durch Fruchtfäule und vor einem Aufplatzen der reifenden Früchte geschützt sind. Die Ernte eines ausgewachsenen Kirschbaums reicht für bis zu vier Familien. Daher ist der Kirschbaum ein idealer Baum für ein Tree-Sharing.

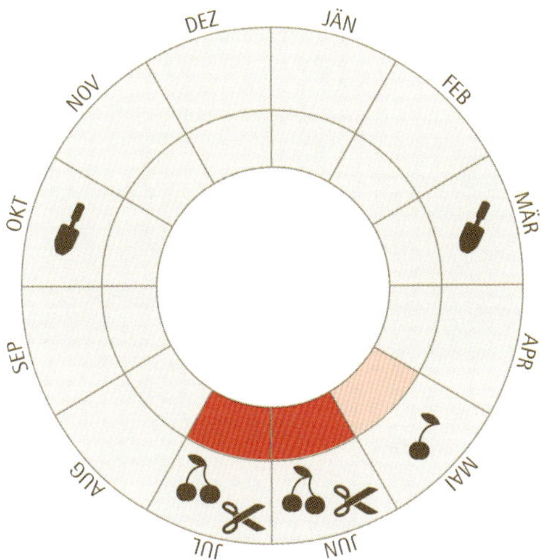

Wo Kirschen gerne wachsen

Kirschen bevorzugen leichte, durchlässige und trockene Böden. Sie gedeihen auch noch auf flachgründigen Böden und kommen mit einer Durchwurzelungstiefe von 60–80 cm aus. Sehr schlecht werden nasse, kalte Böden vertragen, hier sind sie meist krankheitsanfällig und kurzlebig. Häufig werden Kirschen auf Südhänge gepflanzt, da andere Arten mit den dort herrschenden trockenen Verhältnissen schlecht zurechtkommen. Die Kirsche braucht nicht viel Wärme und kann breit angebaut werden. Bei Temperaturen unter -20 °C entstehen allerdings Frostschäden im Holz. Ein guter Indikator, ob Kirschen in rauen Lagen noch gedeihen, ist das Vorkommen von Wildkirschen. Wo die wachsen, gedeihen auch die Kultursorten noch. Weichseln sind noch weniger wärmebedürftig und frosthärter.

Kirschen sind sehr anfällig auf zu hohe Niederschläge während der Vegetationszeit. So fördert häufiger Regen die Ausbreitung von Monilia und Blattkrankheiten und zur Fruchtreife platzen die Früchte bei Regen auf. Durch geeignete Sortenwahl kann dem entgegengewirkt werden, oder die Bäume werden als Spalier unter dem Dachvorsprung gepflanzt. Spätfrostlagen sind wegen der frühen Blüte für beide Obstarten zu meiden.

Bestäubung

Die Kirsche ist selbstunfruchtbar (ausgenommen einige Neuzüchtungen). Zur Bestäubung ist ein Baum einer anderen Kirschensorte, die auch in Nachbars Garten stehen kann, notwendig. Leider können einige Kirschen nicht mit anderen Sorten, und daher muss bei der Sortenwahl sehr genau darauf geachtet werden, dass die gewünschten Sorten sich auch gegenseitig bestäuben können. Wildkirschen dienen auch als Befruchter, wenn sie zur gleichen Zeit blühen (häufig blühen sie leicht vor den Kultursorten). In guten Baumschulen und in der Fachliteratur können Sie diese Informationen bekommen (→ Kapitel „Obstgehölze vermehren", Seite 160).

Vor allem in kalten Lagen sollten die Stämme von Kirschen im Herbst gekalkt werden. Die weiße Farbe verhindert, dass der Stamm zu schnell auftaut und Frostrisse entstehen *(→ Kapitel „Pflege und Düngung von Obstgehölzen", Seite 65)*.

Fast alle Süßkirschensorten sind fremdbefruchtend und brauchen eine andere Sorte zur Bestäubung. Die Befruchtung erfolgt durch Bienen.

Im Herbst sind die Bäume mit ihrer gelben bis roten Färbung eine besondere Pracht.

Kirschen können sehr groß werden und sollten regelmäßig eingekürzt werden, um sie beerntbar zu halten.

Hingegen sind die meisten Weichseln selbstfruchtbar. Eine Fremdbefruchtung durch eine andere Sorte benötigen nur wenige Sorten, wie z. B. ‚Königin Hortense' und ‚Köröser Weichsel'. Als Fremdbefruchter für diese beiden Sorten kommen alle zur selben Zeit blühenden Sauer- und Süßkirschen in Frage.

Erziehungsform

Süß- und Sauerkirschen werden heute häufig als Hohlkronen auf Halbstamm erzogen, um die Bäume leichter beernten zu können. Bei Pyramidenkronen ist darauf zu achten, dass die Bäume nicht zu groß werden, da sie ohne Schnitt eine Höhe von 10 m erreichen können. Buschbäume sind auf speziellen Unterlagen möglich, brauchen aber einen nährstoffreichen, gut mit Wasser versorgten Boden. Spalierbäume können auch erzogen werden.

Unterlagen

Für große Bäume werden Süßkirschensämlinge verwendet. Bei Buschbäumen sind vor allem die verschiedenen GiSelA-Typen gebräuchlich (→ Kapitel „Obstgehölze vermehren", Seite 175).

Pflanzung und Pflanzabstände

In warmen Lagen können Kirschen im Herbst gepflanzt werden. In rauen Lagen ist wegen der Frostanfälligkeit der Frühling zu bevorzugen. Auf Sämling ist der Pflanzabstand mindestens 8 m, bei Buschbäumen 3–4 m (→ Kapitel „Einen Obstgarten planen und anlegen", Seite 28).

Der Wurm in der Kirsche ist eigentlich eine Made – die Larve der Kirschfruchtfliege.

Pflanzengesundheit

Die häufigsten Krankheiten im Hausgarten sind die Pilzkrankheiten **Monilia** und **Schrotschusskrankheit** (bzw. recht ähnliche andere Blattkrankheiten). Bei feuchter Frühjahreswitterung können sie zu einem Totalausfall der Ernte führen.

Wenn Kirschen „wurmig" sind, hat die **Kirschfruchtfliege** ihre Eier in die Blüte gelegt, und die Maden haben sich in der Kirsche entwickelt. Frühreife Sorten (1.–2. Kirschwoche) werden von der Kirschenfliege nicht befallen. Nur eine Einnetzung der Bäume garantiert bei späteren Sorten die „Wurmfreiheit". Fangtafeln (Gelbfallen) führen zu einem geringeren Befall. Zunehmend große Probleme bereitet die Kirschessigfliege (→ Kapitel „Pflanzengesundheit im Obstgarten", Seite 157f.).

Schnitt

Kirschen brauchen nicht sehr viel Schnitt. Vor allem muss darauf geachtet werden, dass sie nicht zu groß werden. Weichseln wachsen oft stark hängend und müssen dann regelmäßig geschnitten werden, um den Ertrag zu erhalten. Da Kirschen sehr empfindlich gegenüber Schnitt sind, werden sie nach der Erziehungsphase im Sommer nach der Ernte geschnitten. Große Wunden sind unbedingt zu vermeiden (→ Kapitel „Obstbäume richtig schneiden", Seite 76f.).

Madenfrei sind alle Sorten, die in den ersten beiden Kirschwochen reifen. Sie sind reif, bevor die Kirschfruchtfliege fliegt.

Werden Kirschen nicht sofort gegessen oder verarbeitet, müssen sie mit Stiel gepflückt werden

Reife und Ernte

Kirschen und Weichseln können nicht nachreifen und werden vollreif geerntet. Für die Verarbeitung nimmt man am besten Früchte, die am gleichen Tag geerntet wurden, da sie rasch faulen und kleine Faulstellen beim Einkochen gerne übersehen werden. Werden die Früchte nicht sofort verarbeitet, müssen sie mit Stiel gepflückt werden.

Lagerung

Die Früchte haben eine sehr dünne Haut und sind nicht lange haltbar. Für die Verarbeitung sollten die Früchte am Tag der Ernte oder am Folgetag verarbeitet werden. Für den Frischverzehr sind sie bei 1 °C maximal 10 Tage haltbar, im Kühlschrank 3–4 Tage – immer vorausgesetzt, sie wurden mit dem Stiel gepflückt.

Im Handel sehen alle Kirschen gleich aus: dunkelrot und knorpelig – die Vielfalt ist aber weit größer.

Gelbe Kirschen werden oft in der Bevölkerung als weiße Kirschen bezeichnet und sind sehr selten.

Sorten

Die Reifezeit von Kirschsorten wird traditionell in Kirschwochen angegeben. Das hat gute Gründe, die Reife einer Kirschsorte schwankt je nach Jahreswitterung um bis zu drei Wochen und ist stark vom Standort des Baumes abhängig. Das ist bei anderen Obstarten auch der Fall, jedoch ist diese Abhängigkeit bei Kirschen besonders ausgeprägt. Eine Kirschwoche bezeichnet die Reifezeiten der einzelnen Sorten untereinander. Reift eine Kirschsorte in der 3. Kirschwoche, ist sie jedes Jahr eine Kirschwoche vor einer Sorte reif, deren Reifezeit in der 2. Kirschwoche liegt.

Eine Kirschwoche beginnt nicht an einem bestimmten Datum und dauert auch nicht unbedingt eine Woche. Die 1. Kirschwoche beginnt mit der Reife der Sorte „Früheste der Mark". An einem sehr warmen Standort und in einem warmen Jahr reift die „Früheste der Mark" bereits Mitte Mai. In den Alpen kommt sie womöglich erst einen Monat später zur Reife und setzt somit den Beginn der ersten 1. Kirschwoche in den Juni! Eine warme Jahreswitterung beschleunigt die Reife und eine Kirschwoche reduziert sich auf 5 Tage, umgekehrt kann in einem kühlen Jahr die Kirschwoche auch 10 Tage dauern. Fix ist: Die Sorten reifen stets schön der Reihe nach ab. Grundsätzlich sind spätreifende Sorten aromatischer als frühreifende Sorten.

Rotbunte Kirschen sind besonders schön und schmecken meist hervorragend.

Nach der Konsistenz des Fruchtfleisches werden die weichfleischigen Herzkirschen und die festen Knorpelkirschen unterschieden. Unterteilt werden die Sorten noch in rote, gelbe (oder weiße) und rotbunte Sorten. Letztere sind gelb und rot gefärbt. Herzkirschen und gelbe und rotbunte Sorten sind heute sehr selten geworden und vom Verschwinden bedroht (→ Kapitel „Pomologie", Seite 270). Bezugsquellen für Kirschbäume finden sich im → Serviceteil, Seite 521f. Hilfe bei der Sortenwahl bietet auch die Website www.meineobstsorte.at.

Empfehlenswerte Kirschsorten

Eine Legende zu den Klimaregionen (Lage) finden Sie auf Seite 399.

Kirschwoche	Sorte	Beschreibung der Frucht	Besonderheiten der Sorte	Lage
1.–2.	‚Burlat'	große bis sehr große, herzförmige Knorpelkirsche, Haut leuchtend dunkelrot, Frucht saftig und süß-aromatisch	madenfrei, hohe und sichere Erträge in warmen, spätfrostfreien Lagen, frühe Blüte und guter Pollenspender, kaum Krankheiten, Vogelschutz schon vor der Reife nötig, nicht platzfest	W, M
1.–2.	‚Bigarreau Moreau'	sehr groß, leuchtend rot bis dunkelrot, Knorpelkirsche, Fruchtfleisch fest, saftig, mit mäßig Zucker, für eine Frühsorte aromatisch, Saft hellrot, bei Vollreife dunkler werdend	sehr regenempfindlich, fault weniger als ‚Burlat', wärmere, trockene Lagen wählen, Ertragseintritt früh, mittlere Ernten, Vogelschutz meist notwendig, madenfrei	W, M1
2.–3.	‚Frühe Rote Meckenheimer'	mittelgroße, erst dunkel-, dann schwarzrote Herzkirsche, Fruchtfleisch weich, stark saftend, fein gewürzt und aromatisch	regenfest, platzfest, meist noch madenfrei, Ertrag setzt früh ein und ist hoch	W, M, K
2.–3.	‚Kassins Frühe'	mittelgroße, dunkle, weiche, saftige Herzkirsche, mäßiges Aroma	wärmere Standorte und etwas geschütztere Lagen wählen, nicht regenfest	W, M
2.–3.	‚Eltonkirsche'	mittelgroß bis groß, hellgelb, rot gestrichelt, rotbunte Herzkirsche, saftig, feiner Geschmack	ertragreich und ertragssicher, neigt zu Gummifluss, Blüte recht robust, Rarität, meist wurmfrei	W1, M,
2.–3.	‚Marzer Kirsche'	frühreifende, mittelfeste Kirsche, würzig, süßsäuerlich, etwas herb	alte Kirschsorte aus dem Burgenland, wurmfrei, relativ fest und gut transportierbar, Befruchtungsverhältnisse nicht untersucht	W, M
4.	‚Große Prinzessinkirsche'	mittelgroße, feste, saftige, hellrote Knorpelkirsche, hochwertige Tafelfrucht, geeignet auch für Kompotte, Mehlspeisen, zum Dörren, für Saft und Likör; besonders gut transport- und lagerfähig	kältefest und robust, eher geringe Ansprüche an Boden und Klima, mittlere Blütezeit	W1, M1, K1, H
4.	‚St. Veiter Pelzkirsche'	mittelgroß bis groß, herzförmig, dunkelbraunrot, Knorpelkirsche mit mittelfestem, dunkelrotem, extraktreichem Fleisch, aromatisch	sehr platzfeste Lokalsorte aus St. Veit (Salzburg), der Name Pelzkirsche bezieht sich auf „pfelzen", der Dialektausdruck für Veredeln, die Sorte ist also eine veredelte Sorte und hat nicht eine pelzige Haut	W, M, K1, H1
4.–5.	‚Große Germersdorfer'	große, rotbraune Knorpelkirsche, Fruchtfleisch heller rot, mittelfest bis fest, mäßig saftig, harmonisch säuerlich gewürzt mit feiner Süße, vielseitig verwendbar	Ertrag setzt mittelfrüh ein, dann regelmäßig hoch, braucht warme, leichte Böden, auf schweren Böden Qualität unbefriedigend	W1, M, K

Kirsch-woche	Sorte	Beschreibung der Frucht	Besonderheiten der Sorte	Lage
4.–5.	‚Valeska'	mittelgroße bis große Herzkirsche, glänzend braunrot-schwarz, Fruchtfleisch mittelfest, saftig, angenehm süßaromatisch, für Frischverzehr und Verarbeitung, färbender Saft	platzfest, Ertrag setzt früh ein, reichtragend, auch für kühlere Lagen, Blüte widerstandsfähig gegenüber Spätfrösten	W, M1, K1
5.–6.	‚Große Schwarze Knorpelkirsche'	groß, rund, rotbraun bis schwarz, Fruchtfleisch rotbraun, fest, sehr süß und saftig, wohlschmeckend, Fruchtsaft intensiv färbend, Frischverzehr und Verarbeitung	starkwachsend, hohe und regelmäßige Erträge	W1, M1, K
5.–6.	‚Dönissens Gelbe Knorpelkirsche'	mittelgroße, gelbe Knorpelkirsche, Fruchtfleisch hellgelb, fest, gut steinlösend, süß und nur schwach säuerlich, angenehmer Geschmack, farbloser Saft	recht anspruchslos an Boden und Klima, auch noch für Höhenlagen, platzt leicht bei Regen zur Reifezeit auf, Ertrag jährlich hoch, wird weniger von Vögeln gefressen, spätblühend	W, M, K, H
6.	‚Kordia'	große, harte, violett-braune Knorpelkirsche für Frischverzehr und zum Einkochen, sehr guter Geschmack	keine besonderen Ansprüche an Boden und Klima, mittelspäte, frostempfindliche Blüte, platzfeste Frucht	W, M, K
5.–6.	‚Hedelfinger Riesenkirsche'	mittelgroße, braun-rote, später violett-schwarze Knorpelkirsche, festes Fruchtfleisch mit färbendem Saft	Ertrag ab dem 7. Jahr, dann hoch und regelmäßig, nicht platzfest, ansonsten gesund	W, M1, K
6.–7.	‚Schneiders Späte Knorpelkirsche'	sehr große, schwarze Knorpelkirsche, Fruchtfleisch mittelfest, knackig, saftig, süßsäuerlich, mild aromatisch, Saft hellrot	günstig sind fruchtbare, sandige Lehmböden, gedeiht aber auch noch in Sandböden, wenn ausreichend feucht, noch geeignet für windoffene Höhenlagen, in heißen Lagen starker vorzeitiger Fruchtfall, empfindlich auf Monilia und Holzfrost, feuchte Lagen meiden	M, K
7.	‚Regina'	großfrüchtige, herzförmige Knorpelkirsche, dunkelrot bis schwarz, festes Fruchtfleisch, mäßig saftig, angenehmer Geschmack, mitunter leicht säuerlich	spätblühend, ziemlich platzfest, Ertrag früh einsetzend, hoch und regelmäßig	W, M, K

Empfehlenswerte Weichselsorten

Kirschwoche	Sorte	Beschreibung der Frucht	Besonderheiten der Sorte	Lage
3.–4.	‚Kochs Verbesserte Ostheimer Weichsel'	mittelgroß, dunkelbraun	geringe Ansprüche an den Boden, auch für Höhenlagen, mittelfrühe Blüte, selbststeril, gegen Spätfröste etwas empfindlich	W, M, K, H1
3.–4.	‚Königin Hortense'	groß bis sehr groß, hellrot, sehr dünne Haut, Fruchtfleisch gelb, sehr weich, zart und saftig, angenehm erfrischend bis säuerlich und gehaltreich süß, Saft nicht färbend, für Frischverzehr, für Kompott zu weich	braucht wärmere, genügend feuchte, nährstoffreiche Böden und warme, geschützte Lagen, selbstunfruchtbar, nicht krankheitsanfällig, gegen Wind und Regen anfällig (Früchte werden fleckig)	W1, M
4.–5.	‚Köröser Weichsel'	groß bis sehr groß, zuerst dunkelrot, später rötlich-braun, Tafelfrucht und vielseitig verwendbare Wirtschaftsfrucht	mittlere Blütezeit, selbststeril, empfindlich gegen hohe Feuchtigkeit, dadurch Moniliabefall von Fruchtholz und Blüten, besonders geeignet für warme und trockene Lagen	W, M
5.	‚Morellenfeuer' (‚Kelleriis 16')	mittelgroß, dunkelbraunrot, Fruchtfleisch süß-sauer, stark färbender Saft, als Saftkirsche etwas zu wenig Säure	selbstfruchtbare, ertragreiche und ertragssichere Sorte, widerstandsfähig gegenüber Spätfrösten und Monilia, daher Ersatzsorte für ‚Schattenmorelle' in feuchten Regionen, geringe Ansprüche an den Boden	W, M1, K1
6.–7.	‚Schattenmorelle'	klein bis groß, dunkel- bis schwärzlich-rot, für Marmeladen, Konserven, Saftbereitung	schwacher bis mittelstarker, strauchartiger Wuchs, anspruchslos, auch für kühle Lagen, hitze- und dürreempfindlich, in warmen Obstbaulagen im Halbschatten pflanzen, hoch anfällig für Monilia, daher nur in sommertrockenen Gegenden, selbstfruchtbar	W, M, K, H
7.–8.	‚Gerema'	mittelgroß, dunkelbraun-rot	selbstfruchtbar, sehr späte, unempfindliche Blüte, keine besonderen Ansprüche, mag es jedoch nicht zu trocken, reife Früchte können bis zu 10 Tage am Baum bleiben	W, M, K1

Sortenüberblick, Legende zu den Klimaregionen:
W: warme Lagen = Weinbauregionen in Mitteleuropa
M: mittlere Lagen = etwa 300–450 m Seehöhe, kühl-gemäßigte Lagen, typische Obstbauregionen (z. B. Mostviertel in Niederösterreich, Apfelregionen in der Steiermark, Deutschland: Baden-Württemberg, Bodenseeregion, Sachsen-Anhalt und im „Alten Land" bei Hamburg → www.obstbau.org/anbaugebiete-98.html)
K: raue Lagen = etwa 450–750 m Seehöhe (z. B. Waldviertel, Alpenvorland, Bucklige Welt, Deutschland: Schwäbische Alb)
H: Hochlagen = Lagen über 750 m bis 1.000 m und mehr
1: ausgesprochen empfohlen für die angegebene Lage
(M), (K), (H): eingeschränkt pflanzbar an geschützten Plätzen der angegebenen Lage (Spalier, Steinwand oder anderer Wärmespeicher)
Die Reifezeiten sind jeweils für mittlere Lagen angegeben und verschieben sich nach hinten, je kühler die Region ist.

Mit viel Engagement und erstklassigen Produkten versuchen einige Personen die alten Lokalsorten in der Genussregion „Leithaberger Edelkirsche" (Burgenland) zu erhalten.

Tipps von Arche Noah-GärtnerInnen

Kirschen für raue Lagen

Winterfröste unter -20 °C verursachen bei Kirschen Schäden am Stamm und an den Trieben. Daher sind dem Anbau von Kirschen in Höhenlagen Grenzen gesetzt. Weichseln sind etwas frosthärter. Verhältnismäßig gut geeignet sind die Sorten ‚Big Sam', ‚Dönissens Gelbe Knorpelkirsche', ‚Königin Hortense', ‚Große Prinzessinkirsche', ‚Kassins Frühe' und ‚Ostheimer Weichsel'.

Traditioneller Kirschanbau im Burgenland

Der Anbau von Kirschen in der Region Leithaberg geht auf das 18. Jahrhundert zurück. Das Kirschenanbaugebiet Leithaberg erstreckt sich über fünf Gemeinden: Donnerskirchen, Purbach, Breitenbrunn, Winden und Jois. Elisabeth Schüller, Theresa Spörr und Andreas Spornberger erforschten und inventarisierten die alten Kirschsorten. Ein Verein bemüht sich um die Erhaltung der Kirschbäume und um den Aufbau einer Vermarktung.

Die traditionelle Kulturform ist der Halb- oder Hochstammobstbau in Weingärten oder auf Ackerflächen. Diese Form der Mischkultur ist typisch für Teile des Nordburgenlands und einzigartig in Österreich.

Bedingt durch nährstoffreiche Böden und optimale Klimabedingungen, beeinflusst durch den großen Steppensee Neusiedler See und die pannonische Wetterlage, entwickelten sich zahlreiche Lokalsorten, die ausschließlich in der Region zu finden sind.

Die Kirschenproduktion der Region Leithaberg diente vorwiegend dem Verkauf auf den Wiener Märkten. Die Gunstlage bewirkt, dass Kirschen früher als anderswo in Österreich reifen. Diesen Standortvorteil hat man perfekt ausgenutzt und hauptsächlich Frühkirschen gepflanzt, die von Ende Mai bis Mitte Juni reifen.

Die Kirschensorten der Region haben einen stark rot färbenden Saft, sind sehr aromatisch und zählen meist zu den weichen Herzkirschen. Die Sorte mit der größten Verbreitung, die ‚Joiser Einsiedekirsche', ist jedoch eine festere Knorpelkirsche.

- ‚Bolaga' (rotbraune bis schwarze Herzkirsche mit färbendem Saft)
- ‚Donnerskirchner Blaukirsche' (dunkle bis schwarzrote Herzkirsche mit färbendem Saft)
- ‚Frühbraune aus Purbach' (schwarze Herzkirsche mit färbendem Saft)
- ‚Rivers Frühe' (Syn. ‚Hängerte') (schwarze Herzkirsche mit färbendem Saft
- ‚Joiser Einsiedekirsche' (schwarze Knorpelkirsche mit färbendem Saft)
- ‚Jaboulay' (Syn. ‚Schachl') (dunkelrote Herzkirsche mit mittelstark färbendem Saft)
- ‚Spätbraune aus Purbach' (schwarze Knorpelkirsche mit färbendem Saft)
- ‚Windener Schwarzkirsche' (schwarze Knorpelkirsche mit färbendem Saft)

Verwendung

Aus Kirschen lässt sich sehr gut Kompott oder Marmelade machen. Größere Mengen können mit dem Dampfentsafter zu Saft verarbeitet werden (→ Kapitel „Obst konservieren", Seite 229). Weichseln werden vor allem zu schmackhaften Marmeladen und Säften verarbeitet.

Literatur

- Schüller, E. et al. (2012). Inventarisierung der Kirschenbestände in der Gemeinde Purbach. Endbericht einer Studie im Auftrag des Vereins Welterbe Neusiedler See. Wien: Universität für Bodenkultur.
- FiBL (2009). *Pflanzenschutz im Biosteinobstanbau.* www.fibl.org
- Viele weitere Sortenbeschreibungen finden Sie auf der Homepage des Vereins Arche Noah: www.arche-noah.at.
- Die Ortsgruppe Lemgo im BUND NW e. V. betreibt eine umfangreiche Datenbank mit Sortenbeschreibungen aus historischer Literatur: www.obstsortendatenbank.de.
- Der Verein FRUCTUS informiert auf seiner Website über die Obstsorten der Schweiz: www.fructus.ch.

a) **‚Hedelfinger Riesenkirsche'**
b) **‚Elton Kirsche'**
c) **‚Kordia'**
d) **‚Burlat'**
e) **Schattenmorellen**
f) **‚Dönissens gelbe Knorpelkirsche'**
g) **‚Regina'**

In einem reichhaltigen Obstgarten findet sich für jeden Geschmack etwas.

Der Beerenobstgarten

Beeren-Naschgärten können auch in Hochbeeten gepflanzt werden, benötigen hier aber mehr Wasser.

Vor allem wer Kinder hat, weiß einen Beerenobstgarten sehr zu schätzen. Da das meiste Beerenobst relativ rasch zu fruchten beginnt, kann man auch erst mit der Anlage eines Beerengartens beginnen, nachdem man Kinder bekommen hat. (Fast) Alle Beeren sind auch roh essbar, viele Kinder naschen sie am liebsten gleich direkt von der Pflanze. Auch eingekocht zählen Beerenfrüchte zu den Lieblingen von Kindern: etwa die für viele unschlagbare Erdbeermarmelade oder die Himbeermarmelade. Manche Beerenarten haben auch noch einen anderen Nutzen und weitere Verwendungsmöglichkeiten: Kiwi und Weintraube beschatten Pergolen oder Terrassen. Die Blätter von Himbeeren und Brombeeren liefern einen guten Kräutertee, der vor allem in Mischungen beliebt ist.

Durchschnittlicher Platzbedarf von Beerenpflanzen

Beerenart	Platzbedarf in m^2
Erdbeeren	0,16
Himbeeren	1
Johannisbeeren	2
Jostabeeren	4
Stachelbeeren	1,5
Brombeeren	4
Heidelbeeren	2,5
Preiselbeeren	0,25
Kiwai	2,5
Goji	1
Kamtschatka-Heckenkirschen (Maibeeren)	1,5
Apfelbeeren	2

Quelle: eigene Zusammenstellung

Standort

Vollsonnige, luftige, vor starken Winden und Spätfrösten geschützte Standorte sind für die Anlage eines Naschgartens bestens geeignet. Johannisbeeren und Stachelbeeren können auch halbschattig gepflanzt werden.

Ungeeignet für die Anlage eines Naschgartens sind Standorte, die in den letzten Jahren für den Beerenobstanbau genutzt wurden.

Bodenqualität

Die meisten Beerenarten bevorzugen einen lockeren, humosen, leicht sauren Boden. Wird der Garten auf einer ehemaligen Rasenfläche angelegt, ist die Anlage einer Gründüngung über 1–2 Jahre zur Verbesserung der Bodenqualität und zur Lockerung des Bodens zu empfehlen. Gründüngungen werden nicht geerntet, sondern in den Boden eingearbeitet. Dadurch werden dem Boden Nährstoffe zugeführt und vor allem organische Substanz, die den Bodenlebewesen als Nahrung dient. Diese Bodenorganismen, vom Regenwurm bis zu (sehr nützlichen) Pilzen und Bakterien, vermehren sich dadurch und bauen durch ihre Tätigkeiten ein lockeres Bodengefüge auf, in dem Pflanzen gut wurzeln können. Als Gründüngungspflanzen sind z. B. geeignet: Platt- und Futtererbse, Sommerwicke, Buchweizen, Ackerbohne, Gelbsenf, Inkarnatklee und Phacelia.

Bewässerung

Beerenobst liebt und braucht eine gleichmäßige Wasserversorgung. Ideal ist es daher, unter den Sträuchern eine Tröpfchenbewässerung zu legen. Aus den kleinen Löchern der Schläuche tritt das Wasser langsam aus und kann versickern, dadurch ist dieses System sehr wassersparend. Die Bewässerungsschläuche sollten allerdings entweder im Kreis um die einzelnen Sträucher gelegt werden oder beidseitig der Pflanzen (bei Himbeeren), um eine ausreichende Wasserzufuhr zu gewährleisten. Im Normalfall reicht es, wenn die Bewässerung im Sommer alle zwei Wochen eingeschaltet wird, dann sollte sie aber mehrere Stunden laufen. Dadurch wird der Boden nicht nur oberflächig befeuchtet, sondern tiefgründig. Das führt

Gründüngungspflanzen wie Buchweizen helfen den Boden für Beerenobst vorzubereiten.

Mit einer Tröpfchenbewässerung lässt sich am leichtesten eine gleichmäßige Wasserversorgung sicherstellen, die besonders bei Beerenobst wichtig ist.

Maibeeren sind nach dem Rhabarber das erste Obst im Garten.

dazu, dass die Wurzeln auf der Suche nach dem Wasser in die Tiefe wachsen und die Pflanzen das Bodenwasser besser nutzen können. Je nach System kann die notwendige Beregnungsdauer variieren. Testen Sie neue Systeme aus, indem Sie beim ersten Mal Gießen regelmäßig kontrollieren, wie tief der Boden schon feucht ist. Wenn das Wasser 20–30 cm tief eingedrungen ist, können Sie wieder abschalten, und wenn Sie sich die Dauer notiert haben, können Sie beim nächsten Mal einfach wieder dieselbe Zeit lang gießen.

Erntezeit im Beerenobst-Naschgarten

Art	Erntebeginn	Ende der Erntezeit
Kamtschatka-Heckenkirsche (Maibeere)	Juni	Anfang Juli
Erdbeere (Ananaserdbeere)	Mitte Juni	Ende Juli
Erdbeere, remontierend	Mitte Juni	September
Monatserdbeere	Juni	Oktober
Himbeere, einmaltragend	Mitte Juni	Ende Juli
Himbeere, zweimaltragend	Anfang August	Oktober
Ribisel/ Johannisbeere	Mitte Juni	Ende August
Stachelbeere	Mitte Juni	Ende August
Brombeere	Anfang Juli	Ende September
Kornelkirsche	Mitte August	Ende September
Weiße Maulbeere	Mitte Juli	Ende September
Apfelbeere	Anfang August	Ende August
Goji-Beere	August	Oktober
Heidelbeere	Mitte Juli	Ende August
Kiwai/Mini-Kiwi	Ende August	Oktober
Kiwi	September	Oktober (Genussreife ab November)

Erntezeit im Beerenobst-Naschgarten. Quelle: eigene Zusammenstellung

Die Ruten der Himbeeren werden in das Drahtgerüst eingefädelt. So bleibt der Bestand übersichtlich.

Erdbeere

Erdbeerenvielfalt

- *Fragaria x ananassa, Fragaria moschata, Fragaria vesca, Fragaria x vescana* – Rosengewächse
- Es gibt einmaltragende und zweimaltragende (= remontierende) Sorten sowie die immertragenden Monatserdbeeren.
- idealer Pflanzzeitpunkt: Ende Juli bis Mitte August
- erste Ernte im ersten Jahr nach der Pflanzung (bei Sommerpflanzung) und im gleichen Jahr bei Frühjahrspflanzung
- nach der dritten Ernte den Bestand roden – eventuell damit zuwarten, bis Ausläufer für die Vermehrung kräftig genug sind – und ein neues Erdbeerbeet anlegen
- mittlerer Nährstoffbedarf
- bei guter Pflege und ausreichender Fruchtfolge gesunde Kultur
- Für eine gute Versorgung eines 4-Personen-Haushalts (ca. 18–24 kg Ernte) setzt man 48 Pflanzen und benötigt 8 m².

Frische Erdbeeren aus dem Garten sind ebenso begehrt wie frische Tomaten. Man wartet lange darauf und freut sich an den ersten Früchten. Viele ältere Sorten haben einen hervorragenden Geschmack, wenngleich sie weniger Ertrag liefern als „moderne“ Sorten. In keinem Hausgarten sollten Monatserdbeeren fehlen, die von Juni bis Oktober tragen. Die Kultur von Erdbeeren erfordert, wenn man sie gesund und reichtragend halten will, etwas Zeitaufwand. Versteckt in den Hausgärten haben einige besonders aromatische Sorten überlebt, deren Geschmack nach wie vor unübertroffen ist. Die bekannteste ist die aus den 1930er Jahren stammende ‚Mieze Schindler‘.

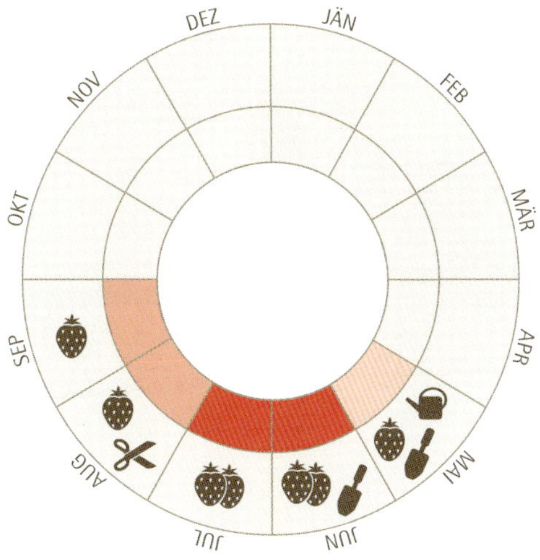

Wo Erdbeeren gerne wachsen

Erdbeeren haben eine große ökologische Anbaubreite, benötigen aber einen tiefgründigen, humosen und durchlässigen Boden. Standorte mit Verdichtungen oder Vernässungen eignen sich nicht für den Erdbeeranbau. Auf verdichteten Böden sind Wurzelkrankheiten und niedrige Erträge vorprogrammiert. Wer verdichtete Böden hat – zum Beispiel nach einer Baustelle –, tauscht entweder den Boden aus oder lockert tiefgründig und pflanzt eine Gründüngung im Frühjahr, die er dann 6 Wochen vor dem Pflanzen der Erdbeeren mäht, häckselt und einarbeitet. Die Pflanzen benötigen vor allem nach dem Setzen viel Wasser, ebenso zwischen Blüte und Reife. Die meisten Erdbeerarten sind schlecht schattenverträglich und wollen in der vollen Sonne wachsen. Damit die Pflanzen rasch abtrocknen können, muss in der Erntezeit morgens bewässert werden.

Staulagen (Senken) eignen sich nicht für den Anbau von Erdbeeren, da es hier zu Spätfrostschäden kommen kann.

Bestäubung

Erdbeeren sind Selbstbefruchter. Es gibt jedoch Ausnahmen: So braucht die beliebte Sorte ‚Mieze Schindler', aber auch ‚Direktor Paul Wallbaum' eine zweite Sorte als Bestäubersorte. Weitere Ausnahmen sind Moschuserdbeeren. Diese sind meist zweihäusig, das heißt, es gibt rein männliche und rein weibliche Pflanzen (→ Kapitel „Obstgehölze vermehren", Seite 162).

Wuchsformen

Erdbeeren sind mehrjährige, nicht verholzende Pflanzen und zählen von ihrer Lebensweise her betrachtet zu den Stauden. Die meisten Erdbeeren bilden Ausläufer, manche mehr, manche weniger – mit Ausnahme der Monatserdbeeren.

Pflanzung

Die beste Pflanzzeit für Erdbeeren ist Ende Juli bis Mitte August. Erdbeerpflanzen, die im Som-

Die Blüte von ‚Mieze Schindler' ist rein weiblich, die Staubgefäße fehlen.

Die Blüte der meisten Erdbeersorten ist zwittrig, Staubgefäße (männliche Blütenorgane), Narbe und Stempel (weibliche Blütenorgane) sind an einer Blüte.

Erdbeeren bilden an langen Ausläufern junge Pflanzen, die für die Vermehrung genutzt werden können.

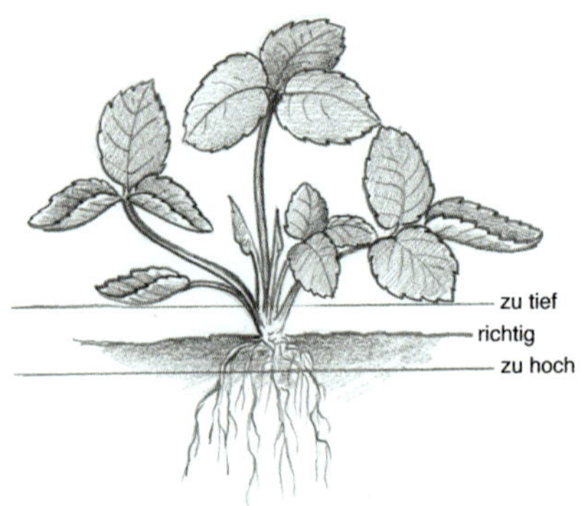

Erdbeeren dürfen nicht zu tief und nicht zu hoch gepflanzt werden.

mer gesetzt werden, haben noch ausreichend Zeit einzuwachsen und geben dann bereits im ersten Standjahr einen sehr guten Ertrag. Gepflanzt werden kann jedoch auch bis in den September und ebenfalls im Frühling. Getopfte Pflanzen können das ganze Jahr über gesetzt werden.

Sehr wichtig, damit die Pflanzen gut anwachsen und lange gesund bleiben: Sie dürfen nicht zu tief gesetzt werden. Die Wurzeln dürfen nicht aus der Erde herausragen und die Vegetationsspitzen, das Herz der Pflanze, dürfen nicht verschüttet sein (→ Zeichnung oben).

Pflanzabstände: 60–90 cm zwischen den Reihen und 25–30 cm in der Reihe.

Und so sieht die richtige Pflanztiefe in der Natur aus.

Fruchtfolge und Vorkultur

Die beste Vorkultur ist eine Gründüngung (Gerste, Hafer, Buchweizen), die den Boden unkrautarm zurücklässt. Schlechte Vorkulturen sind alle Gemüse, die von der Verticillium-Welke befallen werden können: Gurken, Tomaten, Kartoffeln, Sellerie, alle Kohlgewächse und alle Leguminosen (Erbsen und Bohnen). Zwischen den Erdbeerkulturen eine Anbaupause von drei Jahren einhalten.

Pflanzengesundheit

Um die Pflanzen gesund zu halten, ist es besonders wichtig, den Standort alle 3–4 Jahre zu wechseln. Eine geeignete Vorfrucht ist zum Beispiel eine Gründüngung (ohne Leguminosen → „Fruchtfolge und Vorkultur"). Und: Erdbeerpflanzen wollen gut gepflegt werden (→ „Pflege und Düngung", Seite 411 f.).

Erdbeeren können grundsätzlich von einer Reihe von Krankheiten, hauptsächlich Pilzkrankheiten, befallen werden. Einige tierische Schädlinge können vorkommen.

- **Grauschimmel** *(Botrytis cinerea)*: Dieser Pilz überdauert im Laub und liebt feuchtes Wetter. Zur Zeit der Blüte findet die Infektion statt. In Trockengebieten (Burgenland, Weinviertel etc.) ist dies meist kein großes Problem, in regenreichen Gebieten aber kann es starke Ausfälle geben, dort robuste Sorten wählen.

Die Weißfleckenkrankheit befällt bestimmte Sorten und ist nur in älteren Beständen. Das Säubern der Beete nach Ernte reduziert Befall.

- Wurzelkrankheiten aus der **Phythophtora-** und **Verticillium**-Familie: Diese Pilze überdauern lange im Boden und werden oft mit Pflanzen eingeschleppt. Ganze Pflanzen welken und erholen sich trotz Gießens nicht. Einzelne Früchte werden rot, bleiben aber hart und geschmacklos. Bei diesen Symptomen die Pflanzen entfernen und in der Biotonne entsorgen.
- **Erdbeermehltau** und **Weiß-** und **Rotfleckenkrankheit** sind bei den neueren Sorten kein Problem, können aber bei älteren Sorten auftreten. Diese daher in größeren Reihenabständen anbauen und mit Pflanzenstärkungsmitteln und/oder Ackerschachtelhalm kräftigen.

Wurden die Erdbeerpflanzen von Wurzelkrankheiten befallen oder es besteht der Verdacht, können noch Ableger für ein neues Beet genommen werden. Diese dürfen aber nicht im Boden wurzeln, da sie sich sonst auch anstecken würden. Um das zu vermeiden, werden die Ableger bereits sehr früh in mit Vermehrungserde gefüllte Töpfe oder Schalen geleitet und dort mit einem U-förmigen Drahthaken befestigt. Wichtig ist, dass die Töpfe auf einer Folie oder einem Holzbrett stehen und nicht auf der Erde. Wenn die Pflanzen bewurzelt sind, werden die „Schnüre" einfach abgeschnitten und die Pflanze kann als Topfpflanze versetzt werden.

Isoliert vom Mutterboden können auch von wurzelkranken Pflanzen noch Ableger gewonnen werden.

Pflege und Düngung

Damit die Früchte gesund und sauber bleiben, bringt man zwischen den Pflanzen Stroh aus. Die beste Zeit dafür ist von Mitte Mai bis nach der Blüte und, nachdem der Boden gründlich gelockert wurde und Unkräuter und Ausläufer entfernt wurden, bis Mitte Juni, spätestens bevor sich die Früchte auf den Boden senken. Früher als Mitte Mai sollte das Stroh nicht ausgebracht werden, da es sonst die natürliche Erwärmung des Bodens verhindert und so die Pflanzen erst später loswachsen können. Wer allerdings seine Erdbeeren erst später ernten will, mulcht den noch gefrorenen Boden und erntet so um ca. eine Woche später. Als Mulchmaterial eignet sich biologisches Getreide-, Raps- oder Chinaschilfstroh aus unkrautarmen Äckern.

Ein Erdbeerbeet sollte alle 2–3 Jahre neu angelegt werden. Nur im Berggebiet können (vorausgesetzt, die Kultur ist gesund) die Pflanzen bis zu 5 Jahre belassen werden und bringen noch ansehnliche Erträge. Je länger die Pflanzen genutzt werden, umso kleiner werden die Früchte, der Fruchtertrag nimmt aber zu. Besonders wichtig für die Erdbeerpflanzen ist die Nachernte-Pflege: Kranke Pflanzen müssen regelmäßig entfernt werden, ebenso Ausläufer, die nicht benötigt werden (sie reduzie-

Mit Stroh gemulchte Erdbeeren bleiben schön sauber ...

... und können einfach geerntet werden.

Im Sommer nach der Ernte die Blätter mit Schere oder Rasenmäher entfernen ...

... dabei die Herzblätter schonen.

ren den Fruchtertrag der Mutterpflanze, und der Bestand wird mit der Zeit so dicht, dass das Krankheitsrisiko zunimmt). Ab dem zweiten Standjahr muss die Nachernte-Pflege besonders sorgfältig durchgeführt werden. Die Pflanzen nach der Ernte und vor dem Austrieb „säubern", indem man ältere Blätter entfernt. Nach der Ernte hat sich bei den einmaltragenden Erdbeeren folgende Vorgehensweise bewährt: Die Pflanzen mit dem Rasenmäher (diesen so hoch wie möglich einstellen) abmähen und mit reifem (!) Kompost bedecken, bis die Herzblätter fast zugedeckt sind (in niederschlagsreichen Gegenden das Herz freilassen). Die Pflanzen durchwachsen die Kompostschicht, wachsen bis zum Herbst wieder kräftig und können im Folgejahr wieder reichlich Früchte tragen.

Erdbeeren haben einen mittleren Nährstoffbedarf und werden mit 5–7 Liter (pro m²) reifem Kompost oder kompostiertem Mist pro Jahr versorgt.

Wer zweimaltragende Erdbeeren (→ „Ernte und Lagerung", Seite 413f.) im Garten hat, dem sei geraten, alle Blütenstände im April/Mai auszubrechen. Dann blühen und fruchten die Pflanzen im Juli/August umso stärker und es kommt so zu einer echten zweiten Ernte. Tragen die Zweimaltragenden bereits im Juni voll, erschöpfen sich die Pflanzen, und der Ertrag im Spätsommer lässt zu wünschen übrig.

Vermehrung

Die ausläuferbildenden Erdbeeren lassen sich sehr einfach vermehren: Die Ausläufer („Kindel") werden abgenommen und entweder getopft und dann als bereits bewurzelte Jungpflanzen

Das gesäuberte Erdbeerbeet. In wenigen Wochen erstarken die Pflanzen durch gesundes Laub.

Bei Erdkontakt bilden die Kindel von selbst Wurzeln und können einfach verpflanzt werden.

gesetzt, oder man sucht Kindelpflanzen aus, die sich bereits selbst verwurzelt haben, gräbt sie aus und trennt sie von der Mutterpflanze ab. Wichtig ist, die Verpflanzung spätestens bis Mitte August durchzuführen, da später die Pflanzen schlecht anwachsen. Hat man genug Kindel, sollten nur jeweils die ersten 4–5 von der Mutterpflanze weg verwendet werden, diese blühen verlässlich bereits im nächsten Jahr.

Bei dieser gängigen Praxis ist lediglich darauf zu achten, dass nur gesunde Mutterpflanzen vermehrt werden (→ Kapitel „Obstgehölze vermehren", Seite 200f.). Auslese: Die einzelnen Pflanzen tragen unterschiedlich viele Früchte. Wer gezielt auf einen guten Fruchtansatz auslesen will, markiert während der Ernte die am reichsten tragenden Pflanzen (mit einem Stock oder Bindfaden) und nimmt dann gezielt nur von diesen Pflanzen Tochterpflanzen ab. Wer besonders viele Kindel von einer Pflanze ernten will, bricht von dieser alle Blütentriebe ab. So muss die Pflanze ihre Kräfte nicht zwischen Frucht- und Kindelbildung aufteilen.

Monatserdbeeren werden vorzugsweise durch Aussaat (→ Kapitel „Obstgehölze vermehren", Seite 167) oder durch Stockteilung vermehrt. Im Erdbeerbeet keimen auch immer wieder Monatserdbeeren von selbst, die umgepflanzt werden können.

Monatserdbeere aus Samen gezogen

Mischkultur

Eine bewährte Mischkulturpflanze ist Knoblauch. Aber auch Zwiebel, Winterheckenzwiebel oder Eschlauch schützen mit ihren Wurzelausscheidungen und Düften die Pflanzen vor Pilzerkrankungen. Im Halbschatten der Erdbeeren geht die sich selbst aussäende Petersilie gut auf.

Ernte und Lagerung

In der Haupterntezeit müssen/können die Pflanzen 2- bis 3-mal pro Woche beerntet werden. Die meisten Erdbeeren reifen im Juni. Zweimaltragende Erdbeeren (Langtragsorten) fruchten öfters im Jahr. Nach der ersten Ernte legen sie eine mehrwöchige Pause ein und beginnen dann wieder zu blühen und fruchten. Wer eine besonders große Spätsommer-/Herbsternte haben will, verzichtet auf die erste Ernte und bricht im Mai alle Blüten aus.

Knoblauch schützt Erdbeeren vor Pilzkrankheiten.

Ein Exot ist die Art Fragaria nilgerrensis, *die Früchte sind weiß bis rosa.*

Wer die Früchte nicht gleich verzehrt, erntet am besten in den frühen Morgenstunden, wenn die Früchte noch kühler sind. Erdbeeren sind nicht lange lagerfähig und dürfen nur in flachen Schalen aufbewahrt werden. Im Kühlschrank sind sie bis zu 2 Tage lagerbar. Unter 10 °C laufen die Früchte an. Erdbeeren reifen nach der Pflücke nicht nach, halbreife Früchte bleiben mäßig süß und schwach aromatisch.

Die Sorte ‚Apricot chinoise' wird als Rarität gehandelt, sie zählt zur Art Fragaria nilgerrensis.

Sorten

Es gibt nicht nur unterschiedliche Erdbeersorten, sondern auch unterschiedliche Arten. Je nach systematischer Einteilung werden zwischen 23 und 40 Arten der Gattung Erdbeere *(Fragaria)* unterschieden. Die Tabelle auf Seite 415 fasst die Fruchteigenschaften der gebräuchlichsten Arten zusammen.

Monatserdbeeren können gut auch im Topf kultiviert werden. Hier die rote Sorte ‚Rügen' und die weiße ‚Fraise des bois'.

Eine ausführliche Beschreibung vieler Sorten bietet das Buch *Osterfee und Amazone. Vergessene Beerensorten – neu entdeckt*, an dem auch der Obstexperte der Arche Noah Bernd Kajtna mitgewirkt hat.

Die „Verwilderungstendenz" der Erdbeere ist übrigens hoch. Da sie zahlreiche Ausläufer bildet, ist sie nur durch konsequente Pflege und Vermehrung sortenrein zu erhalten.

Monatserdbeeren

- ‚Rügen': Die in Deutschland und Österreich verbreitetste Monatserdbeere fruchtet von Mitte Juni bis in den November; die einjährigen Pflanzen tragen die schönsten Früchte, daher regelmäßig teilen oder über Samen vermehren. Nur vollreife Früchte entwickeln ihr volles Aroma.

Übersicht über die verschiedenen Erdbeerarten

	Größe und Form	Geschmack und Konsistenz	Farbe
Walderdbeere *F. vesca*	klein und konisch	aromatisch, süß, reife Früchte duften	rot bis fast weiß
Moschuserd-beere *F. moschata*	etwa doppelt so groß wie Walderdbeere	süßer und würziger als Walderd-beere, sehr weich	rot bis dunkelrot, innen weiß
Hügelerdbeere *F. viridis*	so groß wie Walderdbee-re, kugelig bis eiförmig	hart, Früchte fallen nicht ab, wenn sie reif sind	reife Früchte meist grünlich-gelb, selten rot
Chili-Erdbeere *F. chiloensis*	Durchmesser 1,5–2 cm	viele verschiedene Ökotypen, einige sehr aromatisch	Frucht braunrot bis mattrot, Schatten-früchte oft nur rosa
Scharlacherd-beere *F. virginiana*	Durchmesser 0,5–2 cm	säuerlich, aromatisch, duftend, weich, manchmal adstringierend, Fruchtzapfen löst sich vom Kelch	hell- bis dunkelrot, meist scharlachrot, Fruchtfleisch weiß
Gartenerdbeere/ Ananaserdbeere *F. x ananassa*	Durchmesser 2–5 cm	von kaum bis sehr aromatisch und von sehr weich bis sehr hart	blassrosa bis dunkelrot
Wiesenerdbeere *F. x vescana*	Früchte mittelgroß, Durchmesser ca. 2 cm	aromatisch, weich	rot
Fragaria nilgerrensis	Früchte im Durchmesser 1–2 cm	aromatisch, leicht nach Pfirsich und Marille, sehr weich, Samen tief eingesenkt	weiß bis rosa

Quelle: eigene Zusammenstellung

- ‚Weiße Baron Solemacher': eine weiße Monatserdbeere, die aus einem Sämling der Sorte ‚Rügen' entstanden ist. Trägt relativ große Früchte und wächst gesund und kräftig, der Geschmack ähnelt dem der Walderdbeere.

Moschuserdbeeren

- Moschuserdbeeren haben eine etwas längere Reifezeit als andere Erdbeeren, dafür ein besonders feines Aroma. Moschuserdbeeren reifen im Mai und Juni.
- ‚Profumata di Tortona': stammt aus dem Piemont, wird auch „Blumenstraußerdbeere" genannt, da sich die doldigen Blütenstände über das Laub erheben; kleine, runde, dunkle Früchte mit eingesenkten Samen
- ‚Capron Royal': eine der wenigen zwittrigen Moschuserdbeersorten; sehr süße und aromatische Früchte, allerdings weniger aromatisch als die zweihäusigen Sorten

Moschuserdbeeren waren bis vor 120 Jahren in ganz Europa bekannt. Zahlreiche historische Sorten (drei Früchte rechts) sind bis heute erhalten geblieben. Moschuserdbeeren können auch wild gesammelt werden. Die beiden Früchte links stammen aus Wildsammlungen.

Bei der Sorte ‚Senga Sengana' löst sich der Kelch samt Zapfen von der Frucht. Das ist ein Grund, warum ‚Senga Sengana' für die Verarbeitung beliebt ist.

Gartenerdbeere

Die einmaltragenden Gartenerdbeeren reifen je nach Sorte und Lage zwischen Mitte Mai und Ende Juli. Die Gartenerdbeere ist in Europa entstanden, da hier die südamerikanische *Fragaria chiloensis* und die nordamerikanische *Fragaria virginiana* nebeneinander angebaut wurden.

- ‚Senga Sengana': reichtragend, starker Wuchs, mittlere bis große Frucht, violett bis dunkelrot, mittelspäte Reife; Sorte aus den 1950er Jahren
- ‚Wädenswil 6': Obwohl seit über 40 Jahren im Handel, ist sie in der Schweiz immer noch die beliebteste Sorte im Hausgarten. Sie wächst mittelstark, ist ertragreich, reift mittelspät und trägt mittlere bis große, dunkelrote und sehr aromatische Früchte.
- ‚Polka': für den Hausgarten und Selbsterntefelder sehr geeignet, hoher Ertrag, kleine Früchte und relativ robust
- ‚Jubilae': reift mittelfrüh und ist dunkelrot, gesund und robust, Ertrag nur durchschnittlich, sehr guter Geschmack! Sorte aus den 1960er Jahren, einzige Neuzüchtung aus Österreich
- ‚Weidling': starkes und ungewöhnliches Aroma, wenig Zucker, aber nicht sauer. Frucht groß und frühreif, rosa bis hellrot, Fruchtfleisch weiß. Robuste und gesunde Pflanzen, auch bei zwei- und mehrjähriger Kultur. Ernte mit Stiel und Kelch. Stammt aus einem Garten in Weidling/Klosterneuburg, wird dort seit 70 Jahren kultiviert
- ‚Clery': reift sehr früh, ist etwas anfällig für Grauschimmel, mittlerer Ertrag, große, aromatische, feste Früchte
- ‚Fraroma': frühe, aromatische Erdbeere, die von der Sorte ‚Senga Sengana' abstammt Resistent gegen Wurzelpilze *(Verticillium)*, mittelgroße, saftig, aromatische Früchte
- ‚Daroyal': frühe, aromatische, große, weichfleischige Erdbeere, empfindlich für Grauschimmel, aber wenig anfällig für andere Pilzkrankheiten
- ‚Mieze Schindler': späte, äußerst aromatische Erdbeere. Mittelgroße, wenig feste Früchte. Geringe Bodenansprüche, braucht Bestäubersorte

Zweimaltragende Sorten (→ „Ernte und Lagerung", Seite 413f.)

- ‚Mara des Bois': eine der besten zweimaltragenden Sorten, kleine bis mittelgroße, leuchtend rote Früchte, Früchte von Juni bis Oktober
- ‚Ostara': zweimaltragende Sorte, insgesamt weniger Ertrag als die gängigen, einmaltragenden Sorten
- ‚Rapella': süßsäuerlich, aromatisch, große Früchte, festfleischig, trägt von Juli bis in den Herbst

Die Erdbeerwiese

Eine besondere Erdbeerart ist die „Wiesenerdbeere" *Fragaria x vescana*. Die Wiesenerdbeere entstand aus einer Kreuzung der Gartenerdbeere mit der Walderdbeere. Die beiden Arten kreuzen sich in der Natur nicht. Sie trägt kleine, aromatische rote Früchte. Pro Quadratmeter können bis zu 2,5 kg Früchte geerntet werden. Im Gegensatz zur her-

'Spadeka'

Auch Walderdbeeren bilden zahlreiche Ausläufer und können einen geschlossenen Bestand bilden. Das Beet unkrautfrei zu halten ist eine Riesenherausforderung. Hier wurde unkrautfreie (gedämpfte) Erde als Substrat verwendet.

kömmlichen Erdbeerkultur werden bei dieser Kulturform die Ausläufer nicht entfernt. So wachsen die Pflanzen zu einer dichten „Wiese" zusammen. Da sich bei dieser Kulturmethode Feuchtigkeit besser im Bestand halten kann, kann eine Erdbeerwiese nur dann angelegt werden, wenn die Jungpflanzen gesund sind und die Fläche, auf der sie angelegt werden soll, unkrautfrei war. Eine Erdbeerwiese wird idealerweise im April oder Mai ausgepflanzt, der Bestand sollte bis zum Herbst geschlossen sein. Gepflanzt werden 3–4 Pflanzen pro Quadratmeter. Das Beet kann dann – je nach Kulturzustand – zwischen 3 und 6 Jahren genutzt werden. Die bei den Gartenerdbeeren notwendigen Pflegearbeiten sind bei der Erdbeerwiese nicht nötig.

Geeignete Sorten für die Erdbeerwiese:

- 'Spadeka': ausgeprägtes Walderdbeeraroma, zum Einmachen geeignet, mittelgroße rote Früchte, frühreifend
- 'Florika': Walderdbeeraroma! Früchte größer als Walderdbeeren
- 'Pink Panda': Ziererdbeere, als Bodendecker oder Befruchtersorte geeignet. Bildet trotz reicher Blüte kaum Früchte aus, die wenigen Früchte sind klein. Bildet sehr viele Ausläufer, lange Blütezeit. Kreuzung zwischen einer Erdbeerart und *Potentilla palustris*

Bergerdbeeren

Da Erdbeeren sehr frosthart sind, können sie auch noch in Höhenlagen bis 1600 m angebaut werden. Manche alpine Hochtäler haben sich in den letzten Jahren ganz dem Erdbeeranbau verschrieben, z. B. das Südtiroler Martelltal, ein Seitental des Vinschgaus. In den Höhenlagen ist der Schädlingsdruck geringer und die Erdbeeren können zu einer Zeit geerntet werden, wo überall sonst die Erdbeersaison bereits beendet ist. Pro 100 Höhenmeter rechnet man mit einer um 3–7 Tage später einsetzenden Ernte.

Literatur

- Bartha-Pichler, B., Frei, M., Kajtna, B. & Zuber, M. (2006). *Osterfee und Amazone. Vergessene Beerensorten – neu entdeckt.* Innsbruck: Löwenzahn Verlag.
- Forschungsinstitut für biologischen Landbau (Hg.). (2001). *Biologischer Erdbeeranbau.* Frick: Eigenverlag.

a) **Monatserdbeere ‚Rügen‘**
b) **‚Senga Sengana‘**
c) **‚Weiroma‘**
d) **‚Daroyal‘**
e) **‚Polka‘**
f) **‚Clery‘**

g) **‚Weidling'**
h) **‚Mieze Schindler'**
i) **‚Moschuserdbeere'**
j) **Weiße Monatserdbeere ‚Fraise de Bois'**
k) **‚Jubilae'**

Brombeere

Brombeeren reifen über einen längeren Zeitraum hinweg.

- *Rubus fruticosus* agg. – Rosengewächse
- Ernte Mitte Juli bis Anfang Oktober
- Fruchtfolge/Rotation 10 Jahre
- erste Früchte nach 1 Jahr
- Vollertrag nach 2 Jahren
- Ertrag einer Pflanze: 5–12 kg

Brombeeren wachsen gesund und äußerst kräftig. Sie tragen üppig – vorausgesetzt, es regnet genug. Wer nach der Ernte nicht am ganzen Körper zerkratzt sein möchte, setzt entweder stachellose Sorten oder zieht sie an einem Rankgerüst in die Höhe. Vor allem Kinder lieben die dunklen Beeren, die über viele Jahre beerntet werden können.

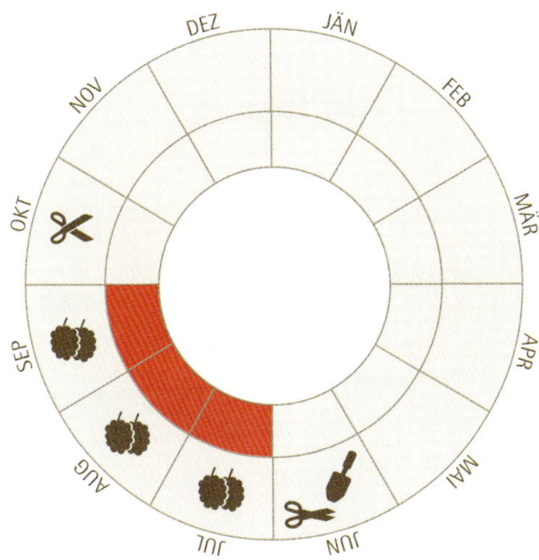

Wo Brombeeren gerne wachsen

Brombeeren wachsen gerne in voller Sonne. In warmen Lagen geht zur Not auch Halbschatten, in kühleren Regionen reifen sie dort nur schlecht aus und werden nicht süß. Gleichzeitig brauchen sie einen feuchten Boden. Daher ist – ähnlich wie bei den Himbeeren – eine Mulchschicht ideal. Das Risiko, Pflanzen im Winter zu verlieren, ist übrigens relativ hoch: Schäden am Holz entstehen bereits ab Temperaturen von unter -15 °C. Zum Schutz vor Frost können die einjährigen Ruten aber relativ einfach vor Wintereinbruch auf den Boden gelegt werden.

Einige sehr aromatische Brombeeren haben viele Dornen, es gibt aber auch dornenlose Sorten.

Bestäubung

Brombeeren sind Selbstbestäuber.

Wuchsformen

Brombeeren bilden im ersten Jahr eine lange Rute, die im nächsten Sommer Früchte trägt. Danach stirbt sie ab. Im gleichen Jahr, während die Rute vom Vorjahr beerntet wird, wachsen aus dem Boden neue Jungruten, sie werden im nächsten Jahr tragen. So erneuert sich der Strauch laufend von selber.

Pflanzung

Brombeeren setzt man mit einem sehr weiten Pflanzabstand von 3–4 m und, falls mehrere Reihen geplant sind, mit 2,5–3 m Reihenabstand. Brombeeren brauchen ein starkes Rankgerüst. Die Erziehung am Gerüst ist ein wenig abhängig von der Sorte. Brombeeren, die lange Ruten bilden (‚Theodor Reimers', ‚Jumbo', ‚Thornfree') können am besten auf zwei Spanndrähten, der untere in 80–100 cm Höhe und der obere 40–60 cm darüber (→ Skizze unten) erzogen werden (horizontale Drahterziehung). Brombeersorten, die schwächer und eher aufrecht wachsen (dazu zählen ‚Navaho', ‚Loch Ness'), werden fächerförmig erzogen. Dabei werden 3–5 Tragruten pro Pflanze fächerartig an den Spanndrähten befestigt, die waagrecht in 80, 120 und 180 cm Höhe gespannt

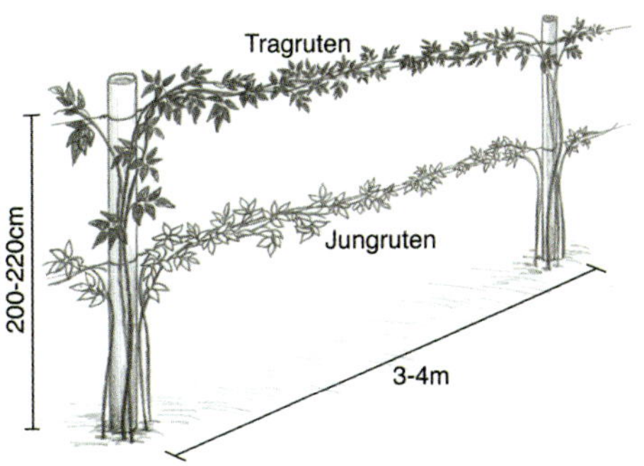

Rankgerüst und Erziehung der Brombeere

Die Himbeerrutenkrankheit zeigt sich durch braun-rote längliche Flecken an den Trieben. Befallene Triebe welken oft im Sommer.

Bilden sich an den diesjährigen Ruten (Jungruten) Seitentriebe, so werden diese laufend auf 2–4 Knospen eingekürzt, überzählige werden gänzlich entfernt. So bleibt der Bestand locker.

sind. Die Jungruten werden laufend zwischen die Tragruten gebunden.

Bereits im Jahr der Pflanzung trägt der Trieb Früchte, im nächsten Jahr werden es mehr.

Sonst → Artenporträt Himbeere (Seite 426).

Pflanzengesundheit

Brombeeren sind im biologischen Hausgarten meistens gesund. Vorkommen können die **Brombeermilben** (die mit freiem Auge nicht sichtbar sind). Zu erkennen sind sie an Früchten, die zum Teil rot, hart und sauer bleiben. Vorbeugung: die Tragruten nach der Ernte entfernen und entsorgen/verbrennen.

Brombeeren werden auch von der **Himbeerrutenkrankheit** befallen (→ Artenporträt Himbeere, Seite 426). Bilden sich braune, längliche Flecken an den Ruten, sollten diese sofort möglichst bodengleich abgeschnitten werden, sie verwelken sonst meist später und der Pilz kann sich ausbreiten.

Pflege und Schnitt

Die abgeernteten Triebe und überzählige Jungruten werden im Herbst am Boden abgeschnitten. Die verbleibenden Jungruten bleiben zunächst ungeschnitten. Bilden die Jungruten jedoch Seitentriebe, so werden diese laufend auf 2–4 Augen eingekürzt oder gänzlich entfernt. So bleibt der Bestand locker.

Im Sommer vor der Ernte werden die Seitentriebe der Tragruten auf 2 Augen eingekürzt, damit man später leichter an die Früchte kommt, diese bilden sich in den Achseln der Seitentriebe. Stark rankende Sorten haben die Tendenz zu verwildern: Wenn die Ranken den Boden berühren, bewurzeln sie sich an der Spitze. Ebenso solche, die Wurzelausläufer bilden (z. B. ‚Theodor Reimers'). Aber die meisten modernen Sorten sind leichter in Schach zu halten.

Brombeeren lassen sich im Juni/Juli über Grünstecklinge vermehren.

Immer wieder bilden Brombeeren auch Wurzelschösslinge, die verpflanzt werden können.

Düngung und Wasser

Grundsätzlich sind Brombeeren genügsame Pflanzen. Von Mitte März bis Mitte April mit etwas reifem Kompost versorgen. Man kann auch mit den groben Teilen des Komposts, die beim Sieben zurückbleiben, mulchen und gleichzeitig düngen. Beim Wasser sind sie allerdings deutlich anspruchsvoller. Auf Böden mit schlechtem Wasserspeichervermögen tragen sie in trockenen Sommern so gut wie nicht, wenn sie nicht bewässert werden können.

Vermehrung

Brombeeren können über Wurzelschösslinge, Wurzelschnittlinge (nur bestachelte Sorten), Absenker, Grünstecklinge oder über die Bewurzelung von Triebspitzen vermehrt werden (→ Kapitel „Obstgehölze vermehren", Seite 160).

Ernte und Lagerung

Brombeeren reifen zwischen Mitte Juli und Anfang Oktober. Wenn immer möglich nur trockene Früchte und in den frühen Morgenstunden ernten. Im Gegensatz zur Himbeere lösen sich Brombeeren, auch wenn sie reif sind, nicht vom Zapfen. Die Früchte sind sehr druckempfindlich; sie lassen sich nicht gut lagern und werden am besten gleich verspeist. Wenn sie nicht frisch gegessen werden, sollten sie sofort verarbeitet, jedenfalls gekühlt werden. Maximal können sie vier Tage gelagert werden (im Kühlschrank).

Die Blüte der Brombeeren ist eine Zierde für den Garten.

Sorten

Botanisch betrachtet gibt es verschiedene heimische Brombeerarten: Alleine in Europa dürften zwischen 100 und 200 Arten vorkommen. Die meisten Kultur-Brombeeren gehen auf US-amerikanische Wildformen zurück. Aufgrund ihrer Wuchsform unterscheidet man kriechende, aufrechtwachsende und halbaufrechte Formen. Die aufrechtwachsenden erneuern sich durch Wurzelschösslinge. Die kriechenden bewurzeln an den Trieben, die den Boden berühren.

Empfehlenswerte Brombeersorten

Dornenlose Sorten	Frucht	Besonderheiten
‚Scotty Loch Tay'	süß und aromatisch, Ernte ab Mitte Juli	relativ winterhart, halbaufrechter Wuchs, robust
‚Navaho'	groß, fest und aromatisch, mittelfrühe Reife und bis Oktober	relativ winterhart, aufrechter Wuchs
‚Loch Ness'	große, längliche Früchte, Ernte Anfang Juli bis Ende August	starkwachsend, halbaufrechter Wuchs
‚Thornfree'	aromatische, große, längliche Beeren	reifen nur im Weinbauklima gut, d. h. süß aus, mittelstarkes Wachstum
‚Black Satin'	große Früchte, hoher Ertrag	spätreifend (Anfang August bis zum ersten Frost), stark aufrechtwachsend
‚Jumbo'	sehr große Früchte	rankend, mittlere Reifezeit, sehr ertragreich, frostfest
Bedornte Sorten	Frucht	Besonderheiten
‚Geschlitztblättrige Brombeere'	festfleischig, rund, spätreif	feines, bis zur Mittelrippe geschlitztes Blatt, sehr winterhart, rankend
‚Theodor Reimers'	weich, groß bis mittelgroß in langen Rispen, süßsäuerlich mit ausgezeichnetem Aroma, Reife im August	starkwüchsige, rankende, bewährte Sorte für Frischverzehr und Verarbeitung, frostempfindlich, hoher Schnittaufwand
‚Kittatinny'	groß, weich, Reife Mitte bis Ende Juli	alte Standardsorte aus den USA, aufrechtwachsend, stark bestachelt

Quelle: eigene Zusammenstellung

a) **‚Loch Ness'**

Die Tragruten werden am oberen Draht befestigt.

Himbeere

Die gelbe Himbeere ‚Fallgold'

- *Rubus idaeus* (Waldhimbeere), *Rubus occidentalis* (Schwarze Himbeere) – Rosengewächse
- optimal sonnige und nicht zu trockene Standorte
- selbstfruchtbar
- erste Ernte je nach Pflanztermin und Sorte 6–12 Monate nach der Pflanzung, Vollertrag nach 2 Jahren
- jährliche Düngung mit Kompost oder kompostiertem Mist
- benötigen Mulchschicht

Grundsätzlich lassen sich Himbeeren sehr einfach kultivieren. Sie benötigen jedoch einen ausreichend feuchten und humusreichen Boden und wollen gemulcht werden. Daher sind sie in Anfänger-Gärten nicht immer und überall unkompliziert anzubauen. Wer Himbeeren auch zu Saft oder Marmelade verarbeiten will, sollte gleich mehrere Pflanzen setzen und braucht auch mehr Platz. Himbeeren können gut entlang eines Zaunes angepflanzt werden.

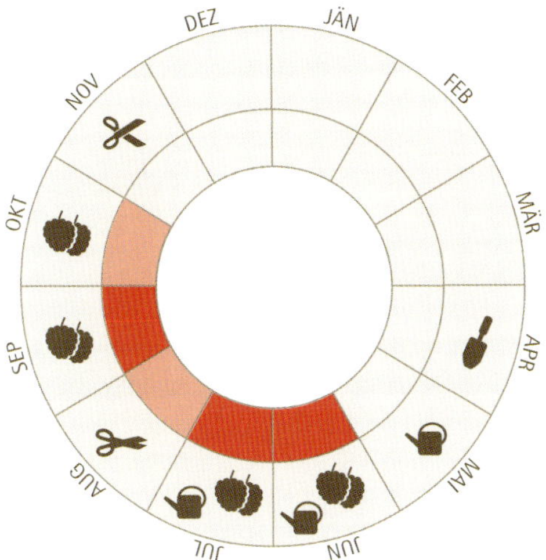

Wo Himbeeren gerne wachsen

Himbeeren sind sehr frostfest und gedeihen bis in Höhenlagen von 1300 m.

Himbeeren stellen unter den Beerensträuchern die höchsten Ansprüche an den Boden und können nur auf mittelschweren bis leichten, durchlässigen Böden angebaut werden. Auf reinen Sandböden benötigen die Pflanzen für einen guten Fruchtansatz viel Wasser. Verdichtete und/oder nasse Böden sind für Himbeeren ungeeignet. Die Kultur auf kompostangereicherten Dämmen ist in Gebieten mit ausreichenden Niederschlägen sehr zu empfehlen. Der Damm wirkt Bodenverdichtungen und Staunässe entgegen. Im Trockengebiet (ab 600 mm Niederschlag/Jahr) sollte bei Dammkultur oder bei sandigen Böden eine Tröpfchenbewässerung installiert werden.

Bestäubung

Die meisten Himbeersorten sind selbstfruchtbar. Einzelne Sorten entwickeln schlechte Pollen und brauchen dann eine zweite Sorte als Befruchter.

Pflanzung

Vor dem Pflanzen muss der Boden gelockert und mit kompostiertem Mist oder reifem Kompost versorgt werden. Wenn der Boden schon gut strukturiert ist, reicht eine Bearbeitungstiefe von 15 cm. Ist der Boden fest und verdichtet, muss tiefer gelockert werden. Himbeeren können im Frühjahr oder Herbst – Topfpflanzen ganzjährig – gepflanzt werden. Gleich nach der Pflanzung von wurzelnackter Ware oder Ballenpflanzen werden die Ruten auf 30 cm zurückgeschnitten. Topfpflanzen müssen nicht angeschnitten werden. Pflanzabstand: Man setzt die Pflanzen in der Reihe in einem Abstand von 50 cm. Ein guter Reihenabstand sind 2,5 m. Man benötigt daher weniger als eine Pflanze/m^2. Die Pflanzen können über 10 Jahre genutzt werden und auf demselben Standort bleiben.

Wuchsformen und Sortentypen

Alle Himbeeren bilden im Frühjahr ab Mai sogenannte Jungruten. Diese treiben aus den Wurzeln aus und werden auch diesjährige Ruten genannt. Sie bleiben bis zum Herbst relativ weich und grün und verholzen allmählich. Die Jungruten überwintern und werden im zweiten Jahr zu Tragruten oder vorjährigen Ruten. Diese sind verholzt und dadurch braun. Es bilden sich Seitentriebe, die

Himbeeren wachsen auch im Halbschatten, sofern der Boden und die Wasserversorgung passen. Hier breiten sie sich „unkontrolliert" hinter einem Stadl unter dem Nussbaum aus. Die Ruten werden an Stäbe angebunden.

Diesjährige Ruten (= Jungruten) sind grün und vorjährige Ruten (= Tragruten) bereits verholzt.

Herbsthimbeeren blühen und fruchten an den Triebspitzen der diesjährigen Ruten (= Jungruten).

blühen und ab Juni Früchte tragen. Die Tragruten verlieren nach der Ernte bald das Laub, trocknen ein und sterben im Spätsommer ab.

Sommerhimbeeren durchlaufen diesen Entwicklungszyklus und werden auch einmaltragende Himbeeren genannt. Sie tragen ausschließlich an den vorjährigen Ruten.

Herbsthimbeeren durchlaufen ebenso diesen Entwicklungszyklus, allerdings mit einem Unterschied: Die diesjährigen Ruten (Jungruten) besitzen die Fähigkeit, bereits im Spätsommer an der Spitze der Ruten Blüten und Früchte zu bilden. Die Himbeeren blühen und reifen bis in den Herbst.

Die Jungruten überwintern und werden zu Tragruten, die im Juni nochmals fruchten, um dann abzusterben. Die Ruten der Herbsthimbeeren können theoretisch zweimal beerntet werden, einmal im Herbst und das zweite Mal im darauffolgenden Sommer. Herbsthimbeeren werden daher auch zweimaltragende Himbeeren genannt.

In der gärtnerischen Praxis verzichtet man jedoch meist auf die zweite Ernte. Alle Ruten einer Herbsthimbeere werden im November bodeneben abgeschnitten. Das hat große Vorteile in punkto Pflanzengesundheit und Kulturführung. Die Rutenkrankheit kann sich nicht ausbreiten, da alle oberirdischen Pflanzenteile jeden Herbst entfernt werden und das Anbinden und Trennen von Jung- und Tragruten entfällt (→ Ranksysteme unten).

Nachteilig ist: Die Himbeerernte setzt erst später im Jahr ein.

Im Garten ist es daher empfehlenswert, eine Sommersorte für die Sommerernte zu setzen und eine Herbsthimbeere für die Herbsternte.

Ranksysteme

Die Entscheidung für das richtige Ranksystem ist abhängig vom Sortentyp (Sommer- oder Herbsthimbeere). Das erfragen Sie am besten beim Einkauf der Pflanzen. Ist der Sortentyp nicht bekannt, lässt sich das sehr einfach an der Pflanze feststellen (→ Wuchsformen, Seite 427).

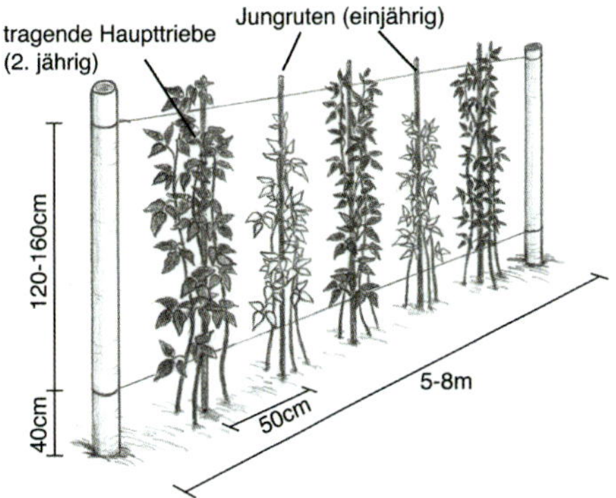

Übersichtliche Staberziehung der Himbeere

Ruten einer Herbsthimbeere im Drahtrahmen

Im Hausgarten und vor allem für Sommerhimbeeren bewährt sich die sogenannte „Staberziehung". Bei diesem System werden „Jungruten" und „Tragruten" getrennt und abwechselnd aufgebunden. Der Bestand ist übersichtlich, und beim Ernten stören die Jungruten nicht. Dazu benötigt man ein Beet bzw. einen Randstreifen von 40–60 cm Breite und pro 5–8 m Länge zwei feste Pfosten, die man am Ende des Beetes fest in die Erde schlägt. An diesen werden entweder rechts und links dünne Holzlatten oder Draht befestigt. Alle 50 cm werden dünnere Stäbe (zum Beispiel Bambusstäbe) am Draht befestigt. An diesen werden abwechselnd jeweils die einjährigen und die zweijährigen = tragenden Ruten zusammengefasst (→ Skizze oben). Die Jungruten können bei Bedarf locker an die Stäbe gebunden werden, nach dem Laubfall werden sie dann festgebunden.

Die Kulturführung bei Herbsthimbeeren ist wesentlich einfacher, da diese Sorten ja schon an den einjährigen Ruten fruchten: Nach der Ernte können im Spätherbst sämtliche Ruten knapp über dem Boden abgeschnitten werden. Im Frühjahr treiben sie neu aus und tragen im Spätsommer Beeren. Die Ruten können auf wüchsigen Standorten recht hoch werden und benötigen eine Unterstützung. Dazu kann man entweder ein einfaches Drahtgitter (zum Beispiel einen Wildzaun) in 70 cm Höhe waagrecht auf Holzpfählen montieren. Die Himbeerruten wachsen durch das Gitter hindurch. Das Gerüst sollte nicht breiter als 40 cm sein, da ansonsten der Bestand zu dicht und die Bearbeitung (Abschneiden der Ruten, Jäten) schwierig wird. Die Ruten lassen sich auch an einem Drahtspalier befestigen. An mageren Standorten hingegen können Herbsthimbeeren auch ohne jedes Gerüst gezogen werden.

Pflanzengesundheit

In der Regel sind biologisch kultivierte Himbeeren im Hausgarten gesund. Vorkommen kann das von einem Pilz verursachte **Wurzelsterben**. Die Triebspitzen welken zunächst und sterben bis zum Frühsommer ab, die Blätter hellen auf. Die Rinde ist dunkelbraun verfärbt. Die Krankheit kann einen ganzen Bestand gefährden und wird durch kranke Pflanzen verbreitet. Vorbeugung: Himbeeren nicht auf verdichteten Böden anbauen, regelmäßig mit gut verrottetem Kompost düngen, nach Auftreten der Krankheit 15 Jahre Anbaupause.

Die Himbeerrutenkrankheit führt im Gegensatz zum Wurzelsterben nie zum Absterben der ganzen Pflanze, wird von verschiedenen Pilzen hervorgerufen und hat unterschiedliche Krankheitsbilder (braune Flecken um die Knospen, ausgedehnte, violett-braune Flecken an der Basis der jungen Ruten). Sie wird von der Himbeerrutengallmücke übertragen, die sonst als Schädling kaum Bedeutung hat. Befallene Ruten werden sofort entfernt. Vorbeugung: Abgetragene Ruten baldmöglichst bodengleich abschneiden, die Sträucher locker halten und nicht zu viele Triebe belassen, den Boden mulchen und Rutenverletzungen vermeiden.

Vorkommen kann auch der Grauschimmel **Botrytis**, der einen mausgrauen, stäubenden Pilzrasen auf den Früchten hervorruft und bei regnerischem Wetter während der Ernte zu großen Schäden führen kann. Da der Pilz auf den Ruten überwintert, befallene Ruten im Winter entfernen.

Am bekanntesten ist allerdings der Himbeerkäfer, der Wurm (der eine Made ist) in der Himbeere. Besonders in schattigen Lagen kann er sich stark vermehren und große Ausfälle verursachen. Vorbeugung: Von Anfang Mai bis in die Blüte hinein können die Käfer regelmäßig, am besten morgens, in einen Eimer mit Wasser von den Ruten geklopft werden. Das reduziert den Befall. Eine Bekämpfung ist nur mit chemischen Mitteln möglich.

Pflege und Schnitt

Himbeeren wachsen auf ihrem natürlichen Standort als Unterwuchs und Randpflanze in Laubwäldern. Hier haben sie viele Nährstoffe zur Verfügung. Im Garten bekommen sie diese in Form von kompostiertem Mist oder Kompost. Sommerhimbeeren werden am besten im August, Herbsthimbeeren im Frühling gedüngt.

Sommerhimbeeren (= einmaltragende Sorten) tragen nur am zweijährigen Holz. Diese Triebe sollten gleich nach der Ernte möglichst nahe am Boden abgeschnitten werden. Sie würden zwar ohnehin absterben, doch schützt dies vor Rutenkrankheiten, und die jungen Triebe haben ausreichend Raum, um sich gut zu entwickeln. Die Jungruten für die Ernte im nächsten Jahr werden ausgelichtet, so dass ungefähr 15 Ruten pro Laufmeter übrig bleiben, bevorzugt werden schwache Triebe entfernt.

Bei Herbsthimbeeren (= zweimaltragende Sorten) werden alle Triebe im Herbst oder Winter möglichst nahe am Boden abgeschnitten. Will man allerdings die Sommerernte auch nutzen, schneidet man die abgetragenen Rutenspitzen im zeitigen Frühjahr bis auf die oberste überwinternde Knospe zurück. So entwickeln sich fruchtende Seitentriebe, die schon vor den Sommerhimbeeren reife Früchte tragen. Von diesen Trieben bleiben nur die stärksten Ruten stehen (15 Ruten pro Laufmeter).

Himbeeren müssen gemulcht werden, da sie ein sehr flaches Wurzelsystem haben, das sonst unter Wassermangel leidet. Die Mulchdecke soll so dicht sein, dass sie auch das Unkraut unterdrückt, da bei der mechanischen Unkrautbekämpfung (Hacken) das Wurzelsystem gestört wird.

Die Ruten stehen zu dicht. 15 Ruten pro Laufmeter sind ausreichend.

Tipps von Arche Noah-GärtnerInnen

Himbeeren mit Hackschnitzeln

„Unsere Himbeerbeete waren bislang eher keine Zierde des Gemüsegartens: ziemlich stark verunkrautet mit Ackerwinden etc., von Wühlmäusen untergraben und bei der diesjährigen Dauertrockenheit ein trauriger Anblick. Im Juni haben wir dann nach einer Unkraut-Jätaktion die Idee gehabt, eines der Beete mit Brettern einzufassen. Danach haben wir den gesamten Boden zwischen den Reihen mit einem schwarzen Bändchengewebe abgedeckt und 10 cm hoch mit Hackschnitzeln aus der örtlichen Hackschnitzelheizung (ganz billig) aufgefüllt. Das Ergebnis nach einem trockenen, heißen Extremsommer: kein Jäten mehr, kein Gießen nötig, aber: Wir mussten das Stützgerüst erhöhen, weil die Ruten fast 2,50 m hoch geworden sind und wunderschöne Früchte tragen."

Annette und Ingolf Hofmann, Südburgenland

Vermehrung

In der Vegetationsruhe können Himbeerruten ausgegraben und umgepflanzt werden. Eine Herbstpflanzung Anfang November ist dafür ein günstiger Zeitpunkt. Vermehrt werden können sie auch über Wurzelschnittlinge (→ Kapitel „Obstgehölze vermehren", Seite 202).

Ernte und Lagerung

Himbeeren lösen sich bei der Reife vom Zapfen (Brombeeren hingegen lösen sich nicht) und sind sehr empfindlich. Die Ernte wird durch einen zu dichten Bestand und durch ein „schlampiges" Hochbinden erschwert. Wenn immer möglich, nur trockene Früchte und in den frühen Morgenstunden ernten. Die Früchte lassen sich nicht gut lagern und werden am besten gleich verspeist. Himbeerblätter für Tees werden vor der Blüte gesammelt, entweder frisch verwendet oder getrocknet.

Sorten

Es gibt botanisch unterschiedliche Typen, die sich in Wuchsform (aufrecht, kriechend, keine Ausläufer, mehr oder weniger Wurzelausläufer) und Beerenfarbe (Schwarz, Rot, Gelb) unterscheiden. Im deutschsprachigen Raum werden hauptsächlich Sorten, die von der Waldhimbeere (*Rubus idaeus*) abstammen, kultiviert. Es gibt einmaltragende (= Sommerhimbeere) und remontierende (= zweimaltragende oder Herbsthimbeere) Sorten. Neuerdings werden auch Sorten der Schwarzen Himbeere (*Rubus occidentalis*) und Kreuzungen zwischen diesen Arten ausgepflanzt (= Violette Himbeeren).

Schwarze Himbeeren

Schwarze Himbeeren wurden im deutschsprachigen Raum nie in größerem Umfang angebaut. Liebhaber jedoch kultivieren sie mit Erfolg schon seit Jahrzehnten! Die Sorte ‚Black Jewel' ist im heimischen Baumschulhandel erhältlich. Kennzeichnend für Schwarze Himbeeren sind weinrote Ruten, die von weißem Reif überzogen sind.

Die Heimat der Schwarzen Himbeere ist Nordamerika. Dort wurde die Wildart Anfang des 19. Jahrhunderts in Kultur genommen. Ihre Heimat ist auch das Hauptanbaugebiet. Die Früchte werden zu Marmelade und Eiscreme verarbeitet und der dunkle Fruchtsaft dient auch als natürlicher Lebensmittelfarbstoff.

Die Schwarzen unterscheiden sich von den Roten Himbeeren in ihrer Wuchsform. Sie zeigen Wuchseigenschaften wie Brombeeren und können auch wie diese erzogen werden (→ Artenporträt Brombeere, Seite 420). Sie bilden keine Wurzelausläufer, sondern treiben an der Basis der Mutterpflanze, so wie die meisten Brombeeren, jährlich neu aus. Früchte werden an den vorjährigen Ruten gebildet. Die Fruchtruten sterben ab. Obwohl Schwarze Himbeeren wie Brombeeren aussehen und wie Brombeeren wachsen, handelt es sich doch um eine Himbeere. Die Früchte lösen sich nämlich vom Zapfen, das tun Brombeeren nicht.

Die Früchte sind recht fest und reich an Samen, die beim Genuss stören. Die meisten Sorten haben noch dazu etwas wenig Säure, weshalb sie eher für die Verwertung als für den Rohgenuss geeignet sind. Unübertroffen ist die Gefriereignung: Die Beeren behalten nach dem Auftauen ihre Form und saften nicht, sodass sie wie frische Früchte verwendet werden können. Der Saft ist süß und tiefrot. Auch Liköre sind eine ausgezeichnete Spezialität.

Schwarze Himbeeren lassen sich übrigens leicht über die Triebspitzen vermehren: Diese senken sich im Herbst zum Boden. Man kann der Natur nachhelfen, indem man etwas Erde darüberschaufelt. Die Absenker bewurzeln sich bald, und im darauffolgenden Jahr können die neuen Pflanzen im Vorfrühling von der Mutterpflanze getrennt werden.

Der Anbau Schwarzer Himbeeren ist auch bei uns problemlos möglich. Die Pflanzen sind völlig winterhart, benötigen aber ausreichende Bodenfeuchtigkeit und gedeihen selbst noch im Halbschatten. Das ist mittlerweile sogar eine Empfehlung, denn bei Trockenheit und großer Hitze verkümmern die Beeren am Strauch. Überreife Früchte werden bei feuchtwarmer Witterung rasch von Mehltau und Grauschimmel befallen.

Schwarze Himbeere ‚Black Jewel'. Die reifen Früchte sind glänzend schwarz und leicht weiß gepudert.

Die Ruten der Schwarzen Himbeere sind sehr lang und durch die blaue Bereifung attraktiv.

Die Violette Himbeere ‚Shaffer's Colossal'

Violette Himbeeren

Kreuzungen zwischen Schwarzen und Roten Himbeeren sind sogenannte Violette und Purpurhimbeeren. Eine im Liebhaberanbau bekannte Sorte ist ‚Shaffer's Colossal'. Violette Himbeeren sind sehr starkwüchsig. Die Früchte sind sehr ansprechend gefärbt und erinnern im Geschmack an die Rote Himbeere. Die kräftigen Ruten erreichen bereits im ersten Jahr eine Länge von bis zu 4 Metern. Die Triebe wachsen als Bogen und senken sich zur Erde. Die Triebspitzen bewurzeln sich bei Kontakt mit dem Boden. Die Pflanze wird in kleinen Gärten rasch zu groß. ‚Shaffers Colossal' verträgt im Gegensatz zu den Roten Himbeeren Trockenheit.

Literatur

- Weiß, H. (2001). *Beerenobst.* Graz: Leopold Stocker Verlag.

Empfehlenswerte Himbeersorten

Einmaltragende Sorten (Sommerhimbeeren)	Frucht	Besonderheiten	Wachstum
‚Winklers Sämling'	leuchtend hellrot	sehr aromatisch, weiche, kaum transportfähige Früchte, werden am besten direkt von der Staude gegessen	typische Sorte für den Hausgarten, Anbau auf allen nicht zu schweren oder zu leichten Böden problemlos möglich, gegenüber Rutenkrankheiten und Trockenheit ziemlich widerstandsfähig
‚Zefa 2'	rot	süß, saftig und fest, für Kompott und Sirup gut geeignet	mittelmäßig starker Wuchs, ausgeprägte Rutenbildung
‚Malling Promise'	rot	guter Geschmack	stark wachsend, reift sehr früh
‚Schönemann'	rot	besonders zum Entsaften geeignet	wächst stark und bildet viele Ruten
‚Willamette'	rot bis dunkelrot	Früchte fest und sehr gut pflückbar	hohe Anzahl mittellanger Ruten, Seitentriebe/Fruchtstände bruchfest, wenig anfällig für Rutenkrankheiten und Wurzelsterben
Remontierende Sorten (Herbsthimbeeren)	Frucht	Besonderheiten	Wachstum
‚Autumn Bliss'	mittel- bis dunkelrot	aromatisch, groß, gut zu pflücken	früheste Herbsthimbeere
‚Romy'	rot	große Früchte, erfrischend säuerlich, aber ausreichend süß	zweimaltragend, trägt bereits auf den diesjährigen Jungruten, Ernte von Ende Juni bis zum ersten Frost
‚Fallgold'	gelb	süß, aromatisch	trägt bereits auf den diesjährigen Jungruten, Ernte von Ende Juni bis zum ersten Frost
Violette Himbeere			
‚Shaffer's Colossal'			
Schwarze Himbeere			
‚Black Jewel'	blauschwarz	sehr süß und aromatisch	starkwachsend, sehr lange Jahrestriebe, Rankgerüst notwendig
‚Black Bristol'	schwarz	groß, sehr süß und aromatisch	starkwachsend, sehr lange Jahrestriebe, Rankgerüst notwendig

Quelle: eigene Zusammenstellung

a) **‚Fall Gold'**
b) **‚Winklers Sämling'**
c) **‚Black Bristol'**
d) **‚Schaffers Colossal'**

Sommerhimbeeren fruchten an den vorjährigen Ruten. Diese sind verholzt und daher braun.

Japanische Weinbeere

Die Früchte sind leuchtend rot und etwas klebrig.

> *Rubus phoenicolasius* – Rosengewächse
> Weinbauklima und mittlere Lagen
> sehr geringe Ansprüche an den Boden
> selbstfruchtbar
> erste Ernte je nach Pflanztermin 6–12 Monate nach der Pflanzung, Vollertrag nach 2 Jahren
> jährliche Düngung mit Kompost oder kompostiertem Mist
> benötigen Mulchschicht

Die Japanische Weinbeere *Rubus phoenicolasius* wächst – ähnlich wie der Wein – am liebsten im Weinbauklima. Sie verträgt viel Trockenheit, gedeiht aber auch in niederschlagsreicheren Regionen und stellt geringe Ansprüche an den Boden, lediglich nasse und verdichtete Böden mag sie nicht. Die Pflanzen haben eine mäßige bis geringe Frosthärte, bilden kleine, himbeerartige Früchte, wachsen zu einem 1–3 m hohen Strauch, und zwar zunächst aufrecht und später kletternd. Besonders auffällig sind die mit langen rotbraunen oder weinroten Haaren besetzten Stängel. Die Pflanzen fruchten an den zweijährigen Ruten. Nach dem Fruchten sterben die Ruten im nächsten Winter ab. Die Weinbeeren werden kaum von Schädlingen oder Krankheiten befallen. Die Beeren schmecken sehr gut, sind angenehm aromatisch-säuerlich und besonders bei Kindern sehr beliebt. Theoretisch kann man sie auch zu Marmeladen oder Gelees verarbeiten, praktisch werden sie meistens direkt vernascht.

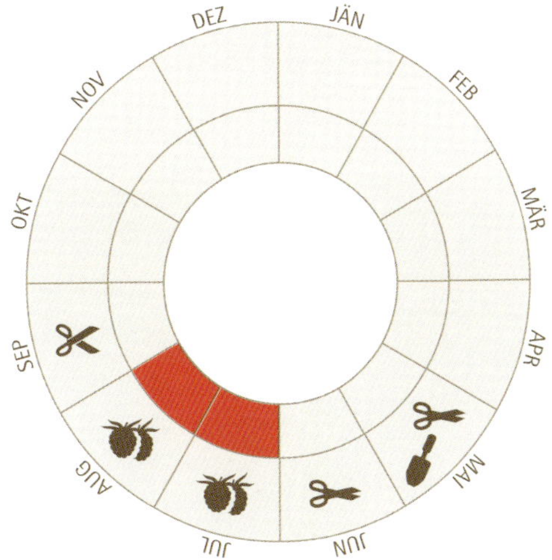

Literatur

- FiBL (Hrsg.) (2004). *Biologischer Anbau von Strauchbeeren.*
- Bartha-Pichler, B. et al. (2006). *Osterfee und Amazone. Vergessene Beerensorten – neu entdeckt.* Innsbruck: Löwenzahn Verlag.

Sehr attraktiv ist der Fruchtstand.

Ribisel/Johannisbeere, Jostabeere und Stachelbeere

Schwarze Johannisbeeren haben einen sehr hohen Vitamin-C-Gehalt.

Ribisel/Johannisbeere, *Ribes* sp. – Stachelbeergewächse
- Fruchtfolge/Rotation: 20 Jahre
- brauchen zwischen Blüte und Fruchtreife viel Wasser
- mittlerer Nährstoffbedarf
- sehr frostfest
- im Weinbauklima halbschattig pflanzen
- erste Ernte ab dem 2. Standjahr
- Vollertrag ab dem 5. Standjahr
- Pflanzabstand: 1,5 x 2 m

Stachelbeere, *Ribes uva-crispa* – Stachelbeergewächse
- Fruchtfolge/Rotation: 20 Jahre
- mittlerer Nährstoffbedarf
- relativ hohes Spätfrostrisiko (Blüte)
- Pflanzabstand: 1,5 x 2 m

Jostabeere, *Ribes x nidigrolaria* – Stachelbeergewächse
- wie bei Johannisbeere, außer: Pflanzabstand: 2 x 2 m

Johannisbeeren, Jostabeeren und Stachelbeeren sind Strauchbeeren, die relativ unkompliziert wachsen. Johannisbeeren sind äußerst frostfest und können bis in 1400 Metern Höhe angebaut werden. Johannis- und Jostabeeren sind sogar etwas schattenverträglich. Sie können relativ lange am Strauch hängen bleiben, ohne zu verderben. Nur vor Vögeln muss man sie dann gut schützen. Jostabeeren, eine Kreuzung zwischen Ribisel und Stachelbeere, sind größer als Schwarze Johannisbeeren und müssen mehrmals beerntet werden, was ein großer Vorteil ist, wenn man möglichst lange frisch ernten möchte.

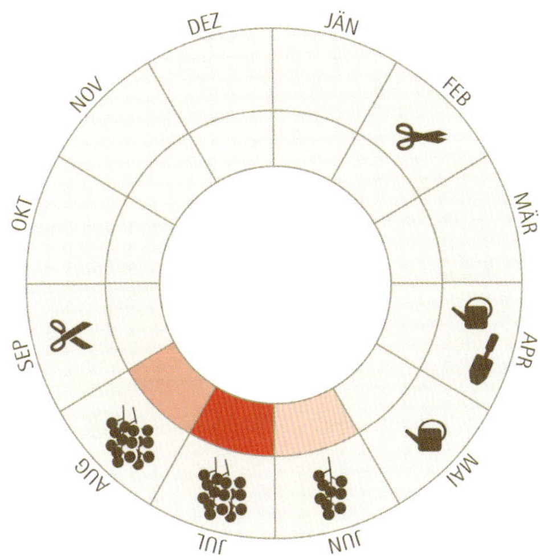

Wo Johannisbeeren & Co. gerne wachsen

Johannis-, Josta- und Stachelbeeren gedeihen auf tiefgründigen, humus- und nährstoffreichen Böden – also guten Gartenböden – und auch im Halbschatten sehr gut. Ideal sind Sonne am Vormittag und Nachmittag und Mittagsschatten. Da sie eine hohe Luftfeuchtigkeit lieben, werden sie im Weinbaugebiet besser im Halbschatten gepflanzt. Sie sind Flachwurzler – daher vertragen sie Bodenbearbeitung schlecht und lieben wie alle Beeren eine Mulchschicht (→ Artenporträt Himbeere, Seite 426ff.). Johannisbeeren sind extrem frostfest. Sorten, die früh blühen, sind allerdings spätfrostgefährdet.

Stachelbeeren sind spätfrostgefährdet. Daher Spätfrostlagen meiden und vor allem in ungünstigen Lagen eher im Schatten von Bäumen oder Sträuchern pflanzen, hier blühen sie später. In sehr heißen Lagen pflanzt man sie auch besser in den lichten Schatten anderer Gehölze, da die Früchte leicht Sonnenbrand bekommen. Nicht geeignet sind schwere und/oder kalkreiche Gartenböden.

Die Sträucher wachsen am besten bei einem pH-Wert von 6–7.

Bestäubung

Die meisten Sorten sind selbstfruchtbar, doch eine Fremdbestäubung durch Insekten steigert den Ertrag.

Wuchsform und Unterlagen

Diese Beeren wachsen als Kleinsträucher, die sich aus der Erde oder tief am Boden ständig erneuern, wenn sie richtig geschnitten werden. Sie werden je nach Art und Sorte zwischen 1 und 1,5 m hoch, in Ausnahmefällen auch etwas höher. Stachelbeeren wachsen am schwächsten, Jostabeeren am stärksten.

Baumschulen und Gärtnereien bieten von Roter Johannisbeere und Stachelbeere auch sogenannte „Stämmchen" an. Die Goldjohannisbeere *(Ribes aureum)* dient als Unterlage und Stammbildner. In etwa 100 cm Höhe ist die gewünschte Sorte aufveredelt. Stachelbeere und Johannisbeere auf Stämmchen gezogen weisen gegenüber der Strauchform einige Vorteile auf: keine Verschmutzung der Früchte, bei Schnitt und Ernte sind die Pflanzen leichter zugänglich und die Pflanzen sind leicht zu mulchen.

Stachelbeere unter Bäumen

Blüte der Roten Johannisbeere

Blüte der Schwarzen Johannisbeere

Nachteile gegenüber der Straucherziehung sind die kürzere Lebensdauer, geringere Erträge und der höhere Preis der Pflanzen. Die hohe Veredelungsstelle erweist sich häufig als Schwachstelle, sodass die Krone unter der Last von Beeren oder Schnee vom Stamm abbricht. Wichtig ist daher, das Hochstämmchen mittels eines Pfahls vor Bruch zu schützen. Die Unterstützung muss gleich hoch oder höher als die Pflanze sein und die Krone wird festgebunden.

Pflanzung

Meist sind Topfpflanzen erhältlich. Diese können das ganze Jahr über gesetzt werden.

Pflanzengesundheit

Stachelbeeren werden relativ häufig vom **Amerikanischen Stachelbeermehltau** befallen: Die Triebspitzen und jungen Blätter sind von einem weißen Pilzmyzel überwachsen, ebenso die Früchte. Vorbeugend: mit Adler- und Wurmfarm mulchen, keine anfälligen Sorten setzen, mäßig düngen, im Winterhalbjahr die Triebspitzen einkürzen, Pflanzen mit Schachtelhalmjauche stärken. Behandlung: Befallene Triebspitzen entfernen und zum Restmüll geben. Auftreten kann auch der **Europäische Stachelbeermehltau**. Dieser tritt erst nach der Ernte auf der Blattunterseite auf und verursacht kaum Schäden.

Johannisbeeren und Jostabeeren wachsen meistens gesund – vorausgesetzt, sie werden regelmäßig geschnitten. An den Schwarzen Johannisbeeren kann ebenfalls der Amerikanische Stachelbeermehltau vorkommen. Daher sollten in Mehltaulagen (= in niederschlagsreichen Gebieten) wenn möglich resistente bzw. widerstandsfähige Sorten oder stattdessen Jostabeeren gepflanzt werden, die generell resistent gegenüber Mehltau sind.

Keine Krankheit, sondern eine Reaktion der Pflanze ist das „Verrieseln": Wenn die Stöcke nicht geschnitten werden oder wenn die Blüten nicht ausreichend befruchtet wurden (keine Insekten, zu heiß, zu kalt), sind nur einzelne Beeren an den Trauben ausgebildet.

Stachelbeeren sind seit mindestens dem 13. Jahrhundert als Beerenobst in Europa bekannt. Im 18. und 19. Jahrhundert waren hunderte Sorten bekannt und die Stachelbeere war in vielen Ländern, allen voran Großbritannien, eine wirtschaftlich bedeutende Obstart. Die damals kultivierten Sorten sind heute hoch gefährdet und kaum mehr im Anbau, da sie durch die Bank anfäl-

Stachelbeeren und Johannisbeeren sind auch als Stämmchen erhältlich. Der Pflock sollte aber immer bis in die Krone ragen, um sie zu stützen.

Die Jostabeere wächst stark. Ein einjähriger Bodentrieb von über einem Meter ist keine Seltenheit. Diese kräftigen Triebe lassen sich perfekt als Stecklinge verwenden.

lig gegenüber dem Amerikanischen Stachelbeermehltau sind.

Züchter kreuzten in die alten, anfälligen Stachelbeeren-Sorten resistente Wildarten (z. B. *Ribes diverticatum*) ein. Das Ergebnis sind Sorten, die gegenüber der gefürchteten Mehltaukrankheit resistent sind, die allerdings auch wesentlich kleinere und nicht so wohlschmeckende Früchte tragen wie Vertreter aus dem alten Sortiment.

Stachelbeerliebhaber können durchaus auch die großfrüchtigen und hervorragenden Sorten pflanzen. Es erfordert einen gewissen Aufwand, aber der Pilz lässt sich auch im Hausgarten durchaus in Schach halten.

Tipps von Arche Noah-GärtnerInnen

Vorbeugende Maßnahmen und Bekämpfung des Amerikanischen Stachelbeermehltaus

- starker Auslichtungsschnitt nach Ernte
- Entfernung aller Triebspitzen jedes Jahr im November/Dezember (auch ohne Befall), Abschnitt sammeln und verbrennen
- bei Befall die Triebe mit Früchten sofort abschneiden und verbrennen sowie sofortige Spritzung des betroffenen Stockes mit einer Lösung aus 150 g Waschsoda, 100 ml Schmierseife und 10 l Wasser
- Behandlung eine Woche später wiederholen

Hans Moser, Krems/Donau

Der Stachelbeermehltau befällt auch die Triebspitzen, wo er überwintert. Die Triebspitzen bei anfälligen Sorten im Frühjahr einkürzen.

Zur Vermeidung der Blattfallkrankheit (Laub fällt schon bei Ernte ab) nicht in zu feuchte, langsam abtrocknende Lagen pflanzen. Viel Unkraut fördert den Befall.

Das „Verrieseln" der Roten Johannisbeere wird durch mangelnde Befruchtung ausgelöst.

Alte Triebe (links) und neue Triebe (rechts) können an der Farbe eindeutig unterschieden werden.

Pflege und Schnitt

Johannis-, Josta- und Stachelbeeren müssen jährlich relativ stark geschnitten werden. Die schönsten Früchte entwickeln sich bei den Schwarzen Johannisbeeren am einjährigen Holz, bei den Roten und Weißen Ribiseln an den einjährigen Seitentrieben und an den 2- bis 3-jährigen Haupttrieben. Daher werden sie unterschiedlich geschnitten:

Rote Johannisbeeren haben 2–3 Jahre nach der Pflanzung ihre ideale Größe erreicht. Sie haben dann 8–12 starke Bodentriebe. Ab diesem Zeitpunkt sollten jährlich zwischen August und Februar (vor dem Austrieb) die 2–3 ältesten Triebe bodeneben entfernt werden. Aus Pflanzenschutzgründen sollen keine Stummel verbleiben. Von den Jungtrieben, die aus dem Boden gewachsen sind, werden alle bis auf ebenfalls 2–3 entfernt. Diese bilden die Ersatztriebe, so dass der Strauch nach dem Schnitt wieder 8–12 Triebe hat. Den Schnitt nach der Ernte anzusetzen ist besonders zu empfehlen.

Schwarze Johannisbeeren sollen aus 7–9 kräftigen Leittrieben aufgebaut werden. Ist die Anzahl erreicht, werden jährlich 2–3 Triebe entfernt. Da sich die Schwarze Johannisbeere oft nicht so stark mit jungen Trieben aus dem Boden verjüngt, muss dabei auf möglichst bodennahe junge Seitentriebe abgeleitet werden.

Stachelbeeren: Man lässt etwa 6 Gerüstäste stehen. Sobald sich die Sträucher voll entwickelt haben, werden jährlich 1–2 Gerüstäste durch junge Triebe ersetzt. Bei Stachelbeeren sollten auch alle Triebspitzen um rund 5 cm im Spätwinter eingekürzt werden, da dort der Amerikanische Stachelbeermehltau überwintert. Triebe, die zu Boden hängen, werden so weit eingekürzt, dass sie wieder nach oben gerichtet sind.

Bilden sich aus dem Boden zu wenige Neutriebe, muss auf einen jungen Seitentrieb abgeleitet werden.

Nach dem Schnitt sollte der Strauch locker und aus unterschiedlich alten Trieben aufgebaut sein.

Sehr zu empfehlen ist ein Jäten im Frühjahr, sobald der Boden es zulässt, und anschließendes Mulchen. Diese Arbeit frühestens im Sommer wiederholen. Hacken schädigt die flachen Wurzeln und ist zu vermeiden.

Jostabeeren sind besonders starkwüchsig und werden wie Schwarze Ribiseln geschnitten.
Der Schnitt der Stämmchen ist im Prinzip gleich. Allerdings haben die Sträucher weniger Triebe und es muss immer auf junge Seitenverzweigungen abgeleitet werden, da ja keine Triebe von unten nachkommen können. Triebe, die unterhalb der Krone entstehen, sind „Wildlinge" und werden entfernt.

In Gebieten mit wenig Niederschlag (unter 600 mm) muss der Boden unter den Sträuchern jedenfalls frei von Grasbewuchs sein. Die Konkurrenz um Wasser verlieren die Beerensträucher gegen Gras.

Starkes Mulchen (Rindenhäcksel, Grasschnitt) unterdrückt den Graswuchs, hält die Feuchtigkeit im Boden und hat düngende Wirkung. Mäuse fressen die Wurzeln nicht.

Düngung und Wasser

Gedüngt wird alle 2–3 Jahre im Frühjahr mit etwas Kompost oder kompostiertem Mist. In Regionen mit wenigen Sommerniederschlägen müssen sie, bis die Früchte ihre volle Größe erreicht haben, regelmäßig gegossen werden. Johannisbeeren und Stachelbeeren sind sehr empfindlich gegenüber Bodentrockenheit.

Vermehrung

Die Strauchbeeren werden nicht veredelt und wachsen wurzelecht. Daher lassen sie sich auch leicht über Grünstecklinge, Steckhölzer, Absenker und andere vegetative Methoden vermehren (→ Kapitel „Obstgehölze vermehren", Seite 160).

Ernte und Lagerung

Je nach Sorte reifen die Beeren zwischen Juni und Juli. Je später die Früchte gepflückt werden, umso süßer und aromatischer sind sie. Für Gelee sollte schon eher früher geerntet werden, da dann der Pektingehalt noch höher ist. Rote und Weiße Johannisbeeren sind aufgrund ihres hohen Pektingehaltes gekühlt lange – bis zu 2 Wochen – haltbar, Schwarze Johannisbeeren bis zu 1 Woche. Am längsten haltbar sind Stachelbeeren – bis zu 3 Wochen.

Literatur

- FiBL (Hrsg.) (2004). *Biologischer Anbau von Strauchbeeren.* Frick: Eigenverlag. www.fibl.org.

Empfehlenswerte Ribisel-/Johannisbeersorten

Ribisel/Johannisbeeren	Frucht	Besonderheiten	Reife
Schwarze Sorten			
‚Hedda'	süß und aromatisch, Frischgenuss und Verarbeitung, groß		frühreifend reifen, ab Anfang Juli
‚Silvergieters Schwarze'	süßer, milder Geschmack, Saft besonders farbintensiv, dünne Haut		frühreifend, ab Anfang Juli
‚Daniels September'	säuerlich und aromatisch, für die Verarbeitung, mittelgroß	hoher Vitamin-C-Gehalt, Holz und Blüte frosthart	spätreifend, Ende Juli
‚Ometa'	lange Traube mit mittelgroßen, festen Beeren, guter Geschmack	robust, nicht empfindlich gegen Spätfröste	mittelspät, Mitte bis Ende Juli
Rote Sorten			
‚Jonkheer van Tets'	große, saftige Beeren, gutes Aroma, aber sauer	leicht beerntbar, hohe Saftausbeute; neigt zum Verrieseln, unbedingt zwischen Blüte und Fruchtausreife gießen, nicht geeignet in Spätfrostlagen	sehr früh, ab Juni
‚Erstling aus Vierlanden'	leicht säuerlich, sehr aromatisch, mittelgroße, typisch birnenförmige Beeren		mittelfrüh, ab Anfang Juli
‚Rote Holländische'	säuerlich, herb, sehr aromatisch, besonders hoher Pektingehalt	anspruchslos, gut geeignet für den Anbau in Gebirgslagen, sehr warme Standorte meiden, starkwüchsig	spätreifend, ab Ende Juli
‚Red Lake'	große, milde, dunkelrote Beeren, gut pflückbar	starkwüchsig	frühreifend, ab Anfang Juli
‚Heinemanns Rote Spätlese'	mittelgroße, hellrote Beeren, sehr sauer, wenig Aroma, ideal für Verarbeitung	starkwüchsig, für höhere Lagen geeignet	spätreifend, ab Ende Juli
Weiße/rosa Sorten			
‚Weiße Versailler'	mild säuerlich, sehr aromatisch	starkwüchsig	Mitte Juli

Ribisel/Johannisbeeren	Frucht	Besonderheiten	Reife
‚Weiße aus Jüterbog'	gelblich-weiße, große Beeren, sehr fein im Geschmack, eher säuerlich	wegen später Blüte wenig frostanfällig, kann auch in höheren Lagen angebaut werden	Anfang Juli
‚Rosa Sport®'	sehr schöne, rosafarbene, mittelgroße Beere, für den Rohgenuss	kräftiger, aufrechter Wuchs, bis 1,6 m hoch	Ende Juni bis Anfang Juli
Jostabeeren	Frucht	Besonderheiten	Reife
‚Jonova'	große, rote Früchte	wächst stark, aufrecht und robust, Pflanzabstand ca. 2,5 m	mittelspät, ab Mitte Juli
‚Josta'	schwarz, mittelgroß bis groß	sehr stark, aufrecht, buschig mit langen Seitentrieben, Pflanzabstand ca. 2,5 m	mittelspät, ab Mitte Juli

Empfehlenswerte Stachelbeersorten

Stachelbeeren	Frucht	Besonderheiten	Reife
‚Rokula'	große, dunkelrote Beeren, süß und aromatisch, ertragreich	aufrechter Wuchs, tolerant gegenüber Stachelbeermehltau	frühreifend, ab Anfang Juli
‚Invicta'	hellgrün bis weiß-grün, großfrüchtig, süßsäuerlich, aromatisch, sehr reichtragend	aufrechter Wuchs, tolerant gegenüber Stachelbeermehltau	frühreifend, ab Anfang Juli
‚Hinnonmäki'	gelb oder rot, glattschalig, kleinfrüchtig	tolerant gegenüber Stachelbeermehltau	frühreifend, ab Anfang Juli
‚Mucurines'	grün, mittelgroß, süß, aromatisch, ertragreich	weit ausladender Wuchs, tolerant gegenüber Stachelbeermehltau	spätreifend, ab Ende Juli

Quelle: eigene Zusammenstellung

Stachelbeeren variieren in der Farbe je nach Sorte zwischen Grün, Gelb und Rot.

Weiße und Rosa Johannisbeeren schmecken milder als Rote, hier die Sorte ‚Weiße Versailler'.

a) **‚Rosa Sport'**
b) **‚Jonkher van Tets'**
c) **‚Erstling aus Vielanden'**
d) **‚Weiße Versailler'**
e) **‚Rote Holländische'**

f) **‚Dr. Bauers Ometa'**
g) **‚Silvergieters Schwarze'**
h) **‚Rokula'**
i) **‚Invicta'**
j) **‚Hinnomäki rot'**
k) **Mucurines**
l) **Jostabeere**

f) und g) = Schwarze Johannisbeeren, h) und i) = Stachelbeeren

Kamtschatka-Heckenkirsche, Maibeere®

Kamtschatka-Heckenkirschen sind die ersten Naschbeeren im Jahr.

- *Lonicera caerulea* var. *kamtschatica* – Geißblattgewächse
- Blüte und Holz ausgesprochen frosthart
- erstes Naschobst mit Heidelbeergeschmack
- sehr kurze Vegetationszeit, Blätter verfärben sich bereits im August
- Ertrag: bis zu 2 kg/Strauch

Die Kamtschatka-Heckenkirsche ist eine junge Kulturart. Der geläufige Name „Maibeere“® stammt von der Schweizer Baumschule Häberli Fruchtpflanzen AG und ist eine eingetragene Marke. Zur Vermeidung von markenrechtlichen Streitigkeiten kursieren bei Baumschulen und Gärtnereien verschiedene Bezeichnungen (Lenzbeere, Kamtschatka-Heidelbeere, Sibirische Blaubeere ...). Für Schulgärten ist sie besonders zu empfehlen, da sie sicher noch vor den Ferien fruchtet, pflegeleicht und bei Kindern äußerst beliebt ist.

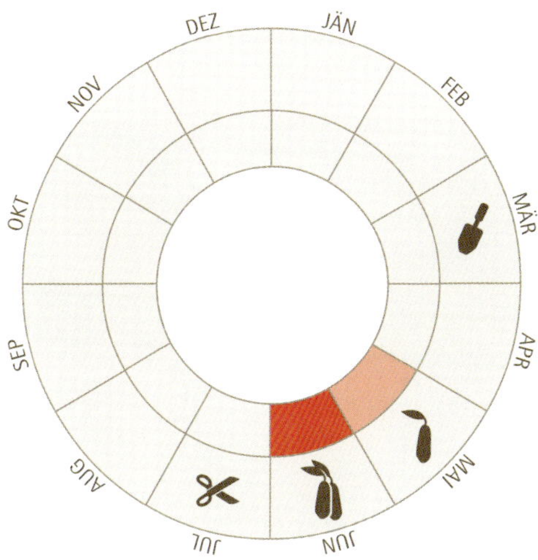

Wo Kamtschatka-Heckenkirschen gerne wachsen

Das natürliche Vorkommen in Sibirien und Kamtschatka zeigt, dass die Art selbst in rauen, sommerkühlen Gebieten gut zurechtkommt. Der Strauch gedeiht auch in Gunstlagen und beendet dort im Sommer seinen Vegetationszyklus, lässt die Blätter fallen und geht in die Ruhephase über. Verträgt Halbschatten und ist relativ konkurrenzstark.

Die Kamtschatka-Heckenkirsche ist für raue Standorte zu empfehlen und kann als „Heidelbeerersatz" dort gepflanzt werden, wo die natürlichen Standortvoraussetzungen den Anbau von Heidelbeeren nicht ermöglichen.

Bestäubung

Die Sorten der Maibeere tragen alleinstehend nur gering. Zwei Sorten nebeneinander gepflanzt erhöhen den Fruchtertrag deutlich.

Pflanzung und Schnitt

Die Sträucher wachsen aufrecht und können im Abstand von 1,50 m gepflanzt werden. Geschnitten werden sie wie Johannisbeeren, → Seite 442f.

Die Fruchtgröße lässt sich durch ein jährliches Auslichten der Sträucher erhöhen. Ältere Triebe und überzählige Neutriebe – es reichen derer drei – werden im Juni bodennah abgeschnitten.

Pflanzenschutz

Es sind keine Krankheiten bekannt.

Vermehrung

Stecklinge im Juni/Juli.

Ernte

Der Name suggeriert eine Mai-Ernte – das geht sich an Gunststandorten und in warmen Jahren aus. Die Reife ist folgernd und erstreckt sich über zwei Wochen. Die Früchte sind klein, walzenförmig, wiegen ein Gramm und sind durch den kurzen Stiel schwer zu pflücken.

Lagerung

Früchte nur gering lagerfähig, daher rasch einfrieren oder als Marmelade konservieren.

Sorten

Die im Handel angebotenen Sorten (‚Maistar', ‚Amur', ‚Mailon', ‚Maitop' u. a.) unterscheiden sich nur geringfügig. Der Ertrag liegt bei guter Pflege bei 2 kg pro Strauch. Die Früchte sind im Geschmack ähnlich der Kultur-Heidelbeere. Vor Kurzem wurden von kanadischen Züchtern mit ‚Bee', ‚Farm' und ‚Sweet' drei neue Sorten auf den Markt gebracht, die größere Früchte hervorbringen und ertragreicher sein sollen. Damit wird eventuell auch ein Erwerbsanbau zukünftig denkbar.

Die 10 kleinen Früchte bringen 10 Gramm auf die Waage.

Kultur-Heidelbeere

Kultur-Heidelbeeren sind größer, aber weniger geschmacksintensiv als wilde Heidelbeeren.

- *Vaccinium corymbosum* – Heidekrautgewächse
- benötigt saure und nährstoffarme, aber lockere und feuchte Böden
- sehr frosthart
- selbstfruchtbar, eine zweite Sorte erhöht den Ertrag
- erste Ernte 2–3 Jahre nach dem Pflanzen

Wer keine guten Heidelbeerplätze in der Nähe hat (oder im Urlaub ernten kann), kann Heidelbeeren auch im eigenen Garten anbauen. Wenngleich die Sträucher etwas anspruchsvoll sind und viele Heidelbeerfans auf den unvergleichlichen Geschmack der Wildfrüchte schwören: Vor allem für Kinder sind auch diese Beeren eine willkommene Bereicherung im Garten. Kultur-Heidelbeeren sind mit den heimischen wilden Heidelbeeren nur entfernt verwandt. Sie haben einen nicht färbenden Saft und schmecken anders.

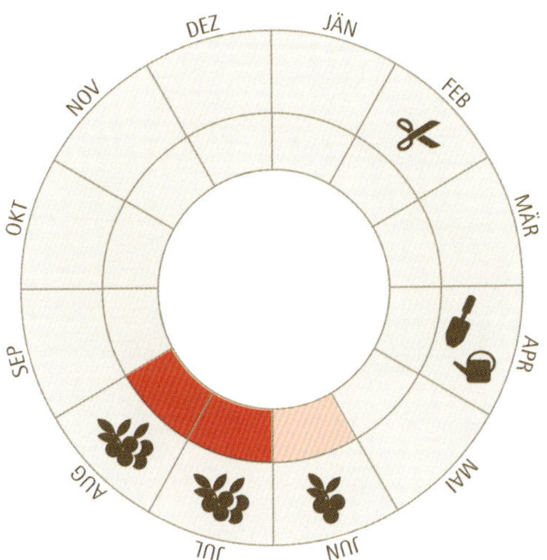

Pflanzung

Die Pflanzen sind meist als Topfpflanzen erhältlich und können das ganze Jahr hindurch gesetzt werden.

Kultur-Heidelbeeren ohne Torf anbauen („Fricker-System“)

Heidelbeeren werden gewöhnlich in ein Moorbeet gepflanzt, für dessen Erstellung Torf benötigt wird. Nun liegt im konsequent biologischen Anbau auf der Torfvermeidung ein besonderes Augenmerk. Sich selbst einen blühenden Garten anzulegen und dafür anderswo seltene Hochmoore zu zerstören, ist weder ökologisch gedacht noch klug.

Wo Heidelbeeren gerne wachsen

Heidelbeeren benötigen einen sauren und nährstoffarmen Boden. Wer einen stark kalkhaltigen Mutterboden hat, pflanzt sie am besten im Topf, da die Pflanzen sonst rasch Symptome einer Eisen-Chlorose zeigen (dann sind die Blätter zunächst aufgehellt, schließlich gelb mit grünen Adern). Auf Standorten mit neutralem Boden gut verrotteten Rindenkompost aufbringen oder/und mit verrottetem Nadelstreu mulchen.

In exponierten Lagen – wo die Temperaturen durch den Wind nochmals tiefer sind – kann es im Winter durchaus zu Frostschäden kommen. Daher die Pflanzen in der Nähe von Hecken oder nahe dem Haus pflanzen.

Die richtige Pflanze am richtigen Standort ist Goldes wert: Im Mühlviertel in Oberösterreich herrschen ideale Bedingungen für Kultur-Heidelbeeren. Die Pflanzen sind gesund und tragen reichlich, und das ohne viel Mühe. Die Ernte aus der kleinen Anlage wird lokal vermarktet.

Bestäubung

Heidelbeeren blühen zwischen Ende April und Mitte Mai. Die Blüten der niedrig wachsenden Sträucher sind besonders in den ersten Jahren spätfrostgefährdet. Die meisten Heidelbeeren sind selbstbefruchtend. Eine zweite Sorte als Befruchter erhöht aber den Ertrag.

Wuchsform

Kultur-Heidelbeeren wachsen zu 0,8–1,5 m hohen, lockeren Sträuchern.

Die Blätter links sind gesund, der rechte Trieb zeigt Symptome eines Eisenmangels als Ursache eines zu hohen pH-Werts.

Mit Hügelkultur auf geeignetem, saurem Substrat können Heidelbeeren über einige Jahre auch bei ungünstigen Böden kultiviert werden.

In kalkreichen Böden müssen Heidelbeeren in ein eigenes Substrat gepflanzt werden.

Rindenmulch hält den Boden feucht.

Das Forschungsinstitut für Biologischen Landbau (FiBL) in Frick in der Schweiz hat das sogenannte „Fricker-System" entwickelt. Ziel ist ein Substrat mit einem pH-Wert von 4–5.

Im Herbst vor der Frühjahrspflanzung wurde das Beet 60 cm tief ausgehoben.

Der entstehende Raum wurde mit Fichtensägespänen aufgefüllt, und in die obersten 10 cm wurde Elementarschwefel eingearbeitet (60 g/m^2 bei pH von etwa 7). Der pH-Wert sollte im darauffolgenden Sommer gemessen werden. Ist er zu hoch, kann erneut 40 g Elementarschwefel eingearbeitet werden.

Die 10 cm starke Rindenmulchschicht am Schluss hält das Substrat moorig-feucht.
Die Mischung aus Sägespänen und Rindenmulch ist praktisch frei von Nährstoffen, daher ist eine Flüssigdüngung absolut notwendig.

Eine 3-malige jährliche Düngergabe zu Austrieb, Blühbeginn und Fruchtansatz mit einem biologischen Flüssigdünger oder einer kalireichen Beinwelljauche danken die Beeren ab dem 3. bis 4. Standjahr mit einem schönen Ertrag.

Pflanzengesundheit

Wo es der Heidelbeere behagt, ist sie meistens gesund und wird selten von Krankheiten und Schädlingen befallen. Gelegentlich können Blattläuse auftreten.

Schnitt

In den ersten beiden Jahren nach der Pflanzung soll der Fruchtansatz vermindert werden, damit die Pflanzen zügig wachsen können. Heidelbeer-

Oft sind die Vögel schneller als die Menschen. Vorsorglich den Heidelbeerstrauch mit einem Kulturschutznetz zur Reifezeit schützen.

sträucher blühen hauptsächlich an den Spitzenbereichen der letztjährigen Triebe. Werden sie nicht geschnitten, werden die neuen Triebe zunehmend dünner und tragen dann auch nur kleine Früchte, und es werden zusehends weniger neue Triebe ausgebildet. Beim Schnitt wird daher das abgetragene Holz entfernt. Dadurch bildet die Pflanze zahlreiche neue Bodentriebe aus. Ein im Vollertrag stehender Strauch sollte 5–8 Triebe haben, jährlich entfernt man 1–2 der ältesten Triebe, diese sind hellgrau, und belässt 1–2 junge Triebe als Ersatz. Ebenfalls entfernt werden dünne, schwache oder kranke Äste und überzählige Bodentriebe. Vergreiste Sträucher verjüngt man durch einen Totalrückschnitt auf ca. 30 cm.

Vermehrung

Die Pflanzen können über Ableger, Steckholz oder Grünstecklinge vermehrt werden (→ Kapitel „Obstgehölze vermehren", Seite 160).

Ernte

Kultur-Heidelbeeren können in guten Lagen und guten Jahren bis zu 3 kg pro Strauch tragen.

Lagerung

Heidelbeeren am besten rasch essen bzw. verarbeiten.

Sorten

Die Sorten der Kultur-Heidelbeere wurden in den USA, Neuseeland und Australien gezüchtet.

- ‚Bluecrop': die verbreitetste, in den 1950ern gezüchtete Sorte, bringt auf unterschiedlichen Standorten zuverlässige Erträge (2–3 kg/Strauch), Ernte mittelspät (2. Augusthälfte), aufrechter, ausladender Wuchs
- ‚Duke': blüht spät, benötigt regelmäßigen Schnitt, mittelstarker Wuchs und mittelfrühe Ernte
- ‚North Country': die niedrigste Sorte (45–60 cm), Ernte mittelfrüh, ideal für den Balkon
- ‚Polaris': aufrechtwachsende, hohe Sorte, extrem frostfest, aromatische Früchte, mittlere Erträge

Die Wald-Heidelbeere

Die Europäische Heidelbeere (*Vaccinium myrtillus*) ist die Heidelbeere unserer Wälder. Sie wächst auf saurem Ausgangsgestein, wird 20–50 cm hoch und bildet starke Ausläufer. Der Geschmack ist unvergleichbar, die tiefdunkelblauen, stark färbenden Früchte werden zu Marmelade, Saft, Likören und Mehlspeisen verarbeitet. Sie haben einen hohen Pektin- und Gerbstoffgehalt und sind daher als Tee bei Durchfallerkrankungen wirksam. Die Art im Garten zu etablieren ist noch nicht gelungen. Die Europäische Heidelbeere lebt in Symbiose mit Pilzen (Mykorrhiza), die sie im Gartenboden nicht vorfindet.

Literatur

- Ebert, G. (2005). *Anbau von Heidelbeeren und Cranberries*. Stuttgart: Verlag Eugen Ulmer.

Wein

Die Sorte ‚Isabella' ist eine robuste Weinrebe für den Garten.

- *Vitis vinifera* – Weinrebengewächse
- Pflanzung zwischen Anfang April und Ende Mai
- braucht ein Rankgerüst
- jährlicher Schnitt notwendig
- Anbau im Wein- und Obstbaugebiet
- Ertrag: variiert je nach Größe und Alter des Weinstockes sehr stark
- wurzelechte Sorten leicht über Stecklinge vermehrbar

Auch wer weder viel Zeit noch viel Platz im Garten hat: Eine Speise-Weinrebe ist recht genügsam – vorausgesetzt, man setzt pilzwiderstandsfähige Sorten (→ PiWi-Sorten, Seite 458f.) und kann dem rankenden Gewächs ein Rankgerüst (Pergola, freistehendes Spalier oder Hauswand) bieten. Selbst von einem einzigen Rebstock kann man so viel ernten, dass man nicht nur im Herbst jede Menge frische Trauben essen, sondern die Ernte auch zu Gelee oder Saft verarbeiten kann. Da das Laub resistenter Sorten nicht gespritzt werden muss, kann es auch zu feinen Speisen verarbeitet werden, zum Beispiel gefüllt mit Reis oder Dinkelreis.

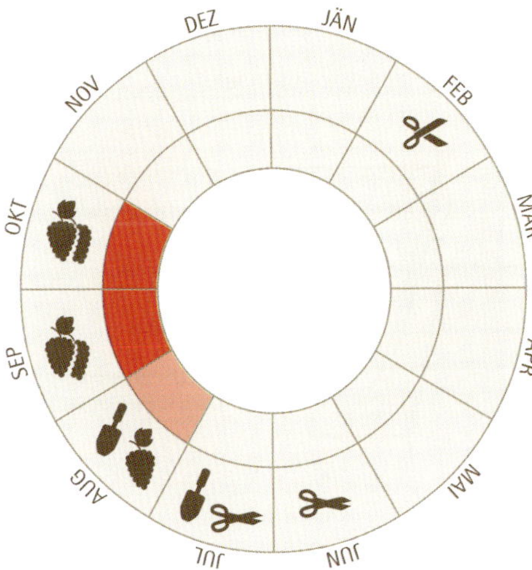

Wo Weinreben gerne wachsen

Für den Wein brauchen Reben viel Wärme. Das hat weniger mit der Pflanze an sich zu tun als mit den notwendigen Sonnenstunden, die Trauben brauchen, damit sie genügend Zucker ausbilden können (der dann zu Alkohol vergoren werden kann). Frühreifende, robuste Speisetrauben wachsen auch im geschützten Rankgerüst. Reben wachsen nicht gerne auf schweren oder gar staunassen Böden.

Bestäubung

Weinreben werden von Insekten bestäubt, bei anhaltendem Regen in der Blüte kann es zu einer schlechten Bestäubung kommen.

Wuchsformen und Unterlagen

Es gibt veredelte und unveredelte Weinreben, die meisten Sorten sind veredelt. Wurzelechte Reben können über Steckhölzer vermehrt werden. Diese werden im Winter geschnitten und im Mai gesteckt und zur Bewurzelung gebracht.

Pflanzung und Pflege

Reben werden von Anfang April bis Ende Mai gepflanzt. Am besten wird der Boden noch im Herbst tief umgegraben und, falls er mager ist, gut verrotteter Kompost eingearbeitet. Keinesfalls im Frühling zur Pflanzung düngen. Auch Gartenböden brauchen keine eigene Düngung. Das Pflanzloch soll ca. 25 x 25 cm breit und 30 cm tief sein. Die Wurzeln der Rebe auf Handbreite zurückschneiden. Man setzt die Rebe leicht schräg gegen die Wand oder den Pfosten, füllt mit guter Gartenerde auf und wässert gut (→ Skizze Seite 456). Vor dem Pflanzen die wurzelnackte Jungpflanze für einige Stunden in Wasser stellen. An einer Pergola oder einer Hauswand bedeckt ein Rebstock eine Fläche von 3 m², bei gutem Boden auch mehr. Wer Weinreben an einem freistehenden Rankgerüst pflanzt, beachtet einen Pflanzabstand von 90–120 cm und einen Reihenabstand von 170 cm. Wer im Jahr der Pflanzung noch keine Zeit hat, ein Gerüst zu bauen, kann dies auch im 2. Standjahr in Angriff nehmen.

Pflanzengesundheit

Wer pilzwiderstandsfähige Sorten setzt, kann gesunde Trauben ernten, und das zuverlässig jedes Jahr. Bei den anderen Sorten – zu diesen zählen übrigens fast alle im Weinbau verbreiteten Sorten – muss man auch im Bio-Anbau zur Spritze greifen und die im Bio-Weinbau zugelassenen Spritzmittel Kupfer und Schwefel spritzen. Die beiden wichtigsten Krankheiten, die regelmäßige und aufwendige Spritzmaßnahmen nötig machen, sind **der Falsche und der Echte Mehltau**. Diese Mehltaukrankheiten waren ursprünglich bei uns

Weinreben brauchen ein Rankgerüst.

Verschiedene Pilzkrankheiten setzen den traditionellen Sorten zu. Im Hausgarten sollten nur pilzwiderstandsfähige (PiWi) Sorten gepflanzt werden, von denen es eine Vielfalt an Sorten gibt.

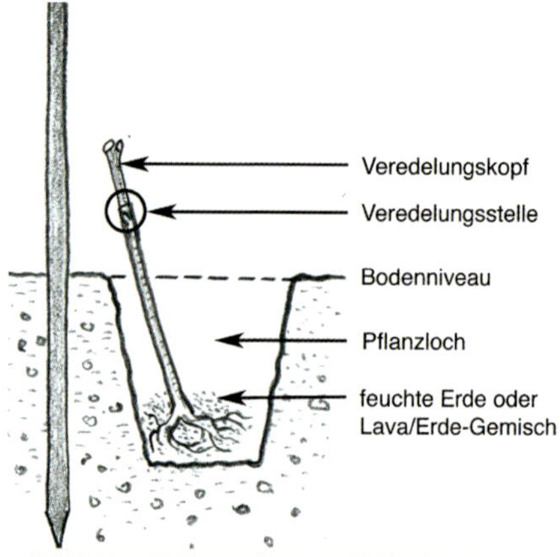

Bei veredelten Reben muss die Veredelungsstelle über der Erde sein.

nicht heimisch. Sie wurden im 19. Jahrhundert von Nordamerika nach Europa eingeschleppt und haben sich in kurzer Zeit explosionsartig ausgebreitet. Der Weinbau in Europa drohte zugrunde zu gehen, auch wegen der Reblaus, die zur selben Zeit in Europa wütete. Vor dieser Zeit musste man die Reben nicht spritzen!

Schnitt

Wein blüht und fruchtet auf den Trieben, die im Frühling ausgetrieben haben, also auf den diesjährigen. Generell schneidet man im Jänner und Februar. Im 1. und 2. Jahr schneidet man auf 2–3 Augen zurück (→ Skizze Seite 457 links), danach je nach Erziehung auf Bleistiftdicke (→ Skizze Seite 457 rechts), aber stets auf ausgereiftes und gesundes Holz. Ein kräftiger Rückschnitt wirkt sich günstig auf die Größe und die Qualität der Trauben aus.

Pflege und Schnitt im 1. Jahr (= Pflanzjahr): Aus der frisch gesetzten Pflanze haben mehrere Triebe ausgeschlagen. Sind diese 7–10 cm lang, lässt man zwei kräftige Triebe stehen. Allfällige Träubchen bricht man aus.

Regelmäßig hacken: Im ersten Standjahr muss die junge Rebe gut von Bewuchs freigehalten werden. Sie treibt spät aus und würde rasch überwuchert werden. Bei Bedarf auch gießen.

Vor Wintereinbruch werden die jährigen Jungreben bis einige Zentimeter über der Veredelungsstelle angehäufelt (im Frühjahr wieder entfernen).

Schnitt im 2. Jahr: Den dünneren Trieb schneidet man weg, den schöneren auf 2–3 Augen zurück. Ab dem 2. Jahr braucht Wein ein Rankgerüst.

Schnitt im 3. Jahr: Im dritten Jahr schneidet man den dünneren Trieb weg und den schöneren auf Bleistiftstärke zurück. Sollte die Rebe noch zu lang sein, kürzt man auf die gewünschte Länge ein, dass der Stock gut zum Rankgerüst

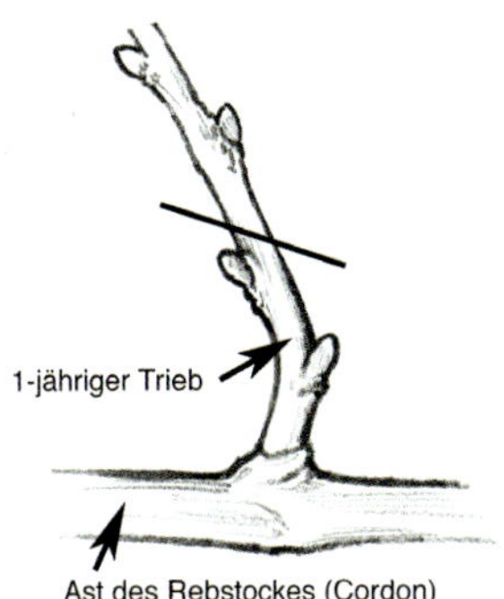

Schnitt im 2. Jahr

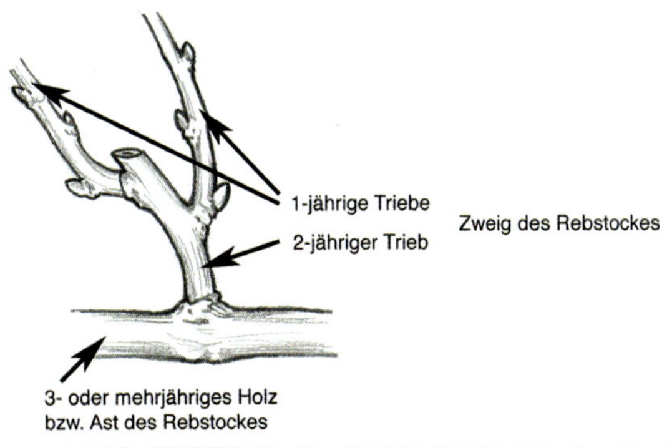

Schnitt im 3. Jahr

„passt": Man längt den einjährigen Trieb entsprechend der Höhe des Drahtgerüstes ab (→ Skizze Seite 458), und zwar 2–4 Augen über dem untersten Draht. Ein zweiter Trieb muss etwas unterhalb des Drahtes belassen werden. Aus diesem kann im folgenden Jahr ein zweiter Cordon-Arm in die andere Richtung gebogen werden. Danach werden Stamm und Cordon angebunden. Wichtig für den Schnitt: Das letzte Auge (das im Frühling am stärksten austreiben wird) muss nach dem Festbinden auf dem Draht nach unten schauen. Damit aus einem kräftigen Trieb ein Cordon-Arm, also ein kräftiger Weinstock wird, muss er an den untersten Draht gebogen werden (der Draht sollte einen Durchmesser von 4 mm haben). Die Reben lassen sich ab März bis zum Neuaustrieb am leichtesten biegen. Im Frühling werden die am Stamm austreibenden Augen entfernt. Zwei Augen unterhalb der Biegung bleiben. Die am waagrechten Cordon ausgetriebenen Augen bleiben, nur bei doppelten Augen wird das schwächere weggebrochen.

Schnitt ab dem 4. Jahr: Die einjährigen Ranken werden „auf Ertrag" geschnitten. Es gibt verschiedene Schnittarten:

1. Schnittart: Man kürzt den am waagrechten Cordon stehenden schönen, stärkeren Trieb (der am nächsten zur Biegung steht) auf 50–60 cm ein, unterhalb der Biegung kürzt man einen Trieb auf 2 Augen ein, alles andere schneidet man weg. Danach bindet man den Trieb am Draht an.

2. Schnittart: Man kürzt jeden zweiten am waagrechten Cordon stehenden Trieb auf 3–5 Augen ein, jeden anderen zweiten stehenden Trieb auf 1–2 Augen. Die kurzen Zapfen mit 1–2 Augen sind die Reserve (Ersatz). Bei dieser Schnittart muss jedes weitere Schnittjahr der 1-jährige Trieb, der für den Ertragsschnitt verwendet wird, auf 2-jährigem Holz stehen. Sonst belässt man 4–8 Augen. Die stammnäheren Ranken werden „auf Ersatz", das heißt auf 2 Augen geschnitten.

Düngung

Der Stickstoffbedarf der Rebe ist verhältnismäßig gering und beschränkt sich auf nur etwa 2 Monate (Blüte bis zur Erbsengröße der Beeren). Deshalb genügt eine geringe Kompostgabe bzw. reicht es auch, den Boden mit etwas reifem Stallmist abzudecken.

Ernte

Weinreben reifen je nach Sorte, Standort und Witterungsverlauf zwischen Anfang August und Ende September. Wer nicht alle reifen Trauben gleich ernten kann, lässt diese am besten direkt am Stock. Hier halten sie lange frisch, vorausgesetzt, die Vögel entdecken sie nicht. Die Weintrauben lassen sich mit einem Netz vor Vögeln schützen.

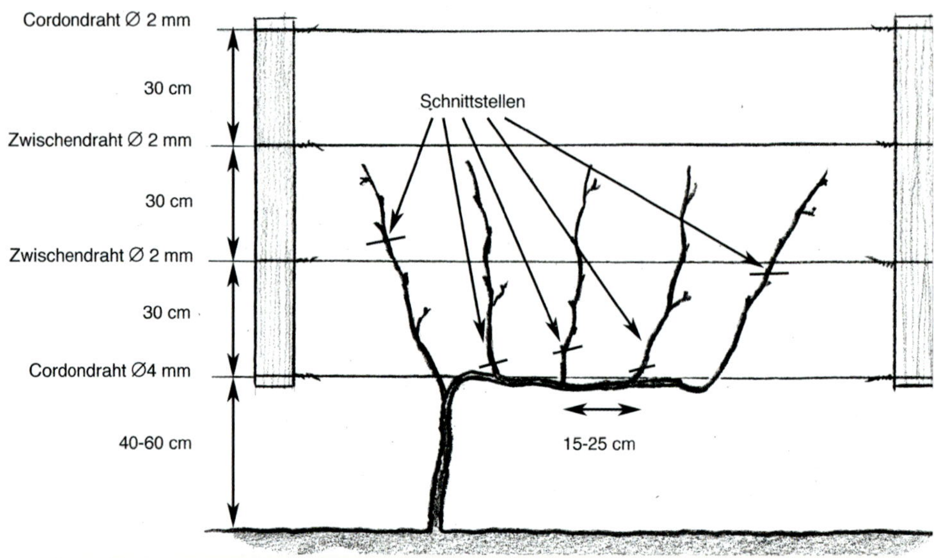

Rankgerüst an der Hauswand in gut bearbeitbarer Höhe und Rückschnitt (2. Schnittart)

Sorten

Alle angeführten Sorten sind sogenannte PiWi-Tafeltrauben, also Trauben, die widerstandsfähig oder sogar resistent gegen Pilzkrankheiten sind. Die bekanntesten wurzelechten Reben (= Direktträger) sind ‚Ripatella', ‚Concord', ‚Delaware', ‚Isabella' und ‚Elvira', die gegen Reblaus und Pilzkrankheiten resistent sind. Im Südburgenland wird aus ihnen der Schilcher gekeltert. Typischer Geschmackston der Direktträger ist der „Foxton", der an Erdbeeren und Stachelbeeren erinnert.

Weiße Trauben

- ‚Romulus': reift Anfang Oktober, starkwüchsig, grün-gelbe, mittelgroße Traube mit kleinen, runden Beeren, Fruchtfleisch weich, süß, saftig, kernlos; gute Pilzfestigkeit, sehr gute Frosthärte; bei Kindern beliebte Sorte mit rosafarbenem bis rotem Herbstlaub
- ‚Pölöskei Muskataly': reift Mitte September, Muskat-Aroma, große, runde, knackige Beeren, Wein- und Speisetraube
- ‚Angela': reift Anfang Oktober, Aroma neutral, Beeren groß, oval, knackig, saftig, Speisetraube
- ‚Lilla': reift Ende August, würzig, Beeren groß, oval, knackig, Speisetraube
- ‚Hecker': reift Mitte bis Ende September, Traube mit großen Beeren, Tafeltraube
- ‚Prim': reift Ende August, gelbe, ovale Beeren mit einem feinen Muskat-Aroma, sehr robust, Speisetraube
- ‚Phoenix': reift früh, hoher, aber unregelmäßiger Ertrag, mittelgroße Beeren mit sehr gutem Geschmack, zum Keltern und als Speisetraube

Rosa Trauben

- ‚Katharina': reift Ende September, Aroma fruchtig, Beeren länglich-oval, saftig, Speisetraube
- ‚Decora': reift Ende August, Aroma fein würzig, Beeren rund, saftig, Speisetraube
- ‚Souvignier gris': reift Anfang bis Mitte September, mittelgroße Beeren, zum Keltern und als Speisetraube

Blaue Trauben

- ‚Nero': Sorte, die aus Ungarn stammt und aus der auch Wein gekeltert wird, ertragreich und aromatisch
- ‚Isabella': eine Uhudler-Traube mit dem typischen Foxton, Wein- und Speisetraube
- ‚Muscat bleu': reift Anfang September, Muskat-Aroma, Beeren groß, oval, knackig
- ‚Georg': reift Mitte September, fein würzig, Beeren groß, oval, knackig, Speisetraube
- ‚Königliche Esther': reift Anfang August, Aroma neutral, Beeren groß, knackig, Speisetraube

Selbst wer keine Presse hat, kann Weintrauben einfach mit den Füßen austreten oder mit einer Latte auspressen ...

... abfüllen und frisch trinken oder zu „Sturm" vergären lassen ...

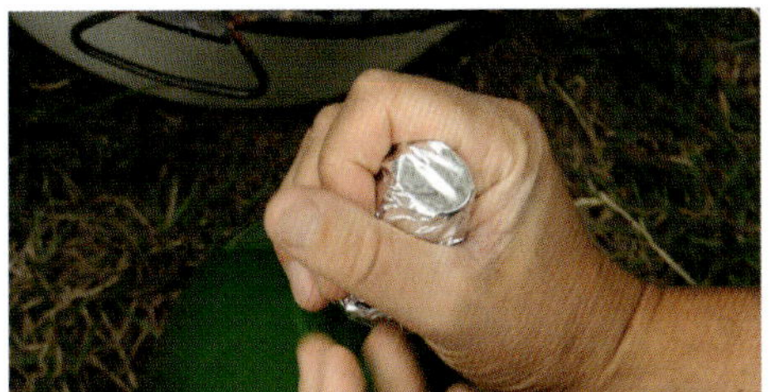

... dazu nur mit einer Alufolie oder einem Stück Stoff verschließen.

Auf Pergolen und Wandgerüsten werden Weinreben meist weniger stark geschnitten.

Tipps von Arche Noah-GärtnerInnen

Weinbau ohne Spritze

„Ich habe eine Sammlung von 75 verschiedenen PiWi-Tafel- und Keltertraubensorten – meist 1–5 Stöcke. Aussehen und Aromen sind faszinierend. Ich finde, den PiWi-Rebsorten gehört die Zukunft. Es gibt in Europa hunderte verschiedene PiWi-Tafeltraubensorten von unterschiedlicher Farbe (gelbe, grüne, rosa, rote, blaue), Größe, Form und Geschmack (von neutral über zart würzig bis intensiv aromatisch, z. B. nach Erdbeere, Muskat, Mango, Heidelbeere schmeckend), samenlose oder mit Samen. PiWi-Trauben haben mehr Resveratrol, Flavonoide und Polyphenole als herkömmliche Trauben."

Anna Paradeiser, Bio-Winzerin, Fels am Wagram

Literatur

- www.piwi-international.org

a) **‚Isabella'**
b) **‚Nero'**
c) **‚Muscade Bleu'**
d) **‚Prim'**
e) **‚Hecker'**
f) **‚Phönix'**

Weintrauben halten am Stock lange frisch, wenn sie nicht von Vögeln entdeckt werden.

Kiwi/Chinesische Stachelbeere und Kiwai/Mini-Kiwi/ Japanische Honigbeere

Mini-Kiwis können mit der Schale gegessen werden.

Kiwi *Actinidia deliciosa* – Strahlengriffelgewächse

> wärmebedürftig
> müssen regelmäßig geschnitten werden
> zweihäusig, daher männliche und weibliche Pflanzen setzen (neue Sorten auch selbstfruchtbar)
> erste Ernte im 3. Standjahr
> Ernte ab September, Genuss nach Lagerung

Kiwai/Mini-Kiwi *Actinidia arguta*

> mit Schale genießbar, zweihäusig
> Ernte Mitte September bis Mitte Oktober, nicht lagerfähig
> Ertrag: 10–30 kg/Pflanze

Sorten von *Actinidia kolomikta*

> Ernte ab August, kleinere Früchte, Ertrag geringer als bei Kiwai
> wächst schwächer
> frosthärteste Art

Weder kommt sie aus Neuseeland noch heißt sie Kiwi: Der in vielen Sprachen klingende Name „Kiwi" wurde erst für die internationale Vermarktung kreiert. Viele haben sie seit den 1960er Jahren als aus Neuseeland importierte Frucht kennengelernt und stellen überrascht fest, dass die Chinesische Stachelbeere – wie sie mit ihrem richtigen Namen heißt – auch in Mitteleuropa angebaut werden kann. Die Echte Kiwi ist das einzige Beerenobst mit sehr guten Lagereigenschaften und im Winter frisch zu genießen. Eine unkomplizierte Kiwi ist die Kiwai oder Mini-Kiwi *Actinidia arguta*. Sie ist weniger anspruchsvoll, glattschalig und als Ganzes zu essen.

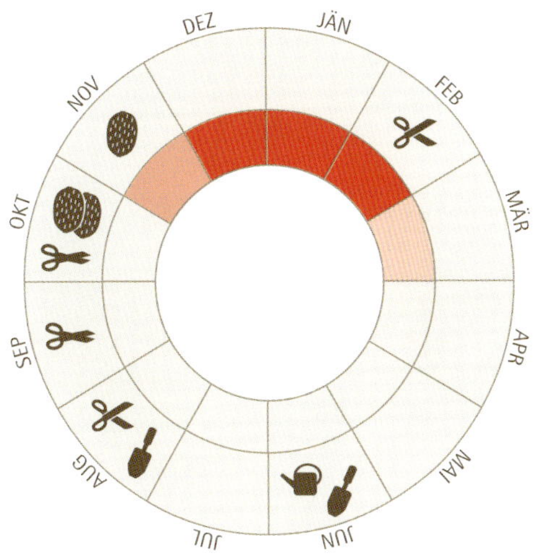

Wo Kiwis gerne wachsen

Die Pflanzen lieben kalkarme und nährstoffreiche sowie feuchte Böden. Sie müssen daher regelmäßig mit Kompost versorgt und in den meisten Lagen auch gegossen werden – für einen guten Fruchtertrag jedenfalls im Sommer (und wenn sie an einem Spalier an der Hausmauer gezogen werden). Kiwis haben – besonders in der Jugend – eine geringe Frosthärte. Ist das Holz Temperaturen von unter -12 °C ausgesetzt, geht die Blütenanlage für die kommende Saison verloren, und die Pflanzen blühen und fruchten im kommenden Jahr nicht. Kiwai hingegen zeichnet ihre hohe Frosthärte (bis -30 °C) aus. Entsprechend ihren Naturvorkommen lieben Kiwai halbschattige Lagen und humusreichen Boden. Wird der Wurzelbereich durch Mulchen kühl gehalten, akzeptieren die Pflanzen auch sonnige Standorte. Ein Anbau ist bis 800 m Höhe möglich.

Der Kiwi-Sammler und -Züchter Werner Merkel aus Chemnitz in Deutschland fasst dies so zusammen: „Als Faustregel gilt: Dort, wo der Wein versagt, wachsen die Kiwai gut."

Alle Kiwis haben eine sehr große Blattmasse und verdunsten daher viel Wasser. Fehlt der Niederschlag im Sommer, ist mehrfaches Gießen (1–2-mal pro Woche) angeraten. Eine Schicht aus Mulch hält die Bodenfeuchtigkeit.

Bestäubung

Alle Kiwis sind in der Regel zweihäusig, es müssen also sowohl männliche als auch weibliche Pflanzen gesetzt werden (1 männliche Pflanze für 6–8 weibliche). Nur die weiblichen tragen Früchte. Einige Sorten der Mini-Kiwi (z. B. ‚Issai') sind jungfernfrüchtig, das heißt, sie bilden Früchte ohne Bestäubung. Sie tragen aber deutlich mehr Früchte, wenn sie von einer männlichen Pflanze bestäubt werden. Issai kann auch nicht als Befruchter für andere Sorten dienen. Mittlerweile werden auch Sorten von *A. deliciosa* angeboten, die selbstfruchtbar sein sollen.

Verschiedene Kiwi-Arten besitzen eine unterschiedliche Anzahl an Chromosomensätzen, sodass eine sichere Befruchtung zwischen der Echten Kiwi und der Mini-Kiwi untereinander möglich ist, aber nicht zwangsläufig eintritt. Sicher ist, alle männlichen *A. arguta* (z. B. ‚Nostino') können alle weiblichen *A. arguta* und in der Regel die Weibchen der Echten Kiwi *(A. deliciosa)* befruchten.

Der Traufenbereich als Standort kommt den hohen Wasserbedürfnissen der Kiwi entgegen.

Kiwiblüten sind zweihäusig, links eine weibliche Blüte, rechts eine männliche.

Viele moderne Mini-Kiwis sind mittlerweile Kreuzungen unterschiedlicher Kiwi-Arten. Der richtige Bestäubungspartner ist jedenfalls beim Kauf der Pflanzen zu erfragen.

Kiwai blühen Ende Mai und sind daher nicht spätfrostgefährdet.

Pflanzung

Kiwis sind spätfrostgefährdet und werden ab Mitte Mai bis August gepflanzt. Sie sind empfindlich: Zum Frostschutz müssen die Stämme im Winter und zu Frühlingsbeginn vor der Sonne geschützt werden. Krankheiten und Schädlinge sind bislang nicht bekannt. Mini-Kiwis vertragen unsere Winter gut, nur Spätfröste können die frischen Austriebe schädigen, daher sind Südlagen ungünstig (→ „Sorten", Seite 465ff.).

Erziehungsformen und Schnitt

Für die Erziehung von Kiwis für die Fruchtnutzung empfiehlt sich ein Spaliergerüst mit 2–3 waagrecht gespannten Drähten. Der unterste sollte ca. 80 cm hoch sein, die nächsten sollten jeweils in 50 cm Abstand gespannt sein. Die langen Ranken verteilt man so am Gerüst, dass sie abwechselnd links und rechts vom Stock auf dem Draht liegen.

Ungeschnitten können Kiwi-Ranken in einem Jahr bis zu 9 m wachsen. Das ist Rekord unter den Obstpflanzen. Sie werden daher – auch mehrmals – eingekürzt. Die besten Kiwis wachsen am zweijährigen Holz. Die einjährigen Triebe werden im Sommer um ca. 1/3 (= 3–5 Augen hinter der letzten Frucht) eingekürzt, ebenso das Fruchtholz. Später wird noch 2- bis 4-mal zurückgeschnitten, jeweils 2 Knospen hinter der letzten Schnittstelle. Die männlichen Pflanzen können nach der Blüte stärker zurückgeschnitten werden, damit die fruchttragenden weiblichen Pflanzen ausreichend Platz haben.

Kiwis sind spätfrostempfindlich.

Ende Februar wird das Fruchtholz ganz entfernt (im März bluten sie bereits zu stark). Bei diesem Winterschnitt wird das Fruchtholz erneuert. Mini-Kiwis sind nicht so starkwüchsig und werden gleich geschnitten. Am dreijährigen Fruchtholz werden nur die Spitzen eingekürzt.

Beim Anbau auf einer Laube wird grundsätzlich genauso geschnitten, die Seitentriebe werden an Drähten oder Holzlatten fixiert. Die Jungpflanze soll noch nicht schlingen, sondern ein kräftiges Stämmchen bilden. Wenn das nicht der Fall ist, wird im Februar nochmals kräftig zurückgeschnitten. Im zweiten und dritten Jahr wachsen aus dem Stamm kräftige, lange Triebe, die über das Dach der Pergola verteilt werden. Vor

Kiwis sind Ranker und brauchen ein Gerüst als Unterstützung.

dem Austrieb im Winter jeweils auf ca. einen Meter Länge einkürzen. Möglich sind auch Konstruktionen, wie sie bei Brombeeren üblich sind, oder man legt die Pflanzen einfach über den Zaun.

Ernte

Sorten der Art *Actinidia kolomikta* reifen bereits ab August.

Die Hauptreifezeit der Kiwai setzt Mitte September ein und schließt meist vor den ersten Frosten ab.

Die Früchte bleiben lange fest und hart. Die rotbraune Deckfarbe, die manchen Sorten eigen ist, erscheint relativ spät. Die Pflückreife setzt spätestens ein, wenn die Früchte weicher und damit geschmackvoller werden. Dies wird beschleunigt, wenn kältere Nachttemperaturen im Oktober einwirken. Phänologisches Merkmal der (Voll-)Reife: spätestens wenn das Laub gelblich umfärbt bzw. abzufallen beginnt. Meist zeigt sich auch, dass Schattenfrüchte eher reif sind.

Die großen Kiwis reifen im September und Oktober, und zwar folgeartig. In den meisten Lagen werden sie unreif geerntet und reifen dann im Lager nach. Sobald die Früchte weich werden, können sie gegessen werden. Sowohl von der Echten Kiwi als auch von der Kiwai können je nach Standort und Alter der Pflanze 10–30 kg geerntet werden.

Großfrüchtige Kiwis reifen meist erst am Lager.

Kiwis enthalten viel Vitamin C, Kiwai haben sogar den 3-fachen Vitamin-C-Gehalt sowie viele weitere Spurenelemente.

Lagerung

Bei Raumtemperatur sind reife Kiwis nur eine Woche lagerfähig. Unreif geerntet können sie 8–12 Wochen gelagert werden (trocken und kühl, zum Beispiel in einer frostfreien Garage). Kiwai sind bis zu vier Wochen lagerfähig. Die Früchte lassen sich auch trocknen (am besten in Scheiben geschnitten) und zu Kompott, Marmelade oder Likör verarbeiten.

Sorten

Kiwi

‚Hayward' ist weltweit die gängigste Sorte, typische „Supermarktkiwi". Sie trägt große, behaarte Früchte. ‚Abbot' ist sehr süß und hat einen ausgeprägten Stachelbeergeschmack, ‚Kiwi Gold' trägt wenige, behaarte, gelbliche Früchte, die mit Scha-

Die Sorte ‚Weiki'© ist weit verbreitet und sehr aromatisch.

Die Früchte der Sorte ‚Issai' sind grün und walzenförmig.

le gegessen werden können und kühl bis im Jänner lagerfähig sind.

Der Sorte ‚Jenny' wird Selbstfruchtbarkeit nachgesagt. Der Ertrag ist stark schwankend. Die Früchte sind verhältnismäßig klein, sehr stark behaart und erst nach längerer Lagerzeit genussfähig.

Als Befruchter die männlichen Sorten der Kiwai *(A. arguta)* oder die Sorte ‚Matua' *(A. deliciosa)* pflanzen.

Kiwai/Mini-Kiwi

- Die beerenartigen Früchte sind rund bis oval, teilweise walzenförmig, meist etwas abgeflacht. Je nach Auslese erreichen sie eine Länge von bis zu 3,6 cm bei einem maximalen Durchmesser von 2,4 cm. Die Früchte sind grün bis grün-grau, teilweise braun-rot oder hellrot. Im Gegensatz zu Kiwis sind Kiwai ausnahmslos glattschalig und unbehaart.
- ‚Weiki'© und ‚Maki'© sind die geläufigsten Sorten, sie sind glattschalig, ‚Weiki' (Namen leitet sich von WEIhenstephaner KIwi ab, sie wird auch „Bayernkiwi" genannt) ist überwiegend grün und nur leicht rötlich gefärbt. ‚Maki' färbt etwas stärker braunrot.
- ‚Issai' ist ebenso glattschalig, etwas kleiner als die erstgenannten und gilt als selbstfruchtbar, ist allerdings für raue Lagen nicht geeignet bzw. benötigt sie einen Winterschutz. Wirklich gut trägt sie nur mit Befruchter.
- ‚Jumbo Verde' ist großfrüchtig, grün, eher robust und starkwachsend (die Wuchskraft überfordert bisweilen Gärtner und Gärtnerinnen, weil der Schnittaufwand erheblich ist).
- Schön braunrot gefärbte Sorten sind ‚Red Jumbo' und ‚Red Beauty'.
- Männliche *A. arguta* und als Bestäuber gut geeignet sind ‚Nostino' und ‚Bayernkiwi' männlich.

‚Julia' ist eine Kreuzung zwischen *A. arguta* und *A. kolomikta*. Die Sorte wächst nicht so stark, die Früchte sind klein und hängen in Trauben am

Actinidia kolomikta *ist besonders frosthart.*

Strauch. Selbst Schattenfrüchte sind sehr süß und aromatisch! ‚Julia' ist bedingt selbstfruchtbar, entwickelt jedoch wesentlich mehr und bessere Früchte mit einem männlichen Bestäuber, besonders zu empfehlen ist hierfür die Sorte ‚Romeo', die ebenso einer Kreuzung *A. arguta* x *A. kolomikta* entsprungen ist und die – im Gegensatz zu anderen Kiwi-Männchen – schwach wächst und kaum zu schneiden ist.

A. kolomikta ist die frosthärteste der *Actinidia*-Arten. Sie verträgt auch ohne Probleme eine Pflanzung an oft kalten und lichtarmen Nordseiten von Gebäuden oder auch freistehend bis in Lagen von über 600 m und fruchtet dennoch bestens. Die Wuchskraft ist schwächer als bei den anderen Arten. Zudem haben die Früchte dieser Art den höchsten Vitamin-C-Gehalt aller *Actinidia*-Arten und schmecken trotzdem süß und aromatisch. Sorten dieser Art sind ‚Sentyabraskaya' und ‚September Sun'. Auch hier ist ein männlicher Bestäuber notwendig, wie ‚Adam', auch ein *A. kolomikta.*

Es gibt viele weitere Sorten; zum Teil werden gleiche Sorten auch unter unterschiedlichen Namen vermarktet: so zum Beispiel die großfrüchtige russische ‚Ananaskaja', die seit über 20 Jahren in Italien als ‚Jumbo Verde' (Große Grüne) verbreitet und in Deutschland als ‚Ambrosia' erhältlich ist (→ www.mini-kiwi.de).

Literatur

- Merkel, W. (2012). Apfel sein ist nicht schwer, Kiwi sein dagegen sehr. *Arche-Noah-Mitgliedermagazin, Juli 2012, Seite 20–22.*
- www.mini-kiwi.de.

Maulbeere

Maulbeerbäume tragen nach 5–7 Jahren die ersten Früchte.

Weiße Maulbeere
- *Morus alba* – Maulbeergewächse
- mittelgroßer Baum oder Strauch
- Früchte schmutzig weiß, rötlich bis schwarz gefärbt, vorwiegend süß schmeckend
- junges Laub als Gemüse, Schneitelbaum
- erste Ernte nach 5–8 Jahren
- Reife Ende Juni bis Juli

Schwarze Maulbeere
- *Morus nigra* – Maulbeergewächse
- großer, sehr breiter Baum
- Weinbauklima, hier unkompliziert
- Früchte schwarz, sehr aromatisch und stark färbend
- sehr ertragreich
- erste Ernte nach 5–8 Jahren
- Reife Mitte Juli bis Ende September

Selbst in Regionen, in denen der Maulbeerbaum einst verbreitet war, ist er nur noch selten anzutreffen. Die wärmebedürftigen Pflanzen wachsen zu wunderschönen Bäumen, die dann allerdings nicht leicht zu beernten sind. Maulbeeren können frisch gegessen oder verarbeitet werden – zu köstlichen Marmeladen oder getrocknet zu Naschfrüchten für den Winter. Und nicht zuletzt sind sie ein begehrtes Hühnerfutter.

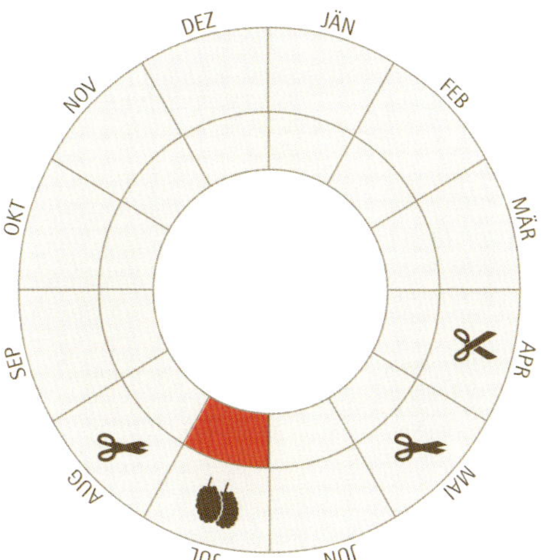

Die Schwarze Maulbeere ist in einem Gebiet beheimatet, das vom Kaukasus bis nach Mittelasien reicht, und gehört zu den ältesten Kulturpflanzen. Das gilt besonders für die Weiße Maulbeere, deren Laub die Grundlage der Seidenraupenzucht war (und in den seidenproduzierenden Ländern immer noch ist). In Mitteleuropa ist die Weiße Maulbeere seit dem 12. Jahrhundert bekannt und war die Grundlage der Seidenproduktion in Europa.

Wo Maulbeeren gerne wachsen

Maulbeeren lieben nährstoffreiche, feuchte, nicht zu schwere Böden, wachsen aber auch auf kargen Böden. Die Bäume haben eine geringe Frosthärte. Die Schwarze Maulbeere gedeiht selbst im Weinbauklima nur an geschützten Standorten. Die Weiße Maulbeere ist kältetoleranter und wächst noch in kühleren Lagen.

Bestäubung

Maulbeeren sind Selbstbefruchter und können daher auch einzeln gepflanzt werden.

Baumformen

Die Weiße Maulbeere wächst zu einem bis zu 8 Meter hohen Baum oder strauchartig, ist absolut schnittverträglich und kann auch als Heckenpflanze gesetzt werden. Die Schwarze Maulbeere ist ein Baum mit breiter Krone und kann bis zu 10 Meter hoch werden. Beide wachsen langsam, treiben erst im Mai aus und bilden eine lockere Krone.

Pflanzung

Der wärmebedürftige Baum wird am besten im Frühling gepflanzt.

Pflanzengesundheit

Krankheiten und Schädlinge sind kaum bekannt.

Schnitt

Es ist kein Schnitt notwendig.

Vermehrung

Maulbeeren können über Samen vermehrt werden. Die Sorten werden vegetativ durch Veredeln auf Sämlinge der Weißen Maulbeere vermehrt.

Ernte

Maulbeerbäume tragen nach 5–7 Jahren die ersten Früchte. Die Weiße Maulbeere reift von Ende Juni weg folgeartig. Die Früchte fallen dann in großen

Maulbeeren sind die Futterpflanzen für die Seidenraupenzucht, hier ein Kokon der Seidenraupe.

Ein alter Weißer Maulbeerbaum

Mengen vom Baum. Die Schwarze Maulbeere reift später: folgeartig von Mitte Juli bis Ende September. Je höher der Baum ist, umso schwieriger ist er zu beernten. Man erntet die Früchte am einfachsten, indem man, wenn die Hauptmenge der Früchte reift, eine Plane oder ein Netz unter den Bäumen auflegt und die Bäume schüttelt. Die Früchte lassen sich am besten einsammeln oder durch Auflegen von Netzen auffangen. Wer Hühner hat, kann sie direkt unter den Maulbeerbäumen die Früchte aufpicken lassen.

Die Früchte der Weißen Maulbeere schmecken süßlich, aber langweilig, getrocknet ähnlich wie Rosinen. Die Schwarze Maulbeere schmeckt süßsäuerlich und angenehm würzig. Die weichen, reifen Früchte färben sehr stark.

Das junge Laub der Weißen Maulbeere ist nicht nur Nahrung für Seidenraupen, sondern auch für den menschlichen Verzehr oder als Tierfutter geeignet. Bäume, denen immer wieder junge Kronenäste zur Futterverwendung abgeschnitten werden („schneiteln"), bilden einen „Kopf".

Lagerung

Die reifen Früchte halten sich selbst im Kühlschrank nur 1–2 Tage.

Sorten

Weiße Maulbeeren sind meist weiß bis gelblich oder leicht rötlich, nur selten rot bis schwarzrot. Schwarze Maulbeeren sind purpurfarben bis schwarz-violett. Von beiden Arten sind bei uns nur wenige Sorten verbreitet.

Von der Schwarzen Maulbeere gibt es in Mittelasien zahlreiche regionale Auslesen, die bis zu 6 cm groß werden können.

Von der Weißen Maulbeere gibt es auch zahlreiche Zierformen, z. B. die Hängeform ‚Pendula', die allerdings nur wenige Früchte trägt. Am verbreitetsten sind die Sorten ‚Constantinopolitana', die aus der Türkei stammt und stark und gedrungen wächst, und ‚Multicaulis', die strauchartig und mehrstämmig wächst und 5–6 Meter hoch wird. Die Sorte ‚Aurea' hat ein gelbes Laub. In Ländern, in denen Seidenraupen gezüchtet werden, sind großblättrige Sorten verbreitet, da die Blätter den Seidenraupen als Futter dienen und dies der Hauptnutzen des Baumes ist.

In Südfrankreich ist eine weitere Art *(Morus kagayamae)* verbreitet: der „Mûrier platane", der in der Wuchsform einer Platane ähnelt und häufig als Schattenspender auf Plätzen gesetzt wird. Der Baum hat eine schöne gelbe Herbstfärbung und trägt süße Früchte, die von rot auf rot-schwarz reifen.

Verwendung

Maulbeeren können roh oder getrocknet gegessen werden. Die Schwarzen Maulbeeren färben sehr stark und lassen sich zu Marmelade, Gelee oder Sirup verarbeiten. Die getrockneten Früchte können auch als aromatischer Tee getrunken werden, der in der Volksheilkunde als wirksam gegen Entzündungen der Mundhöhle gilt.

Weiße Maulbeeren können auch rot oder sogar schwarz sein.

Literatur

- Ausführlich: Pirc, H. (2011). *Wildobst und seltene Obstarten im Hausgarten.* Graz: Stocker Verlag.
- Heilmeyer, M., Seiler, M. (2006). *Maulbeeren. Zwischen Glaube und Hoffnung.* Potsdam: Vacat.

a) **Maulbeere**

Schisandra

Die Früchte der Schisandra vereinen alle fünf Geschmacksrichtungen in sich, der Bitterton dominiert.

- *Schisandra chinensis* – Sternanisgewächse
- verholzende Schlingpflanze
- braucht ein Spalier oder Rankgerüst
- braucht feuchten Standort
- ist zweihäusig, männliche und weibliche Pflanze setzen (Ausnahme: selbstfruchtbare Sorten)
- Ernte im August
- Heilpflanze

Die Pflanzen wachsen ähnlich wie Kiwis – als verholzende Schlingpflanzen. Sie blühen im Mai/Juni, fruchten im August und sind sehr winterhart, allerdings im Austrieb sehr anfällig auf Spätfröste. Die Pflanzen leiden unter Hitze und Trockenheit; sie brauchen einen feuchten Standort, der auch durchaus halbschattig sein kann.

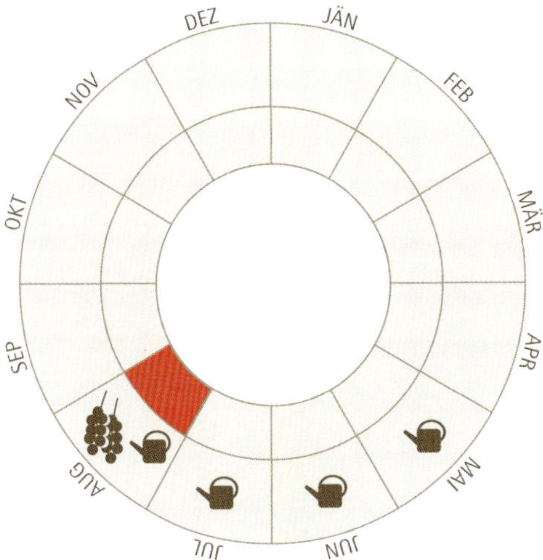

Die kleinen Beeren sind wie Johannisbeeren auf einem Fruchtstiel aufgefädelt.

Das bekannteste „Spaltkörbchen", wie der deutsche botanische Gattungsname lautet, ist die Heilpflanze *Schisandra chinensis.* Die Kletterpflanze rankt bis zu 5 Meter hoch und kann sich an straff gespannten Seilen oder Drähten emporwinden. Sie ist zweihäusig, das heißt, es muss eine weibliche und eine männliche Pflanze gepflanzt werden, damit die weibliche Früchte trägt.

Die Früchte schmecken ungewöhnlich und nach allen fünf Geschmacksrichtungen: süß, sauer, scharf, bitter und salzig. Allerdings dominiert der saure Geschmack. Aufgrund dieser außergewöhnlichen Geschmackskombination heißt die Pflanze in China auch „Wu Wei Zi", was mit „Kraft der fünf Geschmacksrichtungen" übersetzt wird. Die traditionelle chinesische Medizin kennt viele Wirkungen und Verwendungszwecke. Die Heilpflanze gilt als leistungs-, lust- und leberstärkend, gleichzeitig als beruhigend und wird auch bei Durchblutungsstörungen verwendet. Aus den getrockneten Früchten und Blättern wird ein Tee bereitet. Besonders schöne Blüten hat die rotblühende *Schisandra rubriflora.*

Sanddorn

Sanddorn ist eine Vitamin-C-Bombe.

- *Hippophae rhamnoides* – Ölweidengewächse
- Wildformen und Kultursorten
- Fruchtreife je nach Sorte zwischen August und Oktober
- zweihäusig – männliche und weibliche Pflanzen setzen
- Ernte ab dem 2. Standjahr
- Ertrag (ab dem 3.–4. Jahr): 5–10 kg

Resistent gegen Trockenheit wie keine andere Obstart, knallorange Vitamin-C-Bombe, reich an Spurenelementen – das sind die Schlagworte, die Sanddorn in aller Kürze am besten charakterisieren. Wild wächst er zum Beispiel auf den trockenen Schotterbänken der Donau bei Wien und trägt hier im Herbst reichlich Früchte. Die leuchtend orangen Früchte sind in Kombination mit den schmalen, graublauen Blättern besonders reizvoll. Auch für Hangbefestigungen ist Sanddorn geeignet.

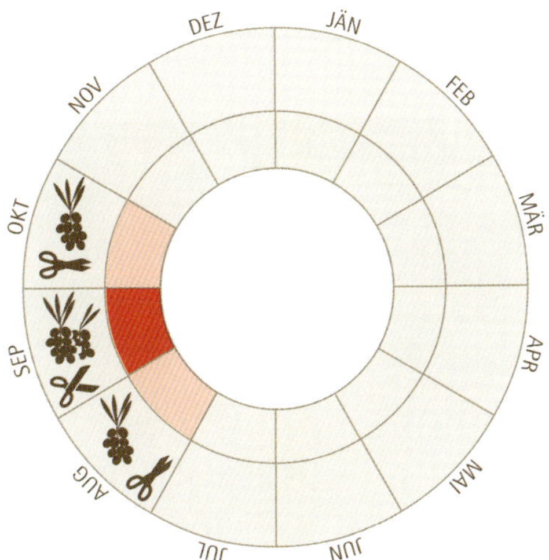

Wo Sanddorn gerne wächst

Der Sanddorn wächst am liebsten auf lockeren, tiefgründigen Böden und jedenfalls in voller Sonne. Schwere, kalte Böden behagen ihm nicht. Er ist sehr resistent gegen Trockenheit und kann gut auf arme Sandböden oder trockene Hänge gepflanzt werden – muss aber hier in trockenen Jahren, bis er gut eingewurzelt ist, gegossen werden. Dort, wo er gerne wächst, bildet er auch starke Wurzelausläufer. Das sollte bei der Standortwahl unbedingt bedacht werden.

Bestäubung

Sanddorn ist zweihäusig, jede Pflanze ist entweder weiblich – und trägt Früchte – oder männlich. Für einen guten Ertrag sollte pro 6–10 weibliche Pflanzen eine männliche gesetzt werden.

Baumformen und Schnitt

Sanddorn wächst als Strauch. Normalerweise muss Sanddorn nicht extra geschnitten werden, weil man zur Ernte ohnehin die ganzen Zweige abschneidet. Werden Pflanzen nicht beerntet, fruchten sie schließlich gar nicht mehr (sie tragen am zweijährigen Holz) und müssen durch einen kräftigen Schnitt wieder verjüngt werden. Die Triebe sind stark bedornt.

Pflanzengesundheit

Sanddorn wächst meist gesund. Im Erwerbsanbau kommt gelegentlich eine von einem Pilz verursachte Welkekrankheit vor.

Ernte und Lagerung

Sanddorn reift je nach Sorte, Standort und Jahr zwischen Ende August und Mitte Oktober. Die Beeren sollen geerntet werden, sobald sie reif sind. Aufgrund der starken Dornen ist die Ernte nicht ganz einfach. Die einfachste Methode: die ganzen fruchttragenden Zweige abschneiden und tieffrieren. Die Beeren können dann einfach abgeklopft werden. Man kann sie auch händisch abrebeln, was etwas zeitaufwändiger ist. Der Ertrag variiert je nach Sorte und Standort im 3. Jahr zwischen 5 und 10 kg und kann sich bei älteren Sträuchern auch verdoppeln. Die Beeren lassen sich nicht lagern.

Sorten

Es gibt zahlreiche Sorten, die von Baumschulen in Deutschland gezüchtet wurden und sich in der Reifezeit, in der Größe und Form der Beeren, im Gehalt an Inhaltsstoffen und im Wuchs unterscheiden.

- ‚Frugana': bis 4 m hoch, aufrechtwachsend, Früchte glänzend hellorange, mittelgroß, hoher Vitamin-C-Gehalt, schon im August reifend, starker Fruchtbesatz, besonders für die Fruchtnutzung geeignet
- ‚Leikora' (‚Leitzkauer Orange'): bis 5 m hoher, aufrechter Strauch. Dunkelorange, sehr große, dicht stehende Früchte, die von Anfang September bis Mitte Oktober reifen
- ‚Hergo' (‚Herzfelder Gold'): bis 4 m hoher Strauch mit dünnen, wenig bedornten Ästen und mittelgroßen hellorangen Früchten; sehr ertragreich und hoher Karotin-Gehalt
- ‚Orange Energy' (‚Habego'): ausladend wachsende Sträucher, die kaum bedornt sind und länglich-ovale, dicht stehende Früchte tragen

Kornelkirsche/Dirndl

Kornelkirschen tragen jährlich reich.

- *Cornus mas* – Hartriegelgewächse
- Wildobst und Kultursorten
- Vitamin-C- und säurereiche Früchte für Verarbeitung
- in Gebieten mit ausreichenden Niederschlägen sehr ertragreich
- Kultursorten wie ‚Jolico' reifen nur im Weinbauklima aus, als Wildobst auch im gemäßigten Klima.
- Ertrag: 20 kg/Strauch, an alten Sträuchern auch wesentlich mehr

Kornelkirschen sollten in keinem Hausgarten fehlen. Sie wachsen unkompliziert und tragen köstlich süßsaure, glänzende rote Früchte, die zu Marmelade, Kompott oder Säften verarbeitet werden können. Auch frisch als Naschfrüchte können Kornelkirschen Verwendung finden, zumal sie einen besonders hohen Vitamin-C-Gehalt haben. Kornelkirschen zählen zu den ersten blühenden Gehölzen im Jahr und sind daher auch als Bienenweide und für andere Insekten interessant.

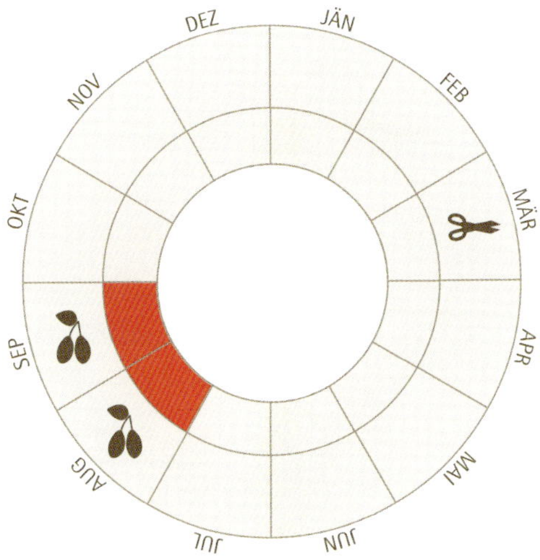

Wo Kornelkirschen gerne wachsen

Wilde Kornelkirschen wachsen in der Sonne oder als Waldrandpflanze im Halbschatten. Die Pflanzen sind nicht sehr anspruchsvoll an den Boden und im Hinblick auf Feuchtigkeit, wachsen aber besser und haben mehr Ertrag, wenn sie nicht zu trocken stehen und der Boden humos und kalkhaltig ist. Kornelkirschen entwickeln sich auch in höheren Lagen sehr gut, allerdings reifen hier die Früchte der Kultursorten nur in geschützten Lagen noch aus. Die Wildsorten sind weniger anspruchsvoll und aromatischer. Auch als Zierstrauch ist die Kornelkirsche nicht so empfindlich und kann in kühleren Lagen angebaut werden.

Bestäubung

Kornelkirschen zählen zum ersten Pollenangebot in unseren Gärten. Die zarten gelben Blüten werden von Honigbienen, Wildbienen und Hummeln besucht. Die Wildformen sind selbstfruchtbar. Die Kulturformen sind laut den Erfahrungen an der HBLFA Schönbrunn zwar auch selbstfruchtbar, bringen aber mehr Ertrag, wenn sie von einer anderen Sorte bestäubt werden. In manchen Jahren kann es wegen der frühen Blüte zu mangelnder Bestäubung kommen (vor allem bei den großfruchtigen Auslesen).

Baumformen

Kornelkirschen wachsen zu baumartigen Sträuchern oder kleinen Bäumen heran und können an Standorten, an denen es ihnen behagt, 6–8 m hoch und bis zu 100 Jahre alt werden. Sie eignen sich aber auch als Heckenpflanzen, als Laubengang oder als anderes Formgehölz.

Unterlagen

Dirndlsorten werden auf Wildformen aufveredelt.

Pflanzengesundheit

Kornelkirschen wachsen gesund. Ungeschützt sind junge Pflanzen wildverbissgefährdet.

Kornelkirschen wachsen langsam und blühen und tragen sehr stark.

Die Blüte der Kornelkirsche ist eine der ersten Bienenweiden im Jahr.

Schnitt

Kornelkirschen können, müssen aber nicht geschnitten werden. Sie regenerieren sich nach starkem Rückschnitt wieder sehr gut. Daher eignen sie sich auch als Heckenpflanzen und Formgehölz. Ohne Schnitt vergreisen sie etwas, und der Ertrag sinkt. Regelmäßiges Auslichten und Zurückschneiden der Fruchtäste fördert das Durchtreiben und damit den Ertrag.

Vermehrung

Wilde Kornelkirschen treiben immer wieder Ausläufer, die dann abgestochen werden können. Auch über Samen können sie vermehrt werden, wobei diese unbedingt stratifiziert (→ Kapitel „Obstgehölze vermehren", Seite 160) werden müssen und oft ein Jahr in der Erde liegen, bevor sie keimen. Sorten werden über Augenveredelung (Okulation) im Sommer vermehrt oder über Kopulation im Winter (→ Tipp Helmut Leithner, rechts). Diese Pflanzen fruchten ab dem vierten Jahr.

Ernte

Die Früchte reifen nach und nach und fallen vom Baum. Da das Aufklauben sehr mühsam ist – und die braunen Früchte im braunen Laub auch schwer zu finden sind –, empfiehlt es sich, Tücher oder Netze unter den Sträuchern aufzulegen und die fallenden Früchte so aufzufangen. Es sollen nur Früchte verwendet werden, die von selbst oder bei leichtem Schütteln herunterfallen, nur dann haben sie ihr typisches intensives Aroma entwickelt.

Mit der Zeit wachsen Kornelkirschen zu baumartigen Sträuchern mit 6–8 m Höhe.

Lagerung

Die Früchte können 2–3 Tage nachgereift werden, danach sind sie nicht mehr lagerfähig. Ist gerade keine Zeit, sie einzukochen, kann man sie auch tiefgefrieren.

Sorten

Die in Österreich wild wachsende Dirndl ist im Vergleich zu den züchterisch bearbeiteten Sorten durchwegs früher reif. Die Kultursorten wiederum bilden häufig wesentlich größere Früchte aus. In kühleren Gebieten und auch in Gebieten, in denen die Dirndln wild vorkommen (wärmere voralpine Täler), sollte Wildherkünften der Vorzug bei der Pflanzung gegeben werden, da Zuchtsorten kaum ausreifen.

Züchterisch bearbeitete Sorten, die größere Früchte bilden als ihre wilden Verwandten, sind etwa die bekannte ‚Jolico' und die aus Bulgarien stammende Sorte ‚Kazanlak'. ‚Jolico' reift in der zweiten Septemberhälfte (folgeartig). In Schönbrunn wurden an einzelnen 20-jährigen Sträuchern durchschnittlich 20 kg geerntet. Ebenfalls eine Züchtung der HBLFA Schönbrunn ist die birnenförmige, süße und großfruchtige ‚Schönbrunner Gourmet Dirndl', die ab Ende August reift. Die Sorte ‚Kazanlak' reift ab Mitte August und einheitlicher als ‚Jolico'. Im Handel sind noch viele weitere Sorten erhältlich, es gibt auch Lokalsorten aus Russland, der Ukraine, Ungarn, der Türkei und sogar aus Dänemark. Dirndln können auch gelbe Früchte tragen, wie zum Beispiel die Sorte ‚Yellow'.

Die Sorte ‚Jolico' ist nach dem Baumschulgärtner Johann Lischka (Johann Lischka Cornus = ‚Jolico') benannt und ist die verbreitetste Sorte.

Tipps von Arche Noah-GärtnerInnen

„Ich veredle seit vielen Jahren Dirndln. Die Veredelung von Dirndln ist schwierig; die besten Erfahrungen habe ich gemacht, wenn man bei einer Krümmung und mit einem langen Schnitt veredelt. Mir schmeckt die gelbe Dirndl am besten, sie ist süßer und größer."

Helmut Leithner, Gmunden

Verwendung

Die Kornelkirsche hat ein feines, fruchtig-herbes Aroma. Die vollreifen Früchte der meisten Sorten sind dunkelrot und schmecken dann leicht süßlich. Sie lassen sich zu köstlichen Marmeladen, Säften und Kompotten verarbeiten. In der Küche können sie wie Preiselbeeren verwendet werden. Die großfruchtigen Sorten lassen sich gut mit einem Olivenentkerner entsteinen. Die Früchte können auch ganz aufgekocht werden, dann lösen sich die Kerne, und man kann sie recht gut abschöpfen. Der auf Wildpflanzen spezialisierte Koch Meinrad Neunkirchner empfahl sie zu Wildgerichten, Pilzen oder kräftigen Desserts. Neunkirchner bereitete zum Beispiel aus den Früchten ein Püree zu. Dazu werden die vollreifen Früchte mit etwa 25 % Zucker bei schwacher Hitze langsam aufgekocht, durch ein Passiersieb gestrichen, noch einmal aufgekocht, in heiße Gläser gefüllt und mit etwas Obstler beträufelt. Nach ca. 2 Monaten bei dunkler und kühler Lagerung ist das Püree reif und hält bis zu einem Jahr (→ Neunkirchner/Seiser, 2010).

Literatur

- Tatschl, S. (2015). *555 Obstsorten für den Permakulturgarten und -balkon.* Innsbruck: Löwenzahn Verlag.
- Pirc, H. (2015). *Enzyklopädie der Wildobst- und seltenen Obstarten.* Graz: Stocker Verlag.
- Neunkirchner, M. & Seiser, K. (2010). *So schmecken Wildpflanzen.* Innsbruck: Löwenzahn Verlag.

Mispel/Asperl

Mispeln können im Winter frisch vom Strauch gegessen werden.

- *Mespilus germanica* – Rosengewächse
- Weinbauklima
- braucht durchlässige Böden und geschützte Obstbaulagen, vorzugsweise Hanglagen
- Früchte reifen erst am Lager oder unter Frosteinwirkung.
- gesund und verdauungsregulierend
- erste Ernte nach 2–4 Jahren
- je nach Bedarf: 1–3 Bäume pro Familie

Mispeln reifen in unseren Breiten im Herbst meist nicht aus. Erst nach 2–3 Wochen am Lager werden sie weich, teigig und aromatisch. Der gleiche Effekt tritt ein, wenn sie frieren, darum kann man sie auch am Strauch hängen lassen und im Winter frisch genießen. Mispeln sind alte Kulturpflanzen, die meist als Sträucher wachsen. Sie können mehrere Jahrzehnte alt werden. So hat dort und da ein Mispelstrauch die letzten wildobstverachtenden Jahrzehnte überlebt. Das ist gut so, denn die braunen Früchte haben heilende Wirkung. Vor allem Menschen, die an chronischen Durchfällen leiden, erfahren rasch Linderung durch die verdauungsregulierende Frucht.

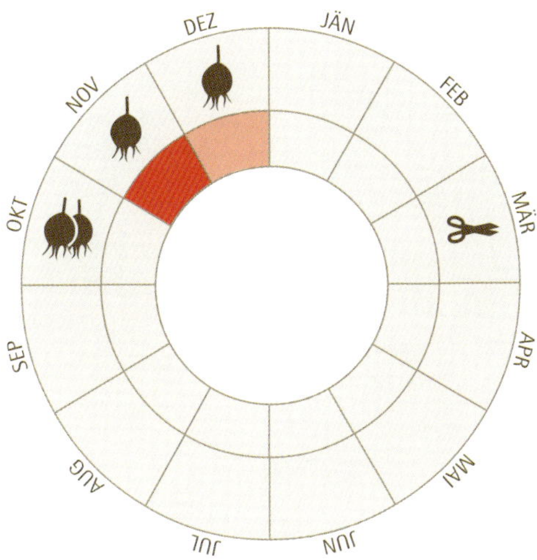

Wo Mispeln gerne wachsen

Die Erfahrungen mit Mispeln sind beschränkt. Sie wachsen auf jeden Fall im Weinbauklima auf durchlässigen, tiefgründigen Böden und vertragen einen pH-Wert bis 8. Dort reifen sie in warmen Jahren im Herbst schon aus. Sie gedeihen aber auch noch auf ärmeren Böden und im Halbschatten oder vollsonnig. Es gibt viele Berichte von Gärtnerinnen und Gärtnern, die sie in kühlen und rauen Lagen gepflanzt haben, bzw. finden sich vereinzelt auch alte Exemplare. Dort gedeihen sie problemlos, die Früchte müssen aber länger, bis zu ein bis zwei Monaten, gelagert werden, bis sie weich werden. Ab -18 °C treten Frostschäden auf, in kalten Gegenden sollten daher geschützte Standorte ausgewählt werden. Aufgrund der späten Blüte sind sie nicht spätfrostgefährdet und die Sträucher tragen jedes Jahr.

Bestäubung

Mispeln blühen spät (erst Ende Mai, Anfang Juni), sind weitgehend selbstfruchtbar und eine gute Bienenweide. Die ersten Früchte tragen sie nach 2–4 Jahren.

Baumformen

Mispeln wachsen als großer Strauch, selten auch als Baum, und werden meist 3–4 (5) m hoch, können durch Schnitt aber auch kleiner gehalten werden. Bei entsprechendem Schnitt können sie auch als Halbstamm erzogen werden.

Unterlagen

Wilde Mispeln wachsen auf den eigenen Wurzeln. Veredelte Mispelsorten können auf Weißdorn-, Eberesche-, Birne- oder Quitte-Unterlagen aufgepelzt werden.

Pflanzung

Die beste Pflanzzeit ist der Herbst, in kühleren Lagen sollte aus Gründen der Anpassung an das Klima erst im Frühling gepflanzt werden. Pflanz-

Die kräftige Färbung zeichnet den Mispelstrauch im Herbst aus.

abstand 3–4 m. Die Pflanzen wachsen sehr langsam. Da Mispeln meist veredelt sind, ist darauf zu achten, dass sie nicht zu tief gepflanzt werden und die Veredelungsstelle auf jeden Fall oberhalb der Erde ist.

Pflanzengesundheit

Mispeln sind sehr gesunde und pflegeleichte Pflanzen. Nur für die Bakterienkrankheit Feuerbrand (→ Seite 148f.) sind auch Mispeln anfällig.

Schnitt

Mispeln benötigen keinen Schnitt. Im Gegenteil: Da sie endständig an den Trieben Blüten bilden, ist ein regelmäßiger Schnitt sogar kontraproduktiv. Lediglich zu dicht stehende Äste können entfernt werden.

Ernte

Mispeln sind reichtragende Gehölze. Ausgewachsene Bäume können ohne Weiteres eine Ernte von 30 kg und mehr erreichen. Nur in heißen Lagen oder wenn der Herbst sehr warm ist, reifen die Früchte direkt am Strauch aus und werden weich. Sonst hängen die Früchte im Spätherbst auch noch nach dem Blattfall fest am Gehölz und bleiben steinhart, bis sie durch die erste Frosteinwirkung weich und teigig werden und das Fruchtfleisch eine rost- bis schokoladebraune Farbe bekommt. Erst so schmecken sie süß und aromatisch, die Schale ist nicht genießbar. Mispeln reifen folgeartig und bleiben auch nach dem Frost lange am Strauch hängen. Wenn die Vögel nicht schneller sind, können sie noch bis ins neue Jahr frisch vom Strauch gegessen werden.

Am einfachsten isst man Mispeln, indem man vom Stielansatz das Fruchtfleisch aussaugt. Mispeln haben 5 große Kerne, die man ablutschen kann.

Mehr vom Aroma bleibt erhalten, wenn die Früchte vor den ersten Frösten gepflückt und gelagert werden. Je nach Standort werden die Früchte nach 2 Wochen bis 2 Monaten weich und können gegessen oder verarbeitet werden.

Die Früchte sitzen immer an den Spitzen der Triebe.

Lagerung

Unreife Mispeln werden am besten luftig, kühl, aber frostfrei in Stroh einschichtig gebettet gelagert. Es muss regelmäßig kontrolliert werden, dass nicht Früchte zu faulen beginnen und Nachbarfrüchte anstecken. Reife Mispeln können bis zu 3 Wochen kühl gelagert werden.

Sorten

In der Literatur werden verschiedene Sorten beschrieben.

- ‚Nottingham' (Synonym: ‚Großfrüchtige von Nottingham', ‚Frühe Englische'): mittelgroß bis groß, wenig aufspringend, geringer Kernanteil, geschmacklich beste Sorte, die breit in den Baumschulen angeboten wird

- ‚Holländische Großfrüchtige': Früchte groß, kreiselförmig, bis 6 cm breit und 65 g schwer, angenehmer Geschmack, reichtragend
- ‚Königliche': mittelgroß, länglich-rund, angenehmer Geschmack, reichtragend, frühreifend
- ‚Krim': große, runde Früchte, starkwüchsig, Geschmack süß-säuerlich, frühreifend, ertragreich
- ‚Ungarische (Balkan-)Mispel': sehr alte, weit verbreitete Sorte, mittelgroße Früchte, schwacher Wuchs, ertragreich und angenehmer Geschmack
- ‚Kernlose': eine Unterart, die im 18. Jahrhundert am Balkan gefunden wurde, kleine Früchte, schmackhaft, kernlos, mittelstark wachsend‚Süßmispel' (Synonym: ‚Kurpfalzmispel': in den 1960er Jahren in Deutschland entdeckt, mittelgroß, die Früchte enthalten kaum Gerbstoffe und schmecken am süßesten von allen Sorten, frühreifend

Baumschulen bieten auch noch Herkünfte ohne Sortennamen an, die teilweise sehr aromatisch sind. Aus Samen gezogene Pflanzen haben kleinere Früchte (2–3 cm im Durchmesser) als die Kultursorten, schmecken aber oft sehr gut.

Verwendung

Verarbeitet dürfen nur reife, also weiche Mispeln werden, wobei das Fruchtfleisch zur Gänze weich sein muss. Sie können gut zu Musen oder Marmeladen verarbeitet werden (→ Tipp). In Bulgarien werden Mispeln pikant eingelegt, sie lassen sich auch trocknen und zu Mehl verarbeiten. Die Früchte wirken wegen ihres hohen Gerbstoffgehaltes verdauungsregulierend und stopfend bei Durchfall. Man kann sie auch verwenden, um Bratensauce zu binden oder Eintöpfe sämiger zu machen.

Tipps von Arche Noah-GärtnerInnen

„Unsere jüngste Tochter, ausgestattet mit einem wählerischen Appetit und einer empfindlichen Verdauung, hat im Alter von einem Jahr ihre Liebe zu Asperln entdeckt. Vom Markt nach Hause gekommen, hat sie gleich ein Dutzend dieser Früchte verdrückt. Ich war erstaunt. Sie verzehrte, solange wir die Früchte am Markt bekamen, große Menge über einige Wochen hinweg. Schon am zweiten Tag war der positive, stabilisierende Effekt auf ihre Verdauung erkennbar. Noch immer, nach mittlerweile sechs Jahren freuen wir uns im Spätherbst auf die Asperlernte. Damit wir unserer Tochter auch das ganze Jahr über diese Heilnahrung geben können, haben wir begonnen, Asperlmus einzukochen: reife Asperln in einen Topf geben, etwa die Hälfte der befüllten Menge Wasser zugeben (wahlweise auch Apfelsaft). Umrühren und aufkochen. Die weichen Früchte durch die Flotte Lotte passieren. Eventuell nochmals etwas Flüssigkeit zugeben, bis die Masse eine breiige Konsistenz hat. Wer will, kann noch mit etwas Honig nachsüßen."

O. N., Langenlois

Literatur

- Friedrich, G. et al. (1989). *Seltenes Kern-, Stein- und Beerenobst.* Melsungen: Neumann.
- Machatschek, M. (2004). *Nahrhafte Landschaft 2.* Wien, Köln, Weimar: Böhlau.
- Tatschl, S. (2015). *555 Obstsorten für den Permakulturgarten und -balkon.* Innsbruck: Löwenzahn Verlag.
- Pirc, H. (2015). *Enzyklopädie der Wildobst- und seltenen Obstarten.* Graz: Stocker Verlag.

Eberesche, Vogelbeere

Die Mährische Eberesche ist ein Zufallsfund mit bitterstoffarmen Früchten, die auch roh gegessen werden können.

- *Sorbus aucuparia* – Rosengewächse
- sehr robust und frosthart
- mittelgroßer Baum (5–12 m)
- selbstunfruchtbar
- erste Ernte nach 5–6 Jahren
- erntereif August bis Mitte September

Die Eberesche hat mit der gemeinen Esche gar nichts zu tun. Sie ist eine Sorbus-Art (wie auch die Elsbeere, die Mehlbeere und der Speierling) und heißt botanisch *Sorbus aucuparia*. Es gibt wilde Ebereschen und Kulturformen. Für den Anbau im Nutzgarten empfehlen wir jedenfalls Kultursorten, deren Früchte weniger Bitterstoffe enthalten. Ebereschen werden schöne – manchmal auch mehrstämmige – mittelgroße Bäume, die 5–12 Meter hoch werden können. Neben ihrem schönen leuchtenden Fruchtschmuck ist auch das Laub im Herbst auffallend gelb-orange-rot gefärbt.

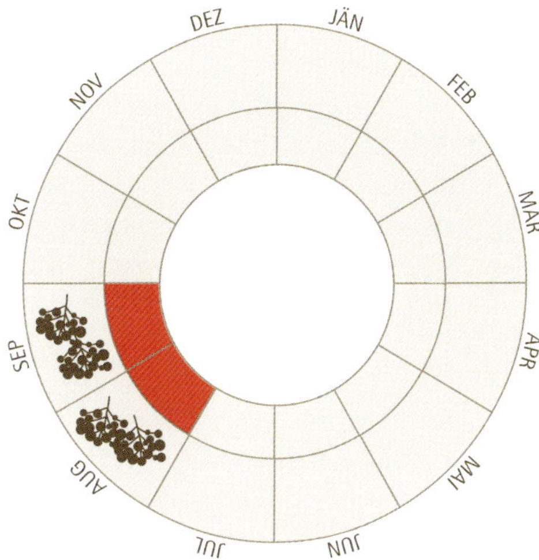

Wo Ebereschen gerne wachsen

Der Baum ist anspruchslos, braucht aber leichte, sandige bis steinige, genügend feuchte Böden und ausreichend Niederschlag von 700 bis 900 mm. Im trockenen Weinbaugebiet muss er daher immer wieder ausgiebig bewässert werden. Die Bäume können sowohl im Halbschatten als auch in der Sonne stehen. Lehmige oder trockene Böden behagen ihm nicht. Die Eberesche ist sehr frosthart und gedeiht noch in Gebirgslagen, im Mittelgebirge bildet sie natürlich die Baumgrenze. Besonders für raue Lagen ist die Eberesche daher ein wichtiger Obstbaum. Nicht nur wegen der Früchte, sondern auch, weil sich auf Ebereschen viele andere Obstarten veredeln lassen, z. B. Birnen.

Bestäubung

Ebereschen sind nicht oder nur teilweise (dann geringer Ertrag) selbstfruchtbar, es müssen daher immer zwei Bäume gepflanzt werden, wenn nicht welche in der Umgebung stehen. Sie blühen im Mai bis Juni. Sorten und die ‚Mährische Eberesche' können von der wilden befruchtet werden.

Baumformen

Ebereschen wachsen als Großsträucher oder als ein- bis mehrstämmige Bäume.

Pflanzung

Ist im Herbst oder im Frühling möglich. Pflanzabstand 7 m, bei intensiver Kultur 5 m.

Pflanzengesundheit

Es treten kaum Probleme auf, wenn der Baum ausreichend Feuchtigkeit hat.

Schnitt

In den ersten Jahren können die Äste etwas flacher gebunden werden, um eine breite Krone zu erhalten. Schnitt ist keiner notwendig.

Vermehrung

Ebereschen werden über Samen vermehrt, Sorten über Veredelung. Als Unterlagen werden Sämlinge der Wildform verwendet.

Die strauch- bis baumförmig wachsende Art trägt an den Triebspitzen die Fruchtdolden.

Ebereschen sind in rauen Lagen als Veredelungsunterlagen auch für andere Arten interessant, hier eine Quitte auf Eberesche veredelt.

Ernte

Ab dem 10. Jahr kann mit einem Vollertrag von 10–20 kg gerechnet werden. Die kleinen Früchte mit einem Durchmesser von rund 1 cm reifen zwischen Ende August und Mitte September. Sie werden sehr gerne von Vögeln gefressen. Die Früchte der Wildform können aufgrund des hohen Parasorbinsäuregehalts roh nicht gegessen werden, sie sind sehr bitter. Nach Frostnächten baut sich die Bitterkeit ab, allerdings sind die Vögel meist schneller. Als Alternative können die Früchte eingefroren werden, je länger sie im Eisfach liegen, umso weniger bitter sind sie. Sorten, die nicht bitter schmecken, können auch frisch gegessen werden.

Sorten

Um 1805 fand ein Hirte in Nordmähren zufällig eine bitterstoffarme Eberesche, sie heißt heute ‚Mährische Eberesche' und ist die bekannteste Sorte. In der Bundesanstalt für Obstbau in Klosterneuburg wurden mehrere Sorten gezüchtet, von denen ‚Klosterneuburg Klon IV' besonders wenige Bitterstoffe enthält und gute Erträge liefert.

Verwendung

Ebereschenschnaps ist sehr beliebt, die Früchte können aber auch zu Marmeladen, Gelee, Likör, Wermut, Saft und verschiedenen anderen Produkten verarbeitet werden. Sie können auch getrocknet und im Winter als Vitaminlieferant gekaut werden. Frische Beeren haben bis zu 100 mg Vitamin C pro 100 g. Beim Kochen wird die Parasorbinsäure zu Sorbinsäure abgebaut und diese ist gut verträglich. Gekochte Beeren können auch in großen Mengen bedenkenlos gegessen werden!

Literatur

- Tatschl, S.. (2015). *555 Obstsorten für den Permakulturgarten und -balkon.* Innsbruck: Löwenzahn Verlag.
- Löser, F. & Ev. (2010). *Die Eberesche (Vogelbeere) – Wissenswertes, Verwendung & Rezepte.* Rockstuhl.

Zahlreiche Vogelarten nutzen Ebereschen als Futterquelle.

Apfelbeere/Aronia

Aroniabeeren sind gut für die Verarbeitung geeignet.

- *Aronia melanocarpa* und *Aronia x prunifolia* – Rosengewächse
- anspruchslos und frostfest
- Ernte: Anfang bis Mitte August
- Ertrag ab dem 2. Jahr
- Ertrag pro Pflanze: 10–20 kg

In den letzten Jahren hat es die sonst unscheinbare Beere zu einiger Berühmtheit gebracht, da sie den höchsten Gehalt an Anthocyanen hat. Diese haben wegen ihrer antioxidativen Wirkung sogar einen krebsvorbeugenden Effekt. Auch aufgrund zahlreicher anderer Inhaltsstoffe (Folsäure, Flavonoide, Vitamin C) ist sie eine Heilpflanze. Und zwar eine mit spannender Biografie: Ursprünglich aus dem östlichen Nordamerika stammend, gelangte sie um 1900 in die Sowjetunion, wo großfruchtige Sorten entstanden. In der UdSSR wurde sie bereits in den 1940er Jahren in das Sortiment empfohlener Obstarten aufgenommen. In Österreich werden jährlich einige Hektar neu bepflanzt. Die Apfelbeere diente auch als Kreuzungspartner für die süße Eberesche, woraus schwarzfrüchtige Ebereschensorten entstanden.

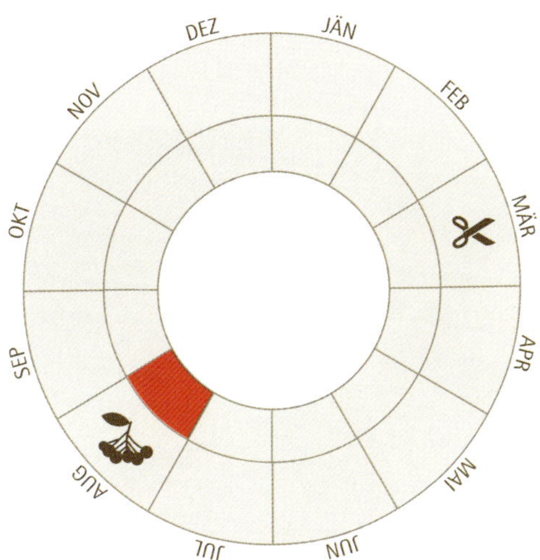

Wo die Apfelbeere gerne wächst

Apfelbeeren vertragen keinen Schatten, wachsen sonst aber sehr anspruchslos. Da das Holz sehr frostfest und die Blüte relativ frostfest ist, sind sie auch für höhere Lagen und Hanglagen geeignet. Die erbsengroßen Früchte sehen wie kleine Äpfel aus, sind in Dolden zusammengefasst und violett bis schwarz-blau gefärbt.

Bestäubung

Die Apfelbeere kann sich zwar selbst bestäuben, allerdings scheint der Ertrag höher zu sein, wenn mehrere Sträucher/Sorten gesetzt und diese von Bienen bestäubt werden.

Baumformen und Schnitt

Die Sträucher werden ca. 1 Meter hoch, bis zu 2 Meter breit und müssen alle paar Jahre ausgelichtet werden, um das Fruchtholz zu erneuern. Dazu die Triebe bodengleich abschneiden (ab dem 4. Jahr ca. 1/3 der Triebe). Im Handel sind auch kleine Stämmchen erhältlich.

Pflanzung

Topfpflanzen können ganzjährig gepflanzt werden.

Pflanzengesundheit

Die Pflanzen wachsen robust, bei Arche Noah sind bislang keine Krankheiten oder Schädlinge aufgetreten. Der Wildobstexperte Helmut Pirc berichtet, dass gelegentlich **Frostspanner** oder die **Ebereschenmotte** auftreten.

Ernte und Lagerung

Die Apfelbeere wird vorwiegend nicht frisch, sondern – wie auch die Eberesche – eher verarbeitet gegessen. Der Ertrag setzt bereits im 2. Jahr ein, die Fachliteratur berichtet, dass ausgewachsene Sträucher zwischen 10 und 20 kg tragen. Die Beeren schmecken herb-säuerlich und reifen Anfang bis Mitte August. Die Beeren müssen zügig geerntet werden, da sie sonst abfallen. Sie können pur oder mit anderen Obstarten gemeinsam gepresst werden, färben sehr stark und bringen eine sehr hohe Saftausbeute. Die Früchte haben einen sehr hohen Pektingehalt und lassen sich auch zu Marmeladen oder Gelees verarbeiten.

Sorten

Es gibt „echte" Apfelbeeren, die der Art Kahle Apfelbeere *(Aronia melanocarpa)* angehören, und „unechte", die auf Kreuzungen mit anderen Arten zurückgehen und botanisch als Pflaumenblättrige Apfelbeere *(Aronia x prunifolia)* klassifiziert werden. Die geläufigen Sorten gehören dieser Art an: ‚Nero' wächst bis zu 1,5 Meter aufrecht und hat dichte Doldentrauben, ‚Viking' ist ähnlich, fruchtet aber hauptsächlich an den Triebenden (im Handel auch unter ‚Schwarze Colorado-Beere' erhältlich). ‚Königshof' ist eine ertragreiche und großfruchtige Auslese der HBLFA Schönbrunn. Die Sorten können über Stecklinge vermehrt werden.

Literatur

- Wittl, H., Grün, S. & Neidhard, J. (2007). *Aronia, die unentdeckte Heilpflanze.* edition buntehunde.
- www.apfelbeere.org.
- www.aroniabeere.de.

Walnuss

Walnussbäume brauchen Platz, aber liefern für den Winter viele Nährstoffe.

- *Juglans regia* – Walnussgewächse
- sehr bodentolerant
- geringe Holzfrosthärte: unter -20 °C Frostschäden
- spätfrostgefährdet (Sortenunterschiede)
- nicht in unmittelbarer Nähe von Häusern pflanzen
- nennenswerte Ernte ab dem 6. Jahr
- braucht viel Platz, Pflanzabstand 8–12 Meter

Walnüsse wachsen im Weinbaugebiet und in Obstbaugebieten problemlos. Ihre hohe Spätfrostanfälligkeit erfordert in höheren Lagen luftige, freie bzw. geschützte Standorte. Nur wenn genügend Platz ist, kann ein Walnussbaum im Hausgarten angebaut werden, da unter ihm nichts wächst. Dafür bietet er einen feinen Sitzplatz im Schatten, sein strenger Geruch hält nicht nur andere Pflanzen, sondern auch Insekten ab. Jedenfalls eine veredelte Sorte und keinen Wildling pflanzen. Nüsse enthalten zwischen 50 und 65 % Fett: eine prima Kraftnahrung, die auch für Kinder gut ist.

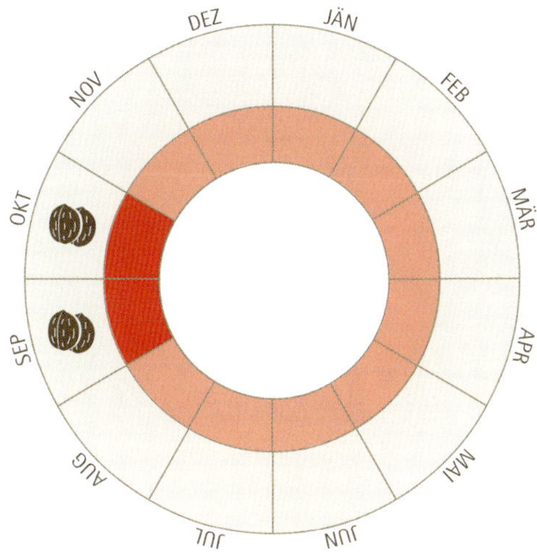

Wo Walnüsse gerne wachsen

Walnüsse bevorzugen tiefgründige, frische, ausreichend feuchte, nährstoffreiche Lehm- oder Tonböden. Sie kommen auch gut mit vorübergehender Überflutung zurecht, in staunassen Böden sind sie aber kurzlebig. In der Winterruhe ertragen sie Frost bis -30 °C, sie sind im Austrieb aber sehr spätfrostempfindlich, was ihre Kultur einschränkt. In kühlen Obstlagen erfriert der Austrieb alle paar Jahre, die Bäume treiben zwar wieder aus, es gibt aber keine Nüsse. Spätfrostlagen (Senken, Tallagen im Gebirge) sind daher auf jeden Fall zu meiden. Sie brauchen Vollsonne und machen aufgrund ihrer Größe eher selbst Schatten, in dem kaum andere Sträucher wachsen.

Bestäubung

Walnussbäume sind grundsätzlich selbstfruchtbar. Die männlichen (lange Kätzchen) und die weiblichen (unscheinbar) Blüten sind getrennt am Baum. Allerdings blühen die männlichen Kätzchen bis zu vier Wochen vor den weiblichen Blüten, womit eine Selbstbefruchtung meist ausgeschlossen ist. Bei alten Bäumen nähert sich die Blütezeit an. Da Walnussbäume windbestäubt sind, reicht es, wenn andere Bäume im Umkreis von einigen Kilometern stehen. Es kommt selten zu Befruchtungsproblemen.

Unterlagen

In der Regel wird auf Sämlinge der Walnuss veredelt. Die Schwarznuss *(Juglans nigra)* wurde früher öfter verwendet, da sie frostfester ist und die Bäume schneller wachsen. Wegen ihrer Anfälligkeit auf das cherry leaf virus, das die Schwarzlinienkrankheit verursacht, werden die Bäume auf Schwarznuss meist nur 30–50 Jahre alt. In Frankreich werden von den Baumschulen vorzugsweise bestimmte spätaustreibende, starkwachsende und möglichst wenig krankheitsanfällige Walnuss-Klone verwendet.

Pflanzung

Walnussbäume werden am besten im zeitigen Frühling gepflanzt, besonders in kühlen bis kalten Lagen sollte eine Herbstpflanzung vermieden werden. Pflanzabstand: je nach Sorte 10–12 m.

Pflanzengesundheit

Vor allem in regenreichen Sommern treten die Marssonina-Blattfleckenkrankheit und Bakterienbrand auf, die kaum voneinander unterschieden werden können. Im Laufe des Sommers entstehen auf den Blättern schwarze Flecken, bei schwerem Befall werden sie vorzeitig abgeworfen, so dass die Bäume schon im Sommer nur mehr wenige Blät-

Bei Spätfrösten sind die Walnüsse immer die Ersten, die erfrieren.

Verschiedene Krankheiten lassen die Fruchtschalen schwarz werden. Ist der Kern noch in Ordnung, können die Früchte gegessen werden.

Walnussbäume morschen sehr leicht und rasch bei größeren Schnittwunden, diese sollten auf jeden Fall vermieden werden.

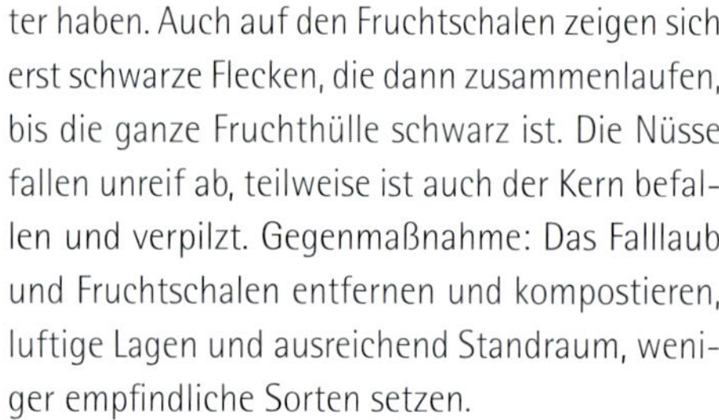

ter haben. Auch auf den Fruchtschalen zeigen sich erst schwarze Flecken, die dann zusammenlaufen, bis die ganze Fruchthülle schwarz ist. Die Nüsse fallen unreif ab, teilweise ist auch der Kern befallen und verpilzt. Gegenmaßnahme: Das Falllaub und Fruchtschalen entfernen und kompostieren, luftige Lagen und ausreichend Standraum, weniger empfindliche Sorten setzen.

In den letzten Jahren hat sich auch die Walnussfruchtfliege flächendeckend ausgebreitet. Befallene Früchte sind schwarz, faulig und unter der Fruchthülle finden sich weiße Maden (diese können allerdings auch von anderen Fliegen sein, die ihre Eier in von Bakterienbrand geschädigte Früchte legen).

Ist die eigentliche Nuss noch unbeschädigt, sollen die Früchte gut in der Sonne getrocknet und belüftet werden. Wenn die Nüsse gut entwickelt sind und keine weiteren Schäden haben, können sie ganz normal verwertet werden. Befallene Früchte, jedenfalls die Hülle, sofort vernichten, idealerweise verbrennen (keinesfalls auf den Kompost geben). Durch Gelbtafeln kann (wie bei der Kirschfruchtfliege) ein Teil der adulten Fruchtfliegen gefangen werden. Die Tafeln sollten Anfang Juli aufgehängt und Mitte August wieder entfernt werden, da auch andere Insekten davon gefangen werden. Eine weitere Gegenmaßnahme ist das Abdecken des Bodens unter den Nussbäumen mit einem feinmaschigen Kulturschutznetz. Dieses muss einerseits ab ca. Ende Juni aufgelegt werden, um das Ausfliegen der Fliegen zu verhindern, und andererseits vor dem Fruchtfall von Ende August bis Anfang/Mitte Oktober, damit die Larven nicht zur Verpuppung bzw. Überwinterung in den Boden gelangen.

Schnitt

Der Walnussbaum wird nicht geschnitten. Bei alten Bäumen muss man von Zeit zu Zeit abgestorbene Äste entfernen, da diese sonst leicht runterfallen. Walnussbäume sind sehr empfindlich gegenüber Schnitt und morschen leicht und rasch bei Schnittstellen. Zudem „bluten" sie tagelang sehr stark, was zu einer Schwächung des Baumes führt. Wenn ein Schnitt notwendig ist, sollte er daher Ende August bis Mitte September durchgeführt werden (→ Kapitel „Obstbäume richtig schneiden", Seite 72). Umgeschnittene Bäume treiben oft neu aus und fangen nach einigen Jahren wieder zu tragen an.

Vermehrung

Walnüsse können über Kerne vermehrt werden, es gehen auch immer wieder Bäume von selbst

Aus dem gefällten Nussbaum hat sich eine Gruppe junger Bäume entwickelt, die in diesem Fall wieder gute Nüsse tragen.

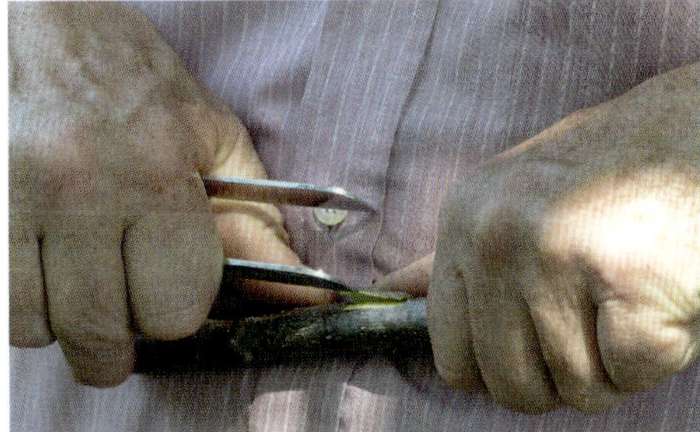

Hans-Sepp Walker aus der Schweiz hat ein Verfahren entwickelt, das die Veredelung von Nüssen auch im Freiland erlaubt.

Mit einem Obstblitz lassen sich Nüsse ohne Bücken aufsammeln *(→ Kapitel „Streuobst", Seite 218)*.

auf. Allerdings ist durch die Fremdbestäubung die Gefahr groß, dass sie weniger wohlschmeckende, oft etwas bittere oder kleine, schlecht lösende Nüsse tragen. Daher werden Nussbäume veredelt. Die Veredelung ist aber kompliziert und muss in Wärmekammern erfolgen. Der Schweizer Hans-Sepp Walker hat ein Verfahren entwickelt, wie auch eine Veredelung im Freien funktioniert, und erklärt diese auf seiner Website www.walwal.ch.

Ernte

Der Ertrag setzt mit etwa 5–6 Jahren (bei Sämlingen mit 10 Jahren) ein und erreicht in der Lebensspanne von 40 bis 80 Jahren das Maximum. Durchschnittserträge von 15- bis 20-jährigen Bäumen sind ca. 10 kg, im Vollertrag ca. 50–60 kg. Spitzenerträge von alten, großen Bäumen können 130 kg erreichen. Sie tragen, wenn das Wetter passt, jährlich. Walnüsse reifen im September und im Oktober folgeartig. Die eigentliche Nuss steckt in einer fleischigen grünen Hülle, die bei Fruchtreife aufspringt. Die reife Nuss fällt dann von selbst vom Baum. Die heruntergefallenen Nüsse laufend aufsammeln (sonst sind Vögel, Eichkätzchen und Hunde schneller) und an einem warmen, luftigen Ort nachtrocknen – am besten auf Rosten, jedenfalls in dünnen Lagen, damit die Nüsse nicht verschimmeln. Verschimmelte oder verfärbte Nüsse dürfen nicht gegessen werden! (→ Kapitel „Obst lagern", Seite 218)

Walnüsse müssen trocken und luftig nachgetrocknet werden.

Lagerung

In der Schale sind die gut getrockneten Nüsse an einem kühlen, trockenen Ort bis zu einem Jahr lagerfähig. In der Schale bleiben auch die wertvollen Inhaltsstoffe besser erhalten. Bei Raumtemperatur halten die Nüsse nur einige Monate. Weniger Platz brauchen sie, wenn sie ausgelöst und zum Schutz vor Motten eingefroren werden. Sobald sie ausgelöst sind, müssen sie gut vor Motten geschützt werden.

Sorten

- ‚Geisenheim 120': die am weitesten verbreitete Sorte, sehr großfrüchtig, aber auch sehr starkwüchsig, braucht voll ausgewachsen 100 m^2 Standraum, anspruchslos und wenig spätfrostgefährdet, da sie spät austreibt (bis 800 m Seehöhe), mittlere bis hohe Krankheitsanfälligkeit
- ‚Geisenheim 26': mittelstarker Wuchs, mittelgroße Nuss, treibt sehr spät aus, daher wenig spätfrostgefährdet, im Hausgarten die am besten geeignete Sorte für Spätfrostlagen, allerdings nicht für zu trockene Standorte, ausgezeichneter Geschmack, wenig krankheitsanfällig
- ‚Geisenheim 139': mittelstark wachsend, mittelfrüh austreibend, mäßige Spätfrostschäden, mittlere Krankheitsanfälligkeit, sehr gute Erträge, mittelmäßiges bis gutes Aroma
- ‚Weinsberg 1': schwacher Wuchs, es genügt ein Standraum von 50–70 m^2, früher Ertragsbeginn, mittelspät bis spät austreibend, Nuss groß, Schale sehr dünn, Papiernuss, mittelmäßiges Aroma, mittlere bis hohe Krankheitsanfälligkeit
- ‚Weinsberg 2': mittelstarker bis starker Wuchs (je nach Boden bis zu 80 m^2 Standraum), genügsame und gesunde Sorte, für den Hausgarten in trockenen Lagen, große, wohlschmeckende Nuss
- ‚Rote Donaunuss': Liebhabersorte, sehr dekorativ für Haushalt und Konditor, früh austreibend, spätfrostgefährdet, Frucht mittelgroß, äußere Haut des Kernes ist dunkelrot, farbintensivste Sorte, geschmacklich sehr gut, stellt höhere Wachstumsansprüche
- ‚Franquette': weit verbreitete Sorte, treibt spät aus und ist wenig spätfrostgefährdet, gute Erträge, wenig krankheitsanfällig, mittelgroße Nüsse, ausgezeichneter Geschmack
- ‚Mayette': später Austrieb und geringe Spätfrostschäden, mittlere bis stärkere Krankheitsempfindlichkeit, je nach Standort, mittlere Fruchtgröße, Erträge mittelmäßig, dekorative, dunkle Kerne, guter, etwas scharfer Geschmack
- ‚Parisienne': sehr spät austreibend, kaum Spätfrostschäden, mittlere Krankheitsanfälligkeit, gute Erträge, mittlere Fruchtgröße, angenehmer, guter Geschmack, Kern hell
- ‚Mars': mittelstark wachsend, spät austreibend, für Spätfrostlagen, hoher Ertrag, Nuss groß, hell, guter Geschmack, edel, rascher Ertrag
- ‚Aufhauser Baden': größte Nuss, Schale stark gefurcht, Kern hellrot, ausgesprochene Liebhabersorte, beliebt zum Vergolden und zum Basteln, stellt hohe Klima- und Bodenansprüche

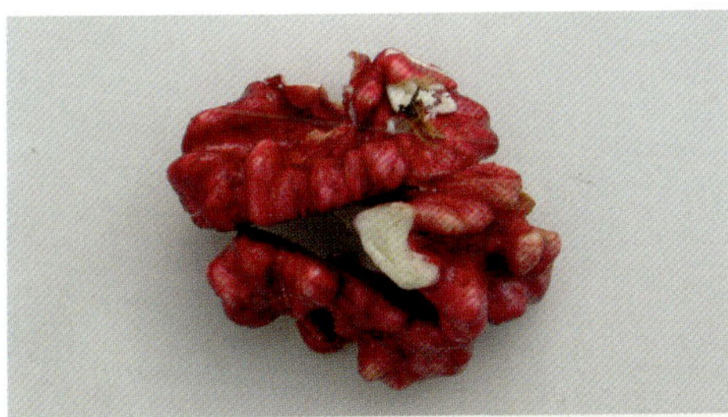

Die ‚Rote Donaunuss' ist besonders attraktiv, aber nur für warme Lagen geeignet.

- „Walnuss-Sämlinge": selbst gezogene Walnussbäume oder solche, die „wild" im Garten aufgehen, können sich zu riesigen Bäumen mit kleinen, hartschaligen Nüssen entwickeln. Die Walnuss fällt nicht kernecht, das bedeutet, dass die Sämlinge einer guten Nusssorte nicht notwendigerweise wieder gute Nüsse tragen. In großen Gärten kann mit Walnuss-Sämlingen experimentiert werden, in Kleingärten ist Vorsicht geboten.

Die Walnuss als Heilpflanze

Obwohl erst die Römer die Walnuss in unsere Breiten gebracht haben, gibt es für sie zahlreiche Zuschreibungen. Die Walnuss gilt als Fruchtbarkeitssymbol (so geht auf den Brauch, den Brautleuten Walnüsse ins Schlafgemach zu schütten, der Polterabend zurück). Walnüsse sind sehr gesund – sie enthalten ungesättigte Fettsäuren und krebsvorbeugende Inhaltsstoffe (die Phenolsäure Ellagsäure), sind eine kalorienreiche Kraftnahrung und wirken cholesterinsenkend. Aus den unreifen Nüssen kann man (solange man sie schneiden kann, das ist ca. bis zur Sommersonnenwende) einen hervorragenden Verdauungsschnaps, den Nussschnaps, ansetzen. Und ebenso aus den unreifen Nüssen kann man „Schwarze Nüsse" herstellen, die dafür täglich gewässert werden müssen und dann auch – ähnlich wie Oliven – zu einer Nuss-Tapenade verarbeitet werden können (gemeinsam mit Olivenöl und Kapern).

Ein Walnussbaum als Schattenspender

Meistens ist der Schatten nur im Sommer erwünscht: Dann sind laubabwerfende Bäume ideal. Ein besonders geeigneter Schattenspender für einen Sitzplatz ist der Walnussbaum. Er treibt erst relativ spät im Laufe des Mai aus. Bis dahin ist man ja oft froh, noch direkt in der Frühlingssonne sitzen zu können. Im Sommer hält er dann aber nicht nur die Sonne ab, sondern durch die Inhaltsstoffe seiner Blätter ebenso lästige Fliegen und Gelsen. Übrigens sind Nussbäume aus diesem Grund keine guten Nachbarn von Gemüsebeeten, da in ihrer näheren Umgebung das Wachstum praktisch aller anderen Pflanzen gehemmt ist.

Tipps von Arche Noah-GärtnerInnen

„Alle Nussbäume in Neumarkt und Umgebung sind nach und nach krank geworden; es beginnt damit, dass sich die Walnüsse im Juni bereits bräunlich verfärben und im Laufe des Sommers schwarz und glitschig werden. Die Nüsse sind zudem auch alle wurmig. Auch meine zwei Nussbäume, die den Eingang zum Haus bewachen, wurden krank; ich kann mich erinnern, dass nur 100 g gesunde Nüsse den gesamten Ertrag eines Jahres bildeten. Das Laub blieb aber gesund und üppig. Die Literatur gab mir keinen Aufschluss, Gifte mochte ich nicht einsetzen, also ließ ich die Natur walten: Ich tat gar nichts. Jetzt, nach ungefähr zehn Jahren, scheinen sich die Bäume zu erholen. Klares Zeichen dafür: Die Eichhörnchen, die ausgeblieben waren, sind wieder zurück und tummeln sich in den Ästen."

Martha Canestrini, Neumarkt/Südtirol

Literatur

- Beiträge zur Walnuss, www.lwf.bayern.de.
- Kulturgut Nussbaum, www.agroscope.admin.ch.

Maroni/Edelkastanie/Esskastanie

Maroni können in warmen Lagen bei ausreichend Platz kultiviert werden.

- *Castanea sativa* – Buchengewächse
- Die meisten Sorten brauchen Weinbauklima.
- Die meisten Sorten brauchen saure Böden.
- selbstunfruchtbar, daher mindestens zwei Pflanzen unterschiedlicher Sorten setzen
- Bäume können sehr alt werden.
- erste Ernte nach 5–15 Jahren

Maronibäume sind wunderschöne, große Bäume, die an Standorten, an denen es ihnen behagt, sehr alt werden können. Im inneralpinen Trockental Vinschgau wachsen sie auf der Sonnseite entlang der Bewässerungswaale. Die Bäume bringen viel höhere Erträge, wenn sie ausreichend mit Wasser versorgt werden. Wer eine Edelkastanie pflanzt, pflanzt einen Baum für viele Generationen. Vorausgesetzt, der Baum bleibt gesund, kann er 300–400 Jahre alt werden. Wer den Geschmack der Kastanien liebt, aber keinen Platz für einen ganzen Baum hat, pflanzt am besten Kürbisse jener Sorten, die nach Maroni schmecken: ‚Green Hokkaido', ‚Black Forest' oder ‚Ebony Acorn'.

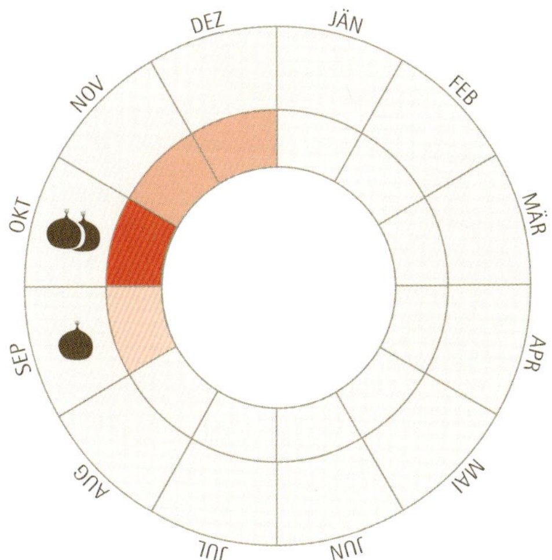

Wo Maroni gerne wachsen

Die Sorten, die bei uns erhältlich sind, brauchen Weinbauklima oder einen geschützten, sonnigen, warmen Platz in gemäßigten Lagen, damit die Früchte auch ausreifen können. Windexponierte Lagen sind zu meiden. In den Südalpen liegt die Höhengrenze der Maroni bei 900 m. Maronibäume sind mäßig frosthart, vor allem junge Pflanzen sollten im Wurzelbereich durch eine dicke Laub- oder Mulchschicht im Winter geschützt werden. Altbäume überstehen auch tiefe Temperaturen. Die Bäume gedeihen gut auf durchlässigen, humosen und eher sauren Böden, kalkreiche Standorte sind ungeeignet. Wichtig ist, dass die Böden ausreichend Wasser führen oder bewässert wird. Wer einen Ausflug ins norddeutsche Rügen plant, kann auch von dort Maroni mitnehmen und selbst vermehren. Diese Früchte sind kleiner und können auch auf kalkigen Böden angebaut werden.

Bestäubung

Maronibäume sind selbstunfruchtbar. Sie blühen in getrenntgeschlechtlichen Blüten und sehr spät, im Juni bis Juli. Für die Befruchtung muss ein zweiter Baum einer anderen Sorte (oder ein Sämling) im Umkreis von ungefähr 800 m stehen. Unbestäubt bilden sich auch oft die stacheligen Früchte, die Kastanien sind aber taub – das heißt, sie sind dünn und unentwickelt. Die männlichen Blüten riechen intensiv. Kastanien sind auch als Bienenweide interessant; reiner Kastanienhonig schmeckt herb-würzig.

Baumformen

Maronibäume werden 12–15 m hoch. Sie haben einen wunderschönen Habitus und sind zu jeder Jahreszeit reizvoll.

Maronibäume werden sehr groß ...

... und können sehr alt werden. Diesem mittlerweile abgestorbenen Exemplar aus dem niederösterreichischen Prigglitz werden 1.000 Jahre nachgesagt.

Pflanzung

Maronibäume werden am besten im Herbst gepflanzt. In gemäßigten Lagen ist wegen der Frostgefahr die Frühjahrespflanzung zu bevorzugen. In den ersten 1–2 Jahren auf ausreichende Wasserversorgung achten. Pflanzabstand: 10 m. Die Baumscheibe sollte frei von Bewuchs gehalten werden, da der Stammgrund sehr anfällig auf eine Infektion mit Kastanienrindenkrebs ist.

Vermehrung und Unterlagen

Maronisorten werden auf Maroni-Sämlinge veredelt. Als die besten Methoden haben sich die Kopulation, das Chippen und das Okulieren erwiesen, wobei die Anwachsraten geringer als beim Kernobst sind. Wichtig ist, die Edelreiser schon zwischen Mitte Jänner und Ende Februar zu schneiden und feucht zu lagern, sie trocknen sehr leicht aus. Werden Bäume aus Samen gezogen, erreichen die Früchte in der Regel weit nicht die Größe und Qualität der veredelten Sorten.

Pflanzengesundheit

In vielen Regionen macht die aus Amerika stammende Pilzkrankheit **Kastanienrindenkrebs** (Pilz: *Cryphonectria parasitica*) den Bäumen zu schaffen. Dieser kann auch ältere Bäume befallen und führt zum Absterben zunächst einzelner Äste, später des ganzen Baums. Der Erreger verursacht eine Gewebewucherung (Krebs), die Rinde springt auf und es werden rot-orange, 1,5 bis 2 mm große Fruchtkörper sichtbar. Der Ast oberhalb der befallenen Stelle stirbt bald ab. Eine Heilung ist mittlerweile mittels eines Hyperviruses möglich, das im Tessin gefunden wurde. Dieses Hypervirus befällt den Erreger des Kastanienkrebses und schwächt diesen, so dass er den Bäumen nicht mehr gefährlich werden kann. Allerdings muss im Labor dazu der genaue Virusstamm festgestellt werden, um den richtigen Stamm an Hyperviren einzusetzen.

Auch die Kastaniengallwespe wurde eingeschleppt und hat sich in Italien weit verbreitet. In Österreich tritt sie in den letzten Jahren vereinzelt auf. Die Gallwespe legt ihre Eier in die Fruchtknospe, wodurch sich keine Frucht mehr bildet. Derzeit wird versucht, eine Schlupfwespe als natürlichen Gegenspieler auszubringen. Vor einem Zukauf von Bäumen aus Italien sollte derzeit abgesehen werden, um ein weiteres Verschleppen zu verhindern.

Schnitt

Bei der Pflanzung zu dicht stehende Kronen auslichten. Später sind keine Schnittmaßnahmen mehr notwendig.

Ernte und Verarbeitung

Maronibäume tragen nach 5–15 Jahren die ersten Früchte. Maroni werden nicht gepflückt, sondern vom Boden aufgelesen. Der Fruchtfall beginnt in der Regel Ende September und endet je nach Sorte Ende Oktober. Maroni sind sammelreif, wenn die igeligen Früchte sich geöffnet haben. Für die Ernte Handschuhe tragen! Da die Früchte sich am Boden mit einem Pilz infizieren können, sollte alle 1–2 Tage aufgelesen werden.

Die Früchte sind sehr reich an Eiweißen und Kohlenhydraten, sie lassen sich auch trocknen und zu einem hochwertigen Mehl verarbeiten. Sie schmecken roh herb und bitter, erst beim Rösten oder Kochen entfaltet sich der volle, süße Geschmack. Die Früchte entweder einritzen und ca. 15 Minuten lang kochen oder auf einer Eisenplatte oder einer Lochpfanne braten oder nicht einritzen und in der Bratpfanne mit grobem Meersalz bestreuen, dann platzen die Schalen. Nach dem Braten 10 Minuten, eingeschlagen in ein feuchtes Tuch, nachdämpfen lassen. In Südtirol ist ein spezielles Gerät, der zylindrisch geflochtene „Keschtnriggl", verbreitet: Die stark gebratenen Maroni werden durch eine kleine Öffnung eingefüllt und im Riggl hin und her gerüttelt – so werden sie einfach und rasch von der Schale getrennt.

Das Holz der Kastanie ist extrem hart und fäulnisresistent. Das ist auch der Grund, warum die

Maroni werden vom Boden aufgelesen, am besten täglich. Dabei sind feste Lederhandschuhe wegen der stacheligen Fruchthülle empfehlenswert.

Römer die Kastanie bis nach Mitteleuropa verbreiteten: Aus ihrem Holz wurden die Steher in den Weingärten gefertigt.

Lagerung

Maroni lassen sich für ca. 2 Wochen lagern. Wichtig ist, dass sie es kühl und luftig haben. Durch eine eigene Methode der Kaltwässerung können sie für bis zu 2 Monate haltbar gemacht werden. Die Früchte werden in ein kaltes Wasserbad (Verhältnis Kastanien zu Wasser 2:3) geschüttet und 5–9 Tage darin belassen. In den Früchten beginnt eine Gärung – der vorhandene Zucker wird in Milchsäure umgewandelt, sie sind vor Schimmelbefall geschützt. Der Prozess ist abgeschlossen, wenn sich keine Bläschen mehr bilden.

Schlechte Früchte steigen auf und lassen sich als Pferde- oder Schweinefutter nutzen. Zum Abtöten von tierischen Schaderregern können die Früchte für 45 Minuten in 49 °C warmes Wasser getaucht werden. Die Eier oder Larven sterben ab.

Nach beiden Verfahren müssen die Früchte bis auf einen Feuchtegehalt von 55 % rückgetrocknet werden. Dieser ist erreicht, wenn die Schale trocken, das Fruchtfleisch aber noch leicht feucht ist!

Sorten

In Österreich ist die Sorte ‚Ecker 1' verbreitet. Sie ist sehr frosthart, hat mittelgroße Früchte und kommt bald in den Ertrag. ‚Marlene' ist die einzige selbstfruchtbare Sorte, sie ist spätreif, fruchtet schon als junger Baum und trägt große, gut schälbare Früchte. ‚Bouche de Betizac' hat große Früchte, ist frühreif, recht robust und soll gegen die Kastaniengallwespe resistent sein.

Literatur

- De Rachewiltz, S. (1995). *Kastanien im südlichen Tirol.* Schlanders: Arunda.
- Machatschek, M. (2002): Das Baumgetreide. Von der Esskastanie und andere Bewirtschaftungsgeschichten über den „Baum der weisen Voraussicht". In Arche Noah (Hrsg.), *Obstbaumtage 1998/1999/2000.* St. Pölten.
- Ecker-Eckhofen, H. et al. (2006). *Edelkastanie – Waldbaum und Obstgehölz.* Ehrenhausen.
- Bauer, R. (2015). *Die Edelkastanie – Vermehrung und Wachstum.* Wien.
- http://maroni.upwind.at.
- http://www.koesti.it.

Haselnuss

Haselnusssträucher wachsen gerne in Hecken.

- Gemeine Haselnuss, *Corylus avellana*, und Lamberts-Hasel (Große Hasel), *Corylus maxima* – Birkengewächse
- 3–4 m hoher Strauch, die Lamberts-Hasel etwas größer und auch als Kleinbaum
- sehr frosthart (bis -20 °C) im Winter, Lamberts-Hasel ist kälteempfindlicher
- Blüte spätfrostgefährdet
- verträgt keine stauende Nässe und keine Trockenheit
- geringer Pflegeaufwand
- Ernte 1–3 kg pro Strauch

Gänzlich unkompliziert ist die Haselnuss. Sie stellt nur geringe Ansprüche an den Boden und ist gut frosthart, allerdings benötigt sie etwas Platz, und für einen guten Fruchtansatz braucht sie ausreichend Wärme. Wer Haselnüsse anbaut, muss damit rechnen, die Ernte mit zahlreichen Tieren, allen voran den Eichkätzchen, zu teilen, wenn die Nüsse nicht rechtzeitig geerntet werden. Der Bedarf einer Familie ist mit 2–3 Sträuchern leicht abgedeckt.

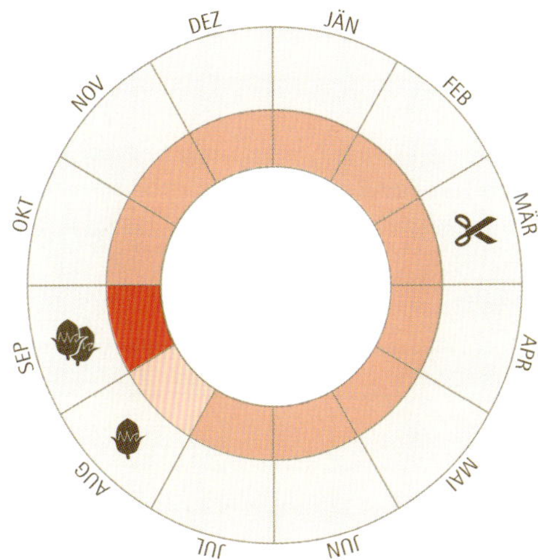

Wo Haselnüsse gerne wachsen

Haselnüsse stellen geringe Ansprüche an den Boden, sind aber gegenüber stauender Nässe und Bodentrockenheit empfindlich. Gerne wachsen sie in Regionen mit höheren Niederschlägen und lehmigen, leicht neutralen Böden, mit Vorliebe in Hanglagen. In Regionen mit wenigen Niederschlägen bevorzugen sie Lehmboden, der besser die Feuchtigkeit hält. Sie sind spätfrostgefährdet, haben aber eine hohe Winterfrosthärte.

Bestäubung

Haselnüsse sind selbstunfruchtbar, mindestens zwei Sorten pflanzen. Sie sind windbestäubt, dadurch kann der Befruchtungspartner auch weiter entfernt stehen. Wilde Haselnüsse eignen sich als Befruchter. Haselnuss ist einhäusig getrenntgeschlechtlich, das heißt, weibliche und männliche Blüten sind auf einem Strauch, aber getrennt voneinander.

Wuchsform

Haselnusssträucher werden 3–4 Meter hoch. Die Lamberts-Hasel wird bis 5 m hoch und wächst auch als kleiner Baum. Zierformen bleiben kleiner.

Unterlagen

Sorten sind auf wilde Haselnüsse veredelt.

Pflanzung

Haselnüsse werden am besten im Herbst gepflanzt. Pflanzabstand 4–5 m. Sie sind Flachwurzler, daher nicht zu tief setzen. Für Unterkulturen sind sie nicht geeignet (mit Ausnahme der Trüffel → „Trüffelernte unter Haselnusssträuchern", Seite 502).

Pflanzengesundheit

Ein Schädling kann bei den Haselnüssen lästig werden: der **Haselnussbohrer**, der uns als Wurm in der Nuss begegnet. Eine Bekämpfung ist kaum möglich, frühreifende Sorten werden aber weniger befallen. Wird die Haselnuss als Baum erzogen, kann ein Leimring angebracht werden, der den Schaden verringern kann. Die Weibchen können zwar fliegen, kriechen aber lieber. Die Käfer können auch abgeschüttelt werden, am besten morgens, wenn sie noch träge sind. Dazu eine Folie auflegen oder die Hühner unter der Haselnuss fressen lassen.

Markant sind die männlichen Blütenkätzchen. Die weiblichen Blüten sind unscheinbar und nicht leicht zu finden.

Pflege und Schnitt

Ein jährlicher Schnitt ist nicht notwendig. Alle paar Jahre sollen die ältesten Stämme komplett entfernt werden, es treiben dann junge Triebe aus dem Boden nach. Dieses Auslichten wird am besten im Winter durchgeführt. Haselnüsse müssen nicht gedüngt werden, tragen aber besser, wenn sie alle 3–4 Jahre mit etwas Kompost versorgt werden.

Ernte und Lagerung

Die Sträucher tragen nach 3–5 Jahren das erste Mal. Die Ernte beginnt im September und erstreckt sich über ca. 4 Wochen. Sorten aus der Sortengruppe der Lambertsnüsse fallen bei der Reife mit den Hüllblättern vom Strauch, Sorten aus der Gruppe der Zellernüsse ohne Hüllblätter. Haselnüsse lassen sich gut vom Strauch schütteln. Meistens sind 2–3 Erntegänge ausreichend. Die Nüsse werden aufgesammelt, vom Rest der Hüllblätter befreit und flach aufgelegt in einem warmen Raum (oder untertags an der Sonne) getrocknet. Pro Strauch erntet man zwischen 1 und 3 Kilo, wobei die veredelten Sorten deutlich mehr Ertrag haben.

Gut getrocknete und kühl gelagerte Haselnüsse sind sehr gut lagerbar und behalten ihren feinen Geschmack mindestens 2 Jahre lang.

Lambertsnüsse fallen mit den Hüllblättern vom Strauch, Zellernüsse ohne.

Von der Lambertsnuss gibt es auch rotblättrige Sorten, hier ‚Purpurea'.

Trüffelernte unter Haselnusssträuchern

Seit einigen Jahren gibt es eine Besonderheit zu kaufen: Findigen Pilzzüchtern ist es gelungen, Haselnüsse mit dem Myzel der Trüffel zu kultivieren. So kann man von den Sträuchern nicht nur Haselnüsse, sondern nach einigen Jahren (und auf alkalischem Boden) auch Trüffeln ernten (→ www.trueffelgarten.at).

Sorten

- *C. avellana* (Zellernuss)
- ‚Hallesche Riesennuss': starkwüchsig, sehr große, rundliche Frucht, wenig wurmig, Befruchter für ‚Webbs Preisnuss', reift Ende September und ist bis Februar lagerfähig
- ‚Cosford': mittelgroße Büsche und Früchte, reift Mitte bis Ende September
- ‚Webbs Preisnuss': mittelstarker Wuchs, sehr große, längliche Frucht, Befruchter für ‚Hallesche Riesennuss'
- *C. maxima* (Lambertsnuss)
- ‚Rote Lambertsnuss' (‚Blutnuss'): niedriger, buschiger Wuchs, mittelgroße Frucht, sehr guter Geschmack, sehr ertragreich, reift Mitte bis Ende August, sie ist eine der ältesten Haselnusssorten in Europa
- ‚Weiße Lambertsnuss': kräftiger, buschiger Wuchs, erreicht mittlere Größe, Frucht mittelgroß, sehr wohlschmeckend, für wärmere Lagen
- ‚Purpurea', rotblättrig: wie vorige, jedoch wenig Ertrag

Haselnüsse müssen rasch aufgelesen werden, bevor sie Eichkätzchen oder andere Tiere sammeln.

Mandel

Mandeln sind sehr kalziumreich.

- *Prunus dulcis* – Rosengewächse
- früheste Obstblüte
- nur für warme Weinbaulagen, da extrem spätfrostgefährdet
- meistens Strauch oder kleiner Baum
- mindestens zwei Pflanzen setzen
- Ernte Ende August bis Ende September

Die mit den Pfirsichen eng verwandten Mandeln sind noch wärmebedürftiger als Marillen und Pfirsiche und wachsen nur in warmen Weinbaulagen gut. Sie gedeihen auf kargen Böden und bevorzugen kalkreiche Standorte, in Österreich etwa in der Wachau und im Nordburgenland. In Deutschland gibt es historische Mandelanbaugebiete in der Pfalz und am Oberrhein. Viele Mandelsorten sind selbststeril und benötigen eine Befruchtersorte, es eignen sich auch Pfirsichbäume.

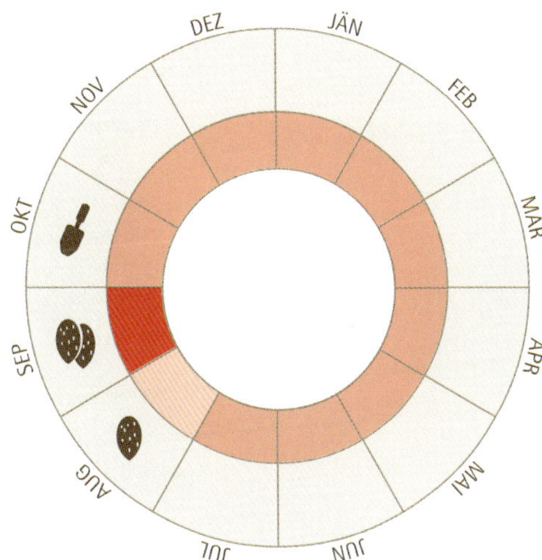

Die frühe Blüte der Mandel ist frostgefährdet.

Man unterscheidet innerhalb der Art *Prunus dulcis* (dulcis, lat. = süß) verschiedene Unterarten, von denen allerdings nicht alle essbar sind. So sind Bittermandeln (var. *amara*) nicht essbar; aus ihren Samen kann, wenn sie verdaut werden, Blausäure entstehen. Sie blühen intensiv rosa und sind als Zierbäume verbreitet. Hingegen blüht die Süß- oder Steinmandel (var. *dulcis*) meist weiß. Sortenbeispiele sind die ‚Kleine vollkernige Süßmandel' oder die aus Bordeaux stammenden Sorten ‚Ferraduel', ‚Ferrastar' und ‚Ferragnes'. Die Krachmandel (var. *fragilis*) hat eine dünne Schale, die mit den Fingern geöffnet werden kann. Sortenbeispiele: ‚Große Prinzessmandel' oder ‚Dürkheimer Krachmandel'.

Mandeln müssen im Hausgarten nicht geschnitten werden. Die Bäume können sehr groß werden und bilden eine aufrechte Krone. Die Früchte sind erntereif, wenn die Fruchtschale aufspringt. Nach der Ernte müssen sie, ähnlich wie Walnüsse, gut getrocknet werden.

Literatur

- http://www.gartenakademie.rlp.de
- http://mandelinfos.de/mandelanbau/

Bis zur Reife stecken Mandeln in einer fleischigen, ungenießbaren Hülle.

Feige

‚Dalmatie', eine Sorte mit gelb-grüner Schale

- *Ficus carica* – Maulbeergewächse
- heißes, sonniges Klima
- karge Standorte
- Freilandanbau in milden Regionen des Weinbauklimas
- wollen keinen Wind
- Ernte je nach Sorte von Juli bis November
- auch bei Topfkultur Winterruhe notwendig
- Vermehrung über Stecklinge oder Steckhölzer
- Baum muss im 1. Jahr nach der Pflanzung gut gegossen werden.
- Pflanzung immer als Topfkultur (nicht wurzelnackt)

Seit Jahrtausenden symbolisieren Feigen Fruchtbarkeit und Wohlstand. Für viele Mitteleuropäer der Gegenwart sind frische Feigen der Inbegriff des sommerlichen Mittelmeerurlaubs. Hier wachsen sowohl Kultur- als auch Wildfeigen. Feigenbäume gedeihen in milden Regionen oder in geschützten Lagen im Weinbauklima im Freiland. Doch auch im Topf reifen zahlreiche Kulturfeigen.

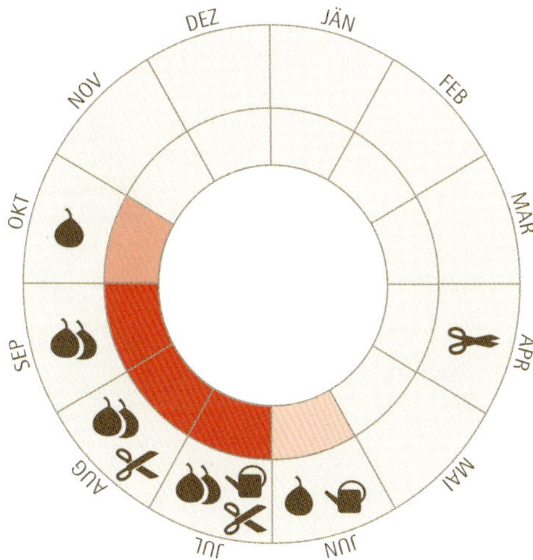

Wo Feigen gerne wachsen

In Mitteleuropa überstehen winterharte Feigensorten auch im Freiland den Winter und entwickeln reife Früchte. Damit sie zu möglichst kräftigen und ertragreichen Pflanzen heranwachsen, pflanzt man Feigenbäume auf den geschütztesten, sonnigsten und heißesten Platz im Garten. Das kann z. B. ein Platz vor einer Mauer sein, die als Wärmespeicher und Windschutz dient. Wer sie im freien Feld anbaut, schützt sie nordseitig mit Strohballen, die man dann im Winter über die Pflanzen ausbreiten kann.

Junge Bäume frieren bei Temperaturen unter ca. -15 °C (sortenabhängig) zurück. Die Pflanze treibt aber aus dem Wurzelstock wieder aus. Wichtig ist in den ersten Jahren ein Winterschutz mit Stroh, Reisig, Laub oder Vlies. Ausgepflanzte ältere Feigenbäume überstehen unsere Winter meist recht gut.

Bestäubung

Es gibt zwei verschiedene Typen von Kulturfeigen: Die gewöhnliche Feige kann auch ohne passende Bestäuberinsekten Früchte bilden. Die Feigen dieses Typs eignen sich für den Anbau in Mitteleuropa. Für Feigen des zweiten Typs – für Botaniker: der sogenannte „Smyrna-Typ" – gilt das nicht: Sie brauchen für die Fruchtbildung spezielle Wespenarten, die sie bestäuben, und diese Wespen kommen in Mitteleuropa nicht vor.

Pflanzung

Anders als alle anderen Obstbäume werden Feigenbäume um einige Zentimeter tiefer gesetzt, als sie im Topf gestanden sind.

Nährstoffe

Werden Feigen zu nährstoffreich kultiviert, kann es sein, dass sie über viele Jahre kräftig wachsen, aber keine einzige Frucht ansetzen. Wie auch die wilden Feigen brauchen Kulturfeigen karge, nährstoffarme Standorte.

Wasser

Feigen sind sehr resistent gegen Trockenheit. Das heißt aber nicht, dass sie kein Wasser benötigen: Frisch gesetzte Pflanzen müssen regelmäßig (ein-

Pinzieren: Das Abschneiden der Endknospe im Juli und August regt die Fruchtbildung an.

Im Freiland werden die Sträucher nordseitig mit Stroh geschützt.

mal in der Woche) gegossen werden, bis sie einen deutlichen Wachstumsschub zeigen. Dies ist ein Zeichen, dass sie schon gut eingewurzelt sind und sich gut mit Wasser versorgen können. Und: Sobald die Feige Früchte angesetzt hat, benötigt sie viel Wasser. Staunässe ist jedenfalls zu vermeiden (das gilt auch für Topfpflanzen; nach Regen Wasser aus Übertöpfen oder Untersetzern jedenfalls ausgießen). Bei der Überwinterung im blattlosen Zustand müssen sie trocken gehalten werden, daher nur äußerst sparsam gießen; der Ballen darf aber nie ganz austrocknen.

Topffeigen

Topffeigen müssen frostfrei (2–10 °C) überwintert werden. Feigen brauchen – im Topf genauso wie im Freiland – eine Winterruhe. Nur dann entwickeln sie sich über viele Jahre zu kräftigen und gesunden Pflanzen. Sie können vollkommen dunkel stehen, da sie im Winter unbelaubt sind. Es gibt mehrere Möglichkeiten, Feigen im Topf zu überwintern. Für alle gilt: Feigenbäume gehören wieder nach draußen, bevor sich die Blätter öffnen. Spätestens, wenn die Blätter sich entrollen, müssen die Pflanzen ins Freie. Besser ist es, sie schon zuvor auszuwintern, damit die neu getriebenen Blätter bereits kältetoleranter sind. Falls die Pflanze zu warm überwintert wurde und sich die Blätter bereits im Überwinterungsraum entfaltet haben, darf man den Feigenbaum mit den weichen, empfindlichen Blättern und Früchten erst bei milden Temperaturen an einem halbschattigen Platz an Freilandbedingungen gewöhnen. Sonst gibt es Kälteschäden oder Sonnenbrand.

Freilandfeigen überwintern

Feigen und andere kälteempfindliche Kleinsträucher bis ca. 1 m Höhe kann man mit Maschendrahtgeflecht (Maschenweite 2–6 cm) und Laub gut schützen. Der Maschendraht wird in einem Abstand von etwa 20 cm zu den äußersten Zweigspitzen um die Feige herumgewickelt, sodass ein

Zylinder entsteht. Die Enden werden mit einem Draht oder einigen Wäscheklammern zusammengehalten. Dann diesen Zylinder mit Laub auffüllen. Dieses nur leicht verdichten (lose geschichtete Blätter haben eine gute Isolierwirkung).

Pflanzengesundheit

Feigen werden kaum von Krankheiten und Schädlingen befallen. Kommt es allerdings zu Staunässe im Boden, können Krankheiten auftreten. Daher auf schweren Böden unter dem Wurzelballen Schotter als Drainage einarbeiten.

Durch die Klimaerwärmung ist die **Feigenblattmotte** bis zu uns vorgedrungen. Die Raupe frisst die Blätter und verpuppt sich auf der Blattoberseite. Bei kleinen Bäumen reicht es, die Raupen zu entfernen. Für größere Bäume gibt es Bakterien *(Bacillus thuringensis subspec. aizawai)*, die im Biolandbau zugelassen sind und bei Nützlingsfirmen und im Fachhandel bezogen werden können. Bei zu warmer und trockener Überwinterung (über 10 °C) treten gerne **Spinnmilben, Schild- und Wollläuse** auf.

Schnitt

Freiland: Der Schnitt hat zum Ziel, ein lockeres, möglichst tragfähiges und weitastiges Grundgerüst aufzubauen. Bei Bedarf wird ausgelichtet. Grundsätzlich schneidet man so wenig wie möglich, keinesfalls sollte man jeden Ast jedes Jahr schneiden, da die Feigen am vorjährigen Holz tragen. Eine Ausnahme ist die Sorte ‚Pastilière', die als Kübelpflanze im Herbst und im Freiland im Frühling auf 4–6 Augen zurückgeschnitten wird.

Pinzieren: Durch ein Abschneiden der Endknospe im Juli und August regt man die Fruchtbildung und die Seitentriebbildung an. Dadurch wachsen die Pflanzen buschiger, müssen im Herbst weni-

Im Topf können Feigen auch jenseits des Weinbauklimas kultiviert werden.

Ursula Kujal und Harald Thiesz vom Feigenhof in Wien-Simmering haben viel Erfahrung zum Anbau von Feigen gesammelt.

ger geschnitten werden und die Früchte reifen gleichmäßiger.

Topf: Feigenbäume, die im Topf frostfrei überwintert werden, kann man im Herbst zurückschneiden. Dann brauchen sie im Winterquartier weniger Stauraum.

Vermehrung

Feigen können leicht über Steckhölzer oder Grünstecklinge vermehrt werden (→ Kapitel „Obstgehölze vermehren", Seite 160).

Ernte

Je nach Sorte reifen Feigen zwischen Ende Juni und Mitte November. Die meisten Sorten kann man 2-mal beernten. Feigen sind reif, wenn sie ihre sortentypische Farbe haben und sich unter leichtem Fingerdruck vom Zweig lösen lassen. Da sie sehr druckempfindlich sind, sollte man sie nur in der Stielpartie berühren und gepolstert lagern. Als Unterlage eignen sich Feigenblätter ausgezeichnet. Feigen sind schnell verderblich, daher gleich essen oder verarbeiten. Als Zeichen der Überreife tritt aus der Öffnung an der Spitze ein Honigtropfen aus.

Lagerung

Feigen immer nur einlagig lagern oder transportieren. Reife Früchte lassen sich bei Zimmertemperatur einen Tag und im Kühlschrank maximal zwei Tage aufbewahren.

Sorten

Je nachdem, ob man Feigen im Freien zieht, einen Wintergarten zur Verfügung hat oder Topffeigen im Keller überwintert, eignen sich verschiedene Sorten: Die französischen Sorten ‚Col de Dame Blanc', ‚Col de Dame Noir' und ‚Panachée' eignen sich besonders für kalte Wintergärten (2–10 °C), da sie bis Dezember beerntet werden können. Für den Anbau in unserem Klima haben sich folgende Sorten bewährt: mit goldbrauner Schale: ‚Brown Turkey', ‚Longue d'Août', ‚Dorée'; mit blau-violetter Schale: ‚Sultane', ‚Pastilière', ‚Ronde de Bordeaux'; mit gelb-grüner Schale: ‚Précoce de Dalmatie', ‚Gersthofer'.

Der Feigenhof in Wien

Die Kulturbeschreibung der Feige haben uns Ursula Kujal und Harald Thiesz vom Feigenhof in Wien-Simmering zur Verfügung gestellt. Im historischen Gemüse-Nahversorgungszentrum Wiens betreiben sie seit über sechs Jahren den Feigenhof, kultivieren 28 verschiedene Feigensorten sowie über 200 verschiedene Kräuter und bieten auch biologische Jungpflanzen von Gemüsen und Kräutern an. Die Gartenarchitektin Ursula Kujal plant und berät bei der Anlage von Gärten, vom Privatgarten bis zu Hotel-, Schul- oder Geriatriegärten. Ihr Schwerpunkt ist die Gestaltung von Energiegärten und essbaren Gärten (→ www.feigenhof.at).

Gesund und kostbar: reife Feigen

Arbeitskalender

Jänner

Allgemein

- Bei hoher Schneelage Bäume auf Hasenverbiss kontrollieren, eventuell Heu als „Ablenk-Fütterung" ausbringen

Vermehrung

- Veredelungsreiser schneiden und lagern

Pflanzenschutz

- Infektionstermine für Kräuselkrankheit bei Pfirsich und Nektarine beachten und bei mehr als 10 °C die erste Spritzung durchführen

Februar

Allgemein

- Ab Februar können Obstbäume geschnitten werden, mit den jungen Bäumen und Kernobst beginnen. Nur bei frostfreier, trockener Witterung
- Wurden Ribisel und Stachelbeere nicht schon nach der Ernte geschnitten, jetzt schneiden
- Eingetrocknete Triebspitzen bei Himbeeren entfernen
- Zweimaltragende Himbeeren, die im Sommer noch einmal tragen sollen, einkürzen
- Wein schneiden
- Kiwi schneiden, um zu starkes Bluten zu verhindern

Vermehrung

- Veredelungsreiser von Kernobst können noch geschnitten werden, von Steinobst nur, wenn gleich veredelt wird.
- Winterhandveredelung
- Bei gelungenen Okulationen wird die Unterlage oberhalb der Veredelungsstelle abgeschnitten.
- Infektionstermine für Kräuselkrankheit bei Pfirsich und Nektarine beachten und bei mehr als 10 °C die erste Spritzung durchführen
- Johannisbeerstöcke für Abrisse auf Stock setzen, also zurückschneiden

Pflanzenschutz

- Bei Stachelbeeren die Triebspitzen einkürzen gegen Mehltau bzw. alle mehltaubefallenen Pflanzenteile entsorgen
- Bei Apfel von Mehltau befallene Triebe abschneiden
- Alle Fruchtmumien (von Monilia) von den Bäumen und Sträuchern entfernen und entsorgen
- Nistkästen säubern
- Auf Wühlmäuse kontrollieren und gegebenenfalls Fallen aufstellen
- Grobes Schnittgut für Nützlinge an geeigneter Stelle aufhäufen und belassen
- Kontrollgang durch den Obstgarten

März

Allgemein

- Erziehungsschnitt bei Steinobst (Erhaltungsschnitt erst im Sommer!)
- Kernobst und Zwetschke kann noch geschnitten werden.
- Baumscheibe ausjäten, organischen Dünger aufbringen und mulchen
- Beerenobst möglichst händisch ausjäten, düngen und Mulch ergänzen
- Frostempfindliche Obstbäume und -sträucher können gepflanzt werden (auch andere, wenn sie nicht im Herbst gepflanzt wurden).
- Unterstützungsgerüste, Baumpflöcke, Bindestellen kontrollieren und gegebenenfalls erneuern bzw. Bindungen lockern
- Bei nassem Schnee: Sträucher und Bäume abschütteln, um Astbruch zu vermeiden

Vermehrung

- Freilandveredelung von Gehölzen
- Edelreiser von Kernobst können noch geschnitten werden, wenn direkt veredelt wird.
- Im Vorjahr über Stecklinge vermehrte Johannisbeeren auf 15 cm einkürzen, um die Verzweigung zu fördern
- Monatserdbeeren aussäen für die Vorzucht (bei ca. 15–18 °C)
- Verpflanzen von Wurzelausläufern bei Himbeere und Brombeere
- Gelagerte Wurzelschnittlinge bei Himbeere und bedornten Brombeeren in die Erde legen bzw. bis Anfang März frisch graben und legen
- Absenker und Ableger in die Erde legen
- Steckhölzer stecken, sobald der Boden offen ist

Pflanzenschutz

- Nisthilfen für Wildbienen aufhängen
- Leimringe gegen Blattläuse anbringen
- Kontrollgang durch den Obstgarten

April

Allgemein

- Verjüngungsschnitt bei alten Bäumen, wenn notwendig
- Schnitt der Pfirsichbäume rund um die Blüte
- Trockenes Laub bei Erdbeeren entfernen, den Boden etwas lockern und Kompost aufbringen

Vermehrung

- Pfropfen hinter die Rinde ist möglich, sobald die Rinde löst.
- Ende April: Auspflanzen von winterhandveredelten Bäumen
- Stratifizierte Samen aussäen
- Den Neuaustrieb von auf Stock gesetzten Johannisbeeren anhäufeln

Pflanzenschutz

- Entfernen der vertrockneten Triebspitzen vor allem bei Marille bei Triebspitzenmonilia
- Nicht verrottetes Obst- und Walnusslaub entfernen und kompostieren, um die Übertragung von Krankheiten zu vermeiden
- Die ersten Jungtriebe bei Himbeere entfernen, um einem Befall mit Himbeerrutengallmücken vorzubeugen
- Kontrollgang durch den Obstgarten

Mai

Allgemein

- Erdbeeren mit frischem Stroh mulchen
- Reichtragende Erdbeeren für die Vermehrung markieren
- Beerenobst ausreichend mit Wasser versorgen
- Lagerräume reinigen

Vermehrung

- Den Neuaustrieb von auf Stock gesetzten Johannisbeeren anhäufeln

Pflanzenschutz

- Der Austrieb auf der Unterlage von veredelten Bäumen wird entfernt, um das Edelreis zu fördern.
- Kontrollgang durch den Obstgarten
- Haselnussbohrer abschütteln
- Mehltautriebe bei Stachelbeere und Apfel ausschneiden

Juni

Allgemein

- Wasserreiser reißen
- Ausdünnen von überzähligen Früchten
- An Spalieren die diesjährigen starkwachsenden Triebe das erste Mal pinzieren
- Frisch gepflanzte Gehölze regelmäßig gießen
- Beerenobst ausreichend mit Wasser versorgen
- Erdbeeren nach der Ernte zurückschneiden und mit etwas Kompost versorgen
- Den Junifruchtfall bei Ostbäumen entsorgen
- Fruchttriebe von Kiwi/Minikiwi 3–5 Blätter hinter der letzten Frucht einkürzen

Vermehrung

- Frisch veredelte Bäume werden mit einem Stab unterstützt und der Neutrieb daran befestigt.
- Ausläufer bei Erdbeeren entfernen, eventuell einige in Töpfe für die Vermehrung leiten
- Sämlinge über den Sommer schattieren
- Den Neuaustrieb von auf Stock gesetzten Johannisbeeren anhäufeln
- Stecklinge schneiden und stecken

Pflanzenschutz

- Leimringe gegen Blattläuse entfernen
- Mehltautriebe bei Stachelbeere und Apfel ausschneiden
- Gelbtafeln beim Gelbwerden der Kirschen aufhängen
- Wenn möglich den Auslauf der Hühner unter die Obstbäume verlegen, um Wicklerbefall zu verringern
- Kontrollgang durch den Obstgarten
- Haselnussbohrer abschütteln

Juli

Allgemein

- Rückschnitt der pinzierten Triebe (siehe Juni) auf 8 Blätter
- Johannis- und Stachelbeere nach der Ernte schneiden
- Bei einmaltragenden Himbeeren die abgetragenen Ruten entfernen und die Jungtriebe auslichten

- Spindelerziehung: steil stehende Triebe waagrecht binden
- Spaliererziehung: den Zuwachs der Leitäste auf 45° binden
- Frisch gepflanzte Gehölze regelmäßig gießen
- Beerenobst ausreichend mit Wasser versorgen
- Den Neuaustrieb von auf Stock gesetzten Johannisbeeren anhäufeln
- Stecklinge schneiden und stecken
- Feigen pinzieren (Abschneiden der Endknospen)

Vermehrung

- Ende Juli bis Mitte August ist die Okulation von Gehölzen möglich.
- Der Trieb von veredelten Bäumen wird weiter angebunden.
- Bis Mitte August Ableger von Erdbeeren verpflanzen
- Monatserdbeeren direkt ins Beet aussäen

Pflanzenschutz

- Gelbtafeln nach der Ernte umgehend entfernen, um Nützlinge zu schützen
- Anfang Juli Gelbtafeln gegen die Walnussfruchtfliege aufhängen
- Wellpappringe zum Abfangen von Apfel- und Pflaumenwickler anbringen und laufend kontrollieren
- Früchte mit Moniliabefall entfernen
- Kontrollgang durch den Obstgarten

August

Allgemein

- Erhaltungsschnitt bei Marillen (und Verjüngungsschnitt, falls notwendig)
- Rückschnitt der eingekürzten Triebe von Juli auf 4 Blätter
- Gegen Ende August Schnitt von Walnussbäumen, falls notwendig. Bis Mitte September abschließen
- Frisch gepflanzte Gehölze regelmäßig gießen
- Beerenobst ausreichend mit Wasser versorgen
- Seitentriebe der Brombeeren einkürzen, überzählige Jungtriebe entfernen
- Den Neuaustrieb von auf Stock gesetzten Johannisbeeren anhäufeln

Vermehrung

- Bis etwa Mitte August kann noch okuliert werden.
- Der Trieb von veredelten Bäumen wird weiter angebunden.

Pflanzenschutz

- Früchte mit Moniliabefall entfernen
- Abfallendes Obst regelmäßig entfernen
- Kontrollgang durch den Obstgarten
- Mitte August die Gelbtafeln von Walnuss entfernen

September

Allgemein

- Die Wiese zwei Wochen vor dem Schütteln der Obstbäume mähen
- Walnüsse alle zwei bis drei Tage aufsammeln und nachtrocknen
- Vorfruchtfall regelmäßig entfernen

Vermehrung

- Steckhölzer schneiden und stecken

Pflanzenschutz

- Kontrollgang durch den Obstgarten

Oktober

Allgemein

- Die Wiese zwei Wochen vor dem Schütteln der Obstbäume mähen
- Walnüsse alle zwei bis drei Tage aufsammeln und nachtrocknen
- Maroni alle ein bis zwei Tage aufsammeln
- Bei trockenem Wetter Weißanstriche gegen Frostrisse aufbringen. Die meisten Anstriche brauchen Temperaturen von 5–10 °C zum Trocknen.
- Herbsthimbeeren nach der Ernte komplett bodennah zurückschneiden (außer es ist auch eine Sommerernte gewünscht)
- Abgetragene Ruten der Brombeeren entfernen
- Lagersorten von Apfel und Birne sowie Kiwi und Asperl vor den ersten Frösten pflücken und einlagern
- Ab Mitte Oktober Pflanzung von wurzelnackten Gehölzen möglich, nur frostunempfindliche Arten im Herbst pflanzen
- Bei nassem Schnee Sträucher und Bäume abschütteln, um Astbruch zu vermeiden

Vermehrung

- Samen für Unterlagen oder für eine direkte Vermehrung (Marille, Pfirsich) stratifizieren = in feuchten Sand einschichten und kühl über den Winter lagern
- Verpflanzen von Wurzelausläufern bei Himbeere und Brombeere

Pflanzenschutz

- Kontrollgang durch den Obstgarten
- Leimringe gegen Frostspanner anbringen

November

Allgemein

- Pflanzung von frostunempfindlichen Arten möglich
- Bei frostempfindlichen Arten Winterschutz anbringen, vor allem Feige, Kiwi, Quitte
- Kontrolle der Wildschutzzäune auf Dichtheit
- Bei nassem Schnee Sträucher und Bäume abschütteln, um Astbruch zu vermeiden

Vermehrung

- Wurzelschnittlinge bei Himbeere und bedornten Brombeeren ausgraben und lagern
- Bewurzelte Absenker und Ableger verpflanzen
- Abrisse von Johannisbeeren verpflanzen
- Steckhölzer schneiden und einlagern

Pflanzenschutz

- Wenn möglich das Falllaub mit dem Mulchmesser des Rasenmähers zerkleinern, aber auf der Fläche belassen. Dann verrottet es schneller und muss im Frühjahr nicht entfernt werden.

Dezember

Allgemein

- Topfpflanzen gegen Frost schützen
- Werkzeug warten
- Bei Weihnachtsgeschenken auch an Fachliteratur und Gutscheine für Obstpflanzen denken
- Neupflanzungen und Gartenumgestaltungen planen

Vermehrung

- Veredelungsreiser von Steinobst schneiden und lagern

Pflanzenschutz

- Bäume auf Wildschäden kontrollieren

Rote Johannisbeeren können lange am Strauch hängen bleiben – wenn nicht die Gefahr besteht, dass die Vögel sie dann schneller ernten.

Johannes Maurer, Andrea Heistinger, Bernd Kajtna

Über die Herausgeber

Arche Noah

Arche Noah ist ein gemeinnütziger Verein, der sich seit über 25 Jahren für den Erhalt und die Entwicklung von Gemüse- und Getreidesorten, Kräutern und Obst einsetzt. Der Verein hat über 14.000 Mitglieder, Förderer und aktive Gärtnerinnen und Gärtner, die diese Sorten anbauen und vermehren, und sieht seine Arbeit auch als Antwort auf die restriktive Saatgutpolitik, den Verlust vieler Kulturpflanzensorten und den Einsatz von Hybridsorten und Gentechnik in der Landwirtschaft. Der Verein betreibt einen Schaugarten in Schiltern bei Langenlois, der jährlich von Mitte April bis Mitte Oktober geöffnet ist und einige hundert Gemüse, Getreide, Kräuter, Blumen und Obstpflanzen zeigt. Darüber hinaus bietet der Verein ein umfangreiches Bildungsprogramm an.
www.arche-noah.at

Jährliche Fixtermine bei Arche Noah

- Arche Noah-Schaugartensaison von Anfang April bis Anfang Oktober mit Verkauf von Bio-Gemüsejungpflanzen, Bio-Obstbäumen und Bio-Beerensträuchern.
- Gartenführungen und Gartenküche im Schaugarten an den Wochenenden.
- Arche Noah-Pflanzenmärkte im Frühjahr in Wien, Graz, Linz, Salzburg, Rotholz, Vorarlberg, Kärnten und München.
- Großer Bio-Pflanzenmarkt und Tauschmarkt am 1. Mai in Schiltern.
- Gartenfest, ObstFestTage und viele weitere gärtnerisch-kulinarische Veranstaltungen im Schaugarten in Schiltern.
- Das Arche Noah-Bildungsprogramm bietet zahlreiche Obstkurse rund ums Jahr an: Schnitt- und Veredlung, 8-tägiger Obstlehrgang und Tageskurse zu Beerenobstanbau.

Johannes Maurer

Ist Gärtnermeister und Biologe und beschäftigt sich seit über 20 Jahren mit Obst und Obstbaumschnitt. Seine Erfahrungen in der Kultur von Obstgehölzen gibt er in Seminaren an HausgärtnerInnen und BäuerInnen weiter. Er ist bei Arche Noah für die Absicherung und Erhaltung der Obstsammlung zuständig. Am eigenen Bauernhof im nördlichen Niederösterreich testet er Möglichkeiten der extensiven Tafelobstproduktion von alten Apfelsorten.

Bernd Kajtna

Beschäftigt sich bei Arche Noah seit 1999 mit der Pomologie und der Suche nach seltenen Obstsorten, konzipierte mehrere Sortenausstellungen und ist jedes Jahr bei Obstsortenbestimmungstagen in Niederösterreich, Wien und der Steiermark im Einsatz. Veröffentlichungen zu Beerenobst im Löwenzahn Verlag („Osterfee und Amazone"), Verfasser von Fachartikeln und Seminaren zu Kulturpflanzenvielfalt und obstbaulichen Themen. Lebt mit Familie im Kamptal.

Andrea Heistinger

Die freiberufliche Agrarwissenschafterin, Gärtnerin, Beraterin und Autorin arbeitet zu Geschichte und Gegenwart von Essen, Gärten und Kulturpflanzen und sozialen Fragen der Landwirtschaft. Sie lebt mit ihrer Familie in Schiltern bei Langenlois in Niederösterreich. Auftragsarbeiten und Beratungen für öffentliche und private Auftraggeber. Zahlreiche Fachartikel und Veröffentlichungen, im Löwenzahn Verlag: „Die Saat der Bäuerinnen. Saatkunst und Kulturpflanzen in Südtirol" (2001), „Handbuch Samengärtnerei" (2004), „Handbuch Bio-Gemüse" (2009), „Der wilde Gärtner" (2011) „Handbuch Bio-Balkongarten" (2012), „Das große Biogartenbuch" (2013), „Kräuter richtig anbauen" (2016) und gemeinsam mit Alfred Grand „Biodünger selber machen" (2014).
www.andrea-heistinger.at

Weiters haben am Buch mitgewirkt

David Brunmayr

Studium der Ökologischen Landwirtschaft an der Universität für Bodenkultur in Wien. Seit 2015 im Obstteam der Arche Noah, zuständig für die Beratung rund ums Obst. Lebt mit Familie im Marchfeld.

Katharina Heistinger (Zeichnungen)

Freischaffende Künstlerin, Bühnen- und Kostümbildnerin, lebt und arbeitet in Wien.

Rupert Pessl (Fotos)

Fotograf und Vielfaltsgärtner,
www.rupertpessl.com.

Doris Steinböck (Fotos)

Fotodesignerin mit Vorliebe für Pflanzenaufnahmen. Jahrelange, enge Zusammenarbeit mit dem Verein Arche Noah, www.beast.at.

Stefan Emmelmann (Zeichnungen)

Freischaffender Künstler, lebt und arbeitet in Irland. Zahlreiche Ausstellungen, Stipendien und Lehraufträge.

Quellen und Literatur

(wenn nicht bereits bei den einzelnen Kapiteln genannt)

- Bannier, Hans-Joachim 2011: Moderne Apfelzüchtung. Genetische Verarmung und Tendenzen zur Inzucht. In: Erwerbs-Obstbau 52, 85–110
- Blaich, Ute (Red.) 1994: Alte Obstsorten und Streuobstbau in Österreich, Grüne Reihe des Bundesministeriums für Umwelt, Band 7, Wien
- Bodo, Fritz 1936: Burgenlands Kirschensorten, Eigenverlag, Neusiedl am See
- Brezina, Rudolf 1947: Der Obstbaumwärter, Wilhelm Frick Verlag, Wien
- De Haas, Paul-Gerhard 1981: Naturgemäßer Obstbaumschnitt. 5. Auflage, BLV Verlagsgesellschaft, München
- Gaber, Roland 2002: Obst im Hausgarten. Band 6 der Buchreihe zur Aktion Natur im Garten, St. Pölten
- Friedrich, Gerhard/Schuricht, Werner 1990: Nüsse und Quitten, Neumann Verlag, Leipzig und Radebeul
- Friedrich, Gerhard, Schuricht Werner 1989: Seltenes Kern-, Stein- und Beerenobst, Neumann-Verlag, Leipzig und Radebeul
- Haempel, Fritz 1949: Erfolgreicher, frostharter Obstbau in rauhen Lagen. Alpiner Obstbau, Eigenverlag, Zeltweg
- Holler, Christian/Dianat, Katharina 2009: Der Preis bestimmt die (Streuobst) Landschaft. In: Besseres Obst, 12/2009
- Kaufmann, Claudia 2000: Streuobst. Bericht zur Streuobstkartierung in der Gemeinde Wolfurt. o.A.
- Lucke, Rupprecht/Silbereisen, Robert/Herzberger, Erwin 1992: Obstbäume in der Landschaft, Ulmer Verlag, Stuttgart
- Mangold, Gudrun 2005: Obstbäume schneiden verblüffend einfach mit Helmut Palmer: Schnitt und Veredelung nach der Schweizer Oeschberg-Methode, Kosmos, Stuttgart
- Nach der Arbeit 1935–1956: Illustrierte Wochenzeitschrift für Garten, Siedlung und Kleintierhaltung, 1. Jg. 1935, Wien
- Österreichisches Kuratorium für Landtechnik und Landentwicklung (ÖKL) Hrsg. (2004): Streuobst. Ökologische Funktionalität und betriebliche Sicherung. Landtechnische Schriftenreihe 222, Wien
- Ries, Hans Walter 2001: Obstbaumschnitt in Bildern, Obst und Gartenbauverlag, München
- Schmid, Heiner 1992: Obstbaumwunden versorgen, pflegen, verhüten, Verlag Eugen Ulmer, Stuttgart
- Schmid, Heiner 2008: Obstbaumschnitt: Kernobst - Steinobst - Beerenobst, Verlag Eugen Ulmer, Stuttgart
- Schmid, Heiner 2014: Pflanzen veredeln: Pfropfen und Okulieren, Verlag Eugen Ulmer, Stuttgart
- Schramayr, Georg/Nowak, Horst 2000: Obstgehölze in Österreich. Ökologie, Landschaft und Naturschutz, Umweltbundesamt, Wien
- Pieber Karl, Modl Peter 2011: Spalierobst für Mauer, Hecke, Pergola ...: Anlegen, Formen, Pflegen, Leopold Stocker Verlag, Graz
- Zander, Katrin 2003: Ökonomische Bewertung des Streuobstbaus aus einzelbetrieblicher und gesellschaftlicher Sicht. Wissenschaftsverlag Vauk Kiel KG, Kiel

Obstsorten-Datenbanken

Online-Datenbanken bieten Informationen, um Sorten zu bestimmen. Sie dienen aber eher zur Hilfestellung und können langjährige Erfahrung nicht ersetzen.

- www.sortenvielfalt.at: Österreichische Obstsortendatenbank mit viel Potential, noch im Aufbau

- www.deutsche-genbank-obst.jki.bund.de: Deutsche Genbank Obst, zum Teil Fotos und Detailinfos zu den Obstsorten
- www.bdn.ch: Nationale Datenbank Schweiz, umfangreiche Datenbank über die Erhaltung der Kulturpflanzen in der Schweiz, die Nutzung ist nur für geübte Pomologen zu empfehlen.
- www.wunschapfel.de: Umfangreiche Auflistung von Sorten nach verschiedenen Kriterien
- www.gardenappleid.co.uk: Praktische Datenbank, um sich ein Bild über Sortengruppen zu machen, Schwerpunkt englische Sorten
- www.nordgen.org: The Pometum Apple Key – eine benutzerfreundliche Datenbank zur Bestimmung von Apfelsorten, Schwerpunkt auf dem dänischen Sortenspektrum
- www.nationalfruitcollection.org.uk: Eine der größten Obstsortensammlungen der Welt mit über 3.000 Sorten, obstartenübergreifend. Gut anwendbar ist die Seite, um nach charakteristischen und stark ausgeprägten Merkmalen zu suchen und so die Suche einzugrenzen.
- www.obstgarten.biz: Empfehlenswerte Plattform als Unterstützung in der Sortenbestimmung, von einer Landesgruppe des deutschen Pomologenvereins
- www.obstsortendatenbank.de: Umfangreiche Sammlung historischer pomologischer Literatur
- www.pomologie.at: Plattform für die Suche nach historischer pomologischer Literatur
- www.fruit-net.info/synonym/: Synonymdatenbank

Sortenerhaltungsorganisationen

- Arche Noah – Gesellschaft für die Erhaltung der Kulturpflanzenvielfalt & ihre Entwicklung; Sammlung von gefährdeten Obstsorten, www.arche-noah.at
- Pomologen-Verein e.V.; Aktivitäten rund um Obstkunde in Deutschland, www.pomologen-verein.de
- Fructus – Die Vereinigung zur Förderung alter Obstsorten; Obstsortenerhalt in der Schweiz, www.fructus.ch
- ProSpecieRara; Verein zur Sortenerhaltung in der Schweiz und in Deutschland, www.prospecierara.ch
- ARGE Streuobst, Verein für die Förderung von Streuobstkultur, www.arge-streuobst.at

Bezugsquellen

Adressen Mostereien – Lohnpressen

Eine Auswahl von Mostereien, fragen Sie auch Ihre Umgebung.

Österreich

Steiermark

- Markt Hartmannsdorf, www.koegerlhof.com
- Fürstenfeld: www.obsthof-braunstein.at
- Graz: www.schoeninger.kainbach.info

Niederösterreich

- Rabenstein an der Pielach: www.braunsteiner.miepy.at
- Eschenau: www.sulzermost.at

Oberösterreich

- Perwang: www.fruchtsaftl.at
- Garsten: www.naturerlebnisschule.at
- St. Marienkirchen: www.samareinersaft.at
- Bad Goisern: www.obstbauverein.at

Salzburg

- Leogang: www.bluehendes-salzburg.at/leogang/obstpresse
- Bramberg am Wildkogel: www.obstpresse.at
- Altenmarkt im Pongau: Obstpresse Meneweger Georg, Telefon: +43 6452 5587-0

Kärnten

- St. Veit an der Glan: www.mosterei-kelz.at

Tirol

- Auflistung der Obstpressen: www.gruenes-tirol.at/obst-und-gartenbauvereine/tirols-obstpressen

Vorarlberg

- Liste von Mostereien, auch für Private: www.laendle.at/produkte/most

Deutschland

- www.nabu.de: Auf der Homepage vom Naturschutzbund findet man für Deutschland eine bundesweite Übersicht zu mobilen und stationären Mostereien
- www.mundraub.org/mostereien

Schweiz

- www.swissfruit.ch: Vom schweizerischen Obstverband werden Listen von bäuerlichen Obstverarbeitern und „Kundenmostern" herausgegeben bzw. vermittelt.
- BE, SO, FR: www.besofrisch.ch Rubrik Verarbeiter
- TG: www.vtql.ch und www.suessmosttg.ch
- ZH: www.zueri-obst.ch

Bezugsquellen Edelreiser

- www.reiserschnittgarten.de: Reiserschnittgarten Weinsberg (D)
- www.obstsortenerhalt.de: Erhalternetzwerk des Pomologenvereins (D)
- www.kob-bavendorf.de: Kompetenzzentrum Bavendorf (D)
- www.lebensgut-cobstaedt.de: Lebensgut Cobstädt (D)
- www.alte-obstsorten.de: Verein Obstmuseum Pomarium Anglicum (D)
- www.obstparadies.at: Bezug von Edelreisern für die Spiegelung der burgenländischen Sortensammlung (A)
- www.osogo.at: Umfangreicher Obstsortengarten (2.000 Obstsorten) (A)
- www.sortenhandbuch.arche-noah.at: Einige Arche Noah-Erhalter bieten Edelreiser an (A, D)
- www.obsthuegelland.at: Edelreiser Tauschbörse (A)
- Edelreiser geben auch diverse Baumschulen und Obstbauvereine ab, wenn sie verfügbar sind. Ein Baumschulverzeichnis findet sich unter www.meineobstsorte.at und auf www.nabu.de.

Baumschulen

Österreich

- Biobaumschulen mit Obstvielfalt und umfangreichem Sortiment
- www.artner.biobaumschule.at: Baumschule Artner www.artner.biobaumschule.at (NÖ)
- www.biobaumschule.schafnase.at: Baumschule Schafnase (NÖ)
- www.baumschule-hergesell.at: Baumschule Hergesell (NÖ)
- www.arche-noah.at: Obstgehölzverkauf im Schaugarten der Arche Noah (NÖ)
- www.arthofergut.at: Baumschule Arthofer (OÖ)
- www.baumschule-raninger.at: Baumschule Raninger (OÖ)
- www.arche-noah.at: Obstgehölzverkauf im Schaugarten der Arche Noah (NÖ)
- www.bioeschenhof.at: Bioeschenhof (K)
- www.meineobstsorte.at: Verzeichnis von Baumschulen mit Obstsortiment (bio und konventionell), Onlinekarte mit Filtermöglichkeiten

Deutschland

- www.nabu.de/natur-und-landschaft/landnutzung/streuobst: Baumschulenlisten für Deutschland nach Bundesländern geordnet, Biobaumschulen sind extra ausgewiesen

Schweiz

- www.biobaumschule.ch: Glauser's Biobaumschule

- www.prospecierara.ch/de/obst/obst: Obstbaumschulen in der Schweiz, mit Schwerpunkt auf Obstvielfalt

Unterlagsbaumschulen

- www.lodder.de: Reiserschnittgarten Weinsberg (D)
- www.cdb-rootstocks.com: Konsortium Deutscher Baumschulen GmbH (D)
- www.baumschule-schmidt.at: Unterlagsbaumschule Schmidt (A)
- Baumschule Feiertag, Hauptstraße 5, 3041 Asperhofen (NÖ), 0664 /4611218 (nur Sämlinge)
- www.kuiperveendam.com: Unterlagsbaumschule Kuiper (NL)
- www.fairplant.nl: Fairplant (NL)
- Viele Baumschulen verkaufen auf Anfrage auch einzelne Unterlagen, z.B. die Baumschulen Schafnase, Artner, Hergesell (siehe oben)

Bezugsmöglichkeiten von Vielfaltsobst

- www.arche-noah.at: Arche Noah Vielfalter-Bauern – Biobetriebe mit einer Fülle an Sortenraritäten
- www.biomaps.at: Online-Suche nach direktvermarktenden Biobetrieben mit umfangreichen Filtermöglichkeiten
- www.streuobstwiesen-boerse.de: Streuobstwiesen pachten oder kaufen
- www.bund-lemgo.de: Beim BUND Lemgo kann eine Lieferantenliste für Deutschland und eine Liste für Österreich und die Schweiz angefordert werden
- www.mundraub.org: Verzeichnis frei beerntbarer Obstbäume
- www.fruchtfliege-app.blogspot.co.at: Obstbäume auf öffentlichen Plätzen in Wien
- www.linz.pflueckt.at: Frei zugängliche Obstbäume in Linz
- www.obststadt.at: Obstallmende in Wiener Neustadt und Traiskirchen

Pflanzenschutz, Werkzeug, Zubehör

- www.biohelp.at: Biohelp, biologischer Pflanzenschutz
- www.neudorff.de: Neudorff, biologischer Pflanzenschutz
- www.homeogarden.com: Homeogarden, Pflanzenstärkungsmittel
- www.biplantol.at: Biplantol, homöopathische Pflanzenstärkungsmittel
- www.naturimgarten.at/guetesiegel: Gütesiegel für naturnahe Gartenprodukte
- www.feucht-obsttechnik.de: Feucht Obsttechnik, Erntetechnik
- www.baeuerle-landtechnik.de: Bäuerle Landtechnik, Erntetechnik
- www.kraussmaschinenbau.de: Kraus Maschinenbau, Erntetechnik
- www.holzeis.com: Holzeis, Produkte für die Verarbeitung

Stichwortregister